普通高等教育"十二五"规划教材
普通高等学校化学精品教材

基础化学实验

主 编	李强国
副 主 编	刘文奇 肖圣雄 邓 斌 魏得良
参编人员	（按姓氏笔画排序）
	邓 斌 叶丽娟 刘文奇 李强国
	李 旭 李爱桃 肖圣雄 杨余芳
	何笃贵 吴永兰 周 芸 周菊峰
	陶李明 魏得良

南京大学出版社

图书在版编目(CIP)数据

基础化学实验 / 李强国主编. — 南京：南京大学
出版社，2012.3(2024.7重印)

ISBN 978-7-305-09700-3

Ⅰ.①基… Ⅱ.①李… Ⅲ.①化学实验-高等学校-
教材 Ⅳ.①O6-3

中国版本图书馆 CIP 数据核字(2012)第 036268 号

出版发行　南京大学出版社
社　　址　南京市汉口路22号　　　　　邮　编　210093
书　　名　**基础化学实验**
　　　　　JICHU HUAXUE SHIYAN
主　　编　李强国
责任编辑　蔡文彬　　　　　　　编辑热线 025-83686531

照　　排　南京南琳图文制作有限公司
印　　刷　广东虎彩云印刷有限公司
开　　本　787×1092　1/16　印张 28.5　字数 711 千
版　　次　2024 年 7 月第 1 版第 6 次印刷
ISBN 978-7-305-09700-3
定　　价　69.00 元

网址：http://www.njupco.com
官方微博：http://weibo.com/njupco
官方微信号：njupress
销售咨询热线：(025) 83594756

前　言

　　《基础化学实验》教材是"教育部特色专业建设点——应用化学专业"、"湖南省普通高等学校基础课示范性实验室——化学实验中心"和"湖南省普通高校省级精品课程——物理化学"建设,以及湖南大学国家工科(化学)基础课程教学基地"深化教学改革,完善基础化学实验教学新体系"课题的研究成果。

　　众所周知,化学是一门实验性很强的学科,化学实验教育既是传授知识和技能、训练科学方法和思维、提高创新意识与能力、培养科学精神和品德、全面实施化学素质教育的有效形式,又是建立与发展化学理论的"基石"和"试金石"。近几十年化学的发展,尽管其理论起了十分重要的作用,但还是可以说没有实验就没有化学。化学实验课按无机化学、有机化学、分析化学、物理化学和结构化学依序开设,在历史上对化学科学和教育的发展起过重要作用。但随着知识快速更新、科学技术交叉发展,实验和理论可能发展到并重地位,以验证化学原理为主的旧的化学实验教育体系与内容已不适应,必须进行改革,应当建立以提高学生综合素质和创新能力为主的新体系和新内容。自2003年以来,我们将整个基础化学实验内容进行整合、优化与更新,逐步形成了基础化学实验"三级教育"模式。一级教育实验,主要是基本操作训练,重点培养与强化实验操作技能,内容包括基础化学实验中常用到的最基本的操作性实验;二级教育实验,主要是"三性"实验,重点培养一般化学原理的实验方法和一般分析问题的能力,内容包含无机化学、分析化学、有机化学、物理化学中有关原理、性质、合成、表征等方面的实验;三级教育实验,是创新研究性实验,以综合训练为主,重点培养综合思维和创新能力,内容包括应用性、交叉性和研究性的实验。

　　《基础化学实验》教材是按照"三级教育"模式编写而成的,"三级"教育模式是以"循序渐进"为原则,以能力培养为目标的一种教育新模式,是一种递进式教育模式。本实验教材内容包含了原四大基础化学(无机化学、有机化学、分析化学(含仪器分析)、物理化学)的实验,并与无机化学、分析化学(包括仪器分析)、有机化学、物理化学这四门化学基础主干课程相衔接,并将内容进行了调整和整合,使四大化学的实验融为一体,避免了在各门课程中重复开设类似实验的现象。

　　《基础化学实验》教材是化学类专业以及近化学类专业通用的教材,内容涵盖了化学、应用化学、化工、材料、生物、环境、药学和医学等专业化学基础实验教学所需的内容,可根据专业的特点、需要、学时和实际情况进行选择。

本书由湘南学院李强国教授主编。参编人员有湘南学院的刘文奇、叶丽娟、魏得良、邓斌、杨余芳、陶李明、肖圣雄、何笃贵、周芸、周菊峰、李旭、吴永兰、李爱桃等。书中插图由何笃贵绘制。

编者借鉴了部分兄弟院校及本校的教材或讲义中许多有益的内容。全书由李强国教授负责统编。此外,参编成员对该书进行了审阅并提出了许多建设性意见。本教材的出版得到了湘南学院的资助。南京大学出版社给予了大力支持,在此一并表示衷心的感谢。

限于编者学识水平和经验,书中难免存在不妥之处,恳请有关专家和读者批评指正。

2011 年 11 月于郴州

目　　录

四、物理化学部分

第一部分　绪　　论

祝同学们完成中学阶段的学习任务并荣幸地进入了大学这一知识的海洋和能力培养的阵地,在这里你们将受到良好的培养和教育。你们将在化学领域或近化学领域中探索化学世界的奥秘,施展自己的才华！在这一过程中,化学实验起着十分重要的作用。然而,同学们做实验前,必须知道:化学实验的目的是什么？怎样才能做好化学实验？

1.1　基础化学实验课程的目的

化学是一门实验性的自然科学,而实验是人类研究自然规律的一种基本方法。化学实验既是化学科学的基石,又是化学科学的"试金石",即化学中的一切定律、原理、学说都是来源于实验,同时又受到实验的检验。化学实验课是传授知识和技能、训练科学思维方法、培养科学精神和职业道德、全面实施化学素质教育的最有效的形式。它不仅涉及到理论的验证性,还涉及到主观能动的探索性内容;不仅涉及到制备产品的合成,还涉及到操作训练的基础内容;不仅涉及到性质实验的单一性,还涉及到实验技术的综合性内容;不仅涉及到方法的经典性,还涉及到其先进性内容。

通过实验使学生正确地掌握化学实验的基本操作方法、技能和技巧,学会使用化学实验的仪器,具备安装设计简单实验装置的能力。

通过实验培养学生正确观察、记录和分析实验现象、合理处理实验数据、规范绘制仪器装置图、撰写实验报告、查阅文献资料等方面的能力。

通过实验培养学生实事求是的科学态度,准确、细致、整洁的良好实验习惯,科学的思维方法,以及处理实验中一般事故的能力。

在基本实验训练的基础上,开设综合设计实验,要求学生自己提出问题、查阅资料、设计实验方案、动手做实验、观察实验现象、测定数据,并加以正确的处理和概括,在分析实验结果的基础上正确表达。经过化学实验的全过程,使学生得到最有效的综合训练,从而使学生逐步具备分析问题、解决问题的独立工作能力。

在培养智力因素的同时,化学实验又是对学生进行良好科学素养培养的理想场所。在实验中不仅有利于学生形成整洁、节约、有条不紊等良好的实验素养,而且可以训练学生勤奋好学、乐于协作、实事求是、思考存疑等科学品德和科学精神,这是一个化学工作者获得成功不可缺少的素质。

1.2　化学实验的学习方法

要达到上述实验目的,修好实验课程,不仅要有正确的学习态度,而且还要有正确的学习方法。

一、预习

认真阅读实验教材,明确实验目的和实验原理,熟悉实验内容、主要操作步骤及数据处理方法,并提出注意事项,合理安排时间。对实验中涉及的基本操作及有关仪器的使用,也要进行预习。

根据实验内容查阅附录及有关资料,记录实验所需的物理化学数据、定量实验的计算公式及反应方程式等。最后,结合自己的理解认真写好预习报告。注意在报告中预留记录实验现象和数据的位置。对于没有达到上述预习要求者,不准参加本次实验。

二、实验

按教材规定的实验内容规范操作,仔细观察实验现象,认真测定数据,将数据如实记录在预习报告中,不得随意更改、删减。这是培养学生良好科学习惯的重要环节。

实验中要勤于思考,细心观察,自己分析、解决问题。对实验现象有疑惑,或实验结果误差太大,要认真分析操作过程,努力找到原因。如果必要,可以在教师指导下,做对照实验、空白实验,或自行设计实验进行核实,以培养学生独立分析问题、解决问题的能力。

如实验失败,要查明原因,经教师准许后重做实验。

三、实验报告

实验结束后,应严格地根据实验记录,对实验现象作出解释,写出有关反应,或根据实验数据进行处理和计算,作出相应的结论,并对实验中的问题进行讨论,独立完成实验报告,及时交指导老师审阅。

(1) 实验现象要表述正确,并进行合理的解释,写出相应的反应式,得出结论。

(2) 对实验数据进行处理(包括计算、作图、误差的表示等)。

(3) 分析产生误差的原因。针对实验中遇到的疑难问题提出自己的见解,包括对实验方法、教学方法和实验内容提出改进意见或建议。

(4) 实验报告要按一定的格式书写,字迹端正,表格清晰,图形规范,叙述要简明扼要。这是培养严谨的科学态度和实事求是科学精神的重要措施。

第二部分 化学实验室基本知识

2.1 化学实验误差

一、研究误差的目的

一切物理量的测量,从测量的方式来讲,可分为直接测量和间接测量两类:测量结果可用实验数据直接表示的测量称为直接测量,如用米尺测量长度、停表记时间、压力表测气压、电桥测电阻、天平称质量等;若测量的结果不能直接得到,而是利用某些公式对直接测量量进行运算后才能得到所需结果的测量方法称为间接测量,测量结果称为"间接测量量",例如某温度范围内水的平均摩尔气化热是通过测量水在不同温度下的饱和蒸气压,再利用Clausius – Clapeyron 方程求得;又如,用粘度法测聚合物的相对分子量,是先用毛细管粘度计测出纯溶剂和聚合物溶液的流出时间,然后利用作图法和公式计算求得相对分子量,这些都是间接测量。物理化学实验大多数测量属于间接测量。

不论是直接测量还是间接测量,都必须使用一定的实验仪器和实验手段,间接测量还必须运用某些理论公式进行数学处理,然而由于科学水平的限制,实验者使用的仪器、实验手段、理论及公式不可能百分百的完善,因此测量值与真实值之间往往有一定的差值,这一差值称为测量误差。为此,必须研究误差的来源,使误差减少到最低程度。

研究误差的目的,不是要消除它,因为这是不可能的;也不是使它小到不能再小,这不一定必要,因为这要花费大量的人力和物力。研究误差的目的是:在一定的条件下得到更接近于真实值的最佳测量结果;确定结果的不确定程度;据预先所需结果,选择合理的实验仪器、实验条件和方法,以降低成本和缩短实验时间。因此,我们除了认真仔细地做实验外,还要有正确表达实验结果的能力。这两者是同等重要的。仅报告结果,而不同时指出结果的不确定程度的实验是无价值的,所以我们要有正确的误差概念。

二、测量中的误差

根据误差的性质和来源,可将测量误差分为系统误差、偶然误差和过失误差。

1. 系统误差

在相同条件下,多次测量同一物理量时,往往出现被测结果总是朝一个方向偏,即所测的数据不是全部偏大就是全部偏小。而当条件改变时,这种误差又按一定的规律变化,这类误差称为系统误差。系统误差的主要来源有:

(1) 实验所根据的理论或采用的方法不够完善,或采用了近似的计算方式。

(2) 所使用的仪器构造有缺点,如天平两臂不等,仪器示数刻度不够准确等。

(3) 所使用的样品纯度不够高,例如在"难溶盐溶解度测定"实验中,由于样品中含有少量的可溶性杂质,而使测得的难溶盐的溶解度数值偏高。

(4) 实验时所控制的条件不合格,如控制恒温时,恒温槽的温度一直偏高或一直偏低等。

(5) 实验者感官不够灵敏或者某些固有的习惯使读数有误差,如眼睛对颜色变化觉察不够灵敏、记录某一信号时总是滞后等。

系统误差是影响测量准确度的最重要因素,在同样条件下,测量次数的增加不能消除这种误差,实验者认真细心的操作也不能消除这种误差,只有根据这种误差的来源,采用相应办法才能将其消除,通常采用的方法有:

(1) 对仪器、样品所引起的系统误差可用标准仪器、标准样品来校正仪器和药品,或更换仪器、药品,以消除或减少仪器、药品所引起的误差。

(2) 重新控制实验条件。用不同的实验方法或不同的实验者检出或消除由于理论、方法的不完善或实验者感官不灵敏及习惯所引起的系统误差。

(3) 系统误差对测量的影响,犹如打靶,枪上的准星未校正,则无论如何努力也打不准靶心。

2. 随机误差

随机误差也称偶然误差。当在相同条件下,多次重复测定同一物理量,每次测量结果都有些不同(在末尾一、二位数字上不同),它们围绕着某一数值上下无规则地变动,误差符号时正时负,误差绝对值时大时小,这类误差称为随机误差。造成随机误差的原因大致为:

(1) 实验者在每次读数时对仪器最小分度值以下的值读数很难做到完全准确。

(2) 实验仪器中的某些活动的部件在指示测量结果时,不一定完全准确。

(3) 实验者对某些实验条件的控制不太严格,或者在实验中存在某些尚无法控制的实验条件的不断改变而造成。

对随机误差,就单个误差值的出现情况而言,即不可预料,也没有确定的规律,随具体的机会不同而不同,是一种不规则微小误差,若在相同的条件下,对同一物理量进行多次反复地测量,则可发现随机误差的大小和符号完全符合一般的统计规律,这种规律可用误差的正态分布曲线表示,如图 2-1。曲线符合公式:

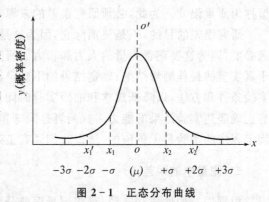

图 2-1 正态分布曲线

$$P(x) = \frac{1}{\sigma\sqrt{2\pi}} \cdot \exp\left(-\frac{x^2}{2\sigma^2}\right)$$

图 2-1 说明:

① 曲线最高点对应数值 μ 为测量平均值 $\overline{x}$;

② 曲线对称于图中直线 oo',并在直线两边单调下降;

③ 对应拐点的数值与平均值的差值相等,如:

$$\overline{x_1 o} = \overline{x_2 o} = \sigma, \quad \overline{x_1' o} = \overline{x_2' o} = 2\sigma$$

其中 σ 为标准误差,曲线的形状可高低、宽窄变化,但仅涉及 σ 的大小变化而已,上述关系等式仍存在。$(x_1 + \mathrm{d}x)$ 之间测量出现的几率为曲线与 $(x_1 + \mathrm{d}x)$ 所围的面积,总体测量曲线所围的面积为 1。由数理统计方法可得出,误差在 $\pm\sigma$ 内出现的几率为 68.3%;在 $\pm 2\sigma$ 内出现的几率为 95.5%；在 $\pm3\sigma$ 内出现的几率为 99.7%。随机误差对测量的影响，犹如打靶时，虽然打中，点集中在目标附近，但仍然有一定的分散度，只有对物理量进行多次的重复测量，才能提高测量的精度。

3. 过失误差

由于实验者的粗心、不正确操作或测量条件的突变，造成读错数、记错数、算错数所引起的误差称为过失误差。过失误差也称"错误"或"差错"，过失误差在实验中是不允许发生的，必须防止这种误差的出现。

三、误差的表示

1. 基本概念

（1）真值：所测物理量的真正值，用 x 表示。

（2）算术平均值：指准确度等独立的有限次测量的平均值，用 $\bar{x}$ 表示：

$$\bar{x} = \frac{1}{n}\sum_{i=1}^{n} x_i \qquad (2-1)$$

（3）数学期望：指当测量次数 n 趋向无穷大（$n \to \infty$）时算术平均值的极限，用 x_∞ 表示：

$$x_\infty = \lim_{n \to \infty} \bar{x} = \lim_{n \to \infty} \frac{1}{n}\sum_{i=1}^{n} x_i \qquad (2-2)$$

2. 系统误差和随机误差的表示

系统误差是指测定值的数学期望与真值之差，用 ε 表示：

$$\varepsilon = x_\infty - x_{真值} \qquad (2-3)$$

随机误差是指 n 次测量中各次测量值 x 与测量数学期望值之差，用 σ_i 表示：

$$\sigma_i = x_i - x_\infty \qquad (2-4)$$

从图 2-2 中得知，随机误差 σ_i 说明各次测量值与 x_∞ 的离散程度，即精密度，σ_i 越小说明数据的重复性好、精密度高；而系统误差 ε 可作为 x_∞ 与真值 $x_{真值}$ 偏离的尺度，ε 越小，即准确度越高。

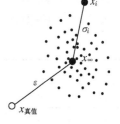

图 2-2　$x_{真值}$、x_∞ 和 x_i 关系的示意图

3. 平均误差与标准误差的表示

（1）平均误差 $\bar{d}$ 的表示

$$\bar{d} = \frac{1}{n}\sum_{i=1}^{n} |x_i - \bar{x}| = \frac{1}{n}\sum_{i=1}^{n} |d_i| \qquad (2-5)$$

式中：$d_i = x_i - \bar{x}$；用平均误差表示测量误差，计算方便，但由于采用平均值的方法，容易掩盖个别质量不高的测量值。

（2）标准误差 σ

又称均方根误差，测定次数为无限次时，总体标准误差（σ）为

$$\sigma = \sqrt{\frac{\sum_{i=1}^{n} (x_i - x_{真值})^2}{n}} \quad (n \to \infty) \qquad (2-6)$$

通常真值 $x_{真值}$ 是未知的，而且测量次数 n 有限，这时可以用贝塞尔（Bessel）式得出在有限次测量情况下，单次测量值的标准离差 S，且把测量的标准离差（S）作为标准误差（σ）的估

计，$\sigma \approx S$，这样标准误差 σ 就表示为

$$\sigma = \sqrt{\frac{\sum_{i=1}^{n}(x_i - \overline{x})^2}{n-1}} \tag{2-7}$$

n 次测量结果的平均值 $\overline{N}$ 的标准误差（偏差）为

$$S_{\overline{N}} = \frac{S}{\sqrt{n}} = \sqrt{\frac{1}{n(n-1)}\sum_{i=1}^{n}(N_i - \overline{N})^2} \tag{2-8}$$

4. 绝对误差与相对误差的表示

绝对误差是测量值与真值之间的偏差，某次实验的绝对误差可用下式计算：

$$绝对误差 = 测量值 - 真值$$

视测量值与真值相比较大小不同，绝对误差可以是正值，也可以是负值，它的单位与测量的单位相同。

相对误差是绝对误差与真值的比值（百分数表示），某次实验的相对误差可用下式计算：

$$相对误差 = \frac{绝对误差}{真值} \times 100\%$$

相对误差是无因次的，因此不同物理量测量的相对误差可以互相比较，它是一种常用的评定测量结果优劣的方法。相对误差也有正、负值之分。

由于在一般情况下真值是不知道的，故在实际使用时，真值一般用手册中查得的数值或由理论计算所得的值代之。

表 2-1 是两组（A、B）实验数据的 d 与 S 计算结果比较：

表 2-1　d 与 S 的数据结果比较

实验组别	$N_i - \overline{N}$					d	S
A	+0.26	-0.25	-0.37	+0.32	+0.40	0.32	0.36
B	-0.73	-0.22	+0.51	-0.14	0.00	0.32	0.46

可见，两组数据的平均误差相同，而标准误差不同，但事实上 B 组中明显存在一个大的偏差（-0.73），其精密度不及 A 组好，因此用标准误差比用平均误差更能确切地反映结果的精密度。

四、置信度与平均值的置信区间

随机误差分布的规律给数据处理提供了理论基础，但它是对无限多次测量而言，而实际测定只能是有限次的，其数据应如何处理呢？

前面讨论的是在随机误差服从正态分布和 μ、σ 已知的条件下，求测定值以 μ 为中心的某一区间的概率，但真值 μ 在多数情况下并不知道，因此还必须反过来，当标准偏差（σ 或 S）已知时，一定概率下真值的取值范围（可靠范围）称为置信区间。其概率称为置信概率或置信度（置信水平），常以 P 表示。

$$u = \frac{x - \mu}{\sigma} \tag{2-9}$$

即 $\mu = x \pm u\sigma$，真值 μ 可能存在于 $x \pm u\sigma$ 区间中，此区间称为置信区间。决定置信区间

大小的 u 值,对应一定的置信概率。例如 $u=\pm1$ 时,对应的概率为 68.3%,$u=\pm2$ 时,对应的概率为 95.5%。u 对应的概率即为置信度或置信水平。

1. 已知 σ 的情况的总体标准偏差

若用单次测定值来估计 μ 值,则

$$\mu=x\pm u\sigma \tag{2-10}$$

若用样本平均值 $\overline{x}$ 来估计 μ 值的范围,精密度会更高些。

$$\mu=\overline{x}\pm u\overline{\sigma} \tag{2-11}$$

$\overline{\sigma}$ 称为平均值的标准偏差,估计学已证明,即

$$\overline{\sigma}=\frac{\sigma}{\sqrt{n}} \tag{2-12}$$

所以

$$\mu=\overline{x}\left|u\,\frac{\sigma}{\sqrt{n}}\right. \tag{2-13}$$

由此可知精密度提高。上两式分别表示单次测定值,或样本平均值为中心的真值的取值范围,$u\sigma$ 与 $u\overline{\sigma}$ 称为置信区间界限,u 称为置信系数。

2. 已知 S 的情况——t 分布曲线

在做少数测定时,由于经常不知道 σ,只知道 S,此时测量值或其偏差不呈标准正态分布,若以 S 代替 σ 解决实际问题时必定引起误差。英国化学家 Gosset,研究了这一课题,提出用 t 值代替 u 值,以补偿这一误差。t 定义为

$$t=\frac{x-u}{\overline{s}} \tag{2-14}$$

式中:$\overline{s}$ 为平均值的样本标准偏差。这时随机误差不是正态分布,而是 t 分布,t 分布曲线的纵坐标是概率密度,横坐标则是 t,图 2-3 为 t 分布曲线随自由度 f 变化,当 $n\to\infty$ 时,t 分布曲线即为正态分布曲线。t 分布曲线下面某区间的面积也表示随机误差在某区间的概率。t 值不仅随概率而异,还随 f 变化,不同概率时与 f 值所对应的 t 值已由数学家算出,表 2-2 列出了常用的部分值,表中置信度 P 表示的是平均值落在 $\mu\pm tS$ 区间内的概率,由表可见,当 $f\to\infty$ 时(这时 $s\to\sigma$),t 即 u,实际上当 $f=20$ 时,t 与 u 已经很接近。

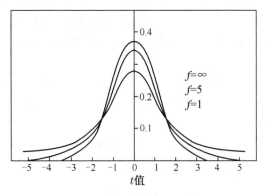

图 2-3   不同 t 值的 t 分布曲线

表 2 - 2　在不同置信度(P)要求下, t 值随测定次数(n)变化的数值表

t 值 ＼P ／$f(n-1)$	90%	95%	99%	99.5%	t 值 ＼P ／$f(n-1)$	90%	95%	99%	99.5%
1	6.31	12.71	63.66	127.32	9	1.83	2.26	3.25	3.69
2	2.92	4.30	9.92	14.98	10	1.81	2.23	3.17	3.58
3	2.35	3.18	5.84	7.45	20	1.72	2.09	2.84	3.15
4	2.13	2.78	4.60	5.60	30	1.70	2.04	2.75	(3.01)
5	2.02	2.57	4.03	4.77	60	1.67	2.00	2.66	(2.87)
6	1.94	2.45	3.71	4.32	120	1.66	1.98	2.62	2.81
7	1.90	2.36	3.50	4.03	00	1.64	1.96	2.58	2.81
8	1.86	2.31	3.35	3.83					

平均值的置信区间,将定义 t 的式(2-14)改为

$$\mu = \overline{x} \pm t\overline{s} = \overline{x} \pm t\frac{S}{\sqrt{n}} \qquad (2-15)$$

这表示在一定置信度下,以平均值 $\overline{x}$ 为中心,包括总体平均值 μ 的置信区间,只要选定 P,并根据 P 与 f 值,由 t 分布表查出 t 值,从测定的 $\overline{x}$、S、n 值就可求出相应的置信区间。

【例 2 - 1】　分析铁矿中铁含量如下 $\overline{x}=35.21\%$, $S=0.06\%$, $n=4$,求置信度为 95%、99% 所相应的 t 值的置信区间。

解　查 t 分布表: $f=3$, P 为 95% 所对应的 t 值为 3.18 和 5.84,故

(1) $P=95\%$ 时:

$$\mu = \overline{x} \pm t\frac{S}{\sqrt{n}} = 35.21 \pm 3.18\frac{0.06}{\sqrt{4}} = 35.21 \pm 0.10$$

(2) $P=99\%$ 时:

$$\mu = 35.21 \pm 5.84 \times \frac{0.06}{\sqrt{4}} = 35.21 \pm 0.18$$

由上例可见,置信度高,置信区间就大,这不难理解,区间的大小反映了估计的精度,置信度高低说明估计的把握程度低。100% 的置信度意味着区间是无限大,肯定全包括 μ,但这样的区间毫无意义,应当根据实际工作所需定出置信度,在分析中通常将置信度定在 95% 或 90%。

对平均值的置信区间必须理解,对上例[2-1]置信区间的正确认识是:35.21±0.10 区间内包括总体均值 μ 的把握有 95%。但若理解为"未来测定的实验平均值 $\overline{x}$ 有 95% 落入 35.21±0.10 区间内"就是错误的。

对于经常地重复进行某种试样的分析,由于分析次数很多可认为 S 即 σ,即标准偏差没有不确定性,这时对总体平均值的区间估计利用下式:

$$\mu = \overline{x} \pm u\frac{\sigma}{\sqrt{n}} \qquad (2-16)$$

u 值可查,亦可查 t 值表, t 值表中 f 为 ∞ 时的 t 值即为 u 值,上例中若是经常分析铁矿石,则知道是总体标准偏差 σ,假定 $\sigma=0.06$,当 $P=95\%$ 时, u 值为 1.96,则平均值在置信区

间有

$$\mu=\overline{x}\pm u\,\frac{\sigma}{\sqrt{n}}=33.21\pm1.96\times\frac{0.06}{\sqrt{4}}=33.21\pm0.06$$

由于消除了 S 的不确定值,平均值的置信区间就窄了。

【例题 2－2】　分析某氯化物试样中氯的含量,共测定五次,其平均值为 32.30%,$S=0.13\%$,求置信度为 95%、99% 时平均值的置信区间。

解:查表:$f=n-1=4$,置信度为 95% 和 99% 所对应的 t 值分别是 2.78 和 4.60,由公式计算平均值的置信区间。

（1）95% 置信度:

$$\mu=\overline{x}\pm t_{P,f}\frac{S}{\sqrt{n}}=32.30\pm2.78\times\frac{0.13}{\sqrt{5}}=32.30\pm0.16$$

（2）99% 置信度:

$$\mu=32.30\pm4.06\times\frac{0.13}{\sqrt{5}}=32.30\pm0.27$$

五、可疑测定值的取舍

在一组平行测定值中常常出现某一两个测定值比其余测定值明显地偏大或偏小,称之为可疑值（离群值）。离群值的取舍会影响结果的平均值,尤其当数据少时影响更大,因此在计算前必须对离群值进行合理的取舍,若离群值不是明显的过失造成,就要根据随机误差分布规律决定取舍,取舍方法很多,下面介绍三种判断的方法。

1. Q 检验法

由迪安·狄克逊于 1951 年提出,适合于测定次数 3～10 时的检验,其步骤如下:

（1）将所得的数据按递增顺序排列 $x_1,x_2,\cdots,x_n$。

（2）计算统计量。

若 x_1 为可疑值,则

$$Q_{\text{计}}=\frac{x_2-x_1}{x_n-x_1}\tag{2-17}$$

若 x_n 为可疑值,则

$$Q_{\text{计}}=\frac{x_n-x_{n-1}}{x_n-x_1}\tag{2-18}$$

式中分子为可疑值与相邻的一个数值的差值,分母为整组数据的极差,Q 越大,说明 x_1 或 x_n 离群越远,到一定界限时应舍去,Q 称为舍弃商,统计学家已计算出不同置信度的 Q 值。

表 2－3　不同置信度下舍弃可疑数据的 Q 值

测定次数	$Q_{0.90}$	$Q_{0.95}$	$Q_{0.99}$	测定次数	$Q_{0.90}$	$Q_{0.95}$	$Q_{0.99}$
3	0.94	0.98	0.99	7	0.51	0.59	0.68
4	0.76	0.85	0.93	8	0.47	0.54	0.63
5	0.64	0.73	0.82	9	0.44	0.51	0.60
6	0.56	0.64	0.74	10	0.41	0.48	0.57

(3) 选定置信度 P，由相应的 n 查出 $Q_{P,n}$，若 $Q_{计}>Q_P$ 时，可疑值应弃去，否则应予保留。

【例 2 - 3】　分析石灰石中铁含量 4 次，测得的结果为 1.61%，1.53%，1.54% 和 1.83%。问上述各值是否有应该舍去的可疑值（用 Q 检验法判断，设置信度为 90%）。

解：4 次测定结果递增顺序为 1.53%，1.54%，1.61%，1.83%，则

$$Q_{计}=\frac{x_n-x_{n-1}}{x_n-x_1}=\frac{1.83-1.61}{1.83-1.53}=0.73$$

查表可知：$n=4$，$Q_{0.90}=0.76$，$Q_{计}<Q_{0.90,4}$，故 1.83% 这个数据应该保留。即上述测定结果没有可弃值。

Q 检验法符合数理统计原理，特别具有直观性和计算方法简便的优点，但 Q 检验法的缺点是极差 x_n-x_1 作分母数据的离散性愈大，即 x_n-x_1 愈大，可疑值在通常实验中使用 Q 检验法的准确性较差。不过在通常实验中，使用 Q 检验法处理可疑值是切实可行的。

2. 3σ 法则

由统计规律可知，在多次测量中，任意一个测量值 x 在 $(\bar{x}-3\sigma,\bar{x}+3\sigma)$ 范围内出现的机会为 99.7%，因此在 $(\bar{x}+3\sigma)<x$，$x<(\bar{x}-3\sigma)$ 范围内出现 x 值是不大可能的，所以定义 $(\bar{x}\pm3\sigma)$ 为测量值的范围大小，3σ 为误差界，故误差 $|x_i-x|$ 超过 3σ 的测量即为粗差，可以舍去。该法则的缺点是在测量次数较少（$n\leqslant10$）的情况下，若用 3σ 作为粗差识别标准，则可能剔不出粗差。

3. 肖维勒准则

肖维勒准则可以满足测量次数较少时的粗差剔除。肖维勒准则认为：对相同精度相互独立测量所得数值，若测量值 x_i 满足：$|x_i-\bar{x}|>w_n\cdot\sigma$ 时，x_i 即为粗差，应给于剔除，式中 w_n 与测量值的测试次数 n 有关，其值见表 2 - 4。

表 2 - 4　w_n 与测试次数的值

n	3	4	5	6	7	8	9	10	11	12	13	14	15	…
w_n	1.38	1.53	1.65	1.73	1.80	1.86	1.92	1.96	2.00	2.03	2.07	2.10	2.13	

以上三种坏值剔除方法，均要注意以下两点：

(1) 在进行判断时，计算平均值要包括可疑值。

(2) 结果确定了可疑值要弃去，在剔除可疑值后，要重新计算 $\bar{x}$ 及 σ 时，只有剔除可疑值后的计算结果才能符合：可靠率 99.7%＋危险率 0.3%＝1。

剔除坏值应是极个别的，否则应从实验方法和技术上查找原因。

六、测量结果精密度和准确度的表示

1. 精密度

精密度是表示各观测值相互接近的程度，即表示每次测量的重复性，用平均误差 $\bar{d}$ 或标准误差 σ 表示，物理化学实验中测量结果的精密度表示为

$$\bar{x}\pm\sigma \text{ 或 } \bar{x}\pm\bar{d} \tag{2-19}$$

$\bar{d}$ 或 σ 越小，表示测量的精密度越好。

有时也用相对值直接表示相对精密度。

$$d_{相对}=\frac{\bar{d}}{\bar{x}}\times100\% \tag{2-20}$$

$$\sigma_{相对} = \frac{\sigma}{\bar{x}} \times 100\% \qquad (2-21)$$

2. 准确度

准确度是表示观测值与真值接近的程度。若用 x 真值代表真实值，x_i 为第 i 次测量时所得的测量值，n 为测量次数，物理化学实验中测量结果的准确度 b 可用下式表示为

$$b = \frac{1}{n} \sum_{i=1}^{n} |x_i - x_{标}| \qquad (2-22)$$

在大多数情况下，x 真值是很难得到的，实际上，常用某种更为可靠的方法测得的数值 $x_{标}$（或从手册中查得）来代替 x 真值，故测量结果的准确度可近似地表示为

$$b = \frac{1}{n} \sum_{i=1}^{n} |x_i - x_{标}| \qquad (2-23)$$

从上述可知，精密度和准确度两个概念既有严格的区别，又有一定的联系。在物化实验中，必须注意使用仪器（如移液管、容量瓶、天平等）的精密度。使用温度计时一般取其最小分度值的 1/10 或 1/5 作为其精密度，例如 1 度刻度的温度计的精密度可估读到 ±0.2 K，1/10 刻度的温度计的精密度可估读到 ±0.02 K。

七、测量结果的准确度与有效数字

1. 有效数字

（1）定义

有效数字就是实际能测到的数字。有效数字的位数和分析过程与所用的分析方法、测量方法、测量仪器的准确度有关。有效数字可以这样表示：

有效数字＝所有的可靠的数字＋一位可疑数字

表示含义：如果有一个结果表示有效数字的位数不同，说明用的称量仪器的准确度不同。

例：7.5 g　　　用的是粗天平

　　7.52 g　　　用的是扭力天平

　　7.5187 g　　用的是分析天平

（2）"0"的双重意义

作为普通数字使用或作为定位的标志。

例：滴定管读数为 20.30 mL。两个 0 都是测量出的值，算做普通数字，都是有效数字，这个数据有效数字位数是四位。

改用"升"为单位，数据表示为 0.02030 L，前两个 0 是起定位作用的，不是有效数字，此数据是四位有效数字。

（3）规定

① 倍数、分数关系。无限多位有效数字。

② pH、pM、lg$c$、lg$K$ 等对数值，有效数字由尾数决定。

例：pM＝5.00（二位）[M]＝1.0×10^{-5}；pH＝10.34（二位）；pH＝0.03（二位）

注意：首位数字是 8，9 时，有效数字可多计一位，如 9.83 是四位。

2. 确定测量结果有效数字的基本方法

（1）仪器的正确测读。 仪器正确测读的原则是：有效数字中可靠数部分是由被测量的

大小与所用仪器的最小分度来决定;可疑数字由介于两个最小分度之间的数值进行估读,估读取数一位(这一位是有误差的)。

例如,用分度值为 1 mm 的米尺测量一物体的长度,物体的一端正好与米尺零刻度线对齐,另一端大约在 83.87 cm 位置。

此时物体长度的测量值应记为 $L=83.87$ cm。其中,83.8 是可靠数,尾数"7"是可疑数,有效数字为四位。

(2) 对于标明误差的仪器,应根据仪器的误差来确定测量值中可疑数的位置。例如,一级电压表的最大批示误差 $\Delta V=\frac{1}{100}\times V_m$,$V_m$ 为最大量程,若 $V_m=15$ V,则

$$\Delta V=\frac{1}{100}\times 15 \text{ V}=0.15 \text{ V}$$

所以用该电压表测量时,其电压值只需读到小数点后第一位。如某测量值为 12.3 V,若读出:12.32 V,则尾数"2"无意义,因为它前面一位"3"本身就是可疑数字。

(3) 测量结果的有效数字由误差确定。不论是直接测量还是间接测量,其结果的误差一般只取一位。测量结果有效数字的最后一位与误差所在的一位对齐。如 $L=(83.87\pm 0.02)$ cm 是正确的,而 $L=(83.868\pm 0.02)$ cm 和 $L=(83.9\pm 0.02)$ cm 都是错误的。

3. 数字修约规则("四舍六入五成双"规则)

规定:当尾数≤4 时则舍;尾数≥6 时则入;尾数等于 5 而后面的数都为 0 时,5 前面为偶数则舍,5 前面为奇数则入;尾数等于 5 而后面还有不为 0 的任何数字,无论 5 前面是奇或是偶都入。

例:将下列数字修约为 4 位有效数字。

修约前	修约后
0.526 647	0.526 6
0.362 661 12	0.362 7
10.235 00	10.24
250.650 00	250.6
18.085 002	18.09
3 517.46	3 517

注意:修约数字时只允许一次修约,不能分次修约。如:13.474 8 ——→13.47。

4. 计算规则

在有效数字的运算过程中,为了不致因运算而引进误差或损失有效数字,影响测量结果的精确度,并尽可能地简化运算过程,因此,规定有效数字运算规则如下(例中加横线的数字代表可疑数字)。

(1) 有效数字的加减

例

$$
\begin{array}{r}
43.\overline{7} \\
+\ \ 8.42\overline{4} \\
\hline
52.1\overline{24}
\end{array}
\Rightarrow
\begin{array}{r}
43.\overline{7} \\
+\ \ 8.\overline{4} \\
\hline
52.\overline{1}
\end{array}
$$

在这个结果中,52 以后的 0.$\overline{124}$ 均是可疑数字,它的后两位没有保留的必要。

例

$$
\begin{array}{r}
51.6\overline{8} \\
-\ \ 4.\overline{3} \\
\hline
47.\overline{38}
\end{array}
\Rightarrow
\begin{array}{r}
51.\overline{7} \\
-\ \ 4.\overline{3} \\
\hline
47.\overline{4}
\end{array}
$$

在上面两例中,我们按数值的大小对齐后相加或相减,并以其中可疑位数最靠前的为基准,先进行取舍,取齐诸数的可疑位数,然后加、减,则运算简便,结果相同。

(2) 有效数字的乘除

例

$$
\begin{array}{r}
5.12\overline{6} \\
\times\ 0.4\overline{2} \\
\hline
1025\overline{2} \\
2050\overline{4} \\
\hline
2.15292
\end{array}
\quad\Rightarrow\quad
\begin{array}{r}
5.\overline{1} \\
\times\ 0.4\overline{2} \\
\hline
10\overline{2} \\
20\overline{4} \\
\hline
2.\overline{1}42
\end{array}
$$

根据可疑数字仅保留一位的法则,结果应写成 $2.\overline{1}$ 或 $2.\overline{2}$,由于它们小数点后面是可疑数字,允许有所不同。

例

$$
\begin{array}{r}
39\overline{2} \\
12\overline{3}\,)\overline{48216} \\
36\overline{9} \\
\hline
1131 \\
1107 \\
\hline
24\overline{6} \\
24\overline{6} \\
\hline
0
\end{array}
\quad\Rightarrow\quad
\begin{array}{r}
3.9\overline{2}\times10^2 \\
12\overline{3}\,)\overline{4}82\times10^2 \\
36\overline{9} \\
\hline
113\overline{0} \\
110\overline{7} \\
\hline
23\overline{0}
\end{array}
$$

结果应写成 $3.9\overline{2}\times10^2$。

从以上两例中可得如下结论:诸量相乘或相除,以有效数字最少的数为标准,将有效数字多的其他数字,删至与之相同,然后进行运算。最后结果中的有效数字位数与运算前诸量中有效数字位数最少的一个相同。

(3) 有效数字的乘方和开方

有效数字在乘方和开方时,运算结果的有效数字位数与其底的有效数字的位数相同。

例 $12.\overline{5}^2=156.\overline{25}\Rightarrow12.\overline{5}^2=15\overline{6}$;

$$\sqrt{43.\overline{2}}=6.5\overline{73}\Rightarrow\sqrt{43.\overline{2}}=6.5\overline{7}\,.$$

(4) 对数函数、指数函数和三角函数的有效数字

例 $\lg158\overline{3}=3.297\,327\Rightarrow\lg198\overline{3}=3.297\,\overline{3}$

对数函数运算后,结果中尾数的有效数字位数与真数有效数字位数相同。

例 $10^{1\,035}=10.592\,5\Rightarrow10^{1\,035}=11$。

指数函数运算后,结果中有效数字的位数与指数小数点后的有效数字位数相同。

例 $\sin\overline{30^\circ}=0.5\Rightarrow\sin\overline{30^\circ}=0.50$。

三角函数的有效数字位数与角度有效数字的位数相同。

5. 数字的科学记数法

在乘除和开方等运算中,对数字采用科学记数常常是比较方便的。所谓数字的科学记数法即是将数字分成两部分,第一部分表示有效数字,书写时只在小数点前保留 1 位数,如 3.46,5.894 等;第二部分表示单位,以 10 的几次幂来表示,如 10^{-8},10^4 等。从下面的例子不难看出这种表示法的优点。

$$0.000\,345\div139\Rightarrow3.45\times10^{-4}\div1.39\times10^2=(3.45\div1.39)\times10^{-6}$$

$$0.001\,73\times0.000\,013\,4\Rightarrow1.73\times10^{-3}\times1.34\times10^{-5}=(1.73\times1.34)\times10^{-8}$$

$$\sqrt{0.000\ 846} \Rightarrow \sqrt{8.46 \times 10^{-4}} = \sqrt{8.46} \times 10^{-2}$$

八、误差的传递

大多数物理化学数据的测量,需对几个物理量进行测量,通过函数关系加以运算,才能得到所需要结果,如在凝固降低法测相对分子量实验中,溶质相对分子量 M 为

$$M = \frac{1\ 000 \cdot K_f \cdot g}{G(T_f^* - T_f)}$$

式中 M 为间接测量量,每个直接测量量(如 g、G、T_f^*、T_f、g)的误差都会影响最终测量结果(M),这种影响称为误差的传递。从测量结果的表示式($\overline{x} \pm \overline{d}$ 或 $\overline{x} \pm \sigma$)看,关键是要了解直接测量量的平均误差($\overline{d}$)或标准误差(σ)是如何传递给间接测量量的。这里仅介绍平均误差的传递。

设有函数:$N = f(u_1, u_2, \cdots, u_n)$,其中 N 由 $u_1, u_2, \cdots, u_n$ 各直接测量值所决定。

现已知测定 $u_1, u_2, \cdots, u_n$ 时的平均误差为 $\Delta u_1, \Delta u_2, \cdots, \Delta u_n$,求间接测量量 N 的平均误差 ΔN 为多少?

对 N 全微分得

$$\mathrm{d}N = \left(\frac{\partial N}{\partial U_1}\right)_{U_2, U_3 \cdots} \mathrm{d}u_1 + \left(\frac{\partial N}{\partial U_2}\right)_{U_1, U_3 \cdots} \mathrm{d}u_2 + \cdots + \left(\frac{\partial N}{\partial U_n}\right)_{U_1, U_2 \cdots U_{n-1}} \mathrm{d}u_n \qquad (2-24)$$

设各自变量的平均误差 $\Delta u_1, \Delta u_2, \cdots, \Delta u_n$ 足够小时,可代替它们的微分 $\mathrm{d}u_1, \mathrm{d}u_2, \cdots, \mathrm{d}u_n$,考虑到在不利的情况下直接测量的正负误差不能对消,从而引起误差的积累,故取其绝对值,则间接测量量 N 的平均误差 ΔN 为

$$\Delta N = \left|\frac{\partial N}{\partial U_1}\right| |\Delta U_1| + \left|\frac{\partial N}{\partial U_2}\right| |\Delta U_2| + \cdots + \left|\frac{\partial N}{\partial U_n}\right| |\Delta U_n| \qquad (2-25)$$

由此可见,应用微分法直接进行函数平均误差的计算是较为简便的。部分函数的平均误差及相对平均误差列于表 2-5。

表 2-5　部分函数的平均误差

函数关系	绝对误差	相对误差
$y = x_1 + x_2$	$\pm(\|\Delta x_1\| + \|\Delta x_2\|)$	$\pm\left(\dfrac{\|\Delta x_1\| + \|\Delta x_2\|}{x_1 + x_2}\right)$
$y = x_1 - x_2$	$\pm(\|\Delta x_1\| + \|\Delta x_2\|)$	$\pm\left(\dfrac{\|\Delta x_1\| + \|\Delta x_2\|}{x_1 - x_2}\right)$
$y = x_1 x_2$	$\pm(x_1\|\Delta x_2\| + x_2\|\Delta x_1\|)$	$\pm\left(\dfrac{\|\Delta x_1\|}{x_1} + \dfrac{\|\Delta x_2\|}{x_2}\right)$
$y = x_1/x_2$	$\pm\left(\dfrac{x_1\|\Delta x_2\| + x_2\|\Delta x_1\|}{x_2^2}\right)$	$\pm\left(\dfrac{\|\Delta x_1\|}{x_1} + \dfrac{\|\Delta x_2\|}{x_2}\right)$
$y = x^n$	$\pm(nx^{n-1}\Delta x)$	$\pm\left(n\dfrac{\|\Delta x\|}{x}\right)$
$y = \ln x$	$\pm\left(\dfrac{\Delta x}{x}\right)$	$\pm\left(\dfrac{\|\Delta x\|}{x\ln x}\right)$

以下用凝固点降低法测相对分子量的例子说明平均误差传递的计算:以苯为溶剂,用凝固点降低法测定萘的相对分子量,按下式计算:

$$M=\frac{1\ 000K_fW_B}{W_A\Delta T_f}=\frac{1\ 000K_fW_B}{W_A(T_f^*-T_f)}$$

式中凝固点降低常数 K_f 可查表得出:$K_f=5.12$。直接测量值为 W_B、W_A、T_f^*、T_f,其中,溶质质量 W_B 为 0.147 2 g,若用一等分析天称重,溶质质量测定的绝对误差为 $\Delta W_B=0.000\ 2$ g;溶剂质量 W_A 为 20 g,若用工业天平称重,溶剂质量测定的绝对误差为 $\Delta W_A=0.05$ g。

测量凝固点降低值,若用贝克曼温度计测量,其精密度为 0.002,测出溶剂的凝固点 T_f^* 三次的读数,分别为 5.800,5.790,5.802,则

$$T_f^*=\frac{5.800+5.790+5.802}{3}=5.797$$

各次测量偏差为

$$\Delta T_{f_1}^*=5.800-5.797=+0.003$$
$$\Delta T_{f_2}^*=5.790-5.797=-0.007$$
$$\Delta T_{f_3}^*=5.802-5.797=+0.005$$

溶剂凝固点测定的平均误差为

$$\Delta\overline{T}_f^*=\pm\frac{0.003+0.007+0.005}{3}=\pm0.005$$

溶剂凝固点测定的结果表示为(5.797±0.005)。

溶液凝固点 T 测量三次,其读数分别为 5.500,5.504,5.495,按上述方法计算可求得溶液凝固点测定的结果表示为(5.500±0.003)。溶液凝固点降低数值可表示为

$$T_f^*-T_f=(5.797\pm0.005)-(5.500\pm0.003)=(0.297\pm0.008)$$

从中可知:凝固点降低的平均值为 $\Delta T_f=0.297$。

凝固点降低测量的平均误差 $\Delta(\Delta T_f)=\pm0.008$。

当以平均误差表示最终结果时,写作 $M\pm\Delta M$,其中 M 为相对分子量的测定值,ΔM 为相对分子量测定经传递的平均误差。因为

$$M=\frac{1\ 000\cdot K_f\cdot W_B}{W_A\cdot\Delta T_f}$$

依平均误差传递公式:

$$\Delta M=\left|\frac{\partial M}{\partial W_A}\right|\cdot|\Delta W_A|\left|\frac{\partial M}{\partial W_B}\right|\cdot|\Delta W_B|+\left|\frac{\partial M}{\partial(\Delta T_f)}\right|\cdot|\Delta(\Delta T_f)|$$

式中 $\dfrac{\partial M}{\partial W_B}=\dfrac{1\ 000\cdot K_f}{W_A\cdot\Delta T_f}=\dfrac{1\ 000\times5.12}{20.0\times0.297}=862.0$

$$\frac{\partial M}{\partial W_A}=\frac{1\ 000\cdot K_f\cdot W_B}{W_A^2\cdot\Delta T_f}=\frac{1\ 000\times5.12\times0.147\ 2}{(20.0)^2\times0.297}=6.344$$

$$\frac{\partial M}{\partial(\Delta T_f)}=\frac{1\ 000\cdot K_f\cdot W_B}{(\Delta T_f)^2\cdot W_A}=\frac{1\ 000\times5.12\times0.147\ 2}{(0.297)^2\times20.0}=427.2$$

代入平均误差的传递公式得

$$\Delta M=862.0\times0.000\ 2+6.344\times0.05+427.2\times0.008=3.907\approx4$$

$$M=\frac{1\ 000\times5.12\times0.147\ 2}{20.0\times0.297}=127$$

最终结果表示为 $M = 127 \pm 4 (\text{g/mol})$。

九、实验误差分析的应用

根据被选定的实验内容和实验体系,分析所用仪器及实验步骤中可能产生最大误差的因素,从而引起操作上的注意,这种分析称为对实验误差的估计。这种估计可以为选择仪器装置及试剂等级提供依据。

下面以"凝固点降低法测相对分子量"实验加以说明如何估计实验的误差。

在此实验中,用台秤称量溶剂,分析天平称量溶质,并用贝克曼温度计测量凝固点的降低值,从表 2-5 中得到函数关系为乘、除时被传递的相对平均误差的公式,可推知,相对分子量测定的相对平均误差为

$$\frac{\Delta M}{M} = \pm \left(\frac{|\Delta W_B|}{W_B} + \frac{|\Delta W_A|}{W_A} + \frac{|\Delta(\Delta T_f)|}{\Delta T_f} \right)$$

$$= \pm \left[\frac{0.000\ 2}{0.15} + \frac{0.05}{20} + \frac{0.008}{0.297} \right]$$

$$= \pm (1.3 \times 10^{-3} + 2.5 \times 10^{-3} + 2.7 \times 10^{-2})$$

$$= \pm 0.031$$

式中:0.000 2 g 为分析天平称量溶质时的绝对误差;0.15 为溶质克数;0.05 g 为台秤称量溶剂时的绝对误差;20 为溶剂克数;0.008 是用贝克曼温度计测量凝固点降低值时(溶剂、溶液各测量三次)带来的绝对误差;0.297 为凝固点降低的值;由上式看出,当在实验时,使用上述仪器,实验最大的相对误差为 3.1%。

若用刻度为 1/10 的温度计代替刻度为 1/100 贝克曼温度计,当其他条件不变时,按每次测温的绝对误差都增大 10 倍计,则

$$\frac{\Delta(\Delta T_f)}{\Delta T_f} = \frac{0.08}{0.297} = 0.27$$

$$\frac{\Delta M}{M} = \pm (1.3 \times 10^{-3} + 2.5 \times 10^{-3} + 0.27) = \pm 0.27$$

即此时测定相对分子量的相对误差从 3.1% 升到 27%,很明显,所得相对分子量测定结果误差太大,改用刻度 1/10 的温度计测量显然是不适宜的。

同样,提高溶剂称量的精度,而其他条件不变时改用分析天平来称量溶剂时,称量的精度从 0.05 g 提高到 0.000 2 g,则:

$$\frac{\Delta W_A}{W_A} = \frac{0.000\ 2}{20} = 1 \times 10^{-5}$$

$$\frac{\Delta M}{M} = \pm (1.3 \times 10^{-3} + 1 \times 10^{-5} + 2.7 \times 10^{-2}) = \pm 0.028$$

计算表明,这时对相对分子量的测定的相对误差从 3.1% 降到 2.8%,对最后结果影响并不太大,很显然,不必要用分析天平称量溶剂。

同样,对于溶质的称量,由于溶质少,所以用分析天平称量是必要的。但是,溶质计量的精度如果稍有降低,对测定结果影响也并不太大,例如当称量精度降低一倍,即其误差为 $\Delta W_B = 0.000\ 4$ 时,则

$$\frac{\Delta W_B}{W_B} = \frac{0.000\,4}{0.15} = 2.7 \times 10^{-3}$$

$$\frac{\Delta M}{M} = \pm(2.7 \times 10^{-3} + 2.5 \times 10^{-3} + 2.7 \times 10^{-2}) = \pm 0.032$$

可见称量溶质精度降低一倍,最大相对误差只从 3.1% 增大到 3.2%,只增加了 0.1%,因此在此实验中,往往可以加入少量固体溶质作为凝固过程的晶种,以避免过冷现象出现而影响温度读数的精确性,这种做法的结果往往反而提高实验的精确度。

以上分析说明,在此实验中测温的精确度(包括温度计的精度和操作技术条件)是造成这种误差的主要原因,如果要提高用凝固点降低法测相对分子量的精确度,首先要考虑提高测温的精确度。反之,测温精确度的降低必将大大增加相对分子量测定的误差。

事先估计各项所测的误差及其影响,将指导选用精密度适宜的仪器和选择正确的实验方法,控制适宜的条件并抓住测量的关键,从而得到精密度较高的实验结果。

2.2 化学实验的数据记录和处理

1. 化学实验数据记录

学生要有专门的实验报告本,标上页数,不得撕去任何一页。绝不允许将数据记在单页纸上、小纸片上,或随意记在其他地方。实验数据应按要求记在实验记录本或实验报告本上。

实验过程中的各种测量数据及有关现象,应及时、准确而清楚地记录下来,记录实验数据时,要有严谨的科学态度,要实事求是,切忌夹杂主观因素,决不能随意拼凑和伪造数据。

实验过程中涉及到的各种特殊仪器的型号和标准溶液浓度等,也应及时准确记录下来。记录实验数据时,应注意其有效数字的位数。用分析天平称量时,要求记录至 0.000 1 g;滴定管及移液管的读数,应记录至 0.01 mL;用分光光度计测量溶液的吸光度时,如吸光度在 0.6 以下,应记录至 0.001 的读数,大于 0.6 时,则要求记录至 0.01 读数。

实验中的每一个数据,都是测量结果,所以,重复测量时,即使数据完全相同,也应记录下来。在实验过程中,如果发现数据算错、测错或读错而需要改动时,可将数据用一横线划去,并在其上方写上正确的数字。

2. 化学实验数据处理

做完实验后,应该将获得的大量数据,尽可能整齐有规律地列表表达出来,以便处理运算。化学实验数据的表达方法主要有三种:列表法、作图法和数学方程式法。下面分别介绍这三种方法。

(1)列表法

在化学实验中,数据测量一般至少包括两个变量,在实验数据中选出自变量和因变量。列表法就是将这一组实验数据的自变量和因变量的各个数值依一定的形式和顺序一一对应列出来。

列表时应注意以下几点:

① 每个表开头都应写出表的序号及表的名称;

② 表格的每一行上,都应该详细写上名称及单位,名称用符号表示,因表中列出的通常是一些纯数(数值),因此行首的名称及单位应写成名称符号/单位符号,如 p(压力)/Pa;

③ 表中的数值应用最简单的形式表示,公共的乘方因子应放在栏头注明;

④ 在每一行中的数字要排列整齐,小数点应对齐,应注意有效数字的位数。

(2) 作图法

① 求外推值

有些不能由实验直接测定的数据,常常可以用作图外推的方法求得。主要是利用测量数据间的线性关系,外推至测量范围之外,求得某一函数的极限值,这种方法称为外推法。例如用粘度法测定高聚物的相对分子质量实验中,首先必须用外推法求得溶液的浓度趋于零时的粘度(即特性粘度)值,才能算出相对分子质量。

② 求极值或转折点

函数的极大值、极小值或转折点,在图形上表现得很直观。例如环己烷-乙醇双液系相图确定最低恒沸点(极小值)。

③ 求经验方程

若因变量与自变量之间有线性关系,那么就应符合下列方程:

$$y = ax + b$$

它们的几何图形应为一直线,a 是直线的斜率,b 是直线在轴上的截距。应用实验数据作图,作一条尽可能联结诸实验点的直线,从直线的斜率和截距便可求得 a 和 b 的具体数据,从而得出经验方程。

对于因变量与自变量之间是曲线关系而不是直线关系的情况,可对原有方程或公式作若干变换,转变成直线关系。如朗格缪尔吸附等温式:

$$\Gamma = \Gamma_\infty \frac{Kc}{1 + Kc}$$

吸附量 Γ 与浓度 c 之间为曲线关系,难以求出饱和吸附量 Γ_∞。可将上式改写成:

$$\frac{c}{\Gamma} = \frac{1}{K\Gamma_\infty} + \frac{1}{\Gamma_\infty}c$$

以 $\frac{c}{\Gamma}$ 对 c 作图得一直线,其斜率的倒数为 Γ_∞。

④ 作切线求函数的微商

作图法不仅能表示出测量数据间的定量函数关系,而且可以从图上求出各点函数的微商。具体做法是在所得曲线上选定若干个点,然后用镜像法作出各切线,计算出切线的斜率,即得该点函数的微商值。

⑤ 求导数函数的积分值(图解积分法)

设图形中的因变量是自变量的导数函数,则在不知道该导数函数解析表示式的情况下,也能利用图形求出定积分值,称图解积分,通常求曲线下所包含的面积常用此法。

⑥ 作图方法

作图首先要选择坐标纸。坐标纸分为直角坐标纸,半对数或对数坐标纸,三角坐标纸和极坐标纸等几种,其中直角坐标纸最常用。

选好坐标纸后,要正确选择坐标标度,要求:一是要能表示全部有效数字;二是坐标轴上每小格的数值,应可方便读出,且每小格所代表的变量应为 1,2,5 的整数倍,不应为 3,7,9 的整数倍。如无特殊需要,可不必将坐标原点作为变量零点,而从略低于最小测量值的整数开始,可使作图更紧凑,读数更精确;三是若曲线是直线或近乎直线,坐标标度的选择应使直

线与 x 轴成 45°夹角。

然后，将测得的数据，以点描绘于图上。在同一个图上，如有几组测量数据，可分别用 △、×、⊙、○、●等不同符号加以区别，并在图上对这些符号注明。

作出各测量点后，用直尺或曲线板，画直线或曲线。要求线条能连接尽可能多的实验点，但不必通过所有的点，对未连接的点应均匀分布于曲线两侧，且与曲线的距离应接近相等。曲线要求光滑均匀，细而清晰。连线的好坏会直接影响到实验结果的准确性，如有条件鼓励用计算机作图。

在曲线上作切线，通常用两种方法。

镜像法：若需在曲线上某一点 A 作切线，可取一平面镜垂直放于图纸上，也可用玻璃棒代替镜子，使玻璃棒和曲线的交线通过 A 点，此时，曲线在玻璃棒中的像与实际曲线不相吻合，如图 2-4(a)；以 A 点为轴旋转玻璃棒，使玻璃棒中的曲线与实际曲线重合时，如图 2-4(b)；沿玻璃棒作直线 MN，这就是曲线在该点的法线，再通过 A 点作 MN 的垂线 CD，即可得切线，如图 2-4(c)。

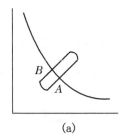 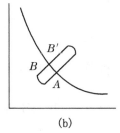 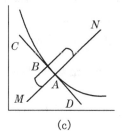

图 2-4　作切线的方法

平行线法：在所选择的曲线段上，作两条平行线 AB，CD，连接两线段的中点 M，N 并延长与曲线交于 O 点，通过 O 点作 CD 的平行线 EF，即为通过 O 点的切线，见图 2-5。

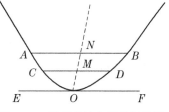

图 2-5　平行线法作切线示意图

3. 数学方程式法

一组实验数据可以用数学方程式表示出来，这样一方面可以反映出数据结果间的内在规律性，便于进行理论解释或说明；另一方面这样的表示简单明了，还可进行微分、积分等其他变换。

对于一组实验数据，一般没有一个简单方法可以直接得到一个理想的经验公式，通常是先将一组实验数据画图，根据经验和解析几何原理，猜测经验公式的应有形式。将数据拟合成直线方程比较简单，但往往数据点间并不成线性关系，则必须根据曲线的类型，确定几个可能的经验公式，然后将曲线方程转变成直线方程，再重新作图，看实验数据是否与此直线方程相符，最终确定理想的经验公式。

下面介绍几种直线方程拟合的方法：直线方程的基本形式是 $y=ax+b$，直线方程拟合就是根据若干自变量 x 与因变量 y 的实验数据确定 a 和 b。

（1）作图法

在直角坐标纸上，用实验数据作图得一直线，将直线与轴相交，即为直线截距 b，直线与

轴的夹角为 θ，则 $a=\tan\theta$。另外也可在直线两端选两个点，坐标分别为(x_1,y_1)、(x_2,y_2)，它们应满足直线方程，可得

$$\begin{cases} y_1 = ax_1 + b \\ y_2 = ax_2 + b \end{cases}$$

解此联立方程，可得 a 和 b。

（2）平均法

平均法根据的原理是在一组测量数据中，正负偏差出现的机会相等，所有偏差的代数和将为零。计算时将所测的 m 对实验值代入方程 $y=ax+b$，得 m 个方程。将此方程分为数目相等的两组，将每组方程各自相加，分别得到如下方程：

$$\sum_1^{m/2} y_i = a\sum_1^{m/2} x_i + b$$

$$\sum_{(m/2)+1}^{m} y_i = a\sum_{(m/2)+1}^{m} x_i + b$$

解此联立方程，可得 a 和 b。

（3）最小二乘法

假定测量所得数据并不满足方程 $y=ax+b$ 或 $ax-y+b=0$，而存在所谓残差 δ，令 $\delta_i = ax_i - y_i + b$。最好的曲线应能使各数据点的残差平方和（$\Delta$）最小，即 $\Delta = \sum_1^n \delta_i^2 = \sum_1^n (ax_i - y_i + b)^2$ 最小。对于求函数 Δ 极值，我们知道一阶导数 $\dfrac{\partial \Delta}{\partial a}$ 和 $\dfrac{\partial \Delta}{\partial b}$ 必定为零，可得以下方程组：

$$\begin{cases} \dfrac{\partial \Delta}{\partial a} = 2\sum_1^n x_i(ax_i - y_i + b) = 0 \\ \dfrac{\partial \Delta}{\partial b} = 2\sum_1^n (ax_i - y_i + b) = 0 \end{cases}$$

变换后可得：

$$\begin{cases} a\sum_1^n x_i^2 + b\sum_1^n x_i = \sum_1^n x_i y_i \\ a\sum_1^n x_i + nb = \sum_1^n y_i \end{cases}$$

解此联立方程得 a 和 b：

$$\begin{cases} a = \dfrac{n\sum x_i y_i - \sum x_i \sum y_i}{n\sum x_i^2 - (\sum x_i)^2} \\ b = \dfrac{\sum y_i}{n} - a\dfrac{\sum x_i}{n} \end{cases}$$

2.3　计算机在化学实验中的应用

在化学实验中经常会遇到各种类型不同的实验数据,要从这些数据中找到有用的化学信息,得到可靠的结论,就必须对实验数据进行认真的整理和必要的分析和检验。除上一节中提到的分析方法以外,化学、数学分析软件的应用大大减少了处理数据的麻烦,提高了分析数据的可靠程度。经验告诉我们,数据信息的处理与图形表示在物理化学实验中有着非常重要的地位。用于图形处理的软件非常多,部分已经商业化,如微软公司的 Excel、OriginLab 公司的 Origin 等。下面以 Origin 软件为例,简单介绍该软件在数据处理中的应用。

Origin 软件从它诞生以来,由于强大的数据处理和图形化功能,已被化学工作者广泛应用。它的主要功能和用途包括:对实验数据进行常规处理和一般的统计分析,如计数、排序、求平均值和标准偏差、t 检验、快速傅立叶变换、比较两列均值的差异、进行回归分析等。此外还可用数据作图,用图形显示不同数据之间的关系,用多种函数拟合曲线等等。

1. 数据的统计处理

当把实验的数据输入之后,打开 Origin 数据(data)栏,可以做如下的工作:

(1)数据按照某列进行升序(Asending)或降序(Decending)排列。

(2)按照列求和(Sum)、平均值(Mean)、标准偏差(sd)等。

(3)按照行求平均值、标准偏差。

(4)对一组数据(如一列)进行统计分析,进行 t 检验,可以得到如下的检验结果:平均值、方差 s^2(variance)、数据量(N)、t 的计算值、t 分布和检验的结论等信息。

(5)比较两组数据(如两列)的相关性。

(6)进行多元线性回归(Multiple Regression)得到回归方程,得到定量结构性质关系(Quantitative Structure-Properties Relationship, QSPR),同时可以得到该组数据的偏差、相关系数等数据。

2. 数据关系的图形表示

数据准备完之后,除了可以进行上面的统计处理以外,还可以进行二维图形的绘制。Origin 5.0 以上的版本还可以绘制三维图形,以及各种不同图形的排列等可视化操作。用图形方法显示数据的关系比较直观,容易理解,因而在科技论文、实验报告中经常用到。Origin 软件提供了数据分析中常用的绘图、曲线拟合和分辨功能,其中包括:

(1)二维数据点分布图(Scatter)、线图(Line)、点线图(Line-Symbol)。

(2)可以绘制带有数据点误差、数据列标准差的二维图。

(3)用于生产统计、市场分析等的条形图(Tar)、柱状图(Column)、扇形图(Pie chart)。

(4)表示积分面积的面积图(Area)、填充面积图(Fill area)、三组分图(Ternary)等。

(5)在同一张图中表示两套 X 或 Y 轴、在已有的图形页中加入函数图形、在空白图形页中显示函数图形等。

另外 Origin 软件还可以提供强大的三维图形,方便而且直观地表示固定某一变量下系列组分变化的程度,如:三维格子点图(3D Scatter plot)、三维轨迹图(3D Trajectory)、三维直方图(3D Bars)、三维飘带图(3D Ribbons)、三维墙面图(3D Wall)、三维瀑布图(3D Waterfall)。

用不同颜色表示的三维颜色填充图(3D Color fill surface)、固定基色的三维图(3D X or Y constant with base)、三维彩色地图(3D Color map)等。

3. 曲线拟合与谱峰分辨

虽然原始数据包含了所有有价值的信息,但是,信息质量往往不高。通过上一部分介绍得到的数据图形,仅仅能够通过肉眼来判断不同数据之间的内在逻辑联系,大量的相关信息还需要借助不同的数学方法得以实现。Origin 软件可以进一步对数据图形进行处理,提取有价值的信息,特别是对物理化学实验中经常用到的谱图和曲线的处理具有独到之处。

(1) 数据曲线的平滑(去噪声)、谱图基线的校正或去数据背景

使用数据平滑可以去除数据集合中的随机噪声,保留有用的信息。最小二乘法平滑就是用一条曲线模拟一个数据子集,在最小误差平方和准则下估计模型参数。平滑后的数据可以进一步地进行多次平滑或者多通道平滑。

(2) 数据谱图的微分和积分

物理化学实验中得到的许多谱图中常常"隐藏"着谱 y 对 x 的响应。例如两个难分辨的组分,其组合色谱响应图往往不能明显看出两个组分的共同存在,谱图显示的可能是单峰而不是"肩峰"。微分谱图($dy/dx \sim x$)比原谱图($y \sim x$)对谱特征的细微变化反应要灵敏得多,因此常常采用微分谱对被隐藏的谱的特征加以区分。在光谱和色谱中,对原信号的微分可以检验出能够指示重叠谱带存在的弱肩峰;在电化学中,对原信号的微分处理可以帮助确定滴定曲线的终点。

对谱图的积分可以得到特征峰的峰面积,从而可以确定化学成分的含量比。因此,在将重叠谱峰分解后,对各个谱峰进行积分,就可以得到化学成分的含量比。在 Origin 软件中提供了三种积分方法:梯形公式、Simpson 公式和 Cotes 公式。

(3) 对曲线进行拟合、求回归一元或多元函数

对曲线进行拟合,可以从拟合的曲线中得到许多的谱参数,如谱峰的位置、半峰宽、峰高、峰面积等。但是需要注意的是所用函数数目超过谱线拐点数的两倍就有可能产生较大的误差,采用的非线性最小二乘法也不能进行全局优化,所得到的解与设定的初始值有关。因此,在拟合曲线时,设定谱峰的初始参数要尽可能接近真实解,这就要求需要采用不同的初始值反复试算。在有些情况下,可以把复杂的曲线模型通过变量变换的方法简化为线性模型进行处理。Origin 软件中能够提供许多的拟和函数,如线性拟和(Linear regression)、多项式拟和(Polynomial regression)、单个或多个 e 指数方式衰减(Exponential decay)、e 指数方式递增(Exponential growth)、S 型函数(Sigmoidal)、单个或多个 Gauss 函数和 Lorentz 函数等,此外用户还可以自定义拟合函数。

【例 2-5】 水的饱和蒸气压测定实验的数据处理,以动态法测定的一组实测数据来进行讨论,见表 2-6。Origin 处理的具体步骤如下:

(1) 根据公式 $p_0 = \dfrac{1+\beta t}{1+\alpha t} p_{大气}$ 计算校正大气压力,得 $p_0 = 990\,98\text{Pa}$。

(2) 输入实验数据并计算 p:启动 Origin,在工作表中输入实验数据,添加新一列并右击其顶部,在"Columns"菜单中点击"Set Column Values",在文本框中输入相应的 p 计算式($p = p_0 - p_{表压}$),点击"OK",Origin 即自动将 p 计算值填入第 3 列,见表 2-6。

表 2-6　水的饱和蒸气压的测定实验的数据（$p_{大气}=994\,80\ Pa,t_{室温}=23.5℃$）

$p_{表压}$（Pa）	水浴温度 t（℃）	饱和蒸气压 $p=p_0-p_{表压}$	lg（p/Pa）	$\dfrac{1}{T}$（K）
144 60	96.7	846 38	4.927 6	0.002 70
274 30	93.1	716 68	4.855 3	0.002 73
419 10	87.15	571 88	4.757 3	0.002 78
563 50	79.01	427 48	4.630 9	0.002 84
701 20	69.67	289 78	4.462 1	0.002 92

（3）再添加新一列并右击其顶部，在"Columns"菜单中点击"Set Column Values"，在文本框中输入相应的 lg（p/Pa）计算式，点击"OK"，Origin 即自动将 lg（p/Pa）计算值填入第 4 列，见表 2-6。

（4）再添加新一列并右击其顶部，在"Columns"菜单中点击"Set Column Values"，在文本框中输入相应的 $\dfrac{1}{T}$/K 计算式，点击"OK"，Origin 即将自动将 $\dfrac{1}{T}$ 计算值填入第 5 列，见表 2-6。

（5）作 lg（p/Pa）$\sim\dfrac{1}{T}$/K 图：以 lg（p/Pa）对 $\dfrac{1}{T}$/K 两列作出散点图，然后进行直线拟合：在"Analysis"菜单下点击"Fit Linear"，即可得如图 2-6 所示拟合直线，以及拟合方程和相关系数：
$$Y=10.72-2\,145.38*X,$$
$$R=-0.999\,3$$

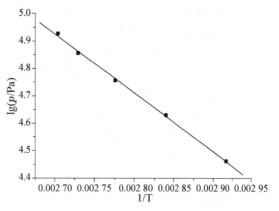

图 2-6　拟合的 lg（p/Pa）-1/T 关系

（6）根据 Clapeyron-Clausius 方程的积分关系式 lg（p/Pa）$=-\dfrac{\Delta_{vap}H_m}{2.303RT}+C$），由斜率 $B=-2\,145.38=-\dfrac{\Delta_{vap}H_m}{2.303R}$ 计算得 $\Delta_{vap}H_m=41.08\ kJ\cdot mol^{-1}$，与文献值相吻合。

【例 2-6】　环己烷-乙醇双液体系相图绘制测定的实验数据处理，以一组实测数据来进行讨论，见表 2-7 和表 2-8。

表 2-7　工作曲线的测定实验数据（25℃）

$X_{环己烷}$	0.000 0	0.200 0	0.400 0	0.600 0	0.800 0	1.000 0
折射率 η	1.361 4	1.374 0	1.391 5	1.403 0	1.416 3	1.426 4

表 2-8 溶液沸点、气、液相折射率实验数据

混合液编号	沸点℃	气相		液相	
		折射率	$X_{环己烷}$	折射率	$X_{环己烷}$
1	80.70	1.426 4	1	1.426 4	1
2	73.20	1.407 2	0.650 0	1.422 6	0.920 7
3	67.10	1.402 0	0.571 4	1.422 4	0.916 6
4	65.11	1.401 0	0.556 7	1.419 2	0.854 0
5	64.67	1.399 0	0.527 8	1.408 5	0.670 4
6	64.62	1.398 9	0.526 3	1.397 7	0.509 1
7	64.98	1.398 0	0.513 4	1.389 0	0.388 0
8	67.58	1.396 0	0.485 0	1.371 0	0.142 5
9	75.30	1.375 8	0.208 6	1.365 8	0.069 1
10	78.40	1.361 4	0	1.361 4	0

绘制折射率 $\eta \sim X_{己烷}$ 工作曲线图,即进行 S 曲线拟合,具体操作步骤如下:

(1) 启动 Origin,在工作表中输入实验数据,以 η 对 $X_{环己烷}$ %作出散点图。

(2) 在"Tools"菜单下点击"Sigmoidal Fit",弹出一个"Sigmoidal Fit"对话框,此时对话框参数中已经有初值(一般不要改变初始值,在拟合过程中 Origin 会进行必要的调整)。

(3) 选择"Sigmoidal Fit"对话框中"Setting"选项卡,在"Logged Data Fit Function"组有"Boltzmann"和"Does Response"单选按钮,选择"Does Response"。

(4) 在"Operation"选项卡中单击"Fit",Origin 完成对数据的 S 曲线拟合。

(5) 直接在"Sigmoidal Fit"对话框"Operation"选项卡中底部"Find X"或"Find Y"中输入数值,单击"Find Y"或"Find X"按钮,此时在 Find Y"或"Find X"栏中显示出对应的 Y 值或 X 值。用此方法查出对应的气相组成(表 2-8 中第 4 列)和液相组成(表 2-8 中第 6 列)。

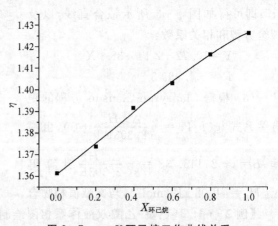

图 2-7 $\eta \sim X$ 环己烷工作曲线关系

根据表 2-8 中第 2、4、6 三列的数据作双组分沸点-组成图,操作步骤如下:

(1) 启动 Origin,在工作表中分别输入实验测得的沸点、气、液相组成数据,三列数据分别设为 Y2、X1、X2。

(2) 选择数据:即按住"Ctrl+A(X1)列"和"Ctrl+C(Y2)列",点击菜单 Plot/Line,出现 Graph1。

(3) 在 Graph1 图中,增加一个新图层,并且选择 Y 轴居右:点击 Edit/New Layer

（Axes）/Right Y，在 Graph1 图左上角出现图层序号 1 和 2。

（4）将图中右 Y 轴的参数设置与左 Y 轴一致：即鼠标右键点击右 Y 轴/Properties/Scale 页面/From 值、To 值、Increment 值。

（5）在第一图层上叠加第二条曲线：鼠标右键点击 Graph1 图左上角的图层序号 2/Layer Contents/Layer 2 对话框/在 Availabe Data 框内选择 Data1_b/点击"⇒"加入到 Layer Contents 框中/OK 即可。

（6）处理曲线使其光滑：双击待处理曲线/Plot Details 对话框/Line 页面/Connect 选项/B-Spline/OK 即可。

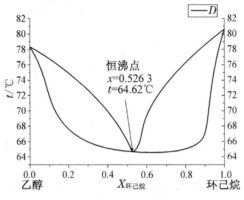

图 2-8　环己烷-乙醇体系沸点-组成关系

【例 2-7】　最大气泡压力法测定溶液表面张力实验数据处理。目前国内的教材中对该实验的数据处理都是介绍采用图解法对表面张力 σ 与溶液浓度 c 关系拟合曲线，然后用手工镜像法作切线求出切线的斜率 $\left(\dfrac{\partial\sigma}{\partial c}\right)_T$，进而依据 Gibbs 吸附方程 $\Gamma=-\dfrac{c}{RT}\left(\dfrac{\partial\sigma}{\partial c}\right)_T$，求出表面吸附量 Γ。再依据 Langmuir 吸附等温式 $\Gamma=-\dfrac{\Gamma_\infty kc}{(1+kc)}$，以 $\dfrac{c}{\Gamma}\sim\Gamma$ 作图，由直线的斜率得出饱和吸附量 Γ_∞。根据 $A=\dfrac{1}{\Gamma_\infty L}$ 求出溶质分子截面积。下面介绍 origin 处理该实验数据的方法。

以实验测定 25 ℃ 正丁醇水溶液的表面张力的一组实测数据来进行讨论，见表 2-9。

表 2-9　25 ℃ 正丁醇水溶液的表面张力实验数据

$c_{正丁醇}$（mol/L）	0	0.05	0.1	0.2	0.3	0.4	0.5	0.6	0.7
Δp_{max}（kPa）	0.143	0.110	0.086	0.069	0.060	0.052	0.048	0.046	0.040
σ（N/m）	0.072 0	0.055 4	0.043 3	0.034 7	0.030 2	0.026 2	0.024 2	0.023 2	0.020 1

（1）输入实验数据并计算 σ：启动 Origin，在工作表中输入实验数据，添加新一列并右击其顶部，在"Columns"菜单中点击"Set Column Values"，在文本框中输入相应的 σ 计算式 $\left(\sigma=\left(\dfrac{\sigma_{H_2O}}{\Delta p_{max,\,H_2O}}\right)\Delta p_{max}\right)$，点击"OK"，Origin 即自动将 σ 计算值填入第 3 列，见表 2-9。

（2）作 $\sigma\sim c$（正丁醇）图：以 σ 对 c 两列作出散点图，然后进行一阶指数衰减式拟合：在

"Analysis"菜单下点击"Fit Exponential Decay/First Order",即可得如图 2-9 所示拟合曲线,及其拟合方程和相关系数如下:

$$\sigma = 0.022\ 6 + 0.048\ 3\mathrm{e}^{\frac{-c}{0.135\ 9}},\ R = 0.990\ 6$$

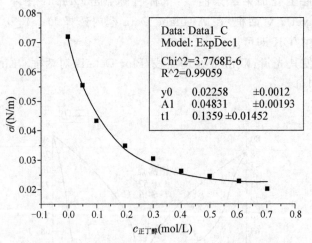

图 2-9　一阶指数衰减式拟合的 $\sigma \sim c$(正丁醇)关系

(3) 对拟合曲线微分求取微分值 $\left(\dfrac{\partial \sigma}{\partial c}\right)_T$:在"Data"菜单下点击"NLSF"激活拟合曲线,在"Analysis" 菜单下点击"Calculus/ Differentiate",Origin 将自动计算出拟合曲线各点的微分值,并在该曲线对应的工作表(Derivative)中创建一个新数列存放这些微分值,如表 2-10 所示。

表 2-10　计算机拟合创建的数据

$c_{正丁醇}$(mol/L)	$\left(\dfrac{\partial \sigma}{\partial c}\right)_T$	Γ	$c_{正丁醇}$(mol/L)	$\left(\dfrac{\partial \sigma}{\partial c}\right)_T$	Γ
0	−0.346 57	0	0.368 42	−0.022 9	3.403 12E−6
0.036 84	−0.269 75	4.009 21E−6	0.405 26	−0.017 46	2.853 91E−6
0.073 68	−0.208 02	6.183 36E−6	0.442 11	−0.013 38	2.387 26E−6
0.110 53	−0.159 26	7.101 16E−6	0.478 95	−0.010 34	1.998 28E−6
0.147 37	−0.121 28	7.210 42E−6	0.515 79	−0.008 07	1.679 2E−6
0.184 21	−0.092 02	6.838 12E−6	0.552 63	−0.006 37	1.421 11E−6
0.221 05	−0.069 65	6.211 09E−6	0.589 47	−0.005 11	1.215 07E−6
0.257 89	−0.052 66	5.479E−6	0.626 32	−0.004 17	1.052 73E−6
0.294 74	−0.039 82	4.735 23E−6	0.663 16	−0.003 46	9.265 71E−7
0.331 58	−0.030 16	4.033 95E−6	0.7	−0.002 94	8.300 87E−7

(4) 求表面最大吸附量 Γ_∞:在项目管理器中打开"Derivative"工作表,其中"NLSF"列即为微分值 $\left(\dfrac{\partial \sigma}{\partial c}\right)_T$,添加新一列并右击其顶部,在"Columns"菜单中点击"Set Column

Values",在文本框中输入相应的 Γ 计算式 $\left(\Gamma=-\dfrac{c}{RT}\left(\dfrac{\partial\sigma}{\partial c}\right)_T\right)$,点击"OK",Origin 即自动将 Γ 计算值填入表 2-10 中第 3 列。以 Γ 对 c 作点线图得一曲线,曲线上的极大值就是 Γ_∞,如图 2-10 所示。

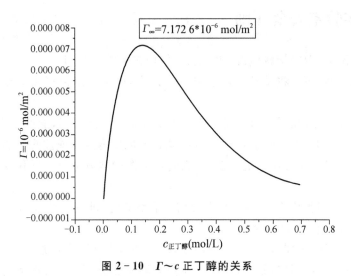

$\Gamma_\infty=7.172\,6*10^{-6}\ \text{mol/m}^2$

图 2-10　$\Gamma\sim c$ 正丁醇的关系

根据 $A=\dfrac{1}{\Gamma_\infty L}$ 求分子的截面积,$A=2.32*10^{-19}\ \text{m}^2=0.232\ \text{nm}^2$。

2.4　化学实验室守则

(1) 按时进行实验,若无故迟到,指导老师有权取消本次实验资格。若无故旷课或请人代做,本次实验计零分。要求补做实验的学生,必须写出补做申请报告。补做成绩按实验实际得分计分。

(2) 实验前必须认真写好预习报告,进入实验室后首先熟悉实验室环境、各种设施的位置、清点仪器。

(3) 实验中保持室内安静,集中思想,仔细观察,如实、及时、正确地记录。

(4) 保持实验室和实验桌面的清洁,火柴、纸屑、废品等丢入废物缸内,不得丢入水槽,以免水槽堵塞,也不得丢在地面上。

(5) 使用仪器要小心谨慎,若有损坏应填写仪器损坏单,若属不按操作规程导致仪器损坏,要照价赔偿。使用精密仪器时,必须严格按照操作规程进行操作。注意节约水电。

(6) 使用试剂时应注意:

① 按量取用,注意节约;

② 取用固体试剂时,勿使其落在实验容器外;

③ 公用试剂放在指定位置,不得擅自拿走;

④ 试剂瓶的滴管、瓶塞是配套使用的,用后立即放回原处,避免混淆,玷污试剂;

⑤ 使用试剂时要遵守正确的操作方法。

(7) 实验完毕,洗净仪器,放回原处,整理桌面,经指导老师同意方可离开,实验室内物品不得带出。

(8) 每次实验后由值日生负责整理药品,打扫卫生,并检查水、电和门窗,以保持实验室的整洁和安全。

2.5　化学实验室安全守则

(1) 不要用湿手、湿物接触电源,水、电、气使用完毕立即关闭。

(2) 加热试管时,不要将试管口对着自己或别人,也不要俯视正在加热的液体,以防液体溅出伤害人体。

(3) 嗅闻气体时,应用手轻拂气体,把少量气体扇向自己再闻,能产生有刺激性或有毒气体(如 H_2S、Cl_2、CO、NO_2、SO_2 等)的实验必须在通风橱内进行或注意实验室通风。

(4) 具有易挥发和易燃物质的实验,应在远离火源的地方进行。操作易燃物质时,加热应在水浴中进行。

(5) 有毒试剂(如氰化物、汞盐、钡盐、铅盐、重铬酸钾、砷的化合物等)不得进入口内或接触伤口。剩余的废液应倒在废液缸内。

(6) 若使用带汞的仪器被损坏,汞液溢出仪器外时,应立即报告指导老师,指导处理。

(7) 洗液、浓酸、浓碱具有强腐蚀性,应避免溅落在皮肤、衣服、书本上,更应防止溅入眼睛内。

(8) 稀释浓硫酸时,应将浓硫酸慢慢注入水中,并不断搅动,切勿将水倒入硫酸中,以免迸溅,造成灼伤。

(9) 禁止任意混合各种试剂药品,以免发生意外事故。

(10) 废纸、玻璃等物应扔入废物桶中,不得扔入水槽,保持下水道畅通,以免发生水灾。

(11) 反应过程中可能生成有毒或有腐蚀性气体的实验应在通风橱内进行,使用后的器皿应及时洗净。

(12) 经常检查煤气开关和用气系统,如有泄漏,应立即熄灭室内火源,打开门窗,用肥皂水查漏,若估计一时难以查出,应关闭煤气总阀,立即报告教师。

(13) 实验室内严禁吸烟、饮食,或把食具带进实验室。实验完毕,必须洗净双手。

(14) 禁止穿拖鞋、高跟鞋、背心、短裤(裙)进入实验室。

2.6　化学实验室意外事故处理

1. 化学灼烧处理

(1) 酸(或碱)灼伤皮肤立即用大量水冲洗,再用碳酸氢钠饱和溶液(或 1%～2%乙酸溶液)冲洗,最后再用水冲洗,涂敷氧化锌软膏(或硼酸软膏)。

(2) 酸(或碱)灼伤眼睛不要揉搓眼睛,立即用大量水冲洗,再用 3%的硫酸氢钠溶液(或用 3%的硼酸溶液)淋洗,然后用蒸馏水冲洗。

(3) 碱金属氰化物、氢氰酸灼伤皮肤用高锰酸钾溶液冲洗,再用硫化铵溶液漂洗,然后用水冲洗。

(4) 溴灼伤皮肤立即用乙醇洗涤,然后用水冲净,涂上甘油或烫伤油膏。

（5）苯酚灼伤皮肤先用大量水冲洗，然后用 4：1 的乙醇（70％）-氯化铁（1 mol/L）的混合液洗涤。

2. 割伤和烫伤处理

（1）割伤　若伤口内有异物，先取出异物后，用蒸馏水洗净伤口，然后涂上红药水并用消毒纱布包扎，或贴上创可贴。

（2）烫伤　立即涂上烫伤膏，切勿用水冲洗，更不能把烫起的水泡戳破。

3. 毒物与毒气误入口、鼻内感到不舒服时的处理

（1）毒物误入口　立即内服 5～10 mL 稀 $CuSO_4$ 温水溶液，再用手指伸入咽喉促使呕吐毒物。

（2）刺激性、有毒气体吸入　误吸入煤气等有毒气体时，立即在室外呼吸新鲜空气；误吸入溴蒸气、氯气等有毒气体时，立即吸入少量酒精和乙醚的混合蒸气，以便解毒。

4. 触电处理

触电后，立即拉下电闸，必要时进行人工呼吸。当所发生的事故较严重时，做了上述急救后应速送医院治疗。

5. 起火处理

（1）小火、大火　小火用湿布、石棉布或砂了覆盖燃物；大火应使用灭火器，而且需根据不同的着火情况，选用不同的灭火器，必要时应报火警（119）。

（2）油类、有机溶剂着火　切勿用水灭火，小火用砂子或干粉覆盖灭火，大火用二氧化碳灭火器灭火，亦可用干粉灭火器或 1211 灭火器灭火。

（3）精密仪器、电器设备着火　切断电源、小火可用石棉布或湿布覆盖灭火，大火用四氯化碳灭火器灭火，亦可用干粉灭火器或 1211 灭火器灭火。

（4）活泼金属着火　可用干燥的细砂覆盖灭火。

（5）纤维材质着火　小火用水降温灭火；大火用泡沫灭火器灭火。

（6）衣服着火　应迅速脱下衣服或用石棉覆盖着火处或卧地打滚。

2.7　化学实验室"三废"处理

1992 年，为治理环境污染，联合国环境与发展大会提出了可持续发展的绿色化学思想，我国绿色化学的研究工作也于 1995 年正式开始，并将成为 21 世纪我国化学教育的重要组成部分。要实现化学实验教学的绿色化，应大力推广"微型化学实验"。"微型化学实验"是 20 年来在国内外发展很快的一种化学实验新方法、新技术。它具有节约试剂、减少污染、测定速度快、安全等特点，便于实验室管理和"三废"处理。在实验教学中，可根据实际情况，尽可能使实验微型化，加大实验室的"三废"处理力度。化学实验室的"三废"种类繁多，实验过程产生的有毒气体和废水排放到空气中或下水道，同样对环境造成污染，威胁人们的健康。如 SO_2、NO、Cl_2 等气体对人的呼吸道有强烈的刺激作用，对植物也有伤害作用；As、Pb 和 Hg 等化合物进入人体后，不易分解和排出，长期积累会引起胃痛、皮下出血、肾功能损伤等；氯仿、四氯化碳等能致肝癌；多环芳烃能致膀胱癌和皮肤癌；CrO 接触皮肤破损处会引起溃烂不止等。故须对实验过程中产生的有毒有害物质进行必要的处理。

1. 常用的废气处理方法

（1）溶液吸收法　溶液吸收法即用适当的液体吸收剂处理气体混合物，除去其中有害气体的方法。常用的液体吸收剂有水、碱性溶液、酸性溶液、氧化剂溶液和有机溶液，它们可用于净化含有 SO_2、NO_x、HF、SiF_4、HCl、Cl_2、NH_3、汞蒸气、酸雾、沥青烟和各种组分有机物蒸气的废气。

（2）固体吸收法　固体吸收法是使废气与固体吸收剂接触，废气中的污染物（吸收质）吸附在固体表面从而被分离出来。此法主要用于净化废气中低浓度的污染物质，常用的吸附剂及其用途见表 2-11。

表 2-11　常用吸附剂及处理的吸附质

固体吸附剂	处理物质
活性炭	苯、甲苯、二甲苯、丙酮、乙醇、乙醚、甲醛、汽油、乙酸乙酯、苯乙烯、氯乙烯、恶臭物、H_2S、Cl_2、CO、CO_2、SO_2、NO_x、CS_2、CCl_4、$HCCl_3$、H_2CCl_2
浸渍活性炭	烯烃、胺、酸雾、硫醇、SO_2、Cl_2、H_2S、HF、HCl、NH_3、Hg、$HCHO$、CO、CO_2
活性氧化铝	H_2O、H_2S、SO_2、HF
浸渍活性氧化铝	酸雾、Hg、HCl、$HCHO$
硅胶	H_2O、NO_x、SO_2、C_2H_2
分子筛	H_2O、NO_x、SO_2、CO_2、H_2S、NH_3、CS_2、C_mH_n、CCl_4
焦炭粉粒	沥青烟
白云石粉	沥青烟
蚯蚓类	恶臭类物质

2. 常用的废水处理方法

（1）中和法　对于酸含量小于 3％～5％ 的酸性废水或碱含量小于 1％～3％ 的碱性废水，常采用中和处理方法。无硫化物的酸性废水，可用浓度相当的碱性废水中和；含重金属离子较多的酸性废水，可通过加入碱性试剂（如 $NaOH$、Na_2CO_3）进行中和。

（2）萃取法　采用与水不互溶但能良好溶解污染物的萃取剂，使其与废水充分混合，提取污染物，达到净化废水的目的。例如含酚废水就可采用二甲苯作萃取剂。

（3）化学沉淀法　于废水中加入某种化学试剂，使之与其中的污染物发生化学反应，生成沉淀，然后进行分离。此法适用于除去废水中的重金属离子（如汞、镉、铜、铅、锌、镍、铬等）、碱土金属离子（钙、镁）及某些非金属（砷、氟、硫、硼等）。如氢氧化物沉淀法可用 $NaOH$ 作沉淀剂处理含重金属离子的废水；硫化物沉淀法是用 Na_2S、H_2S、CaS_2 或 $(NH_4)_2S$ 等作沉淀剂除汞、砷；铬酸盐法是用 $BaCO_3$ 或 $BaCl_2$ 作沉淀剂除去废水中的 CrO 等。

（4）氧化还原法　水中溶解的有害无机物或有机物，可通过化学反应将其氧化或还原，转化成无害的新物质或易从水中分离除去的形态。常用的氧化剂主要是漂白粉，用于含氰废水、含硫废水、含酚废水及含氨氮废水的处理。常用的还原剂有 $FeSO_4$ 或 Na_2SO_3，用于还原六价铬；还有活泼金属如铁屑、铜屑、锌粒等，用于除去废水中的汞。

此外，还有活性炭吸附法、离子交换法、电化学净化法等。

3. 常用的废渣处理方法

废渣主要采用掩埋法。有毒的废渣必须先进行化学处理后深埋在远离居民区的指定地点，以免毒物溶于地下水而混入饮用水中；无毒废渣可直接掩埋，掩埋地点应有记录。

2.8　化学实验室化学试剂的分类及保管

1. 化学试剂的分类

化学试剂品种繁多，其分类方法目前国际上尚未统一标准。

（1）化学试剂一般划分为标准试剂、生化试剂、电子试剂、实验试剂四个大类

① 标准试剂（BZ）　按照国际规范和技术要求，已明确作为分析仲裁的标准物质。

② 生化试剂（SH）　用于生物化学检验和生物化学合成。

③ 电子试剂（DZ）　一般指电子资讯产业使用的化学品及材料，主要包括集成电路和分立器件用化学品、印制电路板配套用化学品、表面组装用化学品和显示器件用化学品等。

④ 实验试剂（SY）　按照"主含量"来确定的"合成用试剂"。实验试剂在化学实验室中用来合成制备、分离纯化的、能够满足合成工艺要求的普通试剂。

（2）按"用途-化学组成"分类

国外许多试剂公司，如德国伊默克（E. Merck）公司，瑞士佛鲁卡（FLuKa）公司，日本关东化学公司和我国的试剂经营目录，都采用这种分类方法。

我国 1981 年编制的化学试剂经营目录，将 8 500 多种试剂分为十大类，每类下面又分若干亚类。

① 无机分析试剂（Inorganic analyticl reagents）　用于化学分析的无机化学品，如金属、非金属单质、氧化物、碱、酸、盐等试剂。

② 有机分类试剂（Organic analyticl reagents）　用于化学分析的有机化学品，如烃、醛、酮、醚及其衍生物等试剂。

③ 特效试剂（Specific reagents）　在无机分析中测定、分立、富集元素时所专用的一些有机试剂，如沉淀剂、显色剂、螯合剂等。这类试剂灵敏度高，选择性强。

④ 基准试剂（Primary standards）　主要用于标定标准溶液的浓度。这类试剂的特点是纯度高，杂质少，稳定性好，化学组成恒定。

⑤ 标准物质（Standard substance）　用于化学分析、仪器分析时作对比的化学标准品，或用于校准仪器的化学品。

⑥ 指示剂和试纸（Indicators and test papers）　用于滴定分析中指示滴定终点，或用于检验气体或溶液中某些存在的试剂。浸过指示剂或试剂溶液的纸条即是试纸。

⑦ 仪器分析试剂（Instrumental analytical reagents）　用于仪器分析的试剂。

⑧ 生化试剂（Biochemical reagents）　用于生命科学研究的试剂。

⑨ 高纯物质（High purity material）　用作某些特殊工业需要的材料（如电子工业原料、单晶、光导纤维）和一些痕量分析用试剂。其纯度一般在 4 个"9"（99.99%）以上，杂质控制在百万分之一甚至 ppb 级。

⑩ 液晶（Liquid crystal）　液晶是液态晶体的简称，它既有流动性、表面张力等液体的特征，又具有光学各向异性、双折射等固态晶体的特征。

（3）按"用途-学科"分类

1981 年，中国化学试剂学会提供试剂用途和学科分类，将试剂分为八大类和若干亚类。

① 通用试剂　下分一般无机试剂、一般有机试剂、教学用试剂等 8 亚类。

② 高纯试剂

③ 分析试剂　下分基准及标准试剂、无机分析用灵敏试剂、有机分析用特殊试剂等 11 亚类。

④ 仪器分析专用试剂　下分色谱试剂、核磁共振仪用试剂、紫外及红外光谱试剂等 7 亚类。

⑤ 有机合成研究用试剂　下分基本有机反应试剂、保护基因试剂、相转移催化剂等 8 亚类。

⑥ 临床诊断试剂　下分一般试剂、生化检验用试剂、放射免疫检验用试剂等 7 亚类。

⑦ 生化试剂　下分生物碱、氨基酸及其衍生物等 13 亚类。

⑧ 新型基础材料和精细化学品　下分电子工业用化学品、光学工业用化学品、医药工业用化学品等 7 亚类。

此外，化学试剂还可按纯度分为高纯试剂、优级试剂、分析纯试剂和化学纯试剂；或按试剂储存要求分为容易变质试剂、化学危险性试剂和一般保管试剂。

（4）按杂质含量的多少可分为四级

一级试剂为优质纯试剂，通常用 GR 表示；

二级试剂为分析纯试剂，通常用 AR 表示；

三级试剂为化学纯试剂，通常用 CP 表示；

四级试剂为实验或工业试剂，通常用 LR 表示。

2. 化学试剂的保管

化学试剂的保管具有很强的科学性、技术性，工作涉及面广。保管不当很容易发生意外事故，保管化学药品主要做到如下几个方面：

（1）防挥发

① 油封：氨水，浓盐酸，浓硝酸等易挥发无机液体，在液面上滴 10～20 滴矿物油，可以防止挥发（不可用植物油）。

② 水封：二硫化碳中加 5 mL 水，便可长期保存。汞上加水，可防汞蒸气进入空气。汞旁放些硫粉，一旦失落，散布硫粉使遗汞消灭于化学反应中。

③ 蜡封：乙醚、乙醇、甲酸等比水轻的或易溶性挥发液体，以及萘、碘等易挥发固体，紧密瓶塞，瓶口涂蜡。溴除进行原瓶蜡封外，应将原瓶置于具有活性炭的塑料筒内，筒口进行蜡封。

（2）防潮

① 漂白粉、过氧化钠应该进行蜡封，防止吸水分解或吸水爆炸。氢氧化钠易吸水潮解，应该进行蜡封；硝酸铵、硫酸钠易吸水结块，倒不出来，甚至导致试剂瓶破裂，也应严密蜡封。

② 碳化钙、无水硫酸铜、五氧化二磷、硅胶极易吸水变质，红磷易被氧化，然后吸水生成偏磷酸，以上各物均应存放在干燥器中。

③ 浓硫酸虽应密闭，防止吸水，但因常用，故宜放于磨口瓶中，磨口瓶塞应该原配，切切勿对调。

　④ "特殊药品"的地下室,下层布灰块,中层布熟石灰,上层布双层柏油纸,方可存放药物。

（3）防变质

　① 防氧化:亚硫酸钠、硫酸亚铁、硫代硫酸钠均易被氧化,瓶口应涂蜡。

　② 防碳酸化:硅酸钠、过氧化钠、苛性碱均易吸收二氧化碳,应该涂蜡。

　③ 防风化:晶体碳酸钠、晶体硫酸铜应进行蜡封,存放在地下室中。

　④ 防分解:碳酸氢铵、浓硝酸受热易分解,涂蜡后,存放在地下室中。

　⑤ 活性炭能吸附多种气体而变质（木炭亦同）,应放在干燥器中。

　⑥ 黄磷遇空气易自燃,永远保存于水中,每15天查水一次;磷试剂瓶中加水、置于有水水槽中,上加钟罩封闭。

　⑦ 钾、钠保存在火油中。

　⑧ 硫酸亚铁溶液中滴几滴稀硫酸,加入过量细铁粉,进行蜡封。

　⑨ 葡萄糖溶液容易霉变,稍加几滴甲醛即可保存。

　⑩ 甲醛易聚合,开瓶后应立即加少量甲醇;乙醛则加乙醇。

（4）防光

　① 硝酸银、浓硝酸及大部分有机药品应该放在棕色瓶中。

　② 硝酸盐存放在地下室中既防热,又防光、防火,还能防震。

　③ 有机试剂橱窗一律用黑漆涂染。

　④ 实验室用有色布窗帘,内红外黑双层。

（5）防毒害

　① 磷、硝酸银、氯酸钾、氯化汞等剧毒物放地下室内,双人双锁,建立档案,呈批取用,使用记载,定期检查。

　② 磷化钙、磷化铝吸水后放出剧毒性磷化氢,应放在干燥器中保存,贴上红色标签。

　③ 浓酸、浓碱、溴、酚等腐蚀的药物,使用红色标签,以示警戒。

第三部分　一级教育实验——基本操作训练

3.1　化学实验常用仪器

化学是一门实验学科，认识和正确地选择、使用仪器，开展实验是培养学生实践能力的基本要求。在这一节主要介绍常用仪器的一般用途和使用方法，随着实验课程的深入，我们将学到更多不同用途的仪器。

化学实验常用仪器从材质分主要为：玻璃、金属、非金属（玻璃除外）。

一、常用的玻璃（瓷质）仪器

常用仪器以玻璃为主，按其用途可分为量器、容器、滤器和其他类仪器，详见表3-1。

表 3-1　无机化学实验常用仪器

名称与形状		材质与规格	用途及性能	使用注意事项
量器	量筒	玻璃品质；以所能量度的最大容积（mL）表示。	量取液体体积（不十分准确）。	不能做反应容器；不能加热或烘烤；不能在其中配制溶液；操作时，要沿壁加入或倒出溶液。
	移液管　吸量管	玻璃品质；在一定的温度时以刻度容积（mL）表示。	准确吸取一定量体积的液体时用。	不能加热和烘干；将吸取的液体放出时，管尖端剩余的液体一般不得吹出；如刻有"吹"字的要把剩余部分吹出。
	容量瓶	玻璃品质；规格：一定温度下的容积（mL），例20℃,250 mL。	配制标准溶液或稀释溶液用。	不能盛热溶液或加热及烘烤；磨口塞必须密合并且要避免打碎、遗失和互相混淆。

（续表）

名称与形状	材质与规格	用途及性能	使用注意事项
量器 滴定管	玻璃品质； 以所容的最大容积（mL）表示； 分酸式（玻璃活塞）和碱式（橡皮管）两种，酸式有无色和棕色两种。	滴定时用； 用以取得准确体积的液体时用。	酸式滴定管的玻璃活塞避免打碎、遗失和互相混淆； 用滴定管时要洗净，液体下流时，管壁不得有水珠悬挂，滴定管的活塞（或小球）下部也要充满液体，全管不得留有气泡。
试管及试管架	试管架材料：木料、塑料或金属； 以试管口直径×管长表示。	用以简单化学反应容器，便于操作、观察、用药量少； 试管架承放试管。	试管可直接用火加热，但不能骤冷； 加热时用试管夹夹持，管口不能对人，而且要不停地移动试管，使其受热均匀，盛放的液体不能超过试管容积的 $1/3$。
离心管	下端收缩的是离心试管。	离心试管用于分离溶液和沉淀。	离心试管一般用水浴加热。
容器 烧杯	玻璃品质； 硬质或软质； 容积（mL）。	反应容器，可以容纳较大量的反应物。	硬质烧杯可以加热至高温，软质烧杯注意勿使温度变化过于剧烈； 加热时放在石棉网上，使受热均匀，不应直接加热。
锥形瓶	玻璃品质； 硬质或软质； 容积（mL）。	反应容器，摇荡方便，口径较小，因而能减少反应物的蒸发损失； 用做滴定容器。	硬质锥形瓶可以加热至高温，软质锥形瓶注意勿使温度变化过于剧烈； 加热时放在石棉网上，使受热均匀，不应直接加热。
烧瓶	有平底和圆底之分； 以容积（mL）表示。	反应容器，反应物较多，且需要长时间加热用。	可加热至高温，使用时注意不要使温度变化过于剧烈； 加热时底部应垫石棉网，使受热均匀。

（续表）

	名称与形状	材质与规格	用途及性能	使用注意事项
容器	试剂瓶	有无色，棕色； 细口和广口； 磨口和不带磨口。	试剂瓶用于存放液体试剂； 广口瓶用于装固体试剂； 棕色瓶用于装见光易分解的试剂。	不能加热，不能在瓶内配制操作； 过程中放出大量热量的溶液； 磨口要保持匹配； 盛放碱液的瓶子应使用橡皮塞不使用玻璃塞，以免日久打不开。
	滴管	带橡皮头的一端拉细的玻璃管。	取少量的液体用。	
	碘瓶	玻璃品质； 以容积（mL）表示。	用于碘量法。	塞子及瓶口边缘磨口勿擦伤，以免产生漏隙； 滴定时打开塞子，用蒸馏水将瓶口及塞子上的碘液洗入瓶内。
	称量瓶	以外径（mm）×高（mm）表示。	要求准确称取一定量的固体样品时用。	不能用火加热； 盖与瓶配套，不能互换。
	干燥器	厚玻璃制，有白色和茶色； 以口径（cm）表示； 真空干燥器可抽气减压使用。	定量分析时，盛装需要保持干燥的试剂、仪器用。	干燥剂不要放得太满； 干燥器的口与盖磨口处应均匀涂一层凡士林； 灼烧过的物品放入干燥器前应稍冷，温度不能过高； 打开盖子时应将盖向旁边推开，搬动时应用手指按住盖，避免滑落而打碎； 干燥器内的干燥剂要及时更换。

（续表）

名称与形状	材质与规格	用途及性能	使用注意事项
 坩埚	瓷质、铁、银、镍、铂、刚玉、石英等材料；规格：以容积表示，常用者为 30 mL。	灼烧固体时用，能耐高温。	灼烧时放在泥三角上，直接用火加热；焙烧后坩埚避免骤冷骤热或溅水；焙烧时只能用坩埚钳夹取，不能放在桌面上。
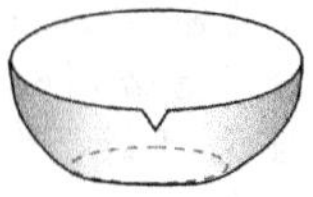 蒸发皿	瓷质；以口径大小（cm）或容积（mL）表示；分有柄和无柄。	蒸发液体时用。	热的蒸发皿应避免骤冷骤热或溅水；蒸发溶液时应放在石棉网上加热，也可以直接加热；所盛溶液不能超过其容积的 2/3。
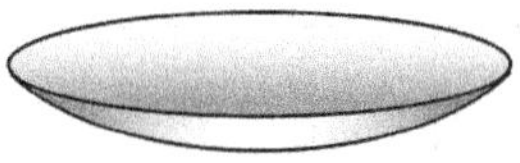 表面皿	玻璃品质；以口径（cm）表示。	用作烧杯等容器的盖子。	不能加热；用作烧杯盖子时，表面皿的直径要比烧杯直径稍大些。
 洗瓶	塑料制品；规格：用容积（mL）表示。	用蒸馏水洗涤沉淀和容器用。	不能装自来水；不能加热。
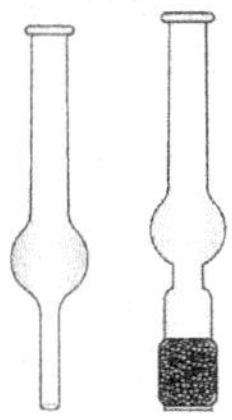 干燥管	有直形、弯形和普通、磨口之分；磨口还按塞子大小分不同规格。	防止对反应有副作用的气体进入反应体系。	干燥剂置于球形部分，不宜过多。
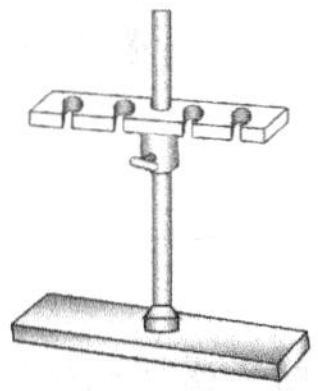 漏斗架	木制；有螺丝固定于铁架或木架上。	过滤时承接漏斗用。	位置高低可根据漏斗颈长短调节。

容器

滤器

（续表）

名称与形状	材质与规格	用途及性能	使用注意事项
 漏斗	玻璃品质； 以口径（cm）表示； 分长颈和短颈两种。	过滤用； 引导液体流入小口容器中。	不能用火直接加热； 用时放在漏斗架上，漏斗颈尖端必须紧靠盛接液的容器壁。
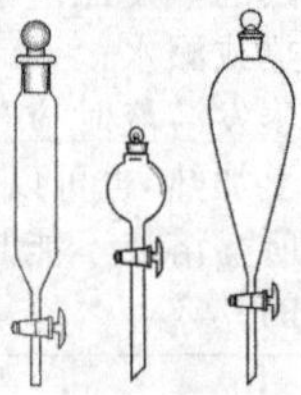 分液漏斗	玻璃品质； 以容积（mL）表示； 形状有球形、梨形和管形。	萃取实验时分离两互不相溶的液体。	不能盛热溶液； 磨口塞必须密合，并且要避免打碎、遗失和互相混淆； 萃取时，振荡初期应放气数次，以免漏斗内压力过大。
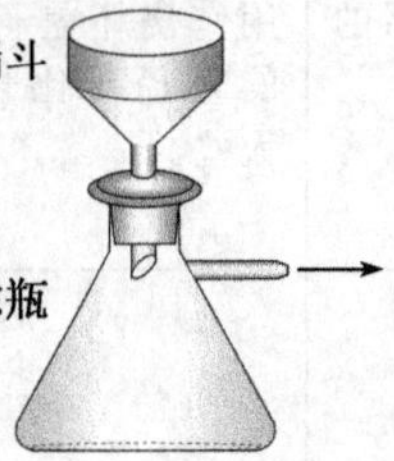 布氏漏斗 吸滤瓶	布氏漏斗：瓷质，以直径（cm）表示； 吸滤瓶：玻璃品质，以容积（mL）表示。	吸滤较大量固体时用。	过滤前，先抽气，再倾注溶液； 过滤洗涤后，先由安全瓶放气。
 玻璃砂芯漏斗	又称烧结漏斗、细菌漏斗； 漏斗为玻璃品质； 砂芯滤板为陶瓷； 规格以砂芯滤板的平均孔径和漏斗的容积表示。	用作细颗粒沉淀以至细菌的分离； 也可用于气体洗涤扩散实验。	不能用于氢氟酸、浓碱液及活性炭等物质的分离，避免腐蚀和沾堵砂芯滤板； 不能用火直接加热； 用后及时洗涤，防止堵塞滤板孔。
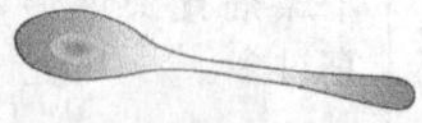 药勺	由牛角、瓷或塑料、金属合金等材料制成。	取固体药品用。	取用一种药品后，必须洗净，用小块药纸擦干净，才能取用另一种药品。
 试管刷	柄为铁质； 有若干种形状，根据玻璃器皿的形状选择； 以大小表示。	洗刷一般玻璃仪器时用。	洗刷玻璃器皿； 注意顶端不要碰坏玻璃器皿。
试管夹	木质。	加热试管时夹试管用。	防止烧坏和锈蚀。

前四行左侧合并单元格：滤器

后三行左侧合并单元格：其他

（续表）

名称与形状	材质与规格	用途及性能	使用注意事项
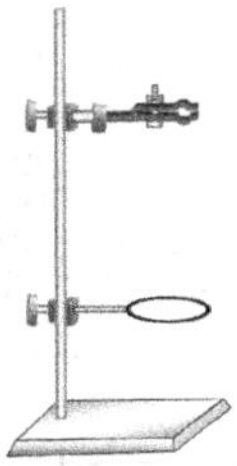 铁架台	铁质； 铁架台以高度（cm）表示； 铁圈或铁环以直径（cm）表示； 铁夹以大小表示。	固定反应器，铁圈或铁环也可以做泥三角的支承架。	不能用铁台、铁圈、铁夹等敲打其他硬物，以免折断；用铁夹固定反应容器时不能夹得太紧，以免夹破仪器。
 研钵	有瓷质、厚玻璃和玛瑙等材料； 以口径大小（cm）表示。	研磨细料。	只能研磨不能敲打，不能烘烤。
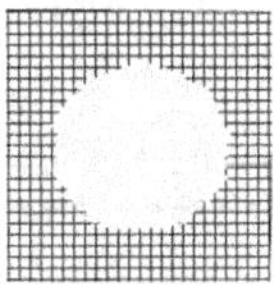 石棉网	由铁线、石棉制成； 以面积大小表示。	加热玻璃仪器时承垫在玻璃仪器底部，使受热均匀。	不能随意扔丢，不能浸水弄湿，以免损坏石棉。
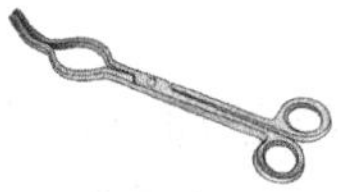 坩埚钳	铁质或铜合金，表面常镀镍、铬。	夹取坩埚或坩埚盖。	夹取热坩埚时，应先将夹子尖端预热，免得坩埚骤冷破裂； 不要沾上酸碱等腐蚀性的液体； 为保持头部清洁，应使尖部向上放于桌上。
 水浴锅	铜质或铝质； 以口径（cm）表示。	用于间接加热，也可用于控温实验。	防止锅内水分蒸干。加热时水量不宜太多，以防沸腾溢出。可以直接放在三角架或铁环上加热，下面不必放石棉网。
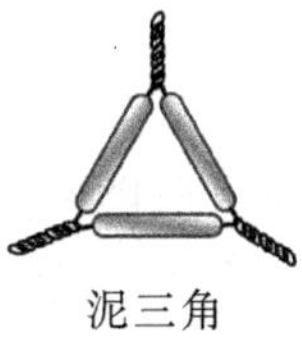 泥三角	泥质； 以泥三角每边长（cm）表示。	坩埚或小蒸发皿加热时的承受器。	避免猛烈敲击使泥质脱落；灼热的泥三角不要滴上冷水； 选择泥三角时，要使搁在上面的坩埚所露出的上部不超过本身高度的三分之一。
 三角架	铁制品。	放置较大或较重的加热容器。	

（其他）

名称与形状		材质与规格	用途及性能	使用注意事项
其他	点滴板	瓷质； 除底外均上釉，分白色和黑色。	点滴板除底外均上釉，分白色和黑色；点滴实验或容量分析实验时用指示剂法确定终点。	
	温度计	充水银或酒精。	测量温度，根据不同的测量温度，选择不同量程的温度计。	热温度计不能骤冷；不能做搅拌棒使用；测量温度时，不要使水银球靠在容器的底部或侧壁上。
	燃烧匙	铁或铜制品。	检验物质可燃性，进行固体燃烧实验。	用后应立即洗净，擦干匙勺。

1. 量器

量器是带有一定精确刻度的玻璃仪器，用于定量取用液体试剂。所有量器都不能取用热的液体，不可以长期存放液体，更不能当作容器被加热。除量筒外的精密量器在使用前应进行校正。

精密量器上常标有符号 E 或 A。E 表示"量入"即溶液充满至标线后，量器内溶液的体积与量器上所标明的体积相等；A 表示"量出"，即溶液充满至标线后，将溶液自量器中倾出，体积正好与量器上标明的体积相等。有些容量瓶用符号"In"表示"量入"，"Ex"表示"量出"。

量器按其容积的准确度分为 A、A_2、B 三种等级，A 级的准确度比 B 级高一倍，A_2 级介于 A 级与 B 级之间。过去量器的等级用"一等"、"二等"，"Ⅰ"、"Ⅱ"，或（1）、（2）等表示，分别相当于 A、B 级。

量器类主要有：量筒、量杯、移液管、吸量管、容量瓶和滴定管等。每种类型又有不同的规格。应遵循保证实验结果精确度的原则选择度量容器。正确地选择和使用仪器，反映了学生实验技能水平的高低。

2. 容器

化学实验所用容器主要是化学反应能够在其中发生的器皿，这些容器的刻度均没有定量的概念，而且大部分都可以被加热，这些反应用容器，在装入反应物时，一般不能超过容器容积的 2/3。容器也包括储存和称量用的容器，如干燥器和称量瓶等。常用容器有试管、烧杯、烧瓶、锥形瓶、滴瓶、细口瓶、广口瓶、称量瓶、分液漏斗、洗气瓶、坩埚、蒸发皿等。每种类型又有诸多不同的规格。使用时要根据用途和用量选择不同种类和不同规格的容器。注意阅读使用说明和注意事项，特别要注意对容器加热的方法，以防损坏仪器。

3. 滤器

化学实验所使用的滤器是用来实现固液分离操作的仪器。滤器包括过滤材质、支撑体和接受器。通常的过滤材质为各类滤纸,玻璃砂芯漏斗的过滤材质为微孔玻璃,其自身即为支撑体。其他类型的漏斗均以滤纸为支撑体。一般的过滤不需要特殊的滤液接收器,但在减压过滤中,需要吸滤瓶作为滤液接收器。

二、金属与非金属(玻璃除外)仪器

金属与非金属(玻璃除外)仪器,因其独特的热和机械性能,在化学实验中得到普遍使用,具体见表 3-1。

3.2　玻璃仪器的洗涤干燥

一、玻璃仪器的洗涤

化学实验经常使用各种玻璃仪器,实验结果是否准确与实验仪器的洁净与否有直接的关系,要想得到理想、准确的实验结果,实验仪器洗涤干净是必须保证的。

1. 洁净剂及使用范围

最常用的洁净剂是肥皂、肥皂液(特制商品)、洗衣粉、去污粉、洗液、有机溶剂等。

肥皂、肥皂液、洗衣粉、去污粉用于可以用刷子直接刷洗的仪器,如烧杯、三角瓶、试剂瓶等;洗液多用于不便用刷子洗刷的仪器,如滴定管、移液管、容量瓶、蒸馏器等特殊形状的仪器,也用于洗涤长久不用的杯皿器具和刷子刷不下的结垢。用洗液洗涤仪器,是利用洗液本身与污物起化学反应的作用,将污物去除。因此需要浸泡一定的时间充分作用;有机溶剂是针对污物的油脂性,借助有机溶剂能溶解油脂的作用洗除之,或借助某些有机溶剂能与水混合而又发挥快的特殊性,利用溶剂的挥发性以快速干燥仪器。如,甲苯、二甲苯、汽油等可以洗油垢,酒精、乙醚、丙酮可以冲洗刚洗净而带水的仪器。

2. 洗涤液的制备及使用注意事项

洗涤液简称洗液,根据不同的要求进行配制。现将较常用的几种介绍如下:

(1) 强酸氧化剂洗液

强酸氧化剂洗液是用重铬酸钾($K_2Cr_2O_7$)和浓硫酸(H_2SO_4)配成。$K_2Cr_2O_7$ 在酸性溶液中,有很强的氧化能力,对玻璃仪器又极少有腐蚀作用。所以这种洗液在实验室内使用最广泛。

配制浓度各有不同,从 5%～12% 的各种浓度都有。配制方法基本相同:取一定量的 $K_2Cr_2O_7$(工业品即可),先用约 1～2 倍的水加热溶解,稍冷后,将工业品浓 H_2SO_4 所需体积数徐徐加入 $K_2Cr_2O_7$ 溶液中(千万不能将水或溶液加入到 H_2SO_4 中),边倒边用玻璃棒搅拌,并注意不要溅出,混合均匀,待冷却后,装入洗液瓶备用。新配制的洗液为红褐色,氧化能力很强。当洗液用久后变为黑绿色,即说明洗液无氧化洗涤力。

例如,配制 12% 的洗液 500 mL。取 60 g 工业品 $K_2Cr_2O_7$ 置于 100 mL 水中(加水量不是固定不变的,以能溶解为度),加热溶解,冷却,徐徐加入浓 H_2SO_4 340 mL,边加边搅拌,冷却后装瓶备用。

这种洗液在使用时要切实注意不能溅到身上,以防"烧"坏衣服和损伤皮肤。洗液倒入要洗的仪器中,应使仪器周壁全浸洗后稍停一会再倒回洗液瓶。第一次用少量水冲洗刚浸洗过

的仪器后，废水不要倒在水池里和下水道里，否则会腐蚀水池和下水道，应倒在废液桶中。

（2）碱性洗液

碱性洗液用于洗涤有油污的仪器，用此洗液是采用长时间（24 h 以上）浸泡法，或者浸煮法。从碱洗液中捞取仪器时，要戴乳胶手套，以免烧伤皮肤。

常用的碱洗液有：碳酸钠溶液（Na_2CO_3，纯碱）、碳酸氢钠溶液（$NaHCO_3$，小苏打）、磷酸钠溶液（Na_3PO_4，磷酸三钠）、磷酸氢二钠溶液（Na_2HPO_4）等。

（3）碱性高锰酸钾洗液

用碱性高锰酸钾作洗液，作用缓慢，适合用于洗涤有油污的器皿。配法：取高锰酸钾（$KMnO_4$）4 g 加少量水溶解后，再加入 10％氢氧化钠（NaOH）100 mL。

（4）纯酸纯碱洗液

根据器皿污垢的性质，直接用浓盐酸（HCl）或浓硫酸（H_2SO_4）、浓硝酸（HNO_3）浸泡或浸煮器皿（温度不宜太高，否则浓酸挥发刺激人）。纯碱洗液多采用 10％以上的浓烧碱（NaOH）、氢氧化钾（KOH）或碳酸钠（Na_2CO_3）液浸泡或浸煮器皿（可以煮沸）。

（5）有机溶剂

带有脂肪性污物的器皿，可以用汽油、甲苯、二甲苯、丙酮、酒精、三氯甲烷、乙醚等有机溶剂擦洗或浸泡。但用有机溶剂作为洗液浪费较大，能用刷子洗刷的大件仪器尽量采用碱性洗液。只有无法使用刷子的小件或特殊形状的仪器才使用有机溶剂洗涤，如活塞内孔、移液管尖头、滴定管尖头、滴定管活塞孔和其他精密仪器等。

（6）洗消液

检验致癌性化学物质的器皿，为了防止对人体的侵害，在洗刷之前应使用对这些致癌性物质有破坏分解作用的洗消液进行浸泡，然后再进行洗涤。

在食品检验中经常使用的洗消液有：1％或 5％次氯酸钠（NaOCl）溶液、20％ HNO_3 和 2％ $KMnO_4$ 溶液。

1％或 5％ NaOCl 溶液对黄曲霉素有破坏作用。用 1％ NaOCl 溶液对污染的玻璃仪器浸泡半天或用 5％ NaOCl 溶液浸泡片刻后，即可达到破坏黄曲霉毒素的作用。配法：取漂白粉 100 g，加水 500 mL，搅拌均匀，另将工业用 Na_2CO_3 80 g 溶于温水 500 mL 中，再将两液混合，搅拌，澄清后过滤，此滤液含 NaOCl 为 2.5％；若用漂粉精配制，则 Na_2CO_3 的质量应加倍，所得溶液浓度约为 5％。如需要 1％ NaOCl 溶液，可将上述溶液按比例进行稀释。

20％ HNO_3 溶液和 2％ $KMnO_4$ 溶液对苯并（a）芘有破坏作用，被苯并（a）芘污染的玻璃仪器可用 20％ HNO_3 浸泡 24 h，取出后用自来水冲去残存酸液，再进行洗涤。被苯并（a）芘污染的乳胶手套及微量注射器等可用 2％ $KMnO_4$ 溶液浸泡 2 h 后，再进行洗涤。

3. 洗涤玻璃仪器的步骤与要求

（1）常法洗涤仪器。洗刷仪器时，应首先将手用肥皂洗净，免得手上的油污附在仪器上，增加洗刷的困难。如仪器长久存放附有尘灰，先用清水冲去，再按要求选用洁净剂洗刷或洗涤。如用去污粉，将刷子蘸上少量去污粉，将仪器内外全刷一遍，再边用水冲边刷洗至肉眼看不见有去污粉时，用自来水洗 3～6 次，再用少量蒸馏水洗三次以上。一件洁净的玻璃仪器，应该以挂不住水珠为度。如仍能挂住水珠，仍然需要重新洗涤。用蒸馏水冲洗时，要用顺壁冲洗方法并充分震荡，经蒸馏水冲洗后的仪器，用指示剂检查应为中性。

（2）作痕量金属分析的玻璃仪器，使用 1∶1～1∶9 HNO_3 溶液浸泡，然后进行常法洗涤。

（3）进行荧光分析时，玻璃仪器应避免使用洗衣粉洗涤。因洗衣粉中含有荧光增白剂，会给分析结果带来误差。

（4）分析致癌物质时，应选用适当洗消液浸泡，然后再按常法洗涤。

4. 仪器洗净的要求

仪器的内外壁不应附着油污或不溶物，可以被水完全润湿，器壁上留有一层薄而均匀的水膜，而不挂水珠。已洗净的仪器不能再用布或纸擦干，因为布或纸的纤维会留在仪器壁上。

二、玻璃仪器的干燥

应该根据不同的仪器情况，选择不同的干燥方法。

1. 晾干

将洗净的仪器倒置在干燥的实验柜内（倒置后不稳的应平放），让其自然干燥。

2. 烘干

洗净的玻璃仪器可以放在电热干燥箱（图 3-1）内烘干，放进去之前要先把水沥干，

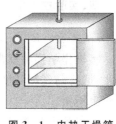

图 3-1 电热干燥箱

放置时，仪器的口要朝下（倒置后不稳的仪器应平放）。

3. 烤干

常用于可加热或耐高温的仪器，如烧杯和蒸发皿等，可以放在石棉网上用小火烤干。试管可以用小火烤干，操作时，先将试管稍微倾斜，管口向下，并不时地来回移动试管，先从试管底部开始，逐渐移向管口，待水珠消失后，再将管口朝上，以便水气逸出。

4. 吹干

用电吹风或气流烘干器（图 3-2）把水气吹干。

5. 用有机溶剂干燥

一些带有刻度的计量仪器，不能用加热的方法干燥，否则，会影响仪器的精密度。可将一些易挥发的有机溶剂（无水乙醇或丙酮等）倒入洗净的仪器中，把仪器倾斜，转动仪器，使器壁上的水与有机溶剂混溶，然后倾出，少量残留在仪器内的混合液晾干或吹干。

图 3-2 气流烘干器

3.3 塞子的钻孔和简单玻璃加工操作

一、实验目的

（1）掌握塞子钻孔的基本操作。
（2）练习玻璃管的简单加工。

二、实验要求

（1）制作一定孔径的塞子。
（2）制作毛细管。

熔点管:长 6~8 cm 毛细管至少六根(内径 1~1.2 mm,一端封熔)。

沸点管:长 7~8 cm 毛细管两根(内径 1~1.2 mm,一端封熔)和长 8~9 cm 的玻璃管(内径 3~4 mm,一端封熔)一根。

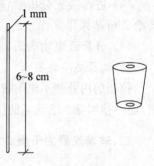

图 3-3

三、实验仪器

玻璃管(ϕ10 mm,1 m);橡皮塞;石棉网;三角锉刀;钻孔器;酒精灯;酒精喷灯。

四、实验操作

1. 塞子的钻孔

有机化学实验室常用的塞子有软木塞和橡皮塞两种。软木塞的好处是不易被有机溶剂溶胀,但易漏气和易被酸碱腐蚀;橡皮塞密封性好、耐酸碱,但易受有机物质侵蚀而溶胀,且价格也稍贵。

本实验主要练习对橡皮塞的打孔操作,具体步骤如下:

(1) 塞子的选择:塞子的大小应与所用玻璃仪器的瓶口大小相适应,塞子进入瓶颈部分不能少于塞子本身的 1/3,也不能多于 2/3,一般以 1/2 为宜。

(2) 钻孔器的选择:选用比欲插入的玻璃管的外径稍大的钻嘴,因为橡皮塞有弹性,钻成后,会收缩使孔径变小。

(3) 钻孔的方法:钻孔时,将塞子的小端向上放在木板上,不要直接放在实验台上,以免损坏台面。最好在钻嘴的刀口处涂一些甘油或水润滑以减小磨擦。打孔时用力要均匀、缓慢,应从塞子小端的中央垂直均匀以顺时针的方向转动,并同时向下施加压力,不要倾斜,也不要晃动,以免使橡胶塞的孔道偏斜。当钻至塞子的 1/2 左右时,逆时针旋转取出打孔器。然后将塞子倒转,再从大的一端向下垂直钻孔,把孔钻通。拔出钻嘴,通出钻嘴内的塞芯。

钻孔后,检查孔道是否适用,若孔道过大,会发生漏气,不能使用;若孔道略小或不光滑则用锉刀修整。

2. 简单的玻璃加工操作

(1) 玻璃管的截断

① 锉痕:用三角锉刀的棱边或小砂轮在需要截断的地方朝一个方向锉出一个凹痕,凹痕约占管周的 1/6,忌来回拉锉(图 3-4)。

图 3-4　锉痕

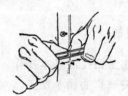

图 3-5　折断

② 折断:用两手握住玻璃管,大拇指在凹痕后面向前推,同时双手朝两端拉,为了安全,折断时应尽可能远离眼睛,或在锉痕两边包上布后再折(图 3-5)。

（2）玻璃管的弯曲

先将玻璃管用小火预热一下，然后用双手持玻璃管，把要弯曲的地方斜插入氧化焰中，以增大玻璃管的受热面积（也可在酒精喷灯上罩以鱼尾灯头扩展火焰来增大玻璃管的受热面积），同时缓慢而均匀地转动玻璃管，两手用力要均等，转速要一致（图3－6），以免玻璃管在火焰中扭曲。加热至玻璃管发黄变软。

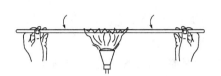
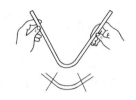

图3－6　玻璃管待弯曲部分的加热　　　　图3－7　玻璃管弯曲手法

自火焰中取出玻璃管，稍等片刻，使各部分温度均匀，准确地把它弯成所需要的角度（图3－7）。弯管的正确手法是"V"字形，两手在上方，玻璃管弯曲部分在两手中间的下方。弯好后，待其冷却变硬后才把它放在石棉网上继续冷却。冷却后，应检查其角度是否准确，整个玻璃管是否在同一平面上。

（3）熔点管和沸点管的拉制

① 熔点管的拉制：取一根直径为10 mm，厚为1 mm左右的、洁净干燥的玻璃管，放在灯焰上加热。先用小火烘，然后再加大火焰（防止发生爆烈）并不停转动。一般习惯用左手握住玻璃管转动，右手托住（图3－8）。转动时玻璃管不要上下移动。

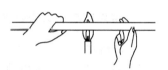

图3－8　熔点管的拉制

在玻璃管将要软化时，双手要以相同的速度将玻璃管转动，以免玻璃管绞曲起来，玻璃管发黄变软后，将其从火焰中取出，两肘仍搁在桌面上，两手平稳地沿水平方向作相反方向移动，开始拉时要慢一些，逐步加快拉长成为所需要的规格（内径约1 mm）为止。拉好后，两手不能马上松开，待其完全变硬后，由一手垂直提着，另一手在上端适当的地方折断。粗端置于石棉网上（不要直接放在实验台上）。然后截成15 cm左右的小段，两端用小火封口（将毛细管呈45°角，在小火边沿处一边转动，一边加热），冷却后将它从中央切断，即得两支熔点管，准备以后测熔点用。

② 沸点管的拉制：将内径3～4 mm的玻璃管截成8～9 cm长，在小火上封闭其一端；另外将内径约为1 mm的毛细管截成7～8 cm长，封闭其一端，这两根管就可以组成沸点管了。

（4）玻璃管插入橡皮塞

先用水或甘油润湿选好的玻璃管的一端，然后左手拿住塞子，右手捏住玻璃管的另一端，稍稍用力转动逐渐插入。注意，右手捏住玻璃管的位置与塞子不能太远；其次，用力不能过大；再次，如插入弯曲管时，手指不能捏住弯曲的地方。

五、注意事项

（1）酒精喷灯的安全使用：检查管道和灯体是否有漏液现象；点燃之前一定要充分

预热。

(2) 加热玻璃管时,不能把头伸向酒精喷灯的正上方,以免发生危险。

(3) 玻璃管切割的安全操作,不能用锉刀来回锉。

(4) 玻璃管插入塞子时,右手握玻璃管的位置与塞子的距离应保持 4 cm,不能太远。

思考题

1. 选用塞子时要注意什么?

2. 为什么在拉制玻璃弯管及毛细管时,玻璃管必须均匀转动加热?

3. 在用大火加热玻璃管或玻璃棒之前,应先用小火加热,这是为什么?

4. 在弯制玻璃管时,玻璃管不能烧得过热,在弯成需要的角度时不能在火上直接弯制,为什么?

3.4　加热与冷却

除浓度外,温度是影响反应速度的重要因素。经实验测定,温度每升高 10 ℃,反应速度平均增加约 2 倍。有机反应一般是分子间的反应,反应速度较慢,为了加快反应速度,常常采用加热的方法。此外,化学实验的许多基本操作都要用到加热。

一、常见的加热仪器装置及使用方法

1. 酒精灯

酒精灯(图 3-9)提供的温度不高于 673～773 K,点燃酒精灯应使用火柴,不可用已燃的酒精灯去点燃。往酒精灯内添加酒精,应把火焰熄灭,用漏斗添加,以不超过总容量的 2/3 为宜。熄灭酒精灯不能用嘴吹灭,用盖子盖灭火焰。

2. 煤气灯

图 3-9　酒精灯构造

煤气灯是化学实验室最常见的加热器具,煤气由导气管输送到实验台上,用橡皮管将煤气龙头与煤气灯相连,煤气中含有毒物质(但它的燃烧产物是无害的),用完后,一定要把煤气龙头关紧,决不可把煤气放到室内,防止中毒。

煤气灯加热时,应在容器下面垫上石棉网,这样比直接用火加热均匀,且容器受热面积大。煤气灯多用于加热水溶液和高沸点溶液但不能用于回流易燃物(乙醚、乙醇等)及减压蒸馏等。

(1) 构造:煤气灯样式虽多,但构造原理基本相同。最常见的煤气灯构造如图所示,它由灯管和灯座组成(图 3-10)。灯管的下部内壁有螺纹,可与上端有螺纹的灯座相连,灯管的下端有几个圆孔,为空气的入口,旋转灯管,即可关闭或不同程度地开启圆孔,以调节空气的进入量。灯座的下方有一螺旋针阀,用来调节煤气的进入量。

(2) 使用:先旋转灯管,关闭空气入口,然后点燃火柴,再稍打开煤气灯龙头,将点燃的火柴放在煤气灯上方点燃煤气灯。调节煤气龙头,或灯座的螺旋针阀,使火焰保持适当高度,然后旋转灯管,逐渐加大空气进入量,使其成为正常火焰。使用完毕后,直接将煤气龙头关闭。

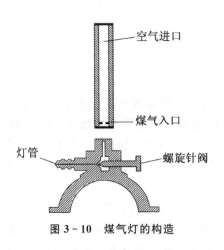

图 3-10 煤气灯的构造

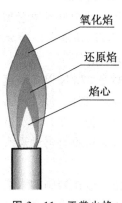

图 3-11 正常火焰

（3）火焰的调节：当煤气和空气调节的比例适当时，煤气充分完全燃烧，可以得到最大热量。这时火焰分为三层，称作正常火焰（图 3-11），正常火焰分三个燃烧区域（表 3-2），最高温度区在氧化焰，温度可达 1 073～1 173 K，实验一般用此火焰加热。

表 3-2 正常火焰的三个燃烧区域

名 称	火焰颜色	温度	燃烧反应
燃 心	灰黑	最低	空气和煤气混合，未燃烧
还原焰	淡蓝	较高	燃烧不完全
氧化焰	淡紫	最高	燃烧完全

如果空气和煤气的进入量调节不合适时，会产生不正常火焰：当空气和煤气的进入量都很大时，火焰就脱离灯管而临空燃烧，发出"呼呼"的响声，称"临空火焰"。这种火焰不能持续燃烧时间太长，易熄灭，应及时调节灯管，使之成为正常火焰。当空气的进入量很大，而煤气的进入量小时，就会产生"侵入火焰"。此时煤气在灯管内燃烧，并发出"嘘嘘"的响声，火焰的颜色变成绿色，灯管被烧得很热，发生这种情况时，应该关掉煤气，待灯管冷却，再关小空气入口，重新点燃（必须注意，在产生侵入火焰时，灯管很烫，切勿立即用手去关小灯管空气入口，以免烫伤）。当空气的进入量很小，而煤气的进入量很大时，煤气燃烧不完全，火焰呈黄色，不分层，温度不高，也称"黄色火焰"，如用此火焰加热，会熏黑反应器底部。

3. 电加热装置

电炉、电加热套、管式炉和马弗炉都能代替酒精灯、煤气灯进行加热，属电加热装置。电炉和电加热套可通过外接变压器来调节加热温度，用电炉时，需在加热容器和电炉间垫一块石棉网，使加热均匀。管式炉有一管状炉膛，最高温度可达 1 223 K，加热温度可调节，炉膛中插入一根瓷管或石英管用来抽真空或通入保护性气体以利于反应进行，管内放入盛有反应物的反应釜，反应物可在空气或其他气氛中受热反应。马弗炉有一长方形的炉膛，打开炉门就能放入需要加热的器皿，最高温度可达 1 223～1 573 K。

管式炉和马弗炉需要高温计测温，它由一副热电偶和一只测温毫伏表组成。如再连一只温度控制器，则可自动控制炉温。

4. 微波辐射加热

利用微波炉进行辐射加热。

5. 水浴、油浴或沙浴加热

（1）水浴

加热在 373 K 以上温度容易分解的溶液，或维持一定的温度来进行各种实验时，需用水浴加热，将容器浸入水浴后，浴面应略高于容器中的液面。切勿使容器触及水浴底部，以免破裂。也可把容器置于水浴锅的金属环上，利用水蒸气来加热。如长时间加热，可用电热恒温水浴或采用附有自动添水的水浴装置。涉及钠或钾的操作，切勿在水浴中进行，以免发生事故。

水浴一般用铜制的水浴锅，水浴锅上面可以放置大小不同的铜圈，以承受各种器皿（水浴也可以用盛有水的烧杯来代替）。实验室中有一种带有温度控制器的电热恒温水浴，电热丝安装在槽底的金属管盘内，槽身中间有一块多孔隔板，槽的盖板上有两孔或四孔，每个孔上均有几个可以移动的直径不同的同心圈盖子，可以根据要加热仪器的大小选择使用。做完实验后，槽内的水可从槽身的水龙头放出，防止锈蚀，损坏仪器。

使用水浴锅时，应注意以下两点：

① 水浴锅内盛水的量不要超过总容量的 2/3，并应随时补充少量的热水，以经常保持其中有占总容量的 2/3 左右的水量，防止烧坏水浴锅；

② 当不慎将水浴锅内的水烧干时（此时煤气灯上的火焰呈绿色），应立即停止加热，待水浴锅冷却后，再加水继续使用。

（2）油浴

在 373～523 K 之间加热要用油浴。油浴传热均匀，容易控制温度。浴油的品种及油浴所能达到最高的温度如下：甘油（413～433 K）、聚乙二醇（433～473 K）、煤油、棉籽油、蓖麻油等植物油（约 493 K）、石蜡油（约 473 K）、硅油（523 K 左右）。除硅油外，用其他油浴加热要特别小心，当油冒烟时，表明已接近油的着火点，应立即停止加热，以免自燃着火。硅油是有机硅单体水解缩聚而得的一类线型结构的油状物，尽管价格较贵，但由于加热到 523 K 左右仍较稳定，且无色、无味、无毒、不易着火，在实验室中已普遍使用。

油浴中应悬挂温度计，以便随时控制加热温度。若用控温仪控制温度，则效果更好。实验完毕后应把容器提出油浴液面，并仍用铁夹夹住，放置在油浴上面。待附着在容器外壁上的油流完后，用纸和干布把容器擦净。

（3）沙浴

需加热温度较高时往往使用沙浴。将清洁而又干燥的细沙平铺在铁盘上，盛有液体的容器埋入沙中，在铁盘下加热，液体就间接受热。

由于沙对热的传导能力较差而散热却快，所以容器底部与沙浴接触处的沙层要薄些，使容器容易受热；容器周围与沙接触的部分，可用较厚的沙层，使其不易散热。但沙浴由于散热太快，温度上升较慢，不易控制。

除此之外，作为一种简易措施，还可用空气浴加热，即将烧瓶离开石棉网 1～2 mm，利用空气浴进行加热。

二、常见的加热操作

1. 加热试管中的液体或固体

（1）加热液体时，液体一般不超过容器总容积的一半。试管中的液体一般用酒精灯直接加热，但易分解的物质应放在水浴中加热。在火焰上加热试管时，应注意以下几点：

① 应该用试管夹夹持试管的中上部以免烧焦试管夹；

② 试管应稍微倾斜，管口向上；

③ 应使液体各部分受热均匀，先加热液体的中上部，再缓慢向下移动，然后不时地上下、左右移动，不要集中加热某一部分，否则将使蒸气骤然发生，液体冲出管外；

④ 加热时，不要将试管口对着别人或自己，以免溶液溅出时把人烫伤。

（2）在试管中加热固体时，必须注意不要使凝结在试管上的水珠流到灼热的管底，使试管破裂，因此必须使试管口稍微向下倾斜以利于水珠流出。试管可用试管夹夹持起来加热，也可以用铁夹固定起来加热。

2. 蒸发浓缩

当溶液很稀而无机物的溶解度又很大时，为了能从溶液中析出该物质晶体，必须通过加热使溶剂（最常见的是水）不断蒸发，溶液不断浓缩，蒸发到一定程度后冷却，就可以析出晶体。当物质的溶解度较大时，必须蒸发到溶液表面出现晶膜时停止；如果物质的溶解度较小或高温时溶解度较大而室温时溶解度较小，可不蒸发到液面出现晶膜就冷却。蒸发在蒸发皿中进行，蒸发皿口宽底浅，受热面积大，蒸发速度快。

3. 灼烧

把固体物质加热到高温以达到脱水或分解、除去挥发性杂质等操作叫做灼烧。灼烧时将固体放在坩埚中，用高温电炉或煤气灯进行加热。如果在煤气灯上灼烧固体，可将坩埚正确置于泥三角架上，用氧化焰加热，开始时用小火烘烤，使坩埚受热均匀，然后逐渐加大火焰灼烧。灼烧到符合要求后，停止加热，先在泥三角上稍冷，再用坩埚钳夹持置于保干器内放冷。

注意事项：

（1）不能加热的仪器，如吸滤瓶、比色管、容量瓶、量筒等；

（2）可间接加热如烧杯、锥形瓶、烧瓶等玻璃仪器，在加热液体时，这些仪器能够承受一定的温度，但不能骤冷或骤热，必须放在石棉网上加热，否则容易因受热不均而破裂；

（3）可以直接加热的仪器如试管、蒸发皿、坩埚等。

但无论玻璃器皿或陶瓷器皿，受热前一定要擦净器皿外壁的水滴或杂质，加热后不能立即与潮湿的物体接触，这些器皿都不能骤热和骤冷，否则易破裂。

三、冷却方法

有些反应会产生大量热量，如不迅速消除，将使反应物分解或逸出反应容器，甚至引起爆炸。例如，硝化反应、重氮化反应等，这些反应必须在低温下进行。此外，蒸气的冷凝，结晶的析出也需要冷却。冷却的办法一般是将反应容器置于制冷剂中，通过热传递来达到冷却的目的，有时也可将制冷剂直接加入到反应器中降温。实验室常用的冷却方法如下：

1. 流水冷却

需冷却到室温的溶液，可用此方法，将需冷却的物品直接用流动的自来水冷却。

2. 冰水冷却

需冷却到冰点温度的溶液,可用此方法,将需冷却的物品直接放在冰水中。

3. 冰盐冷却

需冷却到冰点以下温度的溶液,可用此方法,冰盐浴由容器和冷却剂(冰盐或水盐混合物)组成,可制冷至 273 K 以下。所能达到的温度由冰盐的比例和盐的品种决定(表 3 - 3),干冰和有机溶剂混合时,其冷却温度更低。为了保持冰盐浴的效率,要选择绝热较好的容器,如杜瓦瓶等。

表 3 - 3　冰盐制冷剂的配比及制冷温度

制冷剂	$T(K)$	制冷剂	$T(K)$
30 份 NH_4Cl + 100 份水	270	125 份 $CaCl_2 \cdot 6H_2O$ + 100 份碎冰	233
4 份 $CaCl_2 \cdot 6H_2O$ + 100 份碎冰	264	150 份 $CaCl_2 \cdot 6H_2O$ + 100 份碎冰	224
29 g NH_4Cl + 18 g KNO_3 + 冰水	263	5 份 $CaCl_2 \cdot 6H_2O$ + 4 份碎冰	218
100 份 NH_4NO_3 + 100 份水	261	干冰 + 二氯乙烯	213
75 g NH_4SCN + 15 g KNO_3 + 冰水	253	干冰 + 乙醇	201
1 份 NaCl + 3 份冰水	252	干冰 + 乙醚	196
100 份 NH_4NO_3 + 100 份 $NaNO_3$ + 冰水	238	干冰 + 丙酮	195

3.5　试剂及试剂的取用

一、试剂的级别

化学试剂是纯度较高的化学物质,其纯度级别、类别、性质、规格等用不同的符号、标签加以区别。我国生产的化学试剂等级标准分为四级,各级别的代表符号、规格、标志以及适用范围见表 3 - 4。

表 3 - 4　试剂的规格和适用范围

级别	名称	英文名称	符号	适用范围	标签颜色
一级品	优级纯 (保证试剂)	guarantee reagent	GR	纯度很高,适用于精密化学实验	绿色
二级品	分析纯 (分析试剂)	Analytical reagent	AR	纯度仅次于一级品,适用于多数化学实验	红色
三级品	化学纯	Chemically pure	CP	纯度仅次于二级品,适用于一般化学实验	蓝色
四级品	实验试剂 (医用)	Laboratorial reagent	LR	纯度较低,适用于作实验辅助试剂	棕色或其他颜色

由于化学试剂级别之差,在价格上相差极大。因此,实验中应根据不同的实验要求选择不同级别的试剂,以免浪费。化学试剂在分装时,一般把固体试剂装在广口瓶中;把液体试

剂或配制的溶液盛在细口瓶或带有滴管的滴瓶中;见光易分解的试剂(如 KMnO$_4$、AgNO$_3$等)装在棕色瓶中;易潮解的且又易氧化或还原的试剂(如 Na$_2$S)除装在密封瓶中,还要蜡封;碱性试剂(如 NaOH)装在塑料瓶中。每一试剂都贴有标签,标明试剂的名称、规格或浓度及生产日期。

除表中所列之外,通常还有:① 基准试剂,主要用于直接配制或标定标准溶液;② 光谱纯试剂,主要用作光谱分析中的标准物质;③ 色谱纯试剂,主要用作色谱分析中的标准物质。

实验室使用的气体,除特殊的气体需要自行制备外,一般都可以用气体钢瓶提供。

二、试剂的取用

1. 固体试剂的取用

固体试剂一般用牛角匙或塑料匙取用,牛角匙或塑料匙的两端分别为大小两个匙,且随匙柄的长度不同,匙的大小也随着变化,长的匙大,短的匙小。取用试剂时,牛角匙或塑料匙必须洗净擦干才能用,以免玷污试剂。最好每种试剂设置一个专用牛角匙或塑料匙。

取用试剂时,一般是用多少取多少,取好后立即把瓶盖盖严,不要盖错。需要蜡封的,必须立即重新蜡封,随手将试剂瓶放回原处,以免搞错位置被人误用或因查找而造成时间浪费。多取的药品不能倒回原瓶,以免污染试剂,可放在指定的容器中供他人使用。

一般固体试剂可以放在干净的纸或表面皿上称量,具有腐蚀性、强氧化性或易潮解的固体试剂不能在纸上称量。往试管特别是湿试管中加入固体试剂时,可用药勺伸入试管 2/3处,或将药品放在一张对折的纸条上,再伸入试管中,固体试剂则沿着管壁慢慢滑入。

2. 液体试剂的取用

(1) 用倾注法取液体操作

打开试剂瓶盖,反放于桌上,以免瓶塞玷污造成试剂级别下降。用右手手掌对着标签握住试剂瓶,左手拿玻璃棒,使棒的下端紧靠容器内壁,将瓶口靠在玻璃棒上,缓慢地竖起试剂瓶,使液体试剂成细流沿着玻棒流入容器内(图 3-12)。试剂瓶切勿竖得太快,否则易造成液体试剂不是沿着玻棒流下而冲到容器外或桌上,造成浪费,有时还有危险。易挥发嗅味的液体试剂(如浓 HCl),应在通风橱内进行。易燃烧、易挥发的物质(如乙醚等)应在周围无火种的地方移取。

若是进行实验的器皿,一般液体试剂的加入量不得超过容器容积的 2/3。试管实验,最好不要超过容积的 1/2。

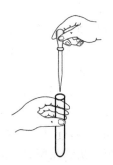

图 3-12　倾注法　　　　　　　　图 3-13　滴加试剂

（2）少量试剂的取用法

首先用倾注法将试剂转入滴瓶中，然后以滴管滴加，一般滴管每滴约 0.05 mL 左右。若要精确数，可先将滴管每滴体积加以校正，用滴管滴 20 滴于 50 mL 于量筒中，读出体积，算出每滴体积数。用滴管加入液体试剂时，滴管应垂直滴加，且滴管不能与器壁相碰（图 3 – 13），以免滴管被玷污。

（3）无须准确量取液体的取用

当实验无须准确量取液体试剂时，可根据反应容器的容积数来估计，无须用量筒等度量仪器。若实验要求准确加量，必须用量筒或移液管进行。

必须注意一点，任何试剂取出后，不得倒回试剂瓶中，以免试剂玷污而降级。

3.6　溶解、结晶和固液分离

一、固体的溶解

溶解固体时如固体颗粒太大，可先在研钵中研细，并常用加热、搅拌等方法加快溶解速度。对一些溶解度随温度升高而增加的物质来说，加热对溶解过程有利。搅拌可加速溶质的扩散，从而加快溶解速度。搅拌时注意手持玻棒，轻轻转动，使玻棒不要触及容器底部及器壁。在试管中溶解固体时，可用振荡试管的方法加速溶解，振荡时不能上下、也不能用手指堵住管口来回振荡。

二、结晶与重结晶

1. 蒸发（浓缩）

当溶液很稀而所制备的物质的溶解度又较大时，为了能从中析出该物质的晶体，必须通过加热，使水分不断蒸发，溶液不断浓缩，蒸发到一定程度时冷却，就可析出晶体。根据溶质的性质可分别采用直接加热或水浴加热的方法进行，若物质对热是稳定的，可以直接加热（应先预热），否则用水浴间接加热。常用的蒸发容器是蒸发皿，蒸发的面积较大，有利于快速浓缩，蒸发皿所盛溶液的量不超过其容量的 2/3。当物质的溶解度较大时，必须蒸发到溶液表面出现晶膜时才停止；当物质的溶解度较小或高温时溶解度较大而室温时溶解度较小时，不必蒸发到液面出现晶膜就可冷却结晶出大部分溶质。

2. 结晶与重结晶

大多数物质的溶液蒸发到一定浓度下冷却，就会析出溶质的晶体。析出晶体的颗粒大小与结晶条件有关。如果溶液的浓度较高，溶质在水中的溶解度随温度下降而显著减小时，冷却得越快，那么析出的晶体就越细小，否则就得到较大颗粒的结晶。搅拌溶液和静止溶液，可以得到不同的效果，前者有利于细小晶体的生成，后者有利于大晶体的生成。

如溶液容易发生过饱和现象，可以用搅拌、摩擦器壁或投入几粒晶体（晶核）等办法，使其形成结晶中心，过量的溶质便会全部析出。

如果第一次结晶所得物质的纯度不合要求，可进行重结晶。其方法是在加热情况下使纯化的物质溶于一定量的溶剂中，形成饱和溶液，趁热过滤，除去不溶性杂质，然后使滤液冷却，被纯化物质即结晶析出，而杂质则留在母液中，过滤便得到较纯净的物质。若一次重结晶达不到要求,可再次结晶。重结晶是提纯固体物质常用的方法之一,它适用于溶解度随温度有显著变化的化合物,对于其溶解度受温度影响很小的化合物则不适用。

三、固液分离与沉淀洗涤

固液分离一般有三种方法:倾析法、过滤法和离心分离法。

1. 倾析法

当沉淀的比重或重结晶的颗粒较大,静止后能很快沉降至容器的底部时,常用倾析法进行分离和洗涤。将沉淀上部的溶液倾入另一容器中,使沉淀与溶液分离。如需洗涤沉淀时,只要向盛有沉淀的容器内加入少量洗涤液,将沉淀和洗涤液充分搅拌均匀,待沉淀沉降到容器的底部后,再用倾析法倾去溶液。如此反复操作两三次,即能将沉淀洗净。

2. 过滤法

过滤法是最常用的分离方法之一,当溶液和沉淀的混合物通过过滤器时,沉淀则留在过滤器上,溶液则通过过滤器而滤入接收瓶中,过滤所得溶液叫做滤液。常用的过滤方法有:常压过滤、减压过滤、热过滤三种方法。

(1) 常压过滤(普通过滤)

过滤前,先将滤纸按图 3-14 所示虚线的方向对折两次,然后用剪刀剪成扇形,把滤纸打开呈圆锥体(一边三层,另一边一层),放入玻璃漏斗中,滤纸的边缘应略低于漏斗边沿 3~5 mm(漏斗的角度应该是 60°,这样滤纸就可以贴在漏斗壁上。如果漏斗角度大于或稍小于 60°,则应适当改变滤纸折叠的角度,使之与漏斗的角度相适应),用手按住滤纸,用少量蒸馏水润湿滤纸,轻压滤纸四周,赶走滤纸与漏斗壁间的气泡,使其紧贴漏斗上。将贴有滤纸的漏斗放在漏斗架上,把清洁的烧杯放在漏斗下面,并使漏斗管末端与烧杯壁接触,这样,滤液就可以顺着杯壁流下,不至于溅开来(图 3-15)。先转移溶液后转移沉淀,将沉淀和溶液沿着玻璃棒置滤纸三层处缓缓倒入漏斗中,溶液滤完后,用少量蒸馏水洗涤盛沉淀的容器壁和玻璃棒,如此反复洗涤两次,再将此溶液倒入漏斗中,等滤液滤完后,用少量蒸馏水冲洗滤纸和沉淀。过滤时要注意,倾入漏斗中的液体,其液面应低于滤纸边缘 1 cm,切勿超过。为了使过滤操作进行得较快,用倾析法过滤:即过滤前,先让沉淀尽量沉降,过滤时,不要搅动沉淀,先将沉淀上面的清液小心地沿玻璃棒倾倒到滤纸上,待上层清液滤完,再把沉淀转移到滤纸上,这样就不会因为滤纸的小孔被沉淀的颗粒堵塞而减慢过滤的速度。最后用少量的蒸馏水洗涤沉淀 2~3 次。

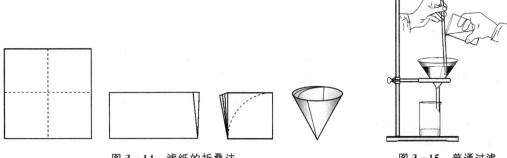

图 3-14　滤纸的折叠法　　　　　　　图 3-15　普通过滤

（2）减压过滤（吸滤法过滤或抽气过滤）

可缩短过滤时间，并把沉淀抽得比较干燥，但不适合胶状沉淀和颗粒太细沉淀的过滤。减压过滤装置（图3-16）由布氏漏斗、吸滤瓶、安全瓶和真空泵组成。因为真空泵能使吸滤瓶内减压，造成吸滤瓶内与布氏漏斗表面的压力差，所以过滤速度快。布氏漏斗是瓷质的，中间是具有许多小孔的瓷板，以便贴上滤纸，使溶液通过滤纸从小孔中流出，以橡皮塞或胶皮垫把布氏漏斗和吸滤瓶相连接，橡皮塞或胶皮垫的大小要合适，保证密闭，使减压效果良好。安装时布氏漏斗下端斜口要正对着吸滤瓶的支管，防止滤液被吸走而损失产品。吸滤瓶用来盛装滤液（母液），用橡皮管把吸滤瓶和安全瓶连接（防止倒吸，在真空泵和吸滤瓶间装一个安全瓶）再连接真空泵（图3-17）。过滤前先剪好一张圆形滤纸，滤纸应比漏斗内径略小（但能盖严漏斗内全部小孔），先用少量水润湿滤纸，再打开真空泵，减压使滤纸与漏斗贴紧，然后开始抽滤。

图3-16 减压过滤装置

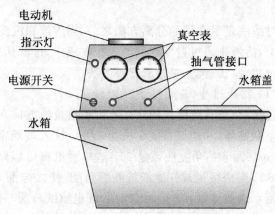

图3-17 循环水式真空泵

先用倾析法将溶液沿玻璃棒倒入漏斗内，加入量不超过漏斗容量的2/3，最后将沉淀转移至漏斗中，待抽至无液滴滴下时，停止抽滤。这时应先拔下吸滤瓶上的橡皮管，然后再关闭水泵防止倒吸，取下漏斗倒扣在滤纸或表面皿上，用吸耳球吹漏斗的下口，使滤纸和沉淀脱离漏斗，吸滤瓶内的溶液应从吸滤瓶上口倾出，不能从支管倒出。如沉淀需洗涤，在停止抽气后，用尽可能少的溶剂洗涤晶体，减少溶解损失，使洗涤剂与沉淀充分润湿后，再减压将沉淀抽干，重复操作，达到分离、洗涤沉淀的目的。有些强酸、强碱或强氧化性的溶液，它们会与滤纸发生化学反应而破坏滤纸，这时可用相应的滤布来代替滤纸，另外，也可用砂芯漏斗过滤，但强碱性溶液除外，因为强碱会腐蚀玻璃。

（3）热过滤

如果溶液中的溶质在室温便能结晶析出，又不希望结晶留在滤纸上，就要进行热过滤（图3-18）。常压热过滤漏斗是由铜质夹套和普通玻璃漏斗组成，铜质夹套里可装热水，用煤气灯加热热水漏斗，等夹套内的水温升到所需温度便可过滤热溶液。过滤操作与常压过滤相同。若采用减压过滤，过滤前应将布氏漏斗放在水浴中预热，这样在热溶液趁热过滤时，才不至于因冷却而在漏斗中析出晶体。

3. 离心分离法

当被分离的溶液和沉淀的量少时，用一般方法过滤会使沉淀粘在滤纸上难以取下，此时可用离心分离法代替过滤，此法分离速度快，而且有利于迅速判断沉淀是否完全。离心分离法是将待分离的沉淀和溶液装在离心试管中,然后在电动离心机(图 3-19)中高速旋转,使沉淀集中在试管底部,上层为清液,然后用滴管把清液和沉淀分开:先用手指捏紧滴管橡皮头,排除空气,后将滴管轻轻插入清液(切勿在插入溶液后再捏橡皮头),缓缓松手,清液进入滴管,随着溶液的减少,将滴管逐渐下移至全部溶液吸入滴管为止。当滴管末端接近沉淀时要特别小心,勿使滴管末端触及沉淀(图 3-20)。如果沉淀需要洗涤,可将洗涤剂滴入试管,用搅拌棒充分搅拌后,再进行离心分离。如此反复两次即可。

图 3-18 热过滤

图 3-19 电动离心机

图 3-20 溶液与沉淀的分离

3.7 固体和液体的干燥

一、固体的干燥

干燥固体一般使用干燥器、机械挤压和加热的物理方法,为了提高干燥的效果,经常是几种方法配合使用。

1. 干燥器法

干燥器是一种具有磨口盖子的厚质玻璃器皿,真空干燥器在磨口盖子顶部装有抽气活塞。干燥器的下部装有干燥剂,中间放置一块带孔瓷板,以承载固体的容器。干燥器的口上和盖子边缘下面都带有磨口,在磨口上涂上一层很薄的凡士林,可以使盖子很严密,防止外界水汽进入。见光易分解的物质可用棕色玻璃的干燥器进行干燥。开启干燥器,一只手轻轻扶住干燥器,另一只手沿水平方向移动盖子,即可打开干燥器(图 3-21)。搬动干燥器(图 3-22)要两手左右分开,用两只手的拇指压着干燥器盖的边缘,食指卡住干燥器口的下缘,方可搬动,严禁一只手将干燥器抱在怀里,以免盖子滑落而打碎。

图 3-21 干燥器的开启 　　图 3-22 干燥器的搬动

如能用真空泵抽掉干燥器内部的空气使其减压,则欲干燥物质所含液体比在常压下的蒸发快得多,从而快速干燥,这种是减压(真空)干燥器。

温度很高的物体(如灼热的坩埚)应待冷却后再放进去(不必冷至室温),放入后,一定要在短时间内把干燥器的盖子打开一两次,防止因干燥器内空气受热而增大压力,将盖子冲掉或因干燥器内的空气冷却而压力降低使得盖子难以打开。

用循环水式真空泵使干燥器减压后,要先关闭活塞,再拔掉干燥器上的橡皮管,最后关水泵,防止水的倒吸。要使真空干燥器内部恢复常压,不能一下子将活塞全部打开,要慢慢放气,否则干燥的物质会飞溅起来。

干燥器中常用的干燥剂:硅胶、无水氯化钙、浓硫酸、五氧化二磷、氢氧化钠等。硅胶为多孔性物质,吸湿性很强,市售的硅胶中常混有氯化钴,无水时为蓝色,吸湿后变成粉红色,在烘箱中烘干(变成蓝色)再生。

2．物理方法

（1）挤压法

在抽滤后,将产品夹在数张滤纸间用手按压或压上重物,使之干燥。若沉淀是大颗粒的晶体则采用抽干的方法。

（2）加热法

有的试样在很低的温度下会分解,所以要选择合适的加热温度。加热温度在 373 K 以下,可将试样放在水浴上的蒸发皿中,注意加热过程中不能断水。加热温度在 373 K 以上时,常用电烘箱,如果要除去的溶剂是易燃的,不能用烘箱而要用真空干燥箱干燥。

二、液体的干燥

1．蒸发或蒸馏法

如果要干燥的液体沸点高难以挥发,则经简单的蒸发或蒸馏就能将水分先蒸发出来。

2．干燥器法

液体量少时,可和干燥固体一样,置于有适当干燥剂的干燥器中。

3．干燥剂法

将干燥剂直接加到要干燥的液体中,加入干燥剂后不断进行振荡,加快干燥速度,然后过滤,再蒸馏。常用无水盐类如无水硫酸钠、无水硫酸镁等作干燥剂。

3.8　天平的使用方法及称量

一、实验目的

（1）了解分析天平的构造,掌握分析天平正确操作和使用规则。

（2）学会固定质量称量法、差减称量法。

（3）学会准确、简明地记录实验原始数据并正确运用有效数字。

二、实验原理

分析天平是定量分析中最重要的仪器之一,每一项定量分析工作都直接或间接地需要使用天平。常用的分析天平有阻尼天平、半自动电光天平、全自动电光天平、单盘电光天平和电子天平等。这些天平的构造和使用方法虽有些不同,但基本原理是相同的。

1. 分析天平的原理

各类天平都是根据杠杆原理设计制造的,它用已知质量的砝码来衡量被称物体的质量。

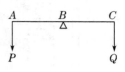

设杠杆 ABC 的支点为 B(图 3 - 23),AB 和 BC 的长度相等,A、C 两点是力点,A 点悬挂的被称物体的质量为 P,C 点悬挂的砝码质量为 Q。当杠杆处于平衡状态时,力矩相等,即:$P \times AB = Q \times BC$。

图 3 - 23　杠杆原理

因为 $AB = BC$,所以 $P = Q$,即天平称量的结果是物体的质量。

(1) 托盘天平

托盘天平又叫台秤(图 3 - 24),一般能称准至 $0.1\,g$ 或 $0.2\,g$,常用于一般称量或粗称样品。使用方法如下:

① 检查:两托盘要洗净,游码放在最左端,指针刻度盘中间,台秤处于备用状态。

② 调零:如果指针不是停在刻度盘的中间位置或指针在刻度盘的中间左右摆动不相等,则要根据情况,调节平衡螺丝,使指针指向台秤的零点。

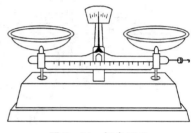

图 3 - 24　托盘天平

③ 称量:称量时,左盘放称物,右盘放砝码,$10\,g$ 或 $5\,g$ 以下的质量,可移动游码;当游码移到某一位置时,台秤的指针停在刻度盘的零点,开始读数。

$$m_{质量} = m_{砝码} + m_{游码}$$

或当游码移动到某一位置时,指针在零点左右摆动的幅度大致相等时,即可读数。这样可以节省称量时间。

注意事项:不能称量热的物品;化学药品不能直接放在托盘上,应根据情况或放在烧杯中,或表面皿上,或称量纸上;称量完毕,砝码放入盒中,游码归零,并将托盘放入一侧。

(2) 电光天平

常见的有双盘半机械加码(半自动)电光天平(图 3 - 25)和双盘全机械(全自动)加码电光分析天平(图 3 - 26)。

半自动电光天平的结构如下:

① 天平横梁及玛瑙刀:天平的主要部件是天平横梁,它是由铝合金材料制成的。横梁上装有三个棱形的玛瑙刀,其中一个装在横梁的中间,刀口向下,称为中刀或支点刀;另两个等距离地分别安装在横梁两端,刀口向上,称为边刀或承重刀,三个刀口的棱边完全平行,并处于同一水平面上。玛瑙刀口锋利平滑。当天平启动时,三个刀口分别由玛瑙平板支承,可以很灵敏地摆动。若刀口出现缺损或经长期使用磨钝后,天平摆动阻力增加,灵敏度下降。因此要特别注意保护玛瑙刀口,天平关闭时横梁被托叶架起,使刀口不与平板接触,托叶就是一种保护装置。

② 立柱与水平泡:立柱是金属做的中空金属圆柱,下端固定在天平底座中央,支撑着天平梁。立柱上方装有折叶(天平关闭,折叶上升托住横梁),后上方装有气泡水平仪(气泡处于中央,天平水平,气泡在哪一侧,哪侧高)。

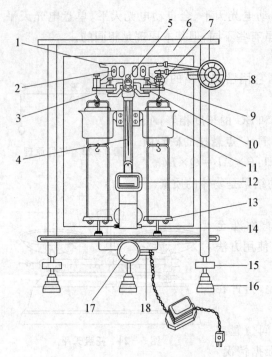

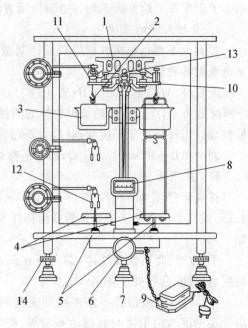

图 3-25　双盘半机械加码电光天平

1. 横梁　2. 平衡螺丝　3. 吊耳　4. 指针
5. 支点刀　6. 框罩　7. 圈码　8. 指数盘
9. 承重刀　10. 折叶　11. 阻尼筒　12. 投影屏　13. 秤盘　14. 盘托　15. 螺旋脚
16. 垫脚　17. 升降旋钮　18. 调屏拉杆

图 3-26　双盘全机械加码电光分析天平

1. 横梁　2. 吊耳　3. 阻尼内筒　4. 秤盘
5. 托盘　6. 旋钮　7. 垫脚　8. 投影屏
9. 变压器　10. 折叶　11. 圆形砝码
12. 环形砝码　13. 支点　14. 螺旋脚

③ 指针和感量螺丝:指针固定在梁的正中,下端的后面有一块刻有分度的标牌,借以观察天平梁的倾斜程度。指针上装有感量螺丝,用来调节梁的重心,以改变天平的灵敏度。

④ 吊耳和称量盘:吊耳挂在两个边刀上,下面挂有称量盘。通常左盘放称量物,右盘放砝码。

⑤ 空气阻尼器:在两个称盘上方,装有空气阻尼器,此阻尼器由铝材制成的圆筒形套盒组成,外盒固定在天平支柱上,内盒比外盒略小,内盒悬挂在吊耳勾上,两盒间隙均匀,不发生磨擦。当启动天平时,内盒能自由地上、下移动,由于盒内空气阻力作用,使天平横梁能较快地停止摆动而达到平衡,以加快称量速度。

⑥ 平衡螺丝:在梁的上部左右两端各装有一个螺丝,用来调节天平的零点。

⑦ 升降枢:顺时针旋转旋扭,天平启动;逆时针,关闭天平。

⑧ 光学读数系统(图 3-27):指针下端装有微分标尺,经放大、反射到投影屏上,即投影标尺(图 3-28)。其中每一大格代表 0.001 0 g,每一小格代表 0.000 1 g,光屏中央有一条垂直的刻线,标尺投影与刻线的重合处即为天平的平衡位置,读取 0.1~10 mg 的质量数值。

⑨ 天平箱:起保护天平的作用,在称量时,减少外界温度、空气流动、人的呼吸等的影响。天平箱的前门只有在天平安装、调试时方才打开,侧门供称量物体时用。

⑩ 砝码:每台天平均附有一套按一定位置放置、1 g 以上的专用砝码,用铜合金或不锈

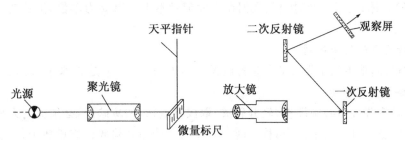

图 3 - 27 读数光学系统光路图

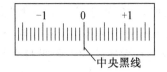

图 3 - 28 投影屏(观察屏)标尺

钢制成。砝码应用镊子取放。1 g 以下的称为圈码。10 mg 以下,由指针下端刻度标尺示出,电光天平装有光学投影装置,将刻度标尺上的刻线放大,显示在投影屏上,1 大格表示 1 mg,1 小格表示 0.1 mg。

全自动电光天平的结构与半自动电光天平比较,主要差别在砝码系统:前者有 10～90 g、1～9 g、10～990 mg 三个指数盘,后者只有 10～990 mg 一个指数盘。其次,全自动电光天平天平箱只有一个侧门(右)可开,而半自动电光天平左右侧门均可开。

2. 分析天平的使用方法

测定前先检查天平的安装是否正常,天平是否水平,砝码是否完整等,一切合格后,即可按以下步骤操作。

(1) 调零

零点即天平空载时,微分标尺上的"0"刻度与投影屏上标线相重合的平衡位置。测定时接通电源,轻轻开启升降枢至全部打开,拨动调屏拉杆,刻线与标尺 0.00 重合,零点即调好。若"0"刻度与标线不重合,当偏差较小时,拨动调屏拉杆,使其重合;当偏差较大时,则关闭天平,调节横梁平衡螺丝(由老师操作),再开启天平,拨动调屏拉杆,直到零点调定。

(2) 称量

天平载重时指针在标尺上所指示的平衡位置称停点。估计称量物的大概质量(可先用台秤粗称),然后将此物体置于天平左盘中央(全机械加码天平则放在右盘,砝码全部通过指数盘加),砝码置于右盘中央,关好边门,转动环码指数盘,使两者之和比粗称数略重,然后缓慢的打开升降枢,观察光屏上标尺移动的方向(试加砝码时根据"指针总是偏向轻盘,投影标尺总是向重物移动"的原则,以判断所加砝码是否合适及如何调整)。如果标尺向负方向移动,则表示砝码比物体重,应立即关好升降枢,减砝码后再行称重;如果标尺往正方向移动,则有以下两种情况:第一种情况是标尺稳定后与刻线重合之处在 10 mg 之内,即可读数;第二种情况是标尺迅速往正方向移动,这表示砝码太轻,应立即关好升降枢,增加砝码后再行称量。直到光屏上的刻线与标尺投影上某一读数重合为止,记下读数[称量物质质量＝1 g 以上砝码(或环吗)质量＋圈码质量/1 000＋光标尺读数 1 000],即为停点(此时,升降枢必须全部打开）。休止天平，及时记录数据在实验记录本上。以 g 为单位，读数要求记录到小数点后四位。

3. 分析天平的使用规则

（1）称量前，取下天平罩布，并叠放在天平箱上，检查天平是否水平，用软毛刷清扫天平，检查和调整天平零点。

（2）旋转升降旋扭必须缓慢，轻开轻关，取放称量物，加减砝码，必须关闭天平。

（3）不得随意打开天平前门，称量时关好侧门。药品必须放在称量瓶中称量，不得直接放在天平盘上。不能称过冷或热的物品。具有腐蚀性气体或吸湿性物质，应放在适当的密闭容器中进行。

（4）取放砝码必须用镊子夹取，严禁用手拿取。遵循"由大到小，折半加入，逐级试验"的原则加减砝码和圈码，加减前先关好升降枢，加减时应一挡一挡慢慢加减，防止脱落、互撞。试加减砝码和圈码时应慢慢半开天平试验。砝码与天平配套，不允许把两个天平的砝码互换使用。

（5）称量物必须与天平箱内温度保持一致。为防潮天平箱内应放置干燥剂并及时更换。

（6）天平载重不能超过最大负荷量（200 g）。在同一次实验中，应尽量使用同一台天平和同一组砝码，以减少称量误差。

（7）当天平两边质量接近相等时，必须在天平门完全关闭后，再转动升降枢进行称量。称量完毕，关闭天平，取出称量物，把砝码按质量放回砝码盒中，圈码盘归零，切断电源，用毛刷扫净天平底板，检查零点，罩上天平罩。经老师检查，在天平的使用登记簿上记下天平的使用情况及完好性，并签名。

（8）整理好台面之后方可离开。保持天平室的清洁、整齐。

4. 电子天平简介

（1）称量原理及特点

电子天平是目前最新一代的天平，有顶部承载式吊挂单盘）和底部承载式（上皿式）两种。它是根据电磁力补偿工作原理，使物体在重力场中实现力的平衡；或通过电磁力矩的调节，使物体在重力场中实现力矩的平衡，整个称量过程均由微处理器进行计算和调控。当称盘上加载后，即接通了补偿线圈的电流，计算器就开始计算冲击脉冲，达到平衡后，显示屏上即自动显示出载荷的质量值。

电子天平的特点是：通过操作者触摸按键可自动调零、自动校准、扣除皮重、数字显示、输出打印等功能，同时其重量轻、体积小、操作十分简便，称量速度也很快。

（2）外型及基本部件

以 Sartorius110s 电子天平（德国赛多利斯公司）为例，如图 3-29 所示。

（3）操作方法

① 调水平：调整地脚螺旋高度，使水平仪内空气泡位于圆环中央。无论哪一种天平，在开始称量前，都必须使天平处于水平状态才可以进行称量，调整水平的方法基本相同。

② 接通电源、预热（0.5 h）。

③ 按开关键（ON/OFF 键），直至全屏自检。

④ 校准：按校正键（CAL 键），天平将显示所需校正砝码质量（如 100 g）。放上 100 g 标

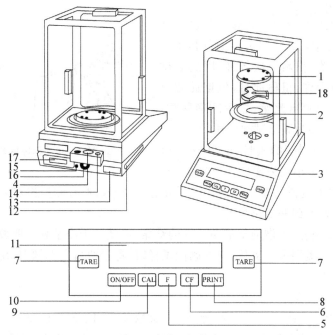

图 3-29　电子天平

　　1. 秤盘　2. 屏蔽环　3. 地脚螺旋　4. 水平仪　5. 功能键　6. CF 清除键　7. 除皮键　8. 打印键　9. 调较键　10. 开/关　11. 显示器　12. CMC 标签　13. 具有 cє 标记的型号牌　14. 防盗装置　15. 菜单-去联锁开关　16. 电源接口　17. 数据接口　18. 秤盘支架。

准砝码,直至显示 100.0 g,校正完毕,取下标准砝码。

　　⑤ 零点显示(0.000 0 g)稳定后即可进行称量。

　　⑥ 称量:使用除皮键 TARE,可消去不必记录的数字如承载瓶的质量等。根据实验要求,选用一定的称量方法进行称量。

　　⑦ 关机:称量完毕,记下数据后将重物取出,天平自动回零。天平应一直保持通电状态(24 h)(长时间不使用时,应切断天平电源)。不使用时将开关键关至待机状态,使天平保持保温状态,可延长天平使用寿命。

三、仪器与试剂

台秤,分析天平,干燥器,称量瓶,小烧杯,NaCl 固体粉末(仅供称量练习用)。

四、实验步骤

1. 直接称样法

从干燥器中取出盛有 NaCl 粉末的称量瓶和干燥的小烧杯,先在台秤上粗称其质量,记在记录本上。然后按粗称质量在分析天平上加好克重砝码,只要调节指数盘就可准确称出"称量瓶+试样"的质量和空烧杯的质量(准确至 0.1 mg)。记录"称量瓶+试样"的质量 m_1、空烧杯的质量 m_0。

2. 减量称样法

将称量瓶中的试样慢慢倾入按上法已准确称出质量的空烧杯中(图3-30)。倾样时,由于初次称量,缺乏经验,很难一次倾准,因此要试称,即第一次倾出少许,粗称此量,根据此质量估计不足的量,继续倾出此量,然后准确称重,设为 m_2,则 (m_1-m_2) 为倾出试样的质量。

图3-30　称量瓶减重操作

称出"小烧杯＋试样"的质量,记为 m_3。检查 (m_1-m_2) 是否等于小烧杯增加的质量 (m_3-m_0),如不相等,求出差值。要求每份试样质量在 $0.2\sim0.4$ g,称量绝对差值小于 0.5 mg。如不符合要求,分析原因并继续再称。

拿取称量瓶和烧杯,可借助于洁净干燥的纸条,或戴上干净手套。取放称量瓶用叠好的纸条夹持,取称量瓶盖用纸条裹住;向外倾倒试样时,称量瓶口向下倾斜,用盖子轻轻敲击瓶口,使试样轻轻倾出。

3. 指定重量称样法

对于在空气中稳定的试样如金属、矿石,常称取某一固定质量的试样。可先在天平两边托盘上放等重的两块洁净的表面皿,重新"调零"后,在右盘上增加固定质量的砝码,用药匙将试样加在左盘表面皿中央。开始时加入少量试样,然后慢慢将试样敲入表面皿中,每次敲入后打开天平升降枢观察,直至天平停点与称量"调零"时相一致(误差±0.2 mg)。

经称量练习后,如果实验结果已符合要求,再做一次计时称量练习,以检验自己称量操作的熟练程度。

五、实验结果与数据处理

表3-5　称量练习记录格式示例

次数 项目	1	2
(称量瓶＋试样)的质量(倾样前) m_1 (g)	17.638 9	17.656 3
(称量瓶＋试样)的质量(倾样后) m_2 (g)	17.321 1	17.323 3
倾出试样的质量 (m_1-m_2) (g)	0.317 8	0.333 0
(烧杯＋倾出试样)的质量 m_3 (g)	24.396 7	24.532 6
空烧杯的质量 m_0 (g)	24.079 1	24.199 2
称得试样的质量 (m_3-m_0) (g)	0.317 6	0.333 4
偏差/mg	0.2	0.4

思考题

1. 为什么在天平梁没有托住的情况下,绝对不允许把任何东西放在盘上或从盘上取下?

2. 电光分析天平称量前一般调好零点,如偏离零点标线几小格,能否进行称量?

3. 指定质量称样法和减量称样法各适宜在何种情况下采用?

3.9 滴定分析操作练习

一、实验目的

（1）掌握滴定管、移液管和容量瓶等容量仪器的使用方法。
（2）掌握酸碱滴定法的基本操作。
（3）熟悉滴定终点的判断。

二、容量仪器的使用方法

（一）滴定管

滴定管是滴定时可以准确测量滴定剂消耗体积的一种玻璃仪器,它是一根具有精密刻度,内径均匀的细长玻璃管,可连续的根据需要放出不同体积的液体,并准确读出液体体积的量器。

根据长度和容积的不同,滴定管可分为常量滴定管、半微量滴定管和微量滴定管。常量滴定管容积有 50 mL、25 mL,刻度最小 0.1 mL,最小可读到 0.01 mL。半微量滴定管容量 10 mL,刻度最小 0.05 mL,最小可读到 0.01 mL。其结构一般与常量滴定管较为类似。微量滴定管容积有 1 mL、2 mL、5 mL、10 mL,刻度最小 0.01 mL,最小可读到 0.001 mL。此外还有半微量半自动滴定管,它可以自动加液,但滴定仍需手动控制。

滴定管一般分为两种:酸式滴定管和碱式滴定管(图 3-31)。

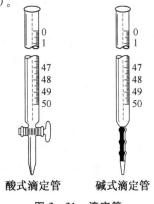

酸式滴定管又称具塞滴定管,它的下端有玻璃旋塞开关,用来装酸性溶液与氧化性溶液及盐类溶液,不能装碱性溶液如 NaOH 等,因碱与玻璃作用会使磨口旋塞粘连而不能转动。碱式滴定管又称无塞滴定管,它的下端有一根橡皮管,中间有一个玻璃珠,用来控制溶液的流速,它用来装碱性溶液与无氧化性溶液,凡可与橡皮管起作用的溶液均不可装入碱式滴定管中,如 $KMnO_4$、$K_2Cr_2O_7$、碘液等。当然,酸式滴定管是最常用的滴定管,在平常的滴定分析中(而不是久置溶液),除了强碱溶液外,一般均可以采用酸式滴定管进行滴定。

酸式滴定管　　　碱式滴定管

图 3-31 滴定管

1. 滴定管使用前的准备

（1）滴定管的洗涤

根据玷污的程度,酸管可采用下列方法进行洗涤:

① 用自来水冲洗。

② 用滴定管刷(特制的软毛刷)蘸合成洗涤剂刷洗,但铁丝部分不得碰到管壁(如用泡沫塑料刷代替毛刷更好)。

③ 用前法不能洗净时,可用铬酸洗液洗。加入 5～10 mL 洗液,边转动边将滴定管放平,并将滴定管口对着洗液瓶口,以防洗液撒出。洗净后,将一部分洗液从管口放回原瓶,最后打开活塞将剩余的洗液从出口管放回原瓶,必要时可加满洗液进行浸泡。

④ 可根据具体情况采用针对性洗液进行洗涤,如管内壁残存二氧化锰时,可应用草酸、

亚铁盐溶液或过氧化氢加酸溶液进行洗涤。

用各种洗涤剂清洗后,然后用自来水冲净。管内的自来水从管口倒出,出口管内的水从活塞下端放出(注意,从管口将水倒出时,务必不要打开活塞,否则活塞上的凡士林会冲入滴定管,使内壁重新被玷污)。然后用蒸馏水洗三次。第一次用 10 mL 左右,第二及第三次各5 mL 左右。洗时,双手拿滴定管身两端无刻度处,边转动边倾斜滴定管,使水布满全管并轻轻振荡。然后直立,打开活塞将水放掉,同时冲洗出口管。也可将大部分水从管口倒出,再将余下的水从出口管放出。每次放掉水时应尽量不使水残留在管内。最后,将管的外壁擦干,以便观察内壁是否挂水珠。

碱管的洗涤方法和酸管基本相同。在需要用洗液洗涤时,可除去乳胶管,用塑料乳头堵住碱管下口进行洗涤。如必须用洗液浸泡,则将碱管倒夹在滴定管架上,管口插入洗液瓶中,乳胶管处连接抽气泵,用手捏玻璃珠处的乳胶管,吸取洗液,直到充满全管但不接触乳胶管,然后放开手,任其浸泡。浸泡完毕,轻轻捏乳胶管,将洗液缓慢放出。

在用自来水冲洗或用蒸馏水清洗碱管时,应特别注意玻璃珠下方死角处的清洗。为此,在捏乳胶管时应不断改变方位,使玻璃珠的四周都洗到。

(2)检查试漏

滴定管洗净后,先检查旋塞转动是否灵活,是否漏水。

为了使玻璃活塞转动灵活并防止漏水现象,需对酸式管活塞涂上凡士林,方法如下:

① 取下活塞小头处的小橡皮圈,再取出活塞。

② 用吸水纸将活塞和活塞套擦干,并注意勿使滴定管内壁的水再次进入活塞套(将滴定管平放在实验台面上)。

③ 用手指蘸取少量凡士林均匀涂抹在活塞的两头或用手指把凡士林涂在活塞的大头和活塞套小口的内侧(图 3 - 32)。凡士林涂得要适当。涂得太少,活塞转动不灵活,且易漏水;涂得太多,活塞孔容易被堵塞。凡士林绝对不能涂在活塞孔的上下两侧,以免旋转时堵住活塞孔。

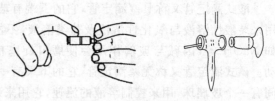

图 3 - 32　活塞涂凡士林

④ 将活塞插入活塞套中。插时,活塞孔应与滴定管平行,径直插入活塞套,不要转动活塞,这样避免将凡士林挤到活塞孔中。然后向同一方向旋转活塞,直到活塞和活塞套上的凡士林层全部透明为止。若出口管尖被凡士林堵塞,可将它插入热水中温热片刻,然后打开活塞,使管内的水突然流下,将软化的凡士林冲出。凡士林排除后,即可关闭活塞。套上小橡皮圈。

经上述处理后,活塞应转动灵活,凡士林层没有纹络。

用自来水充满滴定管,将其放在滴定管架上垂直静置约 2 min,观察有无水滴漏下。然后将活塞旋转 $180°$,再如前检查,如果漏水,应重新涂凡士林。

碱式滴定管使用前应先检查橡皮管是否老化,玻璃珠是否大小适当,若胶管已老化,玻璃珠过大(不易操作)或过小(漏水),应及时更换。

(3)标准溶液装入

装入标准溶液前,应将试剂瓶中的溶液摇匀,使凝结在瓶内壁上的水珠混入溶液,这在天气比较热、室温变化较大时更为必要。混匀后将标准溶液直接倒入滴定管中,不得用其他容器(如烧杯、漏斗等)来转移。此时,左手前三指持滴定管上部无刻度处,并可稍微倾斜,右手拿住细口瓶往滴定管中倒溶液。小瓶可以手握瓶身(瓶签向手心),大瓶则仍放在桌上,手拿瓶颈使瓶慢慢倾斜,让溶液慢慢沿滴定管内壁流下。

用摇匀的标准溶液将滴定管润洗三次(第一次 10 mL,大部分可由上口放出,第二、第三次各 5 mL,可以从出口放出,洗法同前)。应特别注意的是,一定要使标准溶液洗遍全部内壁,并使溶液接触管壁 1～2 min,以便与原来残留的溶液混合均匀。每次都要打开活塞冲洗出口管,并尽量放出残留液。对于碱管,仍应注意玻璃球下方的润洗。最后,将标准溶液倒入,直到充满至零刻度以上为止。

注意检查滴定管的出口管是否充满溶液,酸管出口管及活塞透明,容易看出(有时活塞孔暗藏着气泡,需要从出口管快速放出溶液时才能看见),碱管则需对光检查乳胶管内及出口管内是否有气泡或有未充满的地方。为使溶液充满出口管,在使用酸管时,右手拿滴定管上部无刻度处,并使滴定管倾斜约 30°,左手迅速打开活塞使溶液冲出(下面用烧杯承接溶液,或到水池边使溶液放到水池中),这时出口管中应不再留有气泡。若气泡仍未能排出,可重复上述操作。如仍不能使溶液充满,可能是出口管未洗净,必须重洗。在使用碱管时,装满溶液后,右手拿滴定管上部无刻度处稍倾斜,左手拇指和食指拿住玻璃珠所在的位置并使乳胶管向上弯曲,出口管斜向上,然后在玻璃珠部位往一旁轻轻捏橡皮管,使溶液从出口管喷出(如图 3-33,下面用烧杯接溶液,同酸管排气泡),再一边捏乳胶管一边将乳胶管放直,注意

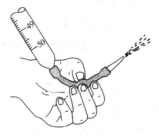

图 3-33　碱管排气方法

当乳胶管放直后,再松开拇指和食指,否则出口管仍会有气泡。最后,将滴定管的外壁擦干。

(4) 读数

① 装满或放出溶液后,必须等 1～2 min,使附着在内壁的溶液流下来,再进行读数。如果放出溶液的速度较慢(例如,滴定到最后阶段,每次只加半滴溶液时),等 0.5～1 min 即可读数。每次读数前要检查一下管壁是否挂有水珠,管尖是否有气泡。

② 读数时,滴定管可以夹在滴定管架上,也可以用手拿滴定管上部无刻度处。不管用哪一种方法读数,均应使滴定管保持垂直。

③ 对于无色或浅色溶液,应读取弯月面下缘最低点,读数时,视线在弯月面下缘最低点处,且与液面成水平(如图 3-34)。视线若在弯月面上方,读数就会偏高;若在弯月面下方,读数就会偏低。溶液颜色太深时,其弯月面不够清晰,可读液面两侧的最高点。此时,视线应与该点成水平。注意初读数与终读数采用同一标准。

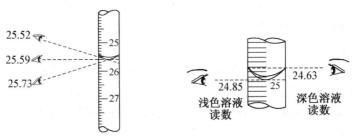

图 3-34　滴定管读数

④ 必须读到小数点后第二位，即要求估计到 0.01 mL。注意，估计读数时，应该考虑到刻度线本身的宽度。

⑤ 为了协助读数，可在滴定管后衬一黑白两色的"读数卡"（涂有一黑长方形的约 4 cm×1.5 cm 白纸）或用一张黑纸绕滴定管一圈，拉紧，置液面下刻度 1 分格（0.1 mL）处使纸的上缘前后在同一水平上；此时，由于反射完全消失，弯月面的液面呈黑色而明显露出来，读此黑色弯月面下缘最低点。但对深色溶液需读两侧最高点时，可以用白色卡为背景。

⑥ 若为白背蓝线滴定管，称为蓝带滴定管。蓝带滴定管的读数与普通滴定管类似，当蓝带滴定管盛溶液后将有两个弯月面相交，此交点的位置即为蓝带滴定管的读数位置。

⑦ 读取初读数前，应将管尖悬挂着的溶液除去。滴定至终点时应立即关闭活塞，并注意不要使滴定管中的溶液有少许流出，否则终读数便包括流出的半滴液。因此，在读取终读数前，应注意检查出口管尖是否悬挂溶液，如有，则此次读数不能取用。

2．滴　定

（1）滴定操作

滴定时，滴定操作可在锥形瓶或烧杯内进行（图 3-35）。在锥形瓶中进行时，应将滴定管垂直地夹在滴定管夹上，滴定台应呈白色。滴定管离锥形瓶口约 1 cm，用左手控制旋塞，拇指在前，食指、中指在后，无名指和小指弯曲在滴定管和旋塞下方之间的直角中。转动旋塞时，手指弯曲，手掌要空。右手三指拿住瓶颈，瓶底离台约 2～3 cm，滴定管下端深入瓶口约 1 cm，微动右手腕关节摇动锥形瓶，边滴边摇使滴下的溶液混合均匀。摇动的锥形瓶的规范方式为：右手执锥形瓶颈部，手腕用力

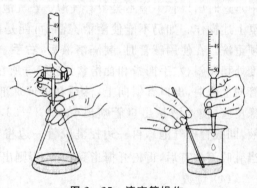

图 3-35　滴定管操作

使瓶底沿顺时针方向画圆，要求使溶液在锥形瓶内均匀旋转，形成漩涡，溶液不能有跳动，管口与锥形瓶应无接触。

使用碱管时，仍以左手握住滴定管，拇指在前，食指在后，用其他三个指头辅助夹住出口管。用拇指和食指捏住玻璃珠所在部位，向右挤压胶管，使玻璃珠移至手心一侧，溶液就可以从玻璃珠旁边的空隙流出。

（2）滴定速度

无论使用酸管还是碱管，都必须掌握三种滴液方法：① 连续滴加的方法，即一般的滴定速度"见滴成线"的方法；② 控制一滴一滴加入的方法，要做到能只加一滴的熟练操作；③ 学会使液滴悬而不落，只加半滴，甚至不到半滴的方法。

（3）终点操作

当锥瓶内指示剂指示终点时，立刻关闭活塞停止滴定。洗瓶淋洗锥形瓶内壁。取下滴定管，右手执管上部无溶液部分，使管垂直，目光与液面平齐，读出读数。读数时应估读一位。

滴定结束后，滴定管内剩余溶液应弃去。洗净滴定管，用蒸馏水充满全管，备用。或倒夹在滴定管架上备用。

3. 注意事项

（1）最好每次滴定都从 0.00 mL 开始，或接近 0 的任一刻度开始，这样可以减少滴定误差。

（2）滴定时，左手不允许离开活塞，任溶液自流。滴定时目光应集中在锥形瓶内的颜色变化上，不要去注视刻度变化，而忽略反应的进行。摇瓶时，应微动腕关节，使溶液向同一方向旋转（左、右旋转均可），同时要求摇瓶有一定速度，不能摇得太慢，影响化学反应的进行。注意不能前后振动，以免溶液溅出，也不要因摇瓶使瓶口碰到滴定管口上。

（3）滴定速度的控制方面，一般开始时，滴定速度可稍快，呈"见滴成线"，这时为 10 mL/min，即 3～4 滴/秒左右，而不要滴成"水线"，这样滴定速度过快。接近终点时，应改为一滴一滴加入，加一滴摇几下，再加，再摇。最后是每加半滴，摇几下锥形瓶，直至溶液出现明显的颜色变化为止。

应该扎实练好加入半滴溶液的方法。用酸管时，可轻轻转动活塞，使溶液悬挂在出口管嘴上，形成半滴，用锥形瓶内壁将其沾落，再用洗瓶吹洗。对碱管，加半滴溶液时，应先松开拇指与食指，将悬挂在出口管的半滴溶液沾在锥形瓶内壁上，再放开无名指和小指，这样可避免出口管尖出现气泡。

滴加半滴溶液和用蒸馏水瓶吹洗的操作总是紧密相连的。加了半滴溶液后，一定要用洗瓶吹洗内壁。

（4）一般每个样品要平行滴定 3～5 次，滴定数据均应及时记录在实验记录表格上，不允许记录到其他地方。

（5）使用碱式滴定管注意事项：

① 用力方向要平，以避免玻璃珠上下移动；

② 不要捏到玻璃珠下侧部分，否则有可能使空气进入管尖形成气泡；

③ 挤压胶管过程中不可过分用力，以避免溶液流出过快。

（6）滴定也可在烧杯中进行，方法同上，但要用玻璃棒或电磁搅拌器搅拌。

（二）移液管与吸量管

移液管与吸量管都是精密转移一定体积溶液时用的一种玻璃量器。移液管是一根细长而中间膨大的玻璃管，管颈上端刻有一环状刻线，如图 3-36(a)所示，膨大部分标有它的容积和标定时的温度，在标定温度下，使溶液的弯月面与移液管标线相切，让溶液按一定方式自由流出，则流出的体积与管上标示的体积相同。

吸量管是具有分刻度的玻璃管，如图 3-36(b)所示，它一般只用于量取小体积的溶液，常用的吸量管有 1 mL、2 mL、5 mL、10 mL 等规格。

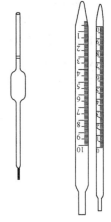

移取溶液前，应先将移液管洗净，用吸水纸吸干管尖端内外的水，然后，用待吸的溶液润洗三次。移取溶液时，一般用右手的大拇指和中指捏住管颈标线上方，将管子插入待量取的溶液液面下约 1 cm，管子插入溶液不要太深或太浅，太深会使管外沾附溶液过多，影响量取溶液体积的准确性；太浅往往会产生空吸。左手拿洗耳球，先把球内空气压出，然后把球的尖端接在移液管口，慢慢松

（a）**移液管** （b）**吸量管**

图 3-36 移液管和吸量管

开左手指(防止溶液吸入球内)使溶液吸入管内。当液面升至刻度标线以上约 1 cm 时移去洗耳球,并立即用右手的食指按住管口,将移液管提离液面,然后使管尖靠着盛溶液器皿的内壁,略为放松食指并用拇指和中指轻轻转动移液管,让溶液慢慢流出,直到溶液的弯月面与标线相切时,立即用食指压紧管口。取出移液管,用干净滤纸擦拭管外溶液,把准备接受溶液的容器稍倾斜,将移液管移入容器中,使管垂直,管尖靠着容器内壁,松开食指,让管内溶液自然地全部沿器壁流下,流完后,静置 15～30 s,取出。管上未刻有"吹"字的,切勿将残留在管尖的溶液吹出,因为在校正移液管时,已考虑了末端所留溶液的体积(见图 3-37)。

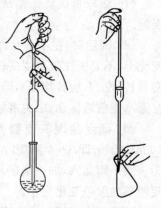

图 3-37　移液管移取溶液方法

用吸量管移取溶液时,移取的溶液体积应从满刻度开始往下放,这样移取的溶液的体积相对误差较小。

(三)容量瓶

容量瓶(图 3-38)主要用于准确地配制一定物质的量浓度的溶液。它是一种细长颈、梨形的平底玻璃瓶,配有磨口塞。瓶颈上刻有标线,当瓶内液体在所指定温度下达到标线处时,其体积即为瓶上所注明的容积数。一种规格的容量瓶只能量取一个量。

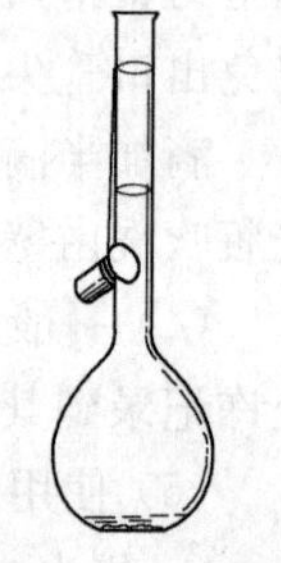

常用的容量瓶有 100 mL、250 mL、500 mL 等多种规格。

1. 使用容量瓶配制溶液的方法

(1)使用前检查瓶塞处是否漏水。具体操作方法是:在容量瓶内装入半瓶水,塞紧瓶塞,用右手食指顶住瓶塞,另一只手五指托住容量瓶底,将其倒立(瓶口朝下),观察容量瓶是否漏水。若不漏水,将瓶正立且将瓶塞旋转 180°后,再次倒立,检查是否漏水,若两次操作,容量瓶瓶塞周围皆无水漏出,即表明容量瓶不漏水。经检查不漏水的容量瓶才能使用。

图 3-38　容量瓶

(2)把准确称量好的固体溶质放在烧杯中,用少量溶剂溶解,然后把溶液转移到容量瓶里。为保证溶质能全部转移到容量瓶中,要用溶剂多次洗涤烧杯,并把洗涤溶液全部转移到容量瓶里。转移时要用玻璃棒引流。方法是将玻璃棒一端靠在容量瓶颈内壁上,注意不要让玻璃棒其他部位触及容量瓶口,防止液体流到容量瓶外壁上(图 3-39)。

(3)向容量瓶内加入的液体液面离标线 1 cm 左右时,应改用滴管小心滴加,最后使液体的弯月面与标线正好相切。若加水超过刻度线,则需重新配制。

图 3-39　转移溶液入容量瓶

图 3-40　检查漏水和混均溶液操作

（4）盖紧瓶塞，用倒转和摇动的方法使瓶内的液体混合均匀（图 3-40）。静置后如果发现液面低于刻度线，这是因为容量瓶内极少量溶液在瓶颈处润湿所损耗，所以并不影响所配制溶液的浓度，故不要在瓶内添水，否则，将使所配制的溶液浓度降低。

2. 使用容量瓶注意事项

（1）容量瓶的容积是特定的，刻度不连续，所以一种型号的容量瓶只能配制同一体积的溶液。在配制溶液前，先要弄清楚需要配制的溶液的体积，然后再选用相同规格的容量瓶。

（2）易溶解且不发热的物质可直接用漏斗倒入容量瓶中溶解，其他物质基本不能在容量瓶里进行溶质的溶解，应将溶质在烧杯中溶解后转移到容量瓶里。

（3）用于洗涤烧杯的溶剂总量不能超过容量瓶的标线。

（4）容量瓶不能进行加热。如果溶质在溶解过程中放热，要待溶液冷却后再进行转移，因为一般的容量瓶是在 20 ℃的温度下标定的，若将温度较高或较低的溶液注入容量瓶，容量瓶则会热胀冷缩，所量体积就会不准确，导致所配制的溶液浓度不准确。

（5）容量瓶只能用于配制溶液，不能储存溶液，因为溶液可能会对瓶体进行腐蚀，从而使容量瓶的精度受到影响。

（6）容量瓶用毕应及时洗涤干净，塞上瓶塞，并在塞子与瓶口之间夹一条纸条，防止瓶塞与瓶口粘连。

三、实验原理

0.1 mol/L HCl 溶液（强酸）和 0.1 mol/L NaOH（强碱）相互滴定时，化学计量点时的 pH 为 7.0，滴定的 pH 突跃范围为 4.3～9.7，选用在突跃范围内变色的指示剂，可保证测定有足够的准确度。甲基橙（简写为 MO）的 pH 变色区域是 3.1（红）～4.4（黄），酚酞（简写为 pp）的 pH 变色区域是 8.0（无色）～9.6（红）。在指示剂不变的情况下，一定浓度的 HCl 溶液和 NaOH 溶液相互滴定时，所消耗的体积之比 V_{HCl}/V_{NaOH} 应是一定的，改变被滴定溶液的体积，此体积之比应基本不变。借此，可以检验滴定操作技术和判断终点的能力。

四、仪器与试剂

1. 仪器
量筒，酸式滴定管，碱式滴定管，移液管，锥形瓶。

2. 试剂
NaOH(s)，HCl，酚酞（0.2％乙醇溶液），甲基橙（0.2％水溶液）。

五、实验内容

1. 酸碱标准溶液配制

（1）0.1 mol/L HCl 溶液 用洁净量杯（量筒）量取约 8.5 mL 6 mol/L HCl 溶液，倒入装有约 490 mL 水的 500 mL 试剂瓶中，加水稀释至 500 mL，盖上玻璃塞，摇匀。

（2）0.1 mol/L NaOH 溶液 称取固体 NaOH 2 g（如何算得的？），置于 250 mL 烧杯中，马上加入蒸馏水使之溶解，稍冷却后转入 500 mL 试剂瓶中，加水稀释至 500 mL，用橡皮塞塞好瓶口，充分摇匀。

2. 酸碱溶液的相互滴定

（1）用 0.1 mol/L HCl 溶液润洗已处理好的酸式滴定管 2～3 次，每次 5～10 mL，然后将溶液装入酸式滴定管，液面调至 0.00 mL 刻度。

（2）用 0.1 mol/L NaOH 溶液润洗已处理好的碱式滴定管 2～3 次，每次 5～10 mL，然后将溶液装入碱式滴定管，液面调至 0.00 mL 刻度。

（3）用 0.1 mol/L HCl 溶液滴定 0.1 mol/L NaOH 溶液

由碱式滴定管中放出 NaOH 溶液 20 mL 于 250 mL 锥形瓶中，放出时以每分钟 10 mL 的速度（即每秒 3～4 滴），再加入 1～2 滴甲基橙指示剂，用 0.1 mol/L HCl 溶液滴定至溶液由黄色转变为橙色。记下读数。由碱式滴定管中再滴入少量 NaOH 溶液，此时锥形瓶中溶液由橙色又转变为黄色，再由酸式滴定管中滴入 HCl 溶液，直到被滴定溶液由黄色又变为橙色，即为终点。数据按后面表格记录。如此反复实验。用 HCl 溶液滴定 NaOH 溶液数次，直到所测体积比的平均相对偏差在 0.2% 以内，才算合格。

（4）用 0.1 mol/L NaOH 溶液滴定 0.1 mol/L HCl 溶液

用移液管吸取 25.00 mL 0.1 mol/L HCl 溶液于 250 mL 锥形瓶中，加入 1～2 滴酚酞指示剂，用 0.1 mol/L NaOH 溶液滴定至溶液呈现微红色，此红色保持 30 s 不褪即为终点。如此平行测定三次，要求三次之间所消耗 NaOH 溶液的体积的最大差值不超过 ±0.02 mL。

3. 滴定记录表格

（1）HCl 溶液滴定 NaOH 溶液（指示剂：甲基橙）

表 3-6　HCl 溶液滴定 NaOH 溶液

滴定号码 记录项目	Ⅰ	Ⅱ	Ⅲ
V_{NaOH}（mL）			
V_{HCl}（mL）			
V_{HCl}/V_{NaOH}			
平均值 V_{HCl}/V_{NaOH}			
相对偏差（%）			
平均相对偏差（%）			

（2）NaOH 溶液滴定 HCl 溶液（指示剂：酚酞）

表 3-7　NaOH 溶液滴定 HCl 溶液

滴定号码 记录项目	Ⅰ	Ⅱ	Ⅲ
V_{HCl}（mL）			
V_{NaOH}（mL）			
$\overline{V}_{NaOH}$（mL）			
n 次间 V_{NaOH} 最大绝对差值（mL）			

六、注意事项

（1）滴定管使用前和用完后都应进行洗涤。洗前要将酸式滴定管旋塞关闭。管中注入水后，一手拿住滴定管上端无刻度的地方，一手拿住旋塞或橡皮管上方无刻度的地方，边转动滴定管边向管口倾斜，使水浸湿全管。然后直立滴定管，打开旋塞或捏挤橡皮管使水从尖嘴口流出。滴定管洗干净的标准是玻璃管内壁不挂水珠。

（2）装标准溶液前应先用标准液润洗滴定管 $2\sim3$ 次，洗去管内壁的水膜，以确保标准溶液浓度不变。装液时要将标准溶液摇匀，然后不借助任何器皿直接注入滴定管内。

（3）滴定管必须固定在滴定管架上使用。读取滴定管的读数时，要使滴定管垂直，视线应与弯月面下沿最低点在同一水平面上，要在装液或放液后 $1\sim2\text{ min}$ 内进行。每次滴定时最好从"0"刻度开始。

思考题

1. 滴定管和移液管使用前应如何处理？为什么？滴定用的锥形瓶或烧杯是否要同样处理？是否需要干燥？为什么？

2. 用移液管量取溶液时，遗留在管尖内的少量溶液是否应吹出？为什么？

3.10　试纸的使用

一、石蕊试纸和 pH 试纸

石蕊试纸和 pH 试纸都是用以检验溶液的酸碱性的。使用石蕊试纸时，可先将石蕊试纸剪成小块，放在干燥清洁的点滴板或表面皿上，再用玻璃棒蘸取待测的溶液，滴在试纸上，于半分钟内观察试纸的颜色（酸性显红色，碱性显蓝色）变化。不得将试纸浸入溶液中进行实验。检查挥发性物质的酸碱性时，可将石蕊试纸用水润湿，然后悬空放在气体出口处，观察试纸颜色变化。

pH 试纸有两种：一种是广泛 pH 试纸，变色范围 $pH=1\sim14$，用以粗略检验液体的pH；另一种是精密 pH 试纸，用于较精确地检验溶液的 pH，它的种类很多，可根据不同的要求选择。

使用 pH 试纸的方法与石蕊试纸基本相同，差别在于：pH 试纸显色后半分钟内，将所显示的颜色与标准阶对照，就知道其 pH。

试纸应密闭保存，用镊子取用，以免污染变色。

二、醋酸铅试纸

用以定性检验反应是否有 H_2S 气体产生。此试纸用醋酸铅溶液浸泡过，使用时要用蒸馏水润湿试纸，放在试管口，将待测溶液酸化，如有 S^{2-}，则生成的 H_2S 气体遇到试纸生成 PbS 黑色沉淀，而使试纸呈黑褐色并有金属光泽。若溶液中 S^{2-} 浓度太低，则不易检出。

三、淀粉-碘化钾试纸

用以定性检验氧化性气体（Cl_2、Br_2 等）。试纸用淀粉-碘化钾溶液浸泡过，使用时用蒸馏水润湿并放在试管口上,氧化性气体遇到试纸,将 I^- 氧化为 I_2,I_2 遇到试纸上的淀粉而使试纸变蓝。有时试纸变蓝后有褪色现象发生,这是由于气体氧化性太强的原因,使 I_2 进一步氧化成 IO_3^-。

3.11 酸碱标准溶液的配制和标定

一、实验目的

(1) 学会酸碱标准溶液的配制及标定方法。

(2) 进一步熟悉滴定操作和滴定终点的判断。

二、实验原理

酸碱滴定中,常用 HCl、NaOH 等溶液作为标准溶液。浓 HCl 易挥发,浓度也随之改变;而 NaOH 具有很强的吸湿性,易吸收空气中的水分和 CO_2,且本身含有少量的硫酸盐、氯化物和二氧化硅。故浓 HCl、NaOH 一般不能直接配成标准溶液,而是将它们配成近似浓度,然后选用适当的基准物进行标定,以确定其准确浓度。

1. HCl 溶液的标定

用于标定 HCl 溶液的常用基准物有无水碳酸钠和硼砂等。

(1) 无水碳酸钠 碳酸钠作为基准物质的主要优点是易提纯、价格便宜,但其摩尔质量较小(105.99×10^{-3} kg/mol)。碳酸钠具有吸湿性,故使用前必须在 $270\sim300$ ℃电炉内加热 1 h,置于干燥器中备用。

用 HCl 溶液滴定碳酸钠,反应完全时,pH 突跃范围是 $3\sim3.5$,可选用甲基橙或甲基红作指示剂。Na_2CO_3 标定 HCl 溶液的反应如下:

$$2HCl+Na_2CO_3 =\!=\!= 2NaCl+H_2O+CO_2\uparrow$$

(2) 硼砂($Na_2B_4O_7 \cdot 10H_2O$) 硼砂作为基准物的优点是吸湿性小、易制备成纯品、摩尔质量较大(381.37×10^{-3} kg/mol)。但由于含结晶水,当空气中湿度小于 39% 时,风化失去水生成五水化合物,故应将硼砂基准物置于干燥器内盛有蔗糖和氯化钠饱和溶液上方进行干燥。

硼砂标定 HCl 溶液反应式如下:

$$Na_2B_4O_7 \cdot 10H_2O+2HCl =\!=\!= 4H_3BO_3+2NaCl+5H_2O$$

或

$$B_4O_7^{2-}+5H_2O =\!=\!= 2H_3BO_3+2H_2BO_3^-$$

$$H_2BO_3^-+H^+ =\!=\!= H_2BO_3$$

化学计量点时产物为很弱的硼酸,此时,溶液的 pH 为 5.1,可选用甲基红为指示剂。

2. NaOH 溶液的标定

用于标定 NaOH 溶液的常用基准物有草酸、邻苯二甲酸氢钾等。

(1) 邻苯二甲酸氢钾($KHC_8H_4O_4$) 邻苯二甲酸氢钾易纯制,在空气中不吸湿,易溶于水,保存不变质,摩尔质量大(204.2×10^{-3} kg/mol),是一种较理想的基准物。邻苯二甲酸氢钾在 $100\sim125$ ℃干燥 2 h 后备用。温度超过 125 ℃,则脱水形成邻苯二甲酸酐。

邻苯二甲酸氢钾标定 NaOH 溶液的反应式如下:

$$KHC_8H_4O_4 + NaOH = KNaC_8H_4O_4 + H_2O$$

由于滴定产物是 $KHC_8H_4O_4$，溶液呈弱碱性，故可选用酚酞为指示剂。

（2）草酸（$H_2C_2O_4 \cdot 2H_2O$） 草酸易制备，价格便宜，草酸在 5%～95% 的相对湿度之间能保持稳定状态，不会因风化而失去结晶水，故可将草酸保存在磨口玻璃瓶中。

草酸标定 NaOH 的反应如下：

$$H_2C_2O_4 + 2NaOH = Na_2C_2O_4 + 2H_2O$$

化学计量点时溶液呈碱性，pH 跳跃范围为 7.7～10.0，可选用酚酞作指示剂。

三、仪器与试剂

固体 NaOH(AR)，HCl(1:1)，无水碳酸钠（AR），硼砂（AR），邻苯二甲酸氢钾（AR），草酸（AR），甲基橙指示剂（0.2% 水溶液），酚酞（0.2% 乙醇溶液），甲基红指示剂（0.2% 钠盐的水溶液或 60% 乙醇溶液）。

四、实验步骤

1. 0.2 mol/L 酸碱溶液的配制

（1）0.2 mol/L HCl 溶液的配制。

（2）0.2 mol/L NaOH 溶液的配制。

2. 0.2 mol/L HCl 溶液的标定

（1）用无水 Na_2CO_3 标定

准确称取 0.25～0.35 g 基准试剂无水碳酸钠三份，分别置于 250 mL 锥形瓶中，加 40～50 mL 水溶解后，加 1～2 滴 0.2% 甲基橙。分别用 HCl 溶液滴定至溶液由黄色变为橙色即为终点。记下每次滴定时消耗 HCl 的体积（mL）。根据基准物 Na_2CO_3 的质量，计算 HCl 的标准浓度。

（2）用硼砂标定

准确称取 0.8～1.0 g 基准试剂 $Na_2B_4O_7 \cdot 10H_2O$ 二份，置于 2 个 250 mL 锥形瓶中，各加入 50 mL 水溶解后，分别加入 1～2 滴甲基红指示剂，用 HCl 标准溶液滴定至溶液由黄色变为微红色即为终点。根据称取硼砂的质量和滴定时所消耗的 HCl 溶液体积，计算 HCl 标准溶液的浓度。

3. 0.2 mol/L NaOH 溶液的标定

（1）用邻苯二甲酸氢钾标定

准确称取 0.8～1.0 g 基准试剂邻苯二甲酸氢钾二份，分别置于 250mL 锥形瓶中，加入 50 mL 水溶解后，加 2～3 滴 0.2% 酚酞指示剂。用 NaOH 溶液滴定至溶液呈微红色，0.5 min 内不褪色即为终点，计算 NaOH 溶液的浓度。

（2）用草酸标定

准确称取 0.3～0.4 g 草酸 $H_2C_2O_2 \cdot 2H_2O$ 二份，置于 250 mL 锥形瓶中，加 50 mL 水溶解后，加 2～3 滴 0.2% 酚酞指示剂。用 NaOH 溶液滴定至溶液呈微红色，0.5 min 内不褪色即为终点，计算 NaOH 的浓度。

（3）由酸、碱标准溶液的体积比和 HCl 溶液的准确浓度，计算 NaOH 标准溶液的浓度。

五、实验结果与数据处理

1. 数据记录

表 3 – 8 HCl 溶液浓度的标定

项目 ＼ 次数	第一份	第二份	第三份
$m_{Na_2CO_3}$			
V_{HCl}			
c_{HCl}			
$\bar{c}_{HCl}$			
$m_{H_2C_2O_4 \cdot 2H_2O}$			
c_{HCl}			
$\bar{c}_{HCl}$			

表 3 – 9 NaOH 溶液浓度的标定

项目 ＼ 次数	第一份	第二份	第三份
$m_{邻苯二甲酸氢钾}$			
V_{NaOH}			
c_{NaOH}			
$\bar{c}_{NaOH}$			
$m_{H_2C_2O_4 \cdot 2H_2O}$			
c_{NaOH}			
$\bar{c}_{NaOH}$			

2. 数据处理

$$c_{标} = \frac{m_{基准}}{M_{基准} V_{标准}}$$

$$c_{NaOH} = \frac{c_{HCl} V_{HCl}}{V_{NaOH}}$$

六、注意事项

(1) 市售的无水碳酸钠在使用前,可先在 100 ℃加热,再在 260～270 ℃灼烧 60～90 min。置于干燥器内备用。

(2) 用无水 Na_2CO_3 标定 HCl 时,由于反应本身产生 H_2CO_3 而使滴定突跃不明显,指示剂变色不够敏锐。因此,在接近滴定终点以前,最好将溶液煮沸,并摇动以赶走 CO_2,冷却后再滴定,可减少滴定误差。

(3) 邻苯二甲酸氢钾应在烘箱中于 120 ℃烘 2 h 后,置于干燥器内备用。

（4）标定 NaOH 溶液时,以酚酞为指示剂,溶液刚呈微红色,且 0.5 min 内不褪色,即为终点,时间稍长,微红色将慢慢褪去,是由于溶液吸收空气中 CO$_2$ 形成 H$_2$CO$_3$ 所致。

1. 标定 HCl、NaOH 溶液常用的基准物有哪些? 它们各有何优点?

2. 标定 HCl 溶液时,可采用基准无水碳酸钠和 NaOH 标准溶液两种方法标定,试比较两种方法的优缺点。

3. 标定 NaOH 溶液,采用基准物邻苯二甲酸氢钾,其称量范围如何确定?

4. 无水 Na$_2$CO$_3$ 如果保存不当,吸收少量水分对标定 HCl 浓度有何影响?

3.12 重结晶提纯法

一、实验目的

（1）学习重结晶法提纯固体有机化合物的原理和方法。

（2）掌握抽滤、热过滤操作和菊花形滤纸的折叠方法。

二、实验原理

从有机合成反应分离出来的固体粗产物往往含有未反应的原料、副产物及杂质,必须加以分离纯化,重结晶是分离提纯固体化合物的一种重要的、常用的分离方法之一。

原理:利用混合物中各组分在某种溶剂中溶解度不同或在同一溶剂中不同温度时的溶解度不同而使它们相互分离。

固体有机物在溶剂中的溶解度随温度的变化易改变,通常温度升高,溶解度增大;反之,则溶解度降低。热的饱和溶液,降低温度,溶解度下降,溶液变成过饱和易析出结晶。利用溶剂对被提纯化合物及杂质的溶解度的不同,以达到分离纯化的目的。

适用范围:它适用于产品与杂质性质差别较大、产品中杂质含量小于 5 ％的体系。

三、仪器和药品

1. 仪器

布氏漏斗,吸滤瓶,抽气管,安全瓶,锥形瓶,短颈漏斗,循环水真空泵,热水保温漏斗,玻璃漏斗,玻璃棒,表面皿,酒精灯,滤纸,量筒,刮刀。

2. 药品

乙酰苯胺。

四、物理常数

表 3-10 乙酰苯胺物理常数

化合物名称	熔点（℃）	沸点（℃）	比重 d_4^{20}	溶解度（g/100 g 水）
乙酰苯胺	114.3	305	1.214	5.5

五、重结晶提纯法的一般过程

选择溶剂——→溶解固体——→趁热过滤去除杂质——→晶体的析出——→晶体的收集与洗涤——→晶体的干燥。

1. 溶剂选择

在进行重结晶时,选择理想的溶剂是一个关键,理想的溶剂必须具备下列条件:

(1) 不与被提纯物质起化学反应。

(2)在较高温度时能溶解多量的被提纯物质;而在室温或更低温度时,只能溶解很少量的该种物质。

(3) 对杂质的溶解非常大或者非常小(前一种情况是使杂质留在母液中不随被提纯物晶体一同析出;后一种情况是使杂质在热过滤时被滤去)。

(4) 容易挥发(溶剂的沸点较低),易于结晶分离除去。

(5) 能给出较好的晶体。

(6) 无毒或毒性很小,便于操作。

(7) 价廉易得。

经常采用以下试验的方法选择合适的溶剂:

取 0.1 g 目标物质于一小试管中,滴加约 1 mL 溶剂,加热至沸。若完全溶解,且冷却后能析出大量晶体,这种溶剂一般认为适用。如样品在冷时或热时,都能溶于 1 mL 溶剂中,则这种溶剂不适用。若样品不溶于 1 mL 沸腾溶剂中,再分批加入溶剂,每次加入 0.5 mL,并加热至沸,总共用 3 mL 热溶剂,而样品仍未溶解,这种溶剂也不适用。若样品溶于 3 mL 以内的热溶剂中,冷却后仍无结晶析出,这种溶剂也不适用。

2. 固体物质的溶解

原则上为减少目标物遗留在母液中造成的损失,在溶剂的沸腾温度下溶解混合物,并使之饱和。为此将混合物置于烧瓶中,滴加溶剂,加热到沸腾。不断滴加溶剂并保持微沸,直到混合物恰好溶解。在此过程中要注意混合物中可能有不溶物,如为脱色加入的活性炭、纸纤维等,防止误加过多的溶剂。

溶剂应尽可能不过量,但这样在热过滤时,会因冷却而在漏斗中出现结晶,引起很大的麻烦和损失。综合考虑,一般可比需要量多加 20% 甚至更多的溶剂。

3. 杂质的除去

热溶液中若还含有不溶物,应在热水漏斗中使用短而粗的玻璃漏斗趁热过滤。过滤使用菊花形滤纸。溶液若有不应出现的颜色,待溶液稍冷后加入活性炭,煮沸 5 min 左右脱色,然后趁热过滤。活性炭的用量一般为固体粗产物的 1%～5%。

4. 晶体的析出

将收集的热滤液静置缓缓冷却(一般要几小时后才能完全),不要急冷滤液,因为这样形成的结晶会很细、表面积大、吸附的杂质多。有时晶体不易析出,则可用玻璃棒摩擦器壁或加入少量该溶质的结晶,不得已也可放置冰箱中促使晶体较快地析出。

5. 晶体的收集和洗涤

抽滤是把结晶通过抽气过滤从母液中分离出来。滤纸的直径应小于布氏漏斗内径。抽滤后打开安全瓶活塞停止抽滤,以免倒吸。用少量溶剂润湿晶体,继续抽滤,干燥。

6. 晶体的干燥

纯化后的晶体,可根据实际情况采取自然晾干,或烘箱烘干。

六、实验装置图

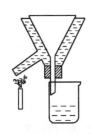

图 3-41　重结晶热过滤装置

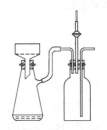

图 3-42　抽滤装置

七、实验步骤

将 3 g 粗制的乙酰苯胺及计量的水加入 250 mL 的三角烧瓶中,加热至沸腾,直到乙酰苯胺溶解(若不溶解可适量添加少量热水,搅拌并热至接近沸腾使乙酰苯胺溶解)。取下烧瓶稍冷后再加入计量的活性炭于溶液中,煮沸 5~10 min。趁热用热水漏斗和菊花滤纸进行过滤,用一烧杯收集滤液。在过滤过程中,热水漏斗和溶液均应用小火加热保温以免冷却。滤液放置至彻底冷却,待晶体析出,抽滤出晶体,并用少量溶剂(水)洗涤晶体表面,抽干后,取出产品放在表面皿上晾干或烘干,称量。

八、注意事项

(1) 用活性炭脱色时,不要把活性炭加入正在沸腾的溶液中。

(2) 滤纸不应大于布氏漏斗的底面。

(3) 在热过滤时,整个操作过程要迅速,否则漏斗一凉,结晶在滤纸上和漏斗颈部析出,操作将无法进行。

(4) 洗涤用的溶剂量应尽量少,以避免晶体大量溶解损失。

(5) 停止抽滤时先将抽滤瓶与抽滤泵间连接的橡皮管拆开,或者将安全瓶上的活塞打开与大气相通,再关闭泵,防止水倒流入抽滤瓶内。

思考题

1. 简述重结晶过程及各步骤的目的。

2. 加活性炭脱色应注意哪些问题?

3. 使用有机溶剂重结晶时,哪些操作容易着火?怎样才能避免?

4. 加热溶解待重结晶的粗产品时,为什么加入溶剂的量要比计算量略少?然后逐渐添加到恰好溶解,最后再加入少量的溶剂,为什么?

5. 使用布氏漏斗过滤时,如果滤纸大于布氏漏斗瓷孔面时,有什么不好?

6. 停止抽滤时,如不先打开安全活塞就关闭水泵,会有什么现象产生,为什么?

7. 用水重结晶纯化乙酰苯胺时(常量法),在溶解过程中有无油珠状物出现?这是什么?如有油珠出现应如何处理?

8. 在布氏漏斗上用溶剂洗涤滤饼时应注意什么？

9. 如何鉴定重结晶纯化后产物的纯度？

10. 请设计用 70％乙醇重结晶萘的实验装置，并简述实验步骤。

3.13 熔点的测定

一、实验目的

(1) 了解熔点测定的意义。

(2) 掌握熔点测定的操作方法。

(3) 可以根据所测的熔点对照文献数据推断是何物质；判断物质是否纯净。

二、实验原理

熔点是纯净有机物的重要物理常数之一。它是固体有机化合物固液两态在大气压力下达成平衡的温度,纯净的固体有机化合物一般都有固定的熔点,固液两态之间的变化是非常敏锐的,自初熔至全熔(称为熔程)温度不超过 $0.5\sim1$ ℃。

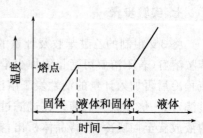

图 3-43　相随时间和温度的变化

加热纯有机化合物,当温度接近其熔点范围时,升温速度随时间变化约为恒定值,此时用加热时间对温度作图(图 3-43)。

化合物温度不到熔点时以固相存在,加热使温度上升,达到熔点。开始有少量液体出现,而后固液相平衡。继续加热,温度不再变化,此时加热所提供的热量使固相不断转变为液相,两相间仍为平衡,最后的固体熔化后,继续加热则温度线性上升。因此在接近熔点时,加热速度一定要慢,每分钟温度升高不能超过 2 ℃,只有这样,才能使整个熔化过程尽可能接近于两相平衡条件,测得的熔点也越精确。

当含杂质时(假定两者不形成固溶体),根据拉乌耳定律可知,在一定的压力和温度条件下,在溶剂中增加溶质,导致溶剂蒸气分压降低(图 3-44 中 $M'L'$),固液两相交点 M' 即代表含有杂质化合物达到熔点时的固液相平衡共存点,M' 为含杂质时的熔点,显然,此时的熔点较纯粹者低。

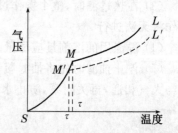

图 3-44　物质蒸气随温度变化曲线

三、药品和仪器

1. 药品

石蜡油,尿素,肉桂酸,尿素和肉桂酸的混合物(质量比 1∶1)。

2. 仪器

温度计,B型管(Thiele 管),毛细管,玻璃管,酒精灯,玻璃钉,表面皿。

四、实验步骤

1. 装样

取一根毛细管,将一端在酒精灯上转动加热,烧融封闭。取干燥、研细的待测物样品放在表面皿上,将毛细管开口一端插入样品中,即有少量样品挤入熔点管中。然后取一支长玻璃管,垂直于桌面上,由玻璃管上口将毛细管开口向上放入玻璃管中,使其自由落下,将管中样品夯实。重复操作使所装样品约有 2~3 mm 高时为止。

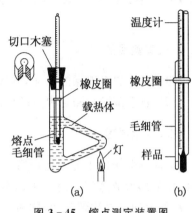

图 3-45 熔点测定装置图

2. 安装

向 Thiele 管中加入石蜡油作为加热介质,直到支管上沿。在温度计上附着一支装好样品的毛细管,毛细管中样品与温度计水银球处于同一水平。将温度计带毛细管小心悬于 Thiele 管中,使温度计水银球位置在 Thiele 管的直管中部。

3. 测定

在 Thiele 管弯曲部位加热,接近熔点时,减慢加热速度,每分钟升 1 ℃左右,接近熔点温度时,每分钟约 0.2 ℃。观察、记录样品中形成第一滴液体时的温度(初熔温度)和样品完全变成澄清液体时的温度(终熔温度)。熔点测定应有至少两次平行测定的数据,每一次都必须用新的毛细管另装样品测定,而且必须等待石蜡油冷却到低于此样品熔点 20~30 ℃时,才能进行下一次测定。

对于未知样品,可用较快的加热速度先粗测一次,在很短的时间里测出大概的熔点。实际测定时,加热到粗测熔点以下 10~15 ℃,必须缓慢加热,使温度慢慢上升,这样才可测得准确熔点。

五、实验注意事项

(1) 试样装填得密实不均匀和取样过多都将导致熔程不规则拖长,影响测定结果。

(2) 石蜡油有一定的粘度,能将毛细管粘附在温度计上。

(3) 以较慢的速率加热,使热量有充分的传输时间从热源通过传热介质传到毛细管内试样,避免温度观察滞后于温度升高。

(4) 已测定过的试样或由于分解、或由于晶形改变,会与原试样不同,不能再用于测定。

思考题

测熔点时,若有下列情况将产生什么结果?

(1) 熔点管壁太厚;

(2) 熔点管底部未完全封闭,尚有一针孔;

(3) 熔点管不洁净;

(4) 样品未完全干燥或含有杂质;

(5) 样品研磨得不细或装得不紧密;

(6) 加热太快。

3.14 常压蒸馏及沸点测定

一、实验目的

(1) 了解测定沸点的意义,掌握蒸馏仪器的安装及操作技术。

(2) 熟悉蒸馏和测定沸点的原理,学会利用蒸馏测定沸点的方法。

二、实验原理

液体的分子由于分子运动有从表面逸出的倾向,这种倾向随着温度的升高而增大,进而在液面上部形成蒸气。当分子由液体逸出的速度与分子由蒸气中回到液体中的速度相等时,液面上的蒸气达到饱和,称为饱和蒸气。它对液面所施加的压力称为饱和蒸气压。实验证明,液体的蒸气压只与温度有关,即液体在一定温度下具有一定的蒸气压。

当液态物质受热时蒸气压增大,待蒸气压大到与大气压或所给压力相等时液体沸腾,这时的温度称为液体的沸点。

由于低沸点物易挥发,高沸点物难挥发,固体物更难挥发,甚至可粗略地认为大多数固体物不挥发。因此,通过蒸馏可把沸点相差较大的两种或两种以上的液体混合物逐一分开,达到纯化的目的,也可将易挥发物和难挥发物分开,达到纯化的目的。

将液体加热至沸腾,使液体变为蒸气,然后使蒸汽冷却再凝结为液体,这两个过程的联合操作称为蒸馏。蒸馏是提纯液体物质和分离混合物的一种常用方法。纯粹的液体有机化合物在一定的压力下具有一定的沸点(沸程 $0.5 \sim 1.5$ ℃)。利用这一点,可以测定纯液体有机物的沸点,又称常量法。对鉴定纯粹的液体有机物有一定的意义。

但是具有固定沸点的液体不一定都是纯粹的化合物,因为某些有机化合物常和其他组分形成二元或三元共沸混合物,它们也有一定的沸点。

蒸馏是将液体有机物加热到沸腾状态,使液体变成蒸汽,又将蒸汽冷凝为液体的过程。

通过蒸馏可除去不挥发性杂质,可分离沸点差大于 30 ℃的液体混合物,还可以测定纯液体有机物的沸点及定性检验液体有机物的纯度。

为了消除在蒸馏过程中的过热现象和保证沸腾的平稳状态,常加入素烧瓷片或沸石,或一端封口的毛细管,因为它们都能防止加热时的暴沸现象,故把它们叫做止暴剂或助沸剂。在加热蒸馏前就应加入止暴剂,而不能匆忙加入止暴剂。因为在液体沸腾时投入止暴剂,将会引起猛烈的暴沸,液体会冲出瓶口,若是易燃的液体,将会引起火灾,所以应使沸腾的液体冷却至沸点以下后才能加入止暴剂。如蒸馏中途停止,后来需要继续蒸馏,也必须在加热前添加新的止暴剂才安全。

三、仪器和试剂

1. 试剂

粗制乙醇。

2. 仪器

蒸馏瓶,温度计,直型冷凝管,尾接管,锥形瓶,量筒。

四、实验装置

蒸馏装置主要包括蒸馏烧瓶、冷凝管和接收器三个部分,如图3-46所示。

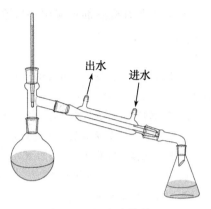

出水 进水

图3-46 实验装置图

（1）蒸馏瓶:蒸馏瓶的选用与被蒸液体量的多少有关,通常装入液体的体积应为蒸馏瓶容积1/3～2/3。液体量过多或过少都不宜（为什么?）。在蒸馏低沸点液体时,选用长颈蒸馏瓶;而蒸馏高沸点液体时,选用短颈蒸馏瓶。

（2）温度计:温度计应根据被蒸馏液体的沸点来选,低于100 ℃,可选用100 ℃温度计;高于100 ℃,应选用250～300 ℃水银温度计。

（3）冷凝管:冷凝管可分为水冷凝管和空气冷凝管两类,水冷凝管用于被蒸液体沸点低于140 ℃;空气冷凝管用于被蒸液体沸点高于140 ℃（为什么?）。

（4）尾接管及接收瓶:尾接管将冷凝液导入接收瓶中。常压蒸馏选用锥形瓶为接收瓶,减压蒸馏选用圆底烧瓶为接收瓶。

仪器安装顺序为:先下后上,先左后右。卸仪器与其顺序相反。

五、实验步骤

1. 加料

将待蒸乙醇40 mL小心倒入蒸馏瓶中,不要使液体从支管流出。加入几粒沸石（为什么?）,塞好带温度计套管,注意温度计的位置。再检查一次装置是否稳妥与严密。

2. 加热

先打开冷凝水龙头,缓缓通入冷水,然后开始加热。注意冷水自下而上,蒸汽自上而下,两者逆流冷却效果好。当液体沸腾,蒸气到达水银球部位时,温度计读数急剧上升,调节热源,让水银球上液滴和蒸气温度达到平衡,使蒸馏速度以每秒1～2滴为宜。此时温度计读数就是馏出液的沸点。

蒸馏时若热源温度太高,使蒸气成为过热蒸气,造成温度计所显示的沸点偏高;若热源温度太低,馏出物蒸气不能充分浸润温度计水银球,造成温度计读得的沸点偏低或不规则。

3. 收集馏液

准备两个接收瓶,一个接收前馏分（或称馏头）,另一个（需称重）接收所需馏分,并记下该馏分的沸程:即该馏分的第一滴和最后一滴时温度计的读数。

在所需馏分蒸出后,温度计读数会突然下降,此时应停止蒸馏。即使杂质很少,也不要蒸干,以免蒸馏瓶破裂及发生其他意外事故。

4. 拆除蒸馏装置

蒸馏完毕,先应撤出热源,然后停止通水,最后拆除蒸馏装置（与安装顺序相反）。

六、实验注意事项

（1）冷却水流速以能保证蒸汽充分冷凝为宜,通常只需保持缓缓水流即可。

（2）蒸馏有机溶剂均应用小口接收器，如锥形瓶。

思考题

1. 什么叫沸点？液体的沸点和大气压有什么关系？文献里记载的某物质的沸点是否即为当地的沸点温度？

2. 蒸馏时加入沸石的作用是什么？如果蒸馏前忘记加沸石，能否立即将沸石加至将近沸腾的液体中？当重新蒸馏时，用过的沸石能否继续使用？

3. 为什么蒸馏时最好控制馏出液的速度为每秒1～2滴为宜？

4. 如果液体具有恒定的沸点，那么能否认为它是单纯物质？

5. 在分馏时通常用水浴或油浴加热，它比直接用火加热有什么优点？

3.15　水蒸气蒸馏

一、实验目的

（1）学习水蒸气蒸馏的原理及应用范围。

（2）了解并掌握水蒸气蒸馏的各种装置及其操作方法。

二、实验原理

水蒸气蒸馏（Steam Distillation）是将水蒸气通入不溶于水的有机物中或使有机物与水经过共沸而蒸出的操作过程。它是用来分离和提纯液态或固态有机化合物的一种方法。

根据分压定律：当水与有机物混合共热时，其总蒸气压为各组分分压之和，即：$P = P_{H_2O} + P_A$，当总蒸气压（P）与大气压力相等时，则液体沸腾。混合物的沸点要比单个物质的正常沸点低，这意味着该有机物可在比其正常沸点低的温度下被蒸馏出来。在馏出物中，有机物与水的质量（W_A 和 W_{H_2O}）之比，等于两者的分压（P_A、P_{H_2O}）和两者各自分子量（M_A 和 M_{H_2O}）的乘积之比，即

$$W_A/W_{H_2O} = M_A P_A/M_{H_2O} P_{H_2O}。$$

但实验时有相当一部分水蒸气来不及与被分接触便离开蒸馏瓶，所以，实验蒸馏出的水量往往超过计算值，故计算值仅为近似值。

水蒸气蒸馏的适用范围：① 常压蒸馏易分解的高沸点有机物；② 混合物中含有大量固体，用蒸馏、过滤、萃取等方法都不适用；③ 混合物中含有大量树脂状的物质或不挥发杂质，用蒸馏、萃取等方法难以分离。

由水蒸气蒸馏的概念可知，被提纯物质应具备的条件：① 不溶或难溶于水；② 共沸时与水不反应；③ 100 ℃时必须有一定的蒸气压。

三、仪器与药品

1. 仪器

电热套，升降台，铁架台，水蒸气发生器，长颈圆底烧瓶，直形冷凝管，T形管，螺旋夹，接尾管，100 mL、50 mL 三角瓶各一个，125 mL 分液漏斗，250 mL 烧杯一个，橡皮管。

2. 药品

苯胺。

四、实验装置图

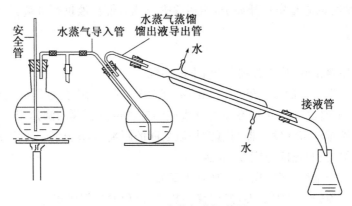

图 3-47　水蒸气蒸馏装置

五、物理常数

表 3-11　苯胺物理常数

化合物名称	相对分子量	熔点(℃)	沸点(℃)	比重(d_4^{20})	溶解度(g/100 g 水)
苯胺	93.13	-6.3	184	1.0217	3.6

六、实验内容

选用苯胺进行水蒸气蒸馏,按水蒸气蒸馏的各步骤操作进行实验。蒸馏完后,用分液漏斗分出苯胺,干燥,称重。

七、实验步骤

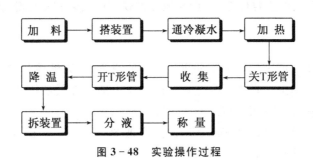

图 3-48　实验操作过程

如图 3-47 所示,加入苯胺,然后安装好仪器,体积不超过蒸馏烧瓶的容量体积的 1/3,导入蒸气的玻管下端应垂直地正对瓶底中央,并伸到接近瓶底(安装时要倾斜一定的角度,通常为 45℃左右)。通冷凝水,加热前先打开 T 形管螺旋夹,直到有蒸气时才关上螺旋夹,使蒸气通入蒸馏烧瓶,必要时蒸馏烧瓶可小火加热促使其快速蒸馏,以免其水分大量增加。在蒸馏过程中,要经常检查安全管中的水位是否适合,如发现其突然升高,意味着有堵塞现象,应立即打开止水夹,移去热源,使水蒸气发生器与大气相通,避免发生事故(如倒吸),待故障排除后再行蒸馏。如发现 T 形管支管处水积聚过多,超过支管部分,也应打开止水夹,将水放掉,否则将影响水蒸气通过。当馏出液澄清透明,不含有油珠状的有机物时,即可停止蒸馏,这时也应首先打开夹子,然后移去热源。馏出液进行分离,干燥,称重。

八、注意事项

(1) 安装顺序要正确,连接处要严密,不能漏气。

(2) 水蒸气发生器上的安全管(平衡管)不宜太短,其下端应接近器底,盛水量通常为其容量的 1/2,最多不超过 2/3,最好在水蒸气发生器中加进沸石起助沸作用。

(3) 应尽量缩短水蒸气发生器与蒸馏烧瓶之间的距离,以减少水汽的冷凝。

(4) 调节火焰,控制蒸馏速度 2～3 滴/s。

(5) 时刻注意安全管,谨防压力过高发生事故。

(6) 停火前必须先打开螺旋夹,然后移去热源,以免发生倒吸现象。

思考题

1. 什么是水蒸气蒸馏? 原理和意义是什么?

2. 水蒸气蒸馏的装置由几个部分组成?

3. 进行水蒸气蒸馏时,蒸气导入管的末端为什么要插入到接近于容器的底部?

4. 在水蒸气蒸馏过程中,经常要检查什么? 若安全管中水位上升很高说明什么问题,如何处理才能解决呢?

3.16　减压蒸馏

一、实验目的

(1) 学习减压蒸馏的原理及其应用。

(2) 认识减压蒸馏的主要仪器,掌握减压蒸馏仪器的安装和减压蒸馏的操作方法。

二、实验原理

液体的沸点是指它的蒸气压等于外界压力时的温度,所以液体的沸点是随外界压力的变化而变化的。如果借助于真空泵降低系统内的压力即可降低液体的沸点,这种在较低压力下进行蒸馏的操作称为减压蒸馏。当压力降低到 1.3 kPa～2.0 kPa(10～15 mmHg)时,许多有机化合物的沸点可以比其常压下的沸点降低 80～100 ℃。液体在常压、减压下的沸点近似关系可根据图 3-49 的经验曲线而得。

所以,减压蒸馏对于分离提纯沸点较高或高温时不稳定(分解、氧化或聚合)的液体及一些低熔点固体有机化合物具有特别重要的意义。

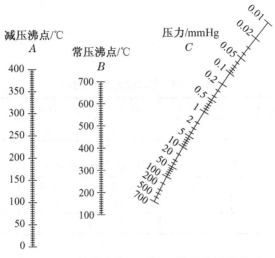

图 3-49 液体在常压、减压下的沸点近似关系

三、实验装置图

减压蒸馏装置主要由蒸馏、抽气(减压)、安全保护和测压四部分组成(如图 3-50)。蒸馏系统包括蒸馏烧瓶、蒸馏头、直型冷凝管、真空接液管、接收瓶、温度计及套管、毛细管等;抽气主要用抽气泵;安全保护主要是安全瓶、吸收装置;测压主要使用真空表和测压计(一般为封闭式水银测压计),各系统间用耐压胶管(真空胶管)连接。

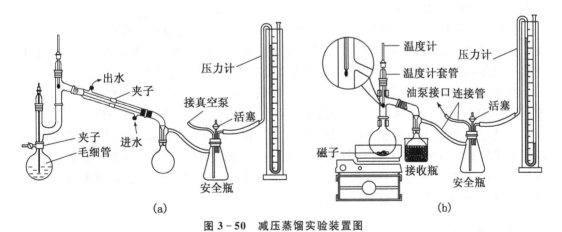

图 3-50 减压蒸馏实验装置图

四、实验仪器与药品

1. 仪器

升降台,电热套,圆底烧瓶(100 mL、19#),螺旋夹,克氏蒸馏头(19#),螺帽接头(14#),温度计(200 ℃),直形冷凝管(19#),真空接液管(19#),圆底瓶(50 mL、19#、2 只),量筒(100 mL),三角漏斗、减压毛细管、真空橡皮管、真空系统(水泵、安全瓶、气压计、净化塔)。

2. 药品

乙二醇。

五、物理常数

表 3－12　乙二醇的物理常数

化合物名称	相对分子量	熔点(℃)	沸点(℃)	比重 d_4^{20}	溶解度(g/100 g 水)
乙二醇	62	－13	197	1.113	混溶

表 3－13　乙二醇的压力与沸点的关系

压力/kPa (mmHg)	101.325 (760)	6.665 (50)	3.999 (30)	2.666 (20)	1.333 (10)	0.666 (5)
沸点/℃	197	101	92	82	67	55

六、实验内容

减压蒸馏乙二醇。

七、实验操作

按装置图 3－50 从左向右依次安装蒸馏烧瓶、蒸馏头、直型冷凝管、真空接液管、接收瓶,真空接液管的支管连接一个安全瓶,安全瓶的支管连接在抽气泵上。启动抽气泵,旋紧安全瓶上旋塞和毛细管上螺旋夹,检查整个装置的气密性。待达到所需的真空度后,放开安全瓶上旋塞,恢复系统的常压状态。

汽化中心设置:减压蒸馏时不能用碎瓷片、一端封口的断毛细管等形成汽化中心,可以用一根上端粗、下端细的两端开口毛细管从蒸馏头直管上伸入蒸馏烧瓶液面下,上端用胶管连接并用螺旋夹控制。也可以用磁力搅拌器带动搅拌子形成汽化中心。

在蒸馏烧瓶中加入待蒸馏液体,不能超过烧瓶容积的 1/2。旋紧安全瓶旋塞,开启抽气泵,调节毛细管导入空气量,以冒出一连串的小气泡为宜。待达到所需真空度,且压力稳定后,开始加热。控制加热强度勿使蒸馏过度剧烈。观测出现第一滴馏出液时的温度,待达到所需蒸馏温度时再开始接受馏出液,此前收集的馏出液为前馏分,单独处理。蒸馏结束时,先停止加热,慢慢打开夹在毛细管上的橡皮管的螺旋夹,再放开安全瓶上的旋塞,内外压力平衡后,再关闭抽气泵。然后从右向左拆卸各组件。

八、注意事项

(1)减压蒸馏系统中切勿使用有裂缝的或薄壁的玻璃仪器,尤其不能使用不耐压的平底瓶如锥形瓶,以防引起爆炸。

(2)减压蒸馏装置需严密不漏气。

(3)液体样品不得超过容器的 1/2。

(4)先恒定真空度再加热。

(5)开泵与关泵前,安全瓶活塞一定要通大气。

(6)沸点低于 150 ℃的有机液体不能用油泵减压。

思考题

1. 在什么情况下才用减压蒸馏？

2. 使用油泵减压时，需有哪些吸收和保护装置？其作用是什么？

3. 水泵的减压效率如何？

4. 为什么进行减压蒸馏时须先抽气才能加热？

5. 当减压蒸馏完所要的化合物后，应如何停止蒸馏？为什么？

3.17　液体化合物折光率的测定

一、实验目的

（1）了解测定折光率对研究有机化合物的实用意义。

（2）掌握使用阿贝折光仪测定有机化合物的折光率。

二、实验原理

1. 折射的基本概念

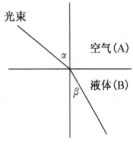

图 3 - 51　光线的折射

当光线通过两种不同介质的界面时会改变方向（图 3 - 51）。光改变方向（即折射）是因为它的速度在改变。当光线从一种介质进入另一种介质时，由于在两介质中光速的不同，在分界面上发生折射现象。

将空气作为标准介质，在相同条件下测定折射角，经过换算后即为该物质的折光率。光从介质 A（空气）射入另一介质 B 时，入射角 α 与折射角 β 的正弦之比称为折光率（n），即

$$n = \frac{\sin \alpha}{\sin \beta}$$

对于一个确定的化合物，其折光率常受温度和光线的波长两个因素影响，所以表示折光率时必须注明测定时的温度和光线的波长。一般以钠光作为光源（波长为 589 nm，以 D 表示），在 20 ℃时测定化合物的折光率，故折光率用下式表示：

$$n_D^{20} = 1.489\ 2$$

一般温度升高 1 ℃，液体化合物的折光率降低 $3.5 \times 10^{-4} \sim 5.5 \times 10^{-4}$。为了便于不同温度下折光率的换算，一般采用 4.5×10^{-4} 为温度常数，用下列式子进行粗略计算：

$$n_{correct} = n_{observed} + 0.000\ 45 \times (t - 20.0)$$

式中：t 为测量时的温度。

折光率是液体有机化合物重要的特性常数之一，测定折光率有着重要的意义。

（1）测定所合成的已知化合物的折光率并与文献值对照，作为检验所合成的化合物的纯度标准之一。

（2）测定所合成的未知化合物折光率，该化合物经过结构及化学分析确证后，测得的折光率可作为一个物理常数记载。

（3）折光率与物质的浓度有关，常用折光率作为检验液体化合物（多用于液体有机化合物）如原料、溶剂、合成中间体及最终产品纯度的依据之一。

2. 阿贝折光仪(Abbe)

(1) 构造

测定液体化合物折光率常用的仪器是阿贝折光仪,其结构见图 3-52,Abbe 折光计的主要组成部分是两块直角棱镜,上面一块是光滑的,下面的表面是磨砂的,可以开启。左面有一个镜筒和刻度盘,上面刻有 1.300 0～1.700 0 的格子。右面也有一个镜筒,是测量望远镜,用来观察折光情况,筒内装消色散镜。光线由反射镜反射入下面的棱镜,以不同入射角射入两个棱镜之间的液层,然后再射到上面棱镜的光滑的表面上,由于它的折射率很高,一部分光线可以再经折射进入空气而达到测量镜 1,另一部分光线则

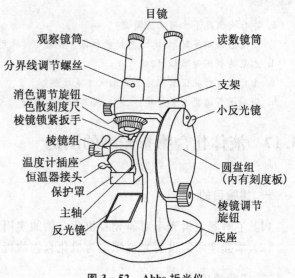

图 3-52　Abbe 折光仪

发生全反射。调节螺旋以使测量镜中的视野如图 3-53 所示,即使明暗面的界线恰好落在十字交点上,记下读数,再让明暗面界线由上到下移动,至图 3-53 所示,记下读数,如此重复 5 次。

(2) 原理

当入射角 $\alpha=90°$ 时,这时的折射角最大,称为临界角 β_0。

如果 α 从 $0°$ 到 $90°$ 都有入射的单色光,那么折射角 β 从 0 到 β_0 临界角也都有折射光,即角区内是亮的,而其他区是暗的,而且出现明暗两区的分界线。从此分界线的位置可以测出临界角 β_0,若 $\alpha=90°$,$\beta=\beta_0$,则 $n=\dfrac{\sin 90°}{\sin\beta_0}$。

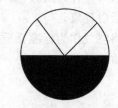

图 3-53　临界角时目镜视野图

只要测出临界角,即可求得介质的折射率。

三、实验仪器及药品

1. 仪器
阿贝折光仪。

2. 药品
重蒸馏水,乙醇,丙酮。

四、物理常数

表 3-14　不同温度下纯水和乙醇的折光率

温度(℃)	18	20	24	28	32
水的折光率	1.333 17	1.332 99	1.332 62	1.332 19	1.331 64
乙醇折光率	1.361 29	1.360 48	1.358 85	1.357 21	1.355 57

表 3 - 15　化合物的物理常数

化合物名称	相对分子量	熔点(℃)	沸点(℃)	比重(d_4^{20})	溶解度(g/100 g 水)
乙醇	45	−114.1	78.5	0.791 4	∞
丙酮	58	−95.35	56.2	0.789 9	∞

五、实验内容

分别测定乙醇、丙酮、二硫化碳的折光率,各测三次,取平均值,并记录测定的温度。

六、实验步骤

(1) 将折光仪与恒温水浴连接,调节所需要的温度,同时检查保温套的温度计是否精确。一切就绪后,打开直角棱镜,用擦镜纸沾少量乙醇或丙酮轻轻擦洗上下镜面,不可来回擦,只能单向擦,晾干后使用。

(2) 校正。阿贝折光仪的量程为 1.300 0～1.700 0,精密度为±0.000 1,温度应控制在±0.1 ℃的范围内。先测纯水的折光率,将重复 2 次所得纯水的平均折光率与其标准值比较。校正值一般很小,若数值太大,整个仪器应重新校正。

(3) 恒温达到所需要的温度后,将 2～3 滴待测样品的液体均匀地置于磨砂面棱镜上,关毕棱镜,调好反光镜使光线射入。滴加样品时应注意切勿使滴管尖端直接接触镜面,以防造成割痕。滴加液体要适量,分布要均匀,对于易挥发液体,应快速测定折光率。

(4) 先轻轻转动左面刻度盘,并在右面镜筒内找到明暗交界线。若出现彩色带,则调节消色散镜,使明暗界线清晰。再转动左面刻度盘,使分界线对准交叉线中心,记录读数与温度,重复 1～2 次。

(5) 测完后,应立即擦洗上下镜面,晾干后再关闭折光仪。

七、注意事项

(1) 在测定样品之前,应对折光仪进行校正。

(2) 在测量液体时样品放得过少或分布不均,会看不清楚,此时可多加一点液体,对于易挥发的液体应熟练而敏捷地测量。

(3) 不能测定强酸、强碱及有腐蚀性的液体,也不能测定对棱镜、保温套之间的胶粘剂有溶解性的液体。

(4) 要保护棱镜,不能在镜面上造成刻痕,所以在滴加液体时滴管的末端切不可触及棱镜面。

(5) 操作时严禁油手或汗手触及光学零件。

(6) 每次使用前后,应仔细认真地擦洗镜面,待晾干后再关闭棱镜。

(7) 仪器在使用或贮藏时均应避免日光,不用时应置于木箱内于干燥处贮藏。

思考题

测定液体折光率的意义是什么?

3.18　旋光度的测定

一、实验目的

(1) 了解旋光仪的构造原理,熟悉其使用方法。

(2) 掌握旋光度、比旋光度的概念及比旋光度的计算。

二、实验原理

1. 基本概念

有些有机化合物,特别是很多的天然有机化合物,都是手性分子,能使偏振光的振动平面旋转一定的角度 α,使偏光振动向左旋转的为左旋性物质,使偏光振动向右旋转的为右旋性物质。

旋光度 α 除了与样品本身的性质有关外,还与样品溶液的浓度、溶剂、光线穿过的旋光管的长度、温度及光线的波长有关。一般情况下,温度对旋光度测量值影响不大,通常不必使样品置于恒温器中。因此,常用比旋光度 $[\alpha]_\lambda^t$ 来表示各物质的旋光性。

在一定的波长和温度下比旋光度 $[\alpha]_\lambda^t$ 可以用下列关系式表示:

$$纯液体的比旋光度:[\alpha]_\lambda^t = \alpha/(d \cdot l)$$

$$溶液的比旋光度:[\alpha]_\lambda^t = 100 \cdot \alpha/(c \cdot l)$$

式中:$[\alpha]_\lambda^t$ 表示旋光性物质在 $t\ ^\circ\!C$、光源的波长为 λ 时的比旋光度,光源的波长一般用钠光的 D 线,在 20 ℃ 或 25 ℃ 测定;d 为纯液体的密度(单位:g/cm^3);l 为旋光管的长度(单位:dm);c 为溶液的浓度(100 mL 溶液中所含样品的质量,g);t 为测量时的温度(℃)。

2. 旋光仪基本结构及其测量原理

测定溶液或液体旋光度的仪器叫旋光仪,它的基本构造如图 3 - 54 所示。光线从光源经过起偏镜,再经过盛有旋光性物质的旋光管时,由于物质具有旋光性,使得产生的偏振光不能通过第二个棱镜,必须旋转检偏镜才能通过。检偏镜转动角度由标尺盘上移动的角度表示,此读数即为该物质在此浓度时的旋光度 α。

钠光源　　起偏镜　　半阴片　　盛液管　　检偏镜　　刻度盘　　目镜　　固定标

图 3 - 54　旋光仪的基本结构

3. 旋光仪的测定依据

实验室常用的旋光仪如图 3 - 55 所示。

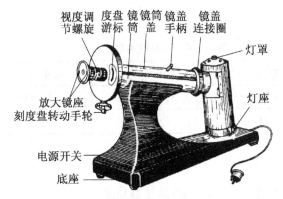

图 3 - 55　旋光仪的外形图

测定旋光度时,从目镜中可观察到以下几种情况,如图 3 - 56 所示。

　　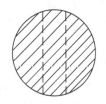

(1) 中间明亮,两旁较暗　(2) 中间较暗,两旁较明亮　(3) 视场内明暗相等的均一视场

图 3 - 56　三分视场变化图

读数时,应调整检偏镜刻度盘,使视场变成明暗相等的单一视场(即图 3 - 56 中的第三种情况),然后读取刻度盘上所示的刻度值。刻度盘分为两个半圆,分别标出 0～180°;固定游标分为 20 等份。读数时,应先读游标的 0 落在刻度盘上的位置(整数值),再用游标尺的刻度盘画线重合的方法,读出游标尺上的数值(可读出两位小数)。如图 3 - 57 所示。

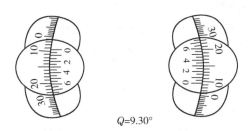

$Q=9.30°$

图 3 - 57　刻度盘读数示意图

三、实验仪器与药品

1. 仪器

旋光仪,恒温槽,50 mL 容量瓶(三个),50 mL 烧杯(三个),25 mL 量筒,玻璃棒等。

2. 药品

果糖(AR),葡萄糖(AR),蒸馏水。

四、物理常数

表 3 - 16　葡萄糖和果糖物理常数

化合物名称	相对分子量	熔点(℃)	比重(d_4^{20})	$[\alpha]_D^{20}$
葡萄糖	180.16	152	1.544	52.5
果糖	180.16	105	1.60	−92

五、实验内容

分别测定 20 ℃下果糖、葡萄糖(AR)的比旋光度。

六、实验步骤

1. 旋光仪进行恒温

把恒温槽与旋光仪连接,恒定控制在 20 ℃。

2. 旋光仪零点的校正

在测定样品之前,先校正旋光仪的零点。将样品管洗干净,装上蒸馏水,使液面凸出管口,盖好盖子。将样品管擦干,放入旋光仪内,罩上盖子;然后开启钠光灯,再调节仪器的目镜的焦点,使视场内的三部分明暗相间,分界线清晰(如图 3 - 56 所示),记下其读数。重复操作至少 5 次,取平均值,若零点相差太大时,应把仪器重新校正。

3. 溶液样品的配制

在分析天平上精确称取 2～2.5 g 纯样品,溶解,置于 50 mL 的容量瓶中定容,溶剂常选水、乙醇、氯仿等。溶液配好后必须透明,无固体颗粒,否则须经滤纸过滤。当用纯液体直接测量其旋光度时,若旋光角度太大,则可用较短的样品管。

4. 样品的装入

将样品管的一头用玻盖和铜帽封上,然后将管竖起,开口向上,将配制好的溶液或纯液体样品注入到样品管中,并使溶液因表面张力而形成的凸液面中心高出管顶,再将样品管上的玻盖盖好,不能带入气泡,然后盖上铜帽,使之不漏水。

5. 旋光度的测定

把样品恒温到 20 ℃,快速测定旋光度;测定之前样品管必须用待测液洗 2～3 次,以免有其他物质影响。依上法将样品装入旋光管测定旋光度,这时所得的读数与零点之间的差值即为该物质的旋光度。记下此时样品管的长度及溶液的温度,然后按公式计算其比旋光度。

实验结束后,洗净旋光管,装满蒸馏水。

七、注意事项

(1) 一般旋光仪的刻度盘的最小刻度为 0.25°,加上游标,可读至 0.01°。

(2) 在测定零点(或旋光化合物的旋光度)时,必须重复操作至少 5 次,取其平均值。若零点相差较大,应重新校正。

(3) 样品管中不能有气泡。

（4）在玻盖与玻管之间是直接接触，而在铜帽与玻盖之间，需放置橡皮垫圈。铜帽与玻盖之间不可拧得太紧，只要不流出液体即可。如果旋得太紧，玻盖产生扭力，使样品管内有空隙，影响旋光。

（5）样品管用完一定要清洗干净。

1. 葡萄糖、果糖的旋光性有何不同？
2. 一个外消旋体的光学纯度是多少？

3.19　氨基酸的纸色谱

一、实验目的

（1）了解纸色谱的基本原理。
（2）掌握用纸色谱分离氨基酸的一般操作。

二、基本原理

纸色谱是一种以滤纸为支持物的色谱方法，常用于多官能团或极性较大的化合物，如糖类、酯类、生物碱、氨基酸等的分离。它因为设备简单、试剂用量少、便于保存，而为实验室常用方法。具有微量、快速、高效和灵敏度高等特点。

纸色谱的原理比较复杂，涉及分配、吸附和离子交换等机理，但分配机理起主要作用，因此，一般认为纸色谱属于分配色谱。

纸色谱以滤纸作载体。滤纸是由纤维素组成，纤维素上有多个—OH，能吸附水（在水蒸气饱和的空气中，一般纤维能吸附 $20\%\sim25\%$ 水分，其中约有 67% 的吸附水是通过氢键与纤维素的羟基结合的，吸附极为牢固，一般条件下，很难脱去），这些吸附水就构成了色谱过程的固定相，展开剂（与水不相混溶的有机溶剂）为流动相，滤纸只起到支持固定相的作用。当样品点在滤纸一端，放在一密闭器中，让流动相通过毛细管作用从滤纸一端，经过点样点流向另一端，样品中溶质在固定相水、流动相有机溶剂中进行分配，因样品中不同溶质在两相中分配系数不同，易溶于有机溶剂而难溶于水的组分，随流动相往前移动速度快些，而易溶于水，难溶于有机溶剂的组分，随流动相向前移动速度慢些，从而达到将不同组分分离的目的。也可用测定 R_f 值方法对不同组分进行鉴定。

纸色谱的操作分为滤纸和展开剂的选择、点样、展开、显色和结果处理（测量 R_f 值）五个部分。

1. 滤纸的选择与处理
对普通实验来说，一般实验室中的滤纸都可以用。但在做某些定量测定或某些深入研究的工作中，对滤纸就要作适当的选择了。

（1）滤纸要求质地均匀、平整、边沿整齐、无折痕、有一定机械强度。
（2）滤纸纸质要求纯度高、无杂质，无明显萤光斑点，以免与色谱斑点相混淆。
（3）滤纸纤维松紧要适宜，过紧则展开太慢，过松则斑点扩散。

实验室用的滤纸可适用于一般的纸色谱分析。严格的研究工作中则需慎重选择层析用纸，并进行净化处理。例如分离酸性、碱性物质时，为保持恒定的酸碱度，可将滤纸浸泡在一定 pH 的缓冲液中，进行预处理后再用。

将滤纸裁剪成条形时，应顺着纤维排列的方向。在裁剪滤纸时，要把周边裁剪整齐，不能留毛边。还要注意防止手垢和汗渍等杂质污染滤纸。

2. 展开剂的选择

纸色谱用的溶剂一般要求：

(1) 纯度高。有时仅含 1‰ 的杂质，也会相当大地改变被分离物质的 R_f 值。即便有微量的杂质存在，在溶剂移动和挥发过程中，也会形成杂质的浓集区域而影响检出。

(2) 有一定的化学稳定性。若在展开过程中容易被氧化的溶剂不宜作为展开剂。

(3) 容易从滤纸上除去。

纸色谱中，很少用单一溶剂作为展开剂，多用极性的混合溶剂，且其中之一是水。在选择展开剂时，一般按相似相溶原理进行。如果被分离物质是易溶于水，但难溶于乙醇的的强亲水性的，如氨基酸、糖类等，可选用含水量在 10％～40％ 之间的高含水量系统作为展开剂；若物质是可溶于乙醇和水，且较易溶于乙醇的中等亲水性的，则宜采用中等含水量的溶剂系统作展开剂；对于难溶于水，但易溶于亲脂性溶剂的物质，则展开剂主要组分是苯、环己烷、四氯化碳、甲苯等；对于完全亲脂性物质如甾醇等，最好采用反相系统，即用甲酰胺、二甲基甲酰胺等浸渍滤纸作固定相，可用含水的醇或与此相近的溶剂作为流动相。

溶剂系统的组成与含水量的变化规律是：有机溶剂的极性越大，所配成的混合溶剂的有机相中含水量越高，反之，含水量越低。在有机溶剂的同系物中，相对分子量越大，所配成的混合溶剂有机相中水分含量越低。据此，可以根据需要选择合适的有机溶剂，配制一定含水量的溶剂系统，以获得较理想的 R_f 值。

对于酸性或碱性物质来说，由于其电离平衡现象的存在，展开时必将产生拖尾现象。因此，通常在溶剂中加入较强的酸（如甲酸）或碱（如氨）来抑制弱酸或弱碱的电离。另一种常用方法就是在滤纸上喷上缓冲盐类，以保持一定的 pH 值，干后再展开。但必须注意，展开剂也必须事先用缓冲液平衡后再使用。

溶剂的一般配制方法是将溶剂各组分按配方比例充分混合即可。如果混合液分层，则必须在充分振荡混合、静置分层之后，分出有机相作为展开剂。

3. 样品处理

用于色谱分析的样品，要求初步提纯，如氨基酸的测定，不能含大量盐类、蛋白质，否则互相干扰，分离不清。固体样品应尽可能避免用水作溶剂，因水作溶剂斑点易扩散。一般选用乙醇、丙酮、氯仿等作溶剂。最好是选用与展开剂极性相近的溶剂。

4. 点样

用内径约 0.5 mm 的毛细管，或微量注射器吸取试样溶液，轻轻接触滤纸，控制样点直径在 2～3 mm，如样点直径过大，则会分离不清或出现拖尾。液体样品，可直接点样，不用配成溶液。

5. 展开

纸色谱必须在密闭的层析缸中展开。在层析缸中加入适量的展开剂，将点好样的滤纸放入缸中。展开剂水平面应在点样纸以下，绝不允许浸泡样品线。

按展开方法,纸色谱分为上行法、下行法、水平法。

当展开剂移动到离纸边沿约 12 cm 时,取出滤纸,用铅笔小心划出溶剂前沿,然后冷风吹干。如有色样品斑点可直接观察,并用铅笔划出斑点范围;呈萤光的样品,则在紫外灯光下观察斑点并用铅笔划出斑点范围;无色也无萤光性质的样品,则往往加入显色剂使之显色,再用铅笔划出斑点范围。

常见的纸色谱斑点拖尾现象有以下几种情况:

(1) 点样量过多,样品量超过了点样处滤纸所荷载的溶剂能够溶解的能力。

(2) 某些物质可以形成多个电离形式,且各自有其不同的 R_f 值,因而在纸上造成连续拖曳,这种情况可使用碱性或酸性的展开系统,抑制其电离即可消除。

(3) 被分离的物质与滤纸上的 Cu^{2+}、Ca^{2+}、Mg^{2+} 等杂质形成络合物而形成拖尾,可改用纯滤纸展开。

(4) 某些物质在展开过程中会逐渐分解,如肾上腺素和某些含硫氨基酸等,可将它们转变成稳定的物质再作展开来克服。

(5) 当被分离的物质能溶于显色剂中时,如显色剂用量过多,可使斑点模糊或拖长。

三、主要仪器与药品

1. 仪器

条形滤纸(5 cm×15 cm),色谱缸,内径 0.3 mm 毛细管(微量注射器),干燥箱,喷雾器,电吹风,剪刀,直尺,铅笔。

2. 药品

标准液(1%亮氨酸/乙醇溶液、1%赖氨酸/乙醇溶液),样品混合液(含亮氨酸、赖氨酸的乙醇溶液),0.5%茚三酮乙醇溶液,展开剂(正丁醇∶冰乙酸∶水＝4∶1∶5,在分液漏斗中充分混合,静置分层,取上层作展开剂)。

四、实验步骤

1. 准备滤纸

取一张条形滤纸(5 cm×15 cm),平放在一张洁净纸上,用铅笔在滤纸一端距底边 15～20 mm 处轻划一平行线,在线上标出三个点,各点间距离约为 8～12 mm,并用铅笔标明各点对应"亮"、"赖"、"混"字。

2. 点样

用毛细管吸取样品溶液少许对应点进行点样,样点直径为 2～3 mm,最好将混合样点在中间点的位置。点好样品,风干或吹风机吹干。

3. 饱和与展开

将一点好样品的滤纸悬吊于装有展开剂的色谱缸中,用盖盖好。注意不可使滤纸与溶剂接触。静置 20～30 min(一般为 1～2 h)让溶剂蒸气对滤纸进行饱和。点样端向下,将饱和后的滤纸的点样点以下垂直浸入展开剂中,盖好,展开约 1 h。溶剂的前沿升到接近滤纸顶端时,取出滤纸,立即用铅笔画出溶剂前沿所在位置,吹干。

4. 显色

用喷壶距滤纸约 30～40 cm 向滤纸均匀喷洒显色剂,以滤纸基本打湿为宜。然后用吹风机热风缓缓吹干并加热滤纸,直到显示出紫色斑点为止。

5. 测量 R_f 值与鉴定

用铅笔将所有斑点的轮廓描出来,并确定出各斑点的重心位置,该点即为斑点位置。分别量出点样点到溶剂前沿的距离和各斑点位置的距离,按照 R_f 值定义计算各斑点的 R_f 值。比较各斑点的 R_f 值大小,确定混合样点上的两个斑点各是什么物质。

五、注意事项

(1) 同一毛细管只能用于一种物质的点样;点样的次序不要混淆。

(2) 样点不能过大;点样过程中必须在第一滴样品干后再点第二滴,为使样品加速干燥,可用电吹风加热干燥,但要注意温度不可过高,以免破坏氨基酸,影响定量结果。

(3) 展开剂液面不能高于起始线,即溶剂展层至距离纸的上沿约 1 cm 时,注意不能使溶剂走过头。

1. 为什么纸色谱点样点的直径不得超过 5 mm? 斑点过大或样品量过大有什么弊病? 为什么?

2. 手拿滤纸时,应注意什么? 色谱缸为什么要密闭?

3. 上行展开时,样品点为什么必须在展开剂的液面之上?

4. 作原点标记能否用钢笔或圆珠笔? 为什么?

5. 点样品时所用毛细管为什么要专管专用?

3.20 氯化钠的提纯

一、实验目的

(1) 学会用化学方法提纯粗食盐,同时为进一步精制成试剂级纯度的氯化钠提供原料。

(2) 练习台秤的使用以及加热、溶解、常压过滤、减压过滤、蒸发浓缩、结晶、干燥等基本操作。

(3) 学习食盐中 Ca^{2+}、Mg^{2+}、SO_4^{2-} 的定性检验方法。

二、实验原理

(1) 在粗盐中滴加 $BaCl_2$ 除去 SO_4^{2-},即
$$Ba^{2+} + SO_4^{2-} == BaSO_4 \downarrow$$

(2) 在滤液中滴加 $NaOH$、Na_2CO_3 除去 Mg^{2+}、Ca^{2+}、Ba^{2+}、Fe^{3+},即
$$Mg^{2+} + 2OH^- == Mg(OH)_2 \downarrow \qquad Ca^{2+} + CO_3^{2-} == CaCO_3 \downarrow$$
$$Ba^{2+} + CO_3^{2-} == BaCO_3 \downarrow \qquad Fe^{3+} + 3OH^- == Fe(OH)_3 \downarrow$$

(3) 用 HCl 中和滤液中过量的 OH^-、CO_3^{2-},即
$$H^+ + OH^- == H_2O$$
$$CO_3^{2-} + 2H^+ == CO_2 \uparrow + H_2O$$

三、实验用品

1. 仪器

烧杯,量筒,长颈漏斗,吸滤瓶,布氏漏斗,石棉网,泥三角,蒸发皿,台秤,循环水真空泵。

2. 药品

1 mol/L Na_2CO_3,2 mol/L NaOH,2 mol/L HCl,1 mol/L $BaCl_2$,粗食盐。

3. 材料

定性滤纸($\varnothing 12.5$、11、9),广泛 pH 试纸。

四、实验步骤

1. 粗食盐的提纯

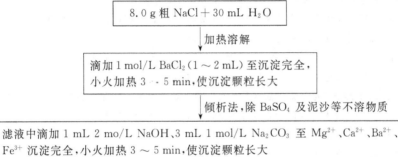

图 3 - 58　粗食盐提纯步骤

2. 产品纯度的检验

表 3 - 17　纯度检验实验现象

检验项目	检验方法	实验现象	
		粗食盐	纯 NaCl
SO_4^{2-}	加入 $BaCl_2$ 溶液		
Ca^{2+}	加入 $(NH_4)_2C_2O_4$ 溶液		
Mg^{2+}	加入 NaOH 溶液和镁试剂		

3. 实验结果

产品外观:＿＿＿＿＿＿＿＿;产品质量(g):＿＿＿＿＿＿＿＿;产率(%):＿＿＿＿＿＿＿＿。

五、注意事项

(1) 常压过滤,注意"一提,二低,三靠",滤纸的边角撕去一角。

(2) 减压过滤时,布氏漏斗管下方的斜口要对着吸滤瓶的支管口;先接橡皮管,开水泵,后转入结晶液;结束时,先拔去橡皮管,后关水泵。

(3) 蒸发皿可直接加热,但不能骤冷,溶液体积应少于其容积的 2/3。

(4) 蒸发浓缩至稠粥状即可,不能蒸干,否则带入 K^+(KCl 溶解度较大,且浓度低,留在母液中)。

思考题

1. 在除去 Ca^{2+}、Mg^{2+}、SO_4^{2-} 时为何先加 $BaCl_2$ 溶液,然后再加 Na_2CO_3 溶液?

2. 能否用 $CaCl_2$ 代替毒性大的 $BaCl_2$ 来除去食盐中的 SO_4^{2-}?

3. 在除 Ca^{2+}、Mg^{2+}、SO_4^{2-} 等杂质离子时,能否用其他可溶性碳酸盐代替 Na_2CO_3?

4. 在提纯粗食盐过程中,K^+ 将在哪一步操作中除去?

5. 加 HCl 除去 CO_3^{2-} 时,为什么要把溶液的 pH 调至 3～4?调至恰好为中性如何?(提示:从溶液中 H_2CO_3、HCO_3^- 和 CO_3^{2-} 浓度的比值与 pH 的关系去考虑。)

6. 加入 30 mL 水溶解 8 g 食盐的依据是什么?加水过多或过少有什么影响?

7. 怎样除去实验过程中所加的过量沉淀剂 $BaCl_2$、$NaOH$ 和 Na_2CO_3?

8. 提纯后的食盐溶液浓缩时为什么不能蒸干?

9. 在粗食盐的提纯中,(1)、(2)两步,能否合并过滤?

10. 怎样检验溶液中的 SO_4^{2-}、Ca^{2+}、Mg^{2+} 等离子是否沉淀完全?

3.21　硝酸钾的制备

一、实验目的

(1) 利用温度对物质溶解度的影响不同,用复分解法制备盐类。

(2) 练习重结晶法提纯物质,进一步巩固溶解、过滤、结晶等操作。

二、实验原理

$$NaNO_3 + KCl \Longrightarrow KNO_3 + NaCl$$

$NaCl$ 的溶解度随温度变化不大,而 KCl、$NaNO_3$、KNO_3 在温度增大时有较大的溶解度,随温度减小溶解度减小。

表 3-18　不同温度溶解度变化　　　　　　　　　　　　　　　　单位:g

温度(℃)	0	10	20
NaCl	35.7	35.8	36.0
NaNO₃	73.0	80.0	88.0
KCl	27.6	31.0	34.0
KNO₃	13.3	20.9	31.6

三、实验用品

1. 仪器

烧杯,量筒,表面皿,布氏漏斗,吸滤瓶,台秤。

2. 试剂

$NaNO_3(s)$、$KCl(s)$、$0.1\ mol/L\ AgNO_3$。

四、实验内容及步骤

1. KNO_3 的制备

$8.5\ g\ NaNO_3 + 7.5\ g\ KCl + 15\ mL\ H_2O$ 水浴加热,待全部溶解后,加热蒸发至原体积的 2/3,有晶体析出($NaCl$),趁热过滤(布氏漏斗先预热),滤液用冰-水浴降温或自然冷却至室温,有 KNO_3 析出,过滤(不能用水洗,因为 KNO_3 溶于水)称量,计算产量和产率。

2. 用重结晶法提纯 KNO_3

粗产品加入适量的水(粗产品:水=2:1),加热溶解,冷却到室温后吸滤,滤纸吸干,称量。

3. 产品纯度的检验

在两支试管中,分别取粗产品和重结晶产品各 $0.1\ g$,加 $2\ mL\ H_2O$ 溶解后,加 1 滴 $5\ mol/L\ HNO_3$,加 $1\sim2$ 滴 $0.1\ mol/L\ AgNO_3$,观察有无 $AgCl$ 沉淀生成,并进行对比,重结晶后的产品溶液应为澄清。

1. KCl 和 $NaNO_3$ 来制备 KNO_3 的原理是什么?
2. KNO_3 中混有 KCl 或 $NaNO_3$ 时,应如何提纯?

3.22 硝酸钾溶解度曲线的绘制

一、实验目的

(1)掌握测定盐类在水中溶解度的方法,了解溶解度与温度的关系。
(2)练习绘制溶解度-温度曲线。

二、仪器和药品

1. 仪器

分析天平,温度计($0\sim100\ ℃$),吸量管($1\ mL$),洗耳球,小试管($15\times80\ mm$ 四支),玻璃棒($100\ mm$ 四支),带有橡皮塞的玻璃棒,橡皮圈。

2. 药品

KNO_3(固体,分析纯)。

三、实验步骤

1. 固体硝酸钾的称量

用分析天平称取四份固体硝酸钾,其质量分别为:1.7~1.8 g,1.4~1.5 g,1.1~1.2 g,0.8~0.9 g(准确至 1 mg)。将硝酸钾分别小心地倒入四支干燥洁净的小试管中,试管编号顺次为 1,2,3,4 号。

2. 仪器的安装

如图 3-59 所示,将四支小试管用橡皮圈固定在套有橡皮塞的玻璃棒上(为了增大摩擦力,玻璃棒上可套上一段橡皮管)。通过铁夹、铁架将支架垂直悬挂在 250 mL 烧杯中,通过另一个铁夹将温度计悬挂在烧杯中。注意温度计的下端要与试管底部处于同一水平位置,并紧贴着试管。

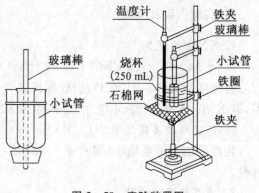

图 3-59 实验装置图

3. 蒸馏水的量取

用 1 mL 吸量管分别往每支小试管中注入 1.00 mL 蒸馏水。每支小试管内插入一支小玻璃棒,小心搅拌管内的水,使沾在试管壁上的硝酸钾晶体全部落入水中。

4. 升温溶解

往 250 mL 烧杯中注入热水,注意热水不得溅入小试管内,热水液面应当高于试管内的液面而低于固定试管的橡皮圈。加热水浴,不停地小心搅拌试管内的固体,直至固体全部溶解为止(水浴温度不应高于 90 ℃,以免溶液过分蒸发)。

5. 冷却并记录温度

停止加热,让水浴自然冷却。首先不断搅拌 1 号试管内的溶液,注意观察溶液的变化,当刚有晶体出现并不再消失时即记下当时的温度值。然后用相同的方法记下 2,3,4 号试管中晶体开始析出的温度。

如果测定不准确,可以将水浴重新加热升温,使晶体重新溶解,再重复上述操作。

四、实验结果与数据处理

表 3-19 实验记录和结果

试管编号	1	2	3	4
KNO_3晶体的质量(g)				
水的质量(g)	1.00	1.00	1.00	1.00
溶液中开始析出晶体时的温度(℃)				
KNO_3在各温度时的溶解度(g/100 g 水)				

根据上表数据,以温度为横坐标,以溶解度(100 g 水中溶解 KNO_3 的克数)为纵坐标,绘出硝酸钾的溶解度曲线。

在同一个坐标系中,根据对应温度范围内硝酸钾溶解度文献值绘制另一条溶解度曲线,与上述曲线比较。

3.23　恒温槽的安装与调节

一、实验目的

（1）了解恒温槽的构造及恒温原理,掌握恒温操作技术。
（2）绘制恒温槽的灵敏度曲线,学会分析恒温槽的性能。

二、实验原理

　　许多物理化学量都与温度有关,要准确测量其数值,必须在恒温下进行。实验室最常用的是用恒温槽来控制温度维持恒温,它是以某种液体为介质的恒温装置,依靠温度控制器来自动调节其热平衡。

　　恒温槽一般是由浴槽、搅拌器、加热器、接触温度计、温度控制器和温度计等部分组成（如图 3-60 所示）,现分别介绍如下:实验开始时,先将搅拌器启动,将实验目标温度调至所需恒温温度（例如 25 ℃）,若此时浴槽内的水温低于 25 ℃,则接触温度计的两条引出线断路,则温度控制器发出指令对加热器通电加热,使浴槽内的水温升高,当浴槽内的水温达到 25 ℃ 时,接触温度计的两条引线导通,则温度控制器发出指令对加热器停止加热。以后当浴槽内的水因对外散热使温度低于 25 ℃ 时,则接触温度计的两条引线再次断路,则加热器重新工作。这样周而复始就可使介质的温度在一定范围内保持恒定。

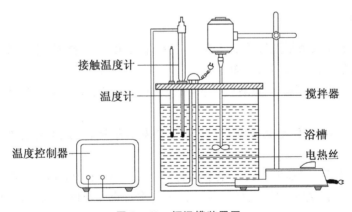

接触温度计

温度计

温度控制器

搅拌器

浴槽

电热丝

图 3-60　恒温槽装置图

　　由于这种温度控制装置属于"通""断"类型,当加热器接通后传热使介质温度上升并传递给接触温度计,使它的水银柱上升。由于传质、传热都需要一定时间,因此,会出现温度传递的滞后现象。即当接触温度计的水银触及钨丝时,实际上电热器附近的水温已超过了指定温度,因此,恒温槽温度必高于指定温度。同理,降温时也会出现滞后现象。由此可知,恒温槽控制的温度有一个波动范围,而不是控制在某一固定不变的温度,并且恒温槽内各处的温度也会因搅拌效果的优劣而不同。控制温度的波动范围越小,各处的温度越均匀,恒温槽的灵敏度越高。灵敏度是衡量恒温槽性能的主要标志,它除与感温元件、电子继电器有关外,还受搅拌器的效率、加热器的功率等因素的影响。恒温槽灵敏度的测定是在指定温度下,用较灵敏的温度计,如贝克曼温度计或精密温差测量仪,记录恒温槽温度随时间的变化,若最高温度为 t_1,最低温度为 t_2,则恒温槽的灵敏度 t_E 为

$$t_E = \frac{t_1 - t_2}{2}$$

灵敏度常以温度为纵坐标,以时间为横坐标,绘制成温度-时间曲线来表示。

在图 3 - 61 中曲线(a)表示恒温槽灵敏度较高;(b)表示加热器功率太大;(c)表示加热器功率太小或散热太快。(b)、(c)灵敏度较低。

为了提高恒温槽的灵敏度,在设计恒温槽时要注意以下几点:

(1) 恒温槽的容量要大些,其热容量越大越好。

(2) 尽可能加快电热器与接触温度计间传热的速率。为此要使:① 感温元件的热容尽可能小,感温元件与电热器间距离要近一些;② 搅拌效率要高。

(3) 作调节温度用的加热器功率要小些。

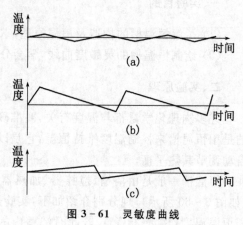

图 3 - 61　灵敏度曲线

三、仪器与试剂

玻璃恒温水浴玻璃缸 1 个,精密温差测量仪 1 台,停表 1 块。

四、实验步骤

(1) 将蒸馏水注入浴槽至容积的 2/3 处,将接触温度计、搅拌器、电热器、温度计和精密电子温差测量仪的温度探头等安装好。

(2) 将恒温槽控制面板上的测量/设定开关拨到设定挡,将温度设定为目标温度,如 25 ℃。

(3) 将恒温槽控制面板上的测量/设定开关拨到测量挡,此时恒温槽的加热器开始工作。

(4) 测定恒温槽的灵敏度。待恒温槽温度恒定在 30 ℃时 10 min 后,按精密电子温差测量仪上的置零键置零,然后用手表每隔 30 s 记录一次贝克曼温度计的读数,测定 30 min。

(5) 同法测定另一温度(如 30 ℃)下恒温槽的灵敏度和灵敏度曲线。

五、数据记录和处理

(1) 将实验测定的数据记录于表中(室温:＿＿＿℃　压力:＿＿＿kPa)。

(2) 以时间为横坐标,以温度为纵坐标,绘制温度-时间曲线;取最高点与最低点温度计算恒温槽的灵敏度 t_E。

六、注意事项

(1) 通过控温系统使恒温槽的温度升温达到所指定的温度并维持恒定,而不能通过温

控系统使高于指定温度的恒温槽中水浴的温度降温达到所指定的温度。遇到这种情况只能通过自然降温的方式或向水浴中添加较低温度的蒸馏水的办法来实现。

（2）本实验所使用的恒温槽是自组装的，实验室还经常使用一种由生产厂家组装好的恒温槽，称之为超级恒温槽。其恒温原理与基本构造与自组装的基本相同。不同之处在于超级恒温槽有循环水泵，能使恒温水循环流经待测体系，使待测体系得以恒温。值得注意的是，超级恒温槽中的用水同样应使用蒸馏水，以防对金属槽体的腐蚀破坏。

思考题

1. 恒温槽主要由哪几个部分组成的？各部分的作用是什么？
2. 影响恒温槽灵敏度的主要因素有哪些？
3. 欲提高恒温槽的控温精确度，应采取哪些措施？
4. 普通（玻璃浴槽）恒温槽与超级恒温槽的区别是什么？

第四部分 二级教育实验——"三性"实验

一、无机化学部分

Ⅰ. 化学基本原理

4.1 电解质溶液

一、实验目的

(1) 学习酸碱指示剂及 pH 试纸的使用方法。

(2) 加深对电离平衡、同离子效应等理论的理解。

(3) 观察盐类的水解作用及影响水解过程的主要因素。

(4) 学习缓冲溶液的配制并了解它的缓冲作用。

(5) 根据溶度积规则判断:① 沉淀的生成和溶解的条件;② 分步沉淀和沉淀的转化。

二、实验原理

1. 测定溶液的 pH 的方法

pH 代表溶液中 H^+ 浓度的负对数,即

$$pH = -\lg c_{H^+}$$

溶液中测定 pH 的方法有酸碱指示剂法、混合酸碱指示剂法、pH 试纸法、酸度计(pH 计)法等。

常用的酸碱指示剂是有机弱酸或有机弱碱,在水溶液中可以电离为离子,而离子的颜色与分子的颜色不同。由平衡移动原理可知,指示剂的颜色变化决定于溶液的 pH。但溶液的 pH 必须在某一范围内才会引起指示剂变色,这一 pH 范围就称为指示剂的变色范围。例如甲基橙的变色范围是 pH=3.1~4.4,酚酞的变色范围是 pH=8~10 等。

酸碱混合指示剂是由两种或两种以上的指示剂按比例混合而成,利用颜色的互补作用,使变色更加敏锐,在不同的 pH 下能指示出颜色的变化。如通用指示剂、广泛 pH 试纸等。

2. 弱电解质在溶液中的电离平衡及移动

若 AB 为弱酸或弱碱,则在水溶液中存在下列电离平衡:

$$AB \Longrightarrow A^+ + B^-$$

达平衡时,已电离成离子的浓度与未电离的分子浓度的关系为:

$$\frac{c_{A^+} \cdot c_{B^-}}{c_{AB}} = K_i$$

式中 K_i 为电离常数,在此平衡体系中,若加入含有与弱电解质相同离子的强电解质,即增加 A^+ 或 B^- 的浓度,则平衡向生成 AB 分子的方向移动,使弱电解质 AB 电离度降低,这种效应叫做同离子效应。

3. 盐类的水解

盐类的水解是盐的离子与水中 H^+ 或 OH^- 作用生成弱酸或弱碱的反应。水解后溶液的酸碱性取决于盐的类型。

盐类水解后,其 c_{H^+} 可根据下式进行计算:

弱酸强碱盐:$c_{H^+} = \sqrt{\dfrac{K_W \cdot K_a}{c_S}}$

弱碱强酸盐:$c_{H^+} = \sqrt{\dfrac{K_W \cdot c_S}{K_b}}$

弱酸弱碱盐:$c_{H^+} = \sqrt{\dfrac{K_a \cdot K_W}{K_b}}$

式中:c_S 表示盐的浓度;K_a 和 K_b 分别表示相应弱酸和弱碱的电离常数;K_W 表示水的离子积。

4. 缓冲溶液的配制及性质

弱酸及其盐(例 HAc 和 NaAc)或弱碱及其盐(例 $NH_3 \cdot H_2O$ 和 NH_4Cl)的混合溶液,能在一定程度上对外来的酸或碱起缓冲作用,即当外加入少量酸、碱或进行稀释时,此混和溶液的 pH 基本不变,这种溶液叫做缓冲溶液。

缓冲溶液的 c_{H^+} 可根据下式进行计算。即弱酸及其盐组成的缓冲溶液:

$$c_{H^+} = K_a \cdot \frac{c_a}{c_S} \qquad pH = pK_a - \lg \frac{c_a}{c_S}$$

弱碱及其盐组成的缓冲溶液:

$$c_{H^+} = \frac{10^{-14}}{K_b} \cdot \frac{c_S}{c_b} \qquad pH = 14 - pK_t + \lg \frac{c_b}{c_S}$$

式中:c_a、c_b 分别为溶液中弱酸、弱碱的浓度。

缓冲溶液一般由弱酸及其盐、弱碱及其盐组成,例如:HAc - NaAc 体系、$NH_3 \cdot H_2O$ - NH_4Cl 体系、$NaHCO_3$ - Na_2CO_3 体系等都可作为缓冲溶液。常见的缓冲溶液体系及使用范围参看表 3-1。

表 3-1 常见的缓冲溶液体系及使用范围

缓冲体系	K_a 或 K_b	使用范围(pH)
HF - NH_4F	6.7×10^{-4}(K_a)	2～4
HAc - NaAc	1.8×10^{-5}(K_a)	4～6
H_2CO_3 - $NaHCO_3$	4.2×10^{-7}(K_{a_1})	5～7
NaH_2PO_4 - Na_2HPO_4	6.2×10^{-8}(K_{a_2})	6～8
$NH_3 \cdot H_2O$ - NH_4Cl	1.8×10^{-5}(K_b)	8～10
$NaHCO_3$ - Na_2CO_3	4.8×10^{-11}(K_{a_2})	9～11

5. 沉淀溶解平衡

在难溶电解质的饱和溶液中,未溶解的难溶电解质和溶液中相应的离子之间可建立多相离子平衡。例如,在 PbI_2 的饱和溶液中,可建立如下的平衡:

$$PbI_2(s) \Longrightarrow Pb^{2+}(ac) + 2I^-(aq)$$

达平衡时,其平衡常数表达式为

$$K_{sp} = c_{Pb^{2+}} \cdot c_{I^-}^2$$

K_{sp} 表示在难溶电解质饱和溶液中,难溶电解质离子浓度与其系数为指数的幂的乘积,称为溶度积。

根据溶度积可判断沉淀的生成和溶解。例如,当将 $Pb(Ac)_2$ 和 KI 两种溶液混合时,如果:

(1) $c_{Pb^{2+}} \cdot c_{I^-}^2 > K_{sp,PbI_2}$,溶液过饱和,有沉淀生成;

(2) $c_{Pb^{2+}} \cdot c_{I^-}^2 = K_{sp,PbI_2}$,饱和溶液;

(3) $c_{Pb^{2+}} \cdot c_{I^-}^2 < K_{sp,PbI_2}$,溶液未饱和,无沉淀生成。

实际溶液往往是含有多种离子的混合液,当加入某种试剂时,可能与溶液中几种离子发生沉淀反应。某些离子首先沉淀,另一些离子后沉淀,这种现象称为分步沉淀。沉淀的先后次序可根据溶度积规则加以判断;溶液中离子浓度的乘积先达到其溶度积的先沉淀,后达到的后沉淀。

使一种难溶电解质转化为另一种难溶电解质,即把一种沉淀转化为另一种沉淀的过程称为沉淀的转化。一般来说,对相同类型的难溶电解质,溶度积大的难溶电解质容易转化为溶度积较小的难溶电解质。

三、实验用品

1. 仪器

试管,试管架,试管夹,玻璃棒,10 mL 量筒、洗瓶、点滴板。

2. 试剂

HCl(2 mol/L、0.1 mol/L),HAc(0.2 mol/L、0.1 mol·L),$NH_3 \cdot H_2O$(2 mol/L、0.1 mol/L),NaOH(0.1 mol/L、6 mol/L),$AgNO_3$(0.1 mol/L),NaCl(0.2 mol/L、0.1 mol/L),NH_4Cl(饱和、0.1 mol/L),Na_2CO_3(饱和、0.1 mol/L),NaAc(0.2 mol/L、0.1 mol/L、1 mol/L),NH_4Ac(0.1 mol/L),$BiCl_3$(1 mol/L),$Al_2(SO_4)_3$(饱和)、$Pb(Ac)_2$(0.01 mol/L),KI(0.02 mol/L),$Pb(NO_3)_2$(0.1 mol/L),K_2CrO_4(0.1 mol/L),$HgCl_2$(0.1 mol/L),$NaNO_3$(固体),酚酞,甲基橙,pH 试纸(广泛、精密),混和指示剂,H_2S(饱和溶液),Na_2S(0.1 mol/L)。

四、实验内容

1. 利用酚酞、甲基橙检验溶液的酸碱性

(1) 在两支试管中各加 1 mL 0.1 mol/L 的 HCl,其中一支试管加 1 滴酚酞,另一支试管加 1 滴甲基橙,摇匀,观察溶液的颜色变化。

(2) 在两支试管中各加 1 mL 0.1 mol/L 的 NaOH,分别加入 1 滴酚酞和甲基橙,观察溶液颜色的变化,判断溶液的酸碱性。

2. 强弱电解质溶液的比较

（1）分别在两支试管中加入 1 mL 0.1 mol/L HCl 和 0.1 mol/L HAc，再各加入 3 mL 蒸馏水稀释摇匀后，分别加入 1 滴甲基橙，观察溶液的颜色。

（2）分别在两片 pH 试纸上滴上 1 滴 0.1 mol/L HCl 和 0.1 mol/L HAc 溶液，观察 pH 试纸的颜色并与计算值相比较。

3. 弱电解质溶液中的电离平衡及移动

（1）往试管中加入 2 mol/L $NH_3 \cdot H_2O$ 溶液，再滴加 1 滴酚酞指示剂，观察溶液显什么颜色。然后将此溶液分盛于两支试管中，往一支试管中加入 3 滴饱和的 NH_4Cl 溶液并摇荡，观察溶液的颜色，并与另一支试管中的溶液相比较。

（2）在试管中加入 2 mL 0.1 mol/L HAc，再加入甲基橙 1 滴，观察溶液显什么颜色？然后将此溶液分盛于两支试管中，往一支试管中加入 10 滴 0.1 mol/L NaAc 溶液并摇荡，观察溶液颜色有何变化。

（3）取两支离心试管，各加入 2 mL H_2S 饱和溶液及 1 滴甲基橙，观察溶液颜色。往一支试管中滴入 4~5 滴 0.1 mol/L $AgNO_3$ 溶液，另一支试管中滴入 4~5 滴蒸馏水，于离心机中离心沉降后，观察比较两管中溶液的颜色，写出反应并说明原因。

4. 盐类水解和影响水解的因素

（1）盐类水解的 pH 测定

① pH 标准色阶制作方法：分别滴加 pH 为 4、5、6、7、8、9、10 的缓冲溶液 2 滴于白色磁板的凹穴中，各加入通用指示剂 1 滴，观察颜色变化。保留供下面实验测 pH 用。

② 测定下列各类盐水解溶液的 pH：在白磁板凹中，分别加入浓度均为 0.1 mol/L 的 NaCl、NH_4Cl、Na_2CO_3、NH_4Ac 和 NaAc 各 2 滴，再各加通用指示剂 1 滴，与 pH 标准色阶比较，判断各盐溶液的 pH，写出水解离子反应式。

③ 测定下列各样品的 pH：

土壤：在白色磁板凹穴中，加土壤一小勺，加通用指示剂 5 滴，从渗出液的颜色，判断土壤样品的 pH。

果汁：在白色磁板凹穴中，挤入几滴鲜果汁，再加入通用指示剂 1 滴，判断其 pH。

（2）温度对水解度的影响

在试管中加入 2 mL 1 mol/L NaAc 溶液和 1 滴酚酞指示剂，加热至沸腾，观察溶液的颜色变化，并解释观察到的现象。

（3）溶液酸度对水解平衡的影响

① 在试管中加入 2 mL 离子交换水，然后加入 1 滴 1 mol/L $BiCl_3$ 溶液，观察沉淀的产生。再加入 2 mol/L HCl 溶液，观察沉淀是否溶解。解释观察到的现象。

② 在一支装有 3 滴饱和 Na_2CO_3 溶液的试管中，加入 6 滴饱和 $Al_2(SO_4)_3$ 溶液，有何现象（若不明显可稍加热）？设法证明产生的沉淀是 $Al(OH)_3$ 而不是 $Al_2(CO_3)_3$。$Al(OH)_3$ 中的 OH^- 是从哪里来？写出化学反应方程式。

5. 缓冲溶液的配制和性质

（1）在两支试管中分别加入的 1 mL 0.2 mol/L NaCl 溶液，用 pH 试纸测定它的 pH。然后向其中一支试管中加入 1 滴 0.1 mol/L HCl，另一支试管中加 1 滴 0.1 mol/L NaOH，分别用 pH 试纸测定它们的 pH。

(2) 往一支大试管中,加入 0.2 mol/L HAc 和 0.2 mol/L NaAc 溶液各 5 mL(用量筒尽可能准确量取),用玻璃棒搅匀,配制成 HAc - NaAc 缓冲溶液。用 pH 试纸测定该溶液的 pH,并与计算值比较。

将 HAc - NaAc 缓冲溶液分成两份,一份中加入 1 滴 0.1 mol/L HCl,另一份中加入 1 滴 0.1 mol/L NaOH,分别测定 pH,与上一实验作比较,由此又得出什么结论?

(3) 配制 pH=4.0 的缓冲溶液 10 mL,应取 0.2 mol/L HAc 和 0.1 mol/L NaAc 各多少毫升? 将配制好的缓冲溶液用精密 pH 试纸测试其 pH。

6. 沉淀溶解平衡

(1) 沉淀的生成

取 5 滴 0.01 mol/L $Pb(Ac)_2$ 溶液,加入 5 滴 0.02 mol/L KI 溶液于一支大试管中,摇动试管,观察有无沉淀生成。

若有沉淀生成再加入 10 mL 离子交换水,用玻璃棒搅动片刻,观察沉淀能否溶解。试用实验结果证明溶度积规则。

(2) 分步沉淀

① 取 1 滴 0.1 mol/L $AgNO_3$ 溶液和 1 滴 0.1 mol/L $Pb(NO_3)_2$ 溶液于试管中,加 10~15 mL 离子交换水稀释,摇匀后,加入 0.1 mol/L K_2CrO_4 溶液 1 滴,并不断摇动试管,观察沉淀的颜色,继续滴加 K_2CrO_4 溶液,沉淀颜色有何变化? 根据沉淀颜色的变化和溶度积规则,判断哪一种难溶物质先沉淀。

② 在试管中加入 3 滴 0.1 mol/L NaS 和 3 滴 0.1 mol/L K_2CrO_4 溶液,稀释至 5 mL,加入 3 滴 0.1 mol/L $Pb(NO_3)_2$ 溶液,观察首先沉淀的物质的颜色。放置片刻或离心沉降,至沉淀沉入试管底部,继续加入 3 滴 0.1 mol/L 的 $Pb(NO_3)_2$ 溶液,注意不要振荡。观察溶液的颜色,解释上述实验现象。

(3) 沉淀的转化

① 取 5 滴 0.1 mol/L $AgNO_3$ 溶液注入试管中,加入 1 滴 0.1 mol/L K_2CrO_4 溶液,振荡,观察沉淀的颜色。再在其中加入 0.2mol/L NaCl 溶液,边加边振荡,直到砖红色沉淀消失,白色沉淀生成为止。写出反应式并根据溶度积原理解释。

② 已知 AgCl 的 $K_{sp}=1.8\times10^{-10}$,AgI 的 $K_{sp}=8\times10^{-17}$,设计利用浓度均为 0.1 mol/L 的 $AgNO_3$、NaCl、KI 溶液,实现由 AgCl 沉淀转化为 AgI 沉淀的实验。

(4) 沉淀的溶解

① 在两支试管中分别加入 5 滴 0.1 mol/L $MgCl_2$ 溶液,并逐滴加入 2 mol/L $NH_3 \cdot H_2O$ 至有白色 $Mg(OH)_2$ 沉淀生成,然后在第一支试管中加入 2 mol/L HCl 溶液,沉淀是否溶解? 在第二支试管中加入饱和 NH_4Cl 溶液,沉淀是否溶解? 加入 HCl 和 NH_4Cl 对平衡各有何影响?

② 取 5 滴 0.01 mol/L $Pb(Ac)_2$ 溶液和 5 滴 0.02 mol/L KI 溶液于试管中,振荡试管,在混合溶液中,再加入少量固体 $NaNO_3$,摇动试管,观察 PbI_2 沉淀又溶解,为什么?

五、注意事项

通用指示剂的配制:称取甲基红 0.065 g,麝香草酚蓝 0.025 g,溴麝香草酚蓝 0.4 g,酚酞 0.2 g 溶于 600 mL 无水乙醇中,用蒸馏水稀释至 1 000 mL,然后滴加 0.1 mol/L NaOH

溶液至深绿色即成。

1. 使用 pH 试纸测溶液的 pH 时,如何操作才是正确的?

2. 已知 0.1 mol/L 的 H_3PO_4、NaH_2PO_4、Na_2HPO_4 和 Na_3PO_4 四种溶液,它们依次分别显酸性、弱酸性、弱碱性和碱性,试解释之。

3. 同离子效应对弱电解质的电离度及难溶电解质的溶解度各有什么影响?

4. 将 10 mL 0.2 mol/L NaAc 溶液和 10 mL 0.2 mol/L HCl 溶液混合,问所得溶液是否具有缓冲能力?

5. 沉淀生成的条件是什么? 0.01 mol/L $Pb(Ac)_2$ 溶液和 0.02 mol/L KI 溶液等体积混合,根据溶度积规则,判断能否产生沉淀。

4.2　胶体与吸附

一、实验目的

(1) 掌握用水解法制备氢氧化铁溶胶的原理和方法。

(2) 了解溶胶的稳定性和高分子化合物溶液对溶胶的保护作用。

(3) 了解固体在溶液中的吸附作用及其规律。

(4) 了解乳浊液的制备方法。

二、实验原理

胶体是由直径为 1～100 nm 的分散相粒子分散在分散剂中构成的多相体系。肉眼和普通显微镜看不见胶体中的粒子,整个体系是透明的。如分散相为难溶的固体,分散剂为液体,形成的胶体称为憎液溶胶。

溶胶可由两个途径获得:一是凝聚法(采用化学反应);二是分散法。本实验中的 $Fe(OH)_3$ 溶胶由 $FeCl_3$ 水解反应制得。

胶体粒子表面具有电荷及水膜,是动力学稳定体系,但由于胶体的高度分散性,从热力学的角度看又是不稳定体系,若胶粒表面的电荷及水膜被除去,溶胶将发生聚沉。例如,向溶液中加入电解质,反离子将中和胶粒电荷而使之聚沉;若两种带相反电荷的溶胶相混合,电荷相互中和而彼此聚沉;加热会使粒子运动加剧,克服相互间的电荷斥力而聚沉。然而,若在加入电解质之前于溶胶中加入适量的高分子溶液,胶粒会受到保护而免于沉聚。

溶胶的聚沉溶解过程是不可逆的,而高分子化合物的沉淀溶解却是可逆的。

胶体粒子表面与固体表面一样,具有吸附性。吸附是一种物质自动地集中到另一种物质表面的过程。固体表面可以吸附分子,也可以吸附离子。常见的有固体在溶液中的分子吸附与离子交换吸附。分子吸附是吸附剂对非电解质或弱电解质分子的吸附,整个分子被吸附在吸附剂表面上;吸附剂自溶液中吸附某种离子的同时,又相等电量的将相同电荷符号的另一种离子从吸附剂转移到溶液中,这类吸附称为离子交换吸附。

某些性质相似的成分,利用化学方法很难使它们彼此分离。如果使含有这些成分的溶液通过某种吸附剂(例如 Al_2O_3、硅胶、$CaCO_3$ 等)时,由于吸附剂对它们的吸附能力不同,这些成分就被吸附在吸附剂的不同部位,通过处理可使这些成分彼此分离。

乳状液是粗分散系,由两种互不相溶的液体组成。一般可用分散法制备,即将一种液体分散到另一种液体中振荡,可暂时形成乳状液,但这样获得的乳状液不稳定,欲使其稳定,必须加入适当的乳化剂,乳化剂通常是一种表面活性物质,如肥皂等。

三、实验用品

1. 仪器

台秤及砝码,小试管 10 支,大试管 2 支,100 mL 烧杯 2 支,10 mL 量筒 1 支,漏斗 2 个,酒精灯 1 个,小吸管 2 支,试管架 1 个,漏斗架 1 个,石棉网 1 个,5 cm 细玻管 1 根,毛细管,脱脂棉。

2. 试剂

3 mol/L 的 $K_4[Fe(CN)_6]$ 溶液,NH_4Cl(0.001 mol/L),$(NH_4)_2C_2O_4$(饱和),NaCl(0.02 mol/L),Na_2SO_4(0.01 mol/L),NaCl(4 mol/L),$FeCl_3$(20%、0.01 mol/L),白明胶溶液(1%),品红溶液(0.01%),乙醇(95%、50%),奈斯勒试剂,活性炭,滤纸,土样,菜油,肥皂水,蛋白质的稀溶液,饱和硫酸铵溶液,染料混合液,Fe^{3+}、Cu^{2+}、Co^{2+} 混合液,Al_2O_3 粉末。

四、实验内容

1. 水解反应制备 $Fe(OH)_3$ 溶胶

(1) 制备 $Fe(OH)_3$ 溶胶

在小烧杯中加入 50 mL 蒸馏水,盖上表面皿,用酒精灯再加热至沸,往沸水中逐滴加入 20% $FeCl_3$ 溶液 2 mL,并搅拌之,继续煮沸 1～2 min,观察颜色变化,写出反应式(此溶胶冷却后留作下面实验用)。

(2) $Fe(OH)_3$ 溶胶与 $FeCl_3$ 溶液的区别

取二支试管,一支试管中加入 2 mL $Fe(OH)_3$ 溶胶,另一支试管加入 1 mL 0.01 mol/L $FeCl_3$ 及 1 mL 蒸馏水(观察两试管颜色有何不同,为什么?),再在二支试管中分别加入 1～2 滴 3 mol/L 的 $K_4[Fe(CN)_6]$ 溶液,观察现象,解释之。

2. 电解质对溶胶的凝聚作用

取二支试管,各加入 $Fe(OH)_3$ 溶胶 2 mL,然后在一支试管中逐滴加入 0.01 mol/L Na_2SO_4 溶液,边加边摇并注意观察,直到溶胶呈现浑浊($Fe(OH)_3$ 溶胶发生明显聚沉),记录所加滴数;在另一支试管中如上法滴加 4 mol/L NaCl 溶液(滴加过程中可用水浴微热),记录滴数。解释产生上述现象的原因。

3. 高分子溶液对胶体的保护作用

取二支试管,各加入已制备好的 $Fe(OH)_3$ 溶胶 2 mL,然后,在一试管中加水 10 滴,而另一支试管中加入 1% 白明胶 10 滴,摇匀后各加入 0.01 mol/L Na_2SO_4 溶液 5 滴,放置片刻,观察变化是否相同,试说明原因。

4. 高分子化合物溶液的盐析

取 2 mL 蛋白质(或明胶)溶液于试管中,加同体积的饱和硫酸铵溶液(约 43%),将混和液稍加振荡,析出蛋白质沉淀(呈浑浊或絮状),将 1 mL 浑浊的液体倾入另一支试管中,加入 1～3 mL 水振荡,蛋白质沉淀又重新溶解。

5. 分子吸附现象

取一支试管,加入 5 mL 0.01％品红溶液,再加入少许活性炭,充分摇动后过滤,滤液接入一小试管中,观察其颜色。在滤纸上的活性炭中加入 3 mL 酒精冲洗;另换一支干净小试管接取滤液,观察酒精滤液颜色有何变化,为什么?

6. 土壤保肥性能的实验

取 0.001 mol/L NH_4Cl 溶液 2 mL,加入奈斯勒试剂 2 滴,由于 NH_4^+ 与奈斯勒试剂反应而产生棕红色沉淀。

$$NH_4^+ + 2[HgI_4]^{2-} + 4OH^- =\!\!=\!\!= [Hg_2ONH_2]I\downarrow (红棕色) + 7I^- + 3H_2O$$

再称取土壤 2 g 左右,置于 100 mL 烧杯中,加入 0.001 mol/L NH_4Cl 溶液 4 mL,用力摇动片刻后用双层滤纸过滤,将滤液置于小试管中,加入奈斯勒试剂 2 滴,观察溶液中沉淀的生成情况。与上面实验结果进行比较,说明产生差别的原因。

7. 阳离子交换吸附能力的比较

称土壤 2 份各 2 g,分别置于 2 个 100 mL 的烧杯中,将其中 1 份加入 0.02 mol/L NaCl 溶液 5 mL,另一份加入 0.01 mol/L $FeCl_3$ 溶液 5 mL,在同样情况下同时摇动 3～5 min,然后分别过滤二支小试管中,各加 2～4 滴饱和 $(NH_4)_2C_2O_4$ 溶液,观察哪支试管生成的沉淀较多。从实验结果可以判断土壤中被代换出来的 Ca^{2+} 多少,比较 Fe^{3+} 和 Na^+ 的代换能力。

8. 吸附分离

(1) 滤纸法

取一条滤纸(长约 10 cm,宽约 1 cm)在下端约 3 cm 处用毛细管点样品溶液(染料混合液:品红、甲基兰、甲基橙)呈一直径为 1.5 cm 左右的色斑,将滤纸悬挂在盛有 50％酒精约 20 mL 的 50 mL 量筒中,使滤纸下端恰好浸在酒精中(切勿将色斑浸于酒精中),数分钟后可发现,愈易被吸附的成分,随酒精的扩散愈慢,存留在滤纸下方;较难被吸附的成分随酒精扩散快,停留在滤纸上方。

(2) 柱形法

取长约 5 cm 的玻管,底端用脱脂棉塞好,装入 Al_2O_3 粉末(约 2 cm),并用玻棒压紧使吸附柱内没有空隙,然后滴 Fe^{3+}、Cu^{2+}、Co^{2+} 混合液 3～4 滴,稍后,观察颜色分层情况。

9. 乳状液的制备

在一个带塞的试管中,加入 2 滴菜油,再加入 2 mL 水,塞好塞子用力摇动,当摇动停止后,油与水立即分层,若加入 2 mL 肥皂水(乳化剂),再用力摇动使之形成乳状液。

思考题

1. 若把 $FeCl_3$ 溶液加入到冷水中,能否制得 $Fe(OH)_3$ 胶体溶液? 为什么?

2. 怎样使溶胶聚沉,不同电解质对溶胶的聚沉作用有何不同?

3. 什么叫吸附? 什么叫离子交换吸附? 试用离子交换吸附说明土壤保肥性能,供肥的作用原理。离子交换吸附在生产实践中有何意义?

4.3　弱酸电离常数和电离度的测定

一、实验目的

(1) 加深有关电离平衡基本概念的认识。

(2) 了解弱酸电离常数的测定方法。

(3) 学习 pH 计的使用。

二、实验原理

醋酸是一元弱酸,在水溶液中存在下列电离平衡:

$$HAc + H_2O \rightleftharpoons H_3O^+ + Ac^-$$

根据化学平衡原理,平衡时有:

$$K_a = \frac{[H_3O^+] \cdot [Ac^-]}{[HAc]}$$

式中:$[H_3O^+]$、$[Ac^-]$ 分别为 H_3O^+ 和 Ac^- 的平衡浓度;K_a 为弱酸的电离平衡常数,对每一弱酸,在给定温度下,它的数值是一定的。

将 HAc 配成一定浓度($[HAc]_0$)的溶液,各物质的平衡浓度有下列关系:

$$[H_3O^+] = [Ac^-]$$
$$[HAc] = [HAc]_0 - [H_3O^+]$$

则

$$K_a = \frac{[H_3O^+]^2}{[HAc]_0 - [H_3O^+]}$$

而 $pH = -lg[H_3O^+]$,所以测得溶液的 pH 即可算出 $[H_3O^+]$,并代入上式求得 K_a。因 HAc 是弱酸,电离很少,即有$[H_3O^+] \ll [HAc]_0$,所以

$$[HAc]_0 - [H_3O^+] \approx [HAc]_0$$

故有简化式:$K_a = \dfrac{[H_3O^+]^2}{[HAc]_0}$

根据电离度 α 的定义可知:$\alpha = \dfrac{[H_3O^+]}{[HAc]_0}$

同样,测得溶液的 pH,算出$[H_3O^+]$,即可求得电离度 α。

三、实验仪器与试剂

1. 仪器

酸度计,滴管,25 mL 移液管,50 mL 移液管,100 mL 容量瓶,洗瓶,洗耳球,锥形瓶,0～100 ℃温度计,50 mL 烧杯,碱式滴定管。

2. 试剂

HAc 溶液,NaOH 标准溶液,标准缓冲溶液,酚酞指示剂。

四、实验步骤

1. HAc 溶液浓度的标定

用 25 mL 移液管,取欲标定的 0.1 mol/L HAc 溶液 25.00 mL,加到锥形瓶中。加入 2 滴酚酞溶液,然后用 NaOH 标准溶液滴定至淡红色,充分振动半分钟后不褪色为止。记录消耗 NaOH 标准溶液的体积,算出 HAc 的准确浓度。重复滴定两次,求 HAc 浓度的平均值。在 HAc 瓶上标上"1"号。

2. 配制不同浓度的 HAc 溶液

取 4 支 100 mL 容量瓶,分别标上 2、3、4、5 号。用 50 mL 移液管取 50.00 mL 上面标定的 HAc 到"2"号容量瓶中,加蒸馏水至刻度线,摇匀。

用另一支 50 mL 移液管从"2"号中取 50.00 mL 经一次稀释的 HAc 到"3"号容量瓶中,加蒸馏水至刻度线,摇匀。

同样方法从容量瓶"3"中取 50.00 mL HAc 至容量瓶"4",加蒸馏水至刻度线线,摇匀。从容量瓶"4"中取 50.00 mL HAc 至容量瓶"5",加蒸馏水至刻度线,摇匀,即得到浓度不同的 HAc 溶液。

3. HAc 溶液 pH 测定

将 5 个 50 mL 烧杯分别标上 1、2、3、4、5 号,然后将所对应的 HAc 溶液倒入,用 pH 计分别测定 pH,计算结果。

五、实验报告式

1. HAc 溶液的标定

$c_{NaOH} =$ _____ mol/L;$V_{NaOH} =$ _____ mL

$V_{HAc} =$ _____ mL;HAc 的 $c_0 =$ _____ mol/L

2. HAc 电离常数 K_a 和电离度 α 测定列表并计算结果

表 4 - 2 数据计算   醋酸溶液温度_____

编号	$[HAc]_0$	pH	$[H^+]$	K_a	α
1					
2					
3					
4					
5					

弱酸电离常数和电离度与弱酸浓度的关系。

4.4　氧化还原反应

一、实验目的

(1) 加深理解温度、反应物浓度对氧化还原反应速率的影响。
(2) 加深理解电极电势与氧化还原反应的关系。
(3) 了解介质对氧化还原反应产物的影响。
(4) 掌握物质浓度对电极电势的影响。
(5) 学习用 25 型酸度计的 mV 部分粗略测量原电池电动势的方法。

二、实验原理

本实验采用 25 型酸度计的 mV 部分测量原电池的电动势。原电池电动势的精确测量常用电位差计,而不能用一般的伏特计。因为伏特计与原电池接通后,有电流通过伏特计引起原电池发生氧化还原反应。另外,由于原电池本身有内阻,放电时产生内压降。伏特计所测得的端电压,仅是外电路的电压,而不是原电池的电动势。当用 25 型酸度计与原电池接通后,由于酸度计的 mV 部分具有高阻抗,使测量回路中通过的电流极小,原电池的内压降近似为零,所测得的外电路的电压降可近似地作为原电池的电动势。因此,可用酸度计的 mV 部分粗略地测定原电池的电动势。

三、仪器、药品及材料

1. 仪器

雷磁 25 型酸度计,铜电极,锌电极,盐桥(含饱和 KCl 的),烧杯(50 mL 4 个),量筒(25 mL),水浴。

2. 药品

H_2SO_4(2.0 mol/L),HAc(1.0 mol/L),$H_2C_2O_4$(0.10 mol/L),NaOH(2.0 mol/L),$NH_3 \cdot H_2O$(6.0 mol/L),$KMnO_4$(0.010 mol/L),KI(0.020 mol/L),KBr(0.10 mol/L),Na_2SiO_3(0.50 mol/L),Na_2SO_3(0.10 mol/L),KIO_3(0.10 mol/L),$ZnSO_4$(0.50 mol/L,1.0 mol/L),$CuSO_4$(0.50 mol/L,0.005 mol/L),$FeCl_3$(0.10 mol/L),$Pb(NO_3)_2$(0.50 mol/L),锌片,铅粒,H_2O_2(3%),CCl_4。

下列盐溶液用 250 mL 细口瓶盛装:$ZnSO_4$(0.10 mol/L),$CuSO_4$(0.10 mol/L),KCl(0.010 mol/L)。

3. 材料

蓝色石蕊试纸。

四、实验内容

1. 温度、浓度对氧化还原反应速率的影响

(1) 温度的影响

在 A、B 两支试管中各加入 1 mL $KMnO_4$ 溶液(0.10 mol/L),再各加入几滴 H_2SO_4 溶液

$(2.0\ mol/L)$酸化;在 C、D 两支试管中各加入 $H_2C_2O_4$ 溶液$(0.10\ mol/L)$。将 A、C 两支试管放入水浴中加热几分钟后,取出,同时将 A 倒入 C 中,B 倒入 D 中。观察 C、D 试管中的溶液何者先褪色,并解释之。

（2）氧化剂浓度的影响

在分别盛有 3 滴 $Pb(NO_3)_2$ 溶液$(0.50\ mol/L)$和 3 滴 $Pb(NO_3)_2$ 溶液$(1.0\ mol/L)$的两支试管中,各加入 30 滴 HAc 溶液$(1.0\ mol/L)$,混匀后,再逐滴加入 Na_2SiO_3 溶液$(0.50\ mol/L)$约 26～28 滴,摇匀,用蓝色石蕊试纸检查滴液仍呈酸性,在 90 ℃水浴中加热,此时两试管中出现胶冻,从水浴中取出试管,冷却后,同时往两支试管中插入相同表面积的锌片,观察哪支试管中"铅树"生长的速率快,并解释之。

2. 电极电势与氧化还原的关系

（1）在分别盛有 1 mL $Pb(NO_3)_2$ 溶液$(0.50\ mol/L)$和 1 mL $CuSO_4$ 溶液$(0.50\ mol/L)$的两支试管中,各放入一小块用砂纸擦净的锌片,放置一段时间后,观察锌片表面和溶液颜色有无变化。

（2）在分别盛有 1 mL $ZnSO_4$ 溶液$(0.50\ mol/L)$和 1 mL $CuSO_4$ 溶液$(0.50\ mol/L)$的两支试管中,各放入一小块用砂纸擦净的铅粒,放置一段时间后,观察铅粒表面和溶液颜色有无变化。

根据(1)、(2)的实验结果,确定锌、铅、铜在电势序中的相对位置。

（3）在试管中加入 10 滴 KI 溶液$(0.020\ mol/L)$和 2 滴 $FeCl_3$ 溶液$(0.10\ mol/L)$,摇匀后,再加入 1 mL CCl_4 充分摇荡,观察 CCl_4 层的颜色有无变化。

（4）用 KBr 溶液$(0.10\ mol/L)$代替 KI 溶液进行上述同样的实验,观察 CCl_4 层的颜色有无变化。

根据(3)、(4)的实验结果,定性比较 Br_2/Br^-,I_2/I^-,Fe^{3+}/Fe^{2+} 三个电对的电极电势,并指出其中最强的氧化剂和最强的还原剂各是什么?

（5）在试管中加入 5 滴 KI 溶液$(0.10\ mol/L)$,加入 2 滴 H_2SO_4 溶液$(1.0\ mol/L)$酸化,再加入 5 滴 H_2O_2 溶液(3%),摇匀后,再加入 1 mL CCl_4,充分摇荡,观察 CCl_4 层的颜色有无变化。

（6）在试管中加入 2 滴 $KMnO_4$ 溶液$(0.010\ mol/L)$,加入 2 滴 H_2SO_4 溶液酸化,再加入数滴 H_2O_2 溶液(3%),观察反应现象。

根据(5)、(6)实验结果,指出 H_2O_2 在反应中各起什么作用?

3. 介质对氧化还原反应的影响

（1）在试管中加入 10 滴 KI 溶液$(0.10\ mol/L)$和 2～3 滴 KIO_3 溶液$(0.10\ mol/L)$,混合后,观察有无变化。再加入几滴 H_2SO_4 溶液$(2.0\ mol/L)$,观察有无变化。再逐滴加入 NaOH 溶液$(2.0\ mol/L)$,使混合溶液呈碱性,观察反应现象。解释每一步反应的现象,并指出介质对上述氧化还原反应的影响。

（2）在 3 支试管中各加入 5 滴 $KMnO_4$ 溶液$(0.01\ mol/L^{-1})$,在第一支试管中加入 5 滴 H_2SO_4 溶液$(2.0\ mol/L)$,在第二支试管中加入 5 滴 H_2O,在第三支试管中加入 5 滴 NaOH 溶液$(6.0\ mol/L)$,再分别向各试管中加入 $Na_2SO_3$$(0.10\ mol/L)$。观察反应现象。

4. 浓度对电极电势的影响

（1）测定 Zn^{2+} 溶液$(1.0\ mol/L)$中的 $\varphi(Zn^{2+}/Zn)$ 值

测 $\varphi(Zn^{2+}/Zn)$ 值用作进一步测定 $\varphi(Cu^{2+}/Cu)$ 的依据。在 50 mL 烧杯中倒入 25 mL 溶液(1.0 mol/L),插入锌棒,使之与甘汞电极组成原电池。将甘汞电极与酸度计的"＋"极相连,锌电极与酸度计的"－"极相连,将酸度计的 pH－mV 开关扳向"mV"挡,用零点调节器调整零点,将量程开关扳到"7～14"挡,按下读数开关,测定原电池的电动势 E_1,已知饱和甘汞电极的 $\varphi^{\theta}_{甘汞} = 0.241\,5$ V,求 $\varphi(Zn^{2+}/Zn)$ 的值。虽然实验所用溶液为 $ZnSO_4$ 溶液(1.0 mol/L),但由于活度系数等因素的影响,所得 φ 值并非 -0.763 V。

(2) 测定 Cu^{2+} 溶液(0.005 mol/L)的 $\varphi(Cu^{2+}/Cu)$ 值,并求 $\varphi^{\theta}_{Cu^{2+}/Cu}$ 值

用(1)中插入锌棒的 25 mL Zn^{2+} 溶液(1.0 mol/L)与另一 50 mL 烧杯中插有铜片的 25 mL $CuSO_4$ 溶液(0.005 mol/L)组成原电池,以含 KCl 饱和溶液的琼脂为盐桥,同样用酸度计的 mV 挡测定这一电池的电动势 E_2。由上面所测得的 $\varphi(Zn^{2+}/Zn)$ 和 E_2 值,可求得 $\varphi(Cu^{2+}/Cu)$ 值。$c_{Cu^{2+}}$ 已知,由 $\varphi(Cu^{2+}/Cu)$ 值可求得 $\varphi^{\theta}_{Cu^{2+}/Cu}$ 值。

5. $[Cu(NH_3)_4]^{2+}$ 的 $\lg \beta_4$ 值的测定

在上述 4.(2)所用 25 mL Cu^{2+} 溶液(0.005 mol/L)中加入 5 mL $NH_3 \cdot H_2O$ 溶液(6.0 mol/L),混合均匀,使之与插有锌棒的 25 mL Zn^{2+} 溶液(1.0 mol/L)组成原电池,同样用酸度计的 mV 挡测定其电动势 E_3。由 $\varphi(Zn^{2+}/Zn)$ 和 E_3 可计算出加入 $NH_3 \cdot H_2O$ 形成 $[Cu(NH_3)_4]^{2+}$ 后的 $\varphi(Cu^{2+}/Cu)$ 值。

利用上述 4.(2)中所得的 $\varphi^{\theta}_{Cu^{2+}/Cu}$,由 $\varphi(Cu^{2+}/Cu)$ 值计算出加入 $NH_3 \cdot H_2O$ 后溶液中 Cu^{2+} 平衡浓度 $c_{Cu^{2+}}$。已知:

$$Cu^{2+} + 4NH_3 \Longleftrightarrow [Cu(NH_3)_4]^{2+}$$

平衡时由已知条件可认为 Cu^{2+} 只形成 $[Cu(NH_3)_4]^{2+}$,$c_{NH_3 \cdot H_2O} \approx (1 - 4 \times 0.005)$ mol/L,$c_{[Cu(NH_3)_4]^{2+}} = 0.005$ mol/L,从而可求得 $\lg [Cu(NH_3)_4]^{2+}$ 的 β_4。

由文献查得 Cu 电极法测得的 $\lg [Cu(NH_3)_4]^{2+}$ 的 β_4 值在 14.14～15.74 之间。

6. 测定 AgCl 的 K_{sp}

在 50 mL 烧杯中加入 25.0 mL $AgNO_3$ 溶液(0.010 mol/L),在另一 50 mL 烧杯中加入 25.0 mL KCl 溶液(0.010 mol/L)和 2 滴 $AgNO_3$ 溶液(0.10 mol/L),生成 AgCl 沉淀后溶液中的 Cl^- 浓度可近似地看作仍为 0.01 mol/L。分别插入银电极(将废玻璃电极中的银丝,经浓氨水处理后作银电极用),并用含有 NH_4NO_3 溶液的盐桥将两杯溶液连通起来,用导线把银电极与酸度计的"＋"、"－"极相连。用酸度计的 mV 挡测量该浓差电池的电动势。并利用测量结果,计算 AgCl 的溶度积。

五、注意事项

盐桥的制法:称取 1 g 琼脂,放在 100 mL KCl 饱和溶液中浸泡一会儿,在不断搅拌下,加热煮成糊状,趁热倒入 U 形玻璃管中(管内不能留有气泡,否则会增加电阻),冷却即成。

更为简便的方法可用 KCl 饱和溶液装满 U 形玻璃管,两管口以小棉花球塞住(管内不留气泡),作为盐桥使用。

实验中还可用素烧瓷筒作盐桥。

电极的处理:电极的锌片、铜片要用砂纸擦干净,以免增大电阻。

思考题

1. $KMnO_4$ 与 Na_2SO_3 溶液进行氧化还原反应时,在酸性、中性、碱性介质中的产物各是什么?

2. 计算 25 ℃时,下列原电池的电动势:

(1) $(-)Zn \mid ZnSO_4(0.10\ mol/L) \parallel CuSO_4(0.10\ mol/L) \mid Cu(+)$

(饱和 KCl 溶液)

(2) $(-)Ag \mid AgCl \mid KCl(0.01\ mol/L) \parallel AgNO_3(0.01\ mol/L) \mid Ag(+)$

(饱和 NH_4NO_3 溶液)

3. 如何使上述原电池中的 Zn^{2+}、Cu^{2+} 浓度减小? 当减小 Cu^{2+} 浓度时,原电池电动势是变大还是变小? 当减小 Zn^{2+} 浓度时,电动势又如何变化? 为什么?

4. 列出实验中所用到的氧化剂与还原剂。

4.5　化学反应速率和活化能的测定

一、实验目的

(1) 了解浓度、温度和催化剂对反应速率的影响。

(2) 测定过二硫酸铵与碘化钾反应的反应速率,并计算反应级数、反应速率常数和反应的活化能。

二、实验原理

在水溶液中过二硫酸铵和碘化钾发生如下反应:

$$(NH_4)_2S_2O_8 + 3KI = (NH_4)_2SO_4 + K_2SO_4 + KI_3$$
$$S_2O_8^{2-} + 3I^- = 2SO_4^{2-} + I_3^- \tag{1}$$

其反应速率 v 根据速率方程可表示为

$$v = k[S_2O_8^{2-}]^m[I^-]^n$$

式中:k 为速率常数;m 与 n 之和是反应级数;v 为在此条件下反应的瞬间速率。若 $[S_2O_8^{2-}]$、$[I^-]$ 是起始浓度,则 v 表示起始速率。

实验能测定的速率是在一段时间(Δt)内反应的平均速率 $\bar{v}$。如果在 Δt 时间内 $S_2O_8^{2-}$ 浓度的改变为 $\Delta[S_2O_8^{2-}]$,则平均速率

$$\bar{v} = -\Delta[S_2O_8^{2-}]/\Delta t$$

近似地用平均速率代替起始速率,则

$$\bar{v} = -\Delta[S_2O_8^{2-}]/\Delta t = k[S_2O_8^{2-}]^m[I^-]^n$$

为了能够测出反应在 Δt 时间内 $S_2O_8^{2-}$ 浓度的改变值,需要在混合 $(NH_4)_2S_2O_8$ 和 KI 溶液的同时,注入一定体积已知浓度的 $Na_2S_2O_3$ 溶液和淀粉溶液,这样在反应(1)进行的同时还进行下面的反应:

$$2S_2O_3^{2-} + I_3^- \Longleftrightarrow S_4O_6^{2-} + 3I^- \tag{2}$$

这个反应进行得非常快,几乎瞬间完成,而反应(1)比反应(2)慢得多。因此,由反应(1)生成的 I_3^- 立即与 $S_2O_3^{2-}$ 反应,生成无色的 $S_4O_6^{2-}$ 和 I^-。所以在反应的开始阶段看不到碘

与淀粉反应而显示的特有蓝色。但是当 $Na_2S_2O_3$ 耗尽,反应(1)继续生成的 I_3^- 就与淀粉反应而呈现特有的蓝色。

由于从反应开始到蓝色出现标志着 $S_2O_3^{2-}$ 全部耗尽,所以从反应开始到出现蓝色这段时间 Δt 里 $S_2O_3^{2-}$ 浓度的改变 $\Delta[S_2O_3^{2-}]$ 实际上就是 $Na_2S_2O_3$ 的起始浓度。

再从反应式(1)和(2)可以看出,$S_2O_8^{2-}$ 减少的量为 $S_2O_3^{2-}$ 减少量的一半,所以 $S_2O_8^{2-}$ 在 Δt 时间内减少的量可以从下式求得:

$$\Delta[S_2O_8^{2-}]=[S_2O_3^{2-}]/2$$

三、仪器和药品

1. 仪器

烧杯,大试管,量筒,秒表,温度计。

2. 药品

$(NH_4)_2S_2O_8$(0.20 mol/L),KI(0.20 mol/L),$Na_2S_2O_3$(0.01 mol/L),KNO_3(0.20 mol/L),$(NH_4)_2SO_4$(0.20 mol/L),$Cu(NO_3)_2$(0.02 mol/L),淀粉溶液(0.4%),冰。

四、实验内容

1. 浓度对化学反应速率的影响

在室温条件下进行表 4-3 中编号 I 的实验。用量筒分别量取 20.0 mL 0.20 mol/L 碘化钾溶液、8.0 mL 0.010 mol/L 硫代硫酸钠溶液和 2.0 mL 0.4% 淀粉溶液,全部注入烧杯中,混合均匀。然后用另一量筒取 20.0 mL 0.2 mol/L 过二硫酸铵溶液,迅速倒入上述混合液中,同时开动秒表,并不断搅动,仔细观察。当溶液刚出现蓝色时,立即按停秒表,记录反应时间和室温。

用同样的方法按照表 4-3 的用量进行编号 II、III、IV、V 的实验。

表 4-3　浓度对反应速率的影响　　　　　　　　　室温_____

	实验编号	I	II	III	IV	V
试剂用量(mL)	0.2 mol/L $(NH_4)_2S_2O_8$	20.0	10.0	5.0	20.0	20.0
	0.2 mol/L KI	20.0	20.0	20.0	10.0	5.0
	0.1 mol/L $Na_2S_2O_3$	8.0	8.0	8.0	8.0	8.0
	0.4% 淀粉溶液	2.0	2.0	2.0	2.0	2.0
	0.2 mol/L KNO_3	0	0	0	10.0	15.0
	0.2 mol/L $(NH_4)_2SO_4$	0	10.0	15.0	0	0
混合物中反应物起始浓度(mol/L)	$(NH_4)_2S_2O_8$					
	KI					
	$Na_2S_2O_3$					
反应时间 Δt(s)						
$S_2O_8^{2-}$ 的浓度变化 $\Delta[S_2O_8^{2-}]$(mol/L)						
反应速率 v						

2. 温度对化学反应速率的影响

按表 4-3 实验Ⅳ中的药品用量,将装有碘化钾、硫代硫酸钠、硝酸钾和淀粉混和溶液的烧杯和装有过二硫酸铵溶液的小烧杯,放入冰水浴中冷却,待它们的温度冷却到低于室温 10 ℃时,将过二硫酸铵溶液迅速加到碘化钾等混合溶液中,同时计时并不断搅拌,当溶液刚出现蓝色时,记录反应时间。

同样方法在热水浴中进行高于室温 10 ℃的实验。

将此两次实验数据和实验Ⅳ的数据记入表 4-4 中进行比较。

表 4-4 温度对化学反应速率的影响

实验编号	Ⅵ	Ⅶ	Ⅷ
反应温度(℃)			
反应时间 Δt(s)			
反应速率 v			

3. 催化剂对化学反应速率的影响

按表 4-3 实验Ⅳ的用量,把碘化钾、硫代硫酸钠、硝酸钾和淀粉溶液加到 150 mL 烧杯中,再加入 2 滴 0.02 mol/L 硝酸铜溶液,搅匀,然后迅速加入过二硫酸铵溶液,搅动,计时。将此实验的反应速率与表 4-3 中实验Ⅳ的反应速率进行比较可得到什么结论。

(1)反应级数和反应速率常数的计算

将反应速率表示式 $v=k[S_2O_8^{2-}]^m[I^-]^n$ 两边取对数,得

$$\lg v=m\lg[S_2O_8^{2-}]+n\lg[I^-]+\lg k$$

当 $[I^-]$ 不变时(即实验Ⅰ、Ⅱ、Ⅲ),以 $\lg v$ 对 $\lg[S_2O_8^{2-}]$ 作图,可得一直线,斜率即为 m。同理,当 $[S_2O_8^{2-}]$ 不变时(即实验Ⅰ、Ⅳ、Ⅴ),以 $\lg v$ 对 $\lg[I^-]$ 作图,可求得 n,此反应的级数则为 $m+n$。

将求得的 m 和 n 代入 $v=k[S_2O_8^{2-}]^m[I^-]^n$ 即可求得反应速率常数 k。将数据填入表 4-5。

表 4-5

实验编号	Ⅰ	Ⅱ	Ⅲ	Ⅳ	Ⅴ
$\lg v$					
$\lg[S_2O_8^{2-}]$					
$\lg[I^-]$					
m					
n					
反应速率常数					

(2)反应活化能的计算

反应速率常数 k 与反应温度 T 一般有以下关系:

$$\lg k=A-E_a/2.30RT$$

式中:E_a 为反应活化能;R 为气体常数;T 为热力学温度。测出不同温度时的 k 值,以

$\lg k$ 对 $1/T$ 作图,可得一直线,由直线斜率(等于 $-E_a/2.30R$)可求得反应的活化能 E_a。将数据填入表 4-6。

表 4-6

实验编号	VI	VII	VIII
反应速率常数			
$\lg k$			
$1/T$			
反应活化能 E_a			

本实验活化能测定值的误差不超过 10%(文献值:51.8 J/mol)

五、注意事项

(1) 本实验对试剂有一定的要求。碘化钾溶液应为无色透明溶液,不宜使用有碘析出的浅黄色溶液。过二硫酸铵溶液要新配制的,因为时间长了过二硫酸铵易分解。如所配制过二硫酸铵溶液的 pH 小于 3,过二硫酸铵试剂已有分解,不适合本实验使用。所用试剂中如混有少量 Cu^{2+}、Fe^{2+} 等杂质,对反应会有催化作用,必要时需要滴入几滴 0.10 mol/L EDTA 溶液。

(2) 在做温度对化学反应速率影响的实验时,如室温低于 10 ℃,可将温度条件改为室温、高于室温 10 ℃、高于室温 20 ℃ 三种情况进行。

思考题

1. 下列操作情况对实验有何影响?
① 取用试剂的量筒没有分开专用;
② 先加过二硫酸铵溶液,最后加碘化钾溶液;
③ 过二硫酸铵溶液慢慢加入碘化钾等混合溶液中。

2. 为什么在实验 II、III、IV、V 的实验中,分别加入硝酸钾或硫酸铵溶液?

3. 每次实验的计时操作要注意什么?

4. 若不用 $[S_2O_8^{2-}]$,而用 I^- 或 I_3^- 的浓度变化来表示反应速率,则反应速率常数 k 是否一样?

5. 化学反应的反应级数是怎样确定的? 用本实验的结果加以说明。

6. 用阿累尼斯公式计算反应的活化能,并与作图法得到的值进行比较。

7. 本实验研究了浓度、温度、催化剂对反应速率的影响,对有气体参加的反应,压力有怎样的影响? 如果对 $2NO + O_2 \Longrightarrow 2NO_2$ 的反应,将压力增加到原来的 2 倍,那么反应速度将增加几倍?

8. 已知 $A(g) \longrightarrow B(l)$ 是二级反应,其数据如下:

表 4-7

p(mmHg)	300	200	151	99
T(s)	0	250	500	1 000

试计算反应速率常数。

Ⅱ. 配合物的合成及表征

4.6　银氨配离子配位数的测定

一、实验目的

(1) 应用配位平衡和沉淀平衡等知识认识测定银氨配离子$[Ag(NH_3)_n^+]$的配位数 n。

(2) 进一步练习滴定操作。

二、实验原理

在 $AgNO_3$ 溶液中加入过量氨水,即生成稳定的$[Ag(NH_3)_n]^+$。再往溶液中加入 KBr 溶液,直到刚刚出现溴化银沉淀(浑浊)为止,这时混合溶液中同时存在着以下的配位平衡和沉淀平衡:

$$Ag^+ + nNH_3 \Longleftrightarrow [Ag(NH_3)_n]^+ \tag{1}$$

$$K_{稳} = \frac{[Ag(NH_3)_n^+]}{[Ag^+][NH_3]^n}$$

$$Ag^+ + Br^- \Longleftrightarrow AgBr \tag{2}$$

$$[Ag^+][Br^-] = K_{sp}$$

由反应式(1)减反应式(2),得

$$AgBr + nNH_3 \Longleftrightarrow [Ag(NH_3)_n]^+ + Br^- \tag{3}$$

$$K = \frac{[Ag(NH_3)_n^+][Br^-]}{[NH_3]^n} = K_{稳} \cdot K_{sp}$$

$$[Br^-] = \frac{K[NH_3]^n}{[Ag(NH_3)_n^+]} \tag{4}$$

上式中,$[Br^-]$,$[NH_3]$,$[Ag(NH_3)_n^+]$都是相应物质平衡时的浓度,它们可以近似地按以下方法计算。

设每份混合溶液最初用的 Ag^+ 溶液的体积为 V_{Ag^+}(各份相同),浓度为$[Ag^+]_0$,每份中所加入过量氨水和 KBr 溶液的体积分别为 V_{NH_3} 和 V_{Br^-},浓度分别为$[NH_3]_0$和$[Br^-]_0$,混合溶液总体积为 V_1,则混合后达到平衡时:

$$[Br^-] = [Br^-]_0 \times \frac{V_{Br^-}}{V_1} \tag{5}$$

$$[Ag(NH_3)_n^+] = [Ag^+]_0 \times \frac{V_{Ag^+}}{V_1} \tag{6}$$

$$[NH_3] = [NH_3]_0 \times \frac{V_{NH_3}}{V_1} \tag{7}$$

将式(5)、式(6)、式(7)代入式(4)并整理得

$$V_{Br} = (V_{NH_3})^n \times K \times \left(\frac{[NH_3]_0}{V_1}\right)^n \Big/ \left\{ \frac{[Br^-]_0}{V_1} \times \frac{[Ag^+]_0 \cdot V_{Ag^+}}{V_1} \right\} \tag{8}$$

由于上式等号右边除了$(V_{NH_3})^n$外,其他各量在实验过程中均保持不变,故式(8)可写为

$$V_{Br^-} = V_{NH_3}^n \times K' \tag{9}$$

将式(9)两边取对数,得直线方程:

$$\lg V_{Br^-} = n \lg V_{NH_3} + \lg K' \tag{10}$$

以$\lg V_{Br^-}$为纵坐标,$\lg V_{NH_3}$为横坐标作图,所得直线斜率即为$[Ag(NH_3)_n]^+$的配位数n。

三、实验仪器与试剂

1. 仪器

移液管(20 mL),酸式滴定管(50 mL),碱式滴定管(50 mL),锥形瓶(250 mL)。

2. 试剂

0.010 mol/L AgNO$_3$,2.00 mol/L 氨水,0.010 mol/L KBr。

四、实验步骤

(1) 用移液管准确移取 20.00 mL 0.010 mol/L AgNO$_3$溶液到洗干净干燥的 250 mL 锥形瓶中,再分别用碱式滴定管(可公用)加入 40 mL 2.00 mol/L 氨水和用量筒取 40 mL 蒸馏水,混合均匀。在不断振荡下,从酸式滴定管中逐滴加入 0.010 mol/L KBr 溶液,直到刚产生的 AgBr 浑浊不再消失为止。记下所用的 KBr 溶液的体积 V_{Br^+},并计算出溶液的体积 V_1,填入表 4−8 中。

表 4−8   数据记录和从处理

实验编号	V_{Ag^+} (mL)	V_{NH_3} (mL)	V_{Br^-} (mL)	V_{H_2O} (mL)	$V_{总}$ (mL)	$\lg V_{NH_3}$	$\lg V_{Br^-}$
1	20.0	40.00		40.0			
2	20.0	35.00		45.0			
3	20.0	30.00		50.0			
4	20.0	25.00		55.0			
5	20.0	20.00		60.0			
6	20.0	15.00		65.0			
7	20.0	10.00		70.0			

(2) 用同样方法按照表 4−8 中的用量进行另外六次实验。为了使每次溶液的总体积相同,在这六次实验中,当接近终点时,还要补加适量的蒸馏水,使溶液的总体积与第一次实验时相同。

以 $\lg V_{Br^-}$ 为纵坐标,$\lg V_{NH_3}$ 为横坐标作图,求出直线的斜率,从而求得$[Ag(NH_3)_n]^+$的配位数 n(取最接近的整数)。

思考题

1. 在计算平衡浓度$[Br^-]$、$[Ag(NH_3)_n]^+$和$[NH_3]$时,为什么可以忽略以下情况?

（1）生成 AgBr 沉淀时消耗掉的 Br^- 和 Ag^+；

（2）配离子$[Ag(NH_3)_n]^+$离解出的 Ag^+；

（3）生成配离子$[Ag(NH_3)_n]^+$时消耗掉的 NH_3。

2．实验中为什么使用干燥的锥形瓶？滴定过程中可否用蒸馏水洗锥形瓶内壁？

3．滴定时，若 KBr 溶液过量，你如何处理？是否一定要弃去锥形瓶中的溶液，重新开始？

4．如何通过这些实验数据求得 $K_{稳}$，若 AgBr 的 $K_{sp}=4.1×10^{-13}$（18 ℃），试计算$[Ag(NH_3)_n^+]$的 $K_{稳}$。

4.7　分光光度法测定 $Ti(H_2O)_6^{3+}$ 的分裂能 Δ_0

一、实验目的

（1）掌握分光光度法测定配合物分裂能的操作。

（2）了解用分光光度法测定配合物分裂能的基本原理和方法。

二、实验原理

根据配位化合物的晶体场理论，中心原子(离子)在配体场的影响下，五个简并的 d 轨道发生能级分裂。在正八面体场的情况下分裂为两组能量不同的 d_r，$d_ε$ 轨道。其中 d_r 为二重简并轨道、$d_ε$ 为三重简并轨道。分裂能 Δ_0 即为 d_r 轨道与 $d_ε$ 轨道的能量之差，$\Delta_0 = Ed_r - Ed_ε$（图 4-1）。

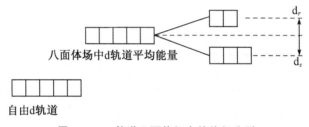

图 4-1　d 轨道八面体场中的能级分裂

紫色配离子 Ti 外层仅有一个电子 $3d^1$，在基态时该电子位于能量较低的 $d_ε$ 轨道；当吸收一定的能量(如光子)后，这个 d 电子能跃迁到 d_r 轨道，这种跃迁能量相当于$[Ti(H_2O)_6]^{3+}$配离子的分裂能。

由于正八面体场的分裂能通常为 150～500 kJ·mol/L，与可见光的波长范围(700～400 nm)大体一致。当可见光照射到八面体场配合物，与分裂能相当能量的光便可能被吸收，使电子从 $d_ε$ 轨道激发到 d_r 轨道上去。因此，可以利用被$[Ti(H_2O)_6]^{3+}$吸收的一定波长的光能量($E=h\nu$)来计算分裂能。

$$\Delta_0 = E_光 = h\nu = \frac{hc}{\lambda}$$

式中：$h=6.626×10^{-34}$ J·S^{-1}；$c=2.9979×10^8$ m·S^{-1}；λ 为波长，单位 m。

对 1 mol 光子：

$$E_光 = \frac{hc}{\lambda}×6.022×10^{-23}(J·mol^{-1})$$

即 $E_{光}=\dfrac{0.119\,6}{\lambda}$J・mol^{-1}，如 λ 以 nm 为单位，则

$$\Delta_0=E_{光}=\frac{1.196\times10^5}{\lambda}\text{kJ}\cdot\text{mol}^{-1}$$

式中，λ 即[Ti(H$_2$O)$_6$]$^{3+}$的最大吸收波长，可以通过测绘[Ti(H$_2$O)$_6$]$^{3+}$的吸收曲线的方法求得。亦即[Ti(H$_2$O)$_6$]$^{3+}$的 $\Delta_0=E_{光}=\dfrac{1.196\times10^5}{\lambda_{max}}$kJ・mol^{-1}。

三、实验仪器与试剂

1. 仪器

721 分光光度计 1 台，移液管，25 mL、50 mL 容量瓶各 1 只，5 mL 移液管 1 只。

2. 试剂

TiCl$_3$溶液（15％～20％，A・R）。

四、实验步骤

1. 标准溶液的配制

分别用移液管取 TiCl$_3$溶液 2.50 mL 和 5.00 mL，置于 25 mL 容量瓶中，用蒸馏水稀释至刻度，摇均，并计算两种溶液的物质量浓度。

2. 吸光度的测定

以蒸馏水为参比，在不同波长下分别测定上述两种浓度的 Ti(H$_2$O)$_6^{3+}$ 溶液的吸光度，填入表 4 - 9。

表 4 - 9

λ（nm）											
A_1											
A_2											

3. 吸收曲线的绘制

根据测定结果，以 λ 为横坐标，A 为纵坐标，分别绘制两种溶液的吸收曲线，找出最大吸收波长 λ_{max}（两条曲线上的 λ_{max} 应一致），计算分裂能 Δ_0。

五、注意事项

(1) Ti^{3+} 易被氧化，且易水解，在 TiCl$_3$ 水溶液中 Cl$^-$ 也能与 Ti^{3+} 配合，形成[Ti(H$_2$O)$_5$Cl]$^{2+}$或[Ti(H$_2$O)$_4$Cl$_2$]$^+$等配离子，从而使测得的 Ti(H$_2$O)$_6^{3+}$ 配离子的 λ_{max} 增大，使分裂能的测定值较文献值小。

(2) 实验完毕应即时清洗玻璃仪器，以免 TiO$_2$ 沉积于器壁而难以洗净。

思考题

两条吸收曲线有什么关系？

4.8　磺基水杨酸合铁(Ⅲ)配合物的组成及稳定常数的测定

一、实验目的

(1) 初步了解配合物稳定常数测定的基本方法。

(2) 了解影响配合物稳定常数准确性的基本因素。

(3) 巩固溶液的配制和标定方法,掌握分光光度计、酸度计等基本化学仪器的使用方法。

二、实验原理

磺基水杨酸(简式为 H_3R)与 Fe^{3+} 可以形成稳定的配合物。配合物的组成因溶液的 pH 不同而不同,当 pH < 4 时,形成紫红色配合物 $[FeR]$;pH 在 4～10 之间,形成红色配离子 $[FeR_2]^{3-}$;pH 在 10 左右,形成黄色配离子 $[FeR_3]^{6-}$;本实验是测定 pH 在 2～3 之间所形成的紫红色配合物的组成及其稳定常数。

根据朗伯-比尔定律,当波长、溶液的温度和比色皿均一定时,有色物质对光的吸光度与有色物质浓度成正比。即

$$A = \varepsilon c L \tag{4.8-1}$$

式中:c 为有色物质的浓度;L 为液层厚度;ε 为吸光系数。

由于所测溶液中磺基水杨酸是无色的,Fe^{3+} 溶液的浓度很稀时,也可以认为是无色的,所以溶液中只有配合物是有颜色的。因此通过测定溶液的吸光度,就可以求出配合物的组成。

用分光光度法测定配合物的组成及稳定常数,常用的方法有连续变化法、摩尔比法、平衡移动法等。本实验采用的是连续变化法,即在保持每份溶液中金属离子的浓度(c_M)和配体的浓度(c_R)之和不变(即总的物质的量不变)的前提下,改变这两种溶液的相对量,配成一系列溶液,并测定相应的吸光度(A)。以 A 为纵坐标,以不同的物质的量比 $\dfrac{n_M}{n_M + n_R}$ 为横坐标作图,得一曲线(图 4-2),将曲线两边的直线延长相交于 B,B 点的横坐标数值就是配合物中金属离子与配位体的配位比 n,因为 B 点的横坐标数值为 50%,所以 $n = 1$。

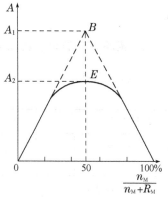

图 4-2　吸光度-物质的量比图

由图中可看出,最大吸光度 A_1 可被认为是 M 与 R 全部形成配合物时的吸光度。由于配位平衡的存在,所以配合物有部分解离,导致配合物浓度要稍小些,所以实验中测得的最大吸光度 A_2 值小于 A_1 值。若配合物的解离度为 α,则

$$\alpha = \frac{A_1 - A_2}{A_1}$$

因为   M＋R ⇌ MR

平衡浓度 $c\alpha$ $c\alpha$ $c(1-\alpha)$

所以

$$K_{稳}^{\theta}=\frac{[MR]/c^{\theta}}{[M]/c^{\theta}\cdot[R]/c^{\theta}}=\frac{1-\alpha}{c\cdot\alpha^2}$$

式中：c 为 B 点时 M 的浓度；$K_{稳}^{\theta}$ 为配合物的标准稳定常数。

三、实验仪器与药品

1. 仪器

721 型分光光度计，容量瓶(100 mL,2 只)，烧杯(25 mL,11 只)，吸量管(10 mL,2 支)。

2. 药品

H_2SO_4(浓)，NaOH(6 mol/L)，pH 试纸，磺基水杨酸(0.01 mol/L)，$NH_4Fe(SO_4)_2$(0.01 mol/L,在 pH＝2 的 H_2SO_4 中)。

四、实验步骤

1. 配制 0.001 mol/L $NH_4Fe(SO_4)_2$ 和 0.001 mol/L 磺基水杨酸溶液各 100 mL。

用吸量管吸取实验室准备的 $NH_4Fe(SO_4)_2$ 和磺基水杨酸溶液各 10.00 mL，分别置于两只 100 mL 的容量瓶中，稀释至刻度，并使 pH 均为 2(在接近刻度时，检查 pH，若 pH 偏离 2，可以滴加 1 滴浓 H_2SO_4 或 6 mol/L NaOH 调整，使 pH 为 2)。

2. 用 2 支吸量管按表 3-10 中列出的体积数，分别吸取 0.001 mol/L $NH_4Fe(SO_4)_2$ 和 0.001 mol/L 磺基水杨酸溶液，置于 11 只 25 mL 烧杯中，混匀。

3. 在 $\lambda＝500$ nm,$b＝1$ cm 的比色条件下，以蒸馏水为空白，测定上述 11 个溶液的吸光度。

五、实验数据的记录及处理

1. 数据记录

表 4-10   实验数据记录

混合液编号	1	2	3	4	5	6	7	8	9	10	11
$V(NH_4Fe(SO_4)_2)$ /mL	0	1.00	2.00	3.00	4.00	5.00	6.00	7.00	8.00	9.00	10.00
V(磺基水杨酸) /mL	10.00	9.00	8.00	7.00	6.00	5.00	4.00	3.00	2.00	1.00	0
$\dfrac{n_M}{n_M+n_R}$											
混合液吸光度 A											

2. 数据处理

以 A 对 $\dfrac{n_M}{n_M+n_R}$ 作图，从图上求出配合物的配位比 n，解离度 α 和标准稳定常数 $K_{稳}^{\theta}$，其中 $c=\dfrac{0.001\times5.00}{10.00}$。

思考题

1. 为什么溶液的酸度会对配合物的生成有影响？
2. 在实验中，每个溶液的 pH 是否一样？如不一样对结果有何影响？
3. 使用分光光度法测定配合物的组成及稳定常数的前提是什么？
4. 分光光度计如何使用？应注意什么？

4.9　三草酸合铁(Ⅲ)酸钾的制备及其配阴离子电荷的测定

一、实验目的

(1) 用硫酸亚铁铵制备三草酸合铁(Ⅲ)酸钾。
(2) 用离子交换法测定三草酸合铁(Ⅲ)酸钾配阴离子的电荷数。

二、实验原理

三草酸合铁(Ⅲ)酸钾易溶于水(溶解度 0 ℃,4.7 g/100 g;100 ℃,117.77 g/100 g),难溶于乙醇。110 ℃下可失去全部结晶水,230 ℃时分解。此配合物对光敏感,受光照射分解变为黄色：

$$2K_3[Fe(C_2O_4)_3] \xrightarrow{\text{光}} 3K_2C_2O_4 + 2FeC_2O_4 + 2CO_2$$

因其具有光敏性,所以常用来作为化学光量记。另外它也是一些有机反应良好的催化剂,其合成工艺路线有多种,方法之一是首先由硫酸亚铁铵与草酸反应制备草酸亚铁：

$$(NH_4)_2Fe(SO_4)_2 \cdot 6H_2O + H_2C_2O_4 \longrightarrow$$
$$FeC_2O_4 \cdot 2H_2O \downarrow + (NH_4)_2SO_4 + H_2SO_4 + 4H_2O$$

然后在过量草酸根存在下,用过氧化氢氧化草酸亚铁即可得到三草酸合铁(Ⅲ)酸钾,同时有氢氧化铁生成：

$$6FeC_2O_4 \cdot 2H_2O + 3H_2O_2 + 6K_2C_2O_4 \longrightarrow 4K_3[Fe(C_2O_4)_3] + 2Fe(OH)_3 + 12H_2O$$

加入适量草酸可使 $Fe(OH)_3$ 转化为三草酸合铁(Ⅲ)酸钾配合物：

$$2Fe(OH)_3 + 3H_2C_2O_4 + 3K_2C_2O_4 \longrightarrow 2K_3[Fe(C_2O_4)_3] \cdot 3H_2O$$

再加入乙醇,放置即可析出产物的结晶。其后几步总反应为：

$$2FeC_2O_4 \cdot 2H_2O + H_2O_2 + 3K_2C_2O_4 + H_2C_2O_4 \longrightarrow 2K_3[Fe(C_2O_4)_3] \cdot 3H_2O$$

本实验用阴离子交换法测定三草酸合铁(Ⅲ)酸根离子的电荷数。将准确称重的三草酸合铁(Ⅲ)酸钾溶于水后,使该水溶液全部转移至装有阴离子交换树脂的交换柱中,因为三草酸合铁(Ⅲ)配离子能将离子交换树脂中一定摩尔的 Cl^- 置换出来,所以用标准硝酸银溶液滴定,可求出 Cl^- 的物质的量,从而求出三草酸合铁(Ⅲ)配离子的电荷数 n：

$$n = \frac{Cl^- \text{物质的量}}{\text{配合物的物质的量}} = \frac{n_{Cl^-}}{n_{K_3[Fe(C_2O_4)_3] \cdot 3H_2O}}$$

本实验采用沉淀滴定法测定 Cl^-。滴定终点的判断原理是生成微溶性盐的沉淀,此胶体沉淀有吸附作用,当体系中 Cl^- 过量,AgCl 沉淀表面吸附 Cl^-,使胶体带负电荷;当 Ag^+ 过量,AgCl 沉淀表面吸附 Ag^+,则胶体带正电荷。萤光素(HFL)是一种有机弱酸,在溶液

中可离解出阴离子 FL^-，它呈黄绿色，选用它作指示剂时，在等当点之前，溶液中 Cl^- 过量，$AgCl$ 胶粒带负电荷，FL^- 不被吸附，当达到等当点后，$AgNO_3$ 稍微过量，$AgCl$ 胶粒带正电荷，即可强烈吸附 FL^-，呈淡红色，指示终点。

本实验亦可选用 K_2CrO_4 作指示剂，以生成砖红色 Ag_2CrO_4 作为滴定终点。

三、实验仪器与药品

1. 仪器

离子交换柱，电子天平，烧杯(250 mL)，量筒(10 mL)，滴定管(微型)，小烧杯(10 mL)，锥形瓶(微型)，移液管(5 mL)，容量瓶(25 mL)。

2. 药品

阴离子交换树脂，NaCl(1 mol/L)，三草酸合铁(Ⅲ)酸钾(固)，K_2CrO_4(0.2 mol/L)，$AgNO_3$(0.100 0 mol/L)，$HClO_4$(3 mol/L)。

四、实验步骤

(1) 预处理：将市售的国产 717 型苯乙烯强碱性阴离子交换树脂 $RN^+\equiv Cl^-$ 树脂用水多洗几次，除去可溶性的杂质，再用蒸馏水浸泡 24 h，使其充分膨胀，然后用 5 倍于树脂体积的 1 mol/L 的氯化钠溶液处理，再用蒸馏水洗涤数次。

(2) 装柱：将已处理完的树脂和蒸馏水一起慢慢地装入一支 20 cm×40 cm 的玻璃管中，要求树脂高度约为 20 cm，注意树脂顶部应保留 0.5 cm 的水，放入一小团玻璃丝，以防止注入溶液时将树脂冲起，装好的交换树脂中间应均匀无裂缝、无气泡，以免影响交换效率。水面一定要高出树脂面。用蒸馏水淋洗树脂柱至检查流出的水不含 Cl^- 为止，当用硝酸银检查流出液时，出现轻微混浊(留作空白)，即认为已淋洗干净，再使水面降至距树脂顶部 0.5 cm 左右，柱的下端胶管用螺旋夹夹紧。

(3) 准确称取 0.1 g(准至 0.1 mg)三草酸合铁(Ⅲ)酸钾配合物，置于小烧杯中，加入 10～15 mL 蒸馏水使其溶解，然后将全部溶液转移至交换柱内，松开螺旋夹，以每分钟 3 mL 的速度经交换柱流出，流出液收集在 100 mL 容量瓶中，当柱中液面下降离树脂顶部 0.5 cm 左右时，用少量蒸馏水(15 mL)洗涤小烧杯并转入交换柱，重复 2～3 次，再用滴管吸取蒸馏水洗涤交换柱上部管壁上残留的溶液，使样品溶液尽量全部流过树脂床。待容量瓶内的流出液达 60～70 mL 时，用硝酸银溶液检查流出液至不含 Cl^- 为止(与开始淋洗液比较)，即当仅出现轻微浑浊(与空白比较)时停止淋洗，用蒸馏水将容量瓶内的收集液稀释至刻度，摇匀，作滴定用。

准确吸取 25.00 mL 淋洗液于锥形瓶内，加入 1 mL 5%(质量)K_2CrO_4 溶液，以 0.1 mol/L $AgNO_3$ 标准溶液滴定至出现砖红色沉淀为止(终点)，记录 $AgNO_3$ 标准溶液消耗的体积，重复滴定 1～2 次。计算出配离子的电荷数。

每测完一次，可用 1 mol/L 氯化钠溶液淋洗树脂柱，直到流出液酸化后检不出 Fe^{3+} 为止。再用 3 mol/L 高氯酸溶液淋洗，将树脂吸附的阴离子洗脱下来，最后用 30 mL 3 mol/L 盐酸溶液淋洗，使树脂转为 Cl^- 型，以便树脂可以继续使用。

（4）实验数据记录及处理

表 4 – 11 实验数据

配合物的质量（g）	配合物的物质的量（mol）	消耗 AgNO₃ 标液的体积（mL）	定容后 Cl⁻ 浓度（mol/L）	交换下来的 Cl⁻ 的物质的量（mol）	配合物的电荷数

思考题

1. 本实验中影响 n 值的因素有哪些？

2. 用离子交换法测定三草酸合铁（Ⅲ）酸钾配阴离子的电荷时，如果交换后的流出速度过快时，对实验结果有什么影响？

4.10 三氯化六氨合钴（Ⅲ）的合成和组成的测定

一、实验目的

（1）掌握三氯化六氨合钴（Ⅲ）制备方法。

（2）了解钴（Ⅱ）、钴（Ⅲ）化合物的性质。

二、实验原理

在水溶液中，电极反应 $\varphi^{\theta}_{Co^{3+}/Co^{2+}} = 1.84\ V$，所以在一般情况下，Co（Ⅱ）在水溶液中是稳定的，不易被氧化为 Co（Ⅲ），相反，Co（Ⅲ）很不稳定，容易氧化水放出氧气（$\varphi^{\theta}_{Co^{3+}/Co^{2+}} = 1.84\ V > \varphi^{\theta}_{O_2/H_2O} = 1.229\ V$）。但在有配合剂氨水存在时，由于形成相应的配合物 $[Co(NH_3)_6]^{2+}$，电极电势 $\varphi^{\theta}_{Co(NH_3)_6^{3+}/Co(NH_3)_6^{2+}} = 0.1\ V$，因此 CO（Ⅱ）很容易被氧化为Co（Ⅲ），得到较稳定的 Co（Ⅲ）配合物。

实验中采用 H_2O_2 作氧化剂，在大量氨和氯化铵存在下，选择活性炭作为催化剂将 Co（Ⅱ）氧化为 Co（Ⅲ），来制备三氯化六氨合钴（Ⅲ）配合物，反应式为

$$2[Co(H_2O)_6]Cl_2 + 10NH_3 + 2NH_4Cl + H_2O_2 \xrightarrow{活性炭} 2[Co(NH_3)_6]Cl_3 + 14H_2O$$
粉红   橙黄

将产物溶解在酸性溶液中以除去其中混有的催化剂，抽滤除去活性炭，然后在较浓盐酸存在下使产物结晶析出。

三氯化六氨合钴（Ⅲ）：橙黄色单斜晶体。

钴（Ⅱ）与氯化铵和氨水作用，经氧化后一般可生成三种产物：紫红色的二氯化一氯五氨合钴 $[Co(NH_3)_5Cl]Cl_2$ 晶体、砖红色的三氯化五氨一水合钴 $[Co(NH_3)_5H_2O]Cl_3$ 晶体、橙黄色的三氯化六氨合钴 $[Co(NH_3)_6]Cl_3$ 晶体，控制不同的条件可得不同的产物，本实验温度控制不好，很可能有紫红色或砖红色产物出现。在 293 K 时，$[Co(NH_3)_6]Cl_3$ 在水中的溶解度为 $0.26\ mol/L$，$K_{不稳} = 2.2 \times 10^{-34}$，在过量强碱存在且煮沸的条件下会按下式分解：

$$2[Co(NH_3)_6]Cl_3 + 6NaOH \xrightarrow{煮沸} 2Co(OH)_3 + 12NH_3 \uparrow + 6NaCl$$

三、实验步骤

$$\boxed{\begin{array}{l} 6.0\ g\ CoCl_2 \cdot 6H_2O \\ 4.0\ g\ NH_4Cl \end{array}} \xrightarrow[\text{温热溶解}]{7\ mL\ 水} [Co(H_2O)_2Cl_4]^{2-} \xrightarrow[\text{冷却}]{0.1\sim0.2\ g\ 活性炭} \xrightarrow[\text{浓氨水}]{14\ mL} [Co(NH_3)_6]Cl_2$$
蓝色　　　　　　　　　　　　　　　　黑紫色

$$\xrightarrow[14\ mL\ 6\%\ H_2O_2]{\text{冷至 283 K}} [Co(NH_3)_6]Cl_3 \xrightarrow[\text{恒温 20 min}]{\text{水浴加热至 333 K}} \text{冰水} \xrightarrow[\text{抽滤}]{\text{冷至 275 K}} \begin{cases} \text{滤液(弃)} \\ \text{沉淀} \xrightarrow[2\ mL\ 浓盐酸]{50\ mL\ 沸水} \text{趁热抽滤} \end{cases} \longrightarrow$$
棕黑色

$$\begin{cases} \text{沉淀(活性炭)弃} \\ \text{滤液} \xrightarrow[275\ K]{7\ mL\ 浓盐酸} \text{(冰水)} \end{cases} \xrightarrow{\text{迅速抽滤}} \begin{cases} [Co(NH_3)_6]Cl_3 \xrightarrow[\text{抽滤}]{\text{乙醇洗涤}} \\ \text{滤液(弃)} \end{cases}$$

所得产品用滤纸吸干,称量,计算产率。

理论产率计算:

$CoCl_2 \cdot 6H_2O$	$[Co(NH_3)_6]Cl_3$	
237.93	267.46	
6.0	x	解得 $x = 6.7\ g$

产率为 $4.6/6.7 \times 100\% = 59\%$。

四、注意事项

严格控制每一步的反应温度,由于温度不同,会生成不同的产物。

思考题

1. 制备过程中,在水浴上加热 20 min 的目的是什么? 能否加热至沸腾?

2. 制备过程中为什么要加入 7 mL 浓盐酸?

3. 要使 $[Co(NH_3)_6]Cl_3$ 合成产率高,你认为哪些步骤是比较关键的? 为什么?

4.11　乙二胺合银(Ⅰ)配离子的稳定常数的测定——电位法

一、实验目的

(1) 了解电位法测定溶液中配合物的组成和稳定常数。

(2) 掌握酸度计等基本化学仪器的使用方法。

二、实验原理

在装有 Ag^+ 和乙二胺(en)混合水溶液的烧杯中,插入饱和甘汞电极和银电极,将两电极分别与酸度计的电极插孔相连,按下 mV 键,测出两电极间的电位差 E。

$$\begin{aligned} E &= \varphi_{Ag^+/Ag} - \varphi_{Hg_2Cl_2/Hg} \\ &= \varphi_{Ag^+/Ag}^{\theta} + 0.059\lg[Ag^+] - 0.241 \\ &= 0.800 - 0.241 + 0.059\lg[Ag^+] \\ &= 0.059\lg[Ag^+] + 0.559 \end{aligned}$$

在含有 Ag^+、en 的溶液中,存在着下列配位平衡:

$$Ag^+ + n\,en \rightleftharpoons Ag\,(en)_n^+$$

$$K_{稳} = \frac{[Ag\,(en)_n^+]}{[Ag^+][en]^n}$$

$$[Ag^+] = \frac{[Ag\,(en)_n^+]}{K_{稳}[en]^n}$$

两边同时取对数,得

$$lg[Ag^+] = -n\,lg[en] + lg[Ag\,(en)_n^+] - lg\,K_{稳}$$

若保持 $[Ag\,(en)_n^+]$ 基本恒定,一定温度下,$K_{稳}$ 又是常数,所以 $lg[Ag^+]$ 对 $lg[en]$ 作图,可得一直线。由直线的斜率可求得配位数 n,从直线在纵坐标上的截距可求得 $K_{稳}$。

由于 $[Ag\,(en)_n^+]$ 配离子很稳定,当体系中 en 的浓度 $c(en)$ 远远大于 Ag^+ 的浓度 $c(Ag^+)$ 时,$[en] \approx c(en)$,$[Ag\,(en)_n^+] \approx c(Ag^+)$。

测定两电极间的电位差 E,可求得各种不同 $[en]$ 时的 $lg[Ag^+]$。

三、实验仪器与药品

1. 仪器

酸度计,饱和甘汞电极,银电极,烧杯(250 mL),吸量管(5 mL),量筒(50 mL)。

2. 药品

$AgNO_3$(0.2 mol/L),en 溶液(7 mol/L)。

四、实验内容

(1) 在一只 250 mL 烧杯中,分别加入 96.0 mL 蒸馏水,2.00 mL 的 7 mol/L 的乙二胺溶液,2.00 mL 的 0.2 mol/L 的 $AgNO_3$ 溶液。

(2) 在烧杯中插入饱和甘汞电极和银电极,并把它们在酸度计上接好,选 mV 挡,在搅拌下,测定两电极间的电位差 E_1。

(3) 向烧杯中再加入 1.00 mL 的 7 mol/L 的乙二胺溶液,然后测定相应的 E_2。

(4) 向烧杯中再继续加入乙二胺 1 mL 两次,2 mL 一次,3 mL 一次,每次加完之后,测定相应的 E 值。

五、实验数据记录及处理

1. 数据记录

表 4 - 12 实验数据

测定次数	1	2	3	4	5	6
加入 en 累积体积(mL)	2.00	3.00	4.00	5.00	7.00	10.00
E(V)						
c_{en}(mol/L)						
$lg[en]$						
$lg[Ag^+]$						

2. 数据处理

用 $\lg[Ag^+]$ 对 $\lg[en]$ 作图,从直线的斜率和截距可分别求出配位数 n 及 $K_{稳}$。

注意 $[Ag(en)_n^+]$ 可视为定值,即

$$[Ag(en)_n^+] = \frac{V_{AgNO_3} \cdot c_{AgNO_3}}{(V_1 + V_6)/2}$$

式中:V_{AgNO_3}、c_{AgNO_3} 分别为加入 $AgNO_3$ 溶液的体积、浓度;V_1、V_6 分别为第一次,第六次测 E 时溶液的总体积。

如何采用电位法测定 $Ag(S_2O_3)_n^{-2n+1}$、$Ag(NH_3)_n^+$ 等配离子的配位数及稳定常数?

Ⅲ. 元素性质

4.12　s区主要金属元素及化合物的性质与应用

一、实验目的

(1) 通过对 K^+、Na^+、Mg^{2+}、Ca^{2+}、Ba^{2+} 混合离子的分离与鉴定实验掌握:

① 碱土金属碳酸盐、铬酸盐的溶解度的递变顺序;

② 碱金属微溶盐的性质;

③ 碱金属与碱土金属离子鉴定的特征反应和焰色反应。

(2) 熟悉 Mg、Ca、Ba 氢氧化物的性质。

(3) 熟悉 Li、Mg 性质的相似性。

(4) 掌握元素性质实验及定性分析的基本操作。

二、实验原理

碱金属和碱土金属分别是元素周期表中ⅠA、ⅡA族的元素,它们的化学性质活泼,能直接或间接地与电负性较高的非金属元素反应,除 Be 外,都可与水反应,其中碱金属与水反应十分激烈。

碱金属的氢氧化物可溶于水,它们的溶解度从 Li 到 Cs 依次递增,碱土金属的氢氧化物溶解度较低,其变化趋势从 Be 到 Ba,也依次递增,其中 $Be(OH)_2$ 和 $Mg(OH)_2$ 为难溶氢氧化物。这两族的氢氧化物除 $Be(OH)_2$ 显两性,其余属中强碱或强碱。

碱金属的绝大部分盐类易溶于水,只有与易变形的大阴离子作用生成的盐才不能溶于水。例如高氯酸钾 $KClO_4$(白色),钴亚硝酸钠钾 $K_2Na[Co(NO_2)_4]$(亮黄),醋酸铀酰锌钠 $NaZn(UO_3)_3(Ac) \cdot 6H_2O$(黄绿色)。

碱土金属盐类的溶解度较碱金属盐类低,有不少是难溶的。例如钙、锶、钡的硫酸盐和铬酸盐是难溶的,其溶解度按 Ca—Sr—Ba 的顺序减小。碱土金属的碳酸盐、磷酸盐和草酸盐也都是难溶的。利用这些盐类溶解度性质可以进行沉淀分离和离子检出。

　　碱金属和钙、锶、钡的挥发性化合物在高温焰色反应中可使火焰呈现特征颜色。锂使火焰呈红色,钠呈黄色,钾、铷和铯呈紫色,钙、锶、钡可使火焰分别呈橙红、洋红和绿色。所以也可以用焰色反应来鉴定这些离子。

　　Mg 是 ⅡA 元素,在周期表中处于 Li 的右下方,Mg^{2+} 的电荷数比 Li^+ 高,而半径又小于 Na^+,导致离子极化率与 Li^+ 相近,使 Mg^{2+} 性质与 Li^+ 相似。例如锂与镁的氟化物、碳酸盐、磷酸盐均难溶,氢氧化物都属中强碱,不易溶于水。

三、试剂与器材

1. 试剂

HCl(6 mol/L),HAc(2.6 mol/L),HNO_3(6 mol/L),H_2SO_4(1.2 mol/L);KOH(2 mol/L),NaOH(无 CO_3^{2-},6 mol/L),$NH_3 \cdot H_2O$(2.6 mol/L);0.1 mol/L 的 $MgCl_2$、$CaCl_2$、$BaCl_2$、$KSb(OH)_6$;$(NH_4)_2CO_3$(1 mol/L),NH_4Cl(1.3 mol/L),$(NH_4)_2C_2O_4$(0.25 mol/L),LiCl(1 mol/L),NaF(1 mol/L),Na_2CO_3(0.5 mol/L,1 mol/L),NaAc(1 mol/L),Na_2HPO_4(0.2 mol/L),$Na_3[Co(NO_2)_6]$(0.1 mol/L),$NaHC_4H_4O_6$(饱和),K_2CrO_4(0.5 mol/L)。

2. 器材

离心机,pH 试纸,有孔橡皮塞。

四、实验方法

1. K^+,Na^+,Mg^{2+},Ca^{2+},Ba^{2+} 分离与鉴定

(1) Ca^{2+},Ba^{2+} 分离与鉴定

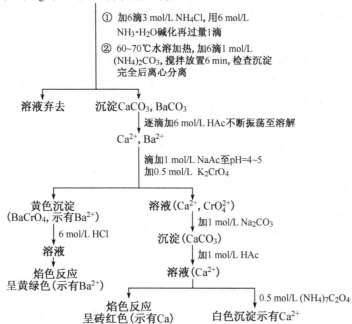

(2) K^+,Na^+,Mg^{2+} 鉴定

Mg^{2+} 鉴定:取 1~2 滴混合试液,加 2 滴 Mg 试剂,加 1~2 滴 6 mol/L NaOH 碱化,搅

拌,若有天蓝色沉淀生成表示混合试液中有 Mg^{2+}。

K^+ 鉴定:取 1~2 滴混合试液,加 2 mol/L HAc 酸化至微酸性,加 3 滴 $Na_3[Co(NO_2)_6]$,若出现黄色沉淀示有 K^+。

Na^+ 鉴定:取 3~4 滴混合试液加 2 mol/L KOH 碱化,出现 $Mg(OH)_2$ 沉淀,离心沉降,取出清液,加与清液等体积的 0.1 mol/L $KSb(OH)_6$,用玻璃棒摩擦器壁,放置,出现白色 $NaSb(OH)_6$ 晶体示有 Na^+。

(3) 领取一份未知液,试确定有哪几种离子。

2. 镁、钙、钡氢氧化物的制备和性质

(1) 现有三瓶无标签的 $MgCl_2$、$CaCl_2$ 和 $BaCl_2$ 溶液,试分别确定每种溶液的组成。

(2) 取 0.5 mL $MgCl_2$,滴加 6 mol/L $NH_3 \cdot H_2O$,观察所生成沉淀的颜色,然后向沉淀中加入 1 mol/L NH_4Cl 直至沉淀溶解,解释现象,写出反应方程式。

(3) 分别取等量的 $MgCl_2$、$CaCl_2$ 和 $BaCl_2$,各加入等量的 2 mol/L NaOH(必须新鲜配制),观察每一试管中的沉淀量,由实验结果比较碱土金属氢氧化物溶解度递变顺序。

3. Li、Mg 盐的微溶性

用下列试剂:0.2 mol/L Na_2HPO_4,0.5 mol/L $MgCl_2$,0.5 mol/L Na_2CO_3,1 mol/L NaF 和 1 mol/L LiCl,设计一组实验,比较 Li、Mg 的氟化物,碳酸盐和磷酸盐的溶解度性质,并解释实验的结果。

五、延伸实验

(1) 现有一未知溶液,可能含有 K^+,Na^+,Mg^{2+},NH_4^+,Ca^{2+},Ba^{2+},试分析并确定未知液的组成:① 写出分析简图;② 列出分析步骤。

提示:为提高 NH_4^+ 鉴定准确性,NH_4^+ 的鉴定应放于混合离子分离之前(为什么?),并采用气室法鉴定。

当碱金属和碱土金属离子混合液中含有 NH_4^+ 时,能与 $Na_3[Co(NO_2)_6]$ 反应生成黄色沉淀,干扰 K^+ 的鉴定,所以鉴定 K^+ 必须先除去 NH_4^+。当溶液中存在较高浓度的 NH_4^+ 时,将影响 Mg^{2+}、Ca^{2+} 沉淀分离,可能引起 Ca^{2+} 的失落,此时在 Ca^{2+}、Mg^{2+} 分离之前必须先除 NH_4^+。

除 NH_4^+ 方法:将约 1 mL 试液放入坩埚中,加 6 mol/L HNO_3 1 mL 反复蒸发至干,以除去 NH_4^+,残余物用 3~4 滴 6 mol/L HAc 及 6~7 滴 H_2O 温热溶解。

(2) 钴亚硝酸钠的制备及其稳定性

在 250 mL 烧杯内加 50 mL 热水,15 g $CO(NO_3)_2 \cdot 6H_2O$ 和 45 g $NaNO_3$ 搅拌混合,冷却至室温,边搅拌,边缓慢地加入 15 mL 5% 的 HAc 溶液,冷却。

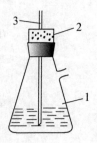

图 4-3

把溶液转入滤瓶内,按图 4-3 装配仪器,把滤瓶支管与真空泵相接,开泵让空气通过溶液 20 min,过滤,再加 80 mL 95% 乙醇到滤液中,静置 40 min,等 $Na_3[Co(NO_2)_6]$ 析出,抽滤,产品用少量无水乙醇洗涤,干燥。

配制 1 mL 饱和 $Na_3[Co(NO_2)_6]$ 溶液。

试证:① 加 HCl 酸化,观察变化现象并解释之;② 加 NaOH 碱化,观察变化现象并解释之;③ 与 K^+、NH_4^+ 反应。

试归纳 $Na_3[Co(NO_2)_6]$ 鉴定 K^+ 的反应条件,当有 NH_4^+ 时,如何鉴定 K^+?

思考题

1. 预习思考:

(1) 列出碱金属、碱土金属的氢氧化物和各种难溶盐递变规律。

(2) 列出 K^+、Na^+、Mg^{2+}、NH_4^+、Ca^{2+}、Ba^{2+} 鉴定方法及实验条件。

(3) 在 K^+、Na^+、Mg^{2+}、NH_4^+、Ca^{2+}、Ba^{2+} 分离与鉴定中应用了它们的哪些性质? 怎样鉴别沉淀是否完全? 离心机如何使用? 沉淀如何洗涤?

2. 进一步思考:

(1) 由实验结果列出碱土金属氢氧化物溶解度的递变顺序,并阐明原因。

(2) 通过对碱金属和碱土金属离子分离与鉴定,试归纳碱金属的溶解性质。

(3) 进行 Ca^{2+}、Ba^{2+} 与 K^+、Na^+、Mg^{2+} 分离时为何要加过量的 NH_4Cl 和 $NH_3 \cdot H_2O$?

(4) 在 Ca^{2+}、Ba^{2+} 分离过程中,试结合自己的分离效果,分析控制 Ca^{2+}、Ba^{2+} 分离条件必须注意的问题,并阐述其理由。

(5) 现有三瓶无标签的 $LiCl$、$NaCl$、KCl,试至少用两种方法识别之。

4.13　p 区元素(一)——卤素、氧、硫

一、实验目的

(1) 了解卤素单质、氧、硫及化合物的结构对其性能的影响。

(2) 掌握卤素的氧化性和卤素离子的还原性、卤素含氧酸盐的氧化性。

(3) 掌握过氧化氢、硫化氢和金属硫化物、硫代硫酸盐、亚硫酸盐的性质以及过二硫酸盐的氧化性。

二、实验原理

(1) 溴和碘的一些物理性质。

(2) 卤素单质的氧化性和卤素离子的还原性。

(3) 氯、溴含氧酸盐的氧化性。

(4) H_2O_2 的氧化性、还原性及热稳定性。

(5) H_2S 的还原性,各类型硫化物的生成和溶解条件。

(6) 不同氧化态硫的化合物的主要性质。

三、实验仪器与药品

1. 仪器

试管,水浴锅,离心机。

2. 药品

2 mol/L:H_2SO_4、$NaOH$、HCl,1 mol/L:H_2SO_4、Na_2S,0.5 mol/L:KI,0.1 mol/L:KBr、KI、$Pb(NO_3)_2$、$K_2Cr_2O_7$、$CuSO_4$、$Na_2S_2O_3$、$AgNO_3$、$MnSO_4$,饱和:H_2S、$KClO_3$、KIO_3,浓:

H_2SO_4、$NH_3 \cdot H_2O$、HCl、HNO_3，0.01 mol/L $KMnO_4$，3‰ H_2O_2，固体：碘、KI、NaCl、KBr、MnO_2、Na_2SO_3、$K_2S_2O_8$，氯水，溴水，碘水，CCl_4，乙醚，淀粉-碘化钾试纸，醋酸铅试纸，淀粉溶液，pH 试纸，品红试液。

四、实验内容

1. 卤素单质

（1）溴和碘的溶解性

① 在试管中加入 0.5 mL 溴水，再加入 0.5 mL CCl_4，充分振荡，静置后，观察溴水和 CCl_4（在下层）的颜色变化。比较溴在水和 CCl_4 中的溶解性。

② 加一小片碘于试管中，加少量水并振荡试管，观察水相的颜色有无明显变化？再加少量 KI 晶体，观察碘是否溶解于 KI 溶液中，比较碘在水中和在 KI 溶液中的溶解性有何不同。然后在试管中继续加入 0.5 mL CCl_4，充分振荡，观察水层和 CCl_4 层的颜色变化，比较碘在水和 CCl_4 中的溶解性。

（2）卤素的歧化反应

在少量溴水中滴加 2 mol/L NaOH 溶液，充分振荡后，观察现象。

用碘水代替溴水进行实验，写出反应方程式。

（3）卤素单质的氧化性比较

在盛有 0.5 mL 0.1 mol/L KBr 溶液的试管中，逐滴加入氯水，振荡，有何现象？再加入 0.5 mL CCl_4，充分振荡后，观察水层和 CCl_4 层的颜色。试比较氯和溴的氧化性。

在盛有 0.5 mL 0.1 mol/L KI 溶液的试管中，逐滴加入溴水，振荡，有何现象？再加入 0.5 mL CCl_4，充分振荡后，观察水层和 CCl_4 层的颜色。试比较溴和碘的氧化性。

在盛有 2 滴 0.1 mol/L KI 溶液的试管中加入 0.5 mL CCl_4，然后逐滴加入氯水，边滴加边振荡，仔细观察 CCl_4 层的颜色。继续滴加过量的氯水至颜色消失，此时碘已被氧化成碘酸，写出与之相关的反应方程式。

取碘试液数滴，滴加饱和的硫化氢水溶液，至碘溶液的颜色消失为止，写出反应方程式。

根据以上实验结果，比较氯、溴、碘单质氧化性的相对强弱。

2. 卤素离子的还原性比较

往盛有少量氯化钠固体的试管中加入 0.5 mL 浓 H_2SO_4，有何现象？用玻璃棒蘸一些浓 $NH_3 \cdot H_2O$，移近试管口，有何现象？写出反应式并加以解释。

往盛有少量溴化钾固体的试管中加入 0.5 mL 浓 H_2SO_4，有何现象？用湿润的淀粉-KI 试纸移近管口，有何现象？写出反应式并加以解释。

往盛有少量碘化钾固体的试管中加入 0.5 mL 浓 H_2SO_4，有何现象？用湿的醋酸铅试纸移近管口，有何现象？写出反应式并加以解释。

综合上述三个实验，说明氯、溴、碘离子的还原性变化规律。

3. 某些卤素含氧酸盐的氧化性

（1）氯酸钾的氧化性

在试管中加入 1 mL 饱和 $KClO_3$ 溶液和数滴 0.1 mol/L KI 溶液，把得到的混合液分成两份，一份用 2 mol/L H_2SO_4 数滴酸化，另一份留作比较，振荡试管，观察溶液有何变化。试比较氯酸盐在中性溶液和酸性溶液中氧化性的强弱。

（2）碘酸钾的氧化性

在试管中加入 1 mL 饱和 KIO_3 溶液和数滴 2 mol/L H_2SO_4，再加入 0.1 mol/L KI 溶液，振荡试管，观察并解释现象，写出反应方程式。

4．过氧化氢

（1）H_2O_2 的氧化性

① 取 3 滴 0.1 mol/L $Pb(NO_3)_2$ 溶液，加入 2 滴 H_2S 饱和溶液，观察沉淀颜色，再加 3％ H_2O_2 溶液，直至沉淀颜色转为白色，写出反应方程式。

② 取 0.5 mL 0.1 mol/L KI 溶液，加入 2 滴 2 mol/L H_2SO_4 溶液，再加入 0.5 mL 3％ H_2O_2 溶液，观察现象，并滴入 2～3 滴淀粉溶液，写出反应方程式。

（2）H_2O_2 的还原性

在试管中加几滴 0.01 mol/L $KMnO_4$ 溶液，用少量 2 mol/L H_2SO_4 酸化后，滴入 3％ H_2O_2 溶液，观察现象，写出反应方程式。

（3）H_2O_2 的催化分解

在试管中取 1 mL 3％ H_2O_2 溶液，加入少量 MnO_2，迅速将余烬的火柴伸入试管中，有何现象？并解释。

（4）H_2O_2 的鉴定

在试管中加入 2 mL 3％ H_2O_2 溶液，0.5 mL 乙醚，并加入少量的 1 mol/L H_2SO_4 酸化，再加入 2～3 滴 0.1 mol/L $K_2Cr_2O_7$ 溶液，振荡试管，观察生成的过氧化铬（CrO_5）溶于乙醚而呈现的蓝色。但 CrO_5 不稳定，慢慢分解，乙醚层蓝色逐渐褪去。

反应式如下：

$$Cr_2O_7^{2-} + 4H_2O_2 + 2H^+ =\!\!=\!\!= 2CrO_5 + 5H_2O$$

$$4CrO_5 + 12H^+ =\!\!=\!\!= 4Cr^{3+} + 7O_2\uparrow + 6H_2O$$

5．硫化氢和金属硫化物

（1）H_2S 水溶液的弱酸性

用 pH 试纸检验饱和 H_2S 水溶液的 pH，写出其电离方程式。

（2）H_2S 的还原性

取 2 支试管各加入饱和 H_2S 水溶液 1 mL，加 2 mol/L H_2SO_4 酸化，分别逐滴加入 0.01 mol/L $KMnO_4$ 溶液和 0.1 mol/L $K_2Cr_2O_7$ 溶液，观察现象，写出反应方程式。

（3）难溶硫化物的生成与溶解

取 3 支试管编号为 A、B、C，分别加入 0.1 mol/L $MnSO_4$、0.1 mol/L $Pb(NO_3)_2$、0.1 mol/L $CuSO_4$ 溶液各 0.5 mL，然后各滴加 1 mol/L Na_2S 溶液，观察现象。离心分离，弃去溶液，洗涤沉淀。试验这些沉淀在盐酸、浓盐酸和浓硝酸中的溶解情况。

根据实验结果，对金属硫化物的溶解情况作出结论，写出有关的反应方程式。

6．亚硫酸盐的性质

（1）亚硫酸盐遇酸分解

取少量固体 Na_2SO_3 于试管中，加入少量 2 mol/L H_2SO_4，观察有无气体产生，并用湿润的品红试纸检验气体。保留溶液供下面实验使用。

（2）亚硫酸盐的氧化还原性

将上述实验所得的溶液分为两份，一份滴加饱和 H_2S 水溶液；另一份中滴加

$0.01\ mol/L\ KMnO_4$ 溶液,观察现象,说明亚硫酸具有什么性质。

7. 硫代硫酸盐的性质

(1) 在酸中的不稳定性

向 $0.5\ mL\ 0.1\ mol/L\ Na_2S_2O_3$ 溶液中滴加 $2\ mol/L\ HCl$ 溶液,观察现象,写出反应方程式。

(2) 硫代硫酸盐的还原性

向 $0.5\ mL\ 0.1\ mol/L\ Na_2S_2O_3$ 溶液中滴加数滴碘水,观察现象,写出反应方程式。

向 $0.5\ mL\ 0.1\ mol/L\ Na_2S_2O_3$ 溶液中滴加数滴氯水,观察现象,写出反应方程式。

(3) $S_2O_3^{2-}$ 的鉴定

在试管中加入 $0.5\ mL\ 0.1\ mol/L\ AgNO_3$ 溶液,再加几滴 $0.1\ mol/L\ Na_2S_2O_3$ 溶液,可观察到先产生白色 $Ag_2S_2O_3$ 沉淀,沉淀由白很快变黄变棕最后变黑。

$$Ag_2S_2O_3 + H_2O \Longrightarrow 2H^+ + SO_4^{2-} + Ag_2S\downarrow$$

8. 过二硫酸盐的氧化性

把 $2\ mL\ 2\ mol/L\ H_2SO_4$ 和 $2\ mL$ 水、1 滴 $0.1\ mol/L\ MnSO_4$ 溶液混合均匀,分成两份。在第一份中加 1 滴 $0.1\ mol/L\ AgNO_3$ 溶液和少量 $K_2S_2O_8$ 固体,水浴加热,观察溶液颜色有何变化;在第二份中只加少量 $K_2S_2O_8$ 固体,水浴加热,观察溶液颜色有何变化。

$$5S_2O_8^{2-} + 2Mn^{2+} + 8H_2O \Longrightarrow 10SO_4^{2-} + 2MnO_4^{2-} + 16H^+$$

说明:该反应速度较慢,催化剂 Ag^+ 可使反应加快。

五、注意事项

(1) 氯气是有强烈的刺激性气味和剧毒的气体,强烈地刺激眼、鼻、气管等黏膜,吸入过多的氯气会发生严重中毒,甚至造成死亡。进行有关氯气的实验,必须在通风橱中操作。闻氯气时,不能直接对着管口或瓶口。

(2) 溴蒸气对气管、肺、眼、鼻、喉等都有很强的刺激作用。进行有关溴的实验时,用量应尽可能少,并在装有吸收装置或在通风橱内进行。溴水有较强的腐蚀性,能烧伤皮肤。移取液体溴时,须带橡皮手套。使用溴水时,也不能直接由瓶内倒出,而应该用滴管移取,避免与皮肤接触。

(3) 氯酸钾是强氧化剂,保存不当容易爆炸。绝不允许将氯酸钾与硫、磷混在一起。氯酸钾易分解,不宜用力研磨、烘干。进行有关氯酸钾的实验时,剩下的应放入专用的回收瓶内。

(4) 硫化氢及二氧化硫是有毒气体,制备和使用时要在通风橱中操作。

(5) 过氧化物是氧化剂,对皮肤有腐蚀性,使用时应注意。

思考题

1. 在 KI 溶液中通入氯气,开始观察到碘析出,继续通过量的氯气,为什么单质碘又消失了?

2. 哪些物质既能作氧化剂又能作还原剂? H_2O_2 被氧化和被还原的产物是什么?

3. H_2S、Na_2S、Na_2SO_3 的溶液放置久了,会发生什么变化?如何判断变化情况?

4. $Na_2S_2O_3$ 溶液和 $AgNO_3$ 溶液反应,试剂的用量不同,产物有何不同?

4.14　p区元素(二)——氮族、锡、铅

一、实验目的

(1) 掌握硝酸、亚硝酸的性质。
(2) 掌握磷酸盐、砷、锑、铋的氧化物、氢氧化物的性质。
(3) 掌握 Sn、Pb 氢氧化物的酸碱性、铅盐的溶解性。

二、预备知识

(1) 硝酸的强氧化性,亚硝酸的不稳定性、氧化性和还原性。
(2) 磷酸盐的主要性质。
(3) 砷、锑、铋的氧化物、氢氧化物的酸碱性,盐的水解和氧化还原性。
(4) 锡、铅氢氧化物的酸碱性,二价锡的还原性,四价铅的氧化性。
(5) 铅的难溶盐。

三、实验仪器与药品

1. 仪器
试管,水浴,冰浴锅,离心机。
2. 药品
6 mol/L：HNO_3、NaOH、HCl，2 mol/L：H_2SO_4、HNO_3、$NH_3 \cdot H_2O$、HCl、NaOH，0.1 mol/L：KI、$NaNO_2$、Na_3PO_4、Na_2HPO_4、NaH_2PO_4、$CaCl_2$、$SbCl_3$、$Bi(NO_3)_3$、$MnSO_4$、$SnCl_2$、$Pb(NO_3)_2$、$FeCl_3$、$HgCl_2$、NaCl、KI，0.01 mol/L $KMnO_4$，浓 HNO_3，浓 HCl，饱和 $NaNO_2$，固体：锌、As_4O_6、$NaBiO_3$、$SbCl_3$、$Bi(NO_3)_3 \cdot 5H_2O$、PbO_2、Na_3AsO_4，奈氏试剂,氯水,pH 试纸,KI -淀粉试纸。

四、实验内容

1. 硝酸的氧化性

分别往三支各盛有一小粒锌粒的小试管中加入浓 HNO_3、6 mol/L HNO_3、2 mol/L HNO_3 各约 2 mL,观察不同浓度的硝酸与锌的作用,其主要反应产物有何不同?

待反应片刻后,把 2 mol/L HNO_3 与锌反应得到的溶液倒在另一支试管中,并慢慢加入 6 mol/L NaOH 溶液,直到最初生成的白色沉淀溶解后再滴加几滴,加热试管,用奈氏试剂在管口检验有何气体产生。观察上述实验现象,写出反应方程式。

2. 亚硝酸的生成和性质

(1) HNO_2 的生成和分解

将 1 mL 2 mol/L H_2SO_4 溶液注入在冰水中冷却的 1 mL 饱和 $NaNO_2$ 溶液中,混匀,观察有浅蓝色亚硝酸溶液生成。将试管从冰水中取出并放置一段时间,观察亚硝酸在室温下迅速分解,写出相应的反应方程式。

(2) HNO_2 的氧化性

取 0.5 mL 0.1 mol/L KI 溶液,用 2 mol/L H_2SO_4 酸化,然后滴加 0.1 mol/L $NaNO_2$ 溶液,观察产物的颜色和状态。检验 I_2 的生成,写出反应方程式(此时 NO_2^- 被还原为 NO)。

(3) HNO_2 的还原性

取 0.5 mL 0.01 mol/L $KMnO_4$ 溶液于试管中,加入几滴 2 mol/L H_2SO_4 酸化,然后再加入少量 0.1 mol/L $NaNO_2$ 溶液,观察现象,写出反应方程式。

3. 磷酸盐的性质

用 pH 试纸分别检验 0.1 mol/L Na_3PO_4、Na_2HPO_4、NaH_2PO_4 溶液的酸碱性。

分别往三支试管中注入 0.5 mL 0.1 mol/L Na_3PO_4、Na_2HPO_4 和 NaH_2PO_4 溶液,各加入 0.1 mol/L $CaCl_2$ 溶液,观察是否都有沉淀产生? 向没有产生沉淀的那份溶液中滴入 2 mol/L $NH_3 \cdot H_2O$,观察有何变化? 最后试验这些沉淀是否溶于 2 mol/L HCl,写出有关反应方程式。

4. 砷、锑、铋的氧化物及其水合物

(1) As_4O_6 的酸碱性

取少量 As_4O_6 粉末,加少量水,充分搅拌,试验所得 H_3AsO_3 溶液的 pH。离心分离,把沉淀分成两份,分别加入 2 mol/L NaOH 和 6 mol/L HCl 溶液,观察溶解情况,必要时可微热溶液。根据实验结果说明 As_4O_6 的酸碱性。

(2) $Sb(OH)_3$ 的生成和酸碱性

在两支试管中各加入 3 滴 0.1 mol/L $SbCl_3$ 溶液,分别加入 3 滴 2 mol/L NaOH 溶液,观察白色 $Sb(OH)_3$ 的生成。然后分别滴加 2 mol/L NaOH 和 HCl 溶液,沉淀是否溶解? 写出反应方程式。

(3) $Bi(OH)_3$ 的生成和酸碱性

将 0.1 mol/L $Bi(NO_3)_3$ 溶液与 2 mol/L NaOH 作用制得两份 $Bi(OH)_3$,分别试验沉淀在 2 mol/L NaOH、2 mol/L HCl 中的溶解情况。对 $Bi(OH)_3$ 的酸碱性作出结论。

综合以上三个实验结果,比较三价砷、锑、铋的氧化物或氢氧化物酸碱性的变化规律。

5. 砷、铋的氧化还原性

(1) As(Ⅲ)的还原性和 As(Ⅴ)的氧化性

往盛有 0.5 mL 0.1 mol/L KI 溶液的试管中加入 Na_3AsO_4,观察现象。再滴加 6 mol/L HCl,观察 I_2 的析出。然后再滴加 6 mol/L NaOH 溶液,观察现象,写出反应方程式。

(2) Bi(Ⅲ)的还原性和 Bi(Ⅴ)的氧化性

取 0.5 mL 0.1 mol/L $Bi(NO_3)_3$ 溶液,加入数滴 6 mol/L NaOH 溶液,往所得 $Bi(OH)_3$ 中加入氯水,在水浴上加热,可观察到有棕黄色沉淀的生成。离心,弃去清液,往沉淀中加入 6 mol/L HCl,观察现象,用淀粉-KI 试纸鉴别气体产物。反应如下:

$$Bi(OH)_3 + Cl_2 + 3NaOH \xrightarrow{\quad\quad} NaBiO_3 \downarrow + 2NaCl + 3H_2O$$

$$NaBiO_3 + 6HCl \xrightarrow{\quad\quad} BiCl_3 + Cl_2 \uparrow + NaCl + 3H_2O$$

取 1~2 滴 0.1 mol/L $MnSO_4$ 溶液,用 2 mL 2 mol/L HNO_3 酸化(能否用 HCl 酸化?),然后加入少量 $NaBiO_3$ 固体,置水浴中微热,静置后观察溶液颜色的变化,写出反应式。此反应常用来鉴定 Mn^{2+}。

总结砷、铋的氧化还原性的变化规律。

6. 锑、铋盐的水解

(1) $SbCl_3$ 的水解

取米粒大的 $SbCl_3$ 固体于试管中,加入少量水,可观察到有白色 $SbOCl$ 沉淀的生成,检验溶液的酸碱性。滴入 6 mol/L HCl,边加边摇荡试管,至沉淀刚好溶解为止。加水稀释溶液,观察有何变化? 写出水解反应式,并用平衡移动原理解释现象。

(2) $Bi(NO_3)_3$ 的水解

取少量 $Bi(NO_3)_3 \cdot 5H_2O$ 固体于试管中,加入水,可观察到有白色 $BiONO_3$ 沉淀的生成,检验溶液的酸碱性,再滴入 6 mol/L HNO_3 至沉淀刚好溶解。

7. 锡、铅氢氧化物的生成和性质

(1) $Sn(OH)_2$ 的生成和性质

在两支试管中均加入少量 0.1 mol/L $SnCl_2$ 溶液,再滴加 2 mol/L NaOH 溶液,观察 $Sn(OH)_2$ 的生成和颜色。分别试验 $Sn(OH)_2$ 与 2 mol/L NaOH、HCl 的作用。

(2) $Pb(OH)_2$ 的生成和性质

操作同上,用 0.1 mol/L $Pb(NO_3)_2$ 制两份 $Pb(OH)_2$,分别试验它与稀酸与稀碱(适宜用哪种酸?)的作用。

根据实验结果,对 $Sn(OH)_2$ 和 $Pb(OH)_2$ 的酸碱性作出结论。

8. 锡、铅的氧化还原性

(1) Sn(Ⅱ) 的还原性

在一试管中加入 0.5 mL 0.1 mol/L $FeCl_3$ 溶液,逐滴滴加 0.1 mol/L $SnCl_2$ 溶液,观察现象,写出反应方程式。

在一试管中加入 0.5 mL 0.1 mol/L $HgCl_2$ 溶液,逐滴滴加 0.1 mol/L $SnCl_2$ 溶液,观察现象,继续滴加 $SnCl_2$ 溶液,观察沉淀颜色的变化。反应方程式如下(此反应可用来鉴定 Sn^{2+} 或 Hg^{2+}):

$$2HgCl_2 + SnCl_2 \longrightarrow Hg_2Cl_2 \downarrow + SnCl_4$$
$$Hg_2Cl_2 + SnCl_2 \longrightarrow 2Hg + SnCl_4$$

在一试管中加入 0.5 mL 0.1 mol/L $SnCl_2$ 溶液和 0.5 mL 0.1 mol/L $Bi(NO_3)_3$ 溶液,混合均匀后加入足量的 2 mol/L NaOH 溶液,可看到立即析出黑色的金属铋,反应方程式如下(此反应可用来鉴定 Sn^{2+} 或 Bi^{3+}):

$$3Sn(OH)_3^- + 2Bi^{3+} + 9OH^- \longrightarrow 3Sn(OH)_6^{2-} + 2Bi \downarrow$$

(2) Pb(Ⅳ) 的氧化性

在试管中加入少量 PbO_2 固体,然后滴加浓 HCl,观察现象,证实有无 Cl_2 生成。写出反应方程式。

在试管中加入少量 PbO_2 固体,再加入 1 mL 6 mol/L HNO_3 和 2 滴 0.1 mol/L $MnSO_4$ 溶液并用水浴加热,观察现象,写出反应方程式。

9. 铅的难溶盐

(1) $PbCl_2$ 的生成

在一试管中加入少量 0.1 mol/L $Pb(NO_3)_2$ 溶液,再滴加 0.1 mol/L NaCl 溶液即有白色 $PbCl_2$ 沉淀生成。加热,沉淀是否溶解? 溶液冷却后又有什么变化? 说明 $PbCl_2$ 溶解度与温度的关系。

（2）PbI_2 的生成

在一试管中加入少量 $0.1\ mol/L\ Pb(NO_3)_2$ 溶液，然后滴加适量的 $0.1\ mol/L\ KI$ 溶液，观察是否有沉淀生成及沉淀的颜色。通过实验说明 PbI_2 的溶解度与温度的关系。

五、注意事项

（1）亚硝酸及其盐有毒，注意勿入口内。

（2）砷、锑、铋及其化合物都有毒性，特别是砷的氧化物（俗称砒霜）是剧毒物质。要在教师指导下使用。取用量要少，切勿进入口内或与有伤口的地方接触，实验后一定要洗手。

思考题

1. 在氧化还原反应中，为什么一般不用硝酸、盐酸作为反应的酸性介质？在哪种情况下可以用它们做酸性介质？

2. 如何用实验鉴别 $NaNO_2$ 和 $NaNO_3$ 溶液？

3. 实验室在配制 $SnCl_2$ 溶液时，为何既要加盐酸又要加锡粒？

4. 实验室中如何配制锑盐、铋盐溶液？

5. 试验 $Pb(OH)_2$ 的碱性时，应选何种酸为宜？

6. 在用 $NaBiO_3$ 氧化 Mn^{2+} 的实验中，为什么要取少量 $MnSO_4$ 溶液？若 Mn^{2+} 过多会对实验有何影响？

4.15　ds 区元素——铜、银、锌、镉、汞

一、实验目的

（1）掌握 Cu,Ag,Zn,Cd,Hg 氧化物或氢氧化物的酸碱性和稳定性。

（2）掌握 Cu,Ag,Zn,Cd,Hg 重要配合物的性质。

（3）掌握 $Cu(Ⅰ)$ 和 $Cu(Ⅱ)$，$Hg(Ⅰ)$ 和 $Hg(Ⅱ)$ 的相互转化条件及 $Cu(Ⅱ)$，$Ag(Ⅰ)$ 的氧化性。

（4）掌握 Cu^{2+}，Ag^+，Zn^{2+}，Cd^{2+}，Hg_2^{2+} 混合离子的分离和鉴定方法。

二、实验原理

ds 区元素包括 ⅠB 族的 Cu、Ag、Au 和 ⅡB 族的 Zn、Cd、Hg 共六种元素。

ds 区元素的价电子构型为：$(n-1)d^{10}ns^{1\sim2}$。由于它们的次外层的 d 亚层刚好排满 10 个电子，而最外层构型又和 s 区相同，所以称为 ds 区。ds 区元素具有可变的氧化态，可呈现 +1、+2 氧化态。它们的盐类很多是共价型化合物，由于它们离子的电子层结构中都具有空轨道，所以它们都能与许多配体结合形成配合物。

（1）了解铜、银、锌、镉、汞氧化物或氢氧化物的酸碱性，硫化物的溶解性。

（2）掌握 $Cu(Ⅰ)$、$Cu(Ⅱ)$，$Hg(Ⅰ)$、$Hg(Ⅱ)$ 的性质及相互转化条件。

（3）熟悉铜、银、锌、汞的配位能力。

三、实验仪器与药品

1. 仪器

试管，水浴装置，离心试管，离心机。

2. 药品

6 mol/L：NaOH，2 mol/L：NaOH、H_2SO_4、HNO_3、$NH_3 \cdot H_2O$，1 mol/L：Na_2S，0.5 mol/L：KI、$Na_2S_2O_3$，0.1 mol/L：$CuSO_4$、$ZnSO_4$、$CdSO_4$、$AgNO_3$、$Hg(NO_3)_2$、$HgCl_2$、$SnCl_2$、$Hg_2(NO_3)_2$，浓 HCl，浓 HNO_3，葡萄糖（10%）。

四、实验内容

1. 铜、银、锌、镉、汞氧化物或氢氧化物的生成和性质

（1）铜、锌、镉氢氧化物的生成和性质

向三支分别盛有 0.5 mL 0.1 mol/L $CuSO_4$、$ZnSO_4$、$CdSO_4$ 溶液的试管中滴加 2 mol/L NaOH 溶液，观察沉淀的颜色及状态。

将各试管中的沉淀分成两份：一份加 2 mol/L H_2SO_4，另一份继续滴加 2 mol/L NaOH 溶液。观察现象，写出反应方程式。

（2）银、汞氧化物的生成和性质

① Ag_2O 的生成和性质

取 0.5 mL 0.1 mol/L $AgNO_3$ 溶液，滴加 2 mol/L NaOH 溶液，观察 Ag_2O（为什么不是 AgOH）的颜色和状态。将沉淀分成两份：一份加 2 mol/L HNO_3，另一份滴加 2 mol/L NaOH 溶液。观察现象，写出反应方程式。

② HgO 的生成和性质

取 0.5 mL 0.1 mol/L $Hg(NO_3)_2$ 溶液，滴加 2 mol/L NaOH 溶液，观察沉淀的颜色和状态。将沉淀分成两份：一份加 2 mol/L HNO_3，另一份滴加 2 mol/L NaOH 溶液。观察现象，写出反应方程式。

2. 铜、银、锌、镉、汞硫化物的生成和性质

往四支分别盛有 0.5 mL 0.1 mol/L $CuSO_4$、$AgNO_3$、$ZnSO_4$、$CdSO_4$、$Hg(NO_3)_2$ 溶液的试管中滴加 1 mol/L Na_2S 溶液。观察沉淀的生成和颜色。

将每种沉淀分成三份：第一份加入盐酸，第二份加入浓盐酸，第三份加入王水（自配），分别水浴加热。观察沉淀溶解情况。

根据实验现象并查阅有关数据，对铜、银、锌、镉、汞硫化物的溶解情况作出结论，并写出有关反应方程式。

3. 铜、银、锌、汞的配合物

（1）氨配合物的生成

往四支分别盛有 0.5 mL 0.1 mol/L $CuSO_4$、$AgNO_3$、$ZnSO_4$、$Hg(NO_3)_2$ 溶液的试管中滴加 2 mol/L $NH_3 \cdot H_2O$。观察沉淀的颜色与状态，继续加入过量的 2 mol/L $NH_3 \cdot H_2O$，又有何现象发生？写出有关反应方程式。

比较 Cu^{2+}、Ag^+、Zn^{2+}、Hg^{2+} 与氨水反应有什么不同。

（2）汞配合物的生成和应用

往试管中加几滴 0.1 mol/L Hg(NO₃)₂ 溶液,再滴加数滴 0.5 mol/L KI 溶液,观察 HgI₂ 沉淀的颜色。继续加入 KI 溶液,至 HgI₂ 沉淀完全溶解。在所得 K₂HgI₄ 溶液中,加入少量 6 mol/L NaOH 溶液,使呈强碱性,即得到用来检验 NH_3(或 NH_4^+)的奈斯勒试剂。

往此溶液中加入数滴 NH₄Cl 溶液,可观察到红棕色沉淀生成。写出有关反应方程式。

4. 铜、银、汞的氧化还原性

(1) Cu(Ⅱ)的氧化性

① Cu₂O 的生成和性质

取 0.5 mL 0.1 mol/L CuSO₄ 溶液,滴加过量的 6 mol/L NaOH 溶液,使起初生成的蓝色沉淀溶解成深蓝色溶液,然后在溶液中加入 1 mL 10%葡萄糖溶液,混合后微热,有黄色沉淀产生进而变成红色沉淀。离心分离并用蒸馏水洗涤沉淀,往沉淀中加入 2 mol/L H₂SO₄,观察有何变化。反应方程式如下:

$$2Cu^{2+} + 4OH^- + C_6H_{12}O_6 = Cu_2O\downarrow + 2H_2O + C_6H_{12}O_7$$
$$2Cu_2O + 4H^+ = 2Cu\downarrow + 2Cu^{2+} + 2H_2O$$

② CuI 的生成

取 0.5 mL 0.1 mol/L CuSO₄ 溶液,加数滴 0.5 mol/L KI 溶液,溶液变为棕黄色(CuI 为白色沉淀,I₂ 溶于 KI 呈黄色)。然后往试管中滴加适量 0.5 mol/L Na₂S₂O₃ 溶液,以消除 I₂ 对观察 CuI 颜色的干扰。反应方程式如下:

$$2Cu^{2+} + 4I^- = 2CuI\downarrow + I_2$$
$$I_2 + 2S_2O_3^{2-} = 2I^- + S_4O_6^{2-}$$

注意,Na₂S₂O₃ 溶液不宜加得太多,否则它与 CuI 反应生成可溶的配离子$Cu(S_2O_3)_2^{3-}$,CuI 沉淀消失。

(2) Ag(Ⅰ)的氧化性(银镜反应)

在一支干净的试管中,加入 2 mL 0.1 mol/L AgNO₃ 溶液,滴加 2 mol/L NH₃·H₂O 至生成的沉淀刚好溶解,再往溶液中加几滴 10%的葡萄糖溶液,摇匀后,将试管放在约 60 ℃的热水中静置,观察试管壁上生成银镜。反应方程式如下:

$$2Ag(NH_3)_2^+ + C_5H_{11}O_5CHO + 2OH^- = 2Ag\downarrow + C_5H_{11}O_5COO^- + NH_4^+ + 3NH_3 + H_2O$$

(3) Hg(Ⅰ)、Hg(Ⅱ)的相互转化

① Hg(Ⅱ)的氧化性

在 0.5 mL 0.1 mol/L HgCl₂ 溶液,逐滴加入 0.1 mol/L SnCl₂ 溶液,即生成白色 Hg₂Cl₂ 沉淀,继续加入过量 SnCl₂ 溶液,并搅拌,然后放置片刻,又会被还原为 Hg 单质。该反应常用于 Hg^{2+} 和 Sn^{2+} 的鉴定。

② Hg(Ⅰ)的歧化反应

在 0.5 mL 0.1 mol/L Hg₂(NO₃)₂ 溶液中,逐滴加入 2 mol/L NH₃·H₂O,振荡,观察沉淀的颜色。写出反应方程式。

在 0.5 mL 0.1 mol/L Hg₂(NO₃)₂ 溶液中,滴加适量和过量的 0.5 mol/L KI 溶液,观察现象,并与 Hg(NO₃)₂ 和 KI 的反应相对比,写出相应的反应式。

五、注意事项

(1) 汞盐有剧毒,操作必须小心慎重,切勿进入口内或与伤口接触。

（2）镉的化合物进入人体会引起中毒,因此,要严防镉的化合物进入口中。含镉废水应倒入指定的回收容器中,集中处理后方可排放。

1. 为什么向 $CuSO_4$ 溶液中加 KI 不会得到 CuI_2,而是产生 CuI 沉淀,而向 $CuSO_4$ 溶液中加 KCl 却得不到 CuCl 沉淀?

2. Cu(Ⅰ)和 Cu(Ⅱ)各自稳定存在和相互转化的条件是什么?

4.16　d 区元素——铬、锰、铁

一、实验目的

（1）掌握铬、锰、铁主要化合物的氧化还原性。
（2）掌握铬、锰、铁配合物的性质及其在离子鉴定中的应用。
（3）掌握铬、锰、铁混合离子的分离及鉴定方法。

二、实验原理

d 区元素位于长周期表中第 4、5、6 周期的中部,从ⅢB 到ⅧB 共 8 个纵行。d 区过渡元素在原子结构上的共同特点是,最后一个电子填充到 d 轨道中,而且次外层轨道尚未充满。它们的价电子构型为:$(n-1)d^{1\sim9}ns^{1\sim2}$。由于 d 区元素的电子层结构与主族元素差别较大,决定了它们和主族元素的性质差别明显。

三、实验仪器与药品

1. 仪器
试管,水浴装置,离心试管,离心机。

2. 药品
6 mol/L：H_2SO_4、NaOH,2 mol/L：NaOH、HCl、H_2SO_4、HAc,0. 5 mol/L：$K_4[Fe(CN)_6]$、KSCN,0. 1 mol/L：$CrCl_3$、$K_2Cr_2O_7$、K_2CrO_4、$AgNO_3$、$Pb(NO_3)_2$、$BaCl_2$、$FeSO_4$、$MnSO_4$、$FeCl_3$、KI、$(NH_4)_2Fe(SO_4)_2$,0. 01 mol/L $KMnO_4$,3% H_2O_2,饱和 NH_4Cl,固体：Na_2SO_3、KOH、$KClO_3$、MnO_2、$(NH_4)_2Fe(SO_4)_2$,乙醚,氯水,CCl_4,碘水。

四、实验内容

1. 铬的化合物
（1）Cr(Ⅲ)的化合物
① Cr(OH)$_3$ 的生成和两性
往两支试管中分别加 1 mL 0. 1 mol/L $CrCl_3$ 溶液,再滴加 2 mol/L NaOH 溶液,观察灰绿色氢氧化铬沉淀的生成。分别往所得的 Cr(OH)$_3$ 中滴加 2 mol/L HCl 和 2 mol/L NaOH 溶液,检测 Cr(OH)$_3$ 是否具有两性。
② Cr(Ⅲ)的还原性

在上面得到的 $Cr(OH)_4^-$（即 $CrO_2^- \cdot 2H_2O$）的溶液中加入少量 3% H_2O_2 溶液，微热以加快反应速度。如溶液的颜色由翠绿色变为黄色，说明 CrO_2^- 被氧化成 CrO_4^{2-}。写出有关反应方程式。

（2）Cr(Ⅵ)的化合物

① $Cr_2O_7^{2-}$ 和 CrO_4^{2-} 的相互转化

在 0.5 mL 0.1 mol/L $K_2Cr_2O_7$ 溶液中，滴入少许 2 mol/L NaOH，观察溶液颜色变化。然后加入 2 mol/L H_2SO_4 酸化，观察溶液颜色又有何变化？解释现象，并写出 $Cr_2O_7^{2-}$ 与 CrO_4^{2-} 之间的平衡方程式。

② 难溶性铬酸盐

在三支试管中加入 0.5 mL 0.1 mol/L K_2CrO_4 溶液，再分别加入 0.1 mol/L $AgNO_3$ 溶液、$Pb(NO_3)_2$ 溶液、$BaCl_2$ 溶液。观察产物的颜色和状态，写出反应方程式。

以 $K_2Cr_2O_7$ 溶液代替 K_2CrO_4 溶液，做同样的实验，有什么现象？试用 $Cr_2O_7^{2-}$ 与 CrO_4^{2-} 之间的平衡关系，说明实验结果，并写出反应方程式。

③ Cr(Ⅵ)的氧化性

在 0.5 mL 0.1 mol/L $K_2Cr_2O_7$ 溶液中，加入 0.5 mL 2 mol/L H_2SO_4 溶液酸化，然后把溶液分成两份：往一份溶液中加入 0.5 mL 0.1 mol/L $FeSO_4$ 溶液，往另一份溶液中加入少量 Na_2SO_3 晶体，溶液的颜色有何变化？写出反应方程式。

④ Cr(Ⅵ)的检验

在少量 0.1 mol/L $K_2Cr_2O_7$ 溶液中，加入 2 mol/L H_2SO_4 酸化，再加入少量乙醚，然后滴入 3% H_2O_2 溶液，摇匀，观察生成的过氧化铬 CrO_5 溶于乙醚呈现出蓝色。但 CrO_5 不稳定，慢慢分解，乙醚层蓝色逐渐褪去。

2. 锰的化合物

（1）$Mn(OH)_2$ 的生成和性质

在四支试管中分别加入几滴 0.1 mol/L $MnSO_4$ 溶液，把 2 mol/L NaOH 溶液在液面下缓缓滴入，观察 $Mn(OH)_2$ 沉淀的颜色。将其中一支试管振荡，使沉淀与空气接触，观察沉淀颜色的变化；另三支试管分别加 2 mol/L HCl、2 mol/L NaOH 和饱和 NH_4Cl 溶液，观察沉淀是否溶解，写出反应方程式。

（2）MnO_2 的生成和氧化性

在少量 0.01 mol/L $KMnO_4$ 溶液中，逐滴加入 0.1 mol/L $MnSO_4$ 溶液，观察棕色沉淀的生成。往沉淀中加入 6 mol/L H_2SO_4 和少量 Na_2SO_3 晶体，观察沉淀是否溶解？写出有关反应方程式。

（3）K_2MnO_4 的生成和性质

① K_2MnO_4 的制备

在干燥试管中，放一小粒 KOH 和大约等体积的 $KClO_3$ 固体，再加入少量 MnO_2 混匀后，加热至熔融。冷却后加适量水使熔块溶解，得深绿色的 K_2MnO_4 溶液。写出反应方程式。

② K_2MnO_4 的歧化反应

取少量 K_2MnO_4 溶液，滴加 2 mol/L HAc，观察溶液颜色的变化和 MnO_2 沉淀的生成。

③ K_2MnO_4 的还原性

取少量 K_2MnO_4 溶液,加入氯水并加热,观察溶液颜色的变化。

(4) $KMnO_4$ 的氧化性

取三支试管各加入 2 滴 0.01 mol/L $KMnO_4$ 溶液,再分别加入 2 滴 2 mol/L H_2SO_4、水和 6 mol/L NaOH,然后各加入少量 Na_2SO_3 晶体。观察各试管中所发生的现象,写出反应式,并说明 $KMnO_4$ 被还原的产物与介质的关系。

3. 铁的化合物

(1) $Fe(OH)_2$ 的生成和性质

在一支试管中加入 2 mL 蒸馏水和 3 滴 6 mol/L H_2SO_4,煮沸,以除尽溶于其中的空气,然后溶入少量硫酸亚铁铵晶体。在另一试管中加入 3 mL 6 mol/L NaOH 溶液,并煮沸,冷却后,用一长滴管吸取 NaOH 溶液,插入 $(NH_4)_2Fe(SO_4)_2$ 溶液底部,慢慢挤出滴管中的 NaOH 溶液(整个操作要避免将空气带进溶液中),观察产物的颜色和状态。振荡后放置一段时间,观察又有何变化?

用同样方法,再制一份 $Fe(OH)_2$,立即加入 2 mol/L HCl,观察沉淀是否溶解?写出上述过程所涉及的反应方程式。

(2) $Fe(OH)_3$ 的生成和性质

往盛有 1 mL 0.1 mol/L $FeCl_3$ 溶液的试管中滴加 2 mol/L NaOH 溶液,观察反应产物的颜色和状态。然后往试管中加 0.5 mL 2 mol/L HCl 溶液,沉淀是否溶解?再继续加入 0.5 mL CCl_4 和 1 滴 0.1 mol/L KI 溶液,观察现象,写出反应方程式。

(3) 铁的配合物

① 往盛有 1 mL 0.5 mol/L 亚铁氰化钾(六氰合铁(Ⅱ)酸钾)溶液的试管中,加入约 0.5 mL 的碘水,摇动试管后,滴入数滴 0.1 mol/L $(NH_4)_2Fe(SO_4)_2$ 溶液,观察深蓝色沉淀或溶胶(藤氏蓝)的生成(这个反应可用来鉴定 Fe^{2+})。

② 往盛有 0.1 mol/L $(NH_4)_2Fe(SO_4)_2$ 溶液的试管中加入碘水,摇动试管后,将溶液分成两份,各滴入数滴 0.5 mol/L KSCN 溶液,然后向其中一支试管中加入 0.5 mL 3% H_2O_2 溶液,观察现象,写出反应方程式。

③ 在 0.1 mol/L $FeCl_3$ 溶液中加入 0.5 mol/L $K_4[Fe(CN)_6]$ 溶液,观察深蓝色沉淀或溶胶(普鲁士蓝)的生成(这个反应可用来鉴定 Fe^{3+})。

思考题

1. CrO_2^- 被氧化为 CrO_4^{2-} 的反应须在何种介质中进行?为什么?

2. 试总结 $Cr_2O_7^{2-}$ 与 CrO_4^{2-} 相互转化的条件及它们形成相应盐的溶解性大小。

3. 哪几种氧化剂可以将 Mn^{2+} 氧化成 MnO_4^-?实验时为什么 Mn^{2+} 不能过量?

4. $Cr(OH)_3$ 和 $Mn(OH)_2$ 的酸碱性怎样?

5. $KMnO_4$ 的还原产物和介质有什么关系?

6. 在制备 $Fe(OH)_2$ 的实验中,为什么蒸馏水和 NaOH 溶液须事先经过煮沸?

7. 为什么 Fe^{3+} 能把 I^- 氧化成 I_2,而 $[Fe(CN)_6]^{3-}$ 则不能?$[Fe(CN)_6]^{4-}$ 能把 I_2 还原为 I^-,而 Fe^{2+} 则不能?试从配合物的生成对电极电势的改变来解释。

4.17 阳离子混合溶液的分析

一、实验目的

(1) 掌握氨离子、钠离子、铁离子、亚铁离子的性质,从混合体系中进行分离与鉴定。

(2) 掌握银离子、钡离子、铅离子、锌离子、镍离子、铁离子的性质,从混合体系中进行分离鉴定。

二、实验原理

常见阳离子包括了化学元素周期表中常见的金属离子,共 28 种。由于其种类多,又无特效反应可以加以分别鉴定,故对混合离子进行分析时,一般采用系统分析法,利用离子的一些共性,按照一定的顺序加入若干种试剂,将混合离子分批沉淀成若干组,再进行组内分离,直至彼此不再干扰为止。

阳离子系统分析法有许多,硫化氢系统分析法是较为完善的一组分组方案。它主要依据各离子硫化物溶解度的明显差别,加不同的组试剂,将其分成五组,然后在各组内根据它们的差异进行进一步的分离和鉴定。其分组情况见图 4-4。

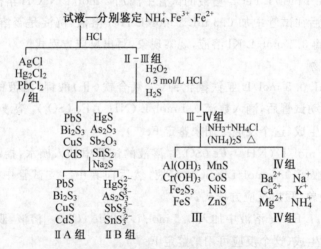

图 4-4 阳离子的分组(硫化氢系统)

硫化氢系统的一个主要缺点是硫化氢气体有毒,虽然可用硫代乙酰胺溶液来代替,但水解产生的硫化氢气体仍然会污染空气。而两酸两碱系统正是克服了硫化氢系统的这一缺点。

两酸两碱系统是指以盐酸、硫酸、氨水和氢氧化钠为组试剂的分组法。它根据离子氯化物、硫酸盐和氢氧化物溶解度的差别,将混合离子分成五组。分组情况见图 4-5。

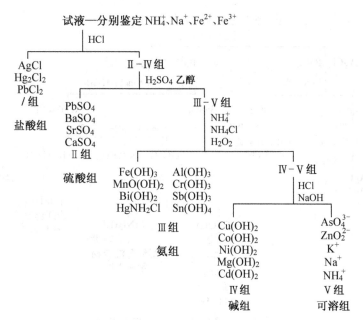

图 4-5　阳离子的分组(两酸两碱系统)

三、实验仪器与药品

1. 仪器

离心试管,离心机。

2. 药品

6 mol/L: $NH_3 \cdot H_2O$、H_2SO_4、NaOH,0.1 mol/L: K_2CrO_4、KSCN,2 mol/L HCl,0.1 mol/L Ag^+、Ba^{2+}、Pb^{2+}、Zn^{2+}、Ni^{2+}、Fe^{3+} 的混合溶液,NH_3- NH_4Cl 缓冲溶液,二苯硫腙,丁二酮肟试剂,铂丝。

四、实验内容

1. 离子分离鉴定举例

某一混合溶液中可能含有 Ag^+、Ba^{2+}、Pb^{2+}、Zn^{2+}、Ni^{2+}、Fe^{3+} 六种离子,请分离鉴定之。本试验拟用两酸两碱系统分离,其分离鉴定图见图 4-6。

在离心试管中取 0.1 mol/L Ag^+、Ba^{2+}、Pb^{2+}、Zn^{2+}、Fe^{3+} 的溶液各 4 滴,混合均匀,按以下步骤分析:

(1) 在混合试液中加入 2 mol/L HCl 8 滴,搅拌,离心沉降,再在清液中加 1 滴 HCl,证实已沉淀完全后,吸出离心液按(4)处理,沉淀按(2)处理。

(2) 在沉淀中加热水,然后加热,离心沉降,吸出离心液,加入 0.1 mol/L K_2CrO_4 溶液,若有黄色沉淀,示有 Pb^{2+} 存在,沉淀按(3)处理。

(3) 沉淀加 6 mol/L 氨水溶解,以 HNO_3 酸化,白色沉淀又重新生成,示有 Ag^+ 的存在。

(4) 取(1)所得溶液,加入 6 mol/L H_2SO_4 5 滴,搅拌,离心沉降,离心液按(5)处理,沉淀以水洗后,以铂丝蘸取,同时蘸取浓 HCl,在无色火焰上灼烧,焰色反应呈黄绿色,示有 Ba^{2+}

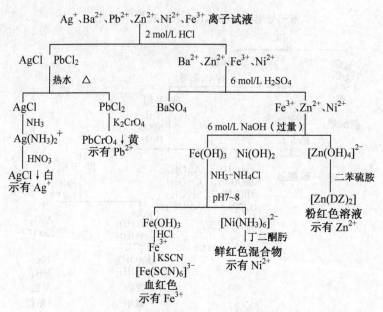

图 4-6　混合离子分离鉴定示意图

存在。

(5) 由(4)所得溶液,加入过量 6 mol/L NaOH 离心沉降,沉淀按(6)处理,在离心液中加入二苯硫腙,并在水浴上加热,若溶液呈粉红色,示有 Zn^{2+} 存在。

(6) 在(5)所得溶液中,加入 NH_3- NH_4Cl 缓冲溶液,使 pH 达 $7\sim8$,离心分离,沉淀按(7)处理,在离心液中加入丁二酮肟试剂,如有鲜红色沉淀产生,示有 Ni^{2+} 存在。

(7) 在(6)所得沉淀中,加入 2 mol/L HCl 使沉淀溶解,加入 0.1 mol/L KSCN 溶液,如溶液呈血红色,示有 Fe^{3+} 存在。

2. 离子分离与鉴定实验

有一溶液可能含有六种离子(课堂上教师指定几种离子),请自行设计方案将其分离鉴定。并画出分离示意图,写出离子反应方程式。

当溶液中含有 NH_4^+、Fe^{2+}、Fe^{3+} 时,为什么要首先分别鉴别它们?

4.18　阴离子混合溶液的分析

一、实验目的

(1) 掌握 Cl^-、Br^-、I^- 的性质,并从混合溶液中进行分离和鉴定。

(2) 掌握 S^{2-}、SO_3^{2-}、$S_2O_3^{2-}$ 的性质,并从混合溶液中进行分离和鉴定。

二、实验原理

在常见的阴离子中,有的与酸作用生成挥发性的物质,有的与试剂作用生成沉淀,也有的呈现氧化还原性质。利用这些特点,根据溶液中离子共存情况,应先通过初步试验或进行分组试验,以排除不可能存在的离子,然后鉴定可能存在的离子。

初步性质检验一般包括试液的酸碱性试验,与酸反应产生气体的试验,各种阴离子的沉淀性质、氧化还原性质。预先做初步性质检验,可以排除某些离子存在的可能性,从而简化分析步骤。初步检验包括以下内容。

1. 试液酸碱性试验

若试液呈强酸性,则易被酸分解的离子如:CO_3^{2-}、NO_2^-、$S_2O_3^{2-}$ 等不存在。

2. 是否产生气体的试验

若在试液中加入稀 H_2SO_4 或稀 HCl 溶液,有气体产生,表示可能存在 CO_3^{2-}、$S_2O_3^{2-}$、SO_3^{2-}、S^{2-}、NO_2^- 等离子。根据生成气体的颜色和气味以及生成气体具有某些特征反应,确证其含有的阴离子。

3. 氧化性阴离子的试验

在酸化的试液中加入 KI 溶液和 CCl_4,振荡后 CCl_4 层呈紫色,则有氧化性阴离子存在。

4. 还原性阴离子的试验

(1) $KMnO_4$ 试验

在酸化的试液中,加入 $KMnO_4$ 稀溶液,若紫色褪去,则可能存在 $S_2O_3^{2-}$、SO_3^{2-}、S^{2-}、NO_2^-、Br^-、I^- 等离子;若紫色不褪去,则上述离子都不存在。

(2) I_2-淀粉溶液试验

在酸化的试液中,加入 I_2-淀粉溶液,蓝色褪去,则表示存在 $S_2O_3^{2-}$、SO_3^{2-}、S^{2-} 等离子。

5. 难溶盐阴离子试验

(1) 钡组阴离子

在中性或弱碱性试液中,用 $BaCl_2$ 溶液能沉淀 SO_4^{2-}、$S_2O_3^{2-}$、SO_3^{2-}、CO_3^{2-}、PO_4^{3-} 等阴离子。

(2) 银组阴离子

用 $AgNO_3$ 溶液能沉淀 Cl^-、Br^-、I^-、$S_2O_3^{2-}$、S^{2-} 等阴离子,然后用稀 HNO_3 酸化,沉淀不溶解。

经过初步试验后,可以对试液中可能存在的阴离子作出判断,然后根据阴离子特性反应作出鉴定。

三、实验仪器与药品

1. 仪器

试管,离心试管,点滴板,离心机。

2. 药品

6 mol/L:HNO_3,1 mol/L H_2SO_4,0.1 mol/L:$K_4[Fe(CN)_6]$、$AgNO_3$、$(NH_4)_2CO_3$(12%)、$Na_2[Fe(CN)_5NO](1\%)$,饱和 $ZnSO_4$,固体:Zn 粉、$CdCO_3$,0.1 mol/L Cl^-、Br^-、I^- 混合溶液,0.1 mol/L S^{2-}、SO_3^{2-}、$S_2O_3^{2-}$ 混合溶液,CCl_4,氯水。

四、实验内容

1. Cl^-、Br^-、I^- 混合离子的分离和鉴定

试按下列分析方案对含有 Cl^-、Br^-、I^- 的混合溶液进行分离和鉴定。

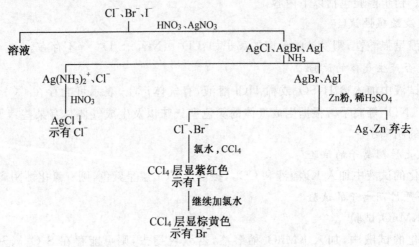

图 4 - 7 Cl^-、Br^-、I^- 分离方案示意图

（1）$AgCl$、$AgBr$、AgI 的生成

在离心试管中加入 0.5 mL 0.1 mol/L Cl^-、Br^-、I^- 的混合溶液,用 $2\sim3$ 滴 6 mol/L HNO_3 酸化,再加入 0.1 mol/L $AgNO_3$ 溶液至沉淀完全。加热使卤化银聚沉。离心分离,弃去溶液,用蒸馏水洗涤沉淀两次。

（2）Cl^- 的分离与鉴定

在卤化银沉淀上滴加 12%$(NH_4)_2CO_3$ 溶液,在水浴上加热并搅拌,离心分离(沉淀用作 Br^-、I^- 的鉴定)。在清液中加入 6 mol/L HNO_3 酸化,有白色沉淀生成,表示有 Cl^- 存在。

（3）Br^- 和 I^- 的鉴定

将上面所得沉淀用蒸馏水洗涤两次,弃去洗涤液,然后在沉淀上加 5 滴蒸馏水和少许 Zn 粉,充分搅拌,加 4 滴 1 mol/L H_2SO_4,离心分离,弃去残渣。在清液中加 10 滴 CCl_4 再逐滴加入氯水,振荡,观察 CCl_4 层颜色。CCl_4 层出现紫色示有 I^-,继续滴加氯水,CCl_4 层出现橙黄色,示有 Br^-。

2. S^{2-}、SO_3^{2-}、$S_2O_3^{2-}$ 混合离子的分离和鉴定

实验方案如下:

（1）取 10 滴混合液,加入 2 mol/L NaOH 碱化,再加 1% 亚硝酰铁氰化钠,若有特殊红紫色产生,示有 S^{2-} 存在。在混合液中加入少量 $CdCO_3$ 固体,充分搅拌,离心分离,检查清液中 S^{2-} 是否已除净。

（2）在其中一份滤液中,加入 1% 亚硝酰铁氰化钠、过量饱和 $ZnSO_4$ 溶液及 $K_4[Fe(CN)_6]$ 溶液,产生红色沉淀,示有 SO_3^{2-} 存在。

（3）在另一份滤液中,滴加过量 $AgNO_3$ 溶液,若有沉淀由白→棕→黑色变化,示有 $S_2O_3^{2-}$ 存在。

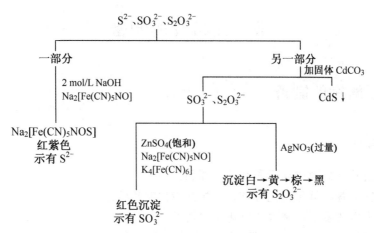

图 4-8 S^{2-}、SO_3^{2-}、$S_2O_3^{2-}$ 分离方案示意图

1. S^{2-}、SO_3^{2-}、$S_2O_3^{2-}$ 混合离子进行系统分析时,应注意什么问题?

2. 在 Br^-、I^- 混合离子溶液中加入氯水时,足量的氯最终能将 I^- 氧化成什么物质?

4.19 混合液中未知离子分离与鉴定

一、预习内容

总结元素性质,利用已掌握的理论和实践知识,进行综合练习。

二、实验内容

1. 阳离子混合溶液

(1) Ba^{2+}、Cu^{2+}、Fe^{2+}、Ni^{2+}、Cr^{3+}

(2) Mn^{2+}、Pb^{2+}、Ba^{2+}、Zn^{2+}、Bi^{3+}

(3) Pb^{2+}、Bi^{3+}、Co^{2+}、Cu^{2+}、Ag^+

2. 阴离子混合溶液

(1) SO_4^{2-}、SO_3^{2-}、Br^-、I^-

(2) $S_2O_3^{2-}$、SO_3^{2-}、S^{2-}、PO_4^{3-}

(3) SO_4^{2-}、SO_3^{2-}、S^{2-}、I^-

3. 实验要求

从以上几组混合离子中,任选一组阳离子和一组阴离子,拟定分离和鉴定方法,写出分离、鉴定方案,进行实验。在实验报告中说明操作步骤、现象,并写出主要的离子反应方程式。

Ⅳ．无机物的制备

4.20 高锰酸钾的制备

一、实验目的

(1) 了解由软锰矿制取高锰酸钾的原理和方法。
(2) 了解锰的各种氧化态化合物之间相互转化的条件。
(3) 练习由启普发生器制取二氧化碳的技术。
(4) 练习加热、浸取、过滤、蒸发、浓缩、结晶等操作。

二、实验原理

将软锰矿(主要成分为 MnO_2)和 $KClO_3$ 在碱性介质中强热可制得墨绿色 K_2MnO_4 熔体。

$$3MnO_2 + 6KOH + KClO_3 \rightleftharpoons 3K_2MnO_4 + KCl + 3H_2O$$

当降低溶液的 pH 时，MnO_4^{2-} 即发生歧化反应(只有在强碱性 pH＞14.4 溶液中才是稳定的)，得到紫红色 $KMnO_4$ 溶液。例如：在溶液中通入 CO_2 气体：

$$3K_2MnO_4 + 2CO_2 \rightleftharpoons 2KMnO_4 + MnO_2 + 2K_2CO_3$$

滤去 MnO_2 固态，溶液蒸发浓缩，就会析出 $KMnO_4$ 晶体。

三、实验用品

1. 仪器

吸滤瓶，砂芯漏斗，台秤，铁坩埚，坩埚钳，泥三角，铁搅拌棒，铁夹，量筒，蒸发皿，三角架，烧杯，喷灯，镊子，酒精灯，研钵，启普发生器。

2. 药品

$KClO_3(s)$，$KOH(s)$，$MnO_2(s，工业用)$，大理石，$HCl(6\ mol/L)$，$KOH(4\%)$。

3. 材料

pH 试纸。

四、实验内容

1. 熔融、氧化

称取 7 g $KOH(s)$ 和 5 g $KClO_3(s)$ 放入铁坩埚中，混合均匀，用铁夹将铁坩埚夹紧，固定在铁架上，小火加热，并用洁净的铁丝搅拌混合(或一手用坩埚钳夹住铁坩埚，一手用铁棒搅拌)。待混合物熔融后，边搅拌，边逐渐加入 5 g $MnO_2(s)$，即可观察到熔融物黏度逐渐增大，再不断用力搅拌，以防结块。如反应剧烈使熔融物溢出时，可将铁坩埚移离火焰。在反应快要干涸时，应不断搅拌，使呈颗粒状，以不结成大块粘在坩埚壁上为宜。待反应物干涸后，加大火焰，在仍保持翻动下强热 4~8 min，即得墨绿色的锰酸钾。

2. 浸取

待物料冷却后,取出反应物,在研钵中研细。在烧杯中用 40 mL 蒸馏水浸取,搅拌、加热使其溶解,静置片刻,倾出上层清液于另一个烧杯中。依次用 20 mL 蒸馏水、20 mL 4% KOH 溶液重复浸取。合并三次浸取液(连同熔物渣),便得墨绿色的锰酸钾溶液。

3. 锰酸钾的歧化

在浸取液中通入 CO_2 气体,使 K_2MnO_4 歧化为 $KMnO_4$ 和 MnO_2,用 pH 试纸测试溶液的 pH,当溶液的 pH 达到 10～11 之间时,即停止通 CO_2。然后把溶液加热,趁热用砂芯漏斗抽滤,滤去 MnO_2 残渣。

4. 结晶

把滤液移至蒸发皿内,用小火加热,当浓缩至液面出现微小晶体时,停止加热,冷却,即有 $KMnO_4$ 晶体析出。最后用砂芯漏斗抽滤,把 $KMnO_4$ 晶体尽可能抽干,称量。计算产率,记录晶体的颜色和形状。

五、注意事项

(1) CO_2 通得过多,溶液的 pH 会太低,则溶液中生成大量 $KHCO_3$:

$$CO_2 + 2KOH \longrightarrow K_2CO_3 + H_2O$$

$$K_2CO_3 + CO_2 + H_2O \longrightarrow 2KHCO_3$$

由于 $KHCO_3$ 的溶解度比 K_2CO_3 小得多,在溶液浓缩时,$KHCO_3$ 就会和 $KMnO_4$ 一起析出。

(2) 由于 $KMnO_4$ 溶液紫色的干扰,溶液 pH 可近似测试如下:用洁净玻璃棒蘸取溶液滴到 pH 试纸上,随着试纸上液体的层析,试纸上红棕色的边缘所显示的颜色,即反映溶液的 pH。

思考题

1. 为什么碱熔融时要用铁坩埚,而不用瓷坩埚?

2. 过滤 $KMnO_4$ 溶液,为什么要用砂芯漏斗,而不能用滤纸?

3. 往 K_2MnO_4 浸取液中通 CO_2 至溶液的 pH 达 10～11,此时 K_2MnO_4 是否歧化完全?通过计算说明。

4. 除往 K_2MnO_4 浸取液中通 CO_2 来制取 $KMnO_4$ 外,还可以用哪些其他方法?通过实验,进行比较讨论。

5. 制得的高锰酸钾晶体是否可以烘干?

4.21　硫酸亚铁铵的制备及检验

一、实验目的

(1) 了解复盐 $(NH_4)_2SO_4 \cdot FeSO_4 \cdot 6H_2O$ 的制备原理。

(2) 练习水浴加热、过滤、蒸发、结晶、干燥等基本操作。

(3) 学习 Fe^{3+} 的限量分析方法——目视比色法。

二、实验原理

$(NH_4)_2SO_4 \cdot FeSO_4 \cdot 6H_2O(M=392)$ 即莫尔盐,是一种透明、浅蓝绿色单斜晶体。由于复盐在水中的溶解度比组成中的每一个组分的溶解度都要小,因此只需要将 $FeSO_4(M=152)$ 与 $(NH_4)_2SO_4(M=132)$ 的浓溶液混合,反应后,即得莫尔盐。

$$Fe+H_2SO_4 =\!\!= FeSO_4+H_2\uparrow$$
$$FeSO_4+(NH_4)_2SO_4+6H_2O =\!\!= (NH_4)_2SO_4 \cdot FeSO_4 \cdot 6H_2O$$

三、实验用品

1. 仪器

台秤,锥形瓶,水浴锅,布氏漏斗,吸滤瓶。

2. 试剂

$(NH_4)_2SO_4(s)$,3 mol/L H_2SO_4,10% Na_2CO_3,95% 乙醇,1.0 mol/L KCNS,2.0 mol/L HCl,0.01 mg/mL Fe^{3+} 标准溶液,铁屑或还原铁粉。

四、实验步骤

1. 硫酸亚铁铵的制备

(1) 简单流程:废铁屑先用纯碱溶液煮 10 min,除去油污。

$$\boxed{\begin{array}{c}\text{Fe(2.0 g)}+20\text{ mL 3 mol/L }H_2SO_4\text{水浴加热约 30 min,}\\\text{至不再有气泡,再加 1 mL }H_2SO_4\end{array}}$$

↓ 趁热过滤

$$\boxed{\text{加入}(NH_4)_2SO_4(4.0\text{ g})\text{小火加热溶解、蒸发至表面出现晶膜,冷却结晶}}$$

↓ 减压过滤

$$\boxed{95\%\text{乙醇洗涤产品,称重,计算产率,检验产品质量}}$$

(2) 实验过程主要现象。

2. 硫酸亚铁铵的检验(Fe^{3+} 的限量分析——比色法)

(1) Fe^{3+} 标准溶液的配制

用移液管吸取 0.01 mol/L Fe^{3+} 标准溶液分别为 5.00 mL、10.00 mL 和 20.00 mL 于三支 25 mL 比色管中,各加入 2.00 mL 2.0 mol/L HCl 溶液和 0.50 mL 1.0 mol/L KCNS 溶液,用含氧较少的去离子水稀释至刻度,摇匀。得到 25.00 mL 溶液中含 Fe^{3+} 分别为 0.05 mg、0.10 mg、0.20 mg 三个级别 Fe^{3+} 的标准溶液,它们分别为 I 级、II 级和 III 级试剂中 Fe^{3+} 的最高允许含量。

(2) 试样溶液的配制

称取 1.00 g 产品于 25 mL 比色管中,加入 2.00 mL 2.0 mol/L HCl 溶液和 0.50 mL 1.0 mol/L KCNS 溶液,用含氧较少的去离子水稀释至刻度,摇匀。与标准色阶比较,确定产品级别。

(3) 实验结果:产品外观_____;产品质量_____(g);产率(%)_____;

产品等级_____。

五、注意事项

(1) 第一步反应在 150 mL 锥形瓶中进行,水浴加热时,应添加少量 H_2O,以防 $FeSO_4$ 晶体析出;补加 1 mL H_2SO_4 防止 Fe^{2+} 氧化为 Fe^{3+}。

(2) 反应过程中产生大量废气,应注意通风。

(3) 热过滤时,应先将布氏漏斗和吸滤瓶洗净并预热。

(4) 第二步反应在蒸发皿中进行,$FeSO_4$: $(NH_4)_2SO_4 = 1 : 0.75$(质量比),先小火加热至 $(NH_4)_2SO_4$ 溶解,继续小火加热蒸发,至表面有晶体析出为止,冷却结晶,减压过滤。

思考题

1. 在蒸发、浓缩过程中,若溶液变黄,是什么原因? 如何处理?

2. 产率偏高或偏低时,可能是什么原因?

4.22　工业硫酸铜的制备及含量测定

一、实验目的

(1) 掌握焙烧氧化、酸浸、过滤等实验技术。

(2) 掌握浓缩、结晶与重结晶等实验技术。

(3) 巩固硫酸铜的定量分析原理和分析技能。

二、实验原理

1. 工业硫酸铜的制备原理

先将杂铜焙烧氧化制成氧化铜,然后将所得氧化铜在加热下溶于硫酸中,再经澄清、过滤、结晶、重结晶、脱水和洗涤,即得成品。有关化学反应方程式如下:

$$2Cu + O_2 =\!=\!= 2CuO$$
$$CuO + H_2SO_4 =\!=\!= CuSO_4 + H_2O$$

2. 硫酸铜的定量分析原理

在酸性条件下,Cu^{2+} 可被 KI 还原并生成 CuI,同时定量地析出 I_2,然后以淀粉溶液为指示剂,用 $Na_2S_2O_3$ 标准溶液滴定。有关化学反应方程式如下:

$$2Cu^{2+} + 5I^- =\!=\!= 2CuI\downarrow + I_3^-$$
$$2Na_2S_2O_3 + I_3^- =\!=\!= S_4O_6^{2-} + 3I^-$$

三、仪器药品

1. 仪器

电炉,循环水真空泵,烧杯(250 mL),布氏漏斗,蒸发皿,坩埚,分析天平,容量瓶(250 mL),移液管(25 mL),锥形瓶(250 mL),碱式滴定管。

2. 药品

铜粉(铜矿石或其他含铜废料),3 mol/L H_2SO_4,$K_2Cr_2O_7$ 标准溶液(0.016 mol/L),0.1 mol/L $Na_2S_2O_3$ 溶液(称取 13 g $Na_2S_2O_3 \cdot 5H_2O$ 溶解于 500 mL 新煮沸的冷蒸馏水中,加 0.1 g Na_2CO_3,保存于棕色瓶中,一周后标定),6 mol/L HCl,100 g/L KI 溶液(使用前配制),5 g/L 淀粉溶液,100 g/L KSCN 溶液。

四、实验步骤

1. 工业硫酸铜的制备

在台秤上称取 5 g 含铜原料(质量根据铜含量而定)放入坩埚中,在电炉上加热,用玻璃棒轻轻搅动促使其氧化,使全部氧化成氧化铜,稍冷却后倾倒入盛有 60 mL 3 mol/L H_2SO_4 的烧杯中,并适当加热使氧化铜全部溶解。趁热抽滤,滤液转入蒸发皿浓缩至一半,冷却结晶得工业级硫酸铜。

2. 重结晶

将工业级硫酸铜粗产品转入烧杯中,按每克粗产品加 1.2 mL 水的比例加相应体积的蒸馏水。加热使之完全溶解,趁热过滤,滤液收集在小烧杯中,让其自然冷却,即有晶体析出(若无晶体析出,可在水浴上再加热浓缩)。完全冷却后,抽滤,洗涤,将晶体转移至干净的表面皿中,得化学试剂级硫酸铜,晾干后称量。

3. 硫酸铜的含量分析

(1) $Na_2S_2O_3$ 溶液的标定:移取 $K_2Cr_2O_7$ 标准溶液 25.00 mL 于 250 mL 碘量瓶中,加 5 mL 6 mol/L HCl,再加入 10 mL 100 g/L KI 溶液,加塞子于暗处放 5 min,然后加 100 mL 蒸馏水,用 $Na_2S_2O_3$ 溶液滴定至浅黄绿色,加淀粉溶液 2 mL,继续滴定至溶液蓝色消失并突变为绿色即为终点。平行测定三次,计算 $Na_2S_2O_3$ 溶液浓度。

(2) 硫酸铜的含量分析:准确称取产品 $CuSO_4 \cdot 5H_2O$ 0.5~0.6 g,置于 250 mL 锥形瓶中,加 5 mL 1 mol/L H_2SO_4 和 60 mL 水使其溶解,再加入 10 mL 100 g/L KI 溶液,立即用 $Na_2S_2O_3$ 溶液滴定至浅黄色,加淀粉溶液 2 mL,继续滴定至溶液呈浅蓝色,再加入 10 mL 100 g/L KSCN,溶液蓝色转深,再继续滴定至蓝色消失即为终点,平行测定三次,计算 $CuSO_4 \cdot 5H_2O$ 中 Cu 的含量。

五、注意事项

(1) 加热氧化铜原料时的温度不能太高,因为大于 450 ℃ CuO 会分解成 Cu_2O。

(2) 若试样中含有 Fe^{3+},则要加入 NH_4HF_2 络合掩蔽,同时也起到调节溶液的 pH = 3~4 的作用,因为间接碘量法测定必须在中性或弱酸性条件下进行。

六、硫酸铜性状、用途与标准

1. 性状

蓝色晶体,无臭。相对分子量 249.68,密度 2.284 g/cm^3,溶于水及稀的乙酸,水溶液具有弱酸性,在干燥空气中慢慢风化,其表面变为白色粉状物,加热至 110 ℃时,失去四个结晶水,高于 150 ℃形成白色易吸水的无水硫酸铜。

2. 用途

用作纺织品媒染剂、农业杀虫剂、水的杀菌剂、饲料添加剂、化学工业中用于制备其他铜盐,并用于镀铜。

3. 标准

表 4 - 13 国家标准:工业级 GB437 - 80

指标名称	一级品	二级品
硫酸铜($CuSO_4 \cdot 5H_2O$)含量/% ≥	96.0	93.0
水不溶物含量/% ≤	0.2	0.4
游离硫酸含量/% ≤	0.1	0.2

思考题

1. 制备和提纯胆矾实验中,加热浓缩溶液时,可否将溶液蒸发干?为什么?

2. 碘量法测定 Cu 时,淀粉指示剂为什么要在滴定临近终点时加入?

3. 为什么要加入 KSCN?为什么又不能过早加入?

4. 标定 $Na_2S_2O_3$ 溶液时,为什么在加入 KI 后于暗处放 5 min,然后为什么又要加 100 mL 蒸馏水稀释后再滴定?

5. 影响碘量法测定 Cu 含量准确度的因素有哪些?

4.23 从实验废料制备铬黄颜料

一、实验目的

(1)培养学生环境保护责任感和资源循环利用的科学发展观。

(2)要求学生自己检索资料、设计方案(包括原理、实验步骤、所用仪器、试剂、材料等),互相讨论,教师审阅后,独立完成该实验,制出产品、分析结果,写出实验报告。

(3)通过以上过程,巩固所学的基本操作、实验方法、技能技巧等实验知识,从而培养学生的创新能力、科学研究方法等综合素质。

二、实验原理

铬是第一类污染物,总铬的排放浓度为 $1.0\ mg/L$,六价铬为 $0.5\ mg/L$(GB8987—88)。六价铬易导致肺癌、鼻咽癌等癌症,对人体的健康有极大的危害。

无机化学实验中有多种形态的含铬废物的产生,主要来源于以下化学反应:

$$CrO_7^{2-} + 3SO_3^{2-} + 8H^+ === 2Cr^{3+} + 3SO_4^{2-} + 4H_2O$$

$$CrO_7^{2-} + H_2O === 2CrO_4^{2-} + 2H^+$$

$$Cr^{3+} + 3OH^- === Cr(OH)_3(s)$$

$$Cr(OH)_3 + 3H^+ === Cr^{3+} + 3H_2O$$

$$Cr(OH)_3(s) + OH^- === CrO_2^- + 2H_2O$$

$$2CrO_2^- + 2OH^- + 3H_2O_2 === 2CrO_4^{2-} + 4H_2O$$

$$2Ag^+ + CrO_4^{2-} \longrightarrow Ag_2CrO_4(s)$$
$$Pb^{2+} + CrO_4^{2-} \longrightarrow PbCrO_4(s)$$

通过处理以上废弃物,使之生成难溶的黄色铬酸铅沉淀,按照颜料的要求,加工成铬黄颜料,同时使二次废水达到排放要求。

三、仪器和药品

1. 仪器

GBC932AA 型原子吸收分光光度计,766-3 型远红外快速干燥箱,4 号玻璃砂芯漏斗,吸滤装置,干燥器,坩埚钳,移液管(25 mL),滴定管(50 mL)。

2. 药品

硫酸亚铁铵标准溶液(0.05 mol/L,由准备室标定),二苯胺磺酸钠(0.2% 水溶液),NaOH(6 mol/L),HAc(6 mol/L),HNO$_3$(6 mol/L),Pb(NO$_3$)$_2$(0.03 mol/L),H$_2$O$_2$(3%),Na$_2$S(0.1 mol/L),NaCl(0.1 mol/L)。

四、实验内容

1. 分析测试废物中的铬含量——硫酸亚铁铵容量法

实验回收的废物由废液和废渣组成。首先离心分离,然后对废液和废渣中的铬分别处理。

(1) 废液中铬的处理。废液中既含有三价铬,也含有六价铬,必须把三价铬转化成六价铬。

用移液管移取 25 mL 废液,例入 150 mL 烧杯中,逐滴加入 6 mol/L NaOH,使溶液刚产生混浊,再过量 20～25 滴,直至澄清。逐滴加入 15 mL 3% H$_2$O$_2$ 溶液,盖上表面器,小心加热防暴沸,当溶液变为亮黄色时,再煮沸 15～20 min,务必赶尽剩余的 H$_2$O$_2$,按以上操作处理其余的废液得溶液 A,备用。

(2) 废渣的处理。将废渣用尽量少的 6 mol/L HNO$_3$ 溶液,加热至 70～80 ℃,滴加 0.1 mol/L NaCl 至 Ag$^+$ 沉淀完全,趁热用布氏漏斗过滤。滤渣得 AgCl,用于回收银,同时得滤液 B。

(3) 合并溶液 A 和滤液 B,得混合液 C。

2. 铬黄颜料的制备

(1) 铬黄颜料的晶型要求

铬酸铅只有以一定的晶型沉淀出来,才具有颜料的性能。在制备过程中,稳定晶型,控制晶体粒度,降低酸溶性铅含量,是铬黄颜料生产工艺的三大关键。铬黄在沉淀过程中最初形成的是斜方晶体,由于温度的升高和系统中维持铬酸根离子的过剩而转化为所需的单斜晶体,只有这种晶型才会使铬黄呈现浅红相黄色。

(2) 混合液 C 中铬含量的测定(由实验准备室测定)

混合液 C 中铬含量的测定,用硫酸亚铁铵容量法,以二苯胺磺酸钠为指示剂,滴定至试液变紫色为终点,计算出铬含量。

(3) 制备

调整铬酸溶液浓度为 0.03 mol/L。用移液管取试液 50 mL 于小烧杯中,逐滴加入

6 mol/L HAc 溶液,使试液从亮黄色转变为橙色,再多加 7～8 滴。在沸腾情况下,逐滴加入 50 mL 0.03 mol/L Pb(NO₃)₂ 溶液。检验沉淀完全,并多加几滴 Pb(NO₃)₂,继续微沸 5 min。

先用倾泻法过滤,沉淀用热水洗涤数次,然后转移到玻璃砂芯漏斗中,抽干后,将玻璃砂芯漏斗放入 120 ℃烘箱中干燥 1 h,转移入干燥器中冷却后称重。玻璃砂芯漏斗,应予先洗净放入 120 ℃烘箱烘干 1 h,放入干燥器中冷却后,然后用分析天平称重。计算产率并分析讨论。

五、注意事项

(1) Pb(NO₃)₂溶液加入的速度开始要慢一些,始终保持反应在微沸状态,否则会使 PbCrO₄ 沉淀颗粒太小而穿过玻璃砂芯造成实验失败。

(2) 最后的废水用 GBC932AA 型原子吸收光光度计测定铅,符合排放标准后排放,若不符合标准,向滤液中加 0.1 mol/L Na₂S 溶液使铅沉淀完全后排放。

1. 本实验的主要意义何在?
2. 在什么条件下,使 Cr(Ⅲ)离子氧化成 Cr(Ⅵ)铬酸盐?
3. 为什么必须将剩余的氧化剂 H₂O₂全部赶尽?
4. 制备铬黄颜料的三个关键工艺条件是什么?

4.24 离子交换法制取碳酸氢钠

一、实验目的

(1) 了解离子交换法制取碳酸氢钠的原理。
(2) 巩固离子交换操作方法。

二、实验原理

离子交换法制取碳酸氢钠的主要过程是:先将碳酸氢铵溶液通过钠型阳离子交换树脂,转变为碳酸氢钠溶液,然后将碳酸氢钠溶液浓缩,结晶,干燥为晶体碳酸氢钠。

本实验使用的 001×7 树脂是聚苯乙烯磺酸型强酸性阳离子交换树脂。经预处理和转型后,树脂从氢型完全转变为钠型。这种钠型树脂可表示为 R—SO₃Na。交换基团上的 Na⁺ 可与溶液中的阳离子进行交换。当碳酸氢铵溶液流经树脂时,发生下列交换反应:

$$R—SO_3Na + NH_4HCO_3 \Longrightarrow R—SO_3NH_4 + NaHCO_3$$

离子交换反应是可逆反应,可以通过控制流速、溶液浓度和体积等因素使反应按所需要的方向进行,从而达到最佳交换的目的。本实验用少量较稀的碳酸氢铵溶液以较慢的流速进行交换反应。

三、实验用品

1. 仪器

交换柱(或 50 mL 碱式滴定管),烧杯(100 mL),点滴板,量筒(10 mL),锥形瓶,移液管。

2. 药品

HCl(0.1 mol/L、2.0 mol/L、浓),NaOH(2.0 mol/L),Ba(OH)$_2$(饱和),NaCl(3.0 mol/L,10%),NH$_4$HCO$_3$(1.0 mol/L),AgNO$_3$(0.1 mol/L),甲基橙(1%),奈斯勒试剂。

3. 材料

001×7(732)阳离子交换树脂,铂丝(或镍铬丝),pH 试纸。

四、实验步骤

1. 制取碳酸氢钠溶液

(1) 树脂预处理

将转型后的 001×7 阳离子交换树脂放入大烧杯中,先用 10% NaCl 溶液浸泡 24 h,再用去离子水洗涤树脂,直到溶液中不含 Cl$^-$(用 AgNO$_3$ 溶液检验)。并用去离子水浸泡,待用(由实验教师课前完成)。

(2) 装柱

用玻璃管吸取上述预处理过的阳离子交换树脂,放入 10 mL 量筒中,将树脂层墩实,取树脂约 10 mL。

取一支交换柱(ϕ1.5 cm×30 cm)或 50 mL 碱式滴定管,在下端接一段橡皮管,与尖嘴玻璃管相连,橡皮管用螺旋夹夹住,将交换柱固定在铁架台上。在柱中注入少量去离子水,排出橡皮管和尖嘴中的空气,将预处理过的 001×7 阳离子交换树脂,随水一起从上端逐渐倾入交换柱中(若交换柱口小可用短颈漏斗),树脂沿水下沉,这样不致带入空气。若水过满,可松开螺旋夹放掉部分水,当上部残留的水达 1～2 cm 时,在顶部装入一小团玻璃纤维或脱脂棉,防止注入溶液时将树脂冲起。

在整个操作过程中,一直要保持树脂层被水覆盖。如果树脂床中进入空气,会产生缝隙,形成偏流使交换效率降低,若出现这种情况,应将螺旋夹旋紧,挤压橡皮管,排出橡皮管和尖嘴中的空气,并将柱内气泡排出。

(3) 调节流速

将 10 mL 去离子水慢慢注入交换柱中,调节螺旋夹,控制流速为 25～30 滴/min,不宜太快。用 10 mL 量筒承接流出的水。

(4) 交换

用量筒量取 1.0 mol/L NH$_4$HCO$_3$ 溶液 10.0 mL,当交换柱中水面下降到高出树脂层约 1 cm 时,将 NH$_4$HCO$_3$ 加入交换柱中,用小烧杯接收流出液。

开始交换时,不断用 pH 试纸检查流出液,当其 pH 稍大于 7 时,换用 10 mL 量筒承接流出液(此前所收集的流出液基本上是水,可弃去不用)。用 pH 试纸检查流出液,当 pH 接近 7 时,可停止交换。记下所收集的流出液体积 V(NaHCO$_3$)。流出液留作定性检验和定量分析用。

（5）洗涤

当柱内液面下降到高出树脂约 1 cm 时，用去离子水洗涤交换柱内的树脂，以 30 滴/min 左右的流速进行洗涤，直到流出液的 pH 为 7。

这样的树脂仍有一定的交换能力，可重复进行上述交换操作 1～2 次。树脂经再生后可反复使用。因此交换树脂始终要浸泡在去离子水中，以防干裂、失效。在交换过程中要防止空气进入柱内（为什么？）。

2. 定性检验

通过定性实验检验上柱液和流出液，以确定流出液的主要成分。

分别取 1.0 mol/L NH_4HCO_3 和流出液进行以下项目的检验：

（1）用奈斯勒试剂检验 NH_4^+；

（2）用铂丝作焰色反应检验 Na^+；

（3）用 2.0 mol/L HCl 溶液和饱和 $Ba(OH)_2$ 溶液检验 HCO_3^-；

（4）用 pH 试纸检验溶液的 pH。

将检验结果填入表 4-14。

表 4-14

检验项目样品	NH_4^+	Na^+	HCO_3^-	实测 pH	计算 pH
NH_4HCO_3 溶液					
流出液					

结论：流出液中有 _____。

3. 定量分析[*]

用酸碱滴定法测定 $NaHCO_3$ 溶液的浓度，并计算 $NaHCO_3$ 的收率。

4. 树脂的再生

交换达到饱和后的离子交换树脂，不再具有交换能力。可先用去离子水洗涤树脂到流出液中无 NH_4^+ 和 HCO_3^- 为止。再用 3.0 mol/L NaCl 溶液以 30 滴/min 的流速流经树脂，直到流出液中无 NH_4^+ 为止，以使树脂恢复到原来的交换能力，这个过程被称为树脂的再生。再生时，树脂发生了交换反应的逆反应：

$$R—SO_3NH_4 + NaCl \Longrightarrow R—SO_3Na + NH_4Cl$$

可以看出，树脂再生时可以得到 NH_4Cl 溶液。

再生后的树脂要用去离子水洗至无 Cl^-，并浸泡在去离子水中，留作以后实验使用。

附注　树脂的预处理、装柱和转型的方法

（1）预处理

取 732 型阳离子交换树脂 20 g 放入 100 mL 烧杯中，先用 50 mL 10% NaCl 溶液浸泡 24 h，再用去离子水洗 2～3 次。

（2）装柱

用一支 50 mL 碱式滴定管作为交换柱，在柱内的下部放一小团玻璃纤维，柱的下端通过橡皮管与一尖嘴玻璃管连接，橡皮管用螺旋夹夹住，将交换柱固定在铁架台上（见图 4-9）。在柱中充入少量去离子水，排

出管内底部的玻璃纤维中和尖嘴玻璃管中的空气。然后将已经用 10% NaCl
溶液浸泡过的树脂和水搅匀,从上端慢慢注入柱中,树脂随水下沉,当其全部
倒入后可高达 20~30 cm。保持水面高出树脂 2~3 cm,在树脂顶部也装上一
小团玻璃纤维,以防止注入溶液时将树脂冲起。整个操作过程要保持树脂被
水覆盖。如果树脂层中进入空气,会使交换效率降低,若出现这种情况,就要
重新装柱。

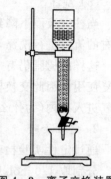

离子交换柱装好以后,用 50 mL 2.0 mol/L HCl 溶液以 30~40 滴/min 的
流速流过树脂,当流出液达到 15~20 mL 时,旋紧螺旋夹,用余下的 2.0 mol/L
HCl 浸泡树脂 3~4 h。再用去离子水洗至流出液的 pH 为 7。最后用 50 mL
2.0 mol/L NaOH 溶液代替 2.0 mol/L HCl 溶液,重复上述操作,用去离子水
洗至流出液的 pH 为 7,并用去离子水浸泡,待用。

图 4-9　离子交换装置示意图

(3) 转型

在先后用 2.0 mol/L HCl 溶液和 2.0 mol/L NaOH 溶液处理过的钠型阳离子交换树脂中,还可能混有
少量氢型树脂,它的存在将使交换后流出液中的 $NaHCO_3$ 溶液的浓度降低,因此,必须把氢型进一步转换
为钠型。

用 50 mL 10% NaCl 以 30 滴/min 的流速流过树脂,然后用去离子水以 50~60 滴/min 的流速洗涤树
脂,直到流出液中不含 Cl^-(用 0.1 mol/L $AgNO_3$ 溶液检验 Cl^-)。

以上工作必须在实验课前完成。

4.25　碘酸铜的制备及其溶度积的测定

一、目的与要求

(1) 通过制备碘酸铜,进一步掌握无机化合物制备的某些操作。
(2) 测定碘酸铜的溶度积,加深对溶度积概念的理解。
(3) 学习使用分光光度计。
(4) 学习吸收曲线和工作曲线的绘制。

二、实验原理

将硫酸铜溶液和碘酸钾溶液在一定温度下混合,反应后得碘酸铜沉淀,其反应方程式如下:

$$Cu^{2+} + 2IO_3^- \Longrightarrow Cu(IO_3)_2 \downarrow$$

在碘酸铜饱和溶液中,存在以下溶解平衡:

$$Cu(IO_3)_2 \Longrightarrow Cu^{2+} + 2IO_3^-$$

在一定温度下,难溶性强电解质碘酸铜的饱和溶液中,有关离子的浓度(确切地说应是
活度)的乘积是一个常数。

$$K_{sp} = [Cu^{2+}][IO_3^-]^2$$

K_{sp} 被称为溶度积常数,$[Cu^{2+}]$ 和 $[IO_3^-]$ 分别为溶解-沉淀平衡时 Cu^{2+} 和 IO_3^- 的浓度
(mol/L)。温度恒定时,K_{sp} 的数值与 Cu^{2+} 和 IO_3^- 的浓度无关。

取少量新制备的 $Cu(IO_3)_2$ 固体,将它溶于一定体积的水中,达到平衡后,分离去沉淀,
测定溶液中 Cu^{2+} 和 IO_3^- 的浓度,就可以算出实验温度时的 K_{sp} 值。本实验采取分光光度法

测定 Cu^{2+} 的浓度。测定出 Cu^{2+} 的浓度后,即可求出碘酸铜的 K_{sp}。

用分光光度法时,可先绘制工作曲线然后得出 Cu^{2+} 浓度,或者利用具有数据处理功能的分光光度计,直接得出 Cu^{2+} 的浓度值。

三、实验内容

1. 碘酸铜的制备

用烧杯分别称取 1.3 g 五水硫酸铜($CuSO_4 \cdot 5H_2O$),2.1 g 碘酸钾(KIO_3),加蒸馏水并稍加热,使它们完全溶解(如何决定水量?)。将两溶液混合,加热并不断搅拌以免暴沸,约 20 min 后停止加热(如何判断反应是否完全?)。静置至室温后弃去上层清液,用倾析法将所得碘酸铜洗净,以洗涤液中检查不到 SO_4^{2-} 为标志(大约需洗 5~6 次,每次可用蒸馏水 10 mL)。记录产品的外形、颜色及观察到的现象,最后进行减压过滤,将碘酸铜沉淀抽干后烘干,计算产率。

2. 绘制 $[Cu(NH_3)_4]^{2+}$ 的吸收曲线,确定最大吸收波长(λ_{max})

取 0.1 mol/L $CuSO_4$ 溶液 2 mL,滴加 6 mol/L 的氨水至所产生的沉淀完全溶解后,再加 2 mL 的氨水,然后用蒸馏水稀释至 50 mL,摇匀。以蒸馏水作参比溶液,用 2 cm 的比色池从波长 420 nm 起,每隔 10 nm 测一次吸光度,在峰值附近,5 nm 测一次。以吸光度为纵坐标,波长为横坐标作吸收曲线,从曲线上标出 $[Cu(NH_3)_4]^{2+}$ 的最大吸收波长。

3. K_{sp} 的测定

(1) 配制含不同浓度 Cu^{2+} 和 IO_3^- 的碘酸铜饱和溶液

取三个干燥的小烧杯并编好号,均加入少量(黄豆般大)自制的碘酸铜和 19.00 mL 蒸馏水(应该用什么仪器量水?),然后用吸量管按表 4-15 加入一定量的硫酸铜和硫酸钾溶液,硫酸钾的作用是调整离子强度,使溶液的总体积为 20.00 mL。不断地搅拌上述混合液约 15 min,以保证配得碘酸铜饱和溶液。静置,待溶液澄清后,用致密定量滤纸、干燥漏斗常压过滤(滤纸不要用水润湿),滤液用编号的干燥小烧杯收集,沉淀不要转移到滤纸上。

表 4-15

烧杯(或容量瓶编号)	1	2	3
0.16 mol/L $CuSO_4$ 溶液的体积(mL)	0.00	0.50	1.00
0.16 mol/L K_2SO_4 溶液的体积(mL)	1.00	0.50	0.00
所加 Cu^{2+} 的浓度 a($\times 10^{-3}$ mol/L)(烧杯中)	0.00	4.00	8.00
吸光度 A			
容量瓶中 Cu^{2+} 的浓度 c($\times 10^{-3}$ mol/L)			
Cu^{2+} 的平衡浓度 $b=5c$($\times 10^{-3}$ mol/L)			
IO_3^- 的平衡浓度 $2(b-a)$($\times 10^{-3}$ mol/L)			
$K_{sp}=[Cu^{2+}][IO_3^-]^2=b[2(b-a)]^2$			
K_{sp}			

(2) 用分光光度法测定 Cu^{2+} 的浓度

① 方法一:工作曲线法

（a）绘制工作曲线：用吸量管分别吸取 0.20 mL、0.40 mL、0.60 mL、0.80 mL、1.0 mL、1.2 mL 0.16 mol/L 硫酸铜溶液于有标记的 6 个 50 mL 容量瓶中，分别加入 6 mol/L 氨水 4.0 mL，用蒸馏水稀释至刻度后摇匀。以蒸馏水作参比液，选用 2 cm 比色池，在上述实验所确定的最大吸收波长下测定它们的吸光度，将有关数据记入表 4-16，以吸光度为纵坐标，相应的 Cu^{2+} 浓度为横坐标，绘制工作曲线。

表 4-16

容量瓶编号	1	2	3	4	5	6
0.16 mol/L $CuSO_4$ 溶液的体积(mL)						
6 mol/L 氨水的体积(mL)			4.0			
吸光度 A						
容量瓶中 Cu^{2+} 的浓度($\times 10^{-3}$ mol/L)						

（b）碘酸铜饱和溶液中 Cu^{2+} 的浓度测定：取按表 4-15 准备好的饱和碘酸铜滤液各 10.00 mL 于 3 个编号的 50 mL 容量瓶中，加入 6 mol/L 氨水 4 mL，用蒸馏水稀释至刻度后摇匀。用 2 cm 比色池在上述波长下，用蒸馏水作参比液测量其吸光度，从工作曲线上查出各容量瓶中 Cu^{2+} 的浓度 c，将有关数据记入表 4-15，并计算 K_{sp}。

② 方法二：浓度直接测定法

（a）标准铜氨溶液的配制：按方法一（a），在三个 50 mL 容量瓶中，分别取按表 4-16 编号为 1、3、5 的 0.16 mol/L 硫酸铜溶液和 6 mol/L 氨水用量配制标 1 号、标 3 号、标 5 号三份标准铜氨溶液。其浓度分别为：64.00×10^{-5} mol/L、192.0×10^{-5} mol/L、320.0×10^{-5} mol/L。

（b）配制待测 Cu^{2+} 浓度的样品液：按方法一（b），在三个编号为 1、2、3 的 50 mL 容量瓶中，分别取按表 4-15 准备好的饱和碘酸铜滤液各 10.00 mL 和加入 6 mol/L 氨水 4 mL，用蒸馏水稀释至刻度，摇匀备用。

（c）测定：用 VIS-7220 型可见分光光度计，1 cm 比色池，在最大吸收波长条件下，用蒸馏水作参比液，将配制好的标准铜氨溶液放入光路，建立曲线（详见 VIS-7220 型分光光度计操作规程），按"置加数"或"置减数"键，使显示器显示标样浓度。将待测样品液放入光路，即可读出被测液的浓度值 c，由此计算 K_{sp}。

四、注意事项

$Cu(IO_3)_2$ 沉淀速度较慢，不宜用加热的方法配制其饱和溶液。

思考题

1. 为什么要将所制得的碘酸铜洗净？
2. 如果配制的碘酸铜溶液不饱和或过滤时碘酸铜透过滤纸，对实验结果有何影响？
3. 配制含不同浓度 Cu^{2+} 的碘酸铜饱和溶液时，为什么要使用干烧杯并要知道溶液准确体积？
4. 过滤碘酸铜饱和溶液时，所使用的漏斗、滤纸、烧杯等是否均要干燥？
5. 为什么用含不同 Cu^{2+} 浓度的溶液测定碘酸铜的 K_{sp}？
6. 如何判断硫酸铜与碘酸钾的反应基本完全？

7. 为什么配制$[Cu(NH_3)_4]^{2+}$溶液时,所加氨水的浓度要相同?

4.26　离子交换法制取仲钨酸铵

一、实验目的

(1) 掌握离子交换的一般原理及离子交换法制取仲钨酸铵的基本原理。

(2) 掌握离子交换的实验室装置及操作。

(3) 掌握交换率、交换容量的概念及其计算。

二、实验原理

仲钨酸铵是钨冶金生产中的重要中间产品,是钨制品深度加工的重要原料。仲钨酸铵的纯度大大地影响各种钨制品的纯度和质量。

仲钨酸铵的生产方法有经典法、萃取法、离子交换法等。经典法的缺点是:工艺流程长而复杂,材料消耗大,生产周期长,钨的损耗大,成本高,效率低等。为了克服这些缺点,自20世纪50年代以来国际上发展了有机试剂萃取法和离子交换法;国内也开始进行研究并已用于工业生产实践。如我国中外合资企业东南钨公司仲钨酸铵生产工艺中就采用离子交换法。

我国有的钨厂采用717♯(或201×7)强碱性阴离子交换树脂,它是带有季胺基的苯乙烯和二乙烯苯的共聚体。其优点是能除去大部分的磷、砷和硅,所以钨精矿分解所得的粗钨酸钠不需经过除杂质即可进行离子交换,解吸所得到的钨酸铵可以制成化学纯或高纯三氧化钨或仲钨酸铵(简称APT)。有的钨厂则采用W-A新型树脂。两种树脂虽同属强碱性阴离子交换树脂,但前者属凝胶型树脂而后者属大孔型树脂,在除杂效果相同情况下,后者交换容量大。当前国内采用717♯型树脂的钨冶炼厂,原液含WO_3一般仅15~20 g/L,树脂交换容量大约为250 mg/g 干树脂。而 W-A 型树脂,原液含WO_3浓度可达30 g/L 以上,树脂交换容量可达350~400 mg/g 干树脂。可见,交换柱生产能力一般可提高50%以上。生产实践证明 W-A 型树脂除磷、砷、硅效果甚佳,但除铜效果不明显。几种树脂主要性能的比较如表4-17所示。

表 4-17　几种树脂主要性能比较

树脂名称	结构特征	色泽	湿视比重 (g/mL)	含水率(%)	孔隙率	交换容量 (mg/g 干树脂)
717	凝胶型强碱性	淡黄	0.65~0.75	40~50	0.4	3~3.5
201×7	阴离子交换树脂	金黄				
W-A	大孔型强碱性 阴离子交换树脂	淡黄	0.7~0.75	~50	0.4	3.8~4.0
W-C	大孔型弱碱性 阴离子交换树脂	乳白	0.8~0.9	~60	0.4	6.0~6.5

两种树脂的容量及除杂效果的比较如表4-18所示

表 4-18　两种树脂的容量及除杂效果的比较

树脂名称	饱和容量（mg/g 干树脂）	穿透容量（mg/g 干树脂）	除杂效果（%）		
			P	As	Si
W-A	483.38	337.50	88.24	98.28	94.30
717	338.48	168.75	81.47	98.28	94.80

钨的离子交换基本上是一个复分解反应，也可看成是吸附与解吸的一种物理化学过程。在离子交换料液——钨酸钠溶液中，钨以 WO_4^{2-} 形式存在。主要的阴离子杂质则呈 $HASO_4^{2-}$、HPO_4^{2-}、SiO_3^{2-}、MoO_4^{2-}、SO_4^{2-} 等形式存在，交换反应一般可写成：

$$2R_4NCl + WO_4^{2-} \longrightarrow (R_4N)_2WO_4 + 2Cl^-$$

式中：R 代表有机基团。

在碱性溶液中，离子相对亲合势的规律是：① 按照离子价的高低，二价比单价大，也就是说离子的电荷越多，亲合势越强；② 价数相同的离子亲合势与水合离子半径成反比。在给定的功能团里随着相对原子量的增加，水合离子的半径减小，因此，亲合势逐渐增加。

717# 树脂对钨及几种主要离子的亲合势有如下次序：

$$WO_4^{2-} > MoO_4^{2-} > HASO_4^{2-} > HPO_4^{2-} > HSO_4^{2-} > SiO_3^{-2} > SO_4^{2-} > Cl^- > F^-$$

WO_4^{2-} 的亲合势大于 Cl^- 的亲合势，故 WO_4^{2-} 能够将树脂上的 Cl^- 置换下来而被吸附。一些杂质均可被交换树脂所吸附，但是，根据 WO_4^{2-} 与杂质的亲合势大小的差别可以分离出来。

由于强碱性阴离子交换树脂的吸附反应速度相当快（只对内扩散而言），被吸附的离子总是先在吸附柱中由上至下逐步被交换树脂吸附所饱和。WO_4^{2-} 的亲合力大于其他杂质的亲合力，因而首先置换交换树脂上的 Cl^- 而被吸附，其他杂质则随后相继被吸附到树脂上。当继续流入交换柱中的 WO_4^{2-} 进行吸附时，则被吸附的杂质又被 WO_4^{2-} 所置换而达到 WO_4^{2-} 与杂质分离的目的。

解吸反应如下：

$$(R_4N)_2WO_4 + 2NH_4Cl \longrightarrow 2R_4NCl + (NH_4)_2WO_4$$

解吸实际上是 WO_4^{2-} 吸附的逆反应，也可看成单价离子对多价离子的置换过程。在实践中解吸剂要有足够的浓度和一定的过量，才能使 WO_4^{2-} 解吸完全。可用 NH_4Cl 和 $NH_3 \cdot H_2O$ 的混合液作解吸剂。加 $NH_3 \cdot H_2O$ 的目的是控制解吸出来成为 $(NH_4)_2WO_4$ 溶液中的游离氨。

钨酸铵溶液是不稳定的，将其放置、蒸发或用酸中和时可转变成为仲钨酸铵。酸中和反应为

$$12(NH_4)_2WO_4 + 14HCl + 4H_2O === 5(NH_4)_2O \cdot 12WO_3 \cdot 11H_2O + 14NH_4Cl$$

中和所得结晶呈细小针状，只有在 55 ℃以下形成，蒸发所得结晶呈片状，分子式为 $5(NH_4)_2O \cdot 12WO_3 \cdot 7H_2O$。由于密度不同，两者分别称为"轻质"和"重质"仲钨酸铵。

三、设备与试料

1. 设备

有机玻璃离子交换柱 1 套，烧杯，集液瓶，容量瓶，量筒，pH 试纸，滤纸，布氏漏斗，过滤

瓶,真空泵,瓷蒸发皿,电烘箱,天平。

2. 试料

经实验室预处理过的 717# 树脂或 W - A 树脂,粗 Na_2WO_4 溶液,淋洗剂（4 mol/L NH_4Cl＋1.5 mol/L NH_4OH 混合液）,锌粒,饱和硝酸银溶液,2％硝酸铵溶液,2 mol/L 盐酸。

四、实验步骤

1. 设定离子交换与中和结晶的技术条件

离子交换技术条件:柱比 $h：d＝6：1$,离子交换线速度 4 cm/min;洗钨、洗氯线速度 5 cm/min;淋洗钨线速度 2 cm/min。

中和结晶技术条件:温度 70 ℃;终点 pH:6.7～7.0;洗涤剂:2％ NH_4NO_3。

2. 装柱

按柱比要求,计算出实验所需树脂量。在柱内注入三分之一左右的纯水,在柱的顶端放一漏斗,用量筒量取所需要的树脂慢慢地装入交换柱中。装好之后,树脂中应无气泡,树脂层上面水柱高约 2 cm,在实验过程中都应保持这个高度,安装固定好交换柱。

3. 离子交换操作

用纯水按实验拟定的线速度调整好流速,然后在该流速条件下供入试料液到钨穿漏时（用锌还原法检查交换流出液出现微蓝色为准）,立即停止供入试料液。搅匀并记录好交换后料液的体积,并分析测定其 WO_3 含量。

4. 洗涤钨

用纯水按所拟定的线速度洗涤交换柱中残留的钨酸钠溶液直至洗钨液中无钨（用锌还原法检查流出液无蓝色为准）时停止洗涤,搅匀并记录洗钨液的体积、分析测定其 WO_3 含量。

5. 淋洗钨

用 4 mol/L NH_4Cl＋1.5 mol/L NH_4OH 的淋洗剂混合液按所拟定的线速度淋洗树脂所吸附的钨。记录钨穿漏时的体积,继续洗涤至无钨时为止。将含 WO_3 高的淋洗液转入 500 mL 烧杯中留作中和结晶用。

6. 洗氯

用纯水按所选定的线速度淋洗洗涤交换柱中残留的氯离子,洗至中性或用饱和 $AgNO_3$ 溶液检查流出液无白色沉淀为止。

7. 中和结晶

将 200 mL 淋洗钨的溶液加热到 70 ℃ 左右,用 3：2 盐酸在不断搅拌下中和淋洗液,直到 pH＝7～7.6 时为止。待溶液静止澄清后,在布氏漏斗中抽滤;用 2％ NH_4NO_3 溶液抽洗仲钨酸铵产品。将仲钨酸铵仔细地转入瓷蒸发皿中,然后置于电烘箱中在 100～110 ℃ 下烘干。烘干后冷却至室温并准确称重。

记录抽滤瓶中的母液及洗液的体积,用比色法测定其 WO_3 含量。

8. 测定树脂干重

量取 10 mL 充分溶胀的树脂,在布氏漏斗中抽滤干。然后将树脂仔细地转入瓷蒸皿中,将盛有树脂的瓷蒸发皿置于电烘箱内在 100～110 ℃ 下烘干,取出待冷却后准确称重。

记录好质量并换算试验所用树脂的干重以计算树脂的交换容量。

五、注意事项

（1）树脂预处理时，不要使它的密度变得太小，否则易于浮起。

（2）原始钨酸钠溶液中的氯离子含量不允许大于 1 g/L，游离 NaOH 浓度不大于 10 g/L，否则将导致交换率的下降。

（3）WO_3 含量高的溶液可用辛可宁-单宁酸重量法测定，WO_3 含量低时则可用硫氰酸钾光度法比色测定。

六、实验记录

供入交换柱试料液:体积_____mL，WO_3含量_____g/L，WO_3总量_____g;

交换后液体积_____mL，WO_3含量_____g/L，WO_3总量_____g;

洗钨液:体积_____mL，WO_3含量_____g/L;

淋洗钨液:体积（浓度高）_____mL，体积（浓度低）_____mL;WO_3含量（高）_____g/L，WO_3含量（低）_____g/L，WO_3总量_____g。

干仲钨酸铵_____g，含 WO_3 重_____g;

结晶母液体积_____mL，WO_3含量_____g/L，WO_3总量_____g;

洗液体积_____mL，WO_3含量_____g/L，树脂干重_____g。

表 4-19　实验记录表格项目

时间(min)	操作内容	现象观察

七、数据处理与编写报告

1. 数据处理

根据实验结果作如下的计算:

（1）计算交换率

$$交换率=\frac{进入柱中\ WO_3\ 总量-(交换后液中\ WO_3+洗钨液中\ WO_3)}{进入柱中\ WO_3\ 总量}\times100\%$$

（2）计算交换容量

交换容量

$$=\frac{进入柱中\ WO_3\ 总量-(交换后液\ WO_3\ 总量+洗钨液中\ WO_3\ 总量)}{干树脂重}(mg/克干树脂)$$

（3）结晶率计算

$$结晶率=\frac{干仲钨酸铵质量\times0.884}{淋洗钨液中\ WO_3\ 总量}\times100\%$$

式中，0.884 是重钨酸铵结晶中 WO_3 含量的百分数，结晶率也可按下式计算:

$$结晶率=\frac{淋洗钨液中\ WO_3\ 总量-母液中\ WO_3\ 总量}{淋洗钨液中\ WO_{3总量}}\times100\%$$

2. 编写报告

实验报告内容应包括：实验名称、日期、目的；基本原理简述；实验记录；数据处理；对实验结果的分析讨论。

4. 27　萃取分离钨和钼

一、实验目的

（1）掌握溶剂萃取分离相似元素的基本实验方法。
（2）了解酸性磷型萃取剂分离钨、钼的基本原理。
（3）熟悉多级逆流萃取的实验操作。

二、实验原理

在钨的提取冶金中，要求钨产品中钼杂质的含量必须很低（例如 20～30 ppm），然而，钨钼化学性质相似，在弱酸条件下萃取时，钼与钨形成杂多酸阴离子 $(MO_xW_{12-x}O_{41})^{10-}$ 同时被萃取。因此，萃取前一般要用硫化物沉淀法预除钼。硫化物除钼一方面析出 H_2S，使劳动条件恶化，另一方面往往有 $1\%\sim1.5\%$ 的钨进入钼渣而损失。所以，人们对萃取法分离钨钼非常重视，并进行了广泛的研究。

本实验采用二（2-乙基己基）磷酸（D_2EHPA）在有络合剂 EDTA 存在下萃取分离钨、钼的方法。

弱酸性溶液（pH=2～3）中，阳离子交换有机磷萃取剂——二（2-乙基己基）磷酸能很好地萃取钼，而钨实际上不被萃取。钼被萃取的反应为：

$$MoO_{2(aq)}^{2+}+2(HR_2PO_4)_2(org)\!=\!=\!=\!MoO_2(R_2PO_4)_2\cdot2HR_2PO_4(org)+2H^+$$

但是，当溶液中有钨存在，萃钼很困难。这是由于钨的存在会生成钨钼杂多酸根离子，而溶液中可被萃取的游离的 $MoO_{2(aq)}^{2+}$ 就减少了。因此钼的萃取率显著下降。然而，向溶液中加入少量 EDTA 时，萃钼率得到明显提高。因为 EDTA 与钼之间形成易被 D_2EHPA 萃取的络合物 $(MoO_3)_2EDTA^{4-}$。其萃取反应为

$$(MoO_3)_2EDTA^{4-}(aq)+2(HR_2PO_4)_2(org)\!=\!=\!=$$
$$2MoO_2(R_2PO_4)_2\cdot2HR_2PO_4(org)+EDTA^{4-}(aq)+H_2O$$

此时，钨以 $(H_2W_{12}O_{40})^{6-}$ 或 $(W_{12}O_{39})^{6-}$ 形态存在，几乎不被 D_2EHPA 萃取，而留在水相中，达到钨钼分离。

三、设备的选择及模拟示意图的绘制（略）

四、实验步骤的设计（略）

五、注意事项

操作要细心，操作步骤必须按设计方案进行，不能弄错。

六、实验记录

第 10、11、12、13 有关数据列入表 4－20。

表 4－20

振荡次数	钨钼料液		出口水相		出口有机相		萃取率(%)
	体积 V(mL)	浓度 c_v(g/L)	体积 V_a(mL)	浓度 c_a	体积 V_o(mL)	浓度 c_o	
10							
11							
12							
13							

七、数据整理和编写报告

1. 计算经过 5 级萃取后钼和钨的萃取率

$$E(\%) = \frac{Q_F - Q_A}{Q_F} \times 100\%$$

式中：E 为钼和钨的萃取率(%)；Q_F 为料液中钼或钨的含量(g)；Q_A 为萃余液中钼或钨的含量(g)。

当相比为 1，且萃取过程中两相体积无变化时，则

$$E(\%) = \frac{c_F - c_A}{c_F} \times 100\%$$

式中：c_F 为料液中钼或钨的浓度(g/L)；c_A 为萃余液钼或钨的浓度(g/L)。

2. 论述钨钼萃取分离的基本原理

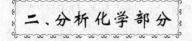

二、分析化学部分

Ⅰ. 定量分析

4.28　酸碱滴定法测定硫酸铵中的氮含量

一、实验目的

(1) 掌握 NaOH 标准溶液的配制及标定方法。

(2) 掌握用甲醛法测定氮含量的原理及方法(间接滴定法)。

(3) 学会使用容量瓶和移液管，熟悉滴定操作。

二、实验原理

1. NaOH 溶液浓度的标定

大多数物质的标准溶液不宜用直接法配制,可选用标定法。由于 NaOH 固体易吸收空气中的 CO_2 和水蒸气,且其中含有少量的硅酸盐、硫酸盐和氯化物等,故只能选用标定法来配制。常用标定碱标准溶液的基准物质有邻苯二甲酸氢钾、草酸等。本实验选用邻苯二甲酸氢钾作基准物质,其反应为

$$\text{（苯环）}{-COOH \atop -COOK} + NaOH \longrightarrow \text{（苯环）}{-COONa \atop -COOK} + H_2O$$

2. 甲醛法测定铵盐中氮含量

由于 NH_4^+ 的酸性太弱($K_a = 5.6 \times 10^{-10}$),因此不能直接用 NaOH 标准溶液滴定($c_{sp}K_a \geqslant 10^{-8}$ 为能否进行准确滴定的界限判断),但用甲醛法可以间接测定其含量。铵盐通过处理也可以用甲醛法测定其含氮量。甲醛与 NH_4^+ 作用,生成质子化的六次甲基四胺($K_a = 7.1 \times 10^{-6}$)和 H^+,其反应如下:

$$4NH_4^+ + 6HCHO \Longrightarrow (CH_2)_6N_4H^+ + 3H^+ + 6H_2O$$

所生成的 H^+ 和 $(CH_2)_6N_4H^+$ 可用 NaOH 标准溶液滴定,采用酚酞作指示剂。

三、仪器与药品

1. 仪器

台秤,烧杯,试剂瓶,锥形瓶,容量瓶,移液管。

2. 药品

基准邻苯二甲酸氢钾,0.1 mol/L NaOH 溶液,0.2% 酚酞指示液,中性甲醛溶液(1∶1):取市售 40% 甲醛的上层清液于烧杯中,用水稀释一倍,加入 1~2 滴酚酞指示液,用 0.1 mol/L NaOH 溶液滴定至溶液呈浅粉色,再用未中和的甲醛滴至刚好无色(除去甲酸等游离酸)。

四、实验步骤

1. NaOH 溶液的配制

在台秤上称取 2.0 g NaOH 固体于烧杯中,加入约 50 mL 蒸馏水溶解,转入 500 mL 试剂瓶中,用少量蒸馏水清洗烧杯 2~3 次,清洗液一并转入试剂瓶中,加水至总体积为 500 mL 左右,摇匀,该溶液浓度约为 0.1 mol/L。

2. NaOH 溶液浓度的标定

准确称取 0.4~0.5 g 基准邻苯二甲酸氢钾,放入 250 mL 锥形瓶中,加 20~30 mL 水溶解(若不溶可稍加热并冷却),加入 1~2 滴酚酞指示剂,用 0.1 mol/L NaOH 溶液滴定至呈微红色,半分钟不褪色,即为终点,平行测定 2~3 次。

$$c_{NaOH} = \frac{m_{KHC_8H_4O_4}}{M_{KHC_8H_4O_4} \times V_{NaOH}} \times 10^3$$

3. 甲醛法测定铵盐中氮含量

准确称取硫酸铵样品 1.6~1.8 g,放入 100 mL 烧杯中,加适量蒸馏水使之溶解。将溶液定量转移至 250 mL 容量瓶中,用蒸馏水稀释至刻度,摇匀。用移液管吸取上述试液

25.00 mL 至锥形瓶中(若有游离酸加 1~2 滴甲基红指示剂,溶液呈红色,用 0.1 mol/L NaOH 溶液中和至溶液由红变黄),加 8 mL 中性甲醛溶液,摇匀,放置 1 min。在溶液中加 1~2 滴酚酞指示液,用 0.1 mol/L NaOH 标准滴定溶液滴定至溶液呈浅粉色,30 s 不褪即为终点,平行测定 3 次。

$$\omega_N = \frac{c_{NaOH} \cdot V_{NaOH} \times M_N \times 10^{-3}}{m_{(NH_4)_2SO_4} \times \dfrac{25}{250}} \times 100\%$$

若加做空白实验,则计算中扣除空白(体积)。

五、实验结果与数据处理

1. NaOH 溶液浓度的标定

表 4 – 21　　NaOH 溶液浓度的标定记录

项目 ＼ 次数	1	2	3
称量瓶＋邻苯二甲酸氢钾(倾样前)(g)			
称量瓶＋邻苯二甲酸氢钾(倾样后)(g)			
$m_{邻苯二甲酸氢钾}$(g)			
V_{NaOH} 终读数(mL)			
V_{NaOH} 始读数(mL)			
V_{NaOH}(mL)			
c_{NaOH}(mol/L)			
$\bar{c}_{NaOH}$(mol/L)			
相对平均偏差(%)			

2. 铵盐中氮含量测定

表 4 – 22　　铵盐中氮含量测定记录

项目 ＼ 次数	1	2	3
称量瓶＋$(NH_4)_2SO_4$(倾样前)(g)			
称量瓶＋$(NH_4)_2SO_4$(倾样后)(g)			
$m_{(NH_4)_2SO_4}$(g)			
V_{NaOH} 终读数(mL)			
V_{NaOH} 始读数(mL)			
V_{NaOH}(mL)			
ω_N(%)			
$\bar{\omega}_N$(%)			
相对平均偏差/(%)			

六、注意事项

（1）甲醛常以白色聚合状态存在,称为多聚甲醛。甲醛溶液中含有少量多聚甲酸不影响滴定。

（2）由于溶液中已经有甲基红,再用酚酞为指示剂,存在两种变色不同的指示剂,用 NaOH 滴定时,溶液颜色是由红转变为浅黄色(pH 约为 6.2),再转变为淡红色(pH 约为 8.2)。终点为甲基红的黄色和酚酞红色的混合色。

思考题

1. 为什么甲醛要先用 NaOH 中和? 如未中和对分析结果有何影响?

2. $(NH_4)_2SO_4$ 或 NH_4Cl 溶于水后,能否用 NaOH 溶液直接滴定? 为什么?

3. 为什么中和甲醛试剂中游离酸,以酚酞作指示剂,而中和铵盐试样中的游离酸则以甲基红作指示剂?

4.29　酸碱滴定法测定混合碱中的各组分的含量

一、实验目的

了解双指示剂法测定混合碱各组分含量的原理。

二、实验原理

混合碱是指 Na_2CO_3 与 NaOH 或 Na_2CO_3 与 $NaHCO_3$ 的混合物,采用双指示剂法的测定原理和测定过程如下:

用酚酞作指示剂,HCl 标准溶液滴定至溶液刚好褪色,此为第一化学计量点,消耗 HCl 体积为 V_1(mL),有关的反应有:

$$NaOH + HCl \Longrightarrow NaCl + H_2O$$
$$Na_2CO_3 + HCl \Longrightarrow NaHCO_3 + NaCl$$

继续用甲基橙为指示剂,HCl 标准溶液滴定至溶液呈橙色,此为第二化学计量点,消耗 HCl 体积为 V_2(mL),有关的反应有:

$$NaHCO_3 + HCl \Longrightarrow NaCl + CO_2 \uparrow + H_2O$$

可见,当混合碱组成为 NaOH 与 Na_2CO_3 时,$V_1 > V_2$,$V_2 > 0$;当混合物组成为 Na_2CO_3 与 $NaHCO_3$ 时,$V_2 > V_1$,$V_1 > 0$。由 HCl 标准溶液的浓度和消耗的体积,可计算混合碱中各组分含量。

三、仪器与药品

1. 仪器

天平,烧杯,滴定管。

2. 药品

0.2 mol/L HCl 溶液,0.2%酚酞指示剂,0.2%甲基橙指示剂。

四、实验步骤

1. 0.2 mol/L HCl 溶液的滴定

准确称取 0.21～0.32 g 基准无水 Na_2CO_3，溶于 30 mL 蒸馏水中，加 0.2% 甲基橙 1 滴，用 HCl 溶液滴定至溶液由黄色变为橙色，即为终点，计算 HCl 标准溶液的浓度。

2. 混合碱试样的测定

准确称取试样 0.5～0.6 g，加水使其溶解或准确移取混合试样溶液 25.00 mL，加酚酞指示剂 1～2 滴，用 0.2 mol/L HCl 标准溶液滴定，边滴边充分摇动（避免局部 Na_2CO_3 直接被滴定至 H_2CO_3），滴定至酚酞恰好褪色，即为终点，记下所用 HCl 标准溶液的体积 V_1。然后再加 1 滴甲基橙指示剂，继续用 HCl 标准溶液滴定至溶液由黄色变为橙色，即为终点，记下所用 HCl 标准溶液的体积 V_2，计算混合碱各组分的含量。

五、实验结果与数据处理

1. 数据记录

表 4-23

次数 项目	第一次	第二次	第三次
V_1(mL)			
V_2(mL)			

2. 数据处理

若 $V_1 > V_2$，$V_2 > 0$，组成为 NaOH 和 Na_2CO_3。

$$c_{NaOH} = \frac{c_{HCl}(V_1 - V_2)}{V_{试样}}$$

$$c_{Na_2CO_3} = \frac{c_{HCl}V_2}{V_{试样}}$$

其他可用类似方法求解。

 思考题

滴定混合碱液时，① $V_1 = V_2$；② $V_1 = 0$，$V_2 > 0$；$V_2 = 0$，$V_1 > 0$，试样的组成分别如何？

4.30 食品添加剂中硼酸含量的测定

一、实验目的

掌握间接法测定硼酸的原理和方法。

二、实验原理

硼酸是很弱的酸 $K_a = 5.7 \times 10^{-10}$，不能用 NaOH 标准溶液直接滴定。硼酸与甘油作用生成甘油硼酸，其酸性增强 $K_a = 8.4 \times 10^{-6}$，可以用 NaOH 溶液滴定，反应如下：

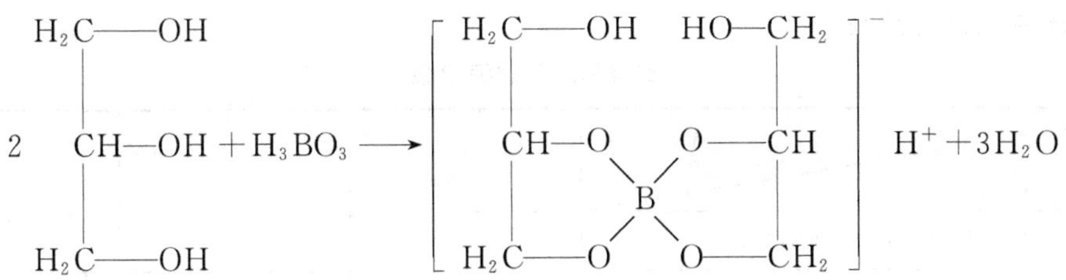

$$2\ \text{甘油} + H_3BO_3 \longrightarrow \text{甘油硼酸} + H^+ + 3H_2O$$

$$\text{甘油硼酸}^- \cdot H^+ + NaOH \longrightarrow Na\text{(甘油硼酸)} + H_2O$$

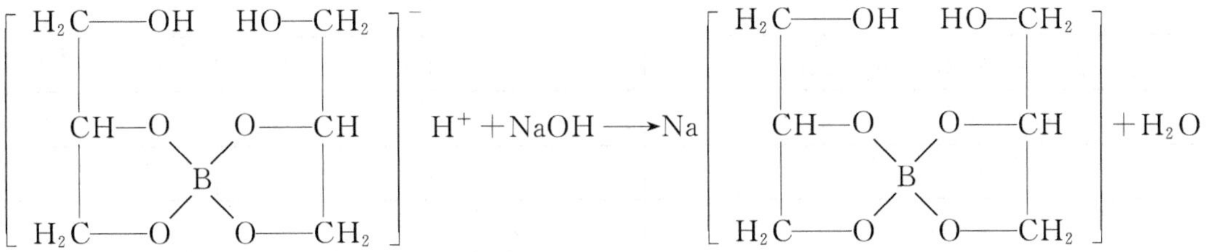

化学计量点时,溶液呈弱碱性,可用酚酞作指示剂,终点为浅粉红色。

三、仪器与药品

1. 仪器

量筒,滴管,台秤,锥形瓶。

2. 药品

NaOH 标准溶液($c=0.1\ \text{mol/L}$),酚酞指示液(0.2%),甘油,硼酸试样。

四、实验步骤

(1) 量取甘油 40 mL,与水按 1:1 体积比混合,用胶帽滴管吸取一管保留。在混合液中加 2 滴酚酞,用 NaOH 溶液(0.1 mol/L)滴定至浅粉红色,再用滴管中的甘油混合液滴至恰好无色,备用。

(2) 准确称取硼酸试样 0.2～0.3 g,置锥形瓶中,加 20 mL 中性甘油混合液(可微热促使试样溶解后,冷却),再加 2 滴酚酞指示液,用 0.1 mol/L NaOH 标准溶液滴定至溶液呈浅粉红色,再加 3 mL 甘油混合液,粉红色不消失即为终点,否则继续滴定,再加甘油混合液,反复操作,至粉红色 30 s 不消失为止,平行测定三次。

五、实验结果与数据处理

1. 计算公式

$$\omega_{H_3BO_3} = \frac{c_{NaOH}V_{NaOH} \times 10^{-3} \times M_{H_3BO_3}}{m_{试样}} \times 100\%$$

式中:$\omega_{H_3BO_3}$ 为 H_3BO_3 的质量分数,%;c_{NaOH} 为 NaOH 标准溶液的浓度,mol/L;V_{NaOH} 为滴定时消耗 NaOH 标准滴定溶液的体积,mL;$m_{试样}$ 为试样的质量,g;$M_{H_3BO_3}$ 为 H_3BO_3 的摩尔质量,g/mol。

2. 数据记录与处理

表 4 - 24　数据记录

项目 ＼ 序次	1	2	3
称量瓶＋样品（倾样前）(g)			
称量瓶＋样品（倾样后）(g)			
$M_{试样}$(g)			
V_{NaOH}(mL)			
c_{NaOH}(mol/L)			
$\omega_{H_3BO_3}$(%)			
$\overline{\omega}_{H_3BO_3}$(%)			
相对平均偏差(%)			

思考题

1. 强化硼酸酸性所用的甘油为何先用 NaOH 溶液中和？

2. 本测定中为什么用酚酞作指示剂？

3. NaOH 溶液滴定甘油硼酸至终点，再加少许中性甘油，若粉红色消失，说明什么？下一步应如何进行？

4.31　配位滴定法直接滴定白云石中钙、镁的含量

一、实验目的

（1）掌握配位滴定法测定钙、镁的原理和方法。

（2）熟悉各种金属指示剂、试样的酸溶液、沉淀分离法的应用。

二、实验原理

白云石是一种碳酸盐岩石，主要成分为 $CaCO_3$、$MgCO_3$，还含有少量 Fe^{3+}、Al^{3+} 等杂质，成分较简单，通常用酸溶解后，可不分离直接测定。

试样用盐酸溶解后，钙、镁以 Ca^{2+}、Mg^{2+} 等离子形式进入溶液。取一份试液，调 pH＝10，以铬黑 T 为指示剂，用 EDTA 标准溶液测定 Ca^{2+}、Mg^{2+} 总量；另取一份试液，使溶液 pH＝12，此时 Mg^{2+} 生成 $Mg(OH)_2$ 沉淀，加入钙指示剂，用 EDTA 标准溶液测定 Ca^{2+} 的量，然后用差减法求出 $Mg(OH)_2$ 的量。由于 $Mg(OH)_2$ 沉淀会吸附 Ca^{2+}，使 Ca^{2+} 的结果偏低，Mg^{2+} 的结果偏高，同时 $Mg(OH)_2$ 对指示剂的吸附也会使终点拖长，变色不敏锐。如果在溶液中加入糊精，可将沉淀保住，基本消除吸附现象。

试样中的 Fe^{3+}、Al^{3+} 等可在酸性条件下加入三乙醇胺加以掩蔽；Cu^{2+}、Zn^{2+} 等可在碱性条件下用 KCN 掩蔽；Cd^{2+}、Ti^{4+}、Bi^{3+} 等可用铜试剂掩蔽。

主要反应如下：

滴定前：$Mg^{2+} + HIn^{2-}$（蓝）$\Longrightarrow MgIn$（酒红）$+ H^+$

滴定开始至计量前：$Mg^{2+} + H_2Y^{2-} \Longrightarrow MgY^{2-} + 2H^+$

$$Ca + H_2Y^{2-} \Longrightarrow CaY^{2-} + 2H^+$$

计量点：$MgIn^-$（酒红）$+ H_2Y^{2-} \Longrightarrow M_gY^{2-} + HIn^{2-}$（纯蓝）

三、仪器与药品

1. 仪器

烧杯，表面皿，容量瓶，锥形瓶，移液管，天平，滴定管。

2. 药品

0.02 mol/L EDTA 溶液：称取 4g $Na_2H_2Y_2 \cdot H_2O$ 于 100 mL 去离子水中，加热溶解，稀释至 500 mL，摇匀（长期放置应置于硬质玻璃瓶或聚乙烯瓶中）。

铬黑 T：称铬黑 T1 g，溶解后加入三乙醇胺 20mL，在用水稀释至 100 mL。

钙指示剂：取钙指示剂，加入烘干的 99 g NaCl，研磨均匀，保存于磨口瓶内。

基准 $CaCO_3$：将基准 $CaCO_3$ 置于 120 ℃烘箱中干燥 2 h，稍冷后置于干燥器中冷却至室温备用。

pH=10 的氨性缓冲溶液：取 20 g NH_4Cl 溶于少量水中，加入 100 mL 浓氨水，用水稀释至 1 L。

5％糊精溶液：将 5 g 糊精溶于 100 mL 沸水中，冷却后加入 5 mL 10％的 NaOH 溶液、0.1 g 钙指示剂，在搅拌下用 EDTA 标准溶液滴定至蓝色（临用时配制）。

三乙醇胺（1：2），HCl（1：1），NaOH（20％）。

四、实验步骤

1. 0.02 mol/L EDTA 的标定

准确称取 0.5～0.6 g 基准 $CaCO_3$ 于 250 mL 烧杯中，用少量水润湿，盖上表面皿，从烧杯嘴边小心的逐滴加入（1：1）HCl 至完全溶解，并将可能溅到表面皿上的溶液淋洗入烧杯，加入少量水稀释，定量转移至 250 mL 容量瓶，稀释至刻度，摇匀。移取 25.00 mL 此溶液三份，分别置于 250 mL 锥形瓶中，加 25 mL 水、0.01 g 钙指示剂，滴加 20％ NaOH 溶液至酒红色，再过量 5 mL，摇匀后用 EDTA 标准溶液滴定至蓝色。计算 EDTA 的准确浓度。

2. 白云石中 Ca^{2+}、Mg^{2+} 的测定

准确称取 0.5～0.6 g 试样于烧杯中，加少量水湿润，盖上表面皿，从烧杯嘴徐徐加入（1：1）HCl 至不再有气泡冒出，用水吹洗表面皿后，定量转移至 250 mL 容量瓶，稀释至刻度并摇匀。

准确移取上述试液 25.00 mL 于锥形瓶中，加去离子水 20～30 mL、（1：2）三乙醇胺 5 mL，摇匀，再加入 pH=10 的缓冲溶液 10 mL、铬黑 T 指示剂 2～3 滴，用 EDTA 标准溶液滴定至纯蓝色即为终点，平行测定 2～3 次，计算 Ca^{2+}、Mg^{2+} 的总量。

准确移取上述试液 25.00 mL 于锥形瓶中，加去离子水 20～30 mL，再加入 5％糊精溶液 10 mL、（1：2）三乙醇胺 5 mL、钙指示剂 0.01 g，滴加 20％ NaOH 至溶液呈酒红色，再过量 5 mL，立即用 EDTA 标准溶液滴定至纯蓝色，即为终点。平行测定 2～3 次，计算 Ca^{2+} 的

含量。

五、实验结果与数据处理

1. 数据记录

表 4 - 25

次数 项目	第一次	第二次	第三次
$V_1(pH=10)$			
$V_2(pH=12)$			
$W_{Ca^{2+}}$			
$W_{Mg^{2+}}$			
$\overline{W}_{Ca^{2+}}$			
$\overline{W}_{Mg^{2+}}$			
Ca^{2+} 的 相对平均偏差(%)			
Mg^{2+} 的 相对平均偏差(%)			

2. 数据处理

$$\omega_{Ca^{2+}} = \frac{M_{Ca^{2+}} \times c_{EDTA} V_2 \times \dfrac{250 \text{ mL}}{25 \text{ mL}}}{m_{试样}} \times 100\%$$

$$\omega_{Mg^{2+}} = \frac{M_{Mg^{2+}} \times c_{EDTA}(V_1-V_2) \times \dfrac{250 \text{ mL}}{25 \text{ mL}}}{m_{试样}} \times 100\%$$

六、注意事项

（1）钙指示剂加入量要适当,若太少,指示剂易被 $Mg(OH)_2$ 沉淀吸附,使指示剂失灵;太多则颜色太深,终点不易观察。

（2）此时溶液的 pH=12,为了避免含 Ca^{2+} 碱性溶液吸收空气中的 CO_2 而形成难溶的碳酸钙,应立即滴定。

（3）近终点时,若变色缓慢,应放慢滴定速度并剧烈摇动溶液。

思考题

1. 在测定白云石中 Ca^{2+}、Mg^{2+} 的总量时,为什么要加入 pH=10 的缓冲溶液?

2. 用三乙醇胺掩蔽溶液中的 Fe^{3+}、Al^{3+} 时,为什么要在酸性条件下加入?

3. 在用 EDTA 标准溶液滴定 Ca^{2+} 时,滴加 20% NaOH 至溶液呈酒红色后,为什么要再过量 5 mL?

4.32　配位滴定法连续测定铅、铋混合溶液中 Pb^{2+}、Bi^{3+} 的含量

一、实验目的

（1）熟悉由调节酸度提高 EDTA 滴定选择性的原理。

（2）掌握用 EDTA 进行连续滴定的方法。

二、实验原理

混合离子的滴定常用控制酸度法、掩蔽法进行，可根据有关副反应系数原理进行计算，论证对它们分别滴定的可能性。

M、N 离子共存。$\Delta\lg K_c \geqslant 5$（终点误差 TE $\leqslant 0.3\%$）；$\Delta\lg K_c \geqslant 6$（如果终点误差为 $\pm 0.1\%$）。

滴定体系满足此条件时，只要有合适的指示 M 离子终点的方法，则在 M 离子的适宜酸度范围内，都可以准确滴定 M，而 N 离子不干扰，终点误差 TE $\leqslant 0.3\%$。

Bi^{3+}、Pb^{2+} 均能与 EDTA 形成稳定的 1:1 络合物，$\lg K$ 分别为 27.94 和 18.04。由于两者的 $\lg K$ 相差很大，故可利用酸效应，控制不同的酸度，进行分别滴定。在 pH ≈ 1 时滴定 Bi^{3+}，在 pH $\approx 5\sim 6$ 时滴定 Pb^{2+}。

在 Bi^{3+}、Pb^{2+} 混合溶液中，首先调节溶液的 pH ≈ 1，以二甲酚橙为指示剂，Bi^{3+} 与指示剂形成紫红色络合物（Pb^{2+} 在此条件下不会与二甲酚橙形成有色络合物），用 EDTA 标液滴定 Bi^{3+}，当溶液由紫红色恰变为黄色，即为滴定 Bi^{3+} 的终点。

$$Bi^{3+} + H_2Y^{2-} =\!=\!= BiY^- + 2H^+$$

在滴定 Bi^{3+} 后的溶液中，加入六亚甲基四胺溶液，调节溶液 pH $=5\sim 6$，此时 Pb^{2+} 与二甲酚橙形成紫红色络合物，溶液再次呈现紫红色，然后用 EDTA 标液继续滴定，当溶液由紫红色恰转变为黄色时，即为滴定 Pb^{2+} 的终点。

$$Pb^{2+} + H_2Y^{2-} =\!=\!= PbY^{2-} + 2H^+$$

滴定反应的颜色变化：

$$Bi^{3+} + In^{2-}（亮黄色） \xrightarrow{pH \approx 1} BiIn（紫红色）$$

$$2BiIn（紫红色） + H_2Y^{2-} \xrightarrow{pH \approx 1} BiY^-（无色） + In^{2-}（亮黄色） + 2H^+$$

$$3Pb^{2+} + In^{2-} \xrightarrow{pH = 5-6} PbIn（紫红色）$$

$$PbIn（紫红色） + H_2Y^{2-} \xrightarrow{pH = 5-6} Pb^{2+}（无色） + In^{2+} + 2H^+（亮黄色）$$

三、仪器与药品

1. 仪器

移液管，锥形瓶，滴定管。

2. 药品

0.02 mol/L EDTA 溶液，二甲酚橙（0.2%），六亚甲基四胺溶液（20%），HCl 溶液（1:1）；

Bi^{3+}、Pb^{2+} 混合液：含 Bi^{3+}、Pb^{2+} 各约 $0.01\ mol/L$，称取 $48\ g\ Bi(NO_3)_3$，$33\ g\ Pb(NO_3)_2$，移入含 $312\ mL\ HNO_3$ 的烧杯中，在电炉上微热溶解后，稀释至 $10\ L$。

四、实验步骤

Bi^{3+}、Pb^{2+} 混合液的测定：用移液管移取 $25.00\ mL\ Bi^{3+}$、Pb^{2+} 溶液三份于 $250\ mL$ 锥形瓶中，加入 $1\sim2$ 滴二甲酚橙指示剂，用 EDTA 标液滴定，当溶液由紫红色恰变为亮黄色，即为 Bi^{3+} 的终点。根据消耗的 EDTA 体积，计算混合液中 Bi^{3+} 的含量（以 g/L 表示）。

在滴定 Bi^{3+} 后的溶液中，滴加六亚甲基四胺溶液，Pb^{2+} 与二甲酚橙形成紫红色配合物，至呈现稳定的紫红色后，再过量加入 $5\ mL$，此时溶液的 pH 约 $5\sim6$。用 EDTA 标准溶液滴定，当溶液由紫红色恰变为黄色，即为终点。根据滴定结果，计算混合液中 Pb^{2+} 的含量（以 g/L 表示）。

五、注意事项

（1）Bi^{3+} 水解，产生白色浑浊，将会使终点提前，且出现回红现象。此时放置片刻，继续滴定至透明、稳定的亮黄色，即为终点。

（2）滴定过程中一定要小心，滴定速度要慢，尤其 Bi^{3+} 与 EDTA 反应的速度较慢，滴定 Bi^{3+} 速度不宜太快，同时充分摇动锥形瓶。

（3）指示剂应做一份加一份。

六、实验结果与数据处理

1. 数据记录

表 4-26

NO.	I	II	III
样品体积(mL)			
EDTA 体积(1)(mL)			
平均体积(mL)			
Bi 含量(g/L)			
相对平均偏差(%)			
EDTA 体积(2)(mL)			
平均体积(mL)			
Pb 含量(g/L)			
相对平均偏差(%)			

2. 数据处理

$$c_{Bi^{3+}} = \frac{c_{EDTA}V_{EDTA} \cdot M_{Bi^{3+}}}{V_{试}} \qquad c_{Pb^{2+}} = \frac{c_{EDTA}V_{EDTA} \cdot M_{Pb^{2+}}}{V_{试}}$$

 思考题

1. 描述连续滴定 Bi^{3+}、Pb^{2+} 过程中，锥形瓶中颜色变化的情形，以及颜色变化的原因。二甲酚橙指示剂为什么在 pH≈1 和 pH≈5～6 的情况下都能指示终点?

2. 在滴定 Pb^{2+} 之前,为什么要加入六亚甲基四胺?

3. 本实验中,能否先在 pH＝5～6 的溶液中,测定 Bi^{3+} 和 Pb^{2+} 的含量,然后再调整 pH≈1 时测定 Bi^{3+} 含量。

4.33 配位滴定法回滴定明矾的含量

一、实验目的

(1) 掌握置换滴定法测定铝盐的原理和方法。

(2) 掌握二甲酚橙指示剂的应用条件和终点颜色判断。

二、实验原理

Al^{3+} 与 EDTA 配合反应进行缓慢,可利用返滴定法或置换滴定法测定铝的含量。

在 pH＝3～4 的条件下,于铝盐试液中加入过量的 EDTA 溶液,加热煮沸使 Al^{3+} 配位完全。调节溶液 pH＝5～6,以二甲酚橙为指示剂,用锌标准溶液滴定剩余的 EDTA。然后加入过量的 NH_4F,加热煮沸,置换出与 Al^{3+} 配位的 EDTA,再用锌标准溶液滴定至紫红色为终点。有关反应如下:

$$H_2Y^{2-} + Al^{3+} == AlY^- + 2H^+$$
$$H_2Y^{2-}(剩余) + Zn^{2+} == ZnY^{2-} + 2H^+$$
$$AlY^- + 6F^- + 2H^+ == AlF_6^{3-} + H_2Y^{2-} \quad (置换出 EDTA)$$
$$H_2Y^{2-} + Zn^{2+} == ZnY^{2-} + 2H^+$$

三、仪器和药品

1. 仪器

天平,烧杯,表面皿,容量瓶,移液管,锥形瓶,酒精灯。

2. 药品

0.02 mol/L EDTA 溶液,0.01 mo/L 锌标准溶液,固体 NH_4F,明矾试样,氨水(1∶1)。

百里酚蓝指示液(0.1%):0.10 g 百里酚蓝溶于 20%乙醇,用 20%乙醇稀释至 100 mL;

二甲酚橙指示液(0.2%):0.20 g 二甲酚橙溶于水,稀释至 100 mL;

HCl(1∶3):盐酸与水按 1∶3 体积比混合;

六亚甲基四胺(20%):20g 六亚甲基四胺溶于少量水,稀释至 100 mL。

四、实验步骤

1. 0.01 mol/L 锌标准溶液的配制

准确称取含锌 99.9%以上的纯锌片 0.15～0.20 g 于 250 mL 烧杯中,盖上表面皿,沿烧杯嘴滴加约 10 mL(1∶1)HCl,待其溶解后,用水冲洗表面皿,将溶液转入 250 mL 容量瓶中,并用水稀释至刻度,摇匀,计算其准确浓度。

2. 明矾中铝含量的测定

准确称取明矾试样 0.45 g,加 10 mL(1∶3)HCl 及适量水溶解,定量移入 100 mL 容量瓶中,稀释至刻度,摇匀。用移液管移取上述试液 25.00 mL 于 250 mL 锥形瓶中,加 25 mL 水和 25.00 mL 0.02 mol/L EDTA 溶液,再加 4～5 滴百里酚蓝指示液,以氨水(1∶1)中和至黄色(pH=3～3.5),煮沸 2 min,取下,加入 20% 六亚甲基四胺溶液 20mL(或固体六亚甲基四胺 4 g)使试液 pH=5～6,用力振荡,以流水冷却。然后加入 2 滴二甲酚橙指示液,用 0.01 mol/L 锌标准溶液滴定至溶液由黄色变成紫红色(不记体积)。在溶液中加入 2 g 固体 NH_4F,加热煮沸 2 min,冷却,用锌标准溶液滴定至溶液由黄色变紫红色为终点,记下用去的锌标准溶液的体积。平行测定三次。

$$\omega_{Al}=\frac{c_{Zn^{2+}}V_{Zn^{2+}}\times 10^{-3}\times M_{Al}}{m_{试样}\times\dfrac{25}{100}}\times 100\%$$

五、实验结果与数据处理

表 4-27

次数 项目	1	2	3
称量瓶+明矾样品(倾样前)(g)			
称量瓶+明矾样品(倾样后)(g)			
$m_{试样}$(g)			
$V_{Zn^{2+}}$(mL)			
ω_{Al}(%)			
$\overline{\omega}_{Al}$(%)			
相对平均偏差(%)			

思考题

1. 为什么不采用直接滴定法测 Al^{3+}?

2. 滴定过程中,为什么要两次加热?

3. 第一次用锌标准溶液滴定 EDTA,为什么不记体积?若此时锌标准溶液过量,对分析结果有何影响?什么时候读取锌标准溶液的始体积?

4. 置换滴定法中所用 EDTA 溶液是否必须是标准溶液?

附注 **EDTA 溶液作标准溶液时的回滴定法实验步骤**

1. EDTA 的标定

用移液管移取 25.00 mL Zn^{2+} 标准溶液于 250 mL 锥形瓶中,加入 2～3 滴二甲酚橙指示剂,滴加 20% 六亚甲基四胺溶液至溶液呈现稳定的紫红色后,再过量 5 mL,用 EDTA 标准溶液滴定至溶液由紫红变为亮黄色,即为终点,计算 EDTA 溶液的浓度。

2. 试样分析

准确称取明矾试样 0.25～0.30 g 于小烧杯中,加(1∶3)HCl 10 mL 及适量水溶解,定容至 100 mL,摇匀。用移液管移取 25.00 mL 试液于 250 mL 锥形瓶中,准确加入 0.01 mol/L EDTA 溶液 30 mL 左右,摇匀,加入 2 滴二甲酚橙指示剂,再用(1∶1)氨水调至溶液刚呈紫红色。然后,滴加(1∶3)HCl 溶液 3 滴,溶液呈黄色,将溶液煮沸 3 min 左右,冷却,加入 20％六亚甲基四胺溶液 20 mL,并补加二甲酚橙 2 滴,此时溶液仍为黄色,否则,加(1：3)HC1 调节。然后,用锌标准溶液滴定至溶液由黄色变紫红色即为终点,计算 A1 的含量。

注意:A1 的含量计算方法与置换法不同。

4.34　配位滴定法测定自来水的总硬度

一、实验目的

掌握配位滴定法测定水的总硬度的原理和方法。

二、实验原理

水的硬度即水中溶解的钙盐和镁盐的总量,在制备去离子水或作锅炉水时,常常需要测定水的硬度。即在 pH＝10 时以铬黑 T 作指示剂,用 EDTA 标准溶液滴定 Ca^{2+}、Mg^{2+} 的总量。反应如下:

滴定前:$Mg^{2+}+HIn^{2-}$(蓝)$\Longrightarrow MgIn$(酒红)$+H^+$

滴定开始至计量前:$Mg^{2+}+H_2Y^{2-}\Longrightarrow MgY^{2-}+2H^+$

　　　　　　　　　$Ca^{2+}+H_2Y^{2-}\Longrightarrow CaY^{2-}+2H^+$

计量点:$MgIn^-$(酒红)$+H_2Y^{2-}\Longrightarrow MgY^{2-}+Hin^{2-}$(纯蓝)

常用的水的硬度单位是:

(1) 度:$1°＝10$ mg/L CaO,$0°\sim4°$为很软的水;$4°\sim8°$为软水;$8°\sim16°$为中等硬水;$16°\sim30°$为硬水;$>30°$为很硬的水。

(2) $CaCO_3$ 的浓度:用 mg/L $CaCO_3$ 表示。

三、仪器和试剂

1. 仪器

移液管,滴定管。

2. 试剂

0.02 mol/L 的 EDTA 标准溶液,pH＝10 的 NH_3-NH_4Cl 缓冲溶液,1％铬黑 T 指示剂,(1：2)三乙醇胺。

四、实验步骤

准确移取自来水样 100.0 mL,加入 10 mL pH＝10 的 NH_3-NH_4Cl 缓冲液,1～2 滴铬黑 T 指示剂。用 DETA 标准溶液滴定到溶液由红色变为纯蓝即为终点。平行测定 2～3 次,计算水的硬度。

五、实验结果与数据处理

1. 数据记录

表 4 - 28

次数 项目	1	2	3
V_{EDTA}			
硬度			
c_{CaCO_3}			
硬度平均值			
$\bar{c}_{CaCO_3}$			
相对平均偏差(%)			

2. 数据处理

$$硬度 = \frac{c_{EDTA} \cdot V_{EDTA} \cdot M_{CaO} \times 1\,000}{V_水 \cdot 10}$$

$$c_{CaCO_3} = \frac{c_{EDTA} \cdot V_{EDTA} \cdot M_{CaCO_3} \times 1\,000}{V_水}$$

思考题

1. 测定自来水的总硬度时,哪些离子有干扰? 如何消除?

2. 当水样中 Mg^{2+} 含量低时,以铬黑 T 作指示剂测定水中 Ca^{2+}、Mg^{2+} 总量的终点不明显,可否在水样中先加入少量 MgY^{2-} 配合,再用 EDTA 滴定?

4.35 重铬酸钾法测定铁矿石中铁的含量

一、实验目的

(1) 掌握用重铬酸钾法测定铁矿石中铁含量的原理和方法。
(2) 掌握用直接法配制标准溶液。

二、实验原理

用经典的重铬酸钾法测定铁时,方法准确、简便,但每份试液需加入 10 mL $HgCl_2$,即有约 40 mL 汞将排入下水道,造成严重的环境污染。近年来,为了避免汞盐的污染,研究了多种不用汞盐的分析方法。本实验采用 $TiCl_3$-$K_2Cr_2O_7$ 法,即试样用硫-磷混合酸溶解后,先用还原性较强的 $SnCl_2$ 还原大部分 Fe^{3+},然后以 Na_2WO_4 为指示剂,用还原性较弱的 $TiCl_3$ 还原剩余的 Fe^{3+}:

$$2Fe^{3+}(大量) + SnCl_4^{2-}(不足) + 2Cl^- = 2Fe^{2+} + SnCl_6^{2-}(至浅黄)$$

$$Fe^{3+}(余) + Ti^{3+} + H_2O = Fe^{2+} + TiO^{2+} + 2H^+ (钨酸钠指示剂变成钨蓝)$$

Fe^{3+}定量还原Fe^{2+}后,过量的1滴$TiCl_3$立即将作为指示剂的六价钨(无色)还原为蓝色的五价钨化合物(俗称"钨蓝"),使溶液呈蓝色,然后用少量$K_2Cr_2O_7$溶液将过量的$TiCl_3$氧化,并使"钨蓝"被氧化而消失。随后,以二苯胺磺酸钠作指示剂,用$K_2Cr_2O_7$标准溶液滴定试液中的Fe^{2+},便得铁的含量。

$K_2Cr_2O_7$易提纯为基准试剂,故可采用直接法进行配制。$K_2Cr_2O_7$作滴定剂有以下优点:

(1) 溶液稳定,长期贮存时浓度不变。

(2) 其标准电位低于氯的标准电位,故可用于在HCl溶液中滴定铁。

三、仪器与药品

1. 仪器

烧杯,容量瓶,天平,锥形瓶,表面皿。

2. 药品

基准$K_2Cr_2O_7$,(1∶1)HCl,0.2%二苯胺磺酸钠溶液,(1∶1)硫-磷混合酸。

10% $SnCl_2$:称取10 g $SnCl_2 \cdot 2H_2O$溶于100 mL(1∶1)HCl中,临用时配制。

1.5% $TiCl_3$溶液:取1.5 g原瓶装$TiCl_3$,用(1∶4)HCl稀释至100 mL,加少量无砷锌粒,放置过夜使用。

10% Na_2WO_4:称取10 g Na_2WO_4溶于适量水中,若浑浊应过滤,加入5 mL浓H_3PO_4,加水稀释至100 mL。

四、实验步骤

1. 0.02 mol/L $K_2Cr_2O_7$标准溶液的配制

准确称取$K_2Cr_2O_7$基准试剂1.3~1.5 g于烧杯中,加适量水溶解后定量转入250 mL容量瓶中,用水稀释至刻度,充分摇匀,计算其浓度。

2. 铁的测定

准确称取0.8~1.0 g含铁试样于锥形瓶中,用少量水润湿,加入(1∶1)盐酸5 mL,盖上表面皿,低温加热至溶解,用少量水冲洗表面皿及瓶壁,加热近沸,趁热(为什么?)滴加$SnCl_2$溶液至溶液呈浅黄色,再用少量水冲洗瓶壁后,加入硫-磷混合酸15 mL、Na_2WO_4溶液6~8滴,边滴加$TiCl_3$边摇,至溶液刚出现蓝色,再过量1~2滴,加水50 mL,摇匀,放置约半分钟,用$K_2Cr_2O_7$标准溶液滴定至蓝色褪去(是否要记读数?),放置约1 min,加5~6滴二苯胺磺酸钠指示剂,用$K_2Cr_2O_7$滴定至溶液呈稳定的紫色,即为终点。平行测定2~3次,处理一份,滴定一份(为什么?)。

五、实验结果与数据处理

1. 数据记录

表 4 - 29

次数 项目	第一次	第二次	第三次
铁矿石质量 m_s			
$V_{K_2Cr_2O_7}$			
Fe(%)			
$\overline{Fe}(\%)$			
相对平均偏差(%)			

2. 数据处理

$$Fe(\%) = \frac{c_{K_2Cr_2O_7} V_{K_2Cr_2O_7} \times \frac{6}{1} \times M_{Fe} \times 10^{-3}}{m_s} \times 100\%$$

六、注意事项

（1）在定量还原 Fe^{3+} 的酸度下，单独用 $SnCl_2$ 不能将六价钨还原成五价钨，故溶液无明显的颜色变化，不能准确控制 $SnCl_2$ 的用量，且过量的 $SnCl_2$ 也没有合适的消除方法；若单独使用 $TiCl_3$，将引入较多的钛盐，当用水稀释时，易出现大量四价钛盐沉淀，影响测定，故常将 $TiCl_3$ 和 $SnCl_2$ 联合使用。

（2）温度太高会造成部分挥发而损失。

（3）尽可能使大部分 Fe^{3+} 被 Sn(Ⅱ)还原，否则加入 $TiCl_3$ 过多，生成的 Ti(Ⅳ)易水解；但也不能过量，否则结果偏高，若不慎过量，可滴加 2% $KMnO_4$ 至浅黄色。

（4）用 $TiCl_3$ 还原时的温度应在 $30 \sim 60^0 C$，若温度低于 20 ℃则变色缓慢。

（5）在硫-磷混合酸中滴加 $K_2Cr_2O_7$ 溶液，"钨蓝"褪色较慢，应慢慢滴入，并不断摇动，不得过快，容易过量，使结果偏低；此外，一定要等"钨蓝"褪色 $30 \sim 60$ s 后才能滴定，否则会因 $TiCl_3$ 未被完全氧化而消耗 $K_2Cr_2O_7$ 溶液，导致结果偏高。

思考题

1. 还原时，为什么要使用两种还原剂？可否只使用一种？
2. 二苯胺硫磺酸钠指示剂的用量对测定有无影响？

4.36　高锰酸钾法测定软锰矿氧化力

一、实验目的

（1）学习 $KMnO_4$ 溶液的配制方法和保存条件。

（2）掌握用 $Na_2C_2O_4$ 标定 $KMnO_4$ 的原理、方法及滴定条件。

（3）掌握用 $KMnO_4$ 返滴定法测定软锰矿氧化力的原理和方法。

（4）掌握在烧杯中进行滴定的操作方法。

二、实验原理

$KMnO_4$ 是强氧化剂，易与水中的有机物、空气中的尘埃以及氨等还原性物质作用；$KMnO_4$ 又能自行分解，其分解速度随溶液的 pH 而变化。在中性溶液中分解很慢，但 Mn^{2+} 和 MnO_2 能加速 $KMnO_4$ 的分解，见光分解得更快，$KMnO_4$ 溶液性质容易改变，其标准溶液必须正确配制和保存。

标定 $KMnO_4$ 的基准物质有：$Na_2C_2O_4$、$H_2C_2O_4 \cdot 2H_2O$、$FeSO_4 \cdot (NH_4)_2SO_4 \cdot 6H_2O$、$As_2O_3$、铁丝等。其中 $Na_2C_2O_4$ 不含结晶水，容易制得纯品，不吸潮，因此是常用的基准物质。在酸性溶液中，MnO_4^- 与 $C_2O_4^{2-}$ 的反应如下：

$$2MnO_4^- + 5C_2O_4^{2-} + 16H^+ = 2Mn^{2+} + 10CO_2 + 8H_2O$$

室温下反应很慢，实验过程中的反应条件为：① 温度：$75 \sim 85$ ℃；② 酸度：$0.5 \sim 1.0$ mol/L H_2SO_4；③ 速度：Mn^{2+} 催化，滴速先慢后快；④ 终点：$KMnO_4$ 稍过量半滴，溶液呈粉红色（30 s 不褪色）。$KMnO_4$ 自身作指示剂。

$$c_{KMnO_4} = \frac{2m_{Na_2C_2O_4}}{5M_{Na_2C_2O_2} \times V_{KMnO_4}} \times 10^3$$

软锰矿的主要成分是 MnO_2，它是一种黑色或灰黑色无定型粉末。MnO_2 是一种氧化剂，其含量多少可说明氧化能力的大小。由于 MnO_2 的氧化性，不能用 $KMnO_4$ 法直接滴定，可以用返滴定法测定。在硫酸酸性溶液中，加入准确而过量的 $Na_2C_2O_4$（固体）或 $Na_2C_2O_4$ 标准溶液，加热，待 MnO_2 与 $C_2O_4^{2-}$ 作用完毕后，再用 $KMnO_4$ 标准溶液滴定剩余的 $C_2O_4^{2-}$。由总量减去剩余量，就可以算出与 MnO_2 作用所消耗去的 $Na_2C_2O_4$ 的量，从而求得软锰矿中 MnO_2 的百分含量。反应式如下：

$$MnO_2 + Na_2C_2O_4 + 2H_2SO_4 = MnSO_4 + Na_2SO_4 + 2CO_2\uparrow + 2H_2O$$

$$5Na_2C_2O_4 + 2KMnO_4 + 8H_2SO_4 = K_2SO_4 + 2MnSO_4 + 10CO_2\uparrow + 8H_2O$$

$$\omega_{MnO_2} = \frac{\left[\left(\dfrac{m}{M}\right)_{Na_2C_2O_4} - \dfrac{5}{2} \times \dfrac{(cV)_{KMnO_4}}{1\,000}\right] \times M_{MnO_2}}{m_s} \times 100\%$$

三、仪器和试剂

1. 仪器

台秤，表面皿，玻璃砂芯漏斗，细口瓶，锥形瓶。

2. 试剂

$KMnO_4$（A.R.），基准 $Na_2C_2O_4$（$105 \sim 110$ ℃烘干备用），3 mol/L H_2SO_4，软锰矿样品（105 ℃干燥 2 h）。

四、实验步骤

1. 0.02 mol/L KMnO₄溶液的配制

用台秤称取约 1.6 g KMnO₄溶于 500 mL 水中,盖上表面皿,加热至微沸状态保持 1 h,及时补充水至 500 mL。冷却后,用微孔玻璃漏斗或塞有玻璃棉的漏斗过滤(不能使用含有还原性物质的滤器如滤纸)除去 MnO₂沉淀。保存于干燥棕色细口瓶中,摇匀,放置暗处备用。

2. 0.02 mol/L KMnO₄溶液的标定

准确称取 0.13～0.16 g 基准 Na₂C₂O₄三份,分别置于 250 mL 锥形瓶中,加 40 mL 水使之溶解,再加入 10 mL 3 mol/L H₂SO₄溶液,加热到 75～85 ℃,趁热用 KMnO₄滴定。开始滴定时反应速度慢,待第 1 滴溶液褪色后再加入第 2 滴,溶液中产生了 Mn²⁺后,由于催化作用使反应速度加快。滴定溶液至微红色在半分钟内不消失即为终点。平行测定三次。

3. 软锰矿中 MnO₂的测定

准确称取软锰矿试样 0.2 g 于 300 mL 烧杯中,再准确称取基准 Na₂C₂O₄ 0.3～0.4 g,放于同一烧杯中,加 20 mL 蒸馏水及 40 mL H₂SO₄(3 mol/L)溶液,于 75～85 ℃水浴上加热,不断搅拌并随时补充水分,至无 CO₂生成(无大气泡冒出,时间不能太长,否则已还原的 Mn(Ⅱ)会被氧化成 Mn(Ⅳ)),残渣内无黑色颗粒为止,约需 20 min。随后,将溶液用沸水稀释至 100 mL,立即用 KMnO₄标准溶液滴定至溶液呈浅粉色,保持 30 s 不褪色为终点。平行测定 2～3 次。

五、实验结果与数据处理

1. 0.02 mol/L KMnO₄溶液的标定

表 4－30

项目 ＼ 次数	1	2	3
称量瓶＋Na₂C₂O₄(倾出前)(g)			
称量瓶＋Na₂C₂O₄(倾出后)(g)			
$m_{Na_2C_2O_4}$ (g)			
滴定管终读数(mL)			
滴定管初读数(mL)			
V_{KMnO_4} (mL)			
c_{KMnO_4} (mol/L)			
KMnO₄溶液平均浓度(mol/L)			
相对平均偏差(%)			

2. 软锰矿中 MnO_2 氧化力测定

表 4-31

项目 ＼ 次数	1	2	3
称量瓶＋软锰矿样(倾样前)(g)			
称量瓶＋软锰矿样(倾样后)(g)			
软锰矿样质量 m_s(g)			
称量瓶＋$Na_2C_2O_4$(倾样前)(g)			
称量瓶＋$Na_2C_2O_4$(倾样后)(g)			
$m_{Na_2C_2O_4}$(g)			
滴定管终读数(mL)			
滴定管初读数(mL)			
$KMnO_4$溶液体积(mL)			
ω_{MnO_2}(%)			
MnO_2平均质量分数(%)			
相对平均偏差(%)			

六、注意事项

1. 若微沸状态只有 25 min 左右,则需在暗处放置约一周后再过滤。过滤高锰酸钾溶液所用的玻璃砂芯漏斗预先应以同样的高锰酸钾溶液缓缓煮沸 5 min,收集瓶也应用此高锰酸钾溶液洗涤 2~3 次。

2. 若在实验要求时间内,黑色或棕色颗粒矿样在 $Na_2C_2O_4$ 的 H_2SO_4 溶液里不能完全溶解至残渣无黑色颗粒,所得溶液有明显黄色时,可将原来所加 40 mL 3 mol/L H_2SO_4 改为加 20 mL 3 mol/L H_2SO_4,并加 5 mL 15 mol/L H_3PO_4($d_{20℃}=1.700$ g/L)。

思考题

1. 在控制溶液酸度时,为什么不能采用 HCl 或 HNO_3?

2. 在溶解软锰矿试样时,为什么不能加热至沸?

3. 软锰矿试样溶解后,用 $KMnO_4$ 溶液滴定前,为什么要用沸水稀释并立即滴定?

4. 试样溶解完全的标志是什么?若试样溶解不完全,对分析结果有什么影响?试样溶解后,溶液有黄色的原因是什么?

4.37　直接碘量法测定维生素 C 的含量

一、实验目的

通过维生素 C 的测定了解直接碘量法的过程,掌握碘标准溶液的配制和注意事项。

二、实验原理

维生素 C 又称抗坏血酸,是所有具有抗坏血酸活性化学物质的统称,分子式为 $C_6H_8O_6$,摩尔质量为 176.12 g/mol。抗坏血酸没有羟基,其酸性来自于羰基相邻的烯二醇的羟基。

维生素 C 的测定方法有滴定分析法、分光光度法和荧光法等。本实验利用维生素 C 具有较强还原性,用氧化还原滴定分析法中的直接碘量法进行测定。主要反应为

抗坏血酸分子中的二烯醇与 I_2 反应,生成二酮基,反应定量完成,可用于定量测定。为使具有相当强还原性的抗坏血酸不被空气氧化,反应应在稀 HAc 中进行。

由于碘的挥发性、腐蚀性,不宜在分析天平上直接称取,需采用间接配制法。通常用基准 As_2O_3 对 I_2 溶液进行标定。As_2O_3 不溶于水,溶于 NaOH,反应方程式为

$$As_2O_3 + 6NaOH \Longrightarrow 2Na_3AsO_3 + 3H_2O$$

而滴定不能在强碱性溶液中进行,需加 H_2SO_4 中和过量的 NaOH,并加入 $NaHCO_3$ 使溶液 pH=8。I_2 与亚砷酸之间的反应:

$$AsO_3^{3-} + I_2 + H_2O \Longrightarrow AsO_4^{3-} + 2I^- + 2H^+$$

三、仪器与试剂

1. 仪器

台秤,表面皿,漏斗,试剂瓶,锥形瓶,滴定管。

2. 试剂

$NaHCO_3$,KI,I_2(以上均为 AR),基准 As_2O_3(于 105 ℃干燥至恒重),6 mol/L NaOH,0.5 mol/L H_2SO_4,6 mol/L HAc,5 g/L 淀粉指示剂溶液,药用维生素 C 片。

四、实验步骤

1. 0.1 mol/L I_2 标准溶液的配制

称取 10.8 g KI,溶于 10 mL 蒸馏水中,再用表面皿称取 I_2 约 6.5 g,溶于上述 KI 溶液,加 1 滴盐酸,加水稀释至 300 mL,摇匀,用玻璃漏斗过滤,贮于棕色试剂瓶中并置于暗处。

2. 0.1 mol/L I_2 标准溶液的标定

准确称取基准 As_2O_3 0.15 g,加 6 mol/L NaOH 溶液 10 mL,微热使溶解,加水 20 mL,加甲基橙指示剂 1 滴,加 0.5 mol/L H_2SO_4 试液至溶液由黄色变为粉红,再加 $NaHCO_3$ 2 g、水 30 mL、2 mL 5 g/L 淀粉指示剂,用 I_2 标准溶液滴定至蓝色,半分钟内不褪色,计算 I_2 的浓度。

3. 药用维生素 C 片中抗坏血酸含量的测定

称取 2 片维生素 C 片剂(准确至精度 0.000 2 g),置于 250 mL 锥形瓶中,加入 100 mL 新煮沸放冷的蒸馏水和 10 mL 6 mol/L HAc,搅拌使之溶解。加入 2 mL 5 g/L 淀粉指示剂

溶液,立即用 0.1 mol/L 碘标准溶液滴定至溶液呈稳定的蓝色为终点。记录用去 I_2 标准溶液的体积(mL)。

维生素 C(抗坏血酸)含量以质量分数表示:

$$\omega_{维生素C} = \frac{cV \times 0.176\,3}{m}$$

式中:c 为 I_2 标准溶液的浓度,mol/L;V 为样品消耗 I_2 标准溶液的体积,mL;0.176 3 为每毫摩尔维生素 C 的质量,g;m 为试样的质量,g。

五、实验结果与数据处理

数据记录

表 4 - 32

项目　　　　　　　次数	1	2	3
V_{I_2} (mL)			
$\omega_{维生素C}$			
$\overline{\omega}_{维生素C}$			
相对平均偏差(%)			

六、注意事项

(1) 碘在水中溶解度很小,且具有挥发性,故在配制碘标准溶液时常加入过量 KI,使形成可溶性、不易挥发的 I_3^- 配离子。

(2) 加入盐酸是为了使 KI 中可能存在的少量 KIO_3 与 KI 作用生成碘,从而对测定不产生影响。

(3) 蒸馏水中含有溶解氧,所以蒸馏水煮沸放冷后应及时用来溶解维生素 C 试样,以减少试样在测定前被氧化。

(4) 维生素 C 的还原性相当强,空气中易被氧化,在碱性溶液中被氧化得更快。故本测定在稀 HAc 中进行,使其受空气氧化的速度减慢。但试样溶解后,仍需立即进行滴定。

思考题

1. 用直接碘量法测维生素 C 含量时,为什么要在 HAc 介质中进行?

2. 溶解样品时,为什么要用新煮沸并冷却的蒸馏水?

4.38　间接碘量法测定铜盐中铜的含量

一、实验目的

(1) 掌握间接碘量法测定铜的原理和方法。

(2) 掌握 $Na_2S_2O_3$ 标准溶液的配制和标定方法。

二、实验原理

在酸性溶液中,加入过量 KI,析出的碘用 $Na_2S_2O_3$ 标准溶液滴定,并用淀粉作指示剂,反应如下:

$$2Cu^{2+} + 4I^- \Longrightarrow 2CuI + I_2$$

$$I_2 + 2S_2O_3^{2-} \Longrightarrow 2I^- + S_4O_6^{2-}$$

反应需加入过量的 KI,一方面可促使反应进行完全,另一方面使形成 I_3^-,以增加 I_2 的溶解度。

为了避免 CuI 沉淀吸附 I_2,造成结果偏低,须在近终点(否则 SCN^- 将直接还原 Cu^{2+})时加入 SCN^-,使 CuI 转化成溶解度更小的 CuSCN,释放出被吸附的 I_2。

溶液的 pH 一般控制在 $3.0 \sim 4.0$ 之间,酸度过高,空气中的氧会氧化 I_2(Cu^{2+} 对此氧化反应有催化作用);酸度过低,Cu^{2+} 可能水解,是反应不完全,且反应适度变慢,终点拖长。一般采用 NH_4F 缓冲溶液,一方面控制溶液酸度,另一方面也能掩蔽 Fe^{3+},消除 Fe^{3+} 氧化 I^- 对测定的干扰。

硫代硫酸钠($Na_2S_2O_3 \cdot 5H_2O$)一般都含有少量杂质,如 S、Na_2SO_3、Na_2SO_4、Na_2CO_3、NaCl 等,还容易风化和潮解,需用间接法配制。Na_2SO_3 易受水中溶解的 CO_2、O_2 和微生物的作用而分解,故应用新煮沸冷却的蒸馏水来配制;此外,$Na_2S_2O_3$ 在日光下、酸性溶液中极不稳定、在 $pH = 9 \sim 10$ 时较为稳定,所以在配制时还需加入少量 Na_2CO_3,配制好的标准溶液应贮于棕色瓶中置于暗处保存。长期使用的 $Na_2S_2O_3$ 标准溶液要定期标定。通常用 $K_2Cr_2O_7$ 作基准物标定 $Na_2S_2O_3$ 的浓度,反应为

$$Cr_2O_7^{2-} + 6I^- + 14H^+ \Longrightarrow 2Cr^{3+} + 3I_2 + 7H_2O$$

析出的碘再用标准 $Na_2S_2O_3$ 溶液滴定。

三、仪器和药品

1. 仪器

锥形瓶,表面皿,台秤,滴定管。

2. 药品

$0.1 \text{ mol/L } Na_2S_2O_3$ 溶液:称取 $12.5 \text{ g } Na_2S_2O_3 \cdot 5H_2O$ 和新煮沸并冷却的蒸馏水溶解,加入 $0.1 \text{ g } Na_2CO_3$,再用新煮沸并冷却的蒸馏水稀释至 500 mL,贮于棕色瓶中,于暗处放置 $7 \sim 14$ 天后标定。

0.5% 淀粉溶液,6 mol/L HCl,$20\% \text{ KI}$ 溶液,$10\% \text{ KSCN}$ 溶液,$0.02 \text{ mol/L } K_2Cr_2O_7$ 溶液,$1 \text{ mol/L } H_2SO_4$ 溶液。

四、实验步骤

1. $Na_2S_2O_3$ 的标定

取 $0.02 \text{ mol/L } K_2Cr_2O_7$ 标准溶液 25.00 mL 于锥形瓶中,加入 $5 \text{ mL } 20\% \text{ KI}$ 溶液、$5 \text{ mL } 6 \text{ mol/L HCl}$ 溶液。立即盖上表面皿,轻轻摇匀,于暗处放置 5 min,再加水稀释至 100 mL 用待标定的 $Na_2S_2O_3$ 溶液滴定至浅黄绿色时,加入 5 mL 淀粉溶液,继续滴定到蓝色刚好消

失,即为终点(终点呈 Cr^{3+} 的绿色)。

2. 铜盐的测定

准确称取铜盐试样 $0.6\sim0.7$ g,置于锥形瓶中,加 1 mol/L H_2SO_4 溶液 5 mL,蒸馏水 40 mL,溶解后,加入 20% KI 溶液 5 mL,立即用 0.1 mL $Na_2S_2O_3$ 标准溶液滴定到浅黄色,然后加入 5 mL 淀粉指示剂,滴定到浅蓝色,再加入 10% KSCN 10 mL,摇匀,继续用 $Na_2S_2O_3$ 溶液滴定到蓝色刚好消失,此时溶液为粉色的 CuSCN 悬浊液。

五、实验结果与数据处理

1. 数据记录

表 4 - 33

次数 项目	第一次	第二次	第三次
m_s(g)			
$V_{Na_2S_2O_3}$ (mL)			
ω_{Cu}(%)			
$\overline{\omega}_{Cu}$(%)			
相对平均偏差(%)			

2. 数据处理

$$\omega_{Cu} = \frac{c_{Na_2S_2O_3} V_{Na_2S_2O_3} M_{Cu}}{m_s} \times 100\%$$

六、注意事项

(1) 过量的 KI 与在足够的浓度、适当的酸度条件下,约需 5 min 反应才能进行完全。

(2) 稀释后降低了绿色 Cr^{3+} 的浓度,避免其影响终点观察;同时还减低了溶液的酸度,有利于 $Na_2S_2O_3$ 的滴定。

(3) 近终点加入淀粉,以免淀粉吸附大量 I_2。

(4) 在近终点加入 KSCN,避免 I_2 被 KSCN 还原;此时,滴定速度要慢且应充分摇动,使吸附在沉淀上的 I_2 进入溶液反应完全。

思考题

1. 测定铜含量时,为什么要加入过量的 KI? 加入 KSCN 的作用是什么?

2. 硫酸铜易溶于水,为什么溶解时要加硫酸?

3. 请查看有关标准电极电位,说明为什么本实验中 Cu^{2+} 能够氧化 I^-?

4. 若含铜溶液中存在 Fe^{3+},对测定有何影响? 如何消除这种影响?

4.39 沉淀滴定法测定可溶性氯化物中的氯含量

一、实验目的

(1) 掌握三种银量法测定氯化物中氯含量的原理与方法。
(2) 掌握三种银量法的滴定条件的控制及根据沉淀颜色的变化确定滴定终点。

二、实验原理

利用沉淀滴定法测定氯化物中氯含量,有莫尔法、福尔哈德法和法扬司法三种。

1. 莫尔法

测定 Cl^- 时,在中性或弱碱性溶液中以 $K_2Cr_2O_4$ 作指示剂,以 $AgNO_3$ 标准溶液滴定 Cl^-,$AgCl$ 定量沉淀完全后,过量的 1 滴 $AgNO_3$ 溶液即与 CrO_4^{2-} 生成砖红色的 Ag_2CrO_4 沉淀而指示终点:

$$Ag^+ + Cl^- \longrightarrow AgCl\downarrow \qquad (白色,K_{sp}=1.6\times10^{-10})$$
$$2Ag + CrO_4^{2-} \longrightarrow Ag_2CrO_4\downarrow \qquad (砖红色,K_{sp}=9.0\times10^{-12})$$

莫尔法应注意酸度和指示剂用量对滴定的影响。

2. 福尔哈德法

测 Cl^- 时,在酸性被测物溶液中,加入一定量 $AgNO_3$ 标准溶液,以铁铵矾作指示剂,再用标准溶液滴定剩余量的,过量的 1 滴 SCN^- 与 Fe^{3+} 形成红色配合物,指示终点到达:

计量点前:$Cl^- + Ag^+(过量) \Longrightarrow AgCl\downarrow(白色)$
$\qquad\qquad Ag^+(余) + SCN^- \Longrightarrow AgSCN\downarrow(白色)$
计量点:$SCN^- + Fe^{3+} \Longrightarrow Fe(SCN)^{2+}(红色)$

3. 法扬斯法

用荧光黄等吸附指示剂时,计量点前,$AgCl$ 沉淀吸附 Cl^- 带负电荷$[(AgCl)Cl^-]$,而不吸附同样带负电荷的荧光黄阴离子,溶液呈黄绿色;稍过计量点,溶液中 Ag^+ 过剩,沉淀吸附 Ag^+ 而带正电荷,同时吸附荧光黄阴离子$[(AgCl)Ag^+Fl^-]$,这时溶液由黄绿色变成淡红色,指示终点到达。

法扬斯法应注意溶液酸度(荧光黄的 $K_a=10^{-7}$,故溶液酸度应控制在 $pH=7\sim10$)、加入糊精或淀粉作保护胶体,操作时注意避光。

三、仪器与试剂

1. 仪器

台秤,滴定管,锥形瓶,烧杯,容量瓶。

0.1 mol/L $AgNO_3$:称取 8.5 g $AgNO_3$ 于小烧杯中,加水溶解后转到棕色试剂瓶中,稀释到 500 mL。

5% $K_2Cr_2O_4$ 指示剂:5 g $K_2Cr_2O_4$ 溶于 100 mL 水中。

0.1% 荧光黄溶液:0.1 g 荧光黄溶于 10 mL 1 mol/L NaOH 溶液中,用 0.1 mol/L HNO_3 溶液中和至中性,用试纸检验,用水稀释至 100 mL。

0.1 mol/L NH$_4$SCN 溶液：称取约 3 g NH$_4$SCN 溶解后稀释至 400 mL。

基准 NaCl，0.1% 糊精溶液，铁铵钒饱和溶液，6 mol/L HNO$_3$ 溶液。

四、实验步骤

1. 0.1 mol/L AgNO$_3$ 标准溶液的标定

准确称取基准 NaCl 0.12～0.18 g，加入 50 mL 蒸馏水，溶解后，加入 K$_2$Cr$_2$O$_4$ 指示剂 1 mL，用 AgNO$_3$ 标准溶液滴定至溶液中呈砖红色沉淀即为终点，平行测定 2～3 次。计算 AgNO$_3$ 的浓度。

2. 0.1 mol/L NH$_4$SCN 标准溶液的标定

准确移取 0.1 mol/L AgNO$_3$ 标准溶液 25.00 mL 于锥形瓶中，加入 6 mol/L HNO$_3$ 溶液 5 mL 和 1 mL 铁铵钒指示剂，用 NH$_4$SCN 标准溶液在不断振摇下滴定，至溶液出现稳定的淡红色即为终点。平行测定 2～3 次。计算 NH$_4$SCN 标准溶液的浓度。

3. 可溶性氯化物试液的制备

准确称取 1.2～1.5 g 氯化物试样于小烧杯中，加水溶解后，定量转移至 250 mL 容量瓶中。

4. 可溶性氯化物中氯的测定（莫尔法）

准确移取上述氯化物试液 25.00 mL，加入 20 mL 水，0.5% K$_2$Cr$_2$O$_7$ 1 mL，边剧烈摇动边用 AgNO$_3$ 标准溶液滴定至溶液呈现砖红色沉淀，平行测定 2～3 次。

5. 可溶性氯化物中氯的测定（法扬斯法）

准确移取上述氯化物试液 25.00 mL，加 10 滴荧光黄指示剂、10 mL 糊精溶液，摇匀后，用 AgNO$_3$ 标准溶液滴定至溶液由黄绿色变为粉红色沉淀即为终点，平行测定 2～3 次。

6. 可溶性氯化物中氯的测定（福尔哈德法）

准确移取上述氯化物试液 25.00 mL，加水 25.00 mL 和加 6 mol/L 新煮沸并冷却的 HNO$_3$ 5 mL，在不断摇动下由滴定管中加入 AgNO$_3$ 标准溶液约 30 mL（要准确读数），再加入 1 mL 铁铵钒指示剂，用 NH$_4$SCN 标准溶液滴定过量的 Ag^{3+} 至溶液出现稳定的浅红色，即为终点，平行测定 2～3 次。

五、实验结果与数据处理

1. 莫尔法：
$$Cl(\%) = \frac{(cV)_{AgNO_3} \cdot M_{Cl} \times 10^{-3}}{m \times \frac{25}{250}} \times 100\%$$

2. 法扬斯法：
$$Cl(\%) = \frac{(cV)_{AgNO_3} \cdot M_{Cl} \times 10^{-3}}{m \times \frac{25}{250}} \times 100\%$$

3. 福尔哈德法：
$$Cl(\%) = \frac{[(cV)_{AgNO_3^-} - (cV)_{NH_4SCN}] \cdot M_{Cl} \times 10^{-3}}{m \times \frac{25}{250}} \times 100\%$$

思考题

1. 莫尔法测定氯时，对 K$_2$Cr$_2$O$_4$ 指示剂的用量有何要求？

2. 为什么福尔哈德法测定 Cl^- 比测定 Br^-、I^- 引入误差的机会大?

3. 法扬斯法中,应如何控制溶液酸度?

4.40　沉淀重量法测定氯化钡中的钡含量

一、实验目的

(1) 掌握晶形沉淀的制备方法。

(2) 掌握重量分析的基本操作方法。

二、实验原理

钡的难溶盐中,$BaSO_4$ 的溶解度小,若加入过量沉淀剂,使其溶解度更为降低,溶解损失可忽略不计。灼烧干燥法中,过量 H_2SO_4 的沉淀剂可在高温下挥发除去,故 H_2SO_4 可过量 $50\%\sim100\%$,在微波干燥中,过的 H_2SO_4 不易除去,故 H_2SO_4 的过量须控制在 $20\%\sim50\%$ 以内,此外,微波干燥法的沉淀条件和洗涤操作的要求更严格。

将氯化钡试样溶于水后,用稀盐酸酸化,加热近沸,在不断搅拌下逐滴加入稀 H_2SO_4。生成的沉淀经陈化、过滤、洗涤后,灼烧或微波干燥,以 $BaSO_4$ 形式称量,即可求得试样中的含量。

三、仪器与试剂

1. 仪器

马弗炉,瓷坩埚,长颈漏斗,玻璃坩埚,抽滤瓶,真空泵,分析天平。

2. 试剂

$BaCl_2 \cdot 2H_2O$ 试样,1 mol/L H_2SO_4,2 mol/L HCl,1 mol/L $AgNO_3$。

四、实验步骤

1. 采用灼烧干燥法

(1) 瓷坩埚准备:洗净 2~3 个带盖瓷坩埚,在 $800\sim850$ ℃下灼烧,第一次灼烧 30~40 min,第二次灼烧 15~20 min,直至恒重。

(2) 沉淀的制备:准确称取 $BaCl_2 \cdot 2H_2O$ 试样 0.4~0.6 g 于 250 mL 烧杯中,加水 100 mL,搅拌使之溶解,加入 2 mol/L HCl 3 mL,加热近沸(勿使溶液沸腾,以免溅失)。另用烧杯取 1 mol/L H_2SO_4 4 mL,加水 30 mL,加热近沸,在不断搅拌下趁热用滴管逐滴加入到热试样溶液中(开始 4~5 s 加一滴,后面可稍快些),待 $BaSO_4$ 沉降完毕后,于上层清液中滴加 1~2 滴稀 H_2SO_4,仔细观察,若无浑浊,表示已沉淀完全。将玻璃棒靠在烧杯嘴上(切不可拿出烧杯外),盖上表面皿,于水浴上加热 0.5~1 h,或在室温下放置 12 h 陈化。

(3) 沉淀的过滤与洗涤:用慢速或中速定量滤纸过滤(倾泻法),用稀 H_2SO_4 洗涤液(3 mL 1 mol/L H_2SO_4 稀释成 200 mL)洗涤 3~4 次,每次约 10 mL(少量多次),最后小心地将沉淀转移到滤纸上,并用一小块滤纸擦净杯壁后置于漏斗内的滤纸上,继续用洗涤液洗涤沉淀至无 Cl^-(用 $AgNO_3$ 检查)。

（4）沉淀的炭化、灰化和灼烧：将沉淀和滤纸取出包好，置于已恒重的瓷坩埚中，在电炉上炭化、灰化，再移入马弗炉中，于 800～850 ℃ 下灼烧至恒重，第一次 1 h，第二次 10～15 min。平行测定 2～3 次。

2. 采用微波干燥法

（1）玻璃坩埚的准备：将玻璃坩埚洗净，用真空泵抽 2 min，除去玻璃沙板微孔中的水分，置于微波炉中干燥至恒重，第一次 10 min，第二次 4 min。

（2）沉淀的制备同灼烧干燥法。

（3）沉淀的过滤、洗涤与干燥：$BaSO_4$ 沉淀经冷却或陈化后，用倾泻法在已恒重的玻璃坩埚中进行减压过滤，并按灼烧重量法进行洗涤。沉淀转移后，用水淋洗沉淀及坩埚内壁至无 Cl^-，继续抽干直至不再产生水雾，然后将坩埚移入微波炉干燥至恒重，第一次 10 min，第二次 4 min。平行测定 2～3 次。

五、实验结果与数据处理

1. 数据记录

表 4 - 34

项目　　　　　次数	1	2	3
$M_{BaCl_2 \cdot 2H_2O}$ (g)			
M_{BaSO_4} (g)			
ω_{Ba} (%)			
$\overline{\omega}_{Ba}$ (%)			
相对平均偏差(%)			

2. 数据处理

$$\omega_{Ba} = \frac{M_{BaSO_4} \times \dfrac{M_{Ba}}{M_{BaSO_4}}}{M_{BaCl_2 \cdot 2H_2O}} \times 100\%$$

六、注意事项

（1）防止产生 $BaCO_3$、$BaHPO_4$ 沉淀以及生成 $Ba(OH)_2$ 共沉淀；同时，适当提高酸度，增加 $BaSO_4$ 在沉淀过程中的溶解度，以降低其相对过饱和度，有利于获得较好的晶形沉淀。

（2）在热溶液中不断搅拌下进行沉淀，可降低相对过饱和度，避免局部过浓，同时也可减少对杂质的吸附。

（3）Cl^- 为混入沉淀中的主要杂质，若已检不出 Cl^-，可认为其他杂质已完全除去。

思考题

1. 为什么要在稀 HCl 介质中沉淀 $BaSO_4$？HCl 加入太多有什么影响？

2. 试解释用 $BaSO_4$ 重量法测定 Ba^{2+} 和 SO_4^{2-} 时，沉淀剂的过量程度有何不同？为什么？

4.41　硅酸盐水泥中硅、铁、铝、钙和镁含量的系统分析

一、实验目的

（1）了解重量法测定水泥熟料中 SiO_2 含量的原理和方法。

（2）进一步掌握配位滴定法的原理，特别是通过控制试液的酸度、温度及选择适当的掩蔽剂和指示剂等，在铁、铝、钙、镁共存时直接分别测定它们的方法。

（3）掌握配位滴定的几种测定方法——直接滴定法、返滴定法和差减法，以及这几种测定方法中的计算方法。

（4）掌握水浴加热、沉淀、过滤、洗涤、灰化、灼烧等操作技术。

二、实验原理

普通硅酸盐水泥熟料主要由 SiO_2（18%～24%）、Fe_2O_3（2.0%～5.5%）、Al_2O_3（4.0%～9.5%）和 CaO（60%～68%）组成，另外还含少量 MgO（<4.5%）和 SO_3（<3.0%）。其矿物组成为硅酸三钙（$3CaO \cdot SiO_2$）、铝酸三钙（$3CaO \cdot Al_2O_3$）和铁铝酸四钙（$4CaO \cdot Al_2O_3 \cdot Fe_2O_3$）等，与盐酸作用时，生成硅酸和可溶性的氯化物。

$$2CaO \cdot SiO_2 + 4HCl \longrightarrow 2CaCl_2 + H_2SiO_3 + H_2O$$
$$3CaO \cdot SiO_2 + 6HCl \longrightarrow 3CaCl_2 + H_2SiO_3 + 2H_2O$$
$$3CaO \cdot Al_2O_3 + 12HCl \longrightarrow 3CaCl_2 + 2AlCl_3 + 6H_2O$$
$$4CaO \cdot Al_2O_3 \cdot Fe_2O_3 + 20HCl \longrightarrow 4CaCl_2 + 2AlCl_3 + 2FeCl_3 + 10H_2O$$

硅酸是一种很弱的无机酸，在水溶液中绝大部分以溶胶状态存在，其化学式应以 $SiO_2 \cdot nH_2O$ 表示。在用浓酸和加热蒸干等方法处理后，能使大部分硅酸水溶胶脱水成水凝胶析出，因此可以利用沉淀分离的方法把硅酸与水泥中的铁、铝、钙、镁等其他组分分开。本实验中以重量法测定 SiO_2 的含量，Fe_2O_3、Al_2O_3、CaO 和 MgO 的含量以 EDTA 配位滴定法测定。

在水泥经酸分解后的溶液中，采用加热蒸发近干和加固体氯化铵两种措施，使水溶几天的胶状硅酸尽可能全部脱水析出。蒸干胶水是将溶液控制在 100～110 ℃温度下进行的。由于 HCl 的蒸发，硅酸中所含的水分大部分被带走，硅酸水溶胶即成为水凝胶析出。由于溶液中的 Fe^{3+}、Al^{3+} 等离子在温度超过 110 ℃时易水解生成难溶性的碱式盐，而混在硅酸凝胶中，这样将使 SiO_2 的结果偏高，而 Fe_2O_3、Al_2O_3 等的结果偏低，故加热蒸干宜采用水浴以严格控制温度。

加入固体 NH_4Cl 后，由于 NH_4Cl 的水解，夺取了硅酸中的水分，从而加速了脱水过程，促使含水二氧化硅由溶于水的水溶胶变为不溶于水的水凝胶。反应式如下：

$$NH_4Cl + H_2O \Longleftrightarrow NH_3 \cdot H_2O + HCl$$

含水硅酸的组成不固定，故沉淀经过滤、洗涤、烘干后，还需经 950～1 000 ℃高温灼烧成固定成分 SiO_2，然后称量，根据沉淀的质量计算 SiO_2 的质量分数。

灼烧时，硅酸凝胶不仅失去吸附水，并进一步失去结合水，脱水过程的变化如下：

$$H_2SiO_3 \cdot nH_2O \xrightarrow{110\ ℃} H_2SiO_3 \xrightarrow{950～1\ 000\ ℃} SiO_2$$

灼烧所得 SiO_2 沉淀是雪白而又疏松的粉末。如所得沉淀呈灰色、黄色或红棕色,说明沉淀不纯。在要求比较高的测定中,应用氢氟酸-硫酸处理后重新灼烧、称量,扣除混入杂质量。

水泥中的铁、铝、钙、镁等组分以 Fe^{3+}、Al^{3+}、Ca^{2+}、Mg^{2+} 等离子形式存在于过滤 SiO_2 沉淀后的滤液中,它们都与 EDTA 形成稳定的配离子。但这些配离子的稳定性有较显著的差别,因此只要控制适当的酸度,就可用 EDTA 分别滴定它们。

(1)铁的测定:一般以磺基水杨酸或其钠盐为指示剂,在溶液酸度为 pH1.5～2,温度为 60～70℃条件下进行。滴定反应式如下:

$$滴定反应:Fe^{3+} + H_2Y^{2-} \Longrightarrow \underset{亮黄色}{FeY^-} + 2H^+$$

$$指示剂显色反应:Fe^{3+} + \underset{无色}{HIn^-} \Longrightarrow \underset{紫红色}{FeIn^+} + H^+$$

$$终点时:FeIn^+ + H_2Y^{2-} \Longrightarrow \underset{亮黄色}{FeY^-} + HIn^- + H^+$$

用 EDTA 滴定铁的关键,在于正确控制溶液 pH 和掌握适宜的温度。实验表明,溶液的酸度控制得不恰当对测定铁的结果影响很大。在 pH=1.5 时,结果偏低;pH>3 时,Fe^{3+} 开始形成红棕色氢氧化物,往往无滴定终点,共存的 Ti^{4+} 和 Al^{3+} 的影响也显著增加。滴定时溶液的温度以 60～70℃为宜,当温度高于 75℃,并有 Al^{3+} 存在时,Al^{3+} 亦可能与 EDTA 配位,使 Fe_2O_3 的测定结果偏高,而 Al_2O_3 的结果偏低。当温度低于 50℃时,则反应速度缓慢,不易得出准确的终点。

(2)铝的测定:以 PAN 为指示剂的铜盐回滴法是普遍采用的一种测定铝的方法。

因为 Al^{3+} 与 EDTA 的配位作用进行得较慢,不宜采用直接滴定法,所以一般先加入过量的 EDTA 溶液,并加热煮沸,使 Al^{3+} 与 EDTA 充分反应,然后用 $CuSO_4$ 标准溶液回滴过量的 EDTA。

Al-EDTA 络合物是无色的,PAN 指示剂在 pH 为 4.3 的条件下是黄色,所以滴定开始前溶液呈黄色。随着 $CuSO_4$ 标准溶液的加入,Cu^{2+} 不断与过量的 EDTA 生成淡蓝色的 Cu-EDTA,溶液逐渐由黄色变绿色。在过量的 EDTA 与 Cu^{2+} 完全反应后,继续加入 $CuSO_4$,过量的 Cu^{2+} 即与 PAN 络合成深红色络合物,由于蓝色的 Cu-EDTA 的存在,所以终点呈紫色。滴定过程中的反应如下:

$$滴定反应:Al^{3+} + H_2Y^{2-} \Longrightarrow AlY^- + 2H^+$$

$$用铜盐返滴定过量 EDTA:H_2Y^{2-} + Cu^{2+} \Longrightarrow \underset{蓝色}{CuY^{2-}} + 2H^+$$

$$终点时变色反应:Cu^{2+} + \underset{黄色}{PAN} \longrightarrow \underset{深红色}{Cu-PAN}$$

这里需要注意的是,溶液中存在三种有色物质,而它们的浓度又在不断变化,溶液的颜色取决于三种有色物质的相对浓度,因此此终点颜色的变化比较复杂。疑点是否敏锐,关键是 Cu-EDTA 络合物浓度的大小。终点时,Cu-EDTA 的量等于加入的过量的 EDTA 的量。一般来说,在 100 mL 溶液中加入的 EDTA 标准溶液(浓度约为 0.015 mol/L)以过量 10 mL

为宜。在这种情况下,实际观察到的终点颜色为紫红色。

水泥熟料用盐酸分解,硅酸盐分解生成可溶性盐,低温蒸发至湿盐状,于 70 ℃水浴中,8 mol/L HCl 酸度下,加入新配置的动物胶,使硅酸沉淀,并于 1 000 ℃灼烧至恒重。吸取分离硅后的滤液,在 pH＝1.5～2 的酸性溶液中,以磺基水杨酸(ssal)为指示剂,在 60～70 ℃的温度下,EDTA 与 Fe^{3+} 生成稳定的配合物,终点由紫红色变成亮黄色或无色,根据 EDTA 消耗的量计算 Fe_2O_3 的含量。在滴定铁后的试液中加入过量的 EDTA(不需计量),加热煮沸,使 Al 与 EDTA 配合完全,然后调 pH＝5～5.5,过量的 EDTA 以 PAN 为指示剂,用 Cu 盐标液滴定,再加过量的 NH_4F 置换 Al－EDTA 中的 EDTA,然后再用 Cu 盐标液滴定释放出来的 EDTA,从而求得 Al 的含量。用分离硅后的滤液,在氨性条件下,将铁、铝分离,再用 EDTA 法测定分离铁铝后滤液中钙镁含量。

三、实验仪器与试剂

1. 仪器

马弗炉,电子天平等。

2. 试剂

盐酸,动物胶,EDTA,99.99％铜丝,磺基水杨酸,PAN 指示剂,钙指示剂,甲基红指示剂,乙醇,乙酸,乙酸钠,氟化铵,三乙醇胺,氢氧化钾,抗坏血酸,EBT 指示剂,氨水,氯化铵等。

四、实验步骤

1. 二氧化硅的测定

准确称取试样 0.5 g 左右,置于干燥的 50 mL 烧杯(或 100～150 mL 瓷蒸发皿)中,加 2 g 固体氯化铵,用平头玻璃棒混合均匀。盖上表面皿,沿杯口滴加 3 mL 浓盐酸和 1 滴浓硝酸[①],仔细搅匀,使试样充分分解。将烧杯置于沸水浴上,杯上放一玻璃三角架,再盖上表面皿,蒸发至近干(约需 10～15 min)(为什么要蒸发至近干?)取下,加 10 mL 热的 3％稀盐酸[②],搅拌,使可溶性盐类溶解,以中速定量滤纸过滤,用胶头滴管以热的(3∶97)稀盐酸擦洗玻璃棒及烧杯,并洗涤沉淀至洗涤液中不含 Cl^- 为止。Cl^- 可用 $AgNO_3$ 溶液检验。滤液及洗涤液保存在 250 mL 容量瓶中,并用水稀释至刻度,摇匀,供测定 Fe^{3+}、Al^{3+}、Ca^{2+}、Mg^{2+} 等离子之用。

将沉淀和滤纸移至已称至恒重的瓷坩埚中,先在电炉上低温烘干(为什么?),再升高温度使滤纸充分灰化。然后在 950～1 000 ℃的高温炉中灼烧 30 min。取出,稍冷,再移置于干燥器中,冷却至室温(约需 15～40 min),称量。如此反复灼烧,直至恒重。

2. 铁离子的测定

准确吸取分离 SiO_2 后的滤液 50 mL,置于 400 mL 烧杯中,加 2 滴 0.05％溴甲酚绿指示剂(溴甲酚绿指示剂在 pH 小于 3.8 时呈黄色,大于 5.4 时呈绿色),此时溶液呈黄色。逐滴

---

① 加入浓硝酸的目的是使铁全部以正三价状态存在。

② 加入热的稀盐酸溶液是为了防止 Fe^{3+} 和 Al^{3+} 水解成氢氧化物沉淀而混在硅酸中,以及防止硅酸溶胶。

滴加(1∶1)氨水,使之成绿色。然后再用(1∶1)HCl 溶液调节溶液酸度至呈黄色后再过量 3 滴,此时溶液酸度约为 pH=2。加热至约 70 ℃[①]取下,加 10 滴 10%磺基水杨酸,以 0.02 mol/L EDTA 标准溶液滴定。滴定开始时溶液呈红紫色,此时滴定速度宜稍快些,当溶液开始呈淡红紫色时,滴定速度放慢,一定要每加 1 滴,摇匀,并观察现象,然后再加 1 滴,必要时再加热,直至滴到溶液变为亮黄色,即为终点。

3. 铝离子的测定

在滴定铁含量后的溶液中,加入 0.02 mol/L EDTA 标准溶液约 20 mL[②],记下读数,然后用水稀释至 200 mL,用玻璃棒搅匀。然后再加入 15 mL pH=4.3 的 HAc-NaAc 缓冲溶液,以精密 pH 试纸检查。煮沸 1~2 min,取下,冷至 90 ℃左右,加入 4 滴 0.2% PAN 指示剂,以 0.02 mol/L CuSO₄ 标准溶液滴定。开始时溶液呈黄色,随着 CuSO₄ 标准溶液的加入,颜色逐渐变绿并加深,直至再加入 1 滴突然变为亮紫色,即为终点。在变为亮紫色之前,曾有由蓝绿色变灰绿色的过程。在灰绿色溶液中再加 1 滴 CuSO₄ 溶液,即为亮紫色。

4. 钙离子的测定

准确吸取分离 SiO₂ 后的滤液 25 mL 置于 250 mL 锥形瓶中,加水稀释至约 50 mL,加 4 mL(1∶1)三乙醇胺溶液,摇匀后再加 5 mL 10%NaOH 溶液,再摇匀,加入约 0.01 g 固体钙指示剂(用药勺小头取约 1 勺),此时溶液呈酒红色。然后以 0.02 mol/L EDTA 标准溶液滴定至溶液呈蓝色,即为终点。

5. 镁离子的测定

准确吸取分离 SiO₂ 后的滤液 25 mL 置于 250 mL 锥形瓶中,加水稀释至约 50 mL,加 1 mL 10%酒石酸钾钠溶液,加 4 mL(1∶1)三乙醇胺溶液,摇匀后,加入 5 mL pH 为 10 的 NH₃-NH₄Cl 缓冲溶液,再摇匀,然后加入适量酸性铬蓝 K-萘酚绿 B 指示剂,以 0.02 mol/L EDTA 标准溶液滴定至溶液呈蓝色,即为终点。根据此结果计算所得的为钙、镁合量,由此减去钙量即为镁量。

五、实验结果与数据处理

1. 二氧化硅的含量计算

$$SiO_2(\%)=\frac{G_1}{G}\times 100$$

2. 三氧化铁的含量计算

$$Fe_2O_3(\%)=\frac{c_{EDTA}\times V_{EDTA}\times 0.079\ 85}{G\times\frac{50}{250}}\times 100$$

3. 三氧化二铝的含量计算

$$Al_2O_3(\%)=\frac{V_{Cu^{2+}}\times c_{Cu^{2+}}\times 0.050\ 98}{G\times\frac{50}{250}}\times 100$$

----

① 注意防止剧沸,否则 Fe^{3+} 会水解形成氢氧化铁,使实验失败。

② 根据试样中 Al_2O_3 的大致含量进行粗略计算。此处加入 20 mL EDTA 标准溶液,约过量 10 mL。

4. 氧化钙的含量计算

$$CaO(\%) = \frac{V_1 \times c_{EDTA} \times 0.056\,08}{G \times \frac{100}{250} \times \frac{25}{250}} \times 100$$

5. 氧化镁的含量计算

$$MgO(\%) = \frac{(V_2 - V_1) \times c_{EDTA} \times 0.040\,32}{G \times \frac{100}{250} \times \frac{25}{250}} \times 100$$

六、注意事项

(1) NaOH 熔融时一定要逐渐升温,否则样品容易溅失。

(2) 沉淀的过滤和洗涤要小心。洗涤时采用"少量多次"的原则,即将沉淀洗净又保证滤液和洗液不超过 250 mL(所用容量瓶是 250 mL)。

(3) 溴甲酚绿不宜多加,如加多了,黄色的底色深,在铁的滴定中,对准确观察终点的颜色变化有影响。

(4) Fe^{3+} 与 EDTA 的配合反应进行较慢,故最好加热以加速反应。滴定慢,溶液温度降得快,不利于反应,但如果滴得快,来不及反应,又容易滴过终点,较好的办法是开始时滴定稍快(注意也不能很快),至化学计量点附近时放慢。

(5) Al^{3+} 在 pH > 4.3 的溶液中会产生沉淀,因此必须先加 EDTA 标准溶液,再加 HAc - NaAc 缓冲液,并加热。这样溶液的 pH 达到 4.3 之前,大部分 Al^{3+} 已生成 Al - EDTA 络合物,以免水解而形成沉淀。

思考题

1. 如何分解水泥熟料试样?分解时的化学反应是什么?

2. 本实验测定 SiO_2 含量的方法原理是什么?

3. 试样分解后加热蒸发的目的是什么?操作中应注意什么?

4. 洗涤沉淀的操作应注意什么?怎样提高洗涤的效果?

5. SiO_2 沉淀在高温灼烧前,为什么需经干燥、炭化?

6. 在 Fe^{3+}、Al^{3+}、Ca^{2+}、Mg^{2+} 等离子共存的溶液中,以 EDTA 标准溶液分别滴定 Fe^{3+}、Al^{3+}、Ca^{2+} 等离子以及 Ca^{2+}、Mg^{2+} 离子的含量时,是怎样消除其他共存离子的干扰的?

7. 在滴定上述各种离子时,溶液酸度应分别控制在什么范围?为什么?

8. 在 Ca^{2+} 的测定中,为什么要先加入三乙醇胺而后加 NaOH 溶液?

4.42 微型称量滴定法测定氯化铵的含量

一、实验目的

(1) 进一步巩固摩尔法测定氯的原理与方法。

(2) 掌握微型称量滴定的原理与方法。

二、实验原理

微型化学实验是化学实验改革的趋势和方向,其主要目的是节省试剂和减少化学实验对社会环境的污染。本实验在氯化铵的摩尔法测定中,采用微型称量滴定法,通过准确称量与被测物反应前后标准溶液的质量来计算被测物含量。

摩尔法是采用 5% K_2CrO_4 作指示剂,在中性或弱碱性条件下用 $AgNO_3$ 作标准溶液测定 Cl^- 和 Br^-。

三、仪器与试剂

1. 仪器

万分之一分析天平,5 mL 医用注射器。

2. 试剂

质量摩尔浓度为 b_B 的 $AgNO_3$ 标准溶液,5% K_2CrO_4 指示剂。

四、实验步骤

准确称取约 0.2 g 的氯化铵样品,置于 250 mL 锥形瓶中,加蒸馏水 50 mL 溶解,加 1 mL K_2CrO_4 指示剂;用注射器抽取质量摩尔浓度为 b_B 的 $AgNO_3$ 标准溶液,准确称其质量为 m_1,然后用此标准溶液滴定至悬浊液呈砖红色,即为终点。再准确称量注射器及剩余 $AgNO_3$ 标准溶液质量为 m_2,按下式进行含量计算:

$$NH_4^+(\%) = \frac{b_B(m_1-m_2)\times18.0}{s}\times100\%$$

平行测定三次。

五、注意事项

准确称量;小心滴定;准确判断终点。

在本实验中,标准溶液浓度为何用质量摩尔浓度? 可否用其他浓度?

4.43 灰分的测定

一、实验目的

(1)掌握煤的灰分测定原理和方法。
(2)学会马弗炉的操作方法。

二、实验原理

煤的灰分是指煤中所有可燃物质完全燃烧以及煤中矿物质在一定温度下产生一系列分解、化合等反应后剩余的残渣。煤的灰分全部来自煤中矿物质,但其组成、质量等与煤中矿物质不完全相同。因此,确切的说,煤的灰分应称为灰分产率。

煤中矿物质有不同的来源,一种是原生矿物质,它是由成煤植物本身所含的矿物质形成的,所占比例很小;另一种是次生矿物质,它是在成煤过程中由外界混到煤层中的矿物质形成的,所占比例也不大;第三种是外来矿物质,它是在采煤过程中混入的,这种矿物质在选、洗煤时容易除去。

煤的灰分与煤中矿物质含量有一定的量的关系。因煤中矿物质测定比较复杂,一般不作测定。根据煤的灰分产率借助经验公式,可计算出矿物质含量。

煤的灰分是一种废物,它不仅影响煤的热值,并在煤炭加工利用的各种场合产生有害的影响。因此,测定煤的灰分,在鉴定煤的质量、决定煤的使用价值等方面都很重要。

三、实验仪器与试剂

1. 仪器

万分之一分析天平,马弗炉,坩埚。

2. 试剂

煤。

四、实验步骤

准确称取 1 g 左右(准确到 0.000 2 g)的分析煤样(粒度小于 0.2 mm),于长方体的瓷碟中(20 mm×50 mm×15 mm),放入温度低于 300 ℃的马弗炉内。关闭炉门,在 1.5 h 内使炉温升至 800 ℃。恒温 1.5~2 h。取出、冷却、称量,重复进行每次 30 min 的检查性灼烧试验。直到两次称量之差小于 0.001 g 为止。残渣质量记为 G_1,所称量分析试样质量记为 G,用下式计算灰分产率(A^f):

$$A^f = G_1/G \times 100\%$$

在本实验中,坩埚要不要烧至恒重,如果没有会有什么影响?

4.44　邻二氮菲分光光度法测定工业盐酸中铁的含量

一、实验目的

(1) 了解分光光度法测定物质含量的一般条件及其选定方法。

(2) 掌握邻二氮菲分光光度法测定铁的方法。

(3) 了解 721 型(或 722 型)分光光度计的构造和使用方法。

二、实验原理

Fe^{2+} 与邻二氮菲反应生成红色配合物,在波长 510 nm(最大吸收波长)处,其吸光度的高低与浓度的关系符合朗伯-比尔定律。

Fe^{2+} 与邻二氮菲在 pH 为 2~9 范围都能形成稳定的红色配合物,但在 5~6 时最佳。

铁必须是以 Fe^{2+} 形式反应,因此显色前要加入还原剂,通常用盐酸羟胺作为还原剂,反应式如下:

$$4Fe^{3+} + 2NH_2OH \longrightarrow 4Fe^{2+} + N_2O\uparrow + 4H^+ + H_2O$$

Fe^{2+} 与邻二氮菲的反应式如下：

三、仪器和试剂

1. 仪器

721(或 722)型分光光度计 1 台(包括比色皿 1 套)、50 mL 容量瓶 10 只,5 mL 吸量管 2 支,其他辅助器皿。

2. 试剂

0.1 mg/mL 标准铁溶液:准确称取 0.863 4 g 分析纯铁铵矾[$NH_4Fe(SO_4)_2 \cdot 12H_2O$]置于烧杯中,加入 20 mL 6 mol/L 的 HCl 溶液,溶解后转入 1 000 mL 容量瓶中,用蒸馏水稀释至刻度,摇匀。

0.1% 邻二氮菲溶液(新配),10% 盐酸羟铵溶液(新配),1 mol/L NaAc 溶液,0.1 mol/L NaOH 溶液。

四、实验步骤

1. 工作条件试验

(1) 吸收曲线的绘制

用吸量管吸取 2 mL 标准铁溶液,注入 50 mL 容量瓶中,依次加入 1 mL 盐酸羟铵溶液(摇匀)、3 mL 邻二氮菲溶液、5 mL 1 mol/L NaAc 溶液,定容至刻度,摇匀。在 721(或 722)型分光光度计上,用 1 cm 比色皿,以试剂空白为参比溶液在波长为 440～860 nm 间,间隔 10 nm 测定一次吸光度(在最大吸收波长附近,每隔 2 nm 测定一次)。以波长为横坐标,吸光度为纵坐标,绘制吸收曲线,选择吸收峰最高点所对应的波长为工作波长。

(2) 显色剂用量的选择

在七只 50 mL 容量瓶中,分别按表 4 - 35 的用量加入各种试剂,再用蒸馏水稀释至刻度,摇匀。用选定的波长,以试剂空白作参比溶液,分别测定不同显色剂浓度下的吸光度,记录有关数据。

表 4 - 35

容量瓶序号	1	2	3	4	5	6	7
标准铁溶液体积(mL)	2	2	2	2	2	2	2
盐酸羟胺溶液体积(mL)	1	1	1	1	1	1	1
1 mol/L NaAc 溶液体积(mL)	5	5	5	5	5	5	5
邻二氮菲体积(mL)	0.2	0.5	1.0	1.5	2.5	3.5	4.5
吸光度 A							

以显色剂加入体积为横坐标,吸光度为纵坐标绘制吸收曲线,选择曲线上坪区的中央部分所对应的显色剂浓度作为合适的显色剂用量。

(3)溶液酸度的选择

在九只 50 mL 容量瓶中,分别按表 4-36 的用量加入各种试剂,再用蒸馏水稀释至刻度,摇匀。用选定的波长,以试剂空白作参比溶液,分别测定每种溶液在选定波长下的吸光度,并测定它们的 pH,记录有关数据。

表 4-36

容量瓶序号	1	2	3	4	5	6	7	8	9
标准铁溶液体积(mL)	2	2	2	2	2	2	2	2	2
盐酸羟胺溶液体积(mL)	1	1	1	1	1	1	1	1	1
邻二氮菲体积(mL)	2	2	2	2	2	2	2	2	2
0.1 mol/L NaOH 溶液的体积(mL)	0	5	10	15	20	25	30	35	40
pH									
吸光度 A									

以吸光度为纵坐标,pH 为横坐标绘制关系曲线,曲线的坪区所对应的 pH 即为测定所用的最合适的 pH 区间。

2. 铁含量的测定

在六只 50 mL 容量瓶中,用移液管分别加入 0.00 mL、0.50 mL、1.00 mL、1.50 mL、2.00 mL、2.50 mL 的铁标准溶液,另取一只 50 mL 容量瓶,加入 2 mL 未知溶液,在七只容量瓶中分别加入 1 mL 盐酸羟胺、2 mL 邻二氮菲、5 mL 1 mol/L NaAc 溶液,定容、摇匀,放置 10 min。

选定波长,用 1 cm 比色皿,以试剂为参比溶液,测定标准色阶和试样溶液的吸光度。

绘制标准工作曲线,在标准工作曲线上查出试样中铁的浓度,并换算成试样中铁的含量(mg/mL)。

五、数据记录与处理

(1)记录

表 4-37

项目	I	II	III	IV	V	VI	未知液
$V_{Fe^{3+}}$ (mL)	0.00	0.50	1.00	1.50	2.00	2.50	2.00
吸光度 A							
$c \times 10^3$ (mg/mL)	0.00	1.00	2.00	3.00	4.00	5.00	

(2)绘制曲线

① 吸收曲线。

② 吸光度-显色剂体积关系曲线。

③ 吸光度-pH 曲线。

④ 标准工作曲线。

（3）对各项测定结果进行分析并作出结论。

（4）根据试样溶液的吸光度，在工作曲线上查出对应的铁的浓度，求出铁的含量。

1. 本实验中在显色前加盐酸羟胺的目的是什么？

2. 如何配制盐酸羟胺溶液？在实验中为何要用新配制的盐酸羟胺溶液？

3. 在本实验中哪些试剂加入的体积要比较准确？哪些试剂可不必十分准确？为什么？

Ⅱ. 仪器分析

4.45 紫外分光光度法测定鱼肝油中维生素 A 的含量

一、实验目的

（1）掌握紫外光谱法进行物质定性、定量分析的基本原理。

（2）学习 U3010 型紫外-可见分光光度计的使用方法。

二、实验原理

维生素 A 的异丙醇溶液在 325 nm 波长处有最大吸收峰，其吸光度与维生素 A 的含量成正比。

三、实验试剂

维生素 A 标准溶液：85％视黄醇（或 90％视黄醇乙酸酯）经皂化处理后使用。称取一定量的标准品，用脱醛乙醇溶解使其浓度大约为 1 mg/mL。临用前需进行标定。取标定后的维生素 A 标准溶液配制成 10 I. U/mL 的标准使用液。

标定：取维生素 A 溶液若干微升，用脱醛乙醇稀释 3.00 mL，在 325 nm 处测定吸光度，用此吸光度计算出维生素 A 的浓度。

$$c = \frac{A}{E} \times \frac{1}{100} \times \frac{3.00}{S \times 10}$$

式中：c 为维生素 A 的浓度，g/mL；A 为维生素 A 的平均吸光度值；S 为加入的维生素 A 溶液量，μL；E 为 1％维生素 A 的比吸光系数。

无水脱醛乙醇：取 2 g 硝酸银溶入少量水中，取 4 g 氢氧化钠溶于温乙醇中。将两者倾入盛有 1 L 乙醇的试剂瓶中，振摇后，暗处放置两天（不时摇动促进反应）。取上层清液蒸馏，弃去初馏液 50 mL。

酚酞：用 95％乙醇配制成 1％的溶液。

1∶1 氢氧化钾，0.5 mol/L 氢氧化钾，无水乙醚（不含过氧化物），异丙醇。

四、实验操作

1. 定性分析

(1) 分析溶液的配制

取 5 支 50 mL 的比色管,用移液管分别准确加入 1.0 mL、2.0 mL、3.0 mL、4.0 mL、5.0 mL 浓度为 100 mg/L 的维生素 A 标准溶液,用去离子水稀释至 25 mL 刻度,摇匀。实验数据记录于标准表中。

(2) 确定最大吸收波长

取稀释后浓度为 1 mg/L 的苯酚标准溶液,在 U3010 型紫外-可见分光光度计上,用 1 cm 石英吸收池,去离子水作参比溶液,在 200～330 nm 波长范围内进行扫描,绘制苯酚的吸收曲线,在曲线上找出 λ_{max1}、λ_{max2}。

2. 定量分析

(1) 样品处理

① 皂化

称取 0.5～5 g 充分混匀的鱼肝油于三角瓶中,加入 10 mL 1∶1 氢氧化钾及 20～40 mL 乙醇,在电热板上回流 30 min。加入 10 mL 水,稍稍振摇,若有混浊现象,表示皂化完全。

② 提取

将皂化液移入分液漏斗,先用 30 mL 水分两次洗涤皂化瓶(若有渣,可用经过脱脂棉过滤),再用 50 mL 乙醚分两次洗涤皂化瓶,所有洗液并入分液漏斗中,振摇 2 min(注意放气),静止分层后,水层放入第二分液漏斗。皂化瓶再用 30 mL 乙醚分两次洗涤,洗液倒入第二分液漏斗,振摇后静止分层,将水层放入第三分液漏斗,醚层并入第一分液漏斗。重复操作 3 次。

③ 洗涤

向第一分液漏斗的醚液中加入 30 mL 水,轻轻振摇,静止分层后放出水层。再加 15～20 mL 0.5 mol/L 的氢氧化钾溶液,轻轻振摇,静止分层后放出碱液。再用水同样操作至洗液不使酚酞变红为止。醚液静止 10～20 min 后,小心放掉析出的水。

④ 浓缩

将醚液经过无水硫酸钠滤入三角瓶中,再用约 25 mL 乙醚洗涤分液漏斗和硫酸钠 2 次,洗液并入三角瓶中。用水浴蒸馏回收乙醚,待瓶中剩余约 5 mL 乙醚时取下减压抽干,立即用异丙醇溶解并移入 50 mL 容量瓶中,用异丙醇定容。

(2) 绘制标准曲线

分别取维生素 A 标准使用液 0.00、1.00 mL、2.00 mL、3.00 mL、4.00 mL、5.00 mL 于 10 mL 容量瓶中用异丙醇定容。以零管调零,于紫外分光光度计上在 325nm 处分别测定吸光度,绘制标准曲线。

(3) 样品测定

取浓缩后的定容液于紫外分光光度计上,在 325 nm 处测定吸光度,通过此吸光度从标准曲线上查出维生素 A 的含量。

五、计算

$$维生素\ A(IU/100\ g) = \frac{c \times V}{m} \times 100$$

式中:c 为测出的样品浓缩后的定容液的维生素 A 的含量,I. U/mL;V 为浓缩后的定容液的体积,mL;m 为样品的质量,g。

附　HITACHI U－3010 紫外分光光度计操作规程

1. 开机步骤

(1) 检查仪器电源是否连接好,先打开计算机,并等待进入系统后再开启光度计主机。

(2) 双击"UV SOLUTION"应用程序快捷图标,等待联机。

(3) 设定测量方法,并确认设置。

(4) 执行条件设置,等待灯源稳定 10~15 min 后,再进行样品分析。

(5) 测量时,比色皿架的里面放参比溶液,外面的插槽放待测溶液。

2. 关机步骤

(1) 分析结束后,对数据进行储存、编辑和输出。

(2) 最后关闭电脑、仪器。

3. 注意事项

(1) 进入光度计 UV SOLUTION 应用程序所需时间较长,请耐心等待。

(2) 数据的输出:点击"数据属性"后进入属性对话框,点击"导出数据"选项卡后,输出方式选择"Excel方式",再点击"数据报告",最后将数据以"Excel 副本"方式进行保存。

4.46　分光光度法同时测定维生素 C 和维生素 E 的含量

一、实验目的

学习在紫外光谱区同时测定双组分体系——维生素 C 和维生素 E。

二、实验原理

维生素 C(抗坏血酸)和维生素 E(α-生育酚)起抗氧化剂作用,即它们在一定时间内能防止油脂变酚。两者结合在一起比单独使用的效果更佳,因为它们在抗氧化性能方面是"协同的"。因此,它们作为一种有用的组合试剂用于各种食品中。

抗坏血酸是水溶性的,α-生育酚是脂溶性的,但是它们都能溶于无水乙醇,因此,能用在同一溶液中测定双组分的原理来测定它们。

当混合物两组分 M 及 N 的吸收光谱互不重叠时,则只要分别在波长 λ_1 和 λ_2 处测定试样溶液中的 M 和 N 的吸光度,就可以得到其相应含量。但是,若 M 及 N 的吸收光谱互相重叠(图 4－10 所示),则可根据吸光度的加和性质在 M 和 N 的最大吸收波长 λ_1 和 λ_2 处测量总吸光度 $A_{\lambda_1}^{M+N}$ 及 $A_{\lambda_2}^{M+N}$。假如采用 1 cm 比色皿,则可由下列方程式求出 M 及 N 组分的含量:

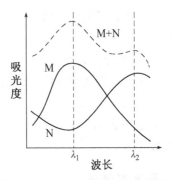

$$A_{\lambda_1}^{M+N} = A_{\lambda_1}^{M} + A_{\lambda_1}^{N} = \varepsilon_{\lambda_1}^{M} c_M + \varepsilon_{\lambda1}^{N} c_N$$

$$A_{\lambda_2}^{M+N} = A_{\lambda_2}^{M} + A_{\lambda_2}^{N} = \varepsilon_{\lambda_2}^{M} c_M + \varepsilon_{\lambda_2}^{N} c_N$$

图 4－10　两组分混合物吸收光谱图

解此联立方程可得：

$$c_M = \frac{A_{\lambda_1}^{M+N} \varepsilon_{\lambda_2}^{N} - A_{\lambda_2}^{M+N} \varepsilon_{\lambda_1}^{N}}{\varepsilon_{\lambda_1}^{M} \varepsilon_{\lambda_2}^{N} - \varepsilon_{\lambda_2}^{M} \varepsilon_{\lambda_1}^{N}}$$

$$c_N = \frac{A_{\lambda_1}^{M+N} - \varepsilon_{\lambda_1}^{M} c_M}{\varepsilon_{\lambda_1}^{N}}$$

式中：$\varepsilon_{\lambda_1}^{M}$、$\varepsilon_{\lambda_1}^{N}$、$\varepsilon_{\lambda_2}^{M}$、$\varepsilon_{\lambda_2}^{N}$ 分别代表组分 N 及 M 在 λ_1 和 λ_2 处的摩尔吸光系数。

本实验中测定维生素 C 和维生素 E 的混合物。分别配制维生素 C 和维生素 E 的系列标准溶液,在 λ_1 和 λ_2 分别测量维生素 C 和维生素 E 系列标准溶液的吸光度,并绘制标准曲线。四条标准曲线的斜率即为维生素 C 和维生素 E 在 λ_1 和 λ_2 处的摩尔吸光系数,代入上面公式中即可求出所测溶液中维生素 C 和维生素 E 的浓度。

三、仪器与试剂

1. 仪器

U3010 型紫外-可见分光光度计,石英比色皿 2 只,50 mL 容量瓶,10 mL 移液管 2 只。

2. 试剂

无水乙醇。

抗坏血酸：称 0.013 2 g 抗坏血酸,溶于无水乙醇中,并用无水乙醇定容到 1 000 mL(7.5×10^{-5} mol/L)。

α-生育酚：称 0.048 8 g α-生育酚溶于无水乙醇中,并用无水乙醇定容到 1 000 mL(1.13×10^{-4} mol/L)。

四、实验内容

1. 配制标准溶液

(1) 分别取抗坏血酸贮备液 4.00 mL、6.00 mL、8.00 mL、10.00 mL 于 4 只 50 mL 容量瓶中,用无水乙醇稀释至刻度,摇匀。

(2) 分别取 α-生育酚贮备液 4.00 mL、6.00 mL、8.00 mL、10.00 mL 于 4 只 50 mL 容量瓶中,用无水乙醇稀释至刻度,摇匀。

2. 绘制吸收光谱

以无水乙醇为参比液,在 320~220 nm 范围测绘出抗坏血酸和 α-生育酚的吸收光谱,并确定 λ_1 和 λ_2。

3. 绘制标准曲线

以无水乙醇为参比液,在波长 λ_1 和 λ_2 处分别测定配制的 8 个标准溶液的吸光度。

4. 未知液的测定

取未知液 5.00 mL 于 50 mL 容量瓶中,用无水乙醇稀释至刻度,摇匀。在 λ_1 和 λ_2 分别测其吸光度。

五、数据处理

(1) 绘制抗坏血酸和 α-生育酚的吸收光谱,确定 λ_1 和 λ_2。

（2）分别绘制抗坏血酸和 α-生育酚在 λ_1 和 λ_2 的 4 条标准曲线，并求出 4 条直线的斜率。

（3）计算未知液中抗坏血酸和 α-生育酚的浓度。

六、注意事项

抗坏血酸会缓慢地氧化成脱氢抗坏血酸，所以每次实验时必须配制新鲜溶液。

思考题

1. 写出抗坏血酸和 α-生育酚的结构式，并解释一个是"水溶性"，一个是"脂溶性"的原因。

2. 同时测定双组分混合液时，如何选择吸收波长？

3. 若同时测定三组分混合液，怎么办？

4.47　荧光光度法测定多维葡萄糖粉中维生素 B_2 的含量

一、实验目的

（1）掌握荧光光度法测定多维葡萄糖粉中维生素 B_2 的分析原理。

（2）掌握荧光光度计的操作技术。

二、实验原理

维生素 B_2，又叫核黄素，是橘黄色的针状结晶。维生素 B_2 易溶于水而不溶于乙醚等有机溶剂。在中性或酸性溶液中稳定，光照易分解，对热稳定。

维生素 B_2 水溶液在 $430\sim440$ nm 蓝光或紫外光照射下会发生绿色荧光，荧光峰在 535 nm，在 pH＝6～7 的溶液中荧光强度最大，在 pH＝11 的碱性溶液中荧光消失。

多维葡萄糖中含有维生素 B_1、B_2、C、D_2 及葡萄糖，均不干扰维生素 B_2 的测定。

由于维生素 B_2 在碱性溶液中经光线照射，会发生光分解而转化为光黄素，后者的荧光比核黄素的荧光强得多。因此，测量维生素 B_2 的荧光时，溶液要控制在酸性范围内，且须在避光条件下进行。

三、仪器与试剂

1. 仪器

WFY-28 荧光分光光度计。

2. 试剂

$10~\mu g/mL$ 维生素 B_2 标准溶液：准确称取 10.0 mg 维生素 B_2，用热蒸馏水溶解后，转入 1 L 棕色容量瓶中，冷却后加蒸馏水至标线，摇匀，置于暗处保存。

冰乙酸（AR），多维葡萄糖粉试样。

四、实验内容

1. 标准曲线的绘制

在 6 只 50 mL 容量瓶中，分别加入 $10~\mu g/mL$ 维生素 B_2 标准溶液 0.50 mL、1.00 mL、

1.50 mL、2.00 mL、2.50 mL、3.00 mL,再各加入冰乙酸 2.0 mL,加水至标线,摇匀。在 WFY-28 荧光分光光度计上,用 1cm 荧光比色皿于激发波长 440nm,发射波长 540nm 处,测量标准系列溶液的荧光强度。

2. 多维葡萄糖粉中维生素 B_2 的测定

准确称取 0.15～0.2 g 多维葡萄糖粉试样,用少量水溶解后转入 50 mL 容量瓶中,加冰乙酸 2 mL,摇匀。在相同的测量条件下,测量其荧光强度。平行测定三次。

五、实验记录及数据处理

以相对荧光强度为纵坐标,维生素 B_2 的质量为横坐标绘制标准曲线。从标准曲线上查出待测试液中维生素 B_2 的质量,并计算出多维葡萄糖粉试样中维生素 B_2 的百分含量。

思考题

1. 试解释荧光光度法较吸收光度法灵敏度高的原因。

2. 维生素 B_2 在 pH=6～7 时发出的荧光最强,本实验为何在酸性溶液中测定?

附 **WFY-28 荧光光度计的操作规程**

注意:在使用系统主机前,主机应在室温环境下放置半小时以上。

以测量蒸馏水的拉曼峰举例说明:

第一步,按照要求正确打开 WFY-28 荧光分光光度计主机并进入操作系统。

仪器正确开机步骤为:首先开启光源电源;待光源点燃后,再开荧光分光光度计主机电源;然后开计算机电源进入 Windows98 操作系统;从"开始/程序"中运行荧光中文操作软件。点击"复位"进行荧光分光光度计系统复位,复位正确后,进入荧光操作系统。

第二步,将装有蒸馏水的石英比色皿放入样品池。

第三步,点击工具栏中的"参数设置"图标,将参数设置为发射扫描;连续扫描;激发起始和终止波长均设定为 350;发射起始和终止波长分别设定为 360 和 450;扫描速度为最快;光谱带宽均设为 10;增益控制设为 200;激发滤光片和发射滤光片均设为空白。

第四步,点击工具栏中的"光谱扫描"图标进行光谱扫描。待光谱扫描完毕,可对其进行读取数据,光谱存盘,打印等处理。

测量完毕后,点击菜单栏中的"文件/退出系统",根据提示退出荧光分光光度计操作系统。

仪器正常关机的步骤为:退出操作系统,关闭荧光分光光度计主机电源,关闭光源电源,关闭计算机电源。

4.48 苯甲酸红外吸收光谱的测绘——KBr 晶体压片法

一、实验目的

(1) 学习用红外吸收光谱进行化合物的定性分析。

(2) 掌握用压片法制作固体试样晶片的方法。

(3) 熟悉红外分光光度计的工作原理及其使用方法。

二、实验原理

在化合物分子中,具有相同化学键的原子基团,其基本振动频率吸收峰(简称基频峰)基本上出现在同一频率区域内,例如,$CH_3(CH_2)_5CH_3$、$CH_3(CH_2)_4C\equiv N$ 和 $CH_3(CH_2)_5CH=CH_2$ 等分子中都有—CH_3、—CH_2—基团,它们的伸缩振动基频峰与 $CH_3(CH_2)_6CH_3$ 分子的红外吸收光谱中—CH_3、—CH_2—基团的伸缩振动基频峰都出现在同一频率区域内,即在 $<3\,000\ cm^{-1}$ 波数附近,但又有所不同。这是因为同一类型原子基团,在不同化合物分子中所处的化学环境有所不同,使基频峰频率发生一定移动。例如羰基基团的伸缩振动基频峰频率一般出现在 $1\,850\sim1\,860\ cm^{-1}$ 范围内,当它位于酸酐中时,为 $1\,820\sim1\,750\ cm^{-1}$;在酯类中时,为 $1\,750\sim1\,725\ cm^{-1}$;在醛中时,$v_{C=O}$ 为 $1\,740\sim1\,720\ cm^{-1}$;在酮类中时,$v_{C=O}$ 为 $1\,725\sim1\,710\ cm^{-1}$;在与苯环共轭时,如乙酰苯中 $v_{C=O}$ 为 $1\,695\sim1\,680\ cm^{-1}$,在酰胺中时 $v_{C=O}$ 为 $1\,650\ cm^{-1}$ 等。因此掌握各种原子基团基频峰的频率及其位移规律,就可应用红外吸收光谱来确定有机化合物分子中存在的原子基团及其在分子结构中的相对位置。

由苯甲酸分子结构可知,分子中各原子基团的基频峰的频率在 $4\,000\sim650\ cm^{-1}$ 范围内见表 $4-38$。

表 4 - 38

原子基团的基本振动形式	基频峰的频率/cm^{-1}
v_{-C-H}(Ar 上)	3 077,3 012
v_{C-C}(Ar 上)	1 600,1 582,1 495,1 450
δ_{C-H}(Ar 上邻接五氯)	715,690
v_{C-H}(形成氢键二聚体)	3 000~2 500(多重峰)
δ_{O-H}	935
v_{C-O}	1 400
δ_{C-O-H}(面内弯曲振动)	1 250

本实验用溴化钾晶体稀释苯甲酸标样和试样,研磨均匀后,分别压制成晶片,以纯溴化钾晶片作参比,在相同的实验条件下,分别测绘标样和试样的红外吸收光谱。然后从获得的两张图谱中,对照上述各原子基团频率峰的频率及其吸收强度,若两张图谱一致,则可认为该试样是苯甲酸。

三、仪器与试剂

1. 仪器

AVATAR360 FT - IR 红外光谱仪(美国尼高力公司)(或其他型号的红外分光光度计),压片器 1 套,玛瑙研钵,红外干燥灯。

2. 试剂

苯甲酸、溴化钾(均优级纯),苯甲酸试样(经提纯)。

四、实验步骤

1. 开启空调机

使室内的温度为 $18\sim20\,^\circ\!C$，相对湿度 $\leqslant65\%$。

2. 苯甲酸标样红外光谱的测试

（1）纯溴化钾晶片背景扫描

取预先在 $110\,^\circ\!C$ 时烘干 48 h 以上，并保存在干燥器内的溴化钾 150 mg 左右，置于洁净的玛瑙研钵中，研磨成均匀、细小的颗粒，然后转移到压片器中，用扳手拧紧螺丝压紧，再拧出螺丝，即可得到厚 $1\sim2$ mm 透明的溴化钾晶片固定在螺母中间，连同螺母一起放在红外光谱仪的样品支架上，对其背景进行扫描。

（2）苯甲酸标样晶片红外光谱的测试

另取一份 150 mg 左右溴化钾置于洁净的玛瑙研钵中，加入 $2\sim3$ mg 优级纯苯甲酸，同上法操作研磨均匀、压片并放在红外光谱仪的样品支架上测定其红外光谱。

3. 苯甲酸试样红外光谱的测试

在相同的实验条件下，测绘苯甲酸试样的红外吸收光谱，测试方法同步骤 2。

五、数据及处理

（1）记录实验条件。

（2）在苯甲酸标样和试样红外吸收光谱图上，标出各特征吸收峰的波数，并确定其归属。

（3）将苯甲酸试样光谱图与其标样光谱图进行对比，如果两张图谱的各特征吸收峰及其吸收强度一致，则可认为该试样是苯甲酸。

六、注意事项

制得的晶片，必须无裂痕，局部无发白现象，如同玻璃片完全透明，否则应重新制作。晶片局部发白，表示压制的晶片薄厚不匀；晶片模糊，表示晶体吸潮，水在光谱图中 $3\,450$ cm^{-1} 和 $1\,640$ cm^{-1} 处出现吸收峰。

思考题

1. 红外吸收光谱分析，对固体试样的制片有何要求？
2. 如何着手进行红外吸收光谱的定性分析？
3. 红外光谱实验室为什么对温度和相对湿度要维持一定的指标？

附 **AVATAR 360 FT‑IR 红外光谱仪操作规程**

（1）开机（顺序：稳压电源，光学台，打印机，计算机）。

（2）预热，在 OMINIC 主菜单下进入红外光谱测试主程序。

（3）在 Collect 子菜单下，选 Experiment setup，对扫描次数、分辨率、背景等进行设置。

（4）点击 Colbgd 采集背景谱。

（5）点击 Colsamp 采集样本谱。

（6）放入样本（固体样品用 KBr 压片法制作：取少量样品于玛瑙研钵中，加 KBr 粉末研匀（KBr 占 98%～

99%),在压片机上压片即可)。

（7）用箭头将无关的谱图点红,用 Clear 进行清除。

（8）对有用的谱图进行处理:

① 用 Find Peak 标出峰值;

② 用鼠标点 T,将峰值数字挪动位置。

（9）点 Print,打印红外光谱图。

（10）点 Analyze 菜单,选 Library setup,将所要加的谱库用 Add 加到右边,点 Search 键,将当前谱图与库中标准谱图进行比较,找出匹配率,点 Print,打印谱图。点 Clear 关掉 Search 窗。

（11）关机:顺序与开机相反。

（12）本仪器由专人保管,使用人员在上机前必须经过培训,待操作无误后,方可上机使用。

4.49　红外光谱法测定简单有机化合物的结构

一、实验目的

（1）了解运用红外光谱法鉴定未知物的一般过程,掌握用标准谱库进行化合物鉴定的一般方法。

（2）了解红外光谱仪的结构和原理,掌握红外光谱仪的操作方法。

（3）学习用 HATR 附件测定液体化合物红外光谱的方法。

二、实验原理

比较在相同制样和测定条件下,被分析的样品和标准化合物的红外光谱图,若吸收峰的位置、吸收峰的数目和峰的相对强度完全一致,则可以认为两者是同一化合物。

三、仪器与试剂

1. 仪器

红外光谱仪,智能附件 HATR 漫反射装置等。

2. 试剂

丙酮,四氯化碳,已知分子式的未知试样:C_8H_{10}、$C_4H_{10}O$、$C_4H_8O_2$、$C_7H_6O_2$。

四、实验内容

液体池法:取 1~2 滴一定浓度的未知试样四氯化碳溶液,滴加在 ZnSe 晶片上,测绘红外谱图,进行谱图处理(基线校正、平滑、ABEX 扩张、归一化),谱图检索,确认其化学结构。

五、结果处理

（1）在测绘的谱图上标出所有吸收峰的波数位置。

（2）对确定的化合物,列出主要吸收峰并指认归属。

（3）区分饱和烃与不饱和烃的主要标志是什么?

（4）羰基化合物谱图的主要特征。

（5）芳香烃的特征吸收在什么位置?

4.50　火焰原子吸收光谱法测定水样、中草药中的铜

一、目的要求

(1) 巩固原子吸收光谱法的基本原理,掌握用火焰原子吸收光谱法进行定量测定的方法。

(2) 了解原子吸收分光光度计的结构,学会使用原子吸收分光光度计。

二、实验原理

在使用锐线光源和低浓度情况下,基态原子蒸气对共振线的吸收符合 Beer 定律:

$$A = \lg \frac{I_0}{I} = KLN_0$$

式中:A 为吸光度;I_0 为入射光强度;I 为经原子蒸气吸收后透射光强度;K 为吸光系数;L 为火焰宽度;N_0 为基态原子浓度。

在试样原子化火焰的绝对温度低于 3 000 K 时,可以认为原子蒸气中基态原子数实际上接近原子蒸气的总数。在固定实验条件下,原子总数与试样浓度 c 的比例是恒定的,故上式可为

$$A = K'c$$

该式为原子吸收分光光度法的定量基础。定量方法可用标准曲线法和标准加入法。本实验采用标准曲线法。

火焰原子化是目前使用最广泛的原子技术之一。火焰中原子的生成是一个复杂的过程,其最大吸收部位是由该处原子生产和消灭的速度决定的,它不仅与火焰的类型及喷雾效率有关,且随火焰燃气与助燃气的比例不同而异。对铜的测定,为了得到较高的灵敏度,宜用富燃性火焰,在清晰不发亮的氧化焰中进行。

三、仪器和药品

1. 仪器

WFX-130A 型原子吸收分光光度计,铜元素空心阴极灯,50 mL 容量瓶 12 支,1.0 mL 刻度移液管 1 支,5.0 mL 刻度移液管 2 支。

2. 药品

(1) 铜标准溶液:精确称取 1.000 g 金属铜(99.99%),分次加入硝酸(4:6)溶解,总量不超过 37 mL,移入 1 000 mL 容量瓶中,用水稀释至刻度,此溶液铜量为 1.0 mg/mL。取上述溶液 10 mL 于 100 mL 容量瓶中,用 2% 的硝酸溶液定容至刻度线,得到 10 μg/mL 的母液。分别移取 10 μg/mL 的母液 0.00 mL,0.50 mL,1.00 mL,2.00 mL,3.00 mL,4.00 mL 于 6 个 50 mL 的容量瓶中,再用 2% 的硝酸溶液定容至刻度线,摇匀,得到 0.00 μg/mL,0.10 μg/mL,0.20 μg/mL,0.40 μg/mL,0.60 μg/mL,0.80 μg/mL 的铜标准系列。

(2) 中草药样品

① 样品预处理

采野生中草药。将其茎叶去除,只留下根,并将泥沙洗净,晒干。样品晒干后,把它剪碎,置于恒温干燥箱中干燥,恒温温度为 85 ℃,每间隔 1 h 用电子天平称量样品,直至前后两次质量基本不变,方可取出,将其用硝酸浸泡,用清洗过的研钵碾碎,过 40 目筛。

② 样品消解

采用湿法消解(化)中草药样品,即:精确称取中草药样品粉末 1.000 g,分别置于贴好标签的 50 mL 消解管中,往消解管中各加入 10 mL 混合酸(4 体积硝酸与 1 体积高氯酸的混合酸),混匀,浸泡过夜。同法制备一份空白液。样品液与空白液同时置于智能消解器上加热消解。先设置消解器温度为 45 ℃,缓慢加热至起泡,此时保持 45 ℃恒温 10 min,然后升温至 65 ℃,使酸回流清洗试管壁,保持 30 min,再升温至 135 ℃,直至样品消解完全,若溶液不透明,冷却后再加入混合酸适量,持续加热至溶液澄清后,升温至 160 ℃,赶酸至 2 mL 左右。冷却,转入 50 mL 容量瓶中,用 2%的硝酸溶液洗涤容器,洗涤液合并于容量瓶中,并用 2%的硝酸溶液稀释至刻度线,摇匀即可,贴好标签,备用。

本消解实验所用玻璃仪器均经过 2%的硝酸溶液浸泡,清洗。

四、实验步骤

1. 开机

(1)检查仪器的各主要操作部件是否置于应有位置。表头机械零点是否正确。

(2)开排风扇。

(3)开空压机。开燃气钢瓶主阀,乙炔钢瓶主阀最多开启一圈。

2. 测试

(1)在开机主页面上用鼠标双击快捷方式 BRAIC 自动进入应用程序,点击菜单项"操作"进入对话框页面,按提示选项手动设置仪器参数。仪器工作条件如表 4 - 39:

表 4 - 39

元素	分析线波长(nm)	光谱通带(nm)	灯电流(mA)	乙炔 L(min)	空气(L/min)	燃烧器高度(mm)	火焰状态
Cu	324.7	0.40	3	4	4	7	中

(2)装上待测元素空心阴极灯,按提示加上灯电流,预热 30 min。

(3)进入工作曲线参数页面,设置测试参数。

(4)进入选择分析方法页面按提示选项手动设置测试参数,点火、调零,将进样毛细管插入溶液,待吸光度显示稳定后,按读数,屏幕显示结果。将毛细管插入去离子水中,回到零点,依次测定。

3. 数据保存

保存屏幕显示的测试数据,打印实验数据报告。

4. 关机

(1)测试完毕后,在点火状态下吸喷干净的去离子水清洗原子化器几分钟。

(2)关闭燃气钢瓶主阀,关空压机,待管路中余气燃净后关闭仪器的燃气阀门。

(3)关仪器电源。

(4)在记录本上记录使用情况。

五、数据记录及处理

仪器自动记录和处理数据,得出结果。

六、注意事项

(1) 操作者在使用仪器前必须仔细阅读操作说明书,熟悉操作步骤,了解仪器的基本结构和水、电、气管路及开关。

(2) 点火前打开排风扇,仪器排液管的水封中应注满水。

(3) 点火前先通助燃气,再通燃料气。熄火时先关燃料气,后关助燃气。使用 N_2O 作助燃气时,须切换到空气状态方可点火和熄火,同时应更换燃烧头。

(4) 空心阴极灯和氘灯的能量计数应<100。

(5) 操作者离开仪器时,必须熄灭火焰。实验完毕离开实验室前检查水、电、气开关。

为何做标准曲线的溶液不能久置?放置时间过长对实验结果有何影响?

4.51 高锰酸钾溶液含锰量的测定——分光光度法

一、实验目的

学会分光光度法的操作及试液含量计算。

二、实验原理

在 525 nm 波长处测定各含锰标准溶液的吸光度和含锰试液的吸光度,绘制吸光度和含锰量成正比的标准曲线,即工作曲线,从而可以求出试液的含锰量。

三、仪器和药品

1. 仪器

721 型分光光度计,吸量管,容量瓶(50 mL)。

2. 药品

含锰标准溶液(0.100 mg/mL),含锰试液。

四、实验步骤

1. 标液和试液吸光度的测定

在 5 个 50 mL 容量瓶中用吸量管分别加入 2 mL、4 mL、8 mL 含锰标液和 10 mL 含锰试液,用蒸馏水定容,在 525 nm 波长处,用 1 cm 比色皿,以蒸馏水为参比液,测定各溶液的吸光度,并填写数据记录(表 4-40):

表 4 - 40　数据记录表

标锰体积(mL)	2	4	6	8	试液
吸光度 A					

2. 标准曲线的制作

根据数据记录表,以吸光度 A 为纵坐标,以标准的毫升数为横坐标,绘制标准曲线图。

3. 试液含锰量的求算

在标准曲线图上,根据试液的吸光度 A,试找出相应横坐标上的毫升数 $V_x = ?$

$$试液含锰量(mg/mL) = \frac{V_x \times 0.100}{10}$$

 思考题

1. 高锰酸钾溶液的最大吸收波长是多少?
2. V_x 毫升标准溶液的含锰总量与 10 mL 试液的含锰总量是否相同?

4.52　气相色谱法测定苯系物

一、实验目的

(1) 熟悉气相色谱仪的工作原理、组成结构、操作流程和使用方法。
(2) 熟悉色谱工作站软件的使用方法。
(3) 掌握被测组分的定性和定量分析方法。
(4) 了解不同温度对分离效果的影响。
(5) 熟悉程序升温的原理和操作方法。

二、实验原理

当一种多组分混合样品注入进样器后,被加热而瞬间汽化。当气态样品由载气(即气体流动相)携带向前移动的同时,组分分子在色谱柱固定相与流动相之间,反复发生吸附(或溶解)和脱附(或挥发)的分配作用。因为各组分的结构、性质上具有微小差异,导致在固定相上保留的时间不同,逐渐拉开距离,最终使各组分得到完全分离,以先后次序进入检测系统。检测系统将其转换成电信号送到色谱工作站中,由计算机记录其保留时间和峰面积等一系列相关数据,并绘出色谱图,甚至可以根据设置的有关参数,自动计算出组分的含量。

根据标准样品与组分的保留时间进行定性分析,根据峰面积进行定量分析。

GC - 9790 色谱仪外形结构如图 4 - 11 所示,其工作原理流程如图 4 - 12 所示。

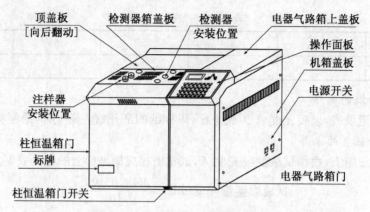

图 4-11　GC-9790 色谱仪外观结构

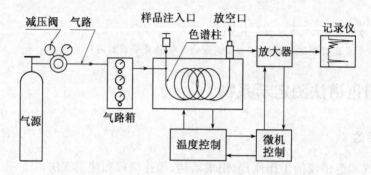

图 4-12　气相色谱仪的工作原理流程

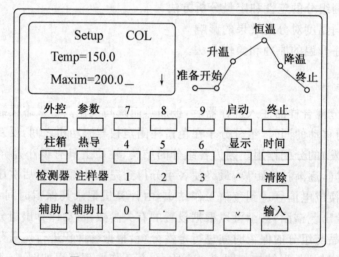

图 4-13　GC-9790 色谱仪的操作面板

三、实验仪器和试剂

1. 仪器

(1) 气相色谱仪:GC-9790,浙江温岭福立分析仪器公司产。

(2) 毛细管色谱柱:SE-30(交联),300 m×0.25 mm×0.4 μm。

（3）检测器：氢火焰离子化检测器（FID）。

（4）微量进样器：5 μL 或 10 μL。

（5）色谱工作站。

2. 试剂

（1）标准物的溶液：各取 0.5 μL 分析纯的苯、甲苯、乙苯、异丙苯、对二甲苯、间二甲苯、邻二甲苯和苯乙烯，分别移入 8 个 10 mL 容量瓶中，用分析纯甲醇稀释至刻度。

（2）混合标准溶液：分别取分析纯的苯、甲苯、乙苯、异丙苯、对二甲苯、间二甲苯、邻二甲苯和苯乙烯各 10.0 μL，加入 100 mL 容量瓶中混合，用分析纯甲醇稀释至刻度并且摇匀。再取上述标液 10.0 mL，移入 100 mL 容量瓶中，用分析纯甲醇稀释至刻度并且摇匀。此溶液中各标准物的含量为：苯 8.78 μg/mL，甲苯 8.66 μg/mL，乙苯 8.70 μg/mL，异丙苯 8.62 μg/mL，对二甲苯 8.62 μg/mL，间二甲苯 8.64 μg/mL，邻二甲苯 8.84 μg/mL，苯乙烯 9.06 μg/mL。

（3）混合样品溶液：分别取适量分析纯的苯、甲苯、乙苯、异丙苯、对二甲苯、间二甲苯、邻二甲苯和苯乙烯，加入到 10 mL 的容量瓶中混合，用分析纯甲醇稀释至刻度。

四、实验内容

1. 色谱条件

载气（氮气）压力 0.1 MPa，空气压力 0.03 MPa，氢气压力 0.1 MPa，进样器温度 160 ℃，柱箱温度 90～160 ℃，检测器温度 160 ℃。

2. 开机方法

打开机房的排风扇。

（1）高压钢瓶气体的使用

使用前检查气体阀门，必须是关闭的，钢瓶总阀手柄应为拧紧，减压阀手柄应为松开。

开气方法：先打开钢瓶总阀，高压表显示钢瓶内贮气总量；再顺时针打开减压阀手柄，使低压表指示到规定的出口压力。

必须将高压钢瓶气体的总阀压力以及使用者的信息，及时记录到专用登记本上。

关气方法：先关闭减压阀（松），后关闭钢瓶总阀（紧）；又打开减压阀放出阀内余气，再关闭减压阀（松）。

（2）色谱仪开机方法

① 载气。打开 N₂，调节减压阀压力为 0.3 MPa，在气路箱中调节其柱前压为 0.1 MPa，对应流量约为 30 mL/min。

② 电源。打开仪器箱右后下角"电源"和"加热"两按钮。色谱仪内嵌的单片计算机运行自检程序，仪器面板指示灯全部点亮，"嘀"声之后，液晶屏出现"Test System … Startime … OK"，表示自检通过，仪器可以进行正常操作。如果有故障，则不断重复长音，并显示故障代码，停止工作。

③ 温度。在仪器操作面板上设定温度参数。

某项：代表"柱箱"、"检测器"和"进样器"。填充柱的进样器为"注样器"，毛细管柱的进样器为"辅助 1"。控温生效后，该项状态为"ON"。

如果默认上次用过的某项温度，方法如下：

按"某项"键→按"显示"键→按"输入"键。状态为"ON"。

如果某项需要设置新的温度,方法如下:

按"某项"键→用数字键输入新温度→按"输入"键。状态为"ON"。

如果某项温度控制生效但需要重新设定,则应先停、后改,方法如下:

按"某项"键→按"显示"键→按"清除"键。状态为"OFF";

按"某项"键→用数字键输入新温度→按"输入"键。状态为"ON"。

④ 检测器极性。毛细管柱为"+";填充柱为"—"。否则,会出倒峰。切换方法是:

按"参数"键→按"∧"或"∨"键,选择 FID(氢焰)→按 0、1 键选择—、+。

⑤ 色谱工作站。启动计算机,运行色谱工作站软件,并打开采样界面,根据所用的色谱柱,选择信号通道,将基线调到零点。

设置色谱工作站的有关信息,如色谱数据文件名、存档目录、采样时间、信号强度、样品信息、最小面积、打印选项等。

⑥ 检测器点火。当"准备"指示灯亮起,检查上述三项温度达到预设值后,就可以点燃 FID。

开空气:减压阀 0.3 MPa;点火前调节表箱压力 0.015 MPa,点火后调大到 0.03 MPa;

开氢气:减压阀 0.3 MPa;点火前调节表箱压力 0.15 MPa,点火后调小到 0.1 MPa。

用电子打火器对准毛细柱 FID 打火,用光洁的玻片或金属片试探气孔有无水汽,验证点燃;调节气压后或进样之前,再验证是否继续燃烧。

(3) 进样

待基线稳定后即可进样。进样后,立即按下"采样"按钮。由软件显示色谱图并记录一系列有关数据,分离完毕后自动将分析数据和谱图保存成文档,必要时打印出色谱图,或将其复制—粘贴到 Word 等应用程序的文档内。

必须等到前次进样的组分完全出柱之后,才能进下一个样品。

3. 关机方法

实验结束后,首先关闭氢气和空气,但保持载气以免高温损坏色谱柱。

然后,停止对进样器、柱箱和检测器的加热,使其降温。方法如下:

按"某项"键→按"显示"键→按"清除"键,状态为"OFF"。

自然冷却很慢,每分钟约降 2~4 ℃。一般须待柱箱温度降到 60 ℃即可关掉主机电源。但 GC-9790 仪器背面有气窗打开,几分钟内即可冷却到 50 ℃左右,并且自动停机、关闭气窗,此时方可关电源。否则,气窗可能未关闭,柱箱与机外环境是相通的,对色谱仪不利。

最后,关闭载气(氮气)。

4. 定性分析

(1) 准确量取 1.0 μL 混合样品溶液,迅速注入进样器内(熟练情况下要求 1 s 内完成进样),同时按下采样开关。将每个色谱峰的保留时间记录下来。

(2) 分别量取 0.5 μL 甲醇、苯、甲苯、乙苯、异丙苯、对二甲苯、间二甲苯、邻二甲苯、苯乙烯的标准物溶液,逐个进样,记录其色谱峰的保留时间。

(3) 定性分析。根据"同一物质在相同色谱条件下其保留值时间相同"的原理,将混合样品溶液中组分色谱峰的保留时间与标准物的保留时间一一对照,确定混合物中各个色谱峰所对应的物质。

5. 定量分析

（1）准确量取 $1.0\ \mu L$ 混合标准溶液，迅速注入进样器内，同时按下采样开关，待分析完成后自动保存为色谱数据文档。

（2）打印色谱数据。在色谱工作站软件中，用"文件""打开"菜单，分别打开混合标准溶液、混合样品溶液两个色谱图文档，并打印出来（可根据需要，选定打印项目。若杂质峰数据过多，则可增大最小峰面积值以屏蔽小杂峰，或者用右键菜单手工剔除无关杂质峰）。

（3）计算各组分的校正因子

① 绝对校正因子 f_i。根据组份 i 的质量 m_i 和峰面积 A_i 计算：

$$f_i = m_i/A_i$$

f_i 值随色谱实验条件而改变，在分析工作中不易准确测定，很少使用。

② 相对校正因子 f_i'。

f_i' 测定原理：准确称取待两种纯物质（待测校正因子的物质 i 和所选基准物质 s），混合均匀后进样，测得两物质的色谱峰面积 A_i 和 A_s，分别计算二者的绝对校正因子：

$$f_i = m_i/A_i, f_s = m_s/A_s$$

然后计算二者的绝对校正因子的比值，即相对校正因子：

$$f_i' = f_{i,s} = f_i/f_s$$

相对校正因子与试样、基准物质性质、载气种类和检测器类型有关，与柱温、载气流速及固定相性质无关，在一定条件下为一常数，可查阅有关文献或手册。实际分析工作都是使用相对校正因子，因而简称"校正因子"。

如果查不到文献，或者基准物质、载气、检测器类型有所不同，则需要自行测定。在本实验中，可以指定混合标准溶液中的某一单独出峰的物质作基准物 s，其余为待测物质 i 计算其校正因子。

（4）计算待测组分 i 的含量的简单方法

① 校正因子法。$m_i = f_i' \times A_i$。

② 单点外标法。组分 i 的样品溶液的含量 m_i 与其对应峰面积 A_i 之比，等于该组分的标准溶液的含量 m_s 与其对应峰面积 A_s 之比。即

$$m_i = m_s \times \frac{A_i}{A_s}$$

（5）计算分离度 R

计算各物质相对于第一个物质的分离度：

$$R = \frac{2(t_{R2} - t_{R1})}{W_1 + W_2}$$

6. 柱温对分离效果的影响

重新设定柱箱温度，提高 20 ℃，等"准备"指示灯变亮时，注入 $1.0\ \mu L$ 混合样品溶液，将所得的色谱图，与先前的混合样品色谱图对照，观察其出峰情况的变化。

7. 程序升温

（1）设计方法

根据混合样品色谱图中，各峰的相对间距、规划程序升温的区段和温度。在峰距密集重叠的区段，设为较低温度以便降低出峰速度，延长保留时间；峰距稀疏的区段，设为较高温

度,以便快速出峰,减小峰的宽度。

经过试探性分离后,可根据分离效果,修正程序升温的条件参数,直到满意为止。在分析报告中,必须记述程序升温各区段的升温速率、保持温度、保持时间。

GC-9790 色谱仪可支持五段程序升温。共有 6 个温度设定界面,即 Setp0~Step5。其中,Step0 为初始温度,Step1~Step5 为五段变化的温度。

(2) 操作方法

① 设置 Step0 的温度(初始温度)

按"柱箱"键→按"∨"键,出现初始温度设定窗口:

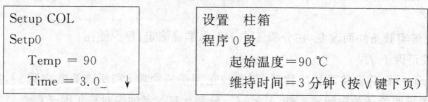

此温度应与开机设置的柱箱恒温一致,如果不一致,需先重置恒温温度,再设置 Step0 的温度。以便结束程序升温后,恢复到起始温度,准备下次运行。

静止的下划线"_",是指示光标,表示可修改该行的数据,修改后按"输入"键确定,光标会自动跳到另一行。

② 设置 Step1~Step5 的温度

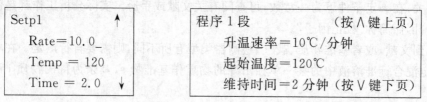

Rate 范围为 0.1~30 ℃/分钟。在上例中,从 Setp0 的 90 ℃起,以 10 ℃/分钟的升温速率,上升到 Setp1 的 120 ℃,需要 3 分钟,然后维持 120 ℃恒温 2 分钟,完成程序 1 段的全程需要 5 分钟。其余程序段的设置方法类推。

如果少于五段程序升温就能完成样品分析,则不用的程序段其全部参数都要设置为 0。

程序升温分析在进样之后,必须按下"启动"键,再按"采样"开关。如果由于某种原因需要中止运行程序升温,则按"终止"键。

五、实验数据及分析处理

表 4-41 实验数据及处理结果

混合样品溶液的色谱峰顺序	1	2	3	4	5	6	7	8	9
混合样品色谱峰的保留时间									
标准物质色谱峰的保留时间									
标准物质名称									

（续表）

峰底宽度 W_i								
分离度 R_i								
相对校正因子 f_i'								
标准物质浓度								
标准物峰面积 A_s								
组份的峰面积 A_i								
组分含量								

注：甲醇是溶剂，不计算校正因子和含量。

六、注意事项

（1）气体钢瓶是高压容器，必须严格遵守管理制度和操作规程，消除安全隐患。氢气和氧气分别具有可燃和助燃作用，严防泄漏，禁止用火，以免发生火灾或爆炸。

（2）气体钢瓶必须分类保管，直立固定，远离热源，避免暴晒及强烈震动。气相色谱仪工作时室内必须保持通风，防止气体蓄积发生危害。如果发现有漏气现象，必须立即检修。使用后要及时登记压力数据和使用者的信息。离开实验室时，要查验钢瓶阀门是否关闭。

（3）高压钢瓶气体不可用尽，一般气体应留 0.05 MPa 以上的残余压力，可燃性气体应剩余 0.2 MPa～0.3 MPa，H_2 应保留 2 MPa，以防重新充气时发生危险。

（4）若仪器经长期歇置未用，启用时将 H_2 出口旋下来，用手堵住出口片刻再放掉，连续堵放至少 3 次，以驱净净化管内的空气，然后再将管道连接好。

（5）每次使用时必须首先通入载气，以保护色谱柱。其他气体可等到温度恒定以后再打开。氢火焰离子化检测器，待气流稳定以后再点火。使用 FID 检测器时，放大器必须良好接地。工作前仪器预热半小时。

（6）设置温度时，进样室、检测器的温度通常比柱箱高 30～70 ℃。FID 检测器温度不宜低于 150 ℃。要根据各部件的特点，认真设置其最高允许温度，严格控制在安全温度范围内，否则会损坏仪器。

（7）仪器使用过程中出现异常情况，必须马上报告，必要时立即关机。

思考题

1. 实验中如果发现色谱峰数目少于给定物质的数目，怎样查明原因？

2. 遇到几种物质的色谱峰部分重叠或者完全重叠，用什么办法使其分离开来？

3. 色谱峰出现拖尾现象，一般是什么原因，如何克服？

附　GC-9790 气相色谱仪操作规程

1. 打开载气 N_2：减压阀为 0.3 MPa，柱前压为 0.1 MPa。

2. 打开主机电源：总电源、加热。

3. 用控制面板设置工作温度。

"某项"分别指：注样器（或辅助 1）、检测器、柱箱。

设置方法:某项→显示→默认或键入温度值→输入

(1) 进样器(二择一,用哪个柱就设哪个柱)

① 填充柱:注样器→默认或键入温度值→输入

② 毛细柱:辅助1→默认或键入温度值→输入

(2) 柱箱:柱箱→默认或键入温度值→输入

(3) 检测器:检测器→默认或键入温度值→输入

(4) 等待就绪:柱温到预定值时,控制面板"准备"指示灯亮。

4. 设定检测器极性:毛细管柱为＋,填充柱为－,否则出倒峰。

按"参数"键→用"∨"、"∧"键选定 FID(氢焰)→用 0、1 数字选择极性－、＋

5. 启动色谱工作站:设定相关的各项参数和信息,将基线调到零点(主机右侧表箱中调零旋钮)。

6. 检测器点火

开空气:减压阀 0.3 MPa,点火前表箱压力调到 0.015 MPa,点火后调到 0.03 MPa;

开氢气:减压阀 0.3 MPa,点火前表箱压力调到 0.15 MPa 以上,点火后调到 0.1 MPa。

选择填充柱或毛细柱的 FID 点火,用光洁玻片验证点燃,调节到工作气压。

7. 进样:待基线稳定后可进样。进样后,立即按"采样"按钮。

8. 程序升温:若设置了"程序升温",进样后须按控制面板"启动"键。

9. 关机

(1) 首先分别关掉氢气、空气的减压阀、总阀;

(2) 再分别关掉氢气、空气的工作压力表阀(在主机右侧表箱);

(3) 降温:某项→显示→清除;

(4) 待柱箱温度降到 52 ℃以下,自动停机;

(5) 关掉总电源、加热电源,最后关掉载气。

10. 使用信息登记:在开机之后,及时登记气体压力和使用者的信息,若有异常情况要马上报告,必要时立即关机。

4.53　萘、联苯、菲的高效液相色谱分析

一、实验目的

(1) 理解反相液相色谱的优点和应用;

(2) 掌握归一化定量方法。

二、实验原理

在液相色谱中,若采用非极性固定相,如十八烷基固定相、极性流动相。这种色谱法称为反相液相色谱法。这种分离方式特别适合于同系物、苯并系物等。萘、联苯、菲在 ODS 柱上的作用力大小不等,它们的 k' 值不等(k' 为不同组分的分配比),在柱内的移动速率不同,因而先后流出柱子。根据组分峰面积大小的不同及测得的定量校正因子,就可以由归一化定量方法求出各组分的含量。归一化定量法的公式为:

$$P_i(\%) = A_i f_i' / (A_1 f_1 + A_2 f_2 + \cdots + A_n f_n) \times 100$$

式中:A_i 为组分峰面积;f_i' 为组分的相对校正因子。

采用归一化法的条件是:样品中所有组分要流出色谱柱,并能给出信号。此法简便、准

确,对进样量的要求不十分严格。

三、仪器与试剂

1. 仪器

LC-7000 高效液相色谱仪,紫外吸收检测器,柱 C18、25 cm×4.6 cm,微量注射器。

2. 试剂

流动相:甲醇/水=88/12。

试剂:甲醇(AR,重蒸馏一次),二次蒸馏水,萘、联苯、菲(均为 AR 级)。

四、实验步骤

(1) 按操作说明书使色谱仪正常运转,并将实验条件调节如下:

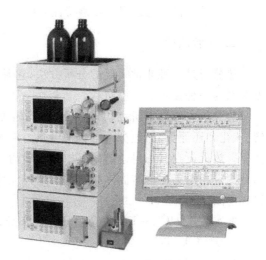

图 4-14 高效液相色谱仪

柱温:室温;

流动相流速:1.0 mL/min;

检测器工作波长:254 nm。

(2) 标准溶液的配制:准确称取萘 0.08 mg,联苯 0.02 mg,菲 0.01 mg,用重蒸馏的甲醇溶解,并转移至 50 mL 容量瓶中,用甲醇稀释至刻度。

(3) 待基线平直后,注入标准溶液 20.0 μL,记下各组分保留时间。再分别注入纯样对照。

(4) 注入样品 20.0 μL,记下保留时间。重复 2 次。

(5) 实验结束后按照要求关好仪器。

五、结果处理

(1) 确定未知样中各组分出峰次序。

(2) 求取各组分的绝对校正因子。

(3) 求取样品中各组分的百分含量。

六、注意事项

(1) 用微量注射器吸液时,要防止气泡吸入。

(2) 室温较低时,为加速萘的溶解,可以用红外灯稍稍加热。

4.54 综合热分析法研究五水硫酸铜的脱水过程

一、实验目的

(1) 熟悉热重和差热分析法的基本原理。

(2) 根据热重、差热图谱,对样品进行热重、差热分析,并给予定性解释。

（3）掌握 HCT－1 型综合热分析仪的结构与操作特点。

（4）了解五水硫酸铜的热谱特性和脱水机理。

二、实验原理

热分析是一种非常重要的分析方法，它是在程序控制温度下，测量物质的物理性质与温度关系的一种技术。

热分析主要用于研究物理变化（晶型转变、熔融、升华和吸附等）和化学变化（脱水、分解、氧化和还原等）。热分析不仅提供热力学参数，而且还可给出有一定参考价值的动力学数据。热分析在固态科学的研究中被大量而广泛地采用，诸如研究固相反应，热分解和相变以及测定相图等。许多固体材料都有这样或那样的"热活性"，因此热分析是一种很重要的研究手段。

本实验用 HCT－1 型综合热分析仪来研究 $CuSO_4 \cdot 5H_2O$ 的脱水过程。

1. 热重法（TG）

热重法（Thermogravimetry，TG）是在程序控温下，测量物质的质量与温度或时间关系的方法，通常是测量试样的质量变化与温度的关系。

（1）热重曲线

由热重法记录的质量变化对温度的关系曲线称热重曲线（TG 曲线）。曲线的纵坐标为质量，横坐标为温度（或时间）。例如固体的热分解反应为

$$A（固）\longrightarrow B（固）+C（气）$$

其热重曲线如图 4－15 所示。

图中 T_i 为起始温度，即试样质量变化或标准物质表观质量变化的起始温度；T_f 为终止温度，即试样质量或标准物质的质量不再变化的温度；$T_f - T_i$ 为反应区间，即起始温度与终止温度的温度间隔。TG 曲线上质量基本不变动的部分称为平台，如图 4－15 中的 ab 和 cd。从热重曲线可得到试样组成、热稳定性、热分解温度、热分解产物和热分解动力学等有关数据。同时还可获得试样质量变化率与温度或时间的关系曲线，即微商热重曲线。

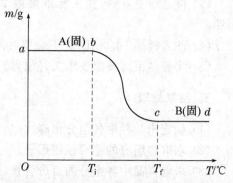

图 4－15　固体热分解反应的典型热重曲线

当温度升至 T_i 才产生失重。失重量为 $W_0 - W_1$，其失重百分数为

$$\frac{W_0 - W_1}{W_0} \times 100\%$$

式中：W_0 为试样质量；W_1 为失重后试样的质量。反应终点的温度为 T_f，在 T_f 形成稳定相。若为多步失重，将会出现多个平台。根据热重曲线上各步失重量可以简便地计算出各步的失重分数，从而判断试样的热分解机理和各步的分解产物。需要注意的是，如果一个试样有多步反应，在计算各步失重率时，都是以 W_0，即试样原始质量为基础的。

从热重曲线可看出热稳定性温度区、反应区、反应所产生的中间体和最终产物。该曲线也适合于化学量的计算。

在热重曲线中,水平部分表示质量是恒定的,曲线斜率发生变化的部分表示质量的变化,因此从热重曲线可求算出微商热重曲线。事实上新型的热重分析仪都有计算机处理数据,通过计算机软件,从 TG 曲线可得到微商热重曲线。

微商热重曲线(DTG 曲线)表示质量随时间的变化率(dW/dt),它是温度或时间的函数:

$$dW/dt = f(T \text{ 或 } t)$$

DTG 曲线的峰顶 $d^2W/dt^2 = 0$,即失重速率的最大值。DTG 曲线上峰的数目和 TG 曲线的台阶数相等,峰面积与失重量成正比。因此,可从 DTG 的峰面积算出失重量和百分率。

在热重法中,DTG 曲线比 TG 曲线更有用,因为它与 DTA 曲线相类似,可在相同的温度范围进行对比和分析,从而得到有价值的信息。

实际测定的 TG 和 DTG 曲线与实验条件,如加热速率、气氛、试样质量、试样纯度和试样粒度等密切相关。最主要的是精确测定 TG 曲线开始偏离水平时的温度即反应开始的温度。总之,TG 曲线的形状和正确的解释取决于恒定的实验条件。

(2)热重曲线的影响因素

为了获得精确的实验结果,分析各种因素对 TG 曲线的影响是很重要的。影响 TG 曲线的主要因素基本上包括:① 仪器因素——浮力、试样盘、挥发物的冷凝等;② 实验条件——升温速率、气氛等;③ 试样的影响——试样质量、粒度等。

2. 差热分析(DTA)

差热分析(DifferentialThermalAnalysis,DTA)是在程序控制温度下,测量物质和参比物的温度差与温度关系的一种方法。当试样发生任何物理或化学变化时,所释放或吸收的热量使试样温度高于或低于参比物的温度,从而相应地在差热曲线上可得到放热峰或吸热峰。差热曲线(DTA 曲线)是由差热分析得到的记录曲线。曲线的横坐标为温度,纵坐标为试样与参比物的温度差(ΔT),向上表示放热,向下表示吸热。差热分析也可测定试样的热容变化,它在差热曲线上反映出基线的偏离。

(1)差热分析的基本原理

图 4-16 表示出了差热分析的原理图。图中两对热电偶反向联结,构成差示热电偶。S 为试样,R 为参比物。在 T 处测得的为试样温度 T_S;在电表 ΔT 处测得的即为试样温度 T_S 和参比物温度 T_R 之差 ΔT。所谓参比物即是一种热容与试样相近而在所研究的温度范围内没有相变的物质,通常使用的是 α - Al_2O_3、熔石英粉等。

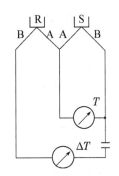

如果同时记录 $\Delta T \sim t$ 和 $T - t$ 曲线,可以看出曲线的特征和两种曲线相互之间的关系,如图 4-17 所示。在差热分析过程中,试样和参比物处于相同受热状况。如果试样在加热(或冷却)过程

图 4-16 差热分析原理图

中没有任何相变发生,则 $T_S = T_R$,$\Delta T = 0$,这种情况下两对热电偶的热电势大小相等;由于反向联结,热电势互相抵消,差示热电偶无电势输出,所以得到的差热曲线是一条水平直线,常称作基线。由于炉温是等速升高的,所以 $T \sim t$ 曲线为一平滑直线,如图 4-17(a)所示。

过程中当试样有某种变化发生时,$T_S \neq T_R$,差示热电偶就会有电势输出,差热曲线就会偏离基线,直至变化结束,差热曲线重新回到基线。这样,差热曲线上就会形成峰。图 4-17(b)为有一吸热反应的过程。该过程的吸热峰开始于 1,结束于 2。$T \sim t$ 与 $\Delta T \sim t$ 曲

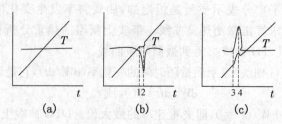

图 4 - 17　差热曲线类型及其与热分析曲线间的关系

线的关系,图中已用虚线联系起来。图 4 - 17(c)为有一放热反应的过程。有一放热峰,$T \sim t$ 与 $\Delta T \sim t$ 曲线的关系同样用虚线联系起来。

　　图 4 - 17 中的曲线均属理想状态,实际记录的曲线往往与它有差异。例如,过程结束后曲线一般回不到原来的基线,这是因为反应产物的比热、热导率等与原始试样不同的缘故。此外,由于实际反应起始和终止往往不是在同一温度,而是在某个温度范围内进行,这就使得差热曲线的各个转折都变得圆滑起来。

　　图 4 - 18 为一个实际的放热峰。反应起始点为 A,温度为 T_i;B 为峰顶,温度为 T_m,主要反应结束于此,但反应全部终止实际是 C,温度为 T_f。自峰顶向基线方向作垂直线,与 AC 交于 D 点,BD 为峰高,表示试样与参比物之间最大温差。在峰的前坡(图中 AB 段),取斜率最大一点向基线方向作切线与基线延长线交于 E 点,称为外延起始点,E 点的温度称为外延起始点温度,以 T_{eo} 表示。ABC 所包围的面积称为峰面积。

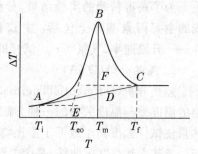

图 4 - 18　实际的差热曲线

　　(2) 差热曲线的特性

　　① 差热峰的尖锐程度反映了反应自由度的大小。自由度为零的反应其差热峰尖锐;自由度愈大,峰越圆滑。它也和反应进行的快慢有关,反应速度愈快、峰愈尖锐,反之圆滑。

　　② 差热峰包围的面积和反应热有函数关系。也和试样中反应物的含量有函数关系。据此可进行定量分析。

　　③ 两种或多种不相互反应的物质的混合物,其差热曲线为各自差热曲线的叠加。利用这一特点可以进行定性分析。

　　④ A 点温度 T_i 受仪器灵敏度影响,仪器灵敏度越高,在升温差热曲线上测得的值低且接近于实际值;反之 T_i 值越高。

　　⑤ T_m 并无确切的物理意义。体系自由度为零及试样热导率甚大的情况下,T_m 非常接近反应终止温度。对其他情况来说,T_m 并不是反应终止温度。反应终止温度实际上在 BC 线上某一点。自由度大于零,热导率甚大时,终止点接近于 C 点。T_m 受实验条件影响很大,作鉴定物质的特征温度不理想。在实验条件相同时可用来作相对比较。

　　⑥ T_f 很难授以确切的物理意义,只是表明经过一次反应之后,温度到达 T_f 时曲线又回到基线。

　　⑦ T_{eo} 受实验影响较小,重复性好,与其他方法测得的起始温度一致。国际热分析协会推荐用 T_{eo} 来表示反应起始温度。

⑧ 差热曲线可以指出相变的发生、相变的温度以及估算相变热,但不能说明相变的种类。在记录加热曲线以后,随即记录冷却曲线,将两曲线进行对比可以判别可逆的和非可逆的过程。这是因为可逆反应无论在加热曲线还是冷却曲线上均能反映出相应的峰,而非可逆反应常常只能在加热曲线上表现而在随后的冷却曲线上却不会再现。

差热曲线的温度需要用已知相变点温度的标准物质来标定。

（3）影响差热曲线的因素

影响差热曲线的因素比较多,其主要的有:① 仪器方面的因素:包括加热炉的形状和尺寸,坩埚大小,热电偶位置等;② 实验条件:升温速率,气氛等;③ 试样的影响:试样用量,粒度等。

3. HCT-1型综合热分析仪

随着计算机技术的发展,目前已研制出了具有微机数据处理系统的热重-差热联用热分析仪器,即综合热分析仪,它将热重分析与差热分析结合为一体,可同时得到热重及差热信号,可以更深入地分析样品反应,DSC/DTA 和 TG 的完全对应,有利于综合分析,如 HCT 系列常温综合热分析仪。它是一种在程序温度（等速升降温、恒温和循环）控制下,测量物质的质量和热量随温度变化的分析仪器。常用以测定物质在熔融、相变、分解、化合、凝固、脱水、蒸发、升华等特定温度下发生的热量和质量变化,广泛应用于无机、有机、石化、建材、化纤、冶金、陶瓷、制药等领

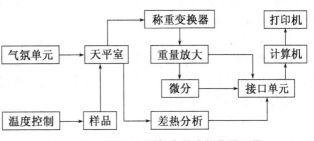

图 4-19　HCT-1型综合热分析仪原理图

域,是国防、科研、大专院校、工矿企业等单位研究不同温度下物质物理、化学变化的重要分析仪器。HCT-1型综合热分析仪由热天平主机、加热炉、冷却风扇、微机温控单元、天平放大单元、微分单元、差热放大单元、接口单元、气氛控制单元、PC 微机、打印机等组成。

三、实验仪器与试剂

1. 仪器

HCT-1型综合热分析仪 1 台,电脑 1 台,彩色激光打印机 1 台,电子天平 1 台,Al_2O_3 坩埚。

2. 试剂

$CuSO_4 \cdot 5H_2O$（分析纯）,$\alpha - Al_2O_3$ 参比样。

四、实验方法与步骤

1. 样品制备

（1）检查并保证测试样品及其分解物决不能与测量坩埚、支架、保护气体发生反应,以免污染样品、支架等。

（2）为了保证测量精度,测量所用的坩埚（包括参比坩埚）必须清洗干净并干燥好。

（3）测试样品为粉末状、颗粒状、片状、块状、固体、液体均可。但需要保证与测量坩埚

底部接触良好,样品应适量(如在坩埚中放置 1/3 厚或 10 mg 左右的样品),以便减小在测试中样品温度梯度,确保测量精度。

块状样品建议切成薄片或碎粒;粉末样品使其在坩埚底部铺平成一薄层。堆积方式一般建议堆积紧密,有利于样品内部的热传导。对于有大量气体产物生成的反应,可适当疏松堆积。

(4) 对于热反应剧烈或在反应过程中产生气泡的样品,应适当减少样品量。除测试要求外,测量坩埚应加盖,以防反应物因反应剧烈溢出而污染仪器。

(5) 测试必须保证样品温度达到室温及天平稳定后才能开始。

2. 实验参数的选择

(1) 实验室门应轻开轻关,尽量避免或减少人员走动。

(2) 计算机在仪器测试时,不能上网或运行系统资源占用较大的程序。

(3) 保护气体是用于在操作过程中对仪器及其天平进行保护,以防止受到样品在测试温度下所产生的毒性及腐蚀性气体的侵害。Ar、N_2、He 等惰性气体均可用于保护气体。保护气体输出压力应调整为 0.05 MPa,流速 $\leqslant$ 30 mL/min,一般设定为 15 mL/min。开机后,保护气体开关应始终为打开状态。

3. 实验步骤

(1) 测试前,应先打开综合热分析仪总电源开关,即将电源开关(Power)置于 On 位置上,预热 30 min 再进行操作。然后再依次打开循环水浴开关、气体控制开关(需要气氛情况下),调节循环水浴的水温到 20 ℃左右。

(2) 在电子分析天平上称取 10 mg 左右的样品,将研细的样品尽量均匀地铺在 α-Al_2O_3 瓷坩埚底部。双手同时按测量仪正前方向上(Up)和右方安全(Safety)钮(两个按钮必须配合使用,同时按住,才能将熔炉提起)。将熔炉升起,待其停在提升装置上方后,将参比坩埚和装有样品的坩埚分别放在称量杆(测量头)上,参比坩埚在左,装有样品的坩埚在右。再同时按住测量仪正前方向下(Down)和右方安全(Safety)钮。小心地合上炉体,将电炉的炉体降回到底部,此时,仪表板上"Down"灯亮,同时,表示仪器处在"开"的状态。

(3) 需要气体保护时,打开氮气钢瓶,调节气体控制中保护气和吹扫气的流量,控制其分别为 60 mL/min 和 20 mL/min。

(4) 双击桌面上"恒久仪器分析软件"图标,进入测量运行程序,输入样品名称、样品编号、样品质量、测试时间、操作人员等信息。

(5) 在分析软件中设定各部分的量程参数,要求与热分析仪器上的参数设置保持一致,然后点击对话框中的"确定"命令,在弹出对话框中依次点"清零"、"初始化条件"、"开始",即开始测量。

(6) 仪器开始测试,先升温,同时软件开始采集实验过程中的相关数据,得到 TG - DTA 曲线,直到完成。

(7) 测量结束后,对数据进行分析、储存、编辑和输出。然后依次关闭加热开关、关闭软件、关闭电脑开关、保护气体开关、关闭冷凝水开关等,结束实验。测量正常结束时,待熔炉内温度降到 200 ℃左右时,才可升起熔炉,取出样品坩埚,并清洗,再将熔炉复位。

五、数据记录与处理

(1) 调入所存文件,分别做热重数据处理和差热数据处理,求算出各个反应阶段的开始温度、峰顶温度、结束温度、外延点温度、峰面积、函变；各个阶段的失重百分率；失重斜率最大点温度、开始温度及结束温度。

（2）依据失重百分比，推断反应方程式。

六、HCT-1型综合热分析仪的操作注意事项

（1）保持样品坩锅的清洁，应使用镊子夹取，避免用手触摸。

（2）应尽量避免在仪器极限温度（1 150 ℃）附近进行恒温操作。

（3）仪器的最大升温速率为80 ℃/min，最小升温速率为0.1 ℃/min。测试前必须保证样品温度达到室温及天平稳定，然后才能开始，升温速度除特殊要求外一般为10 ℃/min到30 ℃/min。

（4）测试过程中，如果被测样品有腐蚀性气体产生，仪器所使用的保护气体及吹扫气的比重应大于所生成的腐蚀性气体，或加大吹扫气的流速以利于将腐蚀性气体带出去。

（5）试验完成后，必须等炉温降到200 ℃以下后才能打开炉体。

（6）试验完成后，必须等炉温降到室温时才能进行下一个试验。

（7）开机过程无先后顺序，为保证仪器稳定精确的测试，HCT-1型微机热分析天平主机应一直处于带电开机状态，除长期不使用外，应避免频繁开机关机。恒温水浴及电脑应至少提前1 h打开。开机后，首先调整保护气及吹扫气体输出压力及流速并待其稳定。

（8）选择适当的参数。不同的样品，因其性质不同，测试登记前请先查阅相关资料，根据自己样品的特性选择并确定最佳测试条件。

（9）样品取量要适当，样品量太大，会使TG曲线偏离。

（10）禁止在测试仪器专用电脑主机上使用U盘、软盘等所有移动存储器。

（11）在温度变化时，发泡材料、样品体积有膨胀现象，必须标注。

思考题

1. 综合热分析仪的基本原理是什么？
2. 为什么要控制升温速度？升温过快、过慢有何后果？
3. 各个参数对曲线分别有什么影响？
4. 影响综合热分析的因素有哪些？
5. 在进行综合热分析时，应注意哪些问题？

附　HCT-1型综合热分析仪

1. 特点

（1）热流式能量数据采集方式，绘制出能量与温度的曲线。

（2）用户可以自行利用标准样品对温度、能量、热重准确性进行校正。

（3）气氛控制系统采用质量流量控制器、三路稳压，稳流气体可以在实验过程中自动切换，精度高，重复性好，响应速度快（可以定制耐各种腐蚀性气体的气氛控制系统）。

（4）从微量样品到大剂量样品均可满足（更换支撑杆，最大样品可达g），可满足各种样品在不同条件下的测试要求。

（5）测量、绘制自动完成，丰富的软件功能可完成DTA、TG、DTG、DSC常规数据处理。

（6）系统采集式样过程中，可任意时刻截图，根据输出信号大小自动变换量程。

(7) 大屏幕液晶显示,实时显示仪器的状态和数据,两套测温电偶,一套电偶实时显示炉温(无论加热炉工作与否),另一套电偶显示工作时样品温度。

(8) 用户给出计算的公式或计算方法,常能及时提供相应的软件研制产品。

(9) 自主研发的恒温控制器,恒温气相色谱,质谱连接头,恒温带,可充分保证焦油及各种反应气体的二次检测。

2. 主要技术参数

(1) 温度范围:室温－1 150 ℃。

(2) 温度准确度:±0.1 ℃。

(3) 升温速率:0.1 ℃/min～80 ℃/min。

(4) 天平测量范围:1 mg～300 mg。

(5) 天平解析度:0.1 μg。

(6) 热重噪声:小于 0.1 μg。

(7) 测量范围:±10 UV～2 000UV。

(8) DTA 解析读:0.01 μV。

(9) DSC 测量范围:±1 mW～±100 mW

(10) DSC 精度:±0.1 Uw。

(11) 坩埚容积:约为 0.06 mL。

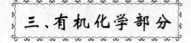

Ⅰ. 有机化合物的合成

4.55　正溴丁烷的制备

一、实验目的

(1) 了解以正丁醇、溴化钠和浓硫酸为原料制备正溴丁烷的基本原理和方法。

(2) 掌握带有害气体吸收装置的加热回流操作。

(3) 进一步熟悉巩固洗涤、干燥和蒸馏操作。

二、实验原理

$$CH_3CH_2CH_2CH_2OH \xrightarrow{NaBr, H_2SO_4} CH_3CH_2CH_2CH_2Br + NaHSO_4 + H_2O$$

可能的副产物:

$$CH_3CH_2CH_2CH_2OH \xrightarrow[\triangle]{H_2SO_4} CH_3CH_2CH=CH_2 + CH_3CH_2CH_2CH_2OCH_2CH_2CH_3$$

$$2HBr + H_2SO_4 \Longrightarrow Br_2 + SO_2 + 2H_2O$$

1-丁烯,正丁醚,未反应的原料正丁醇。烯用蒸馏的方法分离,其他物质和产物具有相近的沸点。然而,所有三种可能的副产品都可以用浓硫酸提取而除去。

三、仪器和药品

1. 仪器

圆底烧瓶（50 mL、100 mL 各 1 个），冷凝管（直形、球形各 1 支），温度计套管（1 个），短径漏斗（1 个），烧杯（800 mL1 个），蒸馏头（1 个），接引管（1 个），水银温度计（150 ℃1 支），锥形瓶（2 个），分液漏斗（1 个）。

2. 药品

正丁醇（5 g,6.2 mL,0.068 mol），无水溴化钠（8.3 g,0.08 mol），浓硫酸（$\rho = 1.84$ g/mL, 10 mL,0.18 mol），10％碳酸钠溶液，无水氯化钙。

四、试剂及产物的物理常数

表 4 - 42

名称	相对分子量	性状	密度（ρ）	熔点（℃）	沸点（℃）	折光率（n）	溶　解　度		
							水	乙醇	乙醚
正丁醇	74.12	液	0.810	−89.8	118.0	1.399 1	9^{15}	∞	∞
正溴丁烷	137.03	液	1.275	−112.4	101.6	1.4396	0.06^{16}	∞	∞
1-丁烯	56.10	气	0.5946	−185.4	−6.3	1.377 7	不溶	易溶	易溶
正丁醚	130.22	液	0.773	−97.9	142.4	1.399 2	＜0.05	∞	

五、实验内容

1. 仪器安装要点

（1）按教材安装仪器。

（2）有害气体吸收装置的漏斗要靠近水面,但不能浸入水中,以免水倒吸。

2. 操作要点

（1）加料

① 溴化钠不要粘附在液面以上的烧瓶壁上；

② 从冷凝管上口加入已充分稀释、冷却的硫酸时,每加一次都要充分振荡,混合均匀。否则,因放出大量的热而使反应物氧化,颜色变深。

（2）加热回流

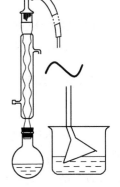

图 4 - 20　气体吸收装置

开始加热不要过猛,否则回流时反应液的颜色很快变成橙色或橙红色。应小火加热至沸,并始终保持微沸状态。

反应时间约 30 min 左右,反应时间太短,反应液中残留的正丁醇较多（即反应不完全）；但反应时间过长,也不会因时间增长而增加产率。

本实验在操作正常的情况下,反应液中油层呈淡黄色,冷凝管顶端亦无溴化氢逸出。

（3）粗蒸馏（即 75°弯管蒸馏）终点的判断

① 看蒸馏烧瓶中正溴丁烷层（即油层）是否完全消失,若完全消失,说明蒸馏已达终点；

② 看冷凝管的管壁是否透明,若透明则表明蒸馏已达终点;

③ 用盛有清水的试管检查馏出液,看是否有油珠下沉,若没有,表明蒸馏已达终点。

(4) 用浓硫酸洗涤粗产物时,一定先将油层与水层彻底分开,否则浓硫酸会被稀释而降低洗涤效果。

实验关键:反应终点和粗蒸馏终点的判断;洗涤过程中正确判断产品在哪一层。

六、注意事项

(1) 加料顺序不能调整,加硫酸时一定要分批加,且要摇匀。

(2) 回流应控制气体在冷凝管第二个球左右盘旋。

(3) 一定要等洗涤完成后才可将废液倒掉。

(4) 酸一定要洗干净,否则,蒸馏时将使产物炭化。

(5) 干燥时间要足,重蒸馏所用仪器要干净、干燥,接收瓶要称重。

(6) 产物上交时需按要求写标签。

思考题

1. 反应粗产物是怎样从反应体系中分离出来的?

2. 副产物有哪些? 各副产物是怎样除去的?

3. 反应装置中采取哪些措施避免 HBr 的逸出而污染环境?

4.56 环己烯的制备

一、实验目的

(1) 熟悉环己烯反应原理,掌握环己烯的制备方法。

(2) 学习分馏操作。

二、实验原理

1. 分馏

如果将两种挥发性液体混合物进行蒸馏,在沸腾温度下,其气相与液相达成平衡,出来的蒸气中含有较多量易挥发物质的组分,将此蒸气冷凝成液体,其组成与气相组成等同(即含有较多的易挥发组分),而残留物中却含有较多量的高沸点组分(难挥发组分),这就是进行了一次简单的蒸馏。

如果将蒸气凝成的液体重新蒸馏,即又进行一次气液平衡,再度产生的蒸气中,所含的易挥发物质组分又有增高,同样,将此蒸气再经冷凝而得到的液体中,易挥发物质的组成当然更高,这样我们可以利用一连串的有系统的重复蒸馏,最后能得到接近纯组分的两种液体。

应用这样反复多次的简单蒸馏,虽然可以得到接近纯组分的两种液体,但是这样做既浪费时间,且在重复多次蒸馏操作中的损失又很大,设备复杂,所以,通常是利用分馏柱进行多次气化和冷凝,这就是分馏。

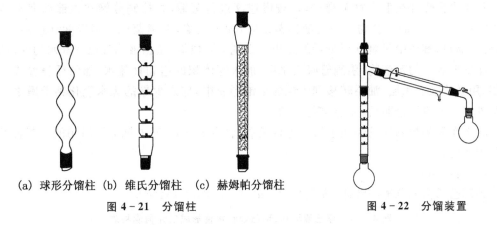

(a) 球形分馏柱 (b) 维氏分馏柱 (c) 赫姆帕分馏柱

图 4-21 分馏柱　　　　　　　　图 4-22 分馏装置

在分馏柱内,当上升的蒸气与下降的冷凝液互凝相接触时,上升的蒸气部分冷凝放出热量使下降的冷凝液部分气化,两者之间发生了热量交换,其结果是上升蒸气中易挥发组分增加,而下降的冷凝液中高沸点组分(难挥发组分)增加,如果继续多次,就等于进行了多次的气液平衡,即达到了多次蒸馏的效果。这样靠近分馏柱顶部易挥发物质的组分比率高,而在烧瓶里高沸点组分(难挥发组分)的比率高。这样只要分馏柱足够高,就可将这种组分完全彻底分开。工业上的精馏塔就相当于分馏柱。

简单分馏操作和蒸馏大致相同,要很好地进行分馏,必须注意以下几点:

(1) 分馏一定要缓慢进行,控制好恒定的蒸馏速度(1～2 滴/s),这样,可以得到比较好的分馏效果。

(2) 要使有相当量的液体沿柱流回烧瓶中,即要选择合适的回流比,使上升的气流和下降液体充分进行热交换,使易挥发组分量上升,难挥发组分尽量下降,分馏效果更好。

(3) 必须尽量减少分馏柱的热量损失和波动。柱的外围可用石棉绳包住,这样可以减少柱内热量的散发,减少风和室温的影响也减少了热量的损失和波动,使加热均匀,分馏操作平稳地进行。

2. 环己烯的合成反应

$$\text{环己醇} \xrightarrow[\triangle]{85\% H_3PO_4} \text{环己烯} + H_2O$$

三、仪器和药品

1. 仪器

分馏装置,蒸馏装置。

2. 药品

环己醇(10 mL,9.6 g,约 0.1 mol),磷酸(85%)5 mL,饱和食盐水,无水氯化钙。

四、实验步骤

在 50 mL 干燥的圆底烧瓶中,放入 10 mL 环己醇及 5 mL 85%磷酸,充分摇荡使两种液体混合均匀。投入几粒沸石,安装分馏装置。用小锥形瓶作接收器,置于碎冰浴里。

用小火慢慢加热混合物至沸腾,以较慢速度进行蒸馏,并控制分馏柱顶部温度不超过73 ℃,馏液为带水的混合物。当无液体蒸出时,加大火焰,继续蒸馏。当温度计达到85 ℃时,停止加热,烧瓶中只剩下很少量的残渣并出现阵阵白雾,蒸出液为环己烯和水的浑浊液。

小锥形瓶中的粗产物,用滴管吸去水层,加入等体积的饱和食盐水,摇匀后静置待液体分层,用吸管吸去水层,油层转移到干燥的小锥形瓶中,加入少量的无水氯化钙干燥之。必须待液体完全澄清透明后,才能进行蒸馏。

将干燥后的粗制环己烯在水浴上进行蒸馏,收集80～85 ℃的馏分。所用的蒸馏装置必须是干燥的。

产量:4～5 g。

纯环己烯为无色透明液体,沸点83 ℃,d_4^{20} 0.810 2,n_D^{20} 1.446 5。

表 4 - 43　环己醇和水、环己烯和水皆形成二元恒沸物表

物质	沸点(℃)		恒沸物的组成(%)
	组分	恒沸物	
环己醇	161.5		～20.0
水	100.0	98.7	～80.0
环己烯	83.0		90
水	100.0	70.8	10

五、注意事项

(1) 环己醇在常温下是粘稠状液体,因而若用量筒量取时应注意转移中的损失。

(2) 水层应尽可能分离完全,否则将增加无水氯化钙的用量,使产物更多地被干燥剂吸附而招致损失,这里用无水氯化钙干燥较适合,因它还可除去少量环己醇。

(3) 在蒸馏已干燥的产物时,蒸馏所用仪器都应充分干燥。

思考题

1. 进行分馏操作时应注意什么?

2. 在环己烯制备实验中,为什么要控制分馏柱顶温度不超过73 ℃?

3. 环己烯的制备过程中,如果实验产率太低,试分析主要在哪些操作步骤中造成损失?

4.57　2 -甲基- 2 -己醇的制备

一、实验目的

(1) 了解 Grignard 试剂的制备、应用和进行 Grignard 反应的条件。

(2) 学习电动搅拌机的安装和使用方法。

(3) 巩固回流、萃取、蒸馏等操作技能。

二、实验原理

卤代烷烃与金属镁在无水乙醚中反应生成烃基卤化镁(又称 Grignard 试剂),Grignard

试剂能与羰基化合物等发生亲核加成反应，其加成产物用水分解可得到醇类化合物，反应式如下：

$$n-C_4H_9Br + Mg \xrightarrow{\text{无水乙醚}} n-C_4H_9MgBr$$

$$n-C_4H_9MgBr + CH_3COCH_3 \xrightarrow{\text{无水乙醚}} n-C_4H_9\underset{\overset{|}{OMgBr}}{C}(CH_3)_2$$

$$n-C_4H_9\underset{\overset{|}{OMgBr}}{C}(CH_3)_2 + H_2O \xrightarrow{H^+} n-C_4H_9\underset{\overset{|}{OH}}{C}(CH_3)_2$$

三、仪器和药品

1. 仪器

回流装置，蒸馏装置。

2. 药品

3.1 g（0.13 mol）镁条，17 g（13.5 mL，约 0.13 mol）正溴丁烷，7.9 g（10 mL，0.14 mol）丙酮，无水乙醚（自制），乙醚，10％硫酸溶液，5％碳酸钠溶液，无水碳酸钾。

四、实验步骤

1. 正丁基溴化镁的制备

按实验装置图 4－23 装配仪器（所有仪器必须干燥）。向三颈瓶内投入 3.1 g 镁条、15 mL 无水乙醚及一小粒碘片；在恒压滴液漏斗中混合 13.5 mL 正溴丁烷和 15 mL 无水乙醚。先向瓶内滴入约 5 mL 混合液，数分钟后溶液呈微沸状态，碘的颜色消失。若不发生反应，可用温水浴加热。反应开始比较剧烈，必要时可用冷水浴冷却。待反应缓和后，至冷凝管上端加入 25 mL 无水乙醚。开动搅拌，并滴入其余的正溴丁烷-无水乙醚混合液，控制滴加速度维持反应液呈微沸状态。滴加完毕后，在热水浴上回流 20 min，使镁条几乎作用完全。

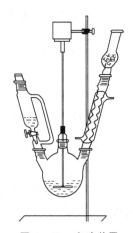

图 4－23　实验装置

2. 2-甲基-2-己醇的制备

将上面制好的 Grignard 试剂在冰水浴冷却和搅拌下，自恒压滴液漏斗中滴入 10 mL 丙酮和 15 mL 无水乙醚的混合液，控制滴加速度，勿使反应过于猛烈。加完后，在室温下继续搅拌 15 min（溶液中可能有白色粘稠状固体析出）。将反应瓶在冰水浴冷却和搅拌下，自恒压滴液漏斗中分批加入 100 mL 10％硫酸溶液，分解上述加成产物（开始滴入宜慢，以后可逐渐加快）。待分解完全后，将溶液倒入分液漏斗中，分出醚层。水层每次用 25 mL 乙醚萃取两次，合并醚层，用 30 mL 5％碳酸钠溶液洗涤一次，分液后，用无水碳酸钾干燥。

装配蒸馏装置。将干燥后的粗产物醚溶液分批加入小烧瓶中，用温水浴蒸去乙醚，再在石棉网上直接加热蒸出产品，收集 137～141 ℃馏分。

五、注意事项

（1）Grignard 试剂的制备所需仪器必须干燥。

（2）反应的全过程应控制好滴加速度，使反应平稳进行。

（3）干燥剂用量合理，且将产物醚溶液干燥完全。

思考题

1. 进行 Grignard 反应时，为什么试剂和仪器必须绝对干燥？

2. 本实验有哪些副反应，如何避免？

3. 本实验的粗产物可否用无水氯化钙干燥，为什么？

4.58　正丁醚的制备

一、实验目的

（1）掌握醇分子间脱水制备醚的反应原理和实验方法。

（2）学习共沸脱水的原理和分水器的实验操作。

二、实验原理

$$2C_4H_9OH \xrightarrow{H_2SO_4} C_4H_9-O-C_4H_9 + H_2O$$

副反应
$$CH_3CH_2CH_2CH_2OH \xrightarrow{H_2SO_4} C_2H_5CH=CH_2 + H_2O$$

$$CH_3CH_2CH_2CH_2OH \xrightarrow{H_2SO_4} C_2H_5CH_2COOH + SO_2 \uparrow + H_2O$$

$$SO_2 + H_2O === H_2SO_3$$

本实验主反应为可逆反应，为了提高产率，利用正丁醇能与生成的正丁醚及水形成共沸物的特性，可把生成的水从反应体系中分离出来。

三、仪器和药品

1. 仪器

100 mL 三口烧瓶，球形冷凝管，分水器，温度计，125 mL 分液漏斗，50 mL 蒸馏瓶。

2. 药品

表 4-44

药品名称	相对分子量	用量 (mL、g、mol)	沸点 (℃)	比重 (d_4^{20})	水溶解度 (g/100 mL)
正丁醇	74.12	31 mL(0.34 mol)	117.7	0.809 8	7.9
正丁醚	130.23		142	0.768 9	不溶于水
浓硫酸	98	4.5 mL		1.84	易溶于水
其他药品	5%氢氧化钠溶液、无水氯化钙、饱和氯化钙溶液				

四、实验步骤

如图 4-24 所示,在 100 mL 三口烧瓶中,加入 31 mL 正丁醇、4.5 mL 浓硫酸和几粒沸石,摇匀后,一口装上温度计,温度计水银球插入液面以下,中间一口装上分水器,分水器的上端接一回流冷凝管。先在分水器内放置 $(V-4.0)$ mL 水,另一口用塞子塞紧。然后将三口瓶放在石棉网上小火加热至微沸,进行分水。反应中产生的水经冷凝后收集在分水器的下层,上层有机相积至分水器支管时,即可返回烧瓶。大约经 1.5h 后,三口瓶中反应液温度可达 134~136 ℃。当分水器全部被水充满时停止反应。若继续加热,则反应液变黑并有较多副产物烯生成。

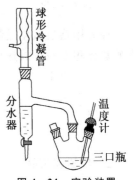

图 4-24　实验装置

将反应液冷却到室温后倒入盛有 25 mL 水的分液漏斗中,充分振摇,静置后弃去下层液体。上层粗产物依次用 25 mL 水、15 mL 5% 氢氧化钠溶液、15 mL 水和 15 mL 饱和氯化钙溶液洗涤,用 1~2 g 无水氯化钙干燥。干燥后的产物倾入 50 mL 梨形瓶中蒸馏,收集 140~144 ℃ 馏分,产量 7~8 g。

纯正丁醚的沸点 142.4 ℃, n_D^{20} 1.399 2。

五、注意事项

(1) 本实验根据理论计算失水体积为 3 mL,但实际分出水的体积略大于计算值,故分水器放满水后先放掉约 4.0 mL 水。

(2) 制备正丁醚的较宜温度是 130~140 ℃,但开始回流时,这个温度很难达到,因为正丁醚可与水形成共沸物(沸点 94.1 ℃,含水 33.4%);另外,正丁醚与水及正丁醇形成三元共沸物(沸点 90.6 ℃,含水 29.9%,正丁醇 34.6%),正丁醇也可与水形成共沸物(沸点 93 ℃,含水 44.5%),故应在 100~115 ℃ 之间反应半小时之后可达到 130 ℃ 以上。

(3) 在碱洗过程中,不要太剧烈地摇动分液漏斗,否则生成乳浊液,分离困难。

(4) 正丁醇溶于饱和氯化钙溶液中,而正丁醚微溶。

思考题

1. 如何得知反应已经比较完全?

2. 反应物冷却后为什么要倒入 25 mL 水中?各步的洗涤目的何在?

3. 能否用本实验方法由乙醇和 2-丁醇制备乙基仲丁基醚?你认为用什么方法比较好?

4. 如果反应温度过高,反应时间过长,可导致什么结果?

5. 如果最后蒸馏前的粗品中含有丁醇,能否用分馏的方法将它除去?这样做好不好?

4.59　环己酮的制备

一、实验目的

(1) 学习铬酸氧化法制环己酮的原理和方法。

(2) 通过第二醇转变为酮的实验,进一步了解醇和酮之间的联系与区别。

二、实验原理

仲醇用铬酸氧化是制备酮的最常用的方法。酮对氧化剂比较稳定,不易进一步氧化。铬酸氧化醇是一个放热反应,必须严格控制反应的温度,以免反应过于激烈。

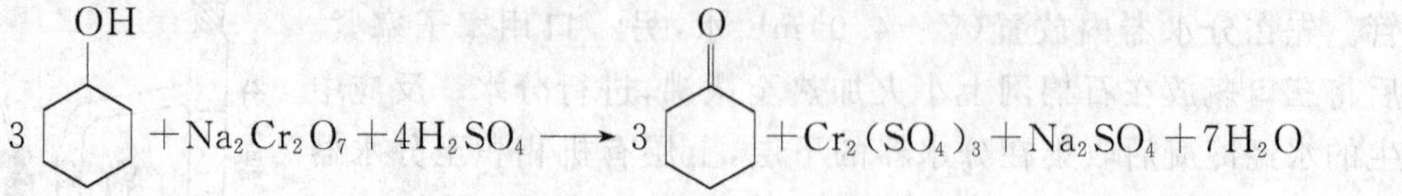

$$3\ \text{环己醇(OH)} + Na_2Cr_2O_7 + 4H_2SO_4 \longrightarrow 3\ \text{环己酮(O)} + Cr_2(SO_4)_3 + Na_2SO_4 + 7H_2O$$

三、仪器和药品

1. 仪器

100 mL 圆底烧瓶,蒸馏装置。

2. 药品

重铬酸钾,浓硫酸,草酸,无水硫酸镁干燥剂。

四、操作步骤

在 250 mL 烧杯中加入 60 mL 水和 10.5 g 重铬酸钾,搅拌使之全部溶解。然后在搅拌下慢慢加入 8.5 mL 浓硫酸,将所得橙红色溶液全部冷却于 30 ℃以下备用。

在 100 mL 圆底烧瓶中加入 5.5 mL 环己醇,分批加入配制好的铬酸溶液 35 mL,并充分振摇使之混合均匀。在圆底烧瓶中插入温度计,并继续振摇反应瓶。用水冷却或温水保温,维持温度在 55～60 ℃,反应 0.5 h。然后室温下放置 0.5 h 以上。其间仍间歇振摇几次反应瓶,最后反应液呈墨绿色。

如果反应液不能完全变成墨绿色,则加入 0.5～1.0 g 草酸以还原过量氧化剂。

在反应瓶中加入 30 mL 水,进行蒸馏,收集约 25 mL 馏出液(馏出液不要太多,以免损失产品)。

馏出液用食盐饱和(约 6 g))后转入分液漏斗中,分出有机相(上层)。水相 8 mL 乙醚提取一次,将乙醚提出液与有机相合并,用无水硫酸镁干燥。

水浴蒸出乙醚后,改用空气冷凝管继续蒸馏,收集 150～155 ℃的馏分,产量 2～3 g。

纯环己酮为无色透明液体,沸点 155.7 ℃,折光率 1.450 7。

五、注意事项

(1) 本实验是一个放热反应,必须严格控制温度。

(2) 本实验使用大量乙醚作溶剂和萃取剂,故在操作时应特别小心,以免出现意外。

(3) 环己酮在 31 ℃水解度为 2.4 g/100 mL 水中。加入粗盐的目的是为了降低溶解度,有利于分层。

4.60 乙酸乙酯的制备

一、实验目的

（1）熟悉用有机酸合成酯的原理及方法。
（2）掌握蒸馏和分液漏斗的操作方法。

二、实验原理

醇和有机酸在 H^+ 催化下发生酯化反应生成酯。

$$CH_3COOH + CH_3CH_2OH \xrightleftharpoons{H^+} CH_3COOCH_2CH_3 + H_2O$$

三、仪器及药品

1. 仪器

回流装置，蒸馏装置。

2. 药品

无水乙醇，冰醋酸，浓硫酸，无水硫酸镁，饱和氯化钙。

四、实验步骤

在 50 mL 烧瓶中加入 9.5 mL（0.2 mol）无水乙醇和 6 mL（0.10 mol）冰醋酸，再小心加入 2.5 mL 浓硫酸，混匀后，加入沸石，装上冷凝管。慢慢升温加热烧瓶，保持缓慢回流 0.5 h，待瓶内反应物稍冷后，将回流装置改成蒸馏装置，接收瓶用冷水冷却。加热蒸出生成的乙酸乙酯，直到馏出液体积约为反应物总体积的 1/2 为止。

在馏出液中慢慢加入饱和碳酸钠溶液，并不断振荡，直至不再有二氧化碳气体产生（或调节 pH 至不再显酸性），然后转入分液漏斗中分去水层，有机层分用 5 mL 饱和食盐水、5 mL 饱和氯化钙溶液和 5 mL 水洗涤，再将有机层倒入一干燥的锥形瓶中，用适量无水硫酸镁干燥。干燥后的有机层进行蒸馏，收集 73～78 ℃的馏分。

纯乙酸乙酯为无色而有香味的液体，b.p. 为 77.06 ℃，n_D^{20} 为 1.372 3。

五、注意事项

（1）在馏出液中除了酯和水外，还有少量未反应的乙醇和乙酸，也含有副产物乙醚。故必须用碱除去其中的酸，并用饱和氯化钙除去未反应的醇，否则会影响酯的产率。

（2）为了防止有机层在用碳酸钠洗后产生絮状碳酸钙沉淀，使进一步分离困难，并尽可能减少乙酸乙酯的损失，故需用饱和食盐水进行洗涤。

思考题

1. 实验中采用醋酸过量的做法是否合适，为什么？
2. 蒸出的乙酸乙酯粗品中含有哪些杂质？如何除去？

4.61　苯乙酮的制备

一、实验目的

(1) 学习付克酰基化制备芳香酮的方法。
(2) 掌握有机合成的无水操作方法。
(3) 掌握搅拌器的使用方法。

二、实验原理

$$\text{C}_6\text{H}_6 + \text{CH}_3\overset{\text{O O}}{\text{COCCH}_3} \xrightarrow{\text{无水 AlCl}_3} \text{C}_6\text{H}_5\overset{\text{O}}{\text{CCH}_3} + \text{CH}_3\text{COOH}$$

具体反应过程:

$$\text{CH}_3\overset{\text{O}}{\text{C}}\text{—O—}\overset{\text{O}}{\text{CCH}_3} + \text{AlCl}_3 \longrightarrow \text{CH}_3\overset{\text{O : AlCl}_3}{\text{C}}\text{—O—}\overset{\text{O : AlCl}_3}{\text{CCH}_3} \xrightarrow{\text{C}_6\text{H}_6} \text{CH}_3\text{COOAlCl}_2 + \text{C}_6\text{H}_5\overset{\text{O : AlCl}_3}{\text{CCH}_3}$$

（红色溶液）

$$\text{C}_6\text{H}_5\overset{\text{O : AlCl}_3}{\text{CCH}_3} + \text{H}_2\text{O} \longrightarrow \text{C}_6\text{H}_5\overset{\text{O}}{\text{CCH}_3} + \text{Al(OH)Cl}_2（白）\downarrow + \text{HCl}　（放热）$$

$$\text{CH}_3\text{COOAlCl}_2 + \text{H}_2\text{O} \longrightarrow \text{Al(OH)Cl}_2 + \text{CH}_3\text{COOH}（放热）$$

$$\text{Al(OH)Cl}_2 + 盐酸 \longrightarrow \text{AlCl}_3 + \text{H}_2\text{O}$$

三、仪器和药品

1. 仪器

三颈瓶,冷凝管,滴液漏斗,蒸馏装置。

2. 药品

7.5 g(7 mL,0.072 mol)乙酸酐,30 mL(0.34 mol)无水苯,20 g(0.15 mol)无水三氯化铝,浓盐酸,苯,5%氢氧化钠溶液,无水硫酸镁。

四、实验装置图

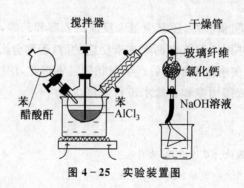

图 4-25　实验装置图

五、实验步骤

在 50 mL 三颈瓶上,分别安装冷凝管和搅拌器,冷凝管上端装一氯化钙干燥管,干燥管再与氯化氢气体吸收装置相连。

迅速称取 20 g 研细的无水三氯化铝,加入三颈瓶中,再加入 30 mL 无水苯,塞住另一瓶口。自滴液漏斗慢慢滴加 7 mL 乙酸酐,控制滴加速度勿使反应过于激烈,以三颈瓶稍热为宜。边滴加边摇荡三颈瓶,约 10～15 min 滴加完毕。加完后,在沸水浴上回流 15～20 min,直至不再有氯化氢气体逸出为止。

将反应物冷至室温,在搅拌下倒入盛有 50 mL 浓盐酸和 50 g 碎冰的烧杯中进行分解(在通风橱中进行)。当固体完全溶解后,将混合物转入分液漏斗,分出有机层,水层每次用 10 mL 苯萃取两次。合并有机层和苯萃取液,依次用等体积的 5％氢氧化钠溶液和水洗涤一次,最后用无水硫酸镁干燥。

将干燥后的粗产物先在水浴上蒸去苯,再在石棉网上蒸去残留的苯,当温度上升至 140 ℃左右时,停止加热,稍冷却后改换为空气冷凝装置,收集 198～202 ℃馏分,产量约 5～6 g。

纯苯乙酮的沸点为 202.0 ℃,熔点 20.5 ℃.

表 4－45　苯乙酮在不同压力下的沸点

压力(mmHg)	4	5	6	7	8	9	10	25
沸点(℃)	60	64	68	71	73	76	78	98
压力(mmHg)	30	40	50	60	100	150	200	
沸点(℃)	102	109.4	115.5	120	133.6	146	155	

六、实验结果

(1) 计算产率(理论产量以醋酸酐为准计算)

$$产率 = \frac{M_{实际}}{M_{理论}} \times 100\%$$

(2) 实验过程中,颜色是如何变化的? 试用化学方程式表示。

七、注意事项

(1) 本实验所用仪器和试剂均需充分干燥,否则影响反应顺利进行,装置中凡是和空气相通的部位,应连接干燥管。

(2) 无水三氯化铝的质量是实验成败的关键之一,研磨、称量及投料均需迅速,避免长时间暴露在空气中(可在带塞的锥形瓶中称量)。若大部分变黄则表明已水解,不可用。

(3) 加入稀盐酸时,开始慢滴,后渐快;稀盐酸(1∶1,自配)用量约为 140 mL。

(4) 吸收装置:约 20％氢氧化钠溶液,自配,200 mL,特别注意防止倒吸。

(5) 由于最终产物不多,宜选用较小的蒸馏瓶,苯溶液可用分液漏斗分批加入蒸馏瓶中。

为了减少产品损失,可用一根 2.5cm 长、外径与支管相仿的玻管代替,玻管与支管可借医用橡皮管连接,也可用减压蒸馏。

思考题

1. 水和潮气对本实验有何影响？在仪器装置和操作中应注意哪些事项？为什么要迅速称取无水三氯化铝？

2. 反应完成后为什么要加入浓盐酸和冰水的混合物？

3. 在烷基化和酰基化反应中，三氯化铝的用量有何不同？为什么？

4. 下列试剂在无水三氯化铝存在下相互作用,应得到什么产物？

① 过量苯＋$ClCH_2CH_2Cl$；② 氯苯和丙酸酐；③ 甲苯和邻苯二甲酸酐；④ 溴苯和乙酸酐。

4.62　甲基橙的制备

一、实验目的

（1）熟悉重氮化反应和偶合反应的原理。
（2）掌握甲基橙的制备方法。

二、实验原理

（1）重氮化反应。
（2）偶合反应。

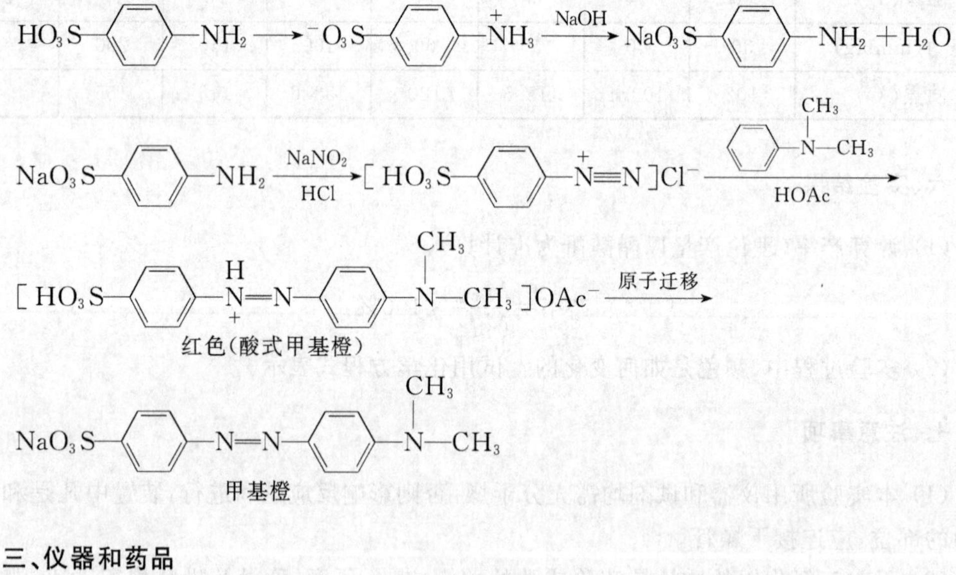

$$HO_3S \text{——} NH_2 \longrightarrow {}^-O_3S \text{——} \overset{+}{N}H_3 \xrightarrow{NaOH} NaO_3S \text{——} NH_2 + H_2O$$

$$NaO_3S \text{——} NH_2 \xrightarrow[HCl]{NaNO_2} [HO_3S \text{——} \overset{+}{N} \equiv N]Cl^- \xrightarrow[HOAc]{} $$

$$[HO_3S \text{——} \overset{H}{\underset{+}{N}} \text{—} N \text{——} N(CH_3)(CH_3)]OAc^- \xrightarrow{原子迁移}$$

红色(酸式甲基橙)

$$NaO_3S \text{——} N \text{==} N \text{——} N(CH_3)(CH_3)$$

甲基橙

三、仪器和药品

1. 仪器
烧杯,温度计,表面皿。

2. 药品
对氨基苯磺酸,氢氧化钠（5%）,亚硝酸钠,浓盐酸,冰醋酸,N,N-二甲基苯胺,乙醇,乙醚,淀粉-碘化钾试纸。

表 4-46 反应物与产物的物理常数

化合物名称	熔点(℃)	沸点(℃)	比重(d_4^{20})	水中溶解度
对氨基苯磺酸	288	—	1.485	微溶
亚硝酸钠	271	320℃分解	2.168	易溶
N,N-二甲基苯胺	2.45	194	0.955 7	微溶
甲基橙	—			微溶,易溶于热水

四、实验步骤

1. 重氮盐的制备

在 50 mL 烧杯中,加入 1 g 对氨基苯磺酸晶体和 5 mL 5% 氢氧化钠溶液,微热使晶体溶解,用冰盐浴冷却至 0 ℃以下。在另一试管中配制 0.4 g 亚硝酸钠和 3 mL 水的溶液。将此配制液也加入烧杯中。维持温度 0～5 ℃,在搅拌下,慢慢用滴管滴入 1.5 mL 浓盐酸和 5 mL 水溶液,直至用淀粉-碘化钾试纸检测呈现蓝色为止,继续在冰盐浴中放置 15 min,使反应完全,这时往往有白色细小晶体析出。

2. 偶合反应

在试管中加入 0.7 mL N,N-二甲基苯胺和 0.5 mL 冰醋酸,并混匀。在搅拌下将此混合液缓慢加到上述冷却的重氮盐溶液中,加完后继续搅拌 10 min。缓缓加入约 15 mL 5% 氢氧化钠溶液,直至反应物变为橙色(此时反应液为碱性)。甲基橙粗品呈细粒状沉淀析出。

将反应物置沸水浴中加热 5 min,冷却后,再放置冰浴中冷却,使甲基橙晶体析出完全。抽滤,依次用少量水、乙醇和乙醚洗涤,压紧抽干。干燥后得粗品约 1.5 g。

粗产品用 1% 氢氧化钠进行重结晶。待结晶析出完全,抽滤,依次用少量水、乙醇和乙醚洗涤,压紧抽干,得片状结晶。产量约 1 g。

将少许甲基橙溶于水中,加几滴稀盐酸,然后再用稀碱中和,观察颜色变化。

实验流程如下:

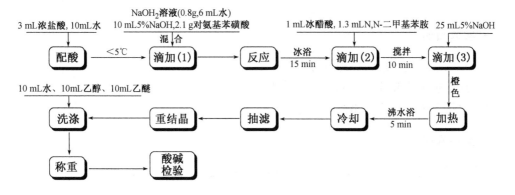

五、注意事项

(1)对氨基苯磺酸是两性化合物,其酸性略强于碱性,所以它能溶于碱中而不溶于酸中。但重氮时,又要在酸性溶液中进行,因此生成氨时,首先将对氨基苯磺酸与碱作用变成水溶性较大的细盐。

（2）重氮化反应中，溶液酸化时生成亚硝酸，同时，对氨基苯磺酸钠变为对氨基苯磺酸从溶液中以细粒状沉淀析出，并立即与亚硝酸作用，发生重氮化反应，生成粉末状的重氮盐。为了使对氨基苯磺酸完全重氮化，反应过程必须不断搅拌。

（3）重氮化反应过程中控制温度很重要，若温度高于 5 ℃，则生成的重氮盐易水解成酚类，降低产率。

（4）实验步骤 1 中滴加完毕用淀粉-碘化钾试纸检验，若不显蓝色，尚需酌情补加亚硝酸钠溶液。若亚硝酸已过量，可用尿素水溶液使其分解。

$$2HNO_2 + 2KI + 2HCl \Longrightarrow I_2 + 2NO + 2H_2O + 2KCl$$

（5）偶合反应结束后反应液呈弱碱性，若呈中性，则继续加入少量碱液至恰呈碱性，因强碱性又易产生树脂状聚合物而得不到所需产物。

（6）重结晶操作要迅速，否则由于粗产物呈碱性，在温度高时易变质，颜色变深。用乙醇和乙醚洗涤的目的是使其迅速干燥。

（7）湿的甲基橙在空气中受光照射后，颜色会很快变深，故一般得紫红色粗产物，如再依次用水、乙醇、乙醚洗涤晶体，可使其迅速干燥。

（8）溶解少许产物于水中，加几滴稀盐酸，然后再用稀氢氧化钠溶液中和，观察溶液颜色有何变化。

思考题

1. 在重氮盐制备前为什么还要加入氢氧化钠？如果直接将对氨基苯磺酸与盐酸混合后，再加入亚硝酸钠溶液进行重氮化操作行吗？为什么？

2. 制备重氮盐为什么要维持 0～5 ℃的低温，温度高有何不良影响？

3. 重氮化为什么要在强酸条件下进行？偶合反应为什么要在弱酸条件下进行？

4. 试解释甲基橙在酸碱介质中的变色原因，并用反应式表示。

4.63 乙酰苯胺的制备

一、实验目的

（1）熟悉乙酰化反应的原理及方法。

（2）掌握热过滤和减压过滤的操作方法。

（3）掌握固体有机化合物提纯的方法——重结晶。

二、实验原理

本实验采用乙酸与苯胺作用，在锌粉存在下制备乙酰苯胺，其反应如下：

$$PhNH_2 + CH_3COOH \xrightarrow{Zn粉} PhNHCOCH_3 + H_2O$$

三、仪器和药品

1. 仪器

圆底烧瓶，保温漏斗。

2. 药品

新蒸苯胺,冰乙酸,锌粉。

四、实验步骤

用 25 mL 圆底烧瓶搭成简单分馏装置。

向反应瓶中加入 5 mL(27.5 mmol)新蒸的苯胺、7.4 mL(64.6 mmol)冰乙酸以及适量的锌粉,摇匀。开始加热,保持反应液微沸约 10 min,逐渐升高温度,使反应温度维持在 100～105 ℃。反应 30 min 后可适当升温至 110 ℃,蒸出大部分水和剩余的乙酸,温度出现波动时,可认为反应结束。

趁热将反应液倒入盛有 80 mL 冷水的烧杯中,即有白色固体析出,稍加搅拌冷却,抽滤,即得粗产品。

将粗品转入烧杯中,加 80 mL 水,加热煮沸使其全溶。如仍有未溶的乙酰苯胺油珠,需加少量水,直到全溶。此时,再加水 10 mL,以免热过滤时析出结晶,造成损失。将热乙酰苯胺水溶液稍冷却,加一角匙活性炭,再重新煮沸,并使溶液继续沸腾约 5 min。趁热,将乙酰苯胺溶液用保温漏斗过滤。滤液冷却析出晶体,抽滤,用少量水洗涤晶体,抽干后可得纯品。

纯乙酰苯胺为白色晶体,m. p. 为 113～114 ℃。

五、注意事项

(1) 苯胺久置后颜色变深有杂质,会影响乙酰苯胺的质量,故最好采用新蒸的无色或淡黄色的苯胺。

(2) 加入锌粉的目的是防止苯胺在反应中被氧化。

(3) 不要将活性炭加入到沸腾的溶液中,否则,沸腾的滤液会溢出容器外。因此,加活性炭时一定要停止加热,并适当降低溶液的温度。

思考题

1. 本实验采取什么措施来提高产率?
2. 常用的乙酰化试剂有哪些? 请比较它们的乙酰化能力。

4.64 肉桂酸的制备

一、实验目的

(1) 学习肉桂酸的制备原理和方法。
(2) 进一步掌握回流、水蒸气蒸馏、抽滤等基本操作。

二、实验原理

利用 Perkin 反应,将芳醛与醋酐混合后,在相应的羧酸盐存在下,加热制得 α,β-不饱和酸。

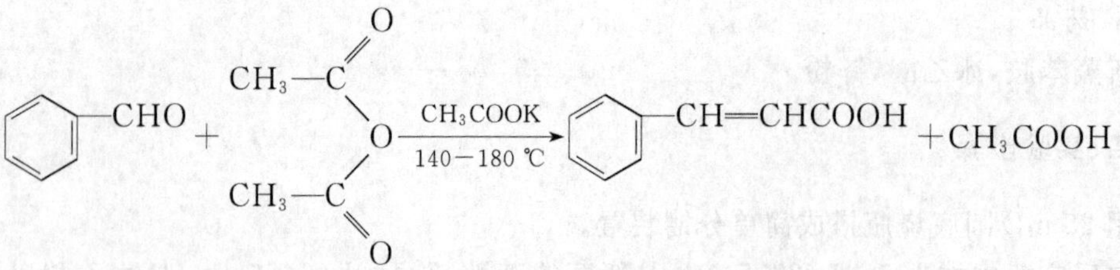

$$\text{（苯甲醛）—CHO} + \begin{array}{c} CH_3-C\overset{\displaystyle O}{} \\ \Big| \\ O \\ \Big| \\ CH_3-C\underset{\displaystyle O}{} \end{array} \xrightarrow[140-180\ ℃]{CH_3COOK} \text{（苯基）—CH=CHCOOH} + CH_3COOH$$

本法是按 Kalnin 提出的方法，用无水 K_2CO_3 代替 CH_3COOK，优点：反应时间短，产率高。

三、仪器及药品

1. 仪器

100 mL 圆底烧瓶，空气冷凝管，水蒸气蒸馏装置 1 套，抽滤瓶，布氏漏斗，250 mL 烧杯 1 个，滤纸，表面皿，刮刀，250 mL 三角瓶 1 个，（10 mL、5 mL、100 mL）量筒，玻璃棒，红外灯。

2. 药品

PhCHO，10％氢氧化钠，$(CH_3CO)_2O$ 刚果红试纸，无水 K_2CO_3，无水乙醇、浓盐酸，活性炭。

四、实验步骤

1. 合成

(1) 在 100 mL 干燥的圆底烧瓶中加入 1.5 mL（1.575 g，15 mmol）新蒸馏过的苯甲醛，4 mL（4.32 g，42 mmol）新蒸馏过的醋酐以及研细的 2.2 g 无水碳酸钾，2 粒沸石，制备装置如图 4-26 所示。

(2) 加热回流（小火加热）40 min，火焰由小到大使溶液刚好回流。

(3) 停止加热，待反应物冷却。

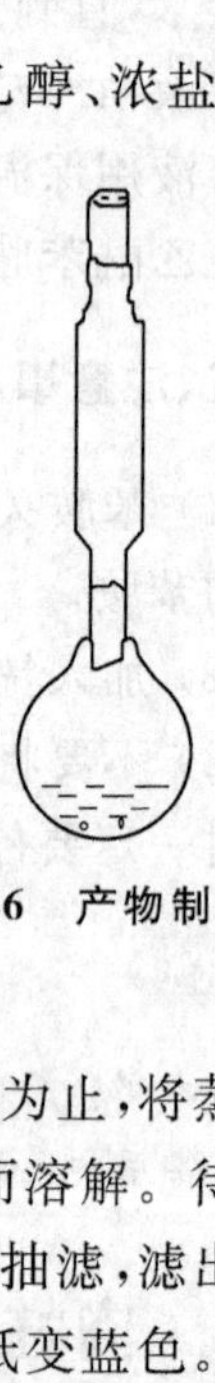

2. 后处理

待反应物冷却后，往瓶内加入 20 mL 热水，以溶解瓶内固体，同时改装成水蒸气蒸馏装置（半微量装置）。开始水蒸气蒸馏，至无白色液体蒸出为止，将蒸馏瓶冷却至室温，加入 10％氢氧化钠（约 10 mL）以保证所有的肉桂酸生成钠盐而溶解。待白色晶体溶解后，滤去不溶物，滤液中加入 0.2 g 活性炭，煮沸 5 min 左右，脱色后抽滤，滤出活性炭，冷却至室温，倒入 250 mL 烧杯中，搅拌下加入浓盐酸，酸化至刚果红试纸变蓝色。冷却抽滤得到白色晶体，粗产品置于 250 mL 烧杯中，用水-乙醇重结晶，先加 60 mL 水，等大部分固体溶解后，稍冷，加入 10 mL 无水乙醇，加热至全部固体溶解后，冷却，白色晶体析出，抽滤，产品于空气中晾干后，称重。

图 4-26 产物制备装置

五、注意事项

(1) Perkin 反应所用仪器必须彻底干燥（包括称取苯甲醛和乙酸酐的量筒），否则产率降低。

(2) 可以用无水碳酸钾和无水醋酸钾作为缩合剂，但是不能用无水碳酸钠。

(3) 加料迅速，防止醋酸酐吸潮。

(4) 回流时加热强度不能太大，否则会把乙酸酐蒸出。为了节省时间，可以在回流结束之前的 30min 开始加热支管烧瓶使水沸腾,不能用火直接加热烧瓶。

（5）进行脱色操作时一定取下烧瓶,稍冷之后再加入热活性炭 0.15 g 左右。

（6）热过滤时必须是真正热过滤,布式漏斗要事先在沸水中取出,动作要快。

（7）进行酸化时要慢慢加入浓盐酸,一定不要加入太快,以免产品冲出烧杯造成产品损失。

（8）肉桂酸要结晶彻底,进行冷过滤;不能用太多水洗涤产品。

思考题

1. 什么情况下用水蒸气蒸馏?
2. 用水蒸气蒸馏,被提纯物具有哪些条件?
3. 肉桂酸的制备清洗为什么不能用氢氧化钠?

4.65 从茶叶中提取咖啡因

一、实验目的

（1）学习从茶叶中提取咖啡因的基本原理和方法,了解咖啡因的一般性质。

（2）掌握用索氏提取器提取有机物的原理和方法。

（3）进一步熟悉萃取、蒸馏、升华等基本操作。

二、实验原理

咖啡因又叫咖啡碱,是一种生物碱,存在于茶叶、咖啡、可可等植物中。例如茶叶中含有 1％～5％的咖啡因,同时还含有单宁酸、色素、纤维素等物质。

咖啡因是弱碱性化合物,可溶于氯仿、丙醇、乙醇和热水中,难溶于乙醚和苯(冷)。纯品熔点 235～236 ℃,含结晶水的咖啡因为无色针状晶体,在 100 ℃时失去结晶水,并开始升华,120 ℃时显著升华,178 ℃时迅速升华。利用这一性质可纯化咖啡因。咖啡因的结构式为:

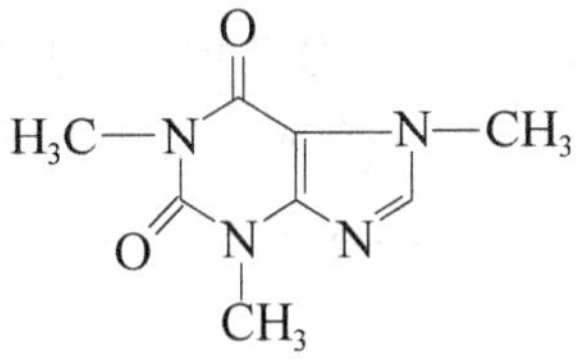

咖啡因(1,3,7-三甲基-2,6-二氧嘌呤)

咖啡因(1,3,7-三甲基-2,6-二氧嘌呤)是一种温和的兴奋剂。工业上咖啡因主要是通过人工合成制得。它具有刺激心脏、兴奋大脑神经和利尿等作用。故可以作为中枢神经兴奋药,它也是复方阿司匹林(A.P.C)等药物的组分之一。

提取咖啡因的方法有碱液提取法和索氏提取器提取法。本实验以乙醇为溶剂,用索氏提取器提取,再经浓缩、中和、升华,得到含结晶水的咖啡因。

索氏(Soxhlet)提取器由烧瓶、提取筒、回流冷凝管三部分组成,装置如图 4-27 所示。索氏提取器是利用溶剂的回流及虹吸原理,使固体物质每次都被纯的热溶剂所萃取,减少了溶剂用量,缩短了提取时间,因而效率较高。萃取前,应先将固体物质研细,以增加溶剂浸溶面积。然后将研细的固体物质装入滤纸筒内,再置于抽提筒、烧瓶内盛溶,并与抽提筒相连,抽提筒索式提取器上端接冷凝管。溶剂受热沸腾,其蒸气沿抽提筒侧管上升至冷凝管,冷凝为液体,滴入滤纸筒中,并浸泡筒中样品。当液面超过虹吸管最高处时,即虹吸流回烧瓶,从而萃取出溶于溶剂的部分物质。如此多次重复,把要提取的物质富集于烧瓶内。提取液经浓缩除去溶剂后,即得产物,必要时可用其他方法进一步纯化。

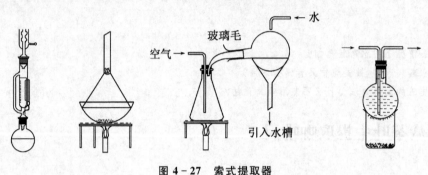

图 4 - 27　索式提取器

三、仪器及药品

1. 仪器

索氏(Soxhlet)提取器。

2. 药品

乙醇。

四、实验步骤

1. 咖啡因的提取

称取 5 g 干茶叶,装入滤纸筒内,轻轻压实,滤纸筒上口塞一团脱脂棉,置于抽提筒中,圆底烧瓶内加入 60～80 mL 95％乙醇,加热乙醇至沸,连续抽提 1 h,待冷凝液刚刚虹吸下去时,立即停止加热。

将仪器改装成蒸馏装置,加热回收大部分乙醇。然后将残留液(大约 10～15 mL)倾入蒸发皿中,烧瓶用少量乙醇洗涤,洗涤液也倒入蒸发皿中,蒸发至近干。加入 4 g 生石灰粉,搅拌均匀,用电热套加热(100～120 V),蒸发至干,除去全部水分。冷却后,擦去沾在边上的粉末,以免升华时污染产物。

将一张刺有许多小孔的圆形滤纸盖在蒸发皿上,取一只大小合适的玻璃漏斗罩于其上,漏斗颈部疏松地塞一团棉花。用电热套小心加热蒸发皿,慢慢升高温度,使咖啡因升华。咖啡因通过滤纸孔遇到漏斗内壁凝为固体,附着于漏斗内壁和滤纸上。当纸上出现白色针状晶体时,暂停加热,冷却至 100 ℃左右,揭开漏斗和滤纸,仔细用小刀把附着于滤纸及漏斗壁上的咖啡因刮入表面皿中。将蒸发皿内的残渣加以搅拌,重新放好滤纸和漏斗,用较高的温度再加热升华一次。此时,温度也不宜太高,否则蒸发皿内大量冒烟,产品既受污染又遭损失。合并两次升华所收集的咖啡因,测定熔点。

2. 咖啡因的鉴定

(1)与生物碱试剂:取咖啡因结晶的一半于小试管中,加 4 mL 水,微热,使固体溶解。

分装于 2 支试管中,一支加入 1~2 滴 5％鞣酸溶液,记录现象。另一支加 1~2 滴 10％盐酸(或 10％硫酸),再加入 1~2 滴碘-碘化钾试剂,记录现象。

(2) 氧化:在表面皿剩余的咖啡因中,加入 30％ H_2O_2 8~10 滴,置于水浴上蒸干,记录残渣颜色。再加一滴浓氨水于残渣上,观察并记录颜色有何变化。

五、注意事项

(1) 滤纸筒的直径要略小于抽提筒的内径,其高度一般要超过虹吸管,但是样品不得高于虹吸管。如无现成的滤纸筒,可自行制作。其方法为:取脱脂滤纸一张,卷成圆筒状(其直径略小于抽提筒内径),底部折起而封闭(必要时可用线扎紧),装入样品,上口盖脱脂棉,以保证回流液均匀地浸透被萃取物。

(2) 提取过程中,生石灰起中和及吸水作用。

(3) 索式提取器的虹吸管极易折断,安装装置和取拿时必须特别小心。

(4) 提取时,如烧瓶里有少量水分,升华开始时,将产生一些烟雾,污染器皿和产品。

(5) 蒸发皿上覆盖刺有小孔的滤纸是为了避免已升华的咖啡因回落入蒸发皿中,纸上的小孔应保证蒸气通过。漏斗颈塞棉花,以防止咖啡因蒸气逸出。

(6) 在升华过程中必须始终严格控制加热温度,温度太高,将导致被烘物和滤纸炭化,一些有色物质也会被带出来,影响产品的质和量。进行再升华时,加热温度亦应严格控制。

思考题

1. 试述索氏提取器的萃取原理,它与一般的浸泡萃取相比,有哪些优点?
2. 本实验进行升华操作时,应注意什么?
3. 对于索式提取器滤纸筒的基本要求是什么?
4. 为什么要将固体物质(茶叶)研细成粉末?
5. 为什么要放置一团脱脂棉?
6. 生石灰的作用是什么?
7. 咖啡因与过氧化氢等氧化剂作用的实验现象是什么?

附 咖啡因的其他鉴别方法

咖啡因可以通过测定熔点及光谱法加以鉴别。此外,还可以通过制备咖啡因水杨酸盐衍生物进一步确证。咖啡因作为碱,可与水杨酸作用生成水杨酸盐。

| 咖啡因 | 水杨酸 | 咖啡因水杨酸盐 |

咖啡因水杨酸盐衍生物的制备方法:在试管中加入 50 mg 咖啡因、37 mg 水杨酸和 4 mg 甲苯,在水浴上加热摇振使其溶解,然后加入约 1 mg 石油醚(60~90),在冰浴中冷却结晶。如无晶体析出,可以用玻璃棒或刮刀摩擦管壁。用玻璃钉漏斗过滤收集产物,测定熔点。纯盐的熔点 137 ℃。

4.66 乙酰水杨酸的合成

一、实验目的

了解乙酰水杨酸(阿司匹林)的制备原理和方法。

二、实验原理

乙酰水杨酸,即阿司匹林(Aspirin)是 19 世纪末成功合成的。作为一种有效的解热止痛、治疗感冒的药物至今仍广泛使用,有关报道表明,人们正在研究它的某些新功能。

阿司匹林是由水杨酸(邻羟基苯甲酸)与醋酸酐进行酯化反应制得的。水杨酸可由水杨酸甲酯,即冬青油(由冬青树提取而得)水解制得。反应式如下:

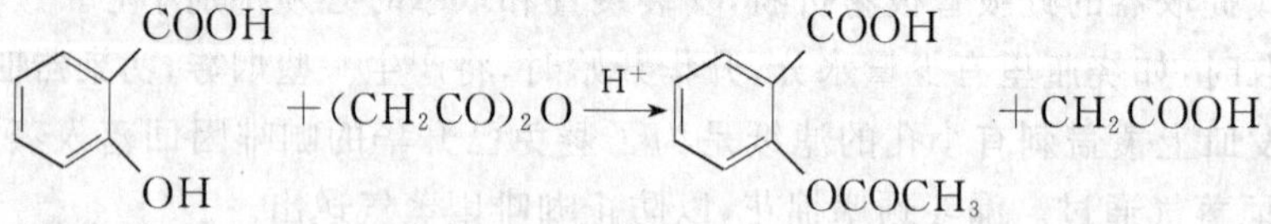

$$\text{(COOH, OH)} + (CH_2CO)_2O \xrightarrow{H^+} \text{(COOH, OCOCH_3)} + CH_2COOH$$

三、仪器和药品

1. 仪器

烧瓶,布氏漏斗,抽滤瓶,烧杯。

2. 药品

水杨酸,醋酸酐,饱和碳酸氢钠,1%三氯化铁溶液,浓盐酸,浓硫酸。

四、实验步骤

在 100 mL 烧瓶中加入 4 mL 乙酸酐、1.38 g(0.01 mol)水杨酸和 4 滴浓硫酸,摇动烧瓶使水杨酸全部溶解。

将烧瓶在水浴(60~70 ℃)上加热 10 min,停止加热,用冷水冷却使结晶析出。慢慢加入 15 mL 水(注意:反应放热,实验时应小心操作),然后用冰水冷却使结晶完全析出。抽滤,用少量水洗涤结晶,滤干得粗产物乙酰水杨酸。

将粗产品转移到 100 mL 烧杯中,加入 10%碳酸氢钠溶液,边加边搅拌直至无 CO_2 气泡放出。抽滤,滤液倒入 100 mL 烧杯中,边搅拌边缓慢加入 10 mL 20%的盐酸溶液,用冰水冷却结晶。抽滤,并用少量水洗涤结晶 2~3 次,抽干,将少量产品溶解在几滴乙醇中,和 1~2 滴 1%三氯化铁溶液检验,如果发生显色反应,说明产物中仍有水杨酸,产物用乙醇—水混合液重结晶,静置,冷却,过滤,干燥,得产品约 1.1 g。熔点 133~135 ℃。

五、注意事项

(1) 乙酸酐须重新蒸馏,水杨酸需预先干燥。

(2) 水杨酸属酚类物质,可与三氯化铁发生颜色反应,用几粒结晶加入盛有 3 mL 水的试管中,加入 1~2 滴 1% $FeCl_3$ 溶液,观察有无颜色反应(紫色)。

(3) 产品乙酰水杨酸受热易分解,因此熔点不明显,它的分解温度为 125~128 ℃。用毛细管测熔点时宜先将溶液加热至 120 ℃左右,再放入样品管测定。

思考题

　　1. 反应中有哪些副产品? 如何除去?
　　2. 反应中加入浓硫酸的目的是什么?

4.67　乙酰乙酸乙酯的制备

一、实验目的

(1) 了解乙酰乙酸乙酯的制备原理及操作方法。
(2) 掌握无水操作及减压蒸馏等操作。

二、实验原理

　　利用 Claisen 酯缩合反应,将两分子具有 α-活泼氢的酯在醇钠的催化作用下可以制得 β-酮酸酯。

$$2CH_3CO_2C_2H_5 \xrightarrow{C_2H_5ONa} [CH_3COCHCO_2C_2H_5]^- Na^+$$

$$\xrightarrow{HAc} CH_3COCH_2CO_2C_2H_5 + NaAc$$

　　通常以酯和金属钠为原料,并以过量的酯作为溶剂,利用酯中含有的微量醇与金属钠反应来生成醇钠,随着反应的进行,由于醇的不断生成,反应能不断地进行下去,直至金属钠消耗完毕。反应后生成乙酰乙酸乙酯的钠化物,必须用醋酸酸化,才能使乙酰乙酸乙酯游离出来。
　　但作为原料的酯中含醇量过高又会影响到产品的收率,故一般要求酯中含醇量在 3% 以下。
　　减压蒸馏原理:液体的沸点是随外界压力的降低而降低的。因而如用真空泵连接盛有液体的容器,使液体表面的压力降低,即可降低液体的沸点。这种在较低压力下进行蒸馏的操作称为减压蒸馏。

三、实验装置和药品

　　1. 实验装置

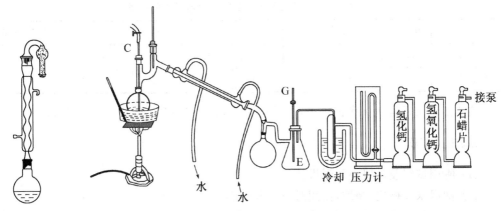

图 4-28　回流装置　　　　　　　　　　图 4-29　减压蒸馏装置

2. 药品

25 g(27.5 mL,0.28 mol)乙酸乙酯、2.5 g(0.11 mol)金属钠、12.5 mL 二甲苯、50%醋酸、饱和氯化钠溶液、无水硫酸钠。

表 4-47　主要物料的物理常数

物质	相对分子量	熔点(℃)	沸点(℃)	密度(g/cm³)
金属钠	23	97.5	—	0.97
乙酸乙酯	88.12	—	77.06	0.900 3
二甲苯	138	—	140	0.867 8
乙酰乙酸乙酯	130.15	—	180.4	1.028 2

四、实验步骤

在 100 mL 干燥的圆底烧瓶中加入 2.5 g 金属钠和 12.5 mL 二甲苯,装上回流冷凝管,加热使钠熔融。立即拆去冷凝管,将圆底烧瓶用橡皮塞塞紧后包在毛巾中用力来回振摇,即得细粒状钠珠。稍经放置钠珠沉于瓶底,将二甲苯倾出(须回收,下一批实验者可继续使用)。迅速向瓶中加入 27.5 mL 乙酸乙酯,擦净瓶口,重新装上回流冷凝管,并在冷凝管上口安装氯化钙干燥管。反应立即开始,并有氢气逸出。如反应很慢,可稍加温热,促进反应开始后即移去热源。若反应过于剧烈则用冷水稍微冷却一下。

待激烈反应过后,利用小火保持反应体系一直处于微沸状态,直至所有金属钠全部反应为止(约需 1 h)。此时生成的乙酰乙酸乙酯钠盐为桔红色透明溶液(有时析出黄白色沉淀)。

待反应液稍冷后,将圆底烧瓶取下,然后一边振荡一边不断加入 50%醋酸,直至整个体系呈弱酸性(pH=5~6)为止(约需 15 mL)。将反应液转入分液漏斗,加入等体积的饱和食盐水,有少量食盐晶体析出,用力振摇后静置分层。将下层黄色液体连同其中的食盐晶体一起从下口放出,将上层血红色液体自漏斗上口倒入干燥锥形瓶中,用适量无水硫酸钠干燥后滤入蒸馏瓶,并用少量乙酸乙酯洗涤干燥剂,一并转入蒸馏瓶中,在沸水浴上蒸去未作用的乙酸乙酯,当馏出液的温度升至 95 ℃时停止蒸馏。将瓶内剩余液体进行减压蒸馏,收集99~102 ℃/80 mmHg 的馏分,产量约 5 g。乙酰乙酸乙酯的沸点与压力的关系见表 4-48。

表 4-48　乙酰乙酸乙酯的沸点与压力的关系

压力(kPa)	101.325	10.666	8.000	5.333	4.000	2.666	2.400	1.867	1.600
压力(mmHg)	760	80	60	40	30	20	18	14	12
沸点(℃)	181	100	97	92	88	82	78	74	71

纯乙酰乙酸乙酯为无色液体,有水果香味,沸点 180.4 ℃,d_4^{20} 1.028 2,n_D^{20} 1.419 4。

五、注意事项

(1) 所用试剂及仪器必须干燥。

(2) 钠遇水即燃烧、爆炸,使用时应十分小心。

(3) 钠珠的制作过程中间一定不能停,且要来回振摇,使瓶内温度下降不至于使钠珠结块。

（4）用醋酸中和时，若有少量固体未溶，可加少许水溶解，避免加入过多的酸。

（5）减压蒸馏时，先粗略得出在体系压力下乙酰乙酸乙酯的沸点。

（6）体系压力(mmHg)＝外界大气压力(mmHg)-水银柱高度差(mmHg)(开口式压力计)。

（7）蒸馏完毕时，撤去电热套，慢慢旋开二通活塞，平衡体系内外压力，关闭油泵。

（8）产率以钠的量为基准计算。

思考题

1. 本实验中加入50％醋酸溶液和饱和氯化钠溶液的目的何在？

2. 在常温下得到的乙酰乙酸乙酯是一纯化合物吗？为什么？

3. 取2～3滴产品溶于2 mL水中，加1滴1％的三氯化铁溶液，会发生什么现象？如何解释？

4. 什么是Claisen酯缩合反应中的催化剂？本实验为何用金属钠代替？为什么产率以钠为基准计算？

5. 本实验加入50％醋酸和饱和氯化钠溶液有何作用？

6. 怎样证明常温下合成的"三乙"是两种互变异构体的平衡混合物？

4.68 苯胺的制备

一、实验目的和要求

（1）掌握硝基苯还原成苯胺的实验原理和方法。

（2）巩固水蒸汽蒸馏和简单蒸馏的基本操作。

二、反应原理

苯胺的制取不可能用任何直接的方法将氨基($-NH_2$)导入苯环上，而是经过间接的方法来制取，芳香硝基化合物还原是制备芳胺的主要方法。实验室常用的方法是在酸性溶液中用金属进行化学还原。常用锡-盐酸来还原简单的硝基化合物，也可以用铁-醋酸法。

（1）锡-盐酸法

$$2\ \text{C}_6\text{H}_5-NO_2 +3Sn+14HCl \longrightarrow [\text{C}_6\text{H}_5-NH_2^+]_2SnCl_6^{2-}$$

$$[\text{C}_6\text{H}_5-NH_2^+]_2SnCl_6^{2-}+8NaOH \longrightarrow 2\ \text{C}_6\text{H}_5-NH_2 +Na_2SnO_3+5H_2O+6NaCl$$

（2）铁-醋酸法

$$4\ \text{C}_6\text{H}_5-NO_2 +9Fe+4H_2O \xrightarrow{H^+} 4\ \text{C}_6\text{H}_5-NH_2 +3Fe_3O_4$$

本实验采用锡-盐酸法，切记苯胺有毒，操作时避免与皮肤接触，或吸入蒸气！

三、仪器和药品

1. 仪器

回流装置，水蒸气蒸馏装置。

2. 药品

4 mL 硝基苯,9 g 锡粒,浓盐酸,乙醚,精盐,氢氧化钠颗粒,50%氢氧化钠溶液,pH试纸。

四、实验步骤

在一个 100 mL 圆底烧瓶中,放置 9 g 锡粒,4 mL 硝基苯,装上回流装置,量取 20 mL 浓盐酸,分数次从冷凝管口加入烧瓶并不断摇动反应混合物。若反应太激烈,瓶内混合物沸腾时,将圆底烧瓶浸入冷水中片刻,使反应缓慢。当所有的盐酸加完后,将烧瓶置于沸腾的热水浴中加热 30 min,使还原趋于完全,然后使反应物冷却至室温,在摇动下慢慢加入 50%氢氧化钠溶液使反应物呈碱性。然后将反应瓶改为水蒸气蒸馏装置,进行水蒸气蒸馏直到蒸出澄清液为止,将馏出液放入分液漏斗中,分出粗苯胺。水层加入氯化钠 3~5 g 使其饱和后,用 20 mL 乙醚分两次萃取,合并粗苯胺和乙醚萃取液,用粒状氢氧化钠干燥。将干燥后的混合液小心的倾入干燥的 50 mL 蒸馏烧瓶中,在热水浴上蒸去乙醚,然后改用空气冷凝管,在石棉网上加热,收集 180~185 ℃的馏分,产量 2.3~2.5 g(产率 63%~69%)。纯苯胺的 bp 为 184.1 ℃,n_D^{20} 为 1.586 3。

五、注意事项

(1) 本实验是一个放热反应,当每次加入硝基苯时均有一阵猛烈的反应发生,故要审慎加入及时振摇与搅拌。

(2) 硝基苯为黄色油状物,如果回流液中,黄色油状物消失,而转变成乳白色油珠,表示反应已完全。

(3) 反应完后,圆底烧瓶上粘附的黑褐色物质,用 1∶1 盐酸水溶液温热除去。

(4) 在 20 ℃时每 100 g H_2O 中可溶解 3.4g 苯胺,根据盐析原理,加氯化钠使溶液饱和,则析出苯胺。

(5) 本实验用粒状氢氧化钠干燥,原因是 $CaCl_2$ 与苯胺可形成分子化合物。

(6) 反应物内的硝基苯与盐酸互不相溶,故这两种液体与固体铁粉接触机会很少,因此充分振摇反应物,是使还原作用顺利进行的操作关键。

(7) 反应物变黑时,即表明反应基本完成,欲检验,可吸取反应液滴入盐酸中摇振,若完全溶解表示反应已完成,为什么?

4.69 绿色植物叶中天然色素的提取和色谱分离

一、实验目的

(1) 通过绿色植物色素的提取和分离,了解天然物质分离提纯方法。

(2) 了解色谱法分离提纯有机化合物的基本原理和应用。

(3) 掌握柱层析、薄层层析的操作技术。

二、实验原理

1. 色谱法(Chromatography)

色谱法亦称色层法、层析法等,是分离、纯化和鉴定有机化合物的重要方法之一。它是利用不同物质在两相中具有不同的分配系数(或吸附系数、渗透性),当两相作相对运动时,这些物质在两相中进行多次反复分配而实现分离。色谱法的分离效果远比分馏、重结晶等一般的方法好,而且适用于小量(和微量)的物质的处理。这一方法在化学、生物学、医学中得到普遍应用,帮助解决了像天然色素、蛋白质、氨基酸、生物代谢产物、激素和稀土元素等的分离和分析。在色谱技术中,流动相为气体的叫气相色谱,流动相为液体的叫液相色谱。固定相可以装在柱内,也可以做成薄层,前者叫柱色谱,后者叫薄层色谱。主要介绍柱色谱法和薄层色谱法。

色谱法在有机化学中的应用主要包括以下几方面:

(1) 分离混合物。一些结构类似、理化性质也相似的化合物组成的混合物,一般应用化学方法分离很困难,但应用色谱法分离,有时可得到满意的结果。

(2) 精制提纯化合物。有机化合物中含有少量结构类似的杂质,不易除去,可利用色谱法分离以除去杂质,得到纯品。

(3) 鉴定化合物。在条件完全一致的情况下,纯粹的化合物在薄层色谱或纸色谱中都呈现一定的移动距离,称比移值(R_f值),所以利用色谱法可以鉴定化合物的纯度或确定两种性质相似的化合物是否为同一物质。但影响比移值的因素很多,如薄层的厚度,吸附剂颗粒的大小,酸碱性,活性等级,外界温度和展开剂纯度、组成、挥发性等。所以,要获得重现的比移值就比较困难。为此,在测定某一试样时,最好用已知样品进行对照。

$$R_f = \frac{溶质移动的距离}{溶剂移动的距离}$$

(4) 观察一些化学反应是否完成,可以利用薄层色谱或纸色谱观察原料色点的逐步消失,以证明反应完成与否。

2. 柱色谱法(column chromatography)

柱色谱法又称柱层析,是固定相装于柱内,流动相为液体,样品沿竖直方向由上而下移动而达到分离的色谱法。柱色谱法被广泛应用于混合物的分离,包括对有机合成产物、天然提取物以及生物大分子的分离。

柱色谱常用的有吸附色谱和分配色谱两种。吸附色谱常用氧化铝和硅胶为吸附剂。分配色谱以硅胶、硅藻土和纤维素为支持剂,以吸收较大量的液体作为固定相。

(1) 吸附柱色谱

色谱管为内径均匀、下端缩口的硬质玻璃管,下端用棉花或玻璃纤维塞住,管内装入吸附剂。吸附柱色谱通常在玻璃管中填入表面积很大经过活化的多孔性或粉状固体吸附剂。当待分离的混合物溶液流过吸附柱时,各种成分同时被吸附在柱的上端。当洗脱剂流下时,由于不同化合物吸附能力不同,往下洗脱的速度也不同,于是形成了不同层次,即溶质在柱中自上而下按对吸附剂的亲和力大小分别形成若干色带,再用溶剂洗脱时,已经分开的溶质可以从柱上分别洗出收集;或是烘干固定相后用机械方法分开各个色带,以合适的溶剂浸泡固定相提取组分分子。

① 吸附剂的填装

干法：将吸附剂一次加入色谱柱，振动管壁使其均匀下沉，然后沿管壁缓缓加入洗脱剂；或在色谱柱下端出口处连接活塞，加入适量的洗脱剂，旋开活塞使洗脱剂缓缓滴出，然后自管顶缓缓加入吸附剂，使其均匀地润湿下沉，在管内形成松紧适度的吸附层。操作过程中应保持有充分的洗脱剂留在吸附层的上面。

湿法：将吸附剂与洗脱剂混合，搅拌除去空气泡，徐徐倾入色谱柱中，然后加入洗脱剂将附着在管壁上的吸附剂洗下，使色谱柱面平整。待填装吸附剂所用洗脱剂从色谱柱自然流下，液面和柱表面相平时，即加供试品溶液。

② 供试品的加入

将供试品溶于开始洗脱时使用的洗脱剂中，再沿色谱管壁缓缓加入，注意勿使吸附剂翻起。或将供试品溶于适当的溶剂中，与少量吸附剂混匀，再使溶剂挥发去尽使供试品呈松散状，加在已制备好的色谱柱上面。如供试品在常用溶剂中不溶，可将供试品与适量的吸附剂在乳钵中研磨混匀后加入。

③ 洗脱

通常按洗脱剂洗脱能力大小递增变换洗脱剂的品种和比例，分别分步收集流出液，至流出液中所含成分显著减少或不再含有时，再改变洗脱剂的品种和比例。操作过程中应保持有充分的洗脱剂留在吸附层的上面。

（2）分配柱色谱

方法和吸附柱色谱基本一致。装柱前，先将载体和固定液混合，然后分次移入色谱柱中并用带有平面的玻璃棒压紧；供试品可溶于固定液，混以少量载体，加在预制好的色谱柱上端。洗脱剂需先加固定液混合使之饱和，以避免洗脱过程中两相分配的改变。

操作要点：装柱要紧密，要求无断层、无缝隙；在装柱、洗脱过程中，始终保持有溶剂覆盖吸附剂；一个色带与另一色带的洗脱液的接收不要交叉。

（3）吸附剂的选择

吸附剂包括有机和无机两大类：有机类包括活性炭、淀粉、菊糖、蔗糖、乳糖、聚酰胺及纤维素等；无机类有氧化铝、硅胶、氧化镁、硫酸钙、碳酸钙、磷酸钙、滑石粉、硅藻土等。以氧化铝、硅胶、聚酰胺较为常用。

选择吸附剂的首要条件是与被吸附物及展开剂均无化学作用。吸附剂的颗粒应尽可能保持大小均匀，以保证良好的分离效果。吸附能力与颗粒大小有关，颗粒太粗，流速快分离效果不好，太细则流速慢，通常多采用直径为 $0.07\sim0.15\ mm$ 的颗粒。

吸附剂的活性与含水量有关，含水量越低，活性越高，如氧化铝的活性分五级，其含水量分别为 $0,3,6,10,15$。将氧化铝放在高温炉（$350\sim400\ ℃$）烘 $3\ h$，得无水物。加入不同含水量得不同活性氧化铝。一般常用 Ⅱ、Ⅲ 级。硅胶业可用上述法处理。

表 4 - 49　吸附剂的活性与含水量的关系

活性	Ⅰ	Ⅱ	Ⅲ	Ⅳ	Ⅴ
氧化铝加水量(%)	0	3	6	10	15
硅胶加水量(%)	0	5	15	25	38

（4）溶剂

吸附剂的吸附能力与吸附剂和溶剂的性质有关，还应考虑到被分离物各组分的极性和溶解度。溶剂的洗脱能力按下列次序递增：己烷、四氯化碳、甲苯、苯、二氯甲烷、氯仿、乙醚、乙酸乙酯、丙酮、丙醇、乙醇、甲醇、水。

3. 薄层色谱（thin layer chromatography，缩写 TLC）

薄层色谱又叫薄板层析，是快速分离和定性分析少量物质的一种很重要的实验技术，属固-液吸附色谱，它兼备了柱色谱和纸色谱的优点，一方面适用于少量样品（几到几微克，甚至 0.01 微克）的分离；另一方面在制作薄层板时，把吸附层加厚加大，又可用来精制样品，此法特别适用于挥发性较小或较高温度易发生变化而不能用气相色谱分析的物质。此外，薄层色谱法还可用来跟踪有机反应及进行柱色谱之前的一种"预试"。

（1）薄层板的制备

① 仪器与材料

玻板：一般用 5 cm×20 cm、10 cm×20 cm 或 20 cm×20 cm 的规格，要求光滑，平整、洗净后不附水珠，晾干。

固定相或载体：最常用的有硅胶 G、硅胶 GF、硅胶 H、硅胶 HF254，其次有硅藻土、硅藻土 G、氧化铝、氧化铝 G、微晶纤维素、微晶纤维素 F254 等。其颗粒大小，一般要求直径为 $10\sim40\ \mu m$。薄层涂布，一般可分无粘合剂和含粘合剂两种，前者系将固定相直接涂布于玻璃板上，后者系在固定相中加入一定量的粘合剂，一般常用 $10\%\sim15\%$ 煅石膏（$CaSO_4 \cdot 2H_2O$ 在 140 ℃烘 4 h），混匀后加水适量使用，或用羧甲基纤维素钠水溶液（$0.5\%\sim0.7\%$）适量调成糊状，均匀涂布于玻璃板上。也有含一定展开液或缓冲液的薄层。

涂布器：能使固定相或载体在玻璃板上涂成一层符合厚度要求的均匀薄层。

点样器：常用具支架的微量注射器或定时毛细管，应使点样位置正确集中。

展开室：应使用适合薄层板大小的玻璃制薄层色谱展开缸，并有严密盖子，底部应平整光滑，应便于观察。

② 制备

一般将 1 份固定相和 3 份水在研钵中向一方向研磨混合，去除表面的泡后，倒入涂布器中，在玻璃板上平稳地移动涂布器进行涂布（厚度为 0.2～0.3 mm），取下涂好薄层的玻璃板，置水平台上于室温下晾干，后在 110 ℃烘 30 min。即置于有干燥剂的干燥箱中备用。

③ 点样

用点样器点样于薄层板上，一般为圆点，点样基线距底边 2.0 cm，点样直径为 2～4 mm，点间距离约为 1.5～2.0 cm，点间距离可视斑点扩散情况以不影响检出为宜。点样时必须注意勿损伤薄层表面。

④ 展开

将点好样品的薄层板放入展开室的展开剂中，浸入展开剂的深度为距薄层板底边 0.5～1.0 cm（切勿将样点浸入展开剂中），密封室盖，等展开至规定距离（一般为 10～15 cm），取出薄层板，晾干。

⑤ 显色

常用显色方法主要有：

紫外照射法：方便、不破坏样品。

碘蒸气法:通用性强,与紫外法结合灵敏度高于该两法单独使用。

荧光试剂:制造荧光背景,使原来紫外下无荧光物质被鉴别,有荧光物质更明显。

硫酸溶剂:对绝大多数有机物有效,但有破坏性。

(2) 薄层层析操作要点

① 匀浆的稀稠度除影响板的平滑外,也影响板涂层的厚度,进一步影响上样量。涂层薄,点样易过载;涂层厚,显色不那么明显。浆配比一般是硅胶 G:水=1:(2~3),硅胶 G:羧甲基纤维素钠水溶液=1:2。

② 点样。尽量用小的点样管,最好只用 1 微升的点样管,这样点的斑点较小,展开的色谱图分离度好,颜色分明。样品溶液的含水量越小越好,样品溶液含水量大,点样斑点扩散大。

③ 展开剂。配制选择合适的量器,把各组成溶剂移入分液漏斗,强烈振摇使混合液充分混匀,放置,如果分层,取用体积大的一层作为展开剂。绝对不应该把各组成溶液倒入展开缸,振摇展开缸来配制展开剂。混合不均匀和没有分液的展开剂,会造成层析的完全失败。各组成溶剂的比例准确度对不同的分析任务有不同的要求,尽量达到实验室仪器的最高精确度。

4. 天然色素

绿色植物如菠菜叶中含有叶绿素(绿)、胡萝卜素(橙)和叶黄素(黄)等多种天然色素。

叶绿素存在两种结构相似的形式即叶绿素 a($C_{55}H_{72}O_5N_4Mg$)和叶绿素 b($C_{55}H_{70}O_6N_4Mg$),其差别仅是叶绿素 a 中一个甲基被叶绿素 b 中的甲酰基所取代。它们都是吡咯衍生物与金属镁的络合物,是植物进行光合作用所必需的催化剂。植物中叶绿素 a 的含量通常是叶绿素 b 的 3 倍。尽管叶绿素分子中含有一些极性基团,但大的烃基结构使它易溶于醚、石油醚等一些非极性的溶剂。

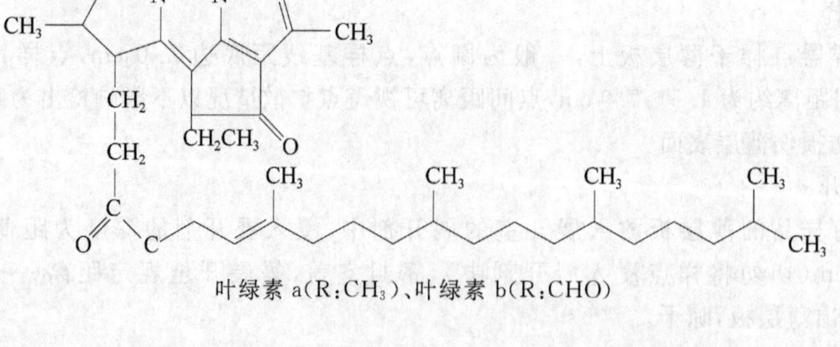

叶绿素 a(R:CH_3)、叶绿素 b(R:CHO)

胡萝卜素($C_{40}H_{56}$)是具有长链结构的共轭多烯。它有三种异构体,即 α-萝卜素,β-萝卜素和 γ-胡萝卜素,其中 β-异构体含量最多,也最重要。在生物体内,β-体受酶催化氧化即形成维生素 A。目前 β-胡萝卜素已可进行工业生产,可作为维生素 A 使用,也可作为食品工业中的色素。

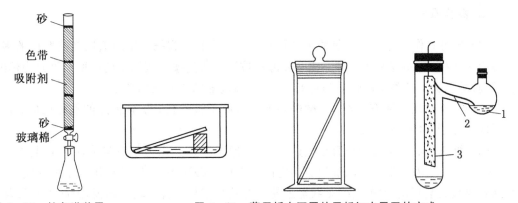

β-胡萝卜素(R＝H)、叶黄素(R＝OH)

叶黄素($C_{40}H_{56}O_2$)是胡萝卜素的羟基衍生物,它在绿叶中的含量通常是胡萝卜素的 2 倍。与胡萝卜素相比,叶黄素较易溶于醇,而在石油醚中溶解度较小。

维生素 A

三、仪器和药品

1. 仪器

图 4－30　柱色谱装置　　　　图 4－31　薄层板在不同的层析缸中展开的方式

2. 药品

新鲜菠菜 10 g,石油醚,乙酸乙酯,丙酮,乙醇 10 mL,硅胶 G,中性氧化铝。

四、实验步骤

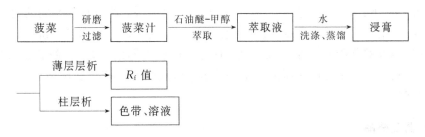

思考题

1. 试比较叶绿素、叶黄素和胡萝卜素三种色素的极性,为什么胡萝卜素在层析柱中移动最快?
2. 为什么极性大的组分要用极性较大的溶剂洗脱?
3. 柱子中若有气泡或装填不均匀,将给分离造成什么样的结果? 如何避免?

Ⅱ. 有机化合物的性质

4.70 醇、酚、醛、酮的性质

一、实验目的

(1) 加深对醇、酚、醛、酮的化学性质的认识。
(2) 掌握用特征反应鉴别这四类化合物的方法。

二、实验原理

(1) 醇可看作烃分子中的氢原子被羟基取代的产物。根据烃中的氢被羟基取代的多少可分为一元醇、二元醇及多元醇。在一元醇中按羟基所连接的碳原子的类型又可分为伯醇、仲醇、叔醇三类。各种醇的性质与羟基的数目、烃基的结构有密切关系。

醇的化学性质大体有三类:① 醇羟基上的氢原子被取代;② 各种醇的氧化反应;③ 醇分子内或分子间的脱水反应。

(2) 酚的羟基由于和苯环直接相连,羟基氧原子上未共用电子对与苯环的 π 电子形成 p-π 共轭体系,因此酚具有弱酸性。但它的酸性比碳酸还弱,所以酚与强碱作用生成盐,其盐遇到强酸又会析出苯酚。p-π 共轭还使酚羟基与苯环结合得较为牢固,因此不易被其他原子或原子团取代,并使苯环活泼性增加,易发生亲电取代,所以酚类能使溴水褪色形成溴代酚析出,此反应很灵敏,可用作苯酚的定性和定量分析。酚很容易被氧化,大多数酚与 $FeCl_3$ 反应产生红、蓝、紫或绿色。产生颜色反应的原因主要是由于生成了电离度很大的酚铁盐:

$$6C_6H_5OH + FeCl_3 \longrightarrow [Fe(C_6H_5)O_6]^{3-} + 6H^+ + 3Cl^-$$

(3) 醛和酮分子中含有相同的官能团(羰基)。因此,醛和酮有很多共同的化学反应,如均可与 2,4-二硝基苯肼反应生成黄色、橙色或橙红色的 2,4-二硝基苯腙沉淀,凡具有端甲基结构的醛、酮或醇都能发生碘仿反应等,但它们也有不同的特性,如醛容易被弱氧化剂 Tollens 试剂氧化发生银镜反应而酮不能,Fehling 试剂或 Benedict 试剂则只能用来鉴别脂肪醛和芳香醛。

三、仪器及药品

1. 仪器

试客,点滴板,橡皮塞。

2. 药品

乙醇,正丁醇,仲丁醇,叔丁醇,甘油,苯酚,1%苯酚,1%邻苯二酚,1%对苯二酚,1%水杨酸、甲醛,乙醛,苯甲醛,丙酮,0.1%重铬酸钾,0.1%高锰酸钾,浓硫酸,1%硫酸,5%氢氧化钠,5%氨水,1%三氯化铁,饱和溴水,5%硫酸铜,饱和 NaHSO$_3$ 溶液,2%硝酸银、2,4-二硝基苯肼,碘溶液,金属钠。

四、实验步骤

1. 醇钠的生成及水解

在 2 支干燥的试管中分别加入 10 滴无水乙醇和 10 滴正丁醇,再各加入 1 粒绿豆大小的表面新鲜的金属钠,观察反应速度有何差异。待气体平稳放出时,把试管口靠近灯焰,观察有何现象发生。待金属钠全部反应后,在得到的溶液中加入 1 mL 水,摇匀后滴加 1 滴酚酞指示剂,观察现象。

2. 醇的氧化

在 3 支试管中各加 5 滴正丁醇、仲丁醇和叔丁醇,再各加入 1 滴 0.1%重铬酸钾和 1 滴 1%硫酸,振荡后观察混合液的颜色有何变化。

3. 氯代烃的生成(Lucas 试验)

取 3 支干燥试管,分别加入正丁醇、仲丁醇、叔丁醇各 3 滴,Lucas 试剂 8 滴,小心振摇后于室温(最好保持在 26～27 ℃)静置并观察其变化,记下混合液变浑浊和出现分层的时间。

对于有反应的样品,再用 1 mL 浓盐酸代替 Lucas 试剂做同样的实验,比较结果。

4. 醇的脱水反应

取 1 支带支管的大试管,加入 3 mL 无水乙醇和 0.5 mL 浓硫酸混匀后,试管用橡皮塞塞住,通过支管连一导管,导入另一装有 1 mL 0.5%高锰酸钾溶液的试管中。加热大试管,观察高锰酸钾溶液的颜色变化。

5. 甘油铜生成

在 2 支试管中分别加 5 滴 5%硫酸铜和 10 滴 5%氢氧化钠,观察所得沉淀的颜色,再分别滴加 5 滴甘油和乙醇,振荡,观察并对比其结果。

6. 酚与溴水作用

在试管中加入 3 滴 1%苯酚溶液,滴入 1～2 滴饱和溴水,震荡,观察颜色变化,并注意有无沉淀析出。

7. 酚与三氯化铁显色作用

在点滴板上分别加入 1～2 滴 1%苯酚、1%邻苯二酚和 1%水杨酸,再分别滴入 1 滴 1%三氯化铁溶液,观察各种酚出现的不同颜色及其变化。

8. 醛和酮与亚硫酸氢钠的加成反应

取 3 支试管,各加入 10 滴饱和亚硫酸氢钠溶液,再分别加入 3 滴乙醛、丙酮和苯甲醛,振摇后将试管放在冷水浴中冷却,观察是否有结晶析出,说明原因。

9. 醛和酮与 2,4-二硝基苯肼的反应

取 3 支试管,各加入 5 滴 2,4-二硝基苯肼试剂,再分别加入 1 滴乙醛、丙酮和苯甲醛,振荡试管,静置片到,观察有无沉淀生成并注意其颜色,若无明显现象,可微热半分钟再振

荡,冷却后再观察现象。

10. 碘仿反应

取 4 支小试管,分别加入 3 滴甲醛、乙醛、乙醇、丙酮,再各加入 10 滴碘溶液,并逐滴加入 5％氢氧化钠溶液至碘液颜色恰好消失为止,观察有何变化和嗅其气味,如出现白色乳液,可把试管放到 50～60 ℃的水浴中,温热几分钟再观察。

11. 银镜反应

托伦试剂的配制:取 1 支试管加入 2％硝酸银溶液 2 mL,加入 1 滴 5％氢氧化钠,即析出沉淀,再逐滴加入 5％氨水,直到新生成的沉淀恰好溶解,即得氢氧化银的氨溶液,简称银氨溶液,此溶液又称托伦试剂(Tollen's reagent)。

将配好的托伦试剂分装于 4 支洁净的试管中,然后再分别加入 3～4 滴甲醛、乙醛、丙酮、苯甲醛,振荡混匀后静置片刻,如果没有变化,把试管放在 50～60 ℃的水浴上加热几分钟,再观察现象。实验完毕后,应及时倒尽反应液,加入少许稀硝酸,煮沸洗涤干净。

12. 与斐林(Fehling)试剂反应

斐林试剂的配制:取 1 支试管,分别取 1 mL Fehling 溶液 A 和 1 mL Fehling 溶液 B 混合均匀,得斐林试剂。

将所配斐林试剂分装于 4 支试管,再分别加 2 滴甲醛、乙醛、丙酮、苯甲醛,振荡后,将 4 支试管放入沸水浴中加热,观察现象。

13. 与品红亚硫酸(Schiff)试剂反应

取 3 支试管,分别加入 2 滴品红亚硫酸试剂,再分别加入 2 滴甲醛、乙醛和丙酮,振荡后,观察颜色变化。然后各滴入 1 滴浓硫酸,观察颜色的变化。

五、注意事项

(1) Lucas 试剂配制:将 34 g 新熔融的无水氯化锌溶于 27 g 浓盐酸中、搅拌而成(注意冷却,以防盐酸逸出)。

(2) 2,4-二硝基苯肼试剂的配制:取 1 g 2,4-二硝基苯肼,溶于 7.5 mL 浓硫酸中,将此溶液加到 75 mL 的 95％乙醇中,然后用水稀释到 250 mL,必要时需过滤。

(3) 碘溶液配制:取 2 g 碘和 5 g 碘化钾,溶于 100 mL 水中即得。

(4) 斐林试剂的配制:因酒石酸钾钠和氢氧化铜的配合物不稳定,故需要分别配制,实验时将两溶液等量混合。

斐林溶液 A:34.6 g $CuSO_4 \cdot 5H_2O$ 加水至 500 mL;斐林溶液 B:173 g 酒石酸钾钠加 70 g 氢氧化钠溶于 500 mL 水。

(5) 希夫试剂的配制:品红的水溶液与亚硫酸作用,生成无色溶液,此溶液称为品红亚硫酸试剂或希夫试剂(Schiff's reagent)。

取 0.2 g 品红加 120 mL 蒸馏水,微热使其溶解,冷却,然后加入 20 mL 亚硫酸氢钠溶液(1:10),加 2 mL 盐酸,再加蒸馏水稀释至 200 mL,加 0.1 g 活性炭,搅拌并迅速过滤,放置 1 h 后即可使用,本试剂应临时配制并密封保存,否则 SO_2 逐渐逸出而恢复品红的颜色。遇此情况,应再通入 SO_2,待颜色消失后使用,试剂中过量的 SO_2 愈少,反应愈灵敏。

(6) 醇脱水成烯实验时,试管勿离开火焰,否则易发生倒吸。

(7) Fehling 试剂呈深蓝色,与脂肪醛共热后溶液颜色依次变化:蓝、绿、黄、红色沉淀。

甲醛尚可进一步将氧化亚铜还原为暗红色的金属铜。苯甲醛与此试剂无反应,借此可与脂肪醛区别。

(8)试管是否干净与银镜的生成有很大的关系。因此,实验所用的试管最好是依次用温热浓硝酸、大量水、蒸馏水洗净。银镜反应不宜温热过久。因试剂受热会生成有爆炸危险的雷酸银。实验完毕应加入少量硝酸,立即煮沸洗去银镜。

思考题

1. 如何用简单的化学方法区分乙醇、乙醛、苯甲醛和丙酮?
2. 酚的亲电取代反应为什么比苯容易进行?
3. 与托伦试剂和斐林试剂的反应为什么不能在酸性溶液中进行?
4. 什么叫碘仿反应,具有哪种结构的化合物能发生碘仿反应?

4.71 羧酸及其衍生物的性质

一、实验目的

(1)加深对羧酸及其羧酸衍生物的化学性质的认识。
(2)掌握这类化合物的鉴定方法。

二、实验原理

根据烃基的类型,羧酸有脂肪羧酸、芳香羧酸、饱和羧酸、不饱和羧酸;根据羧基的数目,又有一元羧酸、二元羧酸、多元羧酸等。如果烃基上的氢被一些原子或基团所取代,就形成取代羧酸。

甲酸是最简单的一元酸,由于与羧基相连的不是烃基而是氢,因此,具有一些特殊的化学性质,如易被氧化,酸性比其他一元酸强。

酸性和脱羧反应是羧酸和取代羧酸的重要特性。影响酸性的因素很多,但主要是受相连基团电子效应的影响。吸电子效应强者,酸性较强;羧基多者,酸性较强。

羧酸衍生物一般是指酯、酰卤、酸酐、酰胺等。

酯、酰卤、酸酐在一定条件下都可以发生水解、醇解和氨解反应。水解反应的产物有羧酸或羧酸盐。

乙酰乙酸乙酯,除具有酯的一般化学性质外,由于乙酰基的引入,使乙酰乙酸乙酯不仅具有羰基的一些性质,而且可以发生酮式与烯醇式的互变,所以具有烯醇的性质。

三、仪器和试剂

1. 仪器
试管,滴管,烧杯,酒精灯。

2. 试剂
甲酸,冰乙酸,草酸,苯甲酸,乙醇,乙酰氯,乙酸酐,苯胺,乙酰胺,植物油(或猪油),乙酰乙酸乙酯,10%氢氧化钠,40%氢氧化钠,0.5%高锰酸钾溶液,浓硫酸,10%硫酸,10%盐酸,

20％碳酸钠溶液,2％硝酸银,1％三氯化铁,饱和食盐水,氯化钠,0.1 mol/L 氯化钙,石灰水,刚果红试纸,红色石蕊试纸,四氯化碳,2,4-二硝基苯肼,溴水。

四、实验步骤

1. 羧酸的性质

(1) 酸性实验

将甲酸、乙酸各 5 滴及草酸 0.2 g 分别溶于 2 mL 水中,用洗净的玻璃棒分别蘸取相应的酸液在同一条刚果红试纸上画线,比较各线条的颜色和深浅程度。

(2) 成盐反应

取 0.2 g 苯甲酸晶体放入盛有 1 mL 水的试管中,再加入 10％氢氧化钠溶液数滴,振荡并观察现象。直接再加数滴 10％盐酸,振荡并观察所发生的变化。

(3) 加热分解作用

将甲酸和冰醋酸各 1 mL 及草酸 1 g 分别放入 3 支带导管的小试管中,导管的末端分别伸入 3 支各自盛有 1～2 mL 澄清石灰水的试管中,加热试管,观察现象。

(4) 氧化作用

在 3 支试管中分别放置 0.5 mL 甲酸、乙酸及 0.2 g 草酸和 1 mL 水所配成的溶液,然后分别加入 1 mL 稀(1∶5)硫酸和 2～3 mL 0.5％的高锰酸钾溶液加热至沸,观察现象。

(5) 成酯反应

在干燥的试管中加入 1 mL 无水乙醇和冰醋酸再加入 8 滴浓硫酸,振荡,在 60～70 ℃的热水浴中加热约 10 min,然后将试管在冷水中冷却,最后向试管内加入 5 mL 水,这时有酯层析出并浮于液面,注意生成酯的气味。

2. 羧酸衍生物的性质

(1) 酰氯和酸酐的性质

① 水解作用

在试管中加 2 mL 水,再加入 5～10 滴乙酰氯,观察现象,然后在溶液中滴加数滴 2％硝酸银溶液,观察现象。

② 醇解作用

在干燥的试管中加入 1 mL 无水乙醇,慢慢滴加 10 滴乙酰氯,冰水冷却,并振荡,反应结束后先加入 1 mL 水,小心用 20％碳酸钠中和至中性,观察现象,即有酯层浮于水面上。如果没有酯层浮起,可在溶液中加入粉状的氯化钠至溶液饱和为止,观察现象并闻其气味。

③ 氨解作用

在干燥的试管中加入新蒸馏过的淡黄色苯胺 5 滴,然后慢慢滴加乙酰氯 8 滴,待反应结束后再加入 5 mL 水并用玻璃棒搅匀,观察现象。

用乙酸酐代替乙酰氯重复做上述三个实验。

(2) 酰胺的水解作用

① 碱性水解

取 0.1 g 乙酰胺和 1 mL 10％氢氧化钠溶液一起放入试管中,混合均匀并用小火加热至沸腾。用湿润的红色石蕊试纸在试管口检验所产生的气体的性质。

② 酸性水解

取 0.1 g 乙酰胺和 2 mL 10％硫酸分别加入试管中，混合均匀，沸水浴加热 2 min，闻气味。冷却至接近室温并加入 10％氢氧化钠溶液至反应液呈碱性，再次加热。用湿润的红色石蕊试纸检验所产生气体的性质。

（3）油脂的性质

① 油脂的不饱和性

取 0.2 g 熟猪油和 10 滴近无色的植物油分别放入两支试管中，并分别加入 1～2 mL 四氯化碳，振荡使其溶解。然后分别滴加 3％溴的四氯化碳溶液。随加随振荡，观察所发生的变化。

② 油脂的皂化

取 3 g 油脂、3 mL 乙醇和 3 mL 30％～40％氢氧化钠溶液放入试管内，摇匀后在沸水中加热煮沸。待试管中的反应物呈一相后，继续加热 10 min，并时时加以振荡。皂化完全后，将制得的粘稠液体倒入盛有 15～20 mL 温热的饱和食盐水的小烧杯中，搅拌，肥皂析出，用玻璃棒将制备的肥皂取出，进行下面的实验：

脂肪酸的析出：取 0.5 g 新制的肥皂加入试管中，加入 4 mL 蒸馏水，加热使肥皂溶解。再加入 2 mL 10％硫酸，然后在沸水浴中加热，观察所发生的现象（液面上浮起的一层油状液体为何物？）。

钙离子与肥皂的作用：在试管中加入 2 mL 自制的肥皂溶液（0.2 g 肥皂加 20 mL 蒸馏水而成），然后加入 2～3 滴 10％的氯化钙溶液，振荡并观察所发生的变化。

肥皂的乳化作用：取 2 支试管各加入 1～2 滴液态油脂，在 1 支试管中加入 2 mL 水，在另一支试管中加入 2 mL 制得的肥皂溶液。同时用力振荡 2 支试管，比较现象。

3. 乙酰乙酸乙酯的化学性质——互变异构现象

（1）酮式的化学性质

于试管中加入 0.5 mL 2,4-二硝基苯肼溶液，再加 1 滴乙酰乙酸乙酯，充分振摇，观察现象。

（2）烯醇式的化学性质

① 与溴水作用

于试管中加入 0.5 mL 水，1 滴乙酰乙酸乙酯，1 滴溴水，振摇，观察现象。

② 与三氯化铁试液作用

于试管中加入 0.5 mL 水，1 滴乙酰乙酸乙酯，振摇使之溶解，再加入 1 滴 1％三氯化铁试液，观察溶液的颜色变化。

③ 酮式与烯醇式的互变异构

取 1 滴乙酰乙酸乙酯与 1 mL 乙醇混合后，加入 1 滴 1％三氯化铁试液，观察溶液的颜色。振摇下加溴水数滴，观察溶液颜色的变化，放置片刻，再次观察溶液的颜色有何变化。

五、注意事项

（1）乙酰氯与醇的反应十分剧烈，并有爆破声，滴加时必须十分小心，并在冰水冷却下进行，以免液体从试管中冲出。

（2）用乙酸酐代替乙酰氯进行实验，乙酸酐较乙酰氯难进行，需要在热水浴中加热的情况下才能完成上述反应。

（3）乙酰乙酸乙酯的烯醇式在不同的溶液中，有不同的含量，例如用乙醇作溶剂时，约含烯醇式 7.5％。

思考题

1. 试从结构上分析甲酸为什么具有还原性？
2. 酯、酰卤、酸酐、酰胺的水解产物是什么？
3. 浓硫酸在酯化反应中起什么作用？
4. 试从水杨酸的结构说明其为什么能与 $FeCl_3$ 发生显色反应？
5. 制肥皂时加入食盐起什么作用？

4.72　胺的性质

一、实验目的

（1）加深对胺类化合物化学性质的认识。
（2）掌握胺类化合物的一般鉴定方法。

二、实验原理

胺可看作氨（NH_3）分子中的氢原子被烃基取代的产物，—NH_2 称为氨基，它与脂肪烃基相连为脂肪胺，与芳基相连则称为芳胺。按氢原子被烃基取代的数目又分为伯胺、仲胺、叔胺。

胺具有弱碱性，可与酸成盐，胺类性质较活泼，在制药及药物分析上具有重要意义。

三、仪器和试剂

1. 仪器
试管，滴管，酒精灯。
2. 试剂
苯胺，N-甲基苯胺，N,N-二甲基苯胺，苯磺酰氯，浓盐酸，10％氢氧化钠，饱和溴水，5％亚硝酸钠，β-萘酚碱性溶液，尿素。

四、实验步骤

1. 苯胺的弱碱性
在试管中加入 1 mL 水和 4 滴苯胺，振荡观察苯胺是否溶于水。然后加入 3 滴浓盐酸，振荡后观察其变化。全部溶解后，再加 4～5 滴 10％氢氧化钠溶液，再观察现象。
2. 苯胺与溴水作用
在干净试管中加入 4 mL 水和 1 滴苯胺，摇匀后再滴加饱和溴水，观察结果。
3. 与苯磺酰氯反应（Hinsberg 试验）
取 3 支试管，分别加入 1 滴苯胺、N-甲基苯胺、N,N-二甲基苯胺，再分别加入 10 滴 10％氢氧化钠以及 2 滴苯磺酰氯，塞住管口，用力振摇。如果反应过于剧烈，可用水冷却试管，如果不起反应，则在水浴中温热（不可煮沸），直到苯磺酰氯气味消失为止。按下列现象区别伯、仲、叔三种胺。

（1）苯胺应无沉淀产生，为透明溶液，加稀盐酸呈酸性后才析出沉淀；

（2）N-甲基苯胺析出白色沉淀，此沉淀不溶于水，也不溶于盐酸；

（3）N,N-二甲苯胺不起反应，故仍为油状，加数滴浓盐酸后溶解成澄清溶液。

N,N-二甲苯胺加热时，可能生成紫色或蓝色染料，但并不表示正反应。

4. 与亚硝酸反应

（1）芳伯胺的重氮化与偶合反应

于试管中加入 2 滴苯胺、0.5 mL 水及 6 滴浓盐酸，振摇均匀后浸在冰水中冷至 0 ℃，在振摇下慢慢加入 3 滴 5％亚硝酸钠得到澄清溶液，往此溶液中加入 2 滴 β-萘酚碱性溶液，观察现象。

（2）芳仲胺生成 N-亚硝基取代物

于试管中加入 2 滴 N-甲基苯胺、0.5 mL 水及 6 滴浓盐酸，振摇均匀后浸在冰水中冷至 0 ℃，在不断振荡下慢慢滴加 3 滴 5％亚硝酸钠，观察现象。

（3）芳叔胺生成环上对位亚硝基取代物

于试管中加入 2 滴 N,N-二甲基苯胺、6 滴浓盐酸，振摇，在冰水中冷却后，滴加 3 滴 5％亚硝酸钠，观察是否有黄色固体析出，再加入 10％氢氧化钠数滴中和至碱性后，观察沉淀的颜色变化。

5. 缩二脲反应

取一支干燥的试管，加入尿素约 0.2 g，在酒精灯上加热至融化，继续加热至试管内的物质凝固，生成物即为缩二脲。将试管冷却至室温，加入 2 mL 蒸馏水和 10％氢氧化钠溶液 3～5 滴，摇匀后加入 5％ $CuSO_4$ 溶液 2～3 滴，观察颜色的变化。

五、注意事项

（1）N,N-二甲苯胺的苯磺酰氯反应，可能生成紫色或蓝色染料，但并不表示正反应。

（2）重氮化反应时，浓盐酸的用量相当于胺的 3 倍，一份与亚硝酸钠作用生成亚硝酸，一份使产生重氮盐，另一份保持溶液的酸性，因过量的盐酸，不仅可提高重氮盐的稳定性，防止重氮盐变成重氮碱，再重排为重氮酸，而且可以防止苯胺盐酸盐水解成游离胺。在弱酸性溶液中，重氮酸能与苯胺发生反应。

（3）由于亚硝酸受热分解为 NO、NO_2，重氮盐受热易水解成苯酚，所以重氮化反应一般控制在低温下进行。

（4）β-萘酚碱性溶液的配制：4 g β-萘酚溶于 40 mL 5％氢氧化钠中即成，最好用新配制的。

（5）酚类与重氮化合物发生偶合反应，有时在弱酸性条件下进行，一般多在中性或弱碱性溶液中进行，而胺类与重氮化合物的反应则宜在中性或弱酸性溶液中进行。

思考题

1. 讨论重氮化反应和偶合反应的条件、用途。

2. 怎样鉴别伯胺、仲胺、叔胺？

4.73 糖类化合物的性质

一、实验目的

(1) 加深对糖类化合物的化学性质的认识。

(2) 掌握糖类化合物的一般鉴定方法。

二、实验原理

糖类化合物是一类广泛存在于动植物体内的多羟基醛或多羟基酮以及它们的缩合物。通常根据糖类能否水解及水解后生成物数量将其分类为单糖(不能水解)如葡萄糖、果糖、核糖等;双糖(水解后生成两个单糖)如蔗糖、麦芽糖等;多糖(水解后生成多个单糖)如淀粉和纤维素等。

单糖及具有半缩醛羟基的二糖均有还原性,能用 Tollens 试剂、Fehling 试剂或 Benedict 试剂检验还原糖的存在。

蔗糖无还原性,但在酸或酶存在的条件下可水解成葡萄糖和果糖,其水解液具有还原性。

还原性糖能与过量的苯肼缩合生成糖脎。糖脎通常为黄色晶体,具有独特的晶形和固定的熔点,可通过观察结晶形状或测定熔点来鉴定还原糖。葡萄糖和果糖结构不同,却能生成相同的糖脎,但由于反应速率不同,析出糖脎的时间也不同,果糖约需 2 min,葡萄糖则需 4~5 min,可根据这一差异加以区别。

淀粉是由许多葡萄糖分子以 α-糖苷键连结而成的多糖。直链淀粉遇碘显蓝色,支链淀粉遇碘显红至紫色。

糖类化合物比较普遍的定性实验是在酸性条件下与酚类产生颜色反应,如 Molisch 实验,即在浓硫酸存在下单糖与 α-萘酚生成紫色环,又如 Seliwanoff 实验,即糖与溶解在稀盐酸中的间苯二酚生成红色物质,酮糖比醛糖的反应更快。

三、仪器和试剂

1. 仪器

试管,酒精灯,滴管,点滴板,载玻片,显微镜。

2. 试剂

2%葡萄糖,2%果糖,2%麦芽糖,2%蔗糖,1%淀粉溶液,班乃德试剂,10%氢氧化钠,2%硝酸银溶液,5%氨水,浓盐酸,10%碳酸钠,苯肼盐酸盐,醋酸钠,碘溶液,浓硫酸。

四、实验步骤

1. 糖的还原性

(1) 与班乃德试剂(Benedict 试剂)反应

在 5 支试管中各加入 10 滴班乃德试剂,再分别加入 5 滴 2%葡萄糖、2%果糖、2%麦芽糖、2%蔗糖和 1%淀粉溶液,在沸水浴中加热,观察现象。

（2）银镜反应

在试管中加入 2 mL 2％硝酸银，1 滴 10％氢氧化钠，再逐滴加入 5％氨水，不断振摇，至生成的沉淀恰好溶解为止，将制得的溶液均分到 5 支干净的试管中，然后分别加入 5 滴 2％葡萄糖、2％果糖、2％麦芽糖、2％蔗糖和淀粉溶液。混合均匀后，将试管浸在 60～80 ℃水浴中（勿振荡），观察现象。

2．蔗糖的水解

在试管中分别加入 0.5 mL 2％蔗糖，再加入 3 滴浓盐酸，混合均匀后，放在沸水浴中加热 10～15 min，取出试管冷却后，加入 1 滴 1％氢氧化钠，再用 10％碳酸钠溶液中和，直到无气泡生成为止。然后向试管中加入 10 滴班乃德试剂，在沸水浴中加热，观察现象并加以解释。

3．淀粉的水解

在试管中分别加入 1 mL 1％淀粉溶液，再加入 3 滴浓盐酸，混合均匀后，放在沸水浴中加热 20～30 min，每隔 2～3 min 用滴管吸出 1 滴反应液，置于点滴板上，加碘液 1 滴，注意观察。取出试管冷却后，加入 1 滴 10％氢氧化钠，再用 10％碳酸钠溶液中和，直到无气泡生成为止。再在试管中加入 10 滴班乃德试剂，在沸水浴中加热，观察现象并加以解释。

4．糖脎的生成

在 3 支试管中分别加入 2％葡萄糖、2％果糖、2％乳糖各 10 滴，再各加入 0.1 g 苯肼盐酸盐与醋酸钠的混合物，加热使固体完全溶解后，将试管放在沸水浴中加热，随时加以振摇，待黄色的结晶开始出现时（但双糖必须煮沸 30 min 以上再取出）从沸水中取出试管，放在试管架上，使其冷却，则美丽的糖脎结晶逐渐形成，取一点点糖脎（用水稀释）于载玻片上，在显微镜下观察其形状。

5．淀粉与碘反应

在试管中加入 1 mL 水和 2 滴 1％淀粉溶液，再滴加 1 滴碘溶液，摇匀，观察颜色。将此液稀释至浅蓝色，加热至沸再冷却，观察颜色变化，冷却后，现象又如何？

6．与 Molicsh 试剂的反应

取 5 支试管，各加入 10 滴 2％葡萄糖、2％果糖、2％蔗糖、2％麦芽糖、1％淀粉溶液，再向各试管中加入 2 滴新配制的 Molicsh 试剂。混合均匀，将试管倾斜成 45°，分别沿管壁缓慢加入 0.5 mL 浓硫酸（注意不要振摇）。然后，小心竖起试管，糖溶液与浓硫酸明显分层。注意观察两液界面之间有无紫色环出现。如数分钟后没有变化，在水浴中温热，再观察现象。

7．与 Seliwanoff 试剂的反应

在两支试管中分别加 2％葡萄糖和 2％果糖各 5 滴，再各加入 3 滴 Seliwanoff 试剂，振荡，将试管同时放入沸水浴中加热 2 min，观察并比较试管中出现的现象。

五、注意事项

（1）班乃德试剂的配制：20 g 柠檬酸钠和 11.5 g 碳酸钠溶于 100 mL 热水中，冷却。在不断搅拌下，把含 2 g 硫酸铜的 20 mL 水溶液慢慢地加入到此柠檬酸钠和碳酸钠的混合溶液中。溶液应澄清，否则需过滤。

（2）Molicsh 试剂的配制：将 2 g α-萘酚溶于 20 mL 体积分数为 0.95 的乙醇中，再用同样的乙醇稀释至 100 mL，一般用前新配制。

（3）Seliwanoff 试剂的配制：将 0.05 g 的间苯二酚溶于 50 mL 浓盐酸中，再用蒸馏水稀释至 100 mL。

（4）苯肼的毒性较大，操作时应小心。苯肼盐酸盐与醋酸钠的质量比为 2∶3，混合后放在研钵里研细，苯肼有毒，使用时勿与皮肤接触。如不慎触及皮肤，应先用稀醋酸洗，后用水洗。

1. 如何用化学方法鉴别葡萄糖和蔗糖？

2. 用什么化学方法鉴别淀粉液和淀粉水解液？

3. 在糖的还原实验中，蔗糖与班乃德试剂加热的时间稍长后，也可能有砖红色的氧化亚铜沉淀生成，这是什么原因？

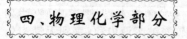

Ⅰ．基本物理量测定

4.74　液体饱和蒸气压的测定

一、目的要求

（1）掌握液体沸点与蒸气压的测定方法。

（2）掌握初步的真空技术、数字压力计的正确用法。

二、实验原理

在一定温度下，某纯液体与其气相达成平衡时的压力，称为该温度下该液体的饱和蒸气压。饱和蒸气压与温度的关系可用 Clapeyrom-Clausius 方程来表示：

$$\frac{\mathrm{d}\ln(p/P_a)}{\mathrm{d}T}=\frac{\Delta_{\mathrm{vap}}H_{\mathrm{m}}}{RT^2}$$

其中：$\Delta_{\mathrm{vap}}H_{\mathrm{m}}$ 为在温度 T 时某纯液体的摩尔蒸发焓（J/mol）；R 为气体常数（J·mol^{-1}·K^{-1}）；T 为绝对温度（K）。

当温度变化不很大时，$\Delta_{\mathrm{vap}}H_{\mathrm{m}}$ 可视为常数，可当作平均摩尔蒸发焓，将上式积分可得

$$\ln(p/P_a)=\frac{-\Delta_{\mathrm{vap}}H_{\mathrm{m}}}{RT}+C'$$

$$\lg(p/P_a)=\frac{-\Delta_{\mathrm{vap}}H_{\mathrm{m}}}{2.303RT}+C$$

或

$$\lg(p/P_a)=-\frac{A}{T}+C$$

其中 C 与 C' 为积分常数。由此可知，$\lg(p/P_a)$ 与 $1/T$ 呈直线关系，其斜率为 $-A$，由此可求出液体的平均摩尔蒸发焓。

测定饱和蒸气压的方法主要有以下三种：

（1）饱和气流法　在一定温度和压力下，将干燥气体缓慢地通过被测液体，使气流为该液体的蒸气所饱和，然后通过吸收的办法测出气流中所带出的蒸气量，经计算可得该液体的饱和蒸气压。此法一般适用于蒸气压比较小的液体。

（2）静态法　在某一温度下，直接测量饱和蒸气压，此法一般运用于蒸气压比较大的液体，如平衡管（等压计）法（Isopiestic Method）。其原理符合液体饱和蒸气压定义。

（3）动态法　在不同外界压力下，测定液体的沸腾温度。本实验采用此法。沸点与沸腾温度，原始概念和初略的测量本是一回事，但精确考察则是两回事，沸点是液体饱和蒸气压等于外压时的温度，在一定外压下有唯一确定值，而沸腾温度则是液体内部发生气化的温度，在一定外压、一定范围内有任意值。前者是个平衡概念，后者是个动态概念。沸点是沸腾温度的极限值、极小值，只能接近，不能相等。了解沸点与沸腾温度的差别，对于正确运用动态法，精确测定液体饱和蒸气压是十分重要的，可以指导我们如何选择实验条件，使沸腾温度能够代表沸点。实验的关键之一是减小过热现象，若采用 250 mL 三颈瓶进行实验，使温度计水银球刚好接触液面，沸腾比较激烈是合适的。实验装置如图 4 - 32 所示。

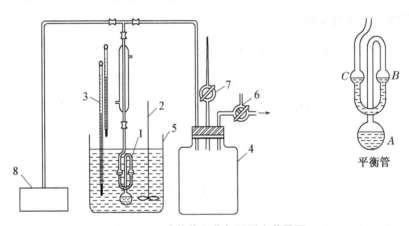

图 4 - 32　液体饱和蒸气压测定装置图

1. 平衡管　2. 搅拌器　3. 温度计　4. 缓冲瓶　5. 恒温水浴
6. 三通活塞　7. 直通活塞　8. 精密数字压力计

三、仪器与试剂

1. 仪器

ZP - B 纯液体饱和蒸气压测定装置 1 套，包括数式压力计，真空泵。

2. 试剂

蒸馏水。

四、实验步骤

将系统抽气至一定真空，测定此压力下液体沸腾时的温度，然后依次向系统放入少量空

气增压,并测出相应的沸腾温度,直至系统压力为大气压时,结束实验。具体步骤如下:

(1)抽气检漏开启压力计电源并预热 5~10 min,开启真空泵电源开关,将其橡皮管与系统连接,缓慢打开直通活塞,将装置抽空至系统压力比外界低 80 kPa 左右,关闭两通活塞,记录压力值,10 min 后再记录压力值,两次数值基本不变,则可进行实验,反之,则须仔细检查各接口处密封情况,直至不漏气为止。然后缓缓打开排空活塞放入空气,至真空度为零。

(2)打开冷凝水,同时电加热水浴至沸腾,维持 5~10 min,将空气赶净后停止加热。

(3)关闭排空活塞,并开启真空泵,缓缓打开抽气活塞,使真空度达 10 kPa 左右停止抽气。待平衡管中部的液体两端液面平齐时,准确记下温度和相应的压力值。

(4)然后又及时缓缓打开抽气活塞抽气,重复步骤(3),测量其相应的沸点及压力。如此连续测定 5~6 次,即可终止实验。

(5)实验开始及终了必须记录室温与大气压数值,室温取平均值,大气压按下式:

$$p_0 = P_{大气}\left[1 - \frac{(\alpha - \beta)t}{1 + \alpha t}\right]$$

进行校正后取平均值,式中:t 为大气压计的温度(℃);a 为水银体积膨胀系数,每度取 0.000 181 8;β 为黄铜的线膨系数,每度取 0.000 018 4;p 为气压计的读数。

(6)实验完毕,经教师检查仪器、设备是否清洁还原,数据记录是否完整后,方可离开。

五、实验结果与数据处理

(1)将数据列表格:室温,大气压,沸腾温度,压力差,温度及压力。

(2)作 $\lg(p/\text{Pa}) \sim \dfrac{1}{T/K}$ 直线图,求其斜率,并计算出水在实验温度范围内的平均摩尔蒸发焓 $\Delta_{vap}H_m$,参考值:$\Delta_{vap}H_m = 42.09 \text{ kJ/mol}$。

(3)从图上求取外压为 101.325 kPa$[\lg(p/\text{Pa}) = 5.005\ 7]$时水的沸点。

思考题

1. 何谓饱和蒸气压?何谓沸点?它们与温度和压力有何关系?
2. Clapeyron-Clausius 方程式的应用条件是什么?
3. 实验装置中各部分的作用是什么?

4.75   冰点降低法测定相对分子质量

一、实验目的

(1)用凝固点降低法测定萘的摩尔质量。
(2)掌握溶液凝固点的测定技术,包括冰点降低测定管、数字温度温差仪的使用方法。
(3)实验数据的作图处理方法。

二、实验原理

化合物的分子量是一个重要的物理化学参数。用凝固点降低法测定物质的相对分子量是一种简单而又比较准确的方法。稀溶液有依数性,凝固点降低是依数性的一种表现。

稀溶液的凝固点降低(对析出物是纯溶剂的体系)与溶液中物质的摩尔分数的关系式为：

$$\Delta T_f = T_f^* - T_f = K_f m_B$$

式中：T_f^* 为纯溶剂的凝固点；T_f 为溶液的凝固点；m_B 为溶液中溶质 B 的质量摩尔浓度；K_f 为溶剂的质量摩尔凝固点降低常数，它的数值仅与溶剂的性质有关。

已知某溶剂的凝固点降低常数 K_f 并测得溶液的凝固点降低值 ΔT_f，若称取一定量的溶质 $W_B(g)$ 和溶剂 $W_A(g)$，配成稀溶液，M_B 为溶质的分子量。

$$M_B = 1\,000k_f \times W_B / \Delta T_f W_A (g/mol)$$

因此，只要取一定量的溶质(W_B)和溶剂(W_A)配成一稀溶液，分别测纯溶剂和稀溶液的凝固点，求得 ΔT_f，再查得溶剂的凝固点降低常数，代入上式即可求得溶质的摩尔质量。

注意：当溶质在溶液里有解离、缔合、溶剂化或形成配合物等情况时，上式计算不适用，一般只适用于弱电解质稀溶液。

(1) 纯溶剂的凝固点是它的液相和固相共存时的平衡温度。若将纯溶剂缓慢冷却，理论上得到它的步冷曲线如图 4-33 中曲线 A，逐步冷却时，未凝固时温度随时间的推延而均匀下降，开始凝固时，放出的凝固热补偿了热损，体系保持液固两相共存，平衡温度不变。此时，自由度 $f^* = 1 - 2 + 1 = 0$。

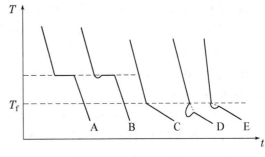

图 4-33　步冷曲线

但实际的过程往往会发生过冷现象，液体的温度会下降到凝固点以下，待固体析出后会慢慢放出凝固热使体系的温度回到平衡温度，待液体全部凝固之后，温度逐渐下降，如图 4-33 中曲线 B。

(2) 溶液的凝固点是该溶液的液相与纯溶剂的固相平衡共存的温度。溶液的凝固点很难精确测量，当溶液逐渐冷却时，其步冷曲线与纯溶剂不同。如图 4-33 中曲线 C、D。由于有部分溶剂凝固析出，使剩余溶液的浓度增大，溶液凝固点降低，自由度 $f^* = 2 - 2 + 1 = 1$。因而剩余溶液与溶剂固相的平衡温度也在下降，就会出现 C 曲线的形状，通常也会有稍过冷的 D 曲线形状。此时可以将温度回升的最高值近似的作为溶液的凝固点。

在测量过程中，析出的固体越少越好，以减少溶液浓度的变化，才能准确测定溶液的凝固点。若过冷太甚，溶剂凝固越多，溶液的浓度变化太大，就会出现图 4-33 中 E 曲线的形状，使测量值偏低。在过程中可通过加速搅拌、控制过冷温度，加入晶种等控制调节。

三、仪器与试剂

1. 仪器

移液管(25 mL)1 支，冰点降低测定管，磁力搅拌器，直流加热电源，SWC-ⅡA 精密数字温度温差仪(或贝克曼温度计)，电吹风。

2. 试剂

25 mL 环己烷(AR)，萘(AR)。

四、实验步骤

装置如图 4 - 34 所示。

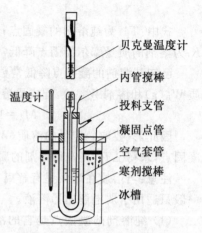

(1) 调节样品套管的位置,使上下两个搅拌子的位置处于同一轴线上,并且使套管同下部的搅拌子距离 2~3 cm。

注意:位置一经确定,整个实验过程中不能再变。

(2) 洗净样品管及搅拌子,并用电吹风吹干(勿放回套管中)。

(3) 取冰,其中一部分存入保温瓶中。

(4) 在冰浴烧杯中加入 600 mL 蒸馏水,并加入冰块 (整个实验中保持液面始终被冰覆盖,同时不断擦去磁力搅拌器上的凝结水),高度约少于烧杯高度的一半。

图 4 - 34　凝固点降低实验装置

(5) 在样品管中加入 25 mL 环己烷,放入搅拌子,插入测温探头(距搅拌子 2 mm 左右,同时必须居中),然后放入样品套管中。打开磁力搅拌器,调整搅拌子的转速,以在环己烷液面刚好形成旋涡为宜 (旋涡深度为 3 mm 左右)。

注意:转速一经确定,整个实验过程中不可再变,若旋转不正常可通过重新开关电源解决。

(6) 打开温度温差仪电源,将温度-温差转换开关指向温差挡,观察样品管的降温情况,当样品管中出现结晶(悬浮物)时,调节粗及细旋钮,使温度显示值为 7 左右。

注意:粗细旋钮位置一经确定整个实验过程中不能再变。

(7) 打开加热仪器的电源,将电压表转向开关指向方一,调节电压为 25 V,开始对样品管加热,待样品管结晶完全消失后,再使温度升高 0.4 ℃,将加热电压调为"0",并关闭加热仪器的电源。

注意:拧旋钮时要轻,防止影响温差仪读数。

(8) 观察样品管的降温过程,当温度达到最低点后,又开始回升,回升到最高点后又开始下降。记录最低点温度,及 1 min 内最高温度。此最高点温度即为样品的凝固点。

(9) 重复步骤(7)、(8),若相邻两次相差小于 0.004 ℃,则可取其平均值作为环己烷的凝固点。

(10) 在分析天平上准确称取 0.152 0 g 加入样品管中,重复步骤(7)、(8),测定 5 次溶液的凝固点。

(11) 实验完成后,洗净样品管,关闭电源。

五、实验结果与数据处理

表 4 - 50　实验数据记录

环己烷纯溶液	第一次	第二次	平均
最低			
最高			

表 4-51　实验数据记录

萘(0.1770)环已烷	第一次	第二次	平均
最低			
最高			

记录温度的最高点时,由于仪器的读数一直都有变动,所以采用在出现最低点约 1 min 后,温差仪显示的稳定读数的最高温度作为凝固点,由人来观察读数时,必然有一定误差。

实验测得结果比理论值偏低,负误差。故可整体加大搅拌速度,使凝固体与溶液充分接触,热交换充分,使其溶解完全,减小误差。测量过程中,测得的最高温度逐渐减小也是因为加热升温时未溶解完全,使剩余溶液的浓度减小,因而剩余溶液与溶剂固相的平衡温度也在下降引起的。

六、注意事项

(1)塞子塞紧,避免空气中潮气进入管中冷凝。

(2)该法与溶剂类型、溶液浓度有关。若被测物质在溶剂中产生缔合,解离,溶剂化等现象则测量结果不正确。

(3)环己烷存放过程中易吸收水蒸汽,故测量前应蒸馏精制,否则,测量结果偏低。

(4)凝固热放热速率小于溶液吸收热量速率时,温度下降。

(5)搅拌速度的控制是做好本实验的关键,每次测定应按要求的速度搅拌,并且测溶剂与溶液凝固点时搅拌条件要完全一致。

(6)寒剂温度对实验结果也有很大影响,过高会导制冷却太慢,过低则测不出正确的凝固点。

(7)纯水过冷度约 0.7~1 ℃(视搅拌快慢),为了减少过冷度,需加入少量晶种,每次加入晶种大小应尽量一致。

(8)SWC-ⅡA 精密数字温度温差仪因为旋钮容易出问题,故在操作时不能震动桌子,防止影响结果。

思考题

1. 当溶质在溶液中有离解、缔合和生成配合的情况时,对其摩尔质量的测定值有何影响?

2. 根据什么原则考虑溶质的用量?太多或太少对测量结果有何影响?

3. 用凝固点降低法测定摩尔质量,选择溶剂时应考虑哪些因素?

4.76　黏度法测定聚合物的相对分子质量

一、目的要求

(1)测定线型高聚物乙烯醇的相对分子质量的平均值。

(2)掌握测量原理和使用乌氏粘度计测定粘度的方法。

二、实验原理

在高聚物的研究中,相对分子质量是一个不可缺少的重要数据。因为它不仅反映了高聚物分子的大小,并且直接关系到高聚物的物理性能。但与一般的无机物或低分子的有机物不同,高聚物多是相对分子质量不等的混合物,因此通常测得的相对分子质量是一个平均值。高聚物相对分子质量的测定方法很多,比较起来,粘度法设备简单,操作方便,并有很好的实验精度,是常用的方法之一。

高聚物在稀溶液中的粘度是它在流动过程所存在的内摩擦的反映,这种流动过程中的内摩擦主要有:溶剂分子之间的内摩擦;高聚物分子与溶剂分子之间的内摩擦;以及高聚物分子间的内摩擦。其中溶剂分子之间内摩擦又称为纯溶剂的粘度,以 η_0 表示。三种内摩擦的总和称为高聚物溶液的粘度,以 η 表示,实践证明,在同一温度下,高聚物溶液的粘度一般要比纯溶剂的粘度大,即有 $\eta > \eta_0$。为了比较这两种粘度,引入增比粘度的概念,以 η_{sp} 表示,

$$\eta_{sp} = \frac{\eta - \eta_0}{\eta_0} = \frac{\eta}{\eta_0} - 1 = \eta_r - 1$$

式中:η_r 称之为相对粘度,它是溶液粘度与溶剂粘度的比值,反映的仍是整个溶液粘度的行为,η_{sp} 则反映出扣除了溶剂分子间的内摩擦以后仅仅是纯溶剂与高聚物分子间以及高聚物分子之间的内摩擦。显而易见,高聚物溶液的浓度变化,将会影响到 η_{sp} 的大小,浓度越大,粘度也越大。为此,常常取单位浓度下呈现的粘度来进行比较,从而引入比粘度的概念,以 $\frac{\eta_{sp}}{c}$ 表示,又 $\frac{\ln\eta_r}{c}$ 定义为比浓对数粘度。因为 η_r 和 η_{sp} 是无因次量,$\frac{\eta_{sp}}{c}$ 和 $\frac{\ln\eta_r}{c}$ 的单位是由浓度 c 的单位而定,通常采用 g/mL。为了进一步消除高聚物分子间内摩擦的作用,必须将溶液无限稀释,当浓度 c 趋近于零时,比浓粘度趋近于一个极限值,即

$$\lim_{c \to 0} \frac{\eta_{sp}}{c} = [\eta]$$

$[\eta]$ 主要反映了高聚物分子与溶剂分子之间的内摩擦作用,称之为高聚物溶液的特性粘度。其数值可通过实验求得。因为根据实验,在足够稀的溶液中有:

$$\frac{\eta_{sp}}{c} = [\eta] + \kappa[\eta]^2 c$$

$$\frac{\eta_{sp}}{c} = [\eta] - \beta[\eta]^2 c$$

这样以 $\frac{\eta_{sp}}{c}$ 和 $\frac{\ln\eta_r}{c}$ 对 c 作图得到两根直线,这两根直线在纵坐标轴上相交于同一点(如图 4-35)可求出 $[\eta]$ 数值,$[\eta]$ 的单位是浓度单位的倒数。

由溶液的特性粘度 $[\eta]$ 还无法直接获得高聚物相对分子质量的数据,目前常用半经验的麦克非线方程来求得,即

$$[\eta] = KM^a$$

式中:M 为高聚物相对分子质量的平均值;K 为比例

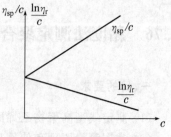

图 4-35　粘度与浓度关系图

常数;α 为与高聚物在溶液中的形态有关的经验参数。

K 和 α 均与温度、高聚物性质、溶剂等因素有关,也和相对分子质量大小有关,K 值受温度影响较明显,而 α 值主要取决于高分子基团在某温度下、某溶剂中舒展的程度。当温度和体系确定时,它们是常数,可通过其他方法确定(渗透压法、光散射法等),也可由文献中查得,实验证明,α 值一般在 $0.5\sim1.7$ 之间。聚乙烯醇的水溶液在 25 ℃ 时 $\alpha=0.76$;在 30 ℃ 时,$\alpha=0.64$,$K=6.66\times10^{-2}$。

由上述可以看出,高聚物相对分子质量的测定最后归结为溶液特征粘度 $[\eta]$ 的测定,而粘度的测定可以按照液体流经毛细管的速度来进行,根据泊塞勒(Poiseuile)公式:

$$\eta=\frac{\pi r^4 thg\rho}{8lV}$$

式中:V 为流经毛细管液体的体积;r 为毛细管半径;ρ 为液体密度;l 为毛细管的长度;t 为流出时间;h 为作用于毛细管中溶液上的平均液柱高度;g 为重力加速度。

这时,对于同一粘度计来说 K' 是常数,则上式有:

$$\eta=K'\rho t$$

用同一粘度计在相同条件下测定多个粘度时,它们的粘度之比就等于密度和流出时间之比,通常测定是在高聚物的稀溶液下进行($c<10^{-2}$ g/mL),溶液的密度 ρ 与纯溶剂的密度 ρ_0 可视为相等,则溶液的相对粘度就可表示为:

$$\eta_r=\frac{\eta}{\eta_0}=\frac{K'\rho t}{K'\rho_0 t_0}\approx\frac{t}{t_0}$$

由此可见,由粘度法测高聚物相对分子质量,最基础的测定是 t_0、t、c,实验的成败和准确度取决于测量液体所流经的时间的准确度、配制溶液浓度的准确度和恒温槽的恒温程度,安装粘度计的垂直位置以及外界的震动等因素。

三、仪器和药品

1. 仪器

恒温槽 1 套,乌氏粘度计 1 支,秒表 1 块,吸耳球 1 个,容量瓶(100 mL)1 个,移液管(10 mL)2 支,烧杯(100 mL)1 个,玻璃砂漏斗(3 号)1 个。

2. 药品

聚乙烯醇,正丁醇,蒸馏水。

四、实验步骤

1. 高聚物溶液的配制

称取 0.5 g 聚乙烯醇放入 100 mL 烧杯中,注入约 60 mL 的蒸馏水,稍加热使之溶解。待冷至室温,加入 2 滴正丁醇去泡剂,并移入 100 mL 容量瓶中,加水至刻度。如果溶液中有固体杂质,用玻璃砂漏斗(3 号)过滤后待用(为什么不能用滤纸过滤?)。

2. 安装粘度计

所有粘度计必须洁净,有时微量的灰尘、油污等都会产生局部的堵塞现象,影响溶液在毛细管中的流速,而导致较大的误差。所以做

图 4-36 乌氏粘度计

实验之前,应彻底洗净,放在烘箱中干燥。然后在 C 上端套一软胶管,并用夹子夹紧使之不漏气。调节恒温槽至 25 ℃。把粘度计垂直放入恒温槽中,使 F 球完全浸没在水中,放置位置要合适,便于观察液体的流动情况。恒温槽搅拌马达的搅拌速度应调节合适,不致产生剧烈震动,影响测定的结果。

3. 溶剂流出时间 t_0 的测定

用移液管取 10 mL 蒸馏水由 A 注入粘度计中,待恒温后,利用吸耳球由 B 处将溶剂经毛细管吸入球 D 和球 E 中,然后除去吸耳球使管 B 与大气相通并打开侧管 C 之夹子,让溶剂依靠重力自由流下。当液面达到刻度线 a 时,立刻按秒表开始计时,当液面下降到刻度线 b 时,再按秒表,记录溶剂流经毛细管的时间 t_0。重复三次,每次相差不应超过 0.2 s,取其平均值。如果相差过大,则应检查毛细管有无堵塞现象;察看恒温槽温度是否适宜。

4. 溶液流出时间的测定

待 t_0 测完后,取 10 mL 配制好的聚乙烯醇溶液加入粘度计中,用吸耳球将溶液反复抽吸至球 G 内几次,使混合均匀。测定 $c' = \frac{1}{2}$ 的流出时间 t_1,然后再依次加入 10 mL 蒸馏水,稀释成浓度为 $\frac{1}{3}$、$\frac{1}{4}$、$\frac{1}{5}$ 的溶液,并分别测定流出时间 t_2、t_3、t_4(每个数据重复三次,取平均值)。

实验完毕,粘度计应洗净,然后用洁净的蒸馏水浸泡或倒置使其晾干。

五、实验结果与数据处理

(1) 将实验数据记录于表 4-52 中。

表 4-52　实验数据记录

		流出时间				η_r	η_{sp}	$\dfrac{\eta_{sp}}{c'}$	$\ln\eta_r$	$\dfrac{\ln\eta_r}{c'}$
		测量值			平均值					
		1	2	3						
溶剂					t_0					
溶液	$c' = \frac{1}{2}$				t_1					
	$c' = \frac{1}{3}$				t_2					
	$c' = \frac{1}{4}$				t_3					
	$c' = \frac{1}{5}$				t_4					

(2) 作 $\dfrac{\eta_{sp}}{c'} \sim c'$ 图和 $\dfrac{\ln\eta_r}{c'} \sim c'$ 图,并外推至 $c' = 0$,从截距求出 $[\eta]$ 值。

(3) 由 $[\eta] = KM^{\rho}$ 式求出聚乙烯醇的相对分子量 M_r。

思考题

1. 特性粘度 $[\eta]$ 是怎样测定的?

2. 分析实验成功与失败的原因。

Ⅱ．热力学性质测量

4.77　燃烧热的测定

一、实验目的

（1）了解氧弹式量热计的原理、构造和使用方法，掌握燃烧热的测定技术。

（2）学会调整贝克曼温度计。

（3）学会雷诺图解法，校正温度改变值。

二、实验原理

测定燃烧热可以在恒容条件下，亦可以在恒压条件下。由热力学第一定律可知：定容燃烧热（Q_V）等于热力学能变化 ΔU，定压燃烧热（Q_p）等于焓变化 ΔH，因此两者有下面的关系：

$$Q_P = Q_V + \Delta nRT \tag{1}$$

式中：Δn 为反应前后反应物和生成物中气体物质摩尔数之差；R 为气体常数；T 为反应的绝对温度。

测量热效应的仪器称作量热计（卡计）。量热计的种类很多，本实验用氧弹式量热计测量燃烧热（如图 4-37 所示）。氧弹和内筒的仪器为主体，即实验研究的系统，系统与外筒隔以空气绝热层，下方有绝热垫片架起，上方有绝热盖板覆盖，以减少对流与蒸发，为了减少辐射及控制环境温度恒定，外筒中装有与系统温度相近的水；为了使系统温度很快达到均匀，装有搅拌器；贝克曼温度计精确测量燃烧反应前后温度的变化；振动器是为了避免温度计的水银在毛细管内壁粘滞。测量基本原理是能量守恒定律，样品完全燃烧放出的能量促使量热计本身及其周围的介质（本实验用水）温度升高，测量介质燃烧前后温度的变化，就可以求算样品的定容燃烧热。其关系式如下：

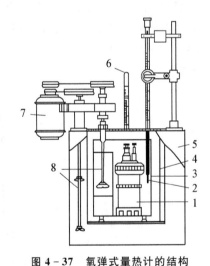

图 4-37　氧弹式量热计的结构

1. 氧弹　2. Beckman 温度计　3. 内筒
4. 挡板　5. 恒温水夹套　6. 水夹套温
度计　7. 电动机　8. 搅拌器

$$WQ_V + qb = (V\rho C + C_卡)\Delta T = C'_卡\Delta T \tag{2}$$

式中：W 为样品的质量，g；Q_V 为样品的恒容燃烧热，J/g；q 为引火丝的燃烧热，3.136 J/cm 或 324 2 J/g；b 为引火丝的长度，cm 或 g；V 为量热容器中水的体积，mL；C 为水的比热，4.186 8 J/g·K；ρ 为水的密度，g/mL；$C_卡$ 为除水以外的量热体系的热容，J/K；ΔT 为校正后的温度变化值，K。

三、仪器与药品

1. 仪器

氧弹卡计,氧气钢瓶,贝克曼温度计 1 支,氧气表,0～100 ℃温度计 1 支,压片机,万用电表(公用),变压器。

2. 药品

萘(分析纯),铁丝,苯甲酸(分析纯或燃烧热专用)。

四、实验步骤

1. 仪器热容量 $C'_卡$ 的测定

测定燃烧热要用仪器的热容,但每套仪器的热容都不同,必须预先测定。仪器的热容量在数值上等于量热体系温度升高 1 K 所需的热量。测定仪器热容的方法,是用已知燃烧焓值的苯甲酸在氧弹内燃烧,放出热量,使量热体系温度升高 ΔT,则仪器的热容量 $C'_卡$ 为:

$$C'_卡 = \frac{WQ_v}{\Delta T} \tag{3}$$

仪器热容量的测定步骤如下:

(1) 样品压片

用台秤称取约 1 g 左右的苯甲酸(切不可超过 1.1 g)。用分析天平准确称量长度为 15 cm 长的铁丝。按图 4-38,将铁丝穿在模子的底板内,然后将模子底装进模子中,并从上面倒入已称好的苯甲酸样品。将模子装在压片机上,下面填以托板徐徐旋紧压片机的螺丝,直到压紧样品为止(压得太过分会压断铁丝,以致造成样品不能成功点火燃烧)。抽去模底下的托板,再继续向下压,则样品和模底一起脱落。将此样品在分析天平上准确称量后即可供燃烧用。

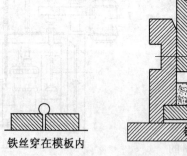

图 4-38　压片机示意图

(2) 充氧气

在氧弹中加 1 mL 蒸馏水。

将样品片上的铁丝绑牢于氧弹中两根电极 5 与 2 上(见图 4-39 氧弹剖面图)。打开氧弹排气口 6。旋紧氧弹盖。用万能电表检查电极 5 与 2 是否通路。若通路,则旋紧排气口 6 后就可以充氧气。氧气钢瓶如图 4-40 所示。充氧气手续如下:将氧气表头的导管和氧弹的进气管接通,此时减压阀门 2 应逆时针旋松(即关紧),打开阀门 1 直至表 1 指针指在表压

100 kg/cm² 左右,然后渐渐旋紧减压阀门2(即渐渐打开),使表2指针指在表压20 kg/cm²,氧气已充入氧弹中。1～2 min后旋松(即关闭)减压阀门2,关闭阀门1,再松开导气管,氧弹已充有21个大气压的氧气(注意不可超过30个大气压),可作燃烧之用。但是阀门2到阀门1之间尚有余气,因此要旋紧减压阀门2以放掉余气,再旋松阀门2,使钢瓶和氧气表头恢复原状。

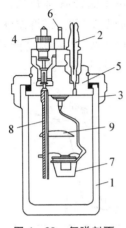

图4-39 氧弹剖面

图4-40 氧气钢瓶及充氧示意图

1. 厚壁圆筒　2、5. 电极　3. 螺帽
4. 进气孔　6. 排气孔　7. 弹盖
8. 火焰遮板　9. 燃烧皿

(3)燃烧和测量温度

将充好氧气的氧弹再用万用电表检查是否通路。若通路则将氧弹放入恒温套层内。用容量瓶准确量取已被调节到低于室温0.5～1.0 ℃的自来水3 000 mL,倒入盛水桶内。装好搅拌马达,盖上盖子,将已调节好的贝克曼温度计插入水中,氧弹两电极用电线连接在点火变压器上。接着开动搅拌马达,待温度稳定上升后,每隔1 min读取贝克曼温度计一次(读数时用放大镜准确读至千分之二度),这样继续10 min。然后按下变压器上电键通电点火,若变压器上指示灯亮后熄掉,温度迅速上升,则表示氧弹内样品已燃烧,可以停止按电键;若指示灯亮后不熄,表示铁丝没有烧断,应立即加大电流引发燃烧;若指示灯根本不亮或者虽加大电流也不熄灭,而且温度也不见迅速上升,则须打开氧弹检查原因。自按下电键后,读数改为每隔15 s一次。约1 min内温度迅速上升,当温度升到最高点以后,读数仍改为1 min一次,共继续10 min,才可以停止实验。

实验停止后,小心取下温度计,拿出氧弹,打开氧弹出气口,放出余气,最后旋出氧弹盖,检查样品燃烧的结果,若氧弹中没有什么燃烧的残渣,表示燃烧完全;若氧弹中有许多黑色的残渣,表示燃烧不完全,实验失败。燃烧后剩下的铁丝长度必须用尺测量,把数据记录下来。最后倒去自来水。擦干盛水桶待下次实验用。

2. 测量萘的燃烧热

称取0.6 g左右萘,同法进行上述实验操作一次。

五、实验结果与数据处理

(1)用图解法求出由苯甲酸燃烧引起卡计温度变化的差值$\triangle T_1$,并根据式(3)计算卡计的热容量。

ΔT 的求算步骤：先作温度-时间曲线，如图 $4-41$(a)中 H 相当于开始燃烧点，D 为观察到的最高温度读数点，作相当于室温的平行线 $J-I$ 与曲线交于 I 点，过 I 点作垂线 ab，然后将 FH 线和 GD 线延长与 ab 线交于 A 和 C 两点，A 点和 C 点所示的温度之差，即为所求温度升高值 ΔT。图中 AA' 为开始燃烧到温度升至室温的一段时间内，由环境辐射进来和搅拌引进的能量而造成温度的升高，必须扣除；CC' 为温度由室温升高到 D 这段时间内，量热计向环境辐射出能量而造成的温度的降低，因而要添上。所以 AC 两点的温差就是 (T_n-T_0)。

有时量热计的绝热情况良好，散热小，而搅拌器的功率大，不断引进能量使燃烧后的最高点不出现，如图 $4-41$(b)，这种情况下，ΔT 仍然可以按照上法校正。

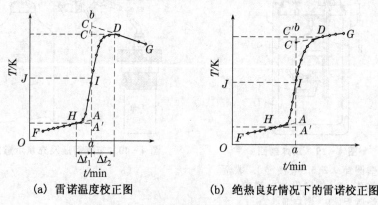

(a) 雷诺温度校正图   (b) 绝热良好情况下的雷诺校正图

图 $4-41$ 燃烧前后的温度-时间(校正)曲线

(2) 用图解法求出由萘燃烧引起卡计温度变化的差值 ΔT_2，并根据(2)式计算萘的定容燃烧热 Q_v。

(3) 根据公式(1)式，由 Q_v 计算萘的定压燃烧热 Q_P。

(4) 由物理化学手册查出萘的定压燃烧热 Q_P，计算本实验的相对误差，并予以讨论。

六、注意事项

(1) 严禁与氢气同在一个实验室使用。

(2) 尽可能远离热源。

(3) 在使用时特别注意手上、工具上、钢瓶和周围不能沾油脂。板子上的油可用酒精洗去，待干后再使用，以防燃烧和爆炸。

(4) 氧气瓶应与氧气表一起使用。

(5) 开阀门及调压时，人不要站在钢瓶出气口处，头不要在瓶头之上，而应在瓶之侧面。

(6) 开总阀门之前，必须先检查氧气表调压阀门是否处于关闭(手把松开是关闭)状态，否则突然打开总阀门，会出事故。

(7) 钢瓶内压力在 10 个大气压以下时，不能再用，应去灌气。

(8) 防止剧烈振动和漏气。

思考题

(1) 量热计中哪些部分是系统？哪些部分是环境？系统和环境通过哪些途径进行热交换？

（2）使用氧气应注意哪些问题？用电解水制得的氧气可否直接用来做本实验？为什么？

（3）实验测得的是 Q_V 还是 Q_P？它们相差多少？如何换算？

4.78　差热分析法测定固体药物的热稳定性

一、实验目的

（1）熟悉差热分析的基本原理与实验方法及其在医药学研究中的主要应用。

（2）掌握热谱图的分析与热稳定性确定的方法。

（3）了解差热分析仪的主要结构。

二、基本原理

热分析是在程序控温条件下，测量物质物理化学性质随温度变化的函数关系的一种技术。程序控温可采用线性、对数或倒数程序。热分析法依照所测样品物理性质的不同有以下几种：差热分析法、差示扫描量热法、热重分析法、热膨胀分析及热-力分析法等，在药物研究中前三种技术应用广泛。本实验主要介绍差热分析方法。

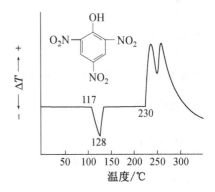

图 4 - 42　苦味酸在动态空气中的 DTA 曲线

差热分析（differentialthermalanalysis，DTA）法是在程序控温下，测量物质与参比物之间温度差随温度或时间变化的一种技术。根据国际热分析协会（internationalconfederation for thermalanalysis，ICTA）规定，DTA 曲线放热峰向上，吸热峰向下，灵敏度单位为微伏（μV）。如图 4 - 42 为苦味酸（三硝基苯酚）的 DTA 曲线。

可见，体系在程序控温下，不断加热或冷却降温，物质将按照它固有的运动规律而发生量变或质变，从而产生吸热或放热，根据吸热或放热便可判定物质内在性质的变化。如：晶型转变、熔化、升华、挥发、还原、分解、脱水或降解等。

从差热图上可清晰地看到差热峰的数目、位置、方向、宽度、高度、对称性以及峰面积等。峰的数目表示物质发生物理化学变化的次数；峰的位置表示物质发生变化的转化温度（如图 4-42）；峰的方向表明体系发生热效应的正负性；峰面积说明热效应的大小。相同条件下，峰面积大的表示热效应也大。

样品的相变热 ΔH 可按下式计算：

$$\Delta H = \frac{K}{m}\int_b^d \Delta T \mathrm{d}\tau$$

式中：m 为样品质量；b、d 分别为峰的起始、终止时刻；ΔT 为时间 τ 内样品与参比物的温差；$\int_b^d \Delta T \mathrm{d}\tau$ 代表峰面积；K 为仪器常数，可用数学方法推导，但较麻烦，本实验用已知热效应的物质进行标定。已知纯锡的熔化热为 59.36×10^{-3} J/mg，可由锡的差热峰面积求得 K 值。

差热分析测量原理如图 4-43 所示。

测定时将试样与参比物（常用 α-Al$_2$O$_3$）分别放在两只坩埚中，置于样品杆的托盘上（底部装有一对热电偶，并接成差接形式），然后使加热炉按一定速度升温（如 10 ℃/min）。如果试样在升温过程中没有热反应（吸热或放热），则其与参比物之间的温差 $\Delta T=0$；如果试样产生相变或气化则吸热，产生氧化分解则放热，从而产生温差 ΔT，将 ΔT 所对应的电势差（电位）放大并记录，便得到差热曲线。各种物质物理化学特性不同，因此表现出其特有的差热曲线。

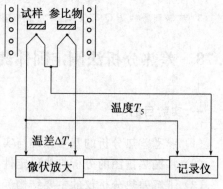

图 4-43　差热分析仪工作原理示意图

三、仪器与试剂

1. 仪器

差热分析仪 1 套。

2. 试剂

药物（分析纯）（自选），Sn，参比物 α-Al$_2$O$_3$。

四、实验步骤

1. 仪器常数的测定

（1）将电源和数据线接在主机上，数据线的另一端接在计算机的主机上，打开电源进行预热 5 min。

（2）将标准样品（Sn）称重（约 6～7 mg）放入坩锅中，在另一只坩埚中放入质量相等的参比物（Al$_2$O$_3$），然后将样品坩埚放在样品架的左边托盘上，参比物放在右边托盘上。

（3）设置参数值。按一下仪器主机上的设置键，仪器将进入设置状态，用"→"键选择所要设置的参数，用"△""▽"键将温度调至所需值（三硝基苯酚的实验温度为 450 ℃），将升温速度调节至所需升温速度 10 ℃/min。再按一下结束键，退出设置状态。

（4）设置完成后，按"RUN"键即可进行实验。将差热分析仪软件打开，点击开始测试，此时电脑上将出现温度和温差随时间变化的两条曲线。同时，"运行"将一直闪动，待听到主机滴一声后，表示运行结束，"运行"也就停止闪动，实验完毕。

（5）待仪器温度降至 25 ℃后，准备测定试样（自选药物）。

2. 自选药物差热曲线的测定

方法同步骤 1。

五、实验结果与数据处理

（1）由所测样品的差热曲线图，求出各峰的起始温度和峰温，将数据列表记录。

（2）根据样品相变热 ΔH 计算方法，由锡的差热峰面积求得 K 值，然后求出所测样品的热效应值。

（3）自选药物的各个峰各代表什么变化？写出反应方程式。

表 4－53　实验数据记录

样　品	自选药物名称：			Sn
峰　号	1	2	3	
开始温度				
峰顶温度				
结束温度				
外延点温度				
峰面积				
质　量				

六、注意事项

（1）坩埚一定要清理干净，否则埚垢不仅影响导热，杂质在受热过程中也会发生物理化学变化，影响实验结果的准确性。

（2）样品必须研磨得很细，否则差热峰不明显；但也不要太细。一般差热分析样品研磨到 200 目为宜。样品要均匀平铺在坩锅底部，否则作出的曲线基线不平整。

（3）实验过程中注意不要动计算机键盘。

思考题

1．DTA 实验中如何选择参比物？常用的参比物有哪些？

2．差热曲线的形状与哪些因素有关？影响差热分析结果的主要因素是什么？

3．DTA 和简单热分析（步冷曲线法）有何异同？

4．试分析差热曲线上的热力学平衡和非平衡线段。

5．DTA 实验中，若把样品和参比物位置放颠倒，对所测差热图谱有何影响？对实验结果有无误差？为什么？

6．差热峰前后基线不在同一水平线上，是何原因？

4.79　溶解热的测定

一、实验目的

（1）了解电热补偿法测定热效应的基本原理及仪器使用方法。

（2）测定硝酸钾在水中的积分溶解热，并用作图法求得其微分稀释热、积分稀释热和微分溶解热。

（3）初步了解计算机采集处理实验数据、控制化学实验的方法和途径。

二、实验原理

（1）物质溶解于溶剂过程的热效应称为溶解热。它有积分（或变浓）溶解热和微分（或定浓）溶解热两种。前者是 1 mol 溶质溶解在 n_0 mol 溶剂中时所产生的热效应，以 Q_s 表示。

后者是 1 mol 溶质溶解在无限量某一定浓度溶液中时所产生的热效应,即 $\left(\dfrac{\partial Q_s}{\partial n}\right)_{T,p,n_0}$。

溶剂加到溶液中使之稀释时所产生的热效应称为稀释热。它也有积分(或变浓)稀释热和微分(或定浓)稀释热两种。前者是把原含 1 mol 溶质和 n_{01} mol 溶剂的溶液稀释到含溶剂 n_{02} mol 时所产生的热效应,以 Q_d 表示,显然,$Q_d = Q_{s,n_{02}} - Q_{s,n_{01}}$。后者是 1 mol 溶剂加到无限量某一定浓度溶液中时所产生的热效应,即 $\left(\dfrac{\partial Q_s}{\partial n_0}\right)_{T,p,n}$。

(2) 积分溶解热由实验直接测定,其他三种热效应则需通过作图来求解。

设纯溶剂、纯溶质的摩尔焓分别为 $H_{m,A}^*$ 和 $H_{m,B}^*$,一定浓度溶液中溶剂和溶质的偏摩尔焓分别为 $H_{m,A}$ 和 $H_{m,B}$,若由 n_A mol 溶剂和 n_B mol 溶质混合形成溶液,则

混合前的总焓为 　　　　　　　　$H = n_A H_{m,A}^* + n_B H_{m,B}^*$

混合后的总焓为 　　　　　　　　$H' = n_A H_{m,A} + n_B H_{m,B}$

此混合(即溶解)过程的焓变为 $\Delta H = H' - H = n_A (H_{m,A} - H_{m,A}^*) + n_B (H_{m,B} - H_{m,B}^*)$
$$= n_A \Delta H_{m,A} + n_B \Delta H_{m,B}$$

根据定义,$\Delta H_{m,A}$ 即为该浓度溶液的微分稀释热,$\Delta H_{m,B}$ 即为该浓度溶液的微分溶解热,积分溶解热则为:

$$Q_s = \frac{\Delta H}{n_B} = \frac{n_A}{n_B} \Delta H_{m,A} + \Delta H_{m,B} = n_0 \Delta H_{m,A} + \Delta H_{m,B}$$

故在 $Q_s \sim n_0$ 图上,某点切线的斜率即为该浓度溶液的微分稀释热,截距即为该浓度溶液的微分溶解热,如图 4-44 所示。

对 A 点处的溶液,其中:积分溶解热 $Q_s = AF$;微分稀释热 $= AD/CD$;　微分溶解热 $= OC$;从 n_{01} 到 n_{02} 的积分稀释热 $= BG - AF = BE$。

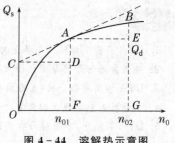

图 4-44　溶解热示意图

(3) 本实验系统可视为绝热,硝酸钾在水中溶解是吸热过程,故系统温度下降,通过电加热法使系统恢复至起始温度,根据所耗电能求得其溶解热:$Q = IVt = I^2 Rt$。本实验数据的采集和处理均由计算机自动完成。

三、仪器和试剂

1. 仪器

量热计(包括杜瓦瓶、电加热器、磁力搅拌器)1 套,反应热数据采集接口装置 1 台,精密稳流电源 1 台,计算机 1 台,打印机 1 台,电子天平 1 台,台天平 1 台。

2. 试剂

硝酸钾(AR)约 25.5 g,蒸馏水 216.2 g。

四、实验步骤

(1) 按照仪器说明书正确安装连接实验装置。

(2) 在电子天平上依次称取八份质量分别约为 2.5 g、1.5 g、2.5 g、3.0 g、3.5 g、4.0 g、

4.0 g、4.5 g 的硝酸钾(应预先研磨并烘干),记下准确数据并编号。

(3) 在台天平上称取 216.2 g 蒸馏水于杜瓦瓶内。

(4) 打开数据采集接口装置电源,温度探头置于空气中预热 3 min,电加热器置于盛有自来水的小烧杯中。

(5) 打开计算机,运行"SV 溶解热"程序,点击"开始实验",并根据提示一步步完成实验。

(6) 打开仪器电源,调节搅拌速度,调节恒流源电流,使加热器功率在 2.25～2.30 W 之间,然后将加热器及温度探头移至已装好蒸馏水的杜瓦瓶中,按回车,开始测水温,等水温升至比室温高 0.5 ℃时按提示及时加入第一份样品,并根据提示依次加完八份样品。实验完成后,退出,进入"数据处理",输入水及八份样品的质量,点击"按当前数据处理",打印结果。

五、实验结果与数据处理(本实验数据处理由计算机自动完成)

(1) 记录水的质量、八份硝酸钾样品的质量及相应的通电时间。

(2) 计算 $n(H_2O)$。

(3) 计算每次加入硝酸钾后的累计质量 $m(KNO_3)$ 和累计通电时间 t。

(4) 计算每次溶解过程中的热效应 Q:$Q = IVt = I^2Rt$。

(5) 将算出的 Q 值进行换算,求出当把 1 mol 硝酸钾溶于 n_0 mol 水中时的积分溶解热

$$Q_s = \frac{Q}{n_{KNO_3}} = \frac{I^2Rt}{m_{KNO_3}/M_{KNO_3}} = \frac{101.1I^2Rt}{m_{KNO_3}}$$

$$n_0 = \frac{n_{H_2O}}{n_{KNO_3}}$$

(6) 将以上数据列表并作 Q_s-n_0 图,从图中求出 $n_0 = 80,100,200,300,400$ 处的积分溶解热、微分稀释热、微分溶解热,以及 n_0 从 $80 \to 100,100 \to 200,200 \to 300,300 \to 400$ 的积分稀释热。

六、注意事项

(1) 仪器要先预热,以保证系统的稳定性。在实验过程中要求 I、V 即加热功率也保持稳定。

(2) 加样要及时并注意不要碰到杜瓦瓶,防止样品进入杜瓦瓶过快,致使磁子陷住不能正常搅拌,也要防止样品加得太慢,可用小勺帮助样品从漏斗加入。搅拌速度要适宜,不要太快,以免磁子碰损电加热器、温度探头或杜瓦瓶,但也不能太慢,以免因水的传热性差而导致 Q_s 值偏低,甚至使 Q_s-n_0 图变形。样品要先研细,以确保其充分溶解,实验结束后,杜瓦瓶中不应有未溶解的硝酸钾固体。

(3) 电加热丝不可从其玻璃套管中往外拉,以免功率不稳甚至短路。

(4) 配套软件还不够完善,不能在实验过程中随意点击按钮(如不能点击"最小化")。

(5) 先称好蒸馏水和前两份 KNO_3 样品,后几份 KNO_3 样品可边做边称。

思考题

1. 本实验装置是否适用于放热反应的热效应的测定?

2. 设计由测定溶解热的方法求 $CaCl_{2(s)} + 6H_2O_{(l)} \Longrightarrow CaCl_2 \cdot 6H_2O_{(s)}$ 的反应热。

3. 实验开始时系统的设定温度比环境温度高 0.5 ℃是为了系统在实验过程中能更接近绝热条件,减少热损耗。

4. 本实验装置还可用来测定液体的热容,水化热,生成热及液态有机物的混合热等。

5. 如无磁力搅拌器,亦可用长短两支滴管插入液体中,不断地鼓泡来代替。

4.80　二组分溶液沸点-组成图的绘制

一、实验目的

(1) 用回流冷凝法测定常压下环己烷-异丙醇的气液平衡数据,绘制二元液系 $T \sim x$ 图,确定系统恒沸组成及恒沸温度。

(2) 学会阿贝折光仪的使用方法。

二、实验原理

在常温下,两种液态物质以任意比例相互溶解所组成的系统为完全互溶系统。在恒定的压力下,表示溶液沸点与组成的图称之为沸点-组成图。完全互溶双液系恒定压力下的沸点-组成图可以分成三类:① 溶液沸点介于两纯组分沸点之间(图 4-45);② 溶液存在最高沸点(图 4-46);③ 溶液存在最低沸点(图 4-47)。

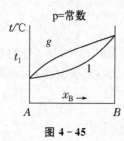

图 4-45

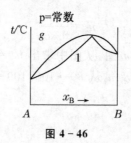

图 4-46

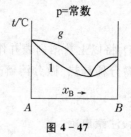

图 4-47

图 4-46、图 4-47 有时被称为具有恒沸点的双液系。与图 4-45 根本的区别在于,系统处于恒沸点时气、液两相的组成相同。因而不能像第一类那样通过反复蒸馏而使两种组分完全分离。如果进行简单的反复蒸馏,只能得到某一纯组分和组成为恒沸点相应组成的混合物;如果要获得两纯组分,需要采用其他的方法。系统的最高或最低恒沸点即为恒沸温度,恒沸温度对应的组成为恒沸组成。异丙醇-环己烷双液系属于具有最低恒沸点一类的系统。

为了绘制沸点-组成图,可采用不同的方法。化学方法和物理方法,相对而言物理方法具有简捷、准确的特点。本实验是利用回流冷凝的方法来绘制相图。取不同组成的溶液在沸点仪中回流,测定其沸点及气、液相组成。沸点数据可直接由温度计获得,气、液相组成可通过测定其折光率,然后由组成-折光率曲线最后

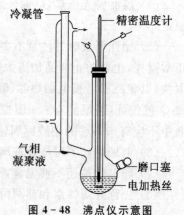

图 4-48　沸点仪示意图

确定。

三、仪器和药品

1. 仪器

蒸馏瓶 1 套,调压器 1 台,温度计(50～100 ℃、1/10)1 支,阿贝折光仪 1 台,长取样管 1 支,短取样管 1 支,25 mL 移液管 3 支,电吹风机 1 台。

2. 药品

环己烷(AR)1 瓶,异丙醇(AR)1 瓶。

四、实验步骤

(1) 用阿贝折光仪测定纯环己烷、异丙醇及标准混合物样品的折光率。在坐标纸上作出折光率对组成的工作曲线。

(2) 测定纯异丙醇、环己烷沸点。

在干燥的蒸馏瓶中加入 25 mL 异丙醇,盖好瓶塞,检查电炉丝全部浸没于液体中。冷凝器通冷却水,接通电源,缓慢旋转调压器转盘,控制电压在 20～30 V 左右,随时观察瓶内液体,待液体沸腾温度恒定后,记下温度计读数。

将调压器归零,切断电源,使蒸馏瓶内液体稍冷后倒回原样品瓶内。

用吹风机将蒸馏瓶及冷凝器吹干后,重复上述操作测定环己烷的沸点。

此步可以不做,环己烷和异丙醇的沸点利用克-克方程计算出来。

(3) 测定环己烷-异丙醇混合物的气液平衡温度及气液相组成。

移取 25 mL 5％的混合物到蒸馏瓶中,同法加热至沸腾,最初冷凝在气相取样槽中的液体不能代表平衡时的气相组成,需用长取样管从冷凝管上口插入到气相取样槽处,缓缓捏压橡皮头将冷凝液吹回蒸馏瓶,反复 2～3 次,待温度计读数短时间内恒定不变且气相取液槽已满时记下平衡温度,停止加热。随即用长取样管(注意:取样管在取样前必须用吹风机吹干)从气相取样槽吸出气相样品,迅速测定其折光率。再用另一短取样管从磨塞小口处吸取少量液相样品,迅速测其折光率。迅速测定是防止样品蒸发而改变组成。测定完毕后,将蒸馏瓶中的溶液倒回原瓶中。

用同样的方法测定其他浓度混合物的气液平衡温度、气液相样品的折光率。各次实验后的溶液均倒回原瓶。

五、实验结果与数据处理

室温_____大气压_____

表 4-54　环己烷-异丙醇溶液的折光率测定记录

环己烷的质量百分率	0％	20％	40％	60％	80％	100％
环己烷的摩尔分数						
折光率						

表 4－55　环己烷-异丙醇气液平衡数据

混合液组成 $w_{环己烷}$（％）	气液平衡温度（℃）	气相冷凝液组成分析		液相冷凝液组成分析	
		折光率	$x_{环己烷}$	折光率	$x_{环己烷}$
0					
5					
15					
30					
50					
65					
80					
95					
100					

（1）作出环己烷-异丙醇标准溶液的折光率-组成的工作曲线。

（2）由上述的工作曲线确定各气液相组成,填于表中。

（3）作环己烷-异丙醇系统的 $T\sim x$ 图,找出其恒沸点及其恒沸组成。

六、注意事项

（1）电炉丝一定要被液体浸没,不能露出液面。加热电压不能过高,否则易引起有机液体燃烧或烧断电炉丝。

（2）一定要使系统达到气液平衡即温度恒定后,才能读取温度值、取样分析。

（3）取样管在取样前必须用吹风机吹干。

（4）使用阿贝折光仪时棱镜上不能触及硬物(如取样管),擦棱镜时需用擦镜纸。

（5）实验过程中,一定在冷凝器中通入冷却水,使气相全部冷凝。

（6）测定纯组分的沸点时,蒸馏瓶必须烘干,而测定混合物时,不必烘干。

思考题

1. 做环己烷-异丙醇标准溶液的折光率-组成工作曲线的目的是什么?

2. 如何确定气液相已达到平衡状态?

3. 为什么测定纯组分的沸点时,蒸馏瓶必须烘干,而测定混合物沸点和组成时,不必烘干蒸馏瓶?

4. 气相取样槽体积的大小对测量有无影响?

5. 讨论本实验的主要误差来源。

表 4－56　参考基础数据

物质	沸点（℃）	压力（kPa）	$\Delta_{vap}H_m$（kJ/mol）
环己烷	80.74	101.325	29.98
异丙醇	82.40	101.325	40.06

4.81　热分析法测绘二组分金属相图

一、实验目的

（1）学会用热分析法测绘 Sn－Bi 二组分金属相图。

（2）了解纯物质的步冷曲线和混合物的步冷曲线的形状有何不同，其相变点的温度应如何确定。

（3）了解热电偶测量温度和进行热电偶校正的方法。

二、实验原理

用几何图形来表示多相平衡体系中有哪些相、各相的组成如何，不同相的相对量是多少，以及它们之间随浓度、温度、压力等变量变化的关系图叫做相图。

测绘金属相图常用的实验方法是热分析法，其原理是将一种金属或两种金属混合物熔融后，使之均匀冷却，每隔一定时间记录一次温度，表示温度与时间关系的曲线称为步冷曲线。当熔融体系在均匀冷却过程中无相变化时，其温度将连续均匀下降得到一平滑的步冷曲线；当体系内发生相变时，则因体系产生的相变热与自然冷却时体系放出的热量相抵消，步冷曲线就会出现转折或水平线段，转折点所对应的温度，即为该组成体系的相变温度。利用步冷曲线所得到的一系列组成和所对应的相变温度数据，以横轴表示混合物的组成，纵轴上标出开始出现相变的温度，把这些点连接起来，就可绘出相图。二元简单低共熔体系的冷却曲线具有图 4-49 所示的形状。

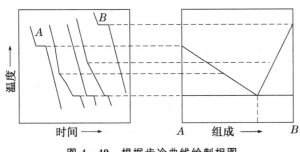
图 4-49　根据步冷曲线绘制相图

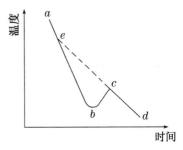
图 4-50　有过冷现象时的步冷曲线

用热分析法测绘相图时，被测体系必须时时处于或接近相平衡状态，因此必须保证冷却速度足够慢才能得到较好的效果。此外，在冷却过程中，一个新的固相出现以前，常常发生过冷现象，轻微过冷则有利于测量相变温度；但严重过冷现象，却会使折点发生起伏，对相变温度的确定产生困难，如图 4-50。遇此情况，可延长 *dc* 线与 *ab* 线相交，交点 *e* 即为转折点。

三、仪器与药品

1. 仪器

KWL-08 可控升降温电炉，SWKY 数字控温仪，金属套管，钳子，电脑。

2. 药品

纯镉,纯铋,石腊油,石墨粉。

四、实验步骤

(1) 配制样品:用精确度为 0.1 g 的托盘天平配制含铋量分别为 25%、50%、75% 的铋镉混合物各 100 g,另称纯铋、纯镉各 100 g,分别放入 5 支样品管中。

(2) 调试 SWKY 数字控温仪:插好温度传感器(Pt100),接通电源,打开开关;按"工作/置数"钮,"置数"灯亮,依次按"×100"、"×10"、"×1"、"×0.1"设置设定温度的百、十、个及小数位的数字,调节设定温度为 340 ℃;将 SWKY 数字控温仪与 KWL-08 可控升降温电炉对接。

(3) 调试 KWL-08 可控升降温电炉:将电炉面板"内控/外控"开关置于"外控",此时,加热由 SWKY 数字控温仪控制;打开电源开关,将冷风量调节、加热量调节左旋到底(最小)。

(4) 测量:将样品管放入炉膛内,温度传感器置于炉膛中尽量靠近样品管的位置;按SWKY 数字控温仪"工作/置数"钮,转换至"工作"状态,"工作"灯亮。电炉开始加热,达到设定温度时,系统自动停止加热;转换至"置数"状态,"置数"灯亮,按定时"△""▽"设置间隔时间为 30 s;调节"冷风量调节"旋钮,将冷风机电压调至 6~12 V,使降温速率为 6~8 ℃/min;定时器计数至"0"时,仪器蜂鸣,记录温度(即每隔 30 s 读取一个温度数据),待系统温度降至 100 ℃时停止实验。

(5) 实验结束后,关闭电源开关,拔下电源插座。

五、实验结果与数据处理

(1) 数据记录

表 4-57　实验数据记录

时间(min)	温度(℃)	时间(min)	温度(℃)	时间(min)	温度(℃)
0.5					
1					
1.5					
2					
(以下类推)					

(2) 数据处理

① 对每个组成的样品,以记录的温度为纵坐标,以时间为横坐标,作各样品的步冷曲线,找出开始出现相变(即步冷曲线上的转折点或拐点)的温度。

② 参照图 4-50 中的 a、b,以组成为横坐标,以步冷曲线上转折点的读数为纵坐标,在温度-组成图上标出各点,连接相应的点并作出其延长线,相交于 e 点(e 点即为铋镉的最低共熔点),作铋-镉二元合金相图。

思考题

1. 为什么步冷曲线上会出现转折点？纯金属、低共熔金属及合金的转折点各有几个？曲线形状为何不同？

2. 热电偶测量温度的原理是什么？为什么要保持冷端温度恒定？

Ⅲ．电化学性质测定

4.82　电导法测定弱电解质的电离平衡常数及难溶盐的溶解度

一、实验目的

（1）了解溶液电导、电导率的基本概念，学会电导（率）仪的使用方法。

（2）掌握溶液电导（率）的测定及应用，并计算弱电解质溶液的电离常数及难溶盐溶液的 K_{sp}。

二、实验原理

1. 弱电解质电离常数的测定

AB 型弱电解质在溶液中电离达到平衡时，电离平衡常数 K_C 与原始浓度 c 和电离度 α 有以下关系：

$$K_C = \frac{c\alpha^2}{1-\alpha} \qquad (1)$$

在一定温度下 K_C 是常数，因此可以通过测定 AB 型弱电解质在不同浓度时的 α 值代入（1）式求出 K_C。

醋酸溶液的电离度可用电导法来测定，图 4-51 是用来测定溶液电导的电导池。

将电解质溶液注入电导池内，溶液电导（G）的大小与两电极之间的距离 l 成反比，与电极的面积 A 成正比，即

$$G = \kappa A/l \qquad (2)$$

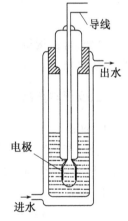

图 4-51　电导池

式中：l/A 为电导池常数，以 K_{cell} 表示；κ 为电导率。其物理意义：在两平行且相距 1 m，面积均为 1 m² 的两电极间，电解质溶液的电导称为该溶液的电导率，其单位以 S/m 表示。

由于电极的 l 和 A 不易精确测量，因此实验中用一种已知电导率值的溶液，先求出电导池常数 K_{cell}，然后把待测溶液注入该电导池测出其电导值，再根据（2）式求其电导率。

溶液的摩尔电导率是指把含有 1 mol 电解质的溶液置于相距为 1 m 的两平行板电极之间的电导。以 Λ_m 表示，其单位为 S·m²·mol⁻¹。

摩尔电导率与电导率的关系：

$$\Lambda_m = \kappa/c \tag{3}$$

式中,c 为该溶液的浓度,其单位为 mol/m^3。对于弱电解质溶液来说,可以认为:

$$\alpha = \Lambda_m/\Lambda_m^\infty \tag{4}$$

Λ_m^∞ 是溶液在无限稀释时的摩尔电导率。

将式(4)代入式(1)可得:

$$K_c = \frac{c\Lambda_m^2}{\Lambda_m^\infty(\Lambda_m^\infty - \Lambda_m)} \tag{5}$$

或

$$c\Lambda_m = (\Lambda_m^\infty)^2 K_c \frac{1}{\Lambda_m} - \Lambda_m^\infty K_c \tag{6}$$

以 $c\Lambda_m$ 对 $1/\Lambda_m$ 作图,其直线的斜率为 $(\Lambda_m^\infty)^2 K_c$,若已知 Λ_m^∞ 值,可求算 K_c。

2. CaF_2(或 $BaSO_4$、$PbSO_4$)饱和溶液溶度积(K_{sp})的测定

利用电导法能方便地求出微溶盐的溶解度,进而得到其溶度积值。CaF_2 的溶解平衡可表示为:

$$CaF_2 \Longrightarrow Ca^{2+} + 2F^-$$

$$K_{sp} = c(Ca^{2+}) \cdot [c(F^-)]^2 = 4c^3 \tag{7}$$

微溶盐的溶解度很小,饱和溶液的浓度则很低,所以(3)式中 Λ_m 可以认为就是 Λ_m^∞(盐),c 为饱和溶液中微溶盐的溶解度。

$$\Lambda_m^\infty(盐) = \frac{\kappa_盐}{c} \tag{8}$$

$\kappa_盐$ 是纯微溶盐的电导率。实验中所测定的饱和溶液的电导率值为盐与水的电导率之和。

$$\kappa_{溶液} = \kappa_{H_2O} + \kappa_盐 \tag{9}$$

这样,可由测得的微溶盐饱和溶液的电导率利用(9)式求出 $\kappa_盐$,再利用(8)式求出溶解度,最后求出 K_{sp}。

三、仪器与药品

1. 仪器

电导(率)仪 1 台,超级恒温水浴 1 套,电导池 1 只,电导电极 1 只,容量瓶(100 mL,5 只),移液管(25 mL,1 支、50 mL,1 支),洗瓶 1 只,洗耳球 1 个。

2. 药品

$KCl(10.0 mol/m^3)$,$HAc(100.0 mol/m^3)$,CaF_2(或 $BaSO_4$、$PbSO_4$)(A. R.)。

四、实验步骤

1. HAc 电离常数的测定

(1) 溶液配制:在 100 mL 容量瓶中配制浓度为原始醋酸($100.0 mol/m^3$)浓度的 1/4,1/8,1/16,1/32,1/64 的溶液各一份。

(2) 将恒温槽温度调至(25.0 ± 0.1)℃或(30.0 ± 0.1)℃,按图 4-51 所示使恒温水流经电导池夹层。

（3）测定电导水的电导（率）：用电导水洗涤电导池和铂黑电极 2～3 次,然后注入电导水,恒温后测其电导（率）值,重复测定三次。

（4）测定电导池常数 K_{cell}：倾去电导池中蒸馏水,将电导池和铂黑电极用少量的 10.00 mol/m³ KCl 溶液洗涤 2～3 次后,装入 10.00 mol/m³ KCl 溶液,恒温后,用电导仪测其电导,重复测定三次。

（5）测定 HAc 溶液的电导（率）：倾去电导池中的液体,将电导池和铂黑电极用少量待测溶液洗涤 2～3 次,最后注入待测溶液。恒温约 10 min,用电导（率）仪测其电导（率）,每份溶液重复测定三次。按照浓度由小到大的顺序,测定 5 种不同浓度 HAc 溶液的电导（率）。

2. CaF_2（或 $BaSO_4$、$PbSO_4$）饱和溶液溶度积 K_{sp} 的测定

取约 1 g CaF_2（或 $BaSO_4$、$PbSO_4$）,加入约 80 mL 电导水,煮沸 3～5 min,静置片刻后倾掉上层清液。再加电导水、煮沸、再倾掉清液,连续进行五次,第四次和第五次的清液放入恒温筒中恒温,分别测其电导（率）。若两次测得的电导（率）值相等,则表明 CaF_2（或 $BaSO_4$、$PbSO_4$）中的杂质已清除干净,清液即为饱和 CaF_2（或 $BaSO_4$、$PbSO_4$）溶液。

实验完毕后仍将电极浸在蒸馏水中。

五、实验结果与数据处理

（1）由 KCl 溶液电导率值计算电导池常数。

（2）将实验数据列表并计算醋酸溶液的电离常数

HAc 原始浓度：_____

表 4 - 58　实验数据记录

c (mol/m³)	G/S	κ (S/m)	Λ_m (S·m²·mol⁻¹)	Λ_m^{-1} (S⁻¹·m⁻²·mol)	$c\Lambda_m$ (S/m)	α	K_c (mol/m³)	$\overline{K_c}$ (mol/m³)

（3）按公式（6）以 $c\Lambda_m$ 对 $1/\Lambda_m$ 作图应得一直线,直线的斜率为 $(\Lambda_m^\infty)^2 K_c$,由此求得 K_c,并与上述结果进行比较。

（4）计算 CaF_2（或 $BaSO_4$、$PbSO_4$）的 K_{sp}

G（电导水）：_____ ;κ（电导水）：_____ 。

表 4 - 59　实验数据记录

G（溶液）(S)	κ（溶液）(S/m)	G（盐）(S)	κ（盐）(S/m)	c(mol/m³)	K_{sp}(mol³/m⁹)

六、注意事项

（1）电导池不用时,应将两铂黑电极浸在蒸馏水中,以免干燥致使表面发生改变。

（2）实验中温度要恒定,测量必须在同一温度下进行。恒温槽的温度要控制在（25.0 ±0.1）℃ 或（30.0±0.1）℃ 。

（3）测定前,必须将电导电极及电导池洗涤干净,以免影响测定结果。

1. 为什么要测电导池常数？如何得到该常数？
2. 测电导时为什么要恒温？实验中测电导池常数和溶液电导,温度是否要一致？
3. 实验中为何用铂黑电极？使用时注意事项有哪些？

4.83　电导滴定法测定食醋中乙酸的含量

一、实验目的

(1) 学习电导滴定法测定的原理。
(2) 掌握电导滴定法测食醋中乙酸含量的方法。
(3) 进一步掌握电导仪的使用。

二、实验原理

电导滴定法是根据滴定过程中被滴定溶液电导的变化来确定滴定终点的一种容量分析方法。电解质溶液的电导取决于溶液中离子的种类和离子的浓度。在电导滴定中,由于溶液中离子的种类和浓度发生了变化,因而电导也发生变化,据此可以确定滴定终点。

食醋中的酸主要是乙酸。用氢氧化钠滴定食醋,滴定开始时,部分高摩尔电导的氢离子被中和,溶液的电导略有下降。随后,由于形成了乙酸-乙酸钠缓冲溶液,氢离子浓度受到控制,随着摩尔电导较小的钠离子浓度逐渐增加,在化学计量点以前,溶液的电导开始缓慢上升。在接近化学计量点时,由于乙酸的水解,使转折点不太明显。化学计量点以后,高摩尔电导的氢氧根离子浓度逐渐增大,溶液的电导迅速上升。因此,作两条电导上升直线的近似延长线,其延长线的交点即为化学计量点。食醋中乙酸的含量一般为 $3\sim4$ g/100 mL,此外还含有少量其他弱酸如乳酸等。用氢氧化钠滴定食醋,以电导法指示终点,测定的是食醋中酸的总量,尽管如此,测定结果仍按乙酸含量计算。

1. 醋酸含量测定

食醋中的酸主要是醋酸,此外还含有少量其他弱酸。本实验以酚酞为指示剂,用 NaOH 标准溶液滴定,可测出酸的总量。结果按醋酸计算。反应式为:

$$NaOH + HAc \xrightarrow{\quad\quad} NaAc + H_2O$$

$$c_{NaOH} * V_{NaOH} = c_{HAc} * V_{Hac}$$

$$c_{HAc} = c_{NaOH} * V_{NaOH}/V_{Hac}$$

反应产物为 NaAc,为强碱弱酸盐,则终点时溶液的 pH$>$7,因此,以酚酞为指示剂。

2. NaOH 的标定

NaOH 易吸收水分及空气中的 CO_2,因此,不能用直接法配制标准溶液。需要先配成近似浓度的溶液(通常为 0.1 mol/L),然后用基准物质标定。

邻苯二甲酸氢钾和草酸常用作标定碱的基准物质。邻苯二甲酸氢钾易制得纯品,在空气中不吸水,容易保存,摩尔质量大,是一种较好的基准物质。标定 NaOH 反应式为:

$$KHC_8H_4O_4 + NaOH \xrightarrow{\quad\quad} KNaC_8H_4O_4 + H_2O$$

$$m/M = c_{NaOH} * V_{NaOH}$$
$$c_{NaOH} = m/(M * V_{NaOH})$$

三、仪器与药品

1. 仪器

DDS-11A型电导率仪,电导电极,电磁搅拌器,搅拌子,25 mL碱式滴定管,200 mL烧杯,2 mL移液管。

2. 药品

0.1 mol/L NaOH标准溶液,食醋。

四、实验步骤

1. 仪器准备工作

(1)接通电导率仪电源,预热15 min。

(2)调整表头上的调节旋钮使指针指"零位"。

(3)将铂黑电导电极用去离子水洗净并用滤纸吸干,将铂黑电导电极插入电导池中,加入被测液,以溶液淹没电极为宜,调节电极位置。

(4)将开关扳至"校正"位置,调节校正旋钮使指针指在满刻度。

(5)将开关扳至"测量"挡,进行测量。测量时,可调节量程选择开关各挡,使指针落在表盘内。

2. 食醋中醋酸含量的测定

(1)将0.1000 mol/L NaOH标准溶液装入50 mL碱式滴定管,并记录读数。

(2)用2 mL移液管移取2 mL食醋于200 mL烧杯中,加入100 mL去离子水,放入搅拌子,置烧杯于电磁搅拌器上,插入电导电极,开启电磁搅拌器,测量溶液电导。

(3)用0.100 mol/L NaOH标准溶液进行滴定,每加1.00 mL,测量一次电导率,共测量20~25个点。平行测定三份。

五、实验结果与数据处理

(1)源数据记录

表4-60 实验数据记录

	0	1	2	3	4	5	6	7	8	9	10	11	12
1													
2													
3													
	13	14	15	16	17	18	19	20	21	22	23	24	25
1													
2													
3													

（2）绘制滴定曲线，从滴定曲线直线部分的交点求出化学计量点时所消耗 NaOH 标准溶液的体积。

（3）数据整理

表 4 - 61　实验数据记录

V_1	V_2	V_3	$V_{平均}$

（4）计算食醋中乙酸的含量（g/100 mL）并进行误差分析。

1. 用电导滴定法测定食醋中乙酸的含量与指示剂法相比，有何优点？
2. 如果食醋中含有盐酸，滴定曲线有何变化？

4.84　电动势的测定

一、目的要求

（1）通过实验加深对可逆电池、可逆电极和盐桥等概念的理解。

（2）了解 ZD - WC 电子电位差计和 UJ - 25 型电位差计的测量原理和使用方法。

（3）测量铜-锌原电池的电动势，计算反应的热力学函数。

二、实验原理

原电池是由正负电极和一定的电解质溶液所组成。电池的电动势等于两个电极电位的差值（液接电位用盐桥已消除），即 $E = E_+ - E_-$，E_+ 是正极的电极电位，E_- 是负极的电极电位。

电极电势的大小与电极的性质和溶液中有关离子的活度有关，以铜-锌电池为例：

$$E_+ = E_{cu}^{\ominus} - \frac{RT}{2F} \ln \frac{a_{Cu}}{a_{Cu^{2+}}}$$

$$E_- = E_{Zn}^{\ominus} - \frac{RT}{2F} \ln \frac{a_{Zn}}{a_{Zn^{2+}}}$$

$$E = E_+ - E_- = E_{Cu}^{\ominus} - E_{Zn}^{\ominus} - \frac{RT}{2F} \ln \frac{a_{Zn^{2+}}}{a_{Cu^{2+}}} \cdot \frac{a_{Cu}}{a_{Zn}} = E^{\ominus} - \frac{RT}{2F} \ln \frac{a_{Zn^{2+}}}{a_{Cu^{2+}}}$$

$$(E^{\ominus} = E_{Cu}^{\ominus} - E_{Zn}^{\ominus}，设 a_{Cu} = a_{Zn} = 1)$$

$E_{Cu}^{\ominus}$ 和 $E_{Zn}^{\ominus}$ 分别为铜电极和锌电极的标准电极电势，其值可查附录"25 ℃时在水溶液中一些电极的标准电极电势"。电极电势的绝对值至今无法测定，而只能测其以标准氢电极（$p_{H_2} = 100$ kPa，$a_{H^+} = 1$）为零参考点的相对值，但由于使用氢电极不方便，常采用饱和甘汞电极为参比电极，本实验采用此电极来测量铜与锌这两个电极的电极电势。

由化学热力学可知，在恒温、恒压和可逆条件下，电池反应的吉布斯自由能变化与电池的电动势存在 $\Delta G = -nFE$ 的关系。若要通过测定 E 求取 ΔG，则电池本身必须是可逆的。

不过在精确度要求不高的测量中,如果出现了液接电势,经常用盐桥来消除。本实验用饱和KCl溶液做盐桥。

电池反应中,摩尔吉布斯函数[变]、摩尔熵[变],反应热分别为

$$\Delta_r C_m = -ZFE$$
$$\Delta_r S_m = -ZF(\partial E/\partial T)_p$$
$$\Delta_r H_m = -ZFE + ZFT(\partial E/\partial T)_p$$
$$Q_R = -ZFT(\partial E/\partial T)_p$$

可见,只要测出某一电池反应的电动势 E 及其温度系数 $(\partial E/\partial T)$,就可算出热力学函数。可逆电池的电动势数据可用于热力学计算。可逆电池电动势的测量条件除了电池反应可逆和传质可逆外,还要求在测量回路中电流趋近于零。测定电动势不能用伏特计,因为电池与伏特计相接后会有电流通过,电池中电极被极化,电解液组成也会发生变化。所以伏特计只能测得电池电极间的电势降,而不是平衡时的电动势。利用对消法可使我们在测量回路中电流趋于零的条件下进行测量,所测得的结果即为可逆电池的电动势。对消法电路如图 4-52 所示。acBa 回路由工作电源、可变电阻和电位差计组成。工作电源的输出电压必须大于待测电池的电动势。调节可变电阻使流过回路的电流为某一定值,在电位差计的滑线电阻上产生确定的电势降,其数值由已知电动势的标准电池 E_s 校准。另一回路 abGE$_x$a 由待测电池 E_x、检流计 G 和电位差计组成。移动 b 点,当回路中无电流通过时,电池的电动势等于 a、b 两点的电势差。对消法测电动势是一个接近热力学可逆过程的例子。为了尽可能减小电池中溶液接界处因扩散产生的非平衡液接电势,两电极间用盐桥连通。

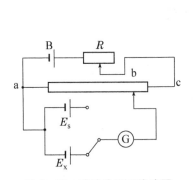

图 4-52 对消法原理线路图

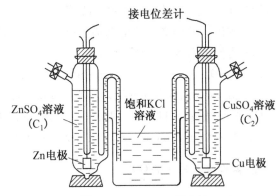

图 4-53 Zn-Cu 原电池

三、仪器与药品

1. 仪器

ZD-WC 精密数字式电子电位差计(或 UJ-25 型电位差计 1 台,光电检流计 1 台),电极管 3 个,表面皿 1 个,50 mL 烧杯 3 个,250 mL 的烧杯 1 个,400 mL 的烧杯 1 个,干电池 2 个,饱和甘汞电极 1 个,标准电池 1 个,砂纸数张,废液缸 1 个。

2. 药品

0.100 0 mol/L CuSO$_4$ 溶液,0.010 0 mol/L ZnSO$_4$ 溶液,饱和 KCl 溶液,饱和 Hg$_2$(NO$_3$)$_2$ 溶液,镀铜溶液,稀 H$_2$SO$_4$ 溶液,6 mol/L HNO$_3$ 溶液。

四、实验步骤

1. 电极制备

(1) 锌电极　用肥皂或去污粉,洗去 Zn 片上的油污,再用洗净的小烧杯盛稀硫酸浸洗锌片表面上的氧化层,然后用水洗涤,再用蒸馏水淋洗,然后浸在饱和硝酸亚汞溶液中 0.5 s 使其汞齐化,取出后用滤纸擦亮其表面,并用蒸馏水洗净(汞有剧毒,用过的滤纸应投入指定的废液缸内,不要随便乱丢),再用少许 0.100 0 mol/L $ZnSO_4$ 溶液洗 2 次后插入盛有 0.100 0 mol/L $ZnSO_4$ 溶液的小烧杯内待用,没有汞齐化的部分不要浸入溶液中。汞齐化的目的是消除金属表面机械应力不同的影响,获得重现性较好的电极电势。

(2) 铜电极　用肥皂或去污粉洗去 Cu 片上的油污,再将铜片放入硝酸(约 6 mol/L)内片刻,取出后冲洗干净,再镀一层铜于其表面上,方法如下:将 2 个铜片连在一起作为阳极,另取一铜片作为阴极,在镀铜溶液中进行电镀,电流密度为 10 mA/cm²,电镀 150 min。镀好后用蒸馏水冲洗,再用少许 0.100 0 mol/L $CuSO_4$ 溶液冲洗 2 次,然后插入盛有 0.100 0 mol/L $CuSO_4$ 溶液的小烧杯中待用。没有电镀的部分,不要浸入溶液中。

处理好电极后,按图 4-53 组装好电池并置于恒温器中。

2. 测量电池的电动势

(1) 接好电动势的测量电路。小心轻拿轻放标准电池和甘汞电极,夹 Cu 片和 Zn 片的夹子不要接触溶液。

(2) 按式 $E = 1.018\ 6\ 5 - 4.06 \times 10^{-5}(t-20) - 9.5 \times 10^{-7}(t-20)^2$(式中的 t 为摄氏温度),计算出室温下标准电池的电动势值。

(3) 按计算的标准电池电动势值标定电位差计的工作电流。

(4) 测量下列各电池电动势:

Zn | $ZnSO_4$(0.100 0 mol/L) ‖ $CuSO_4$(0.100 0 mol/L) | Cu

Zn | $ZnSO_4$(0.100 0 mol/L) ‖ KCl(饱和), Hg_2Cl_2 | Hg

Hg | KCl(饱和), Hg_2Cl_2 ‖ $CuSO_4$(0.100 0 mol/L) | Cu

Cu | $CuSO_4$(0.010 0 mol/L) ‖ $CuSO_4$(0.100 0 mol/L) | Cu

五、实验结果与数据处理

(1) 根据 $E = 0.241\ 5 - 7.6 \times 10^{-4}(t-298)$ 计算室温时饱和甘汞电极的电极电势。

(2) 计算下列电池电动势的理论值:

Zn | $ZnSO_4$(0.100 0 mol/L) ‖ $CuSO_4$(0.100 0 mol/L) | Cu

Cu | $CuSO_4$(0.010 0 mol/L) ‖ $CuSO_4$(0.100 0 mol/L) | Cu

标准电极电势与温度的关系如下:

$$\frac{dE_{Zn}^{\oplus}}{dT} = 9.1 \times 10^{-5} (V/K)$$

$$\frac{dE_{Cu}^{\oplus}}{dT} = 8.0 \times 10^{-6} (V/K)$$

计算时,物质的浓度用活度表示:

$$a_{Zn}^{2+} = \gamma_{\pm} \cdot c_{Zn}^{2+}$$

$$a_{Cu}^{2+} = \gamma_{\pm} \cdot c_{Cu}^{2+}$$

（3）根据下列电池电动势的实验值分别计算出锌和铜的电极电势以及它们的标准电极电势，并与手册中查得的数据比较。

$$Zn \mid ZnSO_4(0.100\ 0\ mol/L) \parallel KCl(饱和), Hg_2Cl_2 \mid Hg$$
$$Hg \mid KCl(饱和), Hg_2Cl_2 \parallel CuSO_4(0.100\ 0\ mol/L) \mid Cu$$

六、注意事项

（1）电极必须经过仔细处理，否则数值差别大，且无法重复，处理好的关键是电极表面的清洁，判断的标准是处处均匀一致，只要一处不均匀，就应重新处理，未处理的部分或者夹子接触溶液，等于电极没有处理。浸洗锌片的烧杯和稀 H_2SO_4 中如混有 Cu 等比锌不活泼的金属离子，这些离子将会沉积在锌片上，影响测定，故应注意洗净烧杯，不要回收稀 H_2SO_4。

（2）电桥中任一电池电极接反、接触不良、工作电池电压太低（或内阻过大），都不能对消。

（3）各个电池都要静置 $10\sim15$ min，待电极与溶液达成平衡后，才能测得稳定的值，如果碰动或搅动了，要重新静置。标准电池、测量电极扰动了，要数小时才能平衡，故需要注意轻拿轻放。

（4）为了防止电池组成和浓度发生变化，溶液和盐桥都不得引进杂质；按电键必须由粗到细，快按快松！

（5）工作电池的电势随时在变化，因此每次正式测定前要校正，特别是电池电能不足和开始工作不久更需注意。为了减少工作电池的消耗，不测时应断开电路。

思考题

1. 为什么不能用电压表去直接测量电池的电动势？

2. 在测量电动势的过程中，若检流计的光点总是朝一个方向偏转，可能是什么原因？

3. 怎样维护检流计？按电键时为什么要按下后立即松开？

4. 使用标准电池应注意些什么？

5. 如果测得的锌-甘汞电池与甘汞-铜电池的电动势之和非常接近锌-铜电池的电动势，而计算出的锌电极和铜电极的标准电极电势的误差都很大，试分析其原因。

附　ZD－WC 数字式电子电位差计操作规程

1. 预热：接通电源预热 $10\sim20$ min，将右侧功能选择开关置于测量挡。

2. 接线：选取 $0\sim2$ V 挡，分别将红（正极）和黑（负极）两根测量导线插入仪器面板对应的插槽。

3. 接入电池：待平衡指示 LED 显示值为 OU. L 或 $-$OU. L 时，将制作好的原电池的正负极分别与正负极导线接好。

4. 测量：从大到小依次调节电位旋钮，观察平衡指示 LED 显示值，待平衡指示值在 $-200\sim200$ 之间时，电动势指示 LED 显示值即为所测电池的电动势。

5. 结束测量：将电极导线取出，所有挡位全部归零，断开电源，将桌面及仪器面板打扫干净，并盖上盖子，方可离开。

注意事项：

(1) "电动势指示"和"平衡指示"数码显示在小范围内摆动属正常,允许摆数范围在±5之间。

(2) 在旋动旋钮时要一格一格缓慢旋动,且勿过分用力或猛旋。

(3) 面板上的"校准"按钮勿动,功能设置置于测量挡,量程为0～2 V,均已调好,亦不用动。

(4) 旋动旋钮时,从高挡向低挡依次调节,直至平衡指示在-200～200之间,可视为已达平衡。

(5) 保持仪器面板及桌面干燥,防止仪器旋钮或其他部件锈蚀或损坏。

4.85   电势-pH曲线的测定

一、目的要求

(1) 测定Fe^{3+}/Fe^{2+}-EDTA络合体系在不同pH条件下的电极电势,绘制电势-pH曲线。

(2) 了解电势-pH图的意义及应用。

(3) 掌握电极电势、电池电动势和pH的测量原理和方法。

二、实验原理

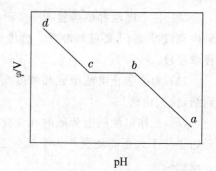

图4-54   电势-pH关系示意图

许多氧化还原反应(redox reaction)的发生,都与溶液的pH有关,此时电极电势不仅随溶液的浓度和离子强度变化,还随溶液的pH不同而改变。如果指定溶液的浓度,改变其酸碱度,同时测定相应的电极电势与溶液的pH,然后以电极电势对pH作图,这样就绘制出电势-pH曲线,也称为电势-pH图。图4-54为Fe^{3+}/Fe^{2+}-EDTA和S/H_2S体系的电势与pH的关系示意图。

对于Fe^{3+}/Fe^{2+}-EDTA体系,在不同pH时,其络合物有所差异。假定EDTA的酸根离子为Y^{4-},下面我们将pH分成三个区间来讨论其电极电势的变化。

(1) 在高pH值(图4-54中的ab区间)时,溶液的络合物为$Fe(OH)Y^{2-}$和FeY^{2-},其电极反应为:

$$Fe(OH)Y^{2-} + e^- \rightleftharpoons FeY^{2-} + OH^-$$

根据能斯特(Nernst)方程,其电极电势为:

$$\varphi = \varphi^\theta - \frac{RT}{F}\ln\frac{a(FeY^{2-}) \cdot a(OH^-)}{a(Fe(OH)Y^{2-})}$$

式中:φ^θ为标准电极电势;a为活度。

由a与活度系数γ和质量摩尔浓度m的关系:

$$a = \gamma \cdot m$$

同时考虑到在稀溶液中水的活度积K_W(activity product)可以看作为水的离子积,又按照pH定义,则上式可改写为:

$$\varphi = \varphi^\theta - \frac{RT}{F}\ln\frac{\gamma(FeY^{2-}) \cdot K_W}{\gamma(Fe(OH)Y^{2-})} - \frac{RT}{F}\ln\frac{m(FeY^{2-})}{m(Fe(OH)Y^{2-})} - \frac{2.303RT}{F}pH$$

令 $b_1 = \dfrac{RT}{F}\ln\dfrac{\gamma(\text{FeY}^{2-})K_W}{\gamma(\text{Fe(OH)Y}^{2-})}$，在溶液离子强度和温度一定时，$b_1$ 为常数。则

$$\varphi = (\varphi^\theta - b_1) - \frac{RT}{F}\ln\frac{m(\text{FeY}^{2-})}{m(\text{Fe(OH)Y}^{2-})} - \frac{2.303RT}{F}\text{pH}$$

在 EDTA 过量时，生成的络合物的浓度可近似地看作为配置溶液时铁离子的浓度，即 $m(\text{FeY}^{2-}) \approx m(\text{Fe}^{2+})$，$m(\text{Fe(OH)Y}^{2-}) \approx m(\text{Fe}^{3+})$。当 $m(\text{Fe}^{3+})$ 与 $m(\text{Fe}^{2+})$ 比例一定时，φ 与 pH 呈线性关系，即图 4-54 中的 ab 段。

（2）在特定的 pH 范围内，Fe^{2+} 和 Fe^{3+} 与 EDTA 生成稳定的络合物 FeY^{2-} 和 FeY^-，其电极反应为：

$$\text{FeY}^- + e^- =\!=\!= \text{FeY}^{2-}$$

电极电势表达式为：

$$\begin{aligned}
\varphi &= \varphi^\theta - \frac{RT}{F}\ln\frac{a(\text{FeY}^{2-})}{a(\text{FeY}^-)} \\
&= \varphi^\theta - \frac{RT}{F}\ln\frac{\gamma(\text{FeY}^{2-})}{\gamma(\text{FeY}^-)} - \frac{RT}{F}\ln\frac{m(\text{FeY}^{2-})}{m(\text{FeY}^-)} \\
&= (\varphi^\theta - b_2) - \frac{RT}{F}\ln\frac{m(\text{FeY}^{2-})}{m(\text{FeY}^-)}
\end{aligned}$$

式中 $b_2 = \dfrac{RT}{F}\ln\dfrac{\gamma(\text{FeY}^{2-})}{\gamma(\text{FeY}^-)}$，当温度一定时，$b_2$ 为常数，在此 pH 范围内，该体系的电极电势只与 $m(\text{FeY}^{2-})/m(\text{FeY}^-)$ 的比值有关，或者说只与配制溶液时 $m(\text{Fe}^{2+})/m(\text{Fe}^{3+})$ 的比值有关。曲线中出现平台区（如图 4-54 中的 bc 段）。

（3）在低 pH 时，体系的电极反应为

$$\text{FeY}^- + \text{H}^+ + e^- =\!=\!= \text{FeHY}^-$$

同理可求得

$$\varphi = (\varphi^\theta - b_3) - \frac{RT}{F}\ln\frac{m(\text{FeHY}^-)}{m(\text{FeY}^-)} - \frac{2.303RT}{F}\text{pH}$$

在 $m(\text{Fe}^{2+})/m(\text{Fe}^{3+})$ 不变时，φ 与 pH 呈线性关系（即图 4-54 中 cd 段）。

由此可见，只要将体系（$\text{Fe}^{3+}/\text{Fe}^{2+}$-EDTA）用惰性金属（Pt 丝）作导体组成一电极，并且与另一参比电极（饱和甘汞电极）组合成一原电池测量其电动势，即可求得体系（$\text{Fe}^{3+}/\text{Fe}^{2+}$-EDTA）的电极电势。与此同时采用酸度计测出相应条件下的 pH，从而可绘制出相应体系的电势-pH 曲线。

三、仪器与药品

1. 仪器

DZ-2 自动电位滴定仪（改进），150 mL 四颈瓶，饱和甘汞电极（saturated calomel electrode），玻璃电极（glass electrode），铂电极（platinum electrode），79HW-1 型恒温磁力搅拌器。

2. 药品

$(\text{NH}_4)_2\text{Fe(SO}_4)_2 \cdot 6\text{H}_2\text{O}$（化学纯），$(\text{NH}_4)\text{Fe(SO}_4)_2 \cdot 12\text{H}_2\text{O}$（化学纯），EDTA（四钠盐）（化学纯），NaOH 溶液（2.00 mol/L），HCl 溶液（4.00 mol/L）。

四、实验步骤

1. 仪器装置

仪器装置如图 4-55 所示。

2. 溶液配制

预先称量 0.723 g $NH_4Fe(SO_4)_2$，0.588g $(NH_4)_2Fe(SO_4)_2$，2.923 g EDTA，然后按下列次序将试剂加入四颈瓶中：EDTA，40 mL 水，$NH_4Fe(SO_4)_2$；35 mL 水，最后是 $(NH_4)_2Fe(SO_4)_2$，配制成约 75 mL 溶液。

3. 电极电势和 pH 的测定

打开电磁搅拌器，待搅拌子旋转稳定后，再插入玻璃电极，然后用 2.00 mol/L NaOH 调节溶液的 pH（溶液颜色变为红褐色，大约 pH 位于 7.5 至 8.0 之间）。在自动电位滴定仪上，直接读取电动势与相应的 pH。然后用滴管滴加 HCl 溶液调节 pH，每次改变量约 0.3，直到溶液的 pH 为 3.0 左右，即可停止实验并及时取出玻璃电极和甘汞电极，用水冲洗干净，然后使仪器复原。

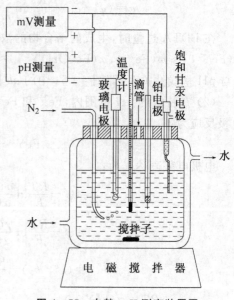

图 4-55 电势-pH 测定装置图

五、实验结果与数据处理

以表格形式正确记录数据。并将测定的电池电动势换算成相对参比电极的电势。然后绘制电势-pH 曲线，由曲线确定 FeY^- 和 FeY^{2-} 稳定的 pH 范围。

$$E_{电池} = \varphi_{Pt} - \varphi_{sce}$$
$$\varphi_{sce} = 0.2415 - 7.6 \times 10^{-4}(T/K - 298)$$

思考题

1. 写出 Fe^{3+}/Fe^{2+}-EDTA 体系的电势平台区、低 pH 和高 pH 时，体系的基本电极反应及其所对应的电极电势公式的具体表示式，并指出各项的物理意义。

2. 本实验讨论的 Fe^{3+}/Fe^{2+}-EDTA 体系可用于天然气脱硫。在天然气中含有 H_2S，它是一种有害物质。利用 Fe^{3+}-EDTA 溶液可将 H_2S 氧化为元素 S 而过滤除去，溶液中的 Fe^{3+}-EDTA 络合物还原为 Fe^{2+}-EDTA 络合物，通入空气又可使 Fe^{2+}-EDTA 迅速氧化为 Fe^{3+}-EDTA，从而使溶液得到再生，循环利用。其反应如下：

$$2FeY^- + H_2S \xrightarrow{脱硫} 2FeY^{2-} + 2H^+ + S$$
$$2FeY^{2-} + \frac{1}{2}O_2 + H_2O \xrightarrow{再生} 2FeY^- + 2OH^-$$

试讨论如何利用测定的 Fe^{3+}/Fe^{2+}-EDTA 络合体系电势-pH 曲线选择较合适的脱硫条件？

4.86 氟离子选择电极测氢氟酸解离常数

一、实验目的

用氟电极及玻璃电极测氢氟酸解离常数。

二、实验原理

氟离子的结构如图4-56所示。由氟化镧晶体做成的离子交换膜,对氟离子具有特高的选择性。但当溶液pH过高时,OH^-会产生干扰;pH过低又会形成HF和HF_2^-而降低氟离子活度,因此在做氟含量分析时需保持pH=5~6,以保证氟实际上均呈离子状态存在。

由于氟电极不受离子干扰,对HF和HF_2^-不产生应答,因而可以在酸性溶液中测定游离的氟离子浓度,这就为电化学法测定氢氟酸解离常数创造了条件。

现用氟电极及甘汞电极组成下列两电池:

① (一)氟电极 | F_T^-溶液 | 饱和甘汞电极(+)

② (一)氟电极 | F^-,H^+溶液 | 饱和甘汞电极(+)

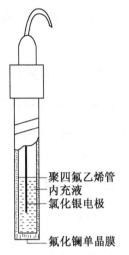

图4-56 氟离子选择电极

聚四氟乙烯管
内充液
氯化银电极
氟化镧单晶膜

在电池①的溶液中,氟化钠的浓度约为2×10^{-3} mol/L,可认为在这样稀的中性溶液里解离完全,这时可测得对应于总氟浓度$[F_T]$等于总氟离子浓度$[F_T^-]$时的电池电势E_1。如在相同总氟浓度的溶液中加酸,则由于HF和HF_2^-的生成而降低游离氟离子浓度,这时测得对应于降低了游离氟浓度$[F^-]$的电池电势E_2。

当温度一定时,两电池电动势的计算式如下:

$$E_1 = E_{甘汞} - \left\{ E^\theta - \frac{RT}{F}\ln[F_T^-] \right\} = 常数 + S\lg[F_T^-] \tag{1}$$

$$E_2 = E_{甘汞} - \left\{ E^\theta - \frac{RT}{F}\ln[F^-] \right\} = 常数 + S\lg[F^-] \tag{2}$$

式中:$S = \dfrac{2.303RT}{F}$,称为氟电极的应答系数,通常实测值与理论值相符合。

(1)式减(2)式得:

$$\frac{E_1 - E_2}{S} = \lg\frac{[F_T^-]}{[F^-]} = \lg\frac{[F_T]}{[F^-]} \tag{3}$$

在加酸后的含氟溶液中存在下列平衡:

$$HF \rightleftharpoons H^+ + F^- \ , K_c = \frac{[H^+][F^-]}{[HF]} \tag{4}$$

$$HF + F^- \rightleftharpoons HF_2^- \ , K_f = \frac{[HF_2^-]}{[HF][F^-]} \tag{5}$$

溶液中的总氟浓度是:

$$[F_T] = [F^-] + [HF] + 2[HF_2^-] \tag{6}$$

略去 $[HF_2^-]$ 项,(6)式可写成:

$$[F_T] - [F^-] = \frac{[H^+][F^-]}{K_c} \tag{7}$$

(7)式取对数得:

$$\lg\{[F_T] - [F^-]\} - \lg[F^-] = \lg[H^+] - \lg K_c \tag{8}$$

在酸性溶液中 $[F^-]$ 很小,与 $[F_T]$ 相比可被忽略,这时(8)式可写成:

$$\lg \frac{[F_T]}{[F^-]} = -pH - \lg K_c \tag{9}$$

(9)式代入(3)式,得

$$-\left(\frac{E_1 - E_2}{S}\right) = pH + \lg K_c \tag{10}$$

式中: E_1 为溶液未加酸时电池①的电动势; E_2 为加酸后电池②的电动势。

因此在不加酸时测得 E_1 ,然后测得加酸后不同酸度下的 E_2 及 pH,以 $-\left(\frac{E_1 - E_2}{S}\right)$ 为纵坐标,pH 为横坐标作图,所得直线在纵轴上的截距即为 $\lg K_c$ 。其中 K_c 即为该温度下 HF 的解离常数。

三、仪器与试剂

1. 仪器

pH-3S 型酸度计 1 台,氟离子选择电极 1 支,玻璃电极 1 支,217 型饱和甘汞电极 1 支,电磁搅拌器 1 台,100 mL 硬质玻璃烧杯或塑料杯 10 个,10 mL、50 mL 量筒各 1 只, 2 mL、10 mL 刻度移液管各 1 支。

2. 试剂

0.01 mol/L NaF 溶液,0.5 mol/L KCl 溶液,2 mol/L HCl 溶液,pH=4.0 标准缓冲溶液,去离子水,滤纸片。

四、实验步骤

(1)氟化钠贮备液的配制:准确称取已烘干的分析纯氟化钠 0.420 g,加去离子水溶解成 1 L,即得浓度 0.01 mol/L 的 NaF 溶液,将其贮于塑料瓶中。

(2)洗净 100 mL 硬质玻璃杯或塑料杯 7 个,按表 4-60 规定加入 0.01 mol/L NaF、 0.50 mol/L KCl 和水配成各种溶液。

(3)按操作规程调整 pH 计,用 pH=4.0 的标准缓冲液作定位液。pH 计调好后,用 10 mL 量筒装好所需盐酸溶液,从 6 号溶液开始,按编号由大到小逐个在电磁搅拌下用小滴管逐滴向烧杯中滴加盐酸溶液,同时观察其 pH,直到接近设定 pH 为止。核算各溶液总体积,不足 50 mL 的加水补充,调整后重测一次 pH,记下实测 pH(7 号溶液的 pH 也可测定作参考)。

(4)用氟电极取代玻璃电极,按照用 pH 计测电动势(mV)的步骤,从 7 号溶液开始,按编号由大到小逐个测定各电池的电动势。

(5)用氟化钠溶液、氯化钾溶液和去离子水配制含氟从 10^{-4} mol/L 到 10^{-3} mol/L 的数种不同浓度的溶液,测得各电池的电动势,用来确定 S 值。

五、数据处理

(1) 列出记录表格。

(2) 当要实际测定 S 值时,用步骤(5)测得的电动势(mV)对 lg[F⁻]作图,从所得直线的斜率求 S。

(3) 以 $-\left(\dfrac{E_1-E_2}{S}\right)$ 对实测 pH 作图,从所得直线的截距求 $\lg K_c$。

表 4－62　氢氟酸解离常数测定实验记录

溶液编号	1	2	3	4	5	6	7
设定 pH	1.0	1.3	1.6	1.9	2.2	2.5	-
0.01 mol/L NaF 体积(mL)	10	10	10	10	10	10	10
0.50 mol/L KCl 体积(mL)	10	10	10	10	10	10	10
预加水体积(mL)	25	28	29	29	29	29	30
调 pH 用 2 mol/L HCl 体积(mL)							-
调整后实测 pH							
调整后实测 mV							
$-\left(\dfrac{E_1-E_2}{S}\right)^{*}$							

*　S 值可按室温下的理论值算得,也可实际测定。

思考题

1. 本实验的数据处理作了哪些假定?这些假定在什么条件下才合理?

2. 如果被测溶液 pH 过高,例如 pH>3 则后果如何?

3. 为什么在不加酸的中性稀溶液中可假定总氟浓度与氟离子浓度相等?试从测得的氢氟酸的解离常数、7 号溶液的 pH 及[F⁻]估计这时[HF]的浓度是否可忽略?

Ⅳ. 动力学参数测量

4.87　一级反应速率常数的测定——蔗糖的转化

一、实验目的

(1) 用旋光仪测定当蔗糖水解时,其旋光度与时间的变化关系,从而推算蔗糖水解反应的速率常数和半衰期。

(2) 了解旋光仪的基本原理,掌握其使用方法。

二、实验原理

蔗糖水解反应的方程式为：

$$C_{12}H_{22}O_{11}+H_2O \xrightarrow{H_3^+O} C_6H_{12}O_6+C_6H_{12}O_6$$

蔗糖   葡萄糖   果糖

蔗糖水解速率极慢，在酸性介质中反应速率大大加快，故 H_3O^+ 为催化剂。反应中，H_2O是大量的，反应前后与溶质浓度相比，看成它的浓度不变，故蔗糖水解反应可看作一级反应。其动力学方程式如下：

$$-\frac{dc}{dt}=K_1c$$

积分式为：

$$\ln\frac{c_0}{c}=K_1t$$

$$K_1=\frac{1}{t}\ln\frac{c_0}{c}$$

或

$$K=\frac{2.303}{t}\lg\frac{c_0}{c}$$

反应的半衰期

$$t_{1/2}=\frac{\ln2}{k}$$

式中：K_1 为速率常数；t 为时间；c_0 为蔗糖初始浓度；c 为蔗糖在 t 时刻的浓度。

可见一级反应的半衰期只决定于反应速率常数 K，而与反应物起始浓度无关。若测得反应在不同时刻蔗糖的浓度，代入上述动力学的公式中，即可求出 K 和 $t_{1/2}$。

测定反应物在不同时刻的浓度可用化学法和物理法，本实验采用物理法即测定反应系统旋光度的变化。蔗糖及其水解产物均为旋光性物质，蔗糖是右旋的，但水解后的混合物葡萄糖和果糖则为左旋，这是因为左旋的果糖比右旋的葡萄糖旋光度稍大的缘故。因此，当蔗糖开始水解后，随着时间增长，溶液的右旋光度渐小，逐渐变为左旋，即随着蔗糖浓度减小，溶液的旋光度在改变。因此，借助反应系统旋光度的测定，可以测定蔗糖水解的速率。

所谓旋光度，指一束偏振光，通过有旋光性物质的溶液时，使偏振光振动面旋转某一角度的性质。其旋转角度称为旋光度（a）。使偏振光按顺时针方向旋转的物质称为右旋物质，a 为正值，反之称为左旋物质，a 为负值。

物质的旋光度，除取决于物质本性外，还与温度、浓度、液层厚度、光源波长等因素有关，当光源用钠灯，波长一定，$\lambda=D(5890\ nm)$，实验温度 $t=20\ ℃$ 时，旋光度与溶液浓度和溶层厚度成正比，$a\propto cl$ 写成等式：

$$a=[a]_D^t\cdot c\cdot l$$

式中，比例常数 $[a]_D^t$，称为比旋光度，即

$$[a]_D^t=\frac{a}{c\cdot l}$$

由上式可知，当其他条件不变时，旋光度 a 与浓度 c 成正比，即

$$a=K'c（K' 为比例常数）\tag{1}$$

已知，比旋光度 $[a\ 蔗糖]_D^{20}=+66.6°$，$[a\ 蔗糖]_D^{20}=+52.2°$，$[a\ 果糖]_D^{20}=-91.9°$，所以，当蔗糖水解反应进行时，右旋角度不断减小，当反应终了时，系统经过零度变为左旋。蔗糖

水解反应中,反应物与生成物都具有旋光性,旋光度与浓度成正比,且溶液的旋光度为各组成旋光度之和(有加和性)。

若反应时间为 $0 \longrightarrow t \longrightarrow \infty$

则溶液旋光度为 $\alpha_0 \quad \alpha_t \quad \alpha_\infty$

因为测定是在同一仪器,同一光源,同一长度旋光管中进行的,则由(1)式可以导出浓度改变正比于旋光度的改变,且比例常数相同($K=1/K'$)。

$$c_0 = c_\infty = K(\alpha_0 - \alpha_\infty), \quad c - c_\infty = K(\alpha_t - \alpha_\infty)$$

而 $\alpha_\infty = 0$(蔗糖水解反应能进行到底),则

$$c_0 = K(\alpha_0 - \alpha_\infty), \quad c = K(\alpha_t - \alpha_\infty)$$

故

$$\frac{c_0}{c} = K\frac{\alpha_0 - \alpha_\infty}{\alpha_t - \alpha_\infty}, \quad 即$$

$$\ln\frac{\alpha_0 - \alpha_\infty}{\alpha_t - \alpha_\infty} = k_1 t$$

或写成:

$$\lg(\alpha_t - \alpha_\infty) = -\frac{k_1 t}{2.303} + \lg(\alpha_0 - \alpha_\infty)$$

若以 $\lg(\alpha_t - \alpha_\infty) \sim t$ 作图,得一直线,斜率$= -\frac{k_1}{2.303}$,则 $k_1 = -2.303 \times$(斜率)。

本实验就是用旋光仪测定 α_t、α_∞ 值。

三、仪器和药品

1. 仪器

旋光仪 1 台,停表 1 块,旋光管(带有恒温水外套)1 支,恒温槽 1 套,容量瓶(50 mL)1 个,电子天平 1 台,锥形瓶(100 mL)2 个,移液管(25 mL)2 支,烧杯(100 mL、500 mL)各1 个。

2. 药品

2 mol/L HCl 溶液,蔗糖(分析纯)。

四、实验步骤

(1) 开启旋光仪,预热 20 分钟。调整恒温槽至 25 ℃恒温,然后将旋光管外套接上恒温水。

(2) 旋光仪零点的校正。

用蒸馏水洗净旋光管各部分零件,将一端的盖子旋聚,向管内注满蒸馏水,取玻璃片沿管口轻轻推入盖好,再旋紧套盖,勿使其漏水或有气泡(小心操作,以防用力过猛,压碎玻璃片)。用滤纸或干布擦净旋光管两端玻璃片,并放入旋光仪中。打开旋光仪电源开关,清零后取出旋光管,倒出蒸馏水。

(3) 蔗糖水解过程中 α_t 的测定。

称取蔗糖 10 g,溶于蒸馏水中,用 50 mL 容量瓶配制成溶液(如混浊需过滤)。用移液管取 50 mL 蔗糖溶液和 50 mL 2 mol/L HCl 溶液分别注入两个 100 mL 干燥锥形瓶中,并将此2 个锥形瓶同时置于恒温槽中恒温 10~15 min。待恒温后,取 50 mL 2 mol/L HCl 溶液加到蔗糖溶液的锥形瓶中混合,并在 HCl 溶液加入一半时,启动停表作为反应的起始时间。不

断振荡摇动,迅速取少量混合液清洗旋光管二次,然后将此混合液注满旋光管,盖好玻璃片,旋紧套盖(检查是否漏液和有气泡)。擦净旋光管两端玻璃片,立刻置于旋光仪中。测量 t 时刻时溶液的旋光度 α_t。测定时要迅速准确。先记下时间,再读取旋光度数值。可在测定第一个 α_t 值后的 5 min,10 min,15 min,20 min,30 min,50 min,75 min,100 min 各测一次。

(4) α_∞ 的测定。

将步骤(3)中的混合液保留好,48 h 后重新恒温,观测其旋光度,此值即为 α_∞。或将剩余混合液,置于 60 ℃ 水浴中温热 50 min,加速水解反应进行,然后冷却至实验温度。按上述操作测其旋光度,即认为是 α_∞。

五、实验结果与数据处理

实验温度:_____　　盐酸浓度:_____　　α_∞:_____

表 4-63　实验数据记录

反应时间(min)	$\alpha_{t水}$	$\alpha_t - \alpha_\infty$	$\lg(\alpha_t - \alpha_\infty)$	k

(1) 以 $\lg(\alpha - \alpha_\infty)$ 对 t 作图,由所得直线之斜率求 k 值。

(2) 由截距求得 α_0,求各时间 k 值,再取平均值。

(3) 计算蔗糖水解反应的半衰期 $t_{\frac{1}{2}}$。

六、注意事项

(1) 测到 30 min 后,每次测量间隔时应将钠光灯熄灭,以延长钠光灯寿命。但下一次测量之前需提前 10 min 打开钠光灯,使光源稳定。

(2) 实验结束时,应立即将旋光管洗净擦干,防止酸对旋光箱的腐蚀。

思考题

1. 为什么可用蒸馏水来校正旋光仪零点?

2. 称量蔗糖为什么可用普通台秤?

4.88　乙酸乙酯皂化反应速率常数的测定

一、实验目的

(1) 了解测定化学反应速率常数的一种物理方法——电导法。

(2) 了解二级反应的特点,学会用图解法求二级反应的速率常数。

(3) 掌握 DDS-11AT 型数字电导率仪和控温仪的使用方法。

二、实验原理

(1) 对于二级反应:A+B ——→ 产物,如果 A、B 两物质起始浓度相同,均为 a,则反应速率的表达式为：

$$\frac{\mathrm{d}x}{\mathrm{d}t}=k(a-x)^2$$

式中：x 为经过时间 t 反应物消耗掉的摩尔数。则上式定积分得：

$$k=\frac{1}{ta}\cdot\frac{x}{(a-x)} \tag{1}$$

以 $\frac{x}{a-x}\sim t$ 作图若所得为直线，证明是二级反应，并可以从直线的斜率求出 k。所以在反应进行过程中，只要能够测出反应物或产物的浓度，即可求得该反应的速率常数。

如果知道不同温度下的速率常数 $k(T_1)$ 和 $k(T_2)$，按 Arrhenius 公式计算出该反应的活化能 E 为：

$$E=\ln\frac{k(T_2)}{k(T_1)}\times R\left(\frac{T_1 T_2}{T_2-T_1}\right)$$

（2）乙酸乙酯皂化反应是二级反应，其反应式为：

$$CH_3COOC_2H_5+Na^++OH^-\longrightarrow CH_3COO^-+Na^++C_2H_5OH$$

OH^- 电导率大，CH_3COO^- 电导率小。因此，在反应进行过程中，电导率大的 OH^- 逐渐为电导率小的 CH_3COO^- 所取代，溶液电导率显著降低。对稀溶液而言，强电解质的电导率 κ 与其浓度成正比，而且溶液的总电导率就等于组成该溶液的电解质电导率之和。如果乙酸乙酯皂化在稀溶液下反应就存在如下关系式：

$$\kappa_0=A_1 a$$
$$\kappa_\infty=A_2 a$$
$$\kappa_t=A_1(a-x)+A_2 x$$

A_1、A_2 是与温度、电解质性质、溶剂等因素有关的比例常数，κ_0，κ_∞ 分别为反应开始和终了时溶液的总电导率。κ_t 为时间 t 时刻溶液的总电导率。由以上三式可得：

$$x=\left(\frac{\kappa_0-\kappa_t}{\kappa_0-\kappa_\infty}\right)\cdot a$$

代入（1）式得：

$$k=\frac{1}{t\cdot a}\left(\frac{\kappa_0-\kappa_t}{\kappa_t-\kappa_\infty}\right)$$

整理即得：

$$\kappa_t=\frac{1}{ak}\frac{\kappa_0-\kappa_t}{t}+\kappa_\infty \tag{2}$$

因此，以 $\kappa_t\sim\frac{\kappa_0-\kappa_t}{t}$ 作图为一直线即为二级反应，由直线的斜率即可求出 k，由两个不同温度下测得的速率常数点 $k(T_1)$，$k(T_2)$，可求出该反应的活化能。

三、仪器与药品

1. 仪器

DDS-llA 型电导率仪 1 台，停表 1 只，恒温水槽 1 套，叉形电导池 2 只，移液管（25 mL，胖肚）1 根，烧杯（50 mL）1 只，容量瓶（100 mL）1 个，称量瓶（25 mm×23 mm）1 只。

2. 药品

乙酸乙酯(分析纯),氢氧化钠(0.020 0 mol/L)。

四、实验步骤

1. 恒温槽调节及溶液的配制

调节恒温槽温度为298.2K,配制0.020 0 mol/L的$CH_3COOC_2H_5$溶液100 mL,分别取10 mL蒸馏水和10 mL 0.020 0 mol/L NaOH的溶液,加到洁净、干燥的叉形管电导池中充分混合均匀,置于恒温槽中恒温5 min。

2. κ_0的测定

用DDS-11A型数字电导率仪测定上述已恒温的NaOH溶液的电导率κ_0。

3. κ_t的测定

在另一支叉形电导池直支管中加10 mL 0.020 0 mol/L $CH_3COOC_2H_5$,侧支管中加入10 mL 0.020 0 mol/L NaOH,并把洗净的电导电极插入直支管中。在恒温情况下,混合两溶液,同时开启停表,记录反应时间(注意停表一经打开切勿按停,直至全部实验结束),并在恒温槽中将叉形电导池中溶液混合均匀。

当反应进行6 min时测电导率一次,并在9 min、12 min、15 min、20 min、25 min、30 min、35 min、40 min、50 min、60 min时各测电导率一次,记录电导率κ_t及时间t。

4. 重复测定κ_0、κ_t

调节恒温槽温度为308.2 K,重复上述步骤测定其κ_0和κ_t,但在测定κ_t时按反应进行4 min、6 min、8 min、10 min、12 min、15 min、18 min、21 min、24 min、27 min、30 min时测其电导率。

五、实验结果与数据处理

(1)将κ_t、t、$\dfrac{\kappa_0 - \kappa_t}{t}$列表记录。

(2)用图解法绘制$\kappa_t \sim \dfrac{\kappa_0 - \kappa_t}{t}$图。

(3)由直线斜率计算反应速率常数。

(4)由298.2 K、308.2 K所求得的k(298.2 K)、k(308.2 K)按Arrhenius公式计算该反应的活化能E。

六、注意事项

(1)本实验所用的蒸馏水需事先煮沸,待冷却后使用,以免溶有的CO_2致使NaOH溶液浓度发生变化。

(2)配好的NaOH溶液需装配碱石灰吸收管,以防空气中的CO_2进入瓶中改变溶液浓度。

(3)测定298.2 K、308.2 K的κ_0时,溶液均需临时配制。

(4)所用NaOH溶液和$CH_3COOC_2H_5$溶液浓度必须相等。

(5)$CH_3COOC_2H_5$溶液须使用时临时配制,因该稀溶液会缓慢水解影响$CH_3COOC_2H_5$

的浓度,且水解产物(CH_3COOH)又会部分消耗 NaOH。在配制溶液时,因 $CH_3COOC_2H_5$ 易挥发,称量时可预先在称量瓶中放入少量已煮沸过的蒸馏水,且动作要迅速。

(6)为确保 NaOH 溶液与 $CH_3COOC_2H_5$ 溶液混合均匀,需使该两种溶液在叉形管中多次来回往复。

(7)不可用纸拭擦电导电极上的铂黑。

思考题

1. 如果 NaOH 和 $CH_3COOC_2H_5$ 起始浓度不相等,试问应怎样计算 k 值?
2. 如果 NaOH 与 $CH_3COOC_2H_5$ 溶液为浓溶液,能否用此法求 k 值?为什么?

4.89 加速实验法测定药物有效期

一、目的和要求

(1)了解应用化学动力学方法预测注射液稳定性(有效期)的原理。
(2)掌握应用恒温加速实验法测定维生素 C 注射液的贮存期的方法。

二、实验原理

在研究制剂的稳定性以确定其有效期(或贮存期)时,室温留样考察法虽然结果可靠但所需时间较长(一般考察 2~3 年),而加速实验法(如恒温加速实验法等)可以在较短的时间内对有效期或贮存期作出初步的估计。

维生素 C(V_C)的氧化降解反应已由实验证明为一级反应,一级反应的速度方程为:

$$-\frac{dC}{dt}=kc \tag{1}$$

式中:$-dC/dt$ 表示 V_C 浓度减少的瞬时速度;c 表示 V_C 在瞬间 t 的浓度。对式(1)积分,以 c_0 表示反应开始时($t=0$)V_C 的浓度,则得:

$$\lg c=-\frac{k}{2.303}t+\lg c_0 \tag{2}$$

式中 k 为 V_C 的氧化降解速率常数。

由式(2)可知,以 $\lg c$ 对 t 作图呈一直线关系,其斜率为 $-k/2.303$,截距为 $\lg c_0$,由斜率可求出速率常数 k。

反应速率常数 k 和绝对温度 T 之间的关系,可用 Arrhenius 公式表示:

$$k=Ae^{\frac{-E_a}{RT}}$$

或

$$\lg k=-\frac{E_a}{RT}\cdot\frac{1}{T}+\lg A \tag{3}$$

式中:A 为频率因子;E_a 为活化能;R 为气体常数(1.987 卡·度$^{-1}$·摩尔$^{-1}$)。

由式(3)可知,以 $\lg k$ 对 $1/T$ 作图呈一条直线,其斜率为 $-E_a/2.303R$,截距为 $\lg A$,由此可求出反应活化能 E_a 和斜率因子 A。将 E_a 和 A 再代回式(3),可求出室温(25 ℃)或任何温度下的氧化降解速率常数和贮存期。

三、仪器与药品

1. 仪器

恒温水浴,酸式滴定管(25 mL),锥形瓶(50~250 mL)。

2. 药品

维生素 C 注射液(2 mL∶0.25 g),0.1 mol/L 碘液,丙酮,稀醋酸,淀粉指示液。

四、实验步骤

1. 放样

将同一批号的 V_C 注射液样品(2 mL∶0.25 g)分别置于 4 个不同温度(如 70 ℃、80 ℃、90 ℃和 100 ℃)的恒温水浴中,间隔一定时间(如 70 ℃为间隔 24 h,80 ℃为 12 h,90 ℃为 6 h,100 ℃为 3 h)取样,每个温度的间隔取样次数均为 5 次。样品取出后,立即冷却或置于冰箱保存,供含量测定。

2. V_C 含量测定

精密量取样品液 1 mL,置 150 mL 锥形瓶中,加蒸馏水 15 mL 与丙酮 2 mL,摇匀,放置 5 min,加稀醋酸 4 mL 与淀粉指示液 1 mL,用碘液(0.1 mol/L)滴定,至溶液显蓝色并持续 30 s 不褪。每 1 mL 碘液(0.1 mol/L)相当于 8.806 mg 的 V_C($C_6H_8O_6$),分别测定各样品中的 V_C 的含量,同时测定未经加热实验的原样品中 V_C 含量,记录消耗碘液的毫升数。

五、实验结果与数据处理

(1) 数据整理。由于含量测定所用的是同一种碘液,故不必考虑碘液的精确浓度,只要比较消耗碘液的毫升数即可。将未经加热的样品(表 4-64 中时间项为 0)所消耗碘液的毫升数(即初始浓度)作为 100%相对浓度,各加热时间内的样品所消耗碘液的毫升数与其相比,得出各自的相对浓度百分数($C_相$,%)。

表 4-64　70 ℃恒温加速试验各时间内样品的测定结果

加热间隔时间	消耗碘液(mL)				$C_相$(%)	$\lg C_相$
(h)	1	2	3	平均		
0					100	
24						
43						
72						
96						
120						

在其他温度下考察的实验数据,均按表(4-64)的格式记录并计算。

(2) 求四种实验温度的 V_C 氧化降解速率常数($k_{70}\sim k_{100}$)用回归方法求各温度的 k 值时,先将各加热时间(x)与其对应的 $\lg(C_相,\%)$值(y)列表。

表 4 - 65　加热时间及其相对浓度(%)对数值的回归计算表(70 ℃)

x	0	24	48	72	96	120
y						

用具有回归功能的计算器,将 x 和 y 值回归,直接得出截距、斜率和相关系数。

由斜率 b 即可计算出降解速率常数 k,例如在 70 ℃时:

$$k_{70} = b \times (-2.303)$$

同上,求出各温度的 k 值。

(3) 根据 Arrhenius 公式求 V_C 氧化降解反应的活化能(E_a)和频率因子(A)。

将计算求得的降解速率常数 k 和对应温度(T)记录如下表 4 - 66。

表 4 - 66　不同温度下 V_C 注射液的降解速率常数

T	343 (273+70 ℃)	353 (273+80 ℃)	363 (273+90 ℃)	373 (273+100 ℃)
$x'(\frac{1}{T} \times 10^3)$	2.915	2.833	2.755	2.681
$y'(\lg k)$				

以 x' 为横坐标,y' 为纵坐标,进行回归计算。计算出直线斜率 b'、截距 a' 和相关系数 r',故 V_C 氧化降解活化能为:

$$E_a = b' \times (-2.303) \times R$$

式中,R 为气体常数,频率因子即为直线截距的反对数。

(4) 求室温(25 ℃)时的氧化降解速率常数(k_{298})。根据式(4.79 - 3)有:

$$\lg k_{298} = -\frac{E_a}{2.303R} \cdot \frac{1}{298} + \lg A$$

或

$$\lg \frac{k_{298}}{k_T} = -\frac{E_a}{2.303R} \cdot \left(\frac{T-298}{298 \cdot T}\right)$$

代入 E_a、A、R 或已知温度 T 及对应的氧化降解速率常数 k,即可计算 k_{298}。该值亦可将 $\lg k \sim 1/T$ 图中的直线外推至室温求出。

(5) 求室温贮存期 $t_{0.9}$(损失 10% 所需的时间)。由下式计算:

$$t_{0.9} = 0.105\ 4/k_{298}$$

六、注意事项

(1) 实验中所用 V_C 注射液的批号应全部相同。按规定间隔时间加热、取出后,应立即测定 V_C 含量,否则应置于冰箱保存,以免含量发生变化。

(2) 测量 V_C 含量时,所用碘液的浓度应前后一致(宜用同一瓶碘液),否则含量难以测准。因各次测定所用的是同一碘液,故碘液的浓度不必精确标定,注射液 V_C 含量亦可不必计算,只比较各次消耗的碘液毫升数即可。一般将零时刻样品(即未经加热的 V_C 注射液)消耗的碘液毫升数作为 100% 相对浓度,其他各时刻消耗的碘液毫升数与它比较,从而得出各时刻的 $C_{相}$((%))。

（3）经典恒温法常采用 4 个温度进行加速实验，各温度的加热间隔时间点一般应取 5 个。间隔时间的确定，应以各次消耗的碘液毫升数有明显差别为宜。

（4）测定 V_C 含量时，加丙酮的作用是：因 V_C 注射液中加有亚硫酸氢钠等抗氧剂，其还原性比烯二醇基更强，因此要消耗碘；加丙酮后就可避免发生这一作用，因为丙酮能与亚硫酸氢钠起反应。

（5）测定 V_C 含量时，加稀醋酸的作用是：V_C 分子中的烯二醇基具有还原性，能被碘定量地氧化成二酮基，在碱性条件下更有利于反应的进行，但 V_C 还原性很强，在空气中极易被氧化（特别在碱性时）。因此，加适量醋酸保持一定的酸性，以减少 V_C 受碘以外其他氧化剂的影响。

思考题

1. 药物制剂稳定性研究的范围是什么？
2. 留样观察法有何特点？
3. 经典恒温加速实验法的理论依据是什么？设计实验时应考虑哪些步骤及注意点？
4. 参考数理统计方法等有关内容，试计算加速实验预报的贮存期的可信区间。计算结果说明什么问题，为什么？

Ⅴ. 表面与胶体性质及结构参数的测定

4.90　固体自溶液中的吸附

一、实验目的

（1）掌握测量固体在溶液中吸附作用的方法和技能。
（2）推算活性炭的吸附量及比表面积。

二、实验原理

吸附能力的大小常用吸附量 Γ 表示（有时也用 q）。吸附量 Γ 指每克吸附剂吸附溶质的物质的量。在恒定温度下，吸附量与溶液中吸附质的平衡浓度有关，弗罗因德利希（Freundlich）从吸附量和平衡浓度的关系曲线，得出经验方程：

$$\Gamma=\frac{n}{m}=kc^{\frac{1}{j}} \tag{1}$$

式中：n 表示吸附溶质的物质的量（mol）；m 表示吸附剂的质量（g）；c 表示吸附平衡时溶液的浓度（mol/L）；k、j 表示经验常数，由温度、溶剂、吸附质与吸附剂的性质决定（j 一般在 $0.1\sim0.5$ 之间）。将式（1）取对数得：

$$\lg\Gamma=\frac{1}{j}\lg c+\lg k \tag{2}$$

以 $\lg\Gamma$ 对 $\lg c$ 作图可得一直线，由直线的斜率和截距可求得 j 和 k。

实验表明在一定浓度范围内，活性炭对有机酸的吸附符合朗格缪尔（Langmuir）吸附方程：

$$\Gamma = \Gamma_\infty \frac{kc}{1+kc} \tag{3}$$

式中：Γ 表示吸附量，通常指单位质量吸附剂上吸附溶质的摩尔数；Γ_∞ 表示饱和吸附量；c 表示吸附平衡时溶液的浓度；k 为常数。将(3)式整理可得如下形式：

$$\frac{c}{\Gamma} = \frac{1}{\Gamma_\infty k} + \frac{1}{\Gamma_\infty} c \tag{4}$$

作 $c/\Gamma - c$ 图，得一直线，由此直线的斜率和截距可求 Γ_∞ 和常数 k。

如果用醋酸作吸附质测定活性炭的比表面时，按照 Langmuir 单分子层吸附模型，假定吸附质分子在吸附剂表面上是直立的，利用活性炭在醋酸溶液中吸附作用可测定活性炭的比表面积(S_0)。可按下式计算：

$$S_0 = \Gamma_\infty \times 6.023 \times 10^{23} \times 2.43 \times 10^{-19} \tag{5}$$

式中：S_0 为比表面(m^2/kg)；Γ_∞ 为饱和吸附量(mol/kg)；6.023×10^{23} 为阿佛加德罗常数；2.43×10^{-19} 为每个醋酸分子所占据的面积(m^2)。式(3)中的吸附量 Γ 可按下式计算

$$\Gamma = \frac{(c_0 - c)}{m} V \tag{6}$$

式中，c_0 为起始浓度；c 为平衡浓度；V 为溶液的总体积(L)；m 为加入溶液中吸附剂质量(g)。

三、仪器与药品

1. 仪器

带塞锥形瓶(250 mL)5 只，锥形瓶(150 mL)1 只，碱式滴定管 1 支，移液管若干只，THZ-82A 恒温振荡器 1 台。

2. 药品

活性炭，HAc(0.4 mol/L)，NaOH(0.200 mol/L)；酚酞指示剂。

四、实验步骤

(1) 取 5 个洗净干燥的带塞锥形瓶，分别放入约 1 g(准确到 0.001 g)活性炭，并将 5 个锥形瓶标明序号，用滴定管分别按下列数量加入蒸馏水与醋酸溶液。

表 4-67　醋酸系列溶液的组成

瓶号	1	2	3	4	5
$V_{醋酸溶液}$(mL)	50.00	30.00	15.00	10.00	5.00
$V_{蒸馏水}$(mL)	50.00	70.00	85.00	90.00	95.00
取样量(mL)	10.00	20.00	20.00	40.00	40.00

(2) 将各瓶溶液配好以后，用磨口瓶塞塞好，摇动锥形瓶，使活性炭均匀悬浮振荡器温度设定在 30 ℃，盖好固定板，活性炭浮于醋酸溶液中，然后将瓶放在振荡器中，振荡 30 min。

(3) 振荡结束后，因使用的是颗粒活性炭，可直接从锥形瓶中取上清液分析。因为吸附后 HAc 浓度不同，所取体积也不同。从 1 号瓶中取 10.00 mL，从 2，3 号瓶中各取 20.00 mL 的醋酸溶液，4，5 号瓶中各取 40.00 mL 的醋酸溶液，用标准 NaOH 溶液滴定，以酚酞为指示

剂,每瓶滴两份,求出吸附平衡后醋酸的浓度。因为稀溶液较易达到平衡,而浓溶液不易达到平衡,因此滴定分析平衡浓度时,应从稀到浓依次分析。

（4）用移液管取 10.00 mL 原始 HAc 溶液,并标定其准确浓度。

五、实验结果与数据处理

（1）计算各瓶中醋酸的起始浓度 c_0,平衡浓度 c 及吸附量 $\Gamma(\text{mol/g})$。

（2）吸附等温线的绘制:以吸附量 Γ 对平衡浓度 c 作出曲线,$\Gamma=\dfrac{n}{m}=kc^{\frac{1}{j}}$。

（3）$\lg\Gamma$ 对 $\lg c$ 作直线,由斜率和截距求出 j 和 k,$\lg\Gamma=\dfrac{1}{j}\lg c+\lg k$。

（4）c/Γ 对 c 作直线:$\dfrac{c}{\Gamma}=\dfrac{1}{\Gamma_\infty k}+\dfrac{1}{\Gamma_\infty}c$,求得 Γ_∞ 和常数 k。

（5）由 Γ_∞ 计算活性炭的比表面积,$S_0=\Gamma_\infty\times6.023\times10^{23}\times2.43\times10^{-19}$。

思考题

1. 吸附作用与哪些因素有关? 固体吸附剂吸附气体与从溶液中吸附溶质有何不同?
2. 弗罗因德利希吸附等温式与朗格缪尔吸附等温式有何区别?
3. 如何加快吸附平衡的到达? 如何判断是否达到吸附平衡?

4.91 溶液表面张力的测定

一、实验目的

（1）加深理解表面张力的性质、表面吉布斯自由能的意义以及表面张力和吸附的关系。
（2）掌握最大气泡压力法(列宾捷尔法)测定表面张力的原理和技术。

二、实验原理

溶剂中加入溶质后,溶剂的表面张力要发生变化,根据能量最低原理,若溶质能降低溶剂的表面张力,则表面层溶质的浓度应比溶液内部的浓度大;如果所加溶质能使溶剂的表面张力增加,那么,表面层溶质的浓度应比内部低,这些现象为溶液的表面吸附。用吉布斯公式(Gibbs)表示:

$$\Gamma=-\frac{c}{RT}\left(\frac{\mathrm{d}\sigma}{\mathrm{d}c}\right)_\mathrm{T}$$

式中:Γ 为表面吸附量(mol/m²);σ 为表面张力(J/m²);T 为绝对温度(K);c 为溶液浓度(mol/L);$\left(\dfrac{\mathrm{d}\sigma}{\mathrm{d}c}\right)_\mathrm{T}$ 表示在一定温度下表面张力随浓度的改变率。

当 $\left(\dfrac{\mathrm{d}\sigma}{\mathrm{d}c}\right)_\mathrm{T}<0,\Gamma>0$,溶质能减小溶剂的表面张力,溶液表面层的浓度大于内部的浓度,称为正吸附作用。当 $\left(\dfrac{\mathrm{d}\sigma}{\mathrm{d}c}\right)_\mathrm{T}>0,\Gamma<0$,溶质能减小溶剂的表面张力,溶液表面层的浓度小于内部的浓度,称为负吸附作用。可见,通过测定溶液的浓度随表面张力的变化关系可以求得

不同浓度下溶液的表面吸附量。

将欲测表面张力的液体装入试管中,使毛细管的端面与液面相切,液体即沿毛细管上升,直到液柱的压力等于因表面张力所产生的上升力为止。若管内增加一个与此相等的压力,毛细管内液面就会下降,直到在毛细管端面形成一个稳定的气泡;若所增加的压力稍大于毛细管口液体的表面张力,气泡就会从毛细管口被压出。可见毛细管口冒出气泡需要增加的压力与液体的表面张力成正比,即

$$\sigma = K \Delta p$$

式中,K 与毛细管的半径有关,对同一支毛细管是常数,称为仪器常数,可由已知表面张力的液体求得,$\Delta p = p_{大气} - p_{系统}$,可由压力差计读出。例如,已知水在实验温度下的表面张力 σ_0,测得 Δp_0,则 $K = \sigma_0 / \Delta p_0$,求出该毛细管的 K 值,就可用它测定其他液体的表面张力了。

$$\sigma = K \Delta p = \frac{\sigma_0}{\Delta p_0} \Delta p$$

$$\frac{\mathrm{d}\sigma}{\mathrm{d}c} = \frac{b_1 - b_2}{0 - c} = -\frac{b_1 - b_2}{c}$$

由实验测得不同浓度时的表面张力 σ,以浓度 c 为横坐标,σ 为纵坐标,得 $\sigma \sim c$ 曲线(如图 4-57 所示),过曲线上任一点作曲线的切线和水平线交纵坐标于 b_1,b_2 两点,则曲线在该点的斜率为:

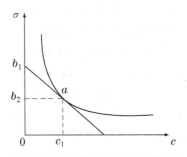

$$b_1 - b_2 = -c \frac{\mathrm{d}\sigma}{\mathrm{d}c}$$

代入吉布斯吸附方程,得到该浓度时的吸附量为:

$$\Gamma = -\frac{c}{RT} \left(\frac{\mathrm{d}\sigma}{\mathrm{d}c} \right) T = \frac{b_1 - b_2}{RT}$$

图 4-57 表面张力与浓度的关系

求算出各浓度的吸附量则可绘出吸附量与浓度的关系图。吸附量 Γ 与浓度 c 之间的关系可以用 Langmuir 等温吸附方程式表示:

$$\frac{c}{\Gamma} = \frac{1}{\Gamma_\infty K} + \frac{1}{\Gamma_\infty} c$$

式中:Γ_∞ 表示饱和吸附量;c 表示吸附平衡时溶液的浓度;K 为常数。

作 $\frac{c}{\Gamma} \sim c$ 图,得一直线,由此直线的斜率和截距可求常数 Γ_∞ 和 K。如果以 N 代表 1 m^2 表面层吸附的分子数,则

$$N = \Gamma_\infty N_A,$$

式中:N_A 为 Avogadro 常数,则每个分子的截面积 A_s 为 $A_s = \dfrac{1}{N_A \Gamma_\infty}$,此面积亦可看作是分子的截面积。

三、仪器与药品

1. 仪器

ZP-W 表面张力测定仪一套,铁架台,自由夹,洗耳球。

2. 药品

0.050 mol/L、0.100 mol/L、0.200 mol/L、0.300 mol/L、0.400 mol/L、0.500 mol/L、0.600 mol/L、0.700 mol/L 正丁醇溶液。

四、实验步骤

（1）按图 4-58 安装好实验仪器，检查仪器是否漏气，检查方法为：由分液漏斗往蓄水瓶中加水，使压力计产生一定的压力差，停止加水，如压力差维持 3～5 min 不变。则可认为不漏气。

（2）仔细用热洗液洗涤毛细管，再用蒸馏水冲洗数次。

（3）毛细管常数 K 的测定：在清洁的试管中加入约四分之一体积的蒸馏水，装上清洁的毛细管，使端面恰好与液面相切。打开分液漏斗使水缓缓滴出，控制滴水速度，使气泡均匀稳定地逸出，每 3～5 s 一

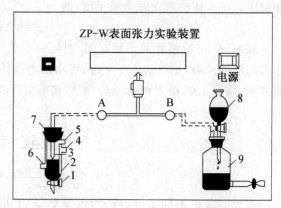

图 4-58　ZP-W 表面张力实验装置

个气泡为宜，在气泡破裂时读出压力差，连续读三次，取平均值。

（4）正丁醇溶液表面张力的测定：将试管中的水倒出，用待测溶液将试管和毛细管仔细洗涤三次，在试管中装入待测溶液，用上述方法测定浓度为 0.050 mol/L、0.100 mol/L、0.200 mol/L、0.300 mol/L、0.400 mol/L、0.500 mol/L、0.600 mol/L、0.700 mol/L 正丁醇溶液的压力差，分别测三次，取其平均值。

五、实验结果与数据处理

（1）将实验所记录的数据列入下表：

表 4-68　实验数据记录

浓度 c	ΔP	σ	$\Delta\sigma$	Γ	c/Γ

（2）利用水的表面张力求出毛细管常数。

（3）计算各浓度正丁醇溶液的表面张力，计算时注意各量的单位。

（4）作 $\sigma\sim c$ 图，并在曲线上选取 6 点作切线和水平线段，求 b_1、b_2。

（5）计算各浓度的 Γ 和 $\dfrac{c}{\Gamma}$。

（6）作 $\Gamma\sim c$ 图和 $\dfrac{c}{\Gamma}\sim c$ 图。

（7）由 $\dfrac{c}{\Gamma}\sim c$ 图曲线的斜率求出 Γ_∞ 和 K 值。

1. 为什么液体的表面张力随温度的升高而减少？

2. 仪器的清洁与否对所测数据有无影响？

3. 设一毛细管插入水中，管内液面可以上升至一定高度，如设想在一定的高度处把毛细管下弯，则水会下滴吗？

4.92 胶体电泳速率的测定

一、实验目的

(1) 掌握 $Fe(OH)_3$ 溶胶的制备及纯化。

(2) 观察溶胶的电泳现象，了解其电化学性质。

(3) 掌握电泳法测定胶粒电泳速率的方法，并计算溶胶的 ζ 电位。

二、实验原理

胶体是一个多相体系，其分散相胶粒的大小在 $1\sim1\,000$ nm 之间。在外电场作用下，胶体粒子在分散介质中次一定的方向移动，这种现象称为电泳。电泳现象表明胶体粒子是带电的，胶粒带电原因主要是由于分散相粒子选择性地吸附了一定量的离子或本身电离，使胶粒表面具有一定量的电荷，胶粒周围的介质分布着反离子，反离子所带电荷与胶粒表观电荷符号相反、数量相等，整个溶胶体系保持电中性。由于静电吸引作用和热扩散运动两种效应的共同影响，结果使得反离子之间有一部分紧密地吸附在胶核表面上（约为一两个分子层厚），称为紧密层。另一部分反离子形成扩散层。扩散层中反离子分布符合玻尔兹曼分布式，扩散层的厚度随外界而改变，即在两相界面上形成了双电层结构。从紧密层的外界（或滑动面）到溶液本体间的电位差，称为电动电势或 ζ 电势。如图 $4-59$ 所示。

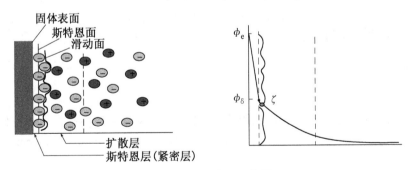

图 $4-59$ 双电层示意图

ζ 电势越大，胶体体系越稳定，因此 ζ 电势大小是衡量胶体稳定性的重要参数。测定 ζ 电势，对解决胶体体系的稳定性具有很大的意义。在一般溶胶中，ζ 电势数值愈小，则其稳定性亦愈差，此时可观察到聚沉的现象。因此，无论是制备胶体或者是破坏胶体，都需要了解所研究胶体的 ζ 电势。

原则上,任何一种胶体的电动现象(如电渗、电泳、流动电势、沉降电势)都可用来测定 ζ 电势,其中最方便的则是用电泳现象来进行测定。

电泳法又分为两类,即宏观法和微观法。宏观法原理是观察溶胶与另一不含胶粒的导电液体的界面在电场中的移动速度。微观法是直接观察单个胶粒在电场中的泳动速度。对高分散的溶胶,如 As_2S_3 溶胶或 $Fe(OH)_3$ 溶胶,或过浓的溶胶,不宜观察个别粒子的运动,只能用宏观法。对于颜色太浅或浓度过稀的溶胶,则适宜用微观法。本实验采用宏观法,装置如图 4-60 所示。如测定 $Fe(OH)_3$ 溶胶的电泳,则先在 U 型的电泳测定管支管中注入棕红色的 $Fe(OH)_3$ 溶胶,然后在 U 型管中装入无色的辅助液,开启活塞,使 $Fe(OH)_3$ 溶胶缓缓进入 U 型管,并与辅助液之间形成明显的界面;在 U 型管的两端各插入一支电极,通电到一定时间后,即可观察到 $Fe(OH)_3$ 溶胶的棕红色界面向某极上升,而在另一极则界面下降。

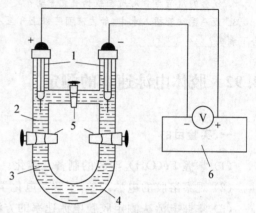

图 4-60　电泳仪器装置图
1. Pt 电极　2. HCl 溶液　3. 溶胶　4. 电泳管
5. 活塞　6. 可调直流稳压电源

ζ 电势的数值,可根据亥姆霍兹(Helmholtz)方程式计算:

$$\zeta = \frac{4\pi\eta u}{\varepsilon\left(\dfrac{E}{L}\right)} \times 300^2 \ (\text{V})$$

式中:η 为介质的黏度;u 为电泳的速率;ε 为介质的介电常数;E 为两电极间的电压;L 为两电极间的距离。本实验是采用界面移动法来测出电泳速率的。即通过观察时间 t 内电泳仪中溶胶与辅液的界面在电场的作用下移动距离 d 后,由 $u = \dfrac{d}{t}$ 求出。本实验的介质为水,水的 η 值可由教材附表查得,水的 ε 值则按下式计算:

$$\varepsilon/(\text{F/m}) = 80 - 0.4 \times (t/℃ - 20)$$

据此可计算出胶粒的 ζ 电位。

三、仪器和药品

1. 仪器

电泳仪(附电极)1 套,直流稳压电源 1 台,电炉 1 台,干燥锥形瓶 2 个,烧杯(250 mL)1 个,烧杯(1 000 mL)2 个,玻璃棒 1 根,秒表 1 个,铜丝 1 根,尺子(精度 0.1 cm)1 把。

2. 药品

10% $FeCl_3$ 溶液,1% $AgNO_3$ 溶液,1% KSCN 溶液。

四、实验步骤

1. 制备 $Fe(OH)_3$ 溶胶

在 250 mL 烧杯中加入 100 mL 蒸馏水,加热至沸腾,慢慢滴入 5 mL 质量分数为 10% 的 $FeCl_3$ 溶液,用 4～5 min 滴完,并不断搅拌,滴完后再煮沸 1～2 min,冷却待用。

2. 半透膜的制备

取一只洗净烘干内壁光滑的 250 mL 锥形瓶,加入约 10 mL 火棉胶液,小心转动锥形瓶,使火棉胶在瓶内壁(包括瓶颈部分)形成均匀薄膜,将瓶在铁圈上倒立,让剩余火棉胶流尽。约 15 min 后乙醚挥发完,用手指轻轻触摸薄膜不再粘手,即在瓶口剥开一部分膜,并由此注入蒸馏水,使膜与壁分离,同时在瓶内加满蒸馏水,将膜浸泡几分钟,使膜内乙醇溶于水。小心将薄膜取出,注水于膜袋中检查是否有漏洞,若有小洞,可先擦干洞口部分,用玻璃棒蘸少许火棉胶轻轻接触洞口即可补好。

3. Fe(OH)$_3$ 溶胶的净化

小心将 Fe(OH)$_3$ 溶胶注入半透膜袋中,用棉线将袋口扎好,吊在一大烧杯中,杯内加蒸馏水并置于 60~70 ℃ 的恒温水浴中,以加快渗析速度。每隔 30 min 更换一次蒸馏水,并不断用 AgNO$_3$ 溶液和 KSCN 溶液分别检查 Cl$^-$ 和 Fe^{3+},直到检出来两种离子为止(需要换水 4~5 次)。最后一次渗析液留作电泳辅助液。

4. 电泳速率 u 的测定

用铬酸洗液浸泡电泳仪,再用自来水冲洗多次,然后用蒸馏水荡洗。打开旋塞,用少量的 Fe(OH)$_3$ 溶胶润洗电泳仪 2~3 次后,将溶胶自漏斗加入,当溶胶液面上升至高于旋塞少许,关闭旋塞,倒去旋塞上方的溶胶。用辅液荡洗旋塞上方的 U 型管 2~3 次,将电泳仪固定在木架上,从中间的加液口加入 40 mL 左右的辅液,插入两电极。缓慢开启旋塞让溶胶缓缓上升,并在溶胶和辅液间形成一清晰的界面。当辅液淹没两电极 1 cm 左右,关闭旋塞。连接线路,接通电源,电压调至 40 V 左右,不能发生电解(观察电流指示为 0,电极上无气泡冒出)。调好后,开始计时,待稳定 2 min 左右后记下一个较清晰的界面的位置,以后每隔 10 min 记录一次,共测四次。测完后,关闭电源。用铜丝量出两电极间的距离 l(两平行板电极间 U 型管的长度),共量 3~5 次,取平均值 $\bar{l}$。实验结束,将溶胶倒入指定瓶内,清洗玻璃仪器,并将电泳仪内注满蒸馏水,整理实验台。

五、实验结果与数据处理

(1)将实验数据填入表 4-67。

室温:_____ 大气压:_____

η _____ ε _____ E _____ $\bar{l}$ _____

表 4-69 实验数据记录

时间 t(s)	界面高度 h(m)	界面移动距离 l'(m)	电泳速率 u(m/s)	平均值 $\bar{u}$(m/s)

(2)计算 Fe(OH)$_3$ 溶胶的电位,并指出胶粒所带电荷的符号。

思考题

1. 溶胶粒子电泳速率的快慢与哪些因素有关？

2. 本实验中电泳仪为什么要洗干净？

3. 本实验中,溶胶粒子带电的原因是什么？此外,还有哪些方式可使溶胶粒子带电？

4. 溶胶净化是为了去除什么物质？目的是什么？

5. 配制辅助溶液有何要求？原因是什么？

4.93　磁化率——配合物结构的测定

一、目的要求

(1) 掌握 Gouy 磁天平测定物质磁化率的实验原理和技术。

(2) 通过对一些配合物磁化率的测定,计算中心离子的不成对电子数,并判断 d 电子的排布情况和配位场的强弱。

二、实验原理

物质在磁场中被磁化,在外磁场强度 H 的作用下,产生附加磁场 H'。该物质内部的磁感应强度 B 为:

$$B=H+H'=H+4\pi\chi H=\mu H \tag{1}$$

式中:χ 称为物质的体积磁化率,表明单位体积物质的磁化能力,是无量纲的物理量;μ 称为导磁率,与物质的磁化学性质有关。由于历史原因,目前磁化学在文献和手册中仍采用静电单位(CGSE),磁感应强度的单位用高斯(G),它与国际单位制中的特斯拉(T)的换算关系为 $1T=10\ 000G$。

磁场强度与磁感应强度不同,是反映外磁场性质的物理量,与物质的磁化学性质无关。习惯上采用的单位为奥斯特(Oe),它与国际单位 A/m 的换算关系为:

$$1\ Oe=\frac{1}{4\pi\times10^{-3}}\ A/m$$

由于真空的导磁率被定义为:$\mu_0=4\pi\times10^{-7}$ Wb/(A·m),而空气的导磁率 $\mu_{空}\approx\mu_0$,因而

$$B=\mu H=1\times10^{-4}\ Wb/m^2=1\ G$$

这就是说 1 奥斯特的磁场强度在空气介质中所产生的磁感应强度正好是 1 高斯,两者单位虽然不同,但在量值上是等同的。习惯上用测磁仪器测得的"磁场强度"实际上都是指在某一介质中的磁感应强度,因而单位用高斯,测磁仪器也称为高斯计或特斯拉计。除 χ 外,化学上常用单位质量磁化率 χ_m 和摩尔磁化率 χ_M 来表示物质的磁化能力;即

$$\chi_m=\frac{\chi}{\rho} \tag{2}$$

$$\chi_M=M\cdot\chi_m \tag{3}$$

式中:ρ 和 M 是物质的密度和相对分子量;χ_m 的单位是 cm^3/g,χ_M 的单位是 cm^3/mol。

物质在外磁场作用下的磁化有三种情况:

（1）$\chi_M < 0$，这类物质称为逆磁性物质；

（2）$\chi_M > 0$，这类物质称为顺磁性物质；

（3）χ_M 随磁场强度的增加而剧烈增加，往往伴有剩磁现象，这类物质称为铁磁性物质。

物质的磁性与组成物质的原子、离子、分子的性质有关。原子、离子、分子中电子自旋已配对的物质一般是逆磁性物质。这是由于电子的轨道运动受外磁场作用，感应出"分子电流"，从而产生与外磁场相反的附加磁场。

原子、离子、分子中具有自旋未配对电子的物质都是顺磁性物质。这些不成对电子的自旋产生了永久磁矩 μ_m，它与不成对电子数 n 的关系为：

$$\mu_m = \sqrt{n(n+2)}\,\mu_B \tag{4}$$

式中：μ_B 为 Bohr 磁子；$\mu_B = \dfrac{eh}{4\pi mc} = 9.2740 \times 10^{-21}$ erg/G；e、m 为电子电荷和静止质量；c 为光速；h 为 Planck 常数。

在没有外磁场的情况下，由于原子、分子的热运动，永久磁矩指向各个方向的机会相等，所以磁矩的统计值为零。在外磁场的作用下，这些磁矩会像小磁铁一样，使物质内部的磁场增加，因而顺磁性物质具有摩尔顺磁化率 χ_μ。另一方面顺磁性物质内部同样有电子轨道运动，因而也有摩尔逆磁化率 χ_0，故摩尔磁化率 χ_m 是 χ_μ 与 χ_0 两者之和：

$$\chi_m = \chi_\mu + \chi_0 \tag{5}$$

由于 $\chi_\mu \gg |\chi_0|$，所以顺磁性物质的 $\chi_M > 0$，且可近似认为 $\chi_M \approx \chi_\mu$。

摩尔顺磁化率 χ_μ 与分子的永久磁矩 μ 有如下的关系：

$$\chi_\mu = \frac{N_A \mu_m^2}{3KT} \tag{6}$$

式中：N_A 为 Avogadro 常数；K 为 Boltzmann 常数；T 为绝对温度（K）。通过实验可以测定物质的 χ_M，代入式（6）求得 μ_m，再根据式（4）求得不成对的电子数 n，这对于研究配位化合物中心离子的电子结构是很有意义的。

根据配位场理论，过渡元素离子 d 轨道与配位体分子轨道按对称性匹配原则重新组合成新的群轨道。在 mL_6 正八面体配位化合物中，M 原子处在中心位置，点群对称性 O_h，中心原子 M 的 s、p_x、p_y、p_z、$d_{x^2-y^2}$、d_{z^2} 轨道与和它对称性匹配的配位体 L 的 σ 轨道组合成成键轨道 a_{1g}、t_{1u}、e_g。M 的 d_{xy}、d_{yz}、d_{xz} 轨道的极大值方向正好和 L 的 σ 轨道错开，基本上不受影响，是非键轨道 t_{2g}。因 L 电负性值较高而能级低，配位体电子进入成键轨道，相当于配键。M 的电子安排在三个非键轨道 t_{2g} 和两个反键轨道 e_g^* 上，低的 t_{2g} 和高的 e_g^* 之间能级间隔称为分裂能 Δ，这时 d 电子的排布需要考虑电子成对能 P 和轨道分裂能 Δ 的相对大小。对强场配位体，例如 CN^-、NO_2^-，$P < \Delta$，电子将尽可能地占据能量较低的 t_{2g} 轨道，形成强场低自旋型配位化合物（LS）。对弱场配位体，例如 H_2O、卤素离子，分裂能较小，$P > \Delta$，电子将尽可能地分占五个轨道，形成弱场高自旋型配位化合物（HS）。Fe^{2+} 的外层电子组态为 $3d^6$，与 6 个 CN^- 形成低自旋型配位离子 $Fe(CN)^{4-}$，电子组态为 $t_{2g}^6 e_g^{*0}$，表现为逆磁性。当与 6 个 H_2O 形成高自旋型配位离子 $Fe(H_2O)_6^{2+}$ 时，电子组态为 $t_{2g}^4 e_g^{*2}$，表现为顺磁性。通常采用 Gouy 磁天平法测定物质的 χ_M，本实验采用的是 MT-1 型永磁天平，其实验装置如

图 4 - 61 所示。

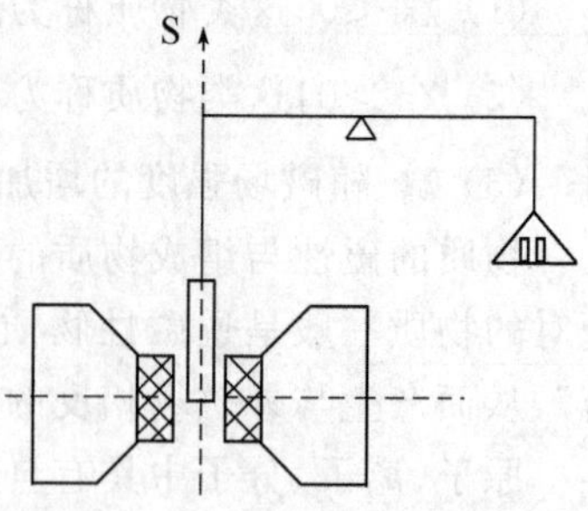

将装有样品的平底玻璃管悬挂在天平的一端,样品的底部处于永磁铁两极中心,此处磁场强度最强。样品的另一端应处在磁场强度可忽略不计的位置,此时样品管处于一个不均匀磁场中,沿样品管轴心方向 S,存在一个磁场强度梯度 dH/dS。若忽略空气的磁化率,则作用于样品管上的力 f 为:

$$f = \int_0^H \chi AH \cdot \frac{dH}{dS} \cdot dS = \frac{1}{2}\chi H^2 A \qquad (7)$$

图 4 - 61　古埃磁天平示意图

式中,A 为样品的截面积。

设空样品管在不加磁场与加磁场时称量分别为 $W_空$ 与 $W_空'$,样品管装样品后在不加磁场和加磁场时称量分别为 $W_样$ 与 $W_样'$(以克为单位),则

$$\Delta W_空 = W_空' - W_空$$
$$\Delta W_样 = W_样' - W_样$$

因 $f = (\Delta W_样 - \Delta W_空) \cdot g = \frac{1}{2}\chi H^2 A$,故

$$\chi = \frac{2(\Delta W_样 - \Delta W_空)g}{H^2 A} \qquad (8)$$

由 $\chi_M = M\chi/\rho$,$\rho = W/(hA)$,所以

$$\chi_M = \frac{2(\Delta W_样 - \Delta W_空)ghM}{WH^2} \qquad (9)$$

式中:h 为样品的实际高度(cm);W 为样品的质量($W = W_样 - W_空$)g;M 为样品相对分子量;g 为重力加速度($981\ cm \cdot s^{-2}$);H 为磁场两极中心处的磁场强度,可用高斯计直接测量,也可用已知质量磁化率的标准样品间接标定。本实验采用摩尔氏盐进行标定,其质量磁化率为 $\chi_m = \dfrac{9\,500}{T+1} \times 10^{-6}\ (cm^3/g)$($T$ 为绝对温度)。

三、仪器与试剂

1. 仪器

MT - 1 型永磁天平 1 台(由安装在磁极架上一对 Sm - Co 永磁体与一台分析天平组成),平底软质玻璃样品管 1 支(长 100 mm,外径 10 mm),装样品工具 1 套(包括研钵、角匙、小漏斗、竹针、脱脂棉、玻璃棒、橡皮垫等)。

2. 试剂

摩尔氏盐(NH_4)$_2SO_4 \cdot FeSO_4 \cdot 6H_2O$(分析纯),$FeSO_4 \cdot 7H_2O$(分析纯),$K_4Fe(CN)_6 \cdot 3H_2O$(分析纯),$K_3Fe(CN)_6$(分析纯)。

四、实验步骤

磁天平中磁场可由电磁铁或永久磁铁产生,电磁铁通过调节励磁电流来改变磁场强度,调节范围大,但要求励磁电流极其稳定,设备复杂且笨重。本实验采用 Sm - Co 合金磁体,可通过改变磁极间距来调节磁场强度,一般将磁极间距调到 25 mm 较为合适,此时 H 约为

1 500～1 900 G,准确的磁场强度应用摩尔氏盐进行标定。以后每次测量样品时,不得变动两磁极间的距离,否则要重新标定。其具体操作步骤如下:

1. 测定空样品管的质量

取一只清洁、干燥的空样品管套在天平左侧的橡皮塞上,在无磁场情况下称取空样品管的质量,称三次取平均值。因分析天平左称量盘已换上橡皮塞,无须进行零点校正。然后装上永磁体,通过左右调节永磁极,上下调节永磁体,使样品管处在两磁极中心位置,样品管底部不能与磁极有任何摩擦。再称取空样品管在磁场中的质量,称三次取平均值。

2. 用摩尔氏盐标定磁场强度

取下样品管,将预先用研钵研细的摩尔氏盐通过小漏斗装入样品管,边装边使样品管底部敲击橡皮垫,使粉末样品填实均匀,上下一致,端面平整。样品高度 7 cm 为宜,记录用直尺准确量出样品的高度 h(精确到毫米)。在无磁场时称得空样品管加样品的质量,然后加上磁场再称量,两种情况各称三次取平均值。

去掉磁场时,只需将永磁体从磁极架上取下拿至离样品管 10 cm 远以外即可,加磁场时再原位接上。去掉或加上磁场时,一定要用手托住永磁体磁极,避免掉下来损坏。

测定完毕,用竹针将样品松动,倒入回收瓶,然后用脱脂棉擦净内外壁备用。记下实验温度(实验开始、结束时各记一次温度,取平均值)。

3. 测定 $FeSO_4 \cdot 7H_2O$、$K_4Fe(CN)_6 \cdot 3H_2O$、$K_3Fe(CN)_6$ 的磁化率

在标定磁场强度用的同一样品管中,装入测定样品,重复上述步骤 2。

五、实验结果与数据处理

实验数据按表 4-70 记录。

室温_____℃

表 4-70 实验数据记录

样品名称	$W_{空}$(g)	$W'_{空}$(g)	$W_{样}$(g)	$W'_{样}$(g)	ΔW(g)	W(g)	h(cm)

(1)由摩尔氏盐的质量磁化率和实验数据,计算磁场强度。

(2)由 $FeSO_4 \cdot 7H_2O$、$K_4Fe(CN)_6 \cdot 3H_2O$、$K_3Fe(CN)_6$ 的实验数据计算它们的 χ_M、μ_m 及 n(若为逆磁性物质,$\mu_m=0$,$n=0$)

(3)根据未成对电子数 n,讨论这三种配位化合物中心离子的 d 电子结构及配位体场强。

六、注意事项

(1)天平称量时,必须关上磁极架外面的玻璃门,以免空气流动对称量的影响。

(2)加上或去掉磁场时,勿改变永磁体在磁极架上的高低位置及磁极间距,使样品管处于两磁极的中心位置,磁场强度前后一致。

(3)装在样品管内的样品要均匀紧密、上下一致、端面平整、高度测量准确。

(4)实验完毕,在两磁极间以硬纸片或软木相隔,距离约 5 mm 合拢,以保持永磁性。

1. 在不同磁场强度下，测得的样品的 ΔW 和摩尔磁化率是否相同？为什么？

2. 分析影响测定 χ_M 的各种因素。

3. 为什么实验测得各样品的 μ_m 值比理论计算值稍大些？（提示：公式 $\mu_m = \sqrt{n(n+2)} \cdot \mu_B$ 是仅考虑顺磁化率由电子自旋运动贡献的，实际上轨道运动对某些中心离子也有少量贡献。例如 Fe 离子就是一例，从而使实验测得的 μ_m 值偏大，由 $(4.83-4)$ 式计算得到的 n 值也比实际的不成对电子数稍大。）

第五部分　三级教育实验——创新研究性实验

5.1　从硝酸锌废液中回收硫酸锌

一、内容提要

硝酸锌废液经氢氧化钠、硫酸处理,除去其他杂质而得到硫酸锌。

二、目的要求

(1) 应用已学过的沉淀平衡理论知识,了解从含硝酸锌废液中制取硫酸锌的过程。
(2) 应用过滤、洗涤沉淀、蒸发、结晶等基本操作,从废液中制取硫酸锌纯品。
(3) 学习"三废"综合利用的初步知识。

三、实验关键

加 $NaOH$、H_2SO_4 要慢,要根据具体废液确定其量,即严格控制 pH。

四、准备知识

预习过滤、洗涤沉淀、蒸发、结晶等基本操作及有关的沉淀平衡。

五、实验原理

在刻制印刷锌版时,用稀硝酸腐蚀锌版后常产生大量废液。稀硝酸腐蚀锌版的主要反应为:

$$4Zn+10HNO_3(稀)=\!=\!=4Zn(NO_3)_2+N_2O\uparrow+5H_2O$$

所以该废液中含有大量的 $Zn(NO_3)_2$ 和少量由自来水带进的 Cl^-、Fe^{3+} 等杂质离子。从废液中回收锌,不仅可以为国家创造财富,还能防止大量废液对环境的污染。

从废液制取 $ZnSO_4 \cdot 7H_2O$ 晶体的过程是:先用 $NaOH$ 将 $Zn(NO_3)_2$ 转变为 $Zn(OH)_2$ 沉淀,然后将沉淀溶解在 H_2SO_4 中,再蒸发、结晶。为了制得较纯的产品,还需除去 NO_3^-、Cl^- 和 Fe^{3+} 等杂质离子。

由于 $Zn(OH)_2$ 难溶于水,而硝酸盐和大部分氯化物易溶于水,因此用去离子水反复洗涤 $Zn(OH)_2$ 沉淀,就可以除去 NO_3^- 和 Cl^- 等杂质离子。用 $NaOH$ 沉淀 Zn^{2+} 时,杂质 Fe^{3+} 也成为 $Fe(OH)_3$ 沉淀,当用 H_2SO_4 溶解 $Zn(OH)_2$ 沉淀时,调节溶液的 pH,可使 $Fe(OH)_3$ 沉淀与 Zn^{2+} 分离。

六、仪器和药品

1. 仪器

吸滤瓶,布氏漏斗,烧杯(250 mL、100 mL),蒸发皿。

2. 药品

$ZnSO_4 \cdot 7H_2O$(s),H_2SO_4(2 mol/L),HCl(2 mol/L),NaOH(6 mol/L),KSCN(0.1 mol/L),pH 试纸(pH=1~14)。

七、实验步骤

1. 从硝酸锌废液中制取硫酸锌

在烧杯中加入 100 mL 含硝酸锌的废液,在不断搅动下加入约 40 mL 6 mol/L NaOH。注意:NaOH 溶液不要 1 次全部加入!先加一部分,用 pH 试纸检验溶液的 pH,然后在逐滴加入,直到溶液 pH=8 时为止。这时大部分 $Zn(NO_3)_2$ 已成为 $Zn(OH)_2$ 沉淀。

NaOH 的用量可根据废液的酸度和 Zn^{2+} 含量不同而有所增减,关键在于调节溶液的 pH 到 8 为止。

用吸滤法过滤,将布氏漏斗上的 $Zn(OH)_2$ 沉淀转移至烧杯中,加约 100 mL 去离子水,搅匀,再用吸滤法过滤,并用少量去离子水洗涤烧杯,然后一起倒入布氏漏斗中抽滤。再用同样方法洗涤沉淀两次。

将洗净的 $Zn(OH)_2$ 沉淀放入洁净的烧杯中,逐滴加入 2 mol/L H_2SO_4 约 18 mL,注意切不可 1 次全部加入,先加一部分,然后在加热和不断搅动下,再慢慢滴加 2 mol/L H_2SO_4 直至 pH=4 为止。加入 H_2SO_4 的量以溶液的 pH 达到 4 时为准,可以有所增减。加热煮沸,促使铁盐水解完全。此时,杂质 Fe^{3+} 成为 $Fe(OH)_3$ 沉淀。趁热过滤,弃去沉淀,滤液即为 $ZnSO_4$ 溶液。

将滤液倒入洁净的蒸发皿中,加入数滴 2 mol/L H_2SO_4,使溶液 pH=2,以防止锌盐水解而产生 $Zn(OH)_2$ 沉淀。然后在石棉网上,用小火加热,至液面出现一层微晶膜时,停止加热,冷却后用吸滤法过滤,尽量抽干。取出 $ZnSO_4 \cdot 7H_2O$ 晶体,再用滤纸压干,称出产品的质量。

2. 产品纯度的检验

取少量产品用 10 mL 去离子水溶解,然后分装在三支试管中,编号为①、②、③。另取三支试管,分别装入 2 mL 废液,编号为①′、②′、③′。

(1) Cl^- 的检验　在①、①′两支试管中,分别加入 0.1 mol/L $AgNO_3$ 溶液 1~2 滴,观察两支试管中是否都有白色 AgCl 沉淀生成。

(2) NO_3^- 的检验　在②、②′两支试管中,分别加入 $FeSO_4$ 晶体少许,然后将试管斜持,小心沿管壁加入浓 H_2SO_4 约 1 mL(注意:不要摇动试管!),静置片刻,观察在液体分界面处是否有棕色环形成。

(3) Fe^{3+} 的检验　在③、③′两支试管中,分别加入 2~3 滴 2 mol/L HCl 酸化,然后分别加入 0.1 mol/L KSCN 溶液数滴。对比溶液是否呈红色。

根据检验结果,试评定产品纯度。

思考题

1. 怎样将硝酸锌转变为硫酸锌？
2. 从废液制取 $ZnSO_4 \cdot 7H_2O$ 结晶的过程中,如何除去可溶性杂质？
3. 沉淀 $Zn(OH)_2$ 时调节 $pH=8$,去除 Fe^{3+} 时调节 $pH=4$,蒸发硫酸锌时为什么要调节 $pH=2$？

5.2　排放水中铜、铬、锌及镍的测定

一、实验目的

学习连续测定电镀排放水中铜、铬、锌和镍元素的方法。

二、实验原理

不同的元素有其一定波长的特征谱线,如铜为 324.8 nm,铬为 357.9 nm,锌为 213.9 nm,镍为 232.0 nm,而每种元素的原子蒸气对辐射光源的特征谱线有强烈的吸收,吸收的程度与试液中待测元素的浓度成正比。

不同元素的空心阴极灯用作锐线光源时,能辐射出不同的特征谱线。因此,用不同的元素灯,可在同一试液中分别测定几种不同元素,彼此干扰较少。这体现了原子吸收光谱分析法的优越性。

三、实验仪器和药品

1. 仪器

原子吸收分光光度计,备有铜、铬、锌、镍的空心阴极灯各 1 只,无油空气压缩机,乙炔供气装置,容量瓶(1 000 mL 4 只、100 mL 1 只、50 mL 6 只),吸量管(10 mL)1 支,移液管(20 mL)1 支,比色管(50 mL)6 只。

2. 药品

金属铜,金属锌,重铬酸钾,硝酸镍(均为一级纯),氯化铵、硝酸、盐酸(均为二级纯),去离子水。

铜标准溶液:溶解 1.000 g 纯金属铜于 15 mL 1:1 硝酸中,转入容量瓶,用去离子水稀释至 1 000 mL。此溶液为 1.00 mL/1.00 mg 铜。

铬标准溶液:溶解重铬酸钾 2.828 g 于 200 mL 去离子水中,转入容量瓶中,加 1:1 硝酸 3 mL,用去离子水稀释至 1 000 mL。此溶液为 1.00 mL/1.00 mg 铬。

锌标准溶液:溶解 1.000 g 纯金属锌于 20 mL 1:1 硝酸中,转入容量瓶中,用去离子水稀释至 1 000 mL。此溶液为 1.00 mL/1.00 mg 锌。

镍标准溶液:溶解 4.953 g $Ni(NO_3)_2 \cdot 6H_2O$ 于 200 mL 去离子水中,转入容量瓶中,加 1:1 硝酸 3 mL,用去离子水稀释至 1 000 mL。此溶液为 1.00 mL/1.00 mg 镍。

混合标准溶液:准确吸取上述铜标准溶液 10 mL、铬标准溶液 10 mL、锌标准溶液 5 mL、镍标准溶液 20 mL 于 100 mL 容量瓶中,用去离子水稀释至刻度。此混合溶液 1 mL 中含铜 100 μg、铬 100 μg、锌 50 μg、镍 200 μg。

四、实验步骤

1. 仪器的操作条件的选择

由于各种仪器型号不同,性能不同,操作条件不尽相同,需要通过操作条件的选择(参考实验四十二)找出最佳操作条件。表 5-1 推荐的仪器工作条件,仅供参考。

表 5-1

	铜	锌	镍	铬
波长(nm)	324.8	213.9	232.0	357.9
灯电流(mA)	3	4	8	8
光谱通带(nm)	0.2	0.2	0.2	0.2
火焰	空气—乙炔	空气—乙炔	空气—乙炔	空气—乙炔
空气流量(L·min)	10.2	10.2	10.2	10.2
乙炔流量(L·min)	1.2	1.2	1.0	1.4

2. 标准曲线的绘制

吸取混合标准溶液 0.0、1.0 mL、2.0 mL、3.0 mL、4.0 mL、5.0 mL 分别置于 6 只 50 mL 容量瓶中,每瓶中加入 1∶1 盐酸 10 mL,用去离子水稀释至刻度。按仪器操作条件,测定某一种元素时应换用该种元素的空心阴极灯作光源。用 1% 盐酸调节吸光度为零,测定各瓶溶液中铜、锌、镍的吸光度。记录每种金属浓度和相应的吸光度。

测定铬时,先取 6 支 50 mL 干燥的比色管(或烧杯),每管中加 0.2 g 氯化铵,再分别加入上述 6 个容量瓶中不同浓度的标准混合溶液 20 mL。待氯化铵溶解后,用 1% 盐酸调零。依次测定每瓶溶液中铬的吸光度,记录其浓度和相应的吸光度。

用坐标纸将铜、锌、镍、铬的含量(单位:μg)与相对应的吸光度绘制出每种元素的标准曲线。

3. 排放水中铜、锌、镍和铬的测定

(1)取样:用硬质玻璃瓶或聚乙烯瓶取样。取样瓶先用 1∶10 硝酸浸泡一昼夜,再用去离子水洗净。取样时,先用水样将瓶涮洗 2~3 次。然后立即加入一定量的浓硝酸(按每升水样加入 2 mL 计算加入量),使溶液的 pH 约为 1。

(2)试液的制备:取水样 200 mL 于 500~600 mL 烧杯中,加 1∶1 盐酸 5 mL,加热将溶液浓缩至 20 mL 左右,转入 50 mL 容量瓶中,用去离子水稀释至刻度,摇匀,用作测定试液。如有浑浊,应用快速定量干滤纸(滤纸应事先用 1∶10 盐酸洗过,并用去离子水洗净、晾干)滤入干烧杯中备用。

(3)测定:测定某一元素时应用该元素的空心阴极灯。

① 铬的测定:于干燥的 50 mL 比色管中,加 0.2 g 氯化铵,再加上述制成的试液 20 mL,待其完全溶解后,按仪器操作条件用 1% 盐酸调零,测定铬的吸光度。

② 铜、锌和镍的测定:取制备试液,按仪器操作条件,用 1% 盐酸调零,分别测定铜、锌、镍的吸光度。

由标准曲线查出每种元素的含量 m。再根据水样体积 $V_水$ 计算出每种元素在原水样中

的浓度 c。

$$c(\text{mg/L 或 ppm}) = \frac{m(\mu \text{g})}{V_{\text{水}}(\text{mL})}$$

五、注意事项

（1）若水样中被测元素的浓度太低，则必须用萃取方法才能加以测定。萃取时可用吡咯烷酮二硫代氨基甲酸铵作萃取络合剂，用甲基异丁基酮作萃取剂，在萃取液中进行测定。

（2）若水样中含有大量的有机物，则需先硝化除去大量有机物后才能进行测定。试液的制备方法如下：取 200 mL 水样于 400 mL 烧杯中，在电热板上蒸发至约 10 mL，冷却，加 10 mL 浓硝酸及 5 mL 浓高氯酸，于通风橱内硝化至冒浓白烟。若溶液仍不清澈，再加少量硝酸硝化，直至溶液清澈为止（注意！硝化过程中要防止蒸干）。硝化完成后，冷却，加去离子水约 20 mL，转入 50 mL 容量瓶中，用去离子水稀释至刻度，此溶液即可用作为试液。

思考题

1. 用原子吸收光谱分析法测定不同的元素时，对光源有什么要求？

2. 为什么要用混合标准溶液来绘制标准曲线？

3. 测定铬时，为什么要加入氯化铵？它的作用是什么？

4. 从这个实验了解到原子吸收光谱分析法的优点在哪里？如果用比色方法来测定水样中这四种元素，它和本方法比较，有何优缺点？

5.3　纳米氧化锌粉的制备及质量分析

一、实验目的

（1）了解纳米氧化锌的制备方法。

（2）熟悉纳米氧化锌产品的分析方法。

二、实验原理

氧化锌，又称锌白、锌氧粉。纳米氧化锌是一种新型高功能精细无机材料，其粒径介于 1～100 nm 之间。由于颗粒尺寸微细化，使得纳米氧化锌在磁、光、电、敏感等方面具有一些特殊的性能。它在制造气体传感器、荧光体、紫外线遮蔽材料（在整个 200～400 nm 紫外光区有很强的吸光能力）、变阻器、图像记录材料、压电材料、高效催化剂、磁性材料和塑料薄膜等方面都有重要的应用。此外，也广泛应用于涂料、医药、油墨、造纸、搪瓷、玻璃、火柴、化妆品等工业行业。

本实验以 $ZnCl_2$ 和 $H_2C_2O_4$ 为原料。$ZnCl_2$ 和 $H_2C_2O_4$ 反应生成 $ZnC_2O_4 \cdot 2H_2O$ 沉淀，经焙烧后得到纳米氧化锌粉，反应式如下：

$$ZnCl_2 + 2H_2O + H_2C_2O_4 = ZnC_2O_4 \cdot 2H_2O \downarrow + 2HCl$$

$$ZnC_2O_4 \cdot 2H_2O \xrightarrow{\triangle} ZnO + 2CO_2 \uparrow + 2H_2O \uparrow$$

其工艺流程如下：

三、仪器和药品

1. 仪器

电子天平(0.1 mg),台秤,电磁搅拌器,真空干燥箱,减压过滤装置,箱式电阻炉,烧杯(250 mL),锥形瓶(400 mL)。

2. 试剂

$ZnCl_2(s)$,$H_2C_2O_4(s)$,HCl(1:1),$NH_3 \cdot H_2O(1:1)$,NH_3-NH_4Cl 缓冲溶液(pH=10),铬黑 T 指示剂(0.5%溶液),EDTA 标准溶液(0.050 0 mol/L)。

四、实验内容

1. 纳米氧化锌的制备

(1) 用台秤称取 10 g $ZnCl_2(s)$ 于 100 mL 小烧杯中,加 50 mL H_2O 溶解,配制成 1.5 mol/L 的 $ZnCl_2$ 溶液。用台秤称取 9 g $H_2C_2O_4(s)$ 于 50 mL 小烧杯中,加 40 mL H_2O 溶解,配制成 2.5 mol/L 的 $H_2C_2O_4$ 溶液。

(2) 将上述两种溶液加入到 250 mL 烧杯中,在电磁搅拌器上搅拌反应,常温下反应 2 h,生成白色的 $ZnC_2O_4 \cdot 2H_2O$ 沉淀。

(3) 过滤反应混合物,沉淀用蒸馏水洗涤干净后在真空干燥器中于 110 ℃下干燥。

(4) 干燥后的沉淀置于箱式电炉中,在氧气气氛中于 350~450 ℃下焙烧 0.5~1 h,得到白色(或淡黄色)纳米氧化锌粉。

2. 产品质量分析

(1) 氧化锌含量的测定　称取 0.13~0.15 g 干燥试样(称准至 0.000 1 g),置于 400 mL 锥形瓶中,加少量水润湿,加入 1:1 HCl 溶液。加热溶解后,加水至 200 mL,用 1:1 $NH_3 \cdot H_2O$ 中和至 pH=7~8。再加入 10 mL NH_3-NH_4Cl 缓冲溶液(pH=10)和 5 滴铬黑 T 指示剂(0.5%溶液),用(0.050 0 mol/L EDTA 标准溶液滴定至溶液由葡萄紫色变为正蓝色即为终点。

(2) 粒径的测定　利用透射电镜进行观测,确定粒径、粒径分布等。

(3) 晶体结构的测定　利用 X 射线衍射仪检测粒子的晶形。

五、实验结果和讨论

(1) 计算纳米氧化锌的产率:

$$产率 = \frac{m_{ZnO(实验)}}{m_{ZnO(理论)}} \times 100\%$$

(2) 计算氧化锌的含量:

$$ZnO \text{ 的质量分数} = \frac{c_{EDTA} \times V_{EDTA} \times M_{ZnO}}{m_{样}} \times 100\%$$

六、注意事项

为使 ZnC_2O_4 氧化完全,在箱式电阻炉中焙烧时应开启炉门,以保证充足的氧气。

思考题

1. $ZnCO_3$ 分解也能得到 ZnO，试讨论本实验为何用 ZnC_2O_4 而不用 $ZnCO_3$。
2. ZnC_2O_4 焙烧时为何需要 O_2，试设计一个专门焙烧 ZnC_2O_4 的炉子，画出草图。

5.4　化学实验中含铬废液的处理

一、实验目的

(1) 了解含铬废液的处理方法。
(2) 学习 721 型或 722 型分光光度计的使用。

二、实验原理

$Cr(Ⅵ)$ 化合物对人体的危害很大，能引起皮肤溃疡、贫血、肾炎及神经炎，所以含铬废水必须经过处理达到排放标准才准排放。

$Cr(Ⅲ)$ 的毒性远比 $Cr(Ⅵ)$ 小，所以可用硫酸亚铁石灰法来处理含铬废液，使 $Cr(Ⅵ)$ 转化为 $Cr(Ⅲ)$ 难溶物除去。

$Cr(Ⅵ)$ 与二苯碳酰二肼作用生成紫红色配合物，可进行比色测定，确定溶液中 $Cr(Ⅵ)$ 的含量。$Hg(Ⅰ，Ⅱ)$ 也与配位剂生成紫色化合物，但在实验的酸度条件下不灵敏。$Fe(Ⅲ)$ 浓度超过 $1\ mg/L$ 时，能与试剂生成黄色溶液，后者可用 H_3PO_4 消除。

三、仪器与药品

1. 仪器

10 mL 刻度移液管，20.00 mL 大肚移液管，25.00 mL 容量瓶 7 个，1 000 mL 容量瓶 1 个，721 型或 722 型分光光度计，2 cm 比色皿 1 套。

2. 药品

1∶1 H_2SO_4 溶液，1∶1 H_3PO_4 溶液，二苯碳酰二肼，$FeSO_4 \cdot 7H_2O$ 固体，CaO 或 $NaOH$ 固体，30% H_2O_2。

四、实验内容

(1) 往含铬(Ⅵ)废液中逐滴加入 H_2SO_4 使呈酸性，然后加入足量 $FeSO_4 \cdot 7H_2O$ 固体充分搅拌，使溶液中铬(Ⅵ)转化为铬(Ⅲ)。加入 CaO 或 $NaOH$ 固体，将溶液调制 pH≈9，此时 $Cr(OH)_3$ 和 $Fe(OH)_3$ 等沉淀，可过滤除去。

(2) 将除去 $Cr(OH)_3$ 的滤液，在碱性条件下加入足量 H_2O_2，使溶液中残留的 $Cr(Ⅲ)$ 转化为 $Cr(Ⅵ)$。然后除去过量的 H_2O_2。

(3) 配置 $Cr(Ⅵ)$ 标准溶液：用 10 mL 刻度移液管量取 10.00 m $Cr(Ⅵ)$ 标准溶液(此液 1 mL 含 $Cr(Ⅵ)$ 0.100 mg)放入 1 000 mL 容量瓶中，用蒸馏水稀释至刻度，摇匀备用。

用 10 mL 刻度移液管分别移取 1.00 mL、2.00 mL、4.00 mL、6.00 mL、8.00 mL、10.00 mL 上面配置的 $Cr(Ⅵ)$ 标准溶液，放入 6 个 25.00 mL 容量瓶中；再用 20.00 mL 大肚

移液管移取 20.00 mL 步骤 2 制备的样品液放入另一个 25.00 mL 容量瓶中。

分别往上面 7 份溶液中各加入 5 滴 1∶1 H_2SO_4 和 5 滴 1∶1 H_3PO_4，摇匀后用移液管各加入 1.50 mL 二苯碳酰二肼溶液，再定容，摇匀。用 721 型或 722 型分光光度计，以 540 nm 波长、2 cm 比色皿测定各溶液的吸光度。

五、实验结果与讨论

表 5 - 2

序号	1	2	3	4	5	6	含铬废液
标准液体积（mL）	1.00	2.00	4.00	6.00	8.00	10.00	20.00
吸光度 A							

(1) 绘制 $(V \sim A)$ 标准曲线，作吸光度-标准溶液中 Cr(Ⅵ) 含量（μg）图。

(2) 从曲线中查出含铬废液中 Cr(Ⅵ) 的含量（μg）。

(3) 求算废液中 Cr(Ⅵ) 的含量，以 μg/ mL 表示。

六、注意事项

$FeSO_4 \cdot 7H_2O$ 固体的加入量视溶液中 Cr(Ⅵ) 的含量而定。可以在实验前取少量溶液进行实验而定。

思考题

1. 在实验内容(1)中，加入 CaO 或 NaOH 固体后，首先生成的是什么沉淀？
2. 在实验内容(2)中，为什么要除去过量的 H_2O_2？

5.5　2-硝基-1,3-苯二酚的制备

一、实验目的

(1) 掌握 2-硝基-1,3-苯二酚的制备原理和方法。

(2) 掌握水蒸气蒸馏操作，巩固重结晶操作技能。

二、实验原理

2-硝基-1,3-苯二酚的制备是一个巧妙地利用定位规律的例子。它是通过间苯二酚先磺化、再硝化，最后去磺酸基而完成。酚羟基为强的邻对位定位基，磺酸基为强的间位定位基，且是体积很大的基团，很容易通过水解而被除去。间苯二酚磺化时，磺酸基先进入最容易起反应的 4 和 6 位，接着再硝化时，受定位规律支配，硝基只能进入位阻较大的 2 位，将硝化后的产物水解，即可得到产物。因此，在反应中磺酸基同时起了占位、定位和钝化的三重作用。

三、仪器和试剂

1. 仪器

水蒸气蒸馏装置,减压抽滤装置,回流装置。

2. 试剂

间苯二酚,浓硫酸,浓硝酸,乙醇,尿素。

实验时间:6 h。

四、主要试剂及产物物理常数

表 5 - 3

药品名称	相对分子量	熔点(℃)	沸点(℃)	比重(d_4^{20})	水溶解度(g/100 mL)
间苯二酚	110.11	109~110	281	1.285	111
2-硝基-1,3-苯二酚	155	84~85	78.4	0.789 3	易溶于水
尿素	60.06	135		1.330	微溶于水
浓硫酸(98%)	98.07	10.49	338	1.834	易溶于水
浓硝酸	63.01	—42	86	1.502 7	易溶于水

五、实验装置

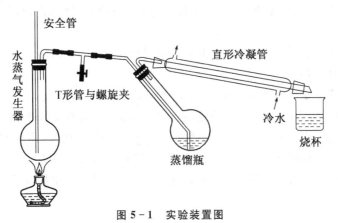

图 5 - 1　实验装置图

六、实验步骤

(1) 在 250 mL 烧杯中放 5.5 g 粉状间苯二酚,充分搅拌下小心加入 25 mL 浓硫酸(千万不能误加浓硝酸,爆炸!),此时反应液发热,生成白色磺化产物(若无白色浑浊和自动升温,可在 80 ℃水浴中加热),表面皿盖住烧杯,室温放置 15 min(充分磺化),然后在冰水浴中冷却到 0~10 ℃(防止下面的硝化反应过快)。

(2) 在锥形瓶中加入 4 mL 浓硝酸,摇荡下加 5.6 mL 浓硫酸,制成混酸并置于冰浴中冷却。用滴管将冷却好的混酸慢慢滴加到上述磺化后的产物中,并不停搅拌,控制反应温度不超过 30 ℃(若超过,冰水冷之,防止氧化),滴完后继续搅拌 5 min,室温放 15 min(充分硝化),期间要密切关注温度不能超过 30 ℃(否则冰水冷却之),此时反应物呈亮黄色粘稠状

(不应为棕色或紫色)。

然后小心加 15 mL 冰水(也可直接加 10 g 碎冰)稀释,保持反应温度不超过 50 ℃,冰全部溶解。

(3) 将反应物转到 250 mL 四颈瓶中(用 5 mL 冰水洗涤烧杯,洗涤液转入烧瓶),加约 0.1 g 尿素。水蒸气蒸馏,冷凝管壁和馏出液中有桔红色固体产生,调冷凝水速度,至管壁无桔红色固体、馏出液澄清时,停止蒸馏。馏出液在冰水浴中冷却,抽滤,粗品用乙醇(约需 10 mL 50%乙醇)重结晶(不要用活性炭,否则产物也被吸附掉,但要用回流装置,沸水浴加热,防止溶剂挥发。配成饱和溶液后,全溶,溶液很干净,可直接冷却结晶,不要热过滤,若有不溶物,则要热滤、冷却,结晶,抽滤),得桔红色针状结晶。

纯 2-硝基-1,3-苯二酚熔点为 87.8 ℃。

七、注意事项

(1) 本实验一定注意先磺化,后硝化。否则会发生剧烈反应,甚至产生事故。

(2) 间苯二酚很硬,需要在研钵中研成粉状,否则磺化不完全。间苯二酚有腐蚀性,注意勿使接触皮肤。

(3) 酚的磺化在室温就可进行,如果反应太慢,10 min 不变白,可用 60 ℃的水温热,加速反应。

(4) 硝化反应比较快,因此硝化前,磺化混合物要先在冰水浴中冷却,混酸也要冷却,最好在 10 ℃以下;硝化时,也要在冷却下,边搅拌,边慢慢滴加混酸,否则,反应物易被氧化而变成灰色或黑色。

(5) 反应中加尿素,是使多余的硝酸与尿素反应生成络盐$[CO(NH_2)_2 \cdot HNO_3]$,从而减少二氧化氮气体的污染。

(6) 可用调节冷凝水速度的方法,避免产生的固体堵塞冷凝管。

(7) 实验成功重要因素之一是确保混酸浓度。为此,所用的仪器必须干燥。硫酸需使用 98%的浓硫酸,硝酸需用 70%~72%的浓硝酸,且最好是当天开瓶的。配好的混酸不可敞口久置,以免酸挥发或吸潮而降低浓度,加碎冰前的所有操作都应避免可能造成反应物稀释的因素。

(8) 温度控制要严,过高,副反应,过低,反应慢,原料积累(比如混酸),一旦反应加速,温度难以控制。

思考题

1. 本实验硝化反应温度为什么要控制在 30 ℃以下?温度偏高有什么不好?
2. 进行水蒸气蒸馏前为什么先要用冰水稀释?

5.6 呋喃甲醇和呋喃甲酸的合成、鉴定及纯度分析

一、实验目的

学习由呋喃甲醛制备呋喃甲醇和呋喃甲酸的原理和方法,并掌握相关的实验操作技能,加深对 Cannizzaro 反应的认识。

二、实验原理

在浓的强碱作用下，不含 α-活泼氢的醛类可以发生分子间自身氧化还原反应，一分子醛被氧化成酸，而另一分子醛则被还原为醇，此反应称为坎尼查罗(Cannizzaro)反应。

三、实验仪器及药品

1. 个人使用仪器

三颈烧瓶	50 mL	1 个	水浴锅	1 个
球形冷凝管		1 支	不锈钢刮刀	1 支
烧杯	50 mL	2 个	表面皿	1 个
温度计	100 ℃	1 支	玻璃棒	1 支
布氏漏斗、抽滤瓶	50 mL	1 套	电磁搅拌器	1 台
锥形瓶	25 mL	3 个	磁子	1 枚
恒压漏斗(滴液漏斗)		1 个	滴管	2 支
分液漏斗	50 mL	1 个	蒸馏装置	1 套
温度计套管		1 个	空气冷凝管	1 支
沸石				
滴定管架		1 套	碱式滴定管(A 级)50 mL	1 支
锥形瓶	250 mL	3 个	蒸馏水洗瓶	1 个
称量瓶		1 个		

2. 公用仪器

电子天平，移液管(10 mL)，量筒(10 mL、100 mL)，减压水泵，产品回收瓶。

3. 药品和材料

呋喃甲醛(新蒸)，氢氧化钠，乙醚，浓盐酸，无水硫酸镁，刚果红试纸，标准氢氧化钠溶液(0.099 04 mol/L)，酚酞指示剂(2 g/L)，沸石，滤纸，活性炭。

4. 原料及产物的物理性质及常数

表 5 - 4

名称	相对分子量	性状	折光率	比重 (d_4^{20})	熔点 (℃)	沸点 (℃)	溶解度(g/100 mL 水)			
							0 ℃	5 ℃	15 ℃	100 ℃
呋喃甲醛	96.09	无色液体	1.499 0	1.159 4		161.7				
呋喃甲酸	102.08	白色晶体			129～130	230～232	2.7	3.6	3.8	25.0
呋喃甲醇	98.10	无色透明液体	1.486 0	1.129 6	−29	170				

实验时间:6 h。

四、实验步骤

1. 呋喃甲醇和呋喃甲酸的合成

(1) 在 50 mL 三颈烧瓶中将 3.2 g 氢氧化钠溶于 4.8 mL 水中,并用冰水冷却。在搅拌下滴加 6.56 mL(7.6 g,0.08 mol)呋喃甲醛于氢氧化钠水溶液中。滴加过程必须保持反应混合物温度在 8~12 ℃之间,加完后,保持此温度继续搅拌 30 min。

(2) 在搅拌下向反应混合物加入适量水(≤10 mL),使其恰好完全溶解得暗红色溶液,将溶液转入分液漏斗中,用乙醚萃取(6 mL×4),合并乙醚萃取液,用无水硫酸镁干燥 10 min以上。

(3) 在乙醚萃取后的水溶液中慢慢滴加浓盐酸,搅拌,滴至刚果红试纸变蓝(pH=3),冷却,结晶,抽滤,产物用少量冷水洗涤,抽干后,收集粗产物,然后用水重结晶(如粗品有颜色可加入适量活性炭脱色),得到的产品转入已称重和标记的干燥表面皿中,压碎摊开。分批用托盘集中后放入烘箱,在 85 ℃下干燥 40 min,称量产品,记录外观,计算产率。

(4) 将干燥后的有机相先在水浴中蒸去乙醚,然后用电磁搅拌器或电热套加热蒸馏,收集 169~172 ℃馏分,称重。

2. 呋喃甲醇的红外光谱测定

将精制过的呋喃甲醇编号标记后,交由实验老师进行 KBr 压片并测定红外吸收光谱。测完后,老师按编号把谱图发回,进行分析。

3. 呋喃甲酸的纯度分析(平行测定三份)

采用递减称量法,准确称取自制的呋喃甲酸三份,每份约 0.15 g,分别置于 250 mL 锥形瓶中,加入 100 mL 水,摇动使其溶解,再向其中加入适量酚酞指示剂,用标准氢氧化钠溶液滴定至出现红色,30 s 不变色为终点(在不断摇动下较快地进行滴定),分别记录所消耗氢氧化钠溶液的体积。根据所消耗氢氧化钠溶液的体积,分别计算呋喃甲酸的质量分数(%)、平均质量分数。

思考题

1. 乙醚萃取后的水溶液用盐酸酸化,为什么要用刚果红试纸?如不用刚果红试纸,怎样知道酸化是否恰当?

2. 干燥呋喃甲醇时可否用无水氯化钙作干燥剂,为什么?

3. 本实验根据什么原理来分离呋喃甲酸和呋喃甲醇?

5.7 水中溶解氧、高锰酸盐指数(即化学需氧量)的测定

一、实验目的

(1) 掌握用碘量法测定水中溶解氧的原理和实验条件。

(2) 理解水中高锰酸盐指数的含义,并掌握其测定方法。

二、实验原理

溶解在水中的分子态氧称为溶解氧(DO),单位是 mg/L。天然水的溶解氧含量取决于水体与大气中氧的平衡。溶解氧的饱和含量和空气中氧的分压、大气压力、水温有密切关系。清洁地表水溶解氧一般接近饱和。由于藻类的生长,因其光合作用,溶解氧可能过饱和。水体受有机、无机还原性物质污染时溶解氧降低。当大气中的氧来不及补充时,水中溶解氧逐渐降低,以至趋近于零,此时厌氧菌繁殖,水质恶化,导致鱼虾死亡。高锰酸盐指数是指在一定条件下,用高锰酸钾处理水样时消耗的量,用氧的 mg/L 表示,它反映了有机物和无机物中的可氧化物对水体的污染程度,所以水中溶解氧和高锰酸盐指数的测定是水质和环境评价的重要指标。其测定原理如下:

1. 溶解氧的测定

水样中加入硫酸锰和碱性碘化钾,水中溶解氧将低价锰氧化成高价锰,生成四价锰的氢氧化物棕色沉淀。加酸后,氢氧化物沉淀溶解并与碘离子反应释放出游离碘。以淀粉作指示剂,用硫代硫酸钠滴定释放出的碘,可计算溶解氧的含量。反应过程如下:

(1) 碱性条件下,生成白色沉淀

$$Mn^{2+} + 2OH^- =\!=\!= Mn(OH)_2$$

(2) 水中溶解氧与 $Mn(OH)_2$ 作用生成 $Mn(Ⅲ)$ 和 $Mn(Ⅳ)$

$$2Mn(OH)_2 + O_2 =\!=\!= 2H_2MnO_3$$
$$4Mn(OH)_2 + O_2 + 2H_2O =\!=\!= 4Mn(OH)_3$$

(3) 在酸性条件下 $Mn(Ⅲ)$ 和 $Mn(Ⅳ)$ 氧化 I^- 为 I_2

$$H_2MnO_3 + 4H + 2I^- =\!=\!= Mn^{2+} + I_2 + 3H_2O$$
$$2Mn(OH)_3 + 6H^+ + 2I^- =\!=\!= 2Mn^{2+} + I_2 + 6H_2O$$

(4) 用硫代硫酸钠滴定定量生成的碘

$$I_2 + 2S_2O_3^{2-} =\!=\!= 2I^- + S_4O_6^{2-}$$

从反应的定量关系可得:$n_{O_2} : n_{I_2} = 1 : 2$,而 $n_{I_2} : n_{S_2O_3^{2-}} = 1 : 2$,所以 $n_{O_2} : n_{S_2O_3^{2-}} = 1 : 4$,由此计算出水中溶解氧。

2. 水中高锰酸盐指数的测定

在水中加入一定量的高锰酸钾标准溶液和 H_2SO_4,煮沸 30 min,使水中有机物完全氧化(红色),加入过量的草酸钠标准溶液,使过量的高锰酸钾与草酸作用(无色),最后用高锰酸钾标准溶液反滴定多余的草酸钠(红色出现时为终点,自身指示剂),根据用去的高锰酸钾量计算出耗氧量即高锰酸盐指数。有关反应如下:

$$4MnO_4^- + 5C + 12H^+ =\!=\!= 4Mn^{2+} + 5CO_2 + 6H_2O$$
(过量)

$$5C_2O_4^{2-} + 2MnO_4^- + 16H^+ =\!=\!= 2Mn^{2+} + 10CO_2 + 8H_2O$$
(过量)　　(剩余)

$$2MnO_4^- + 5C_2O_4^{2-} + 16H^+ =\!=\!= 2Mn^{2+} + 10CO_2 + 8H_2O$$
　　(剩余)

三、仪器和试剂

1. 仪器

(1) 取样瓶,250~500 mL 具磨口塞玻璃瓶。

(2) 取样桶,比取样瓶高出 150 mm 以上,可同时放置两个取样瓶的塑料桶。

2. 试剂

(1) 0.01 mol/L 硫代硫酸钠标准溶液:先粗配 0.1 mol/L 硫代硫酸钠,在台秤上称取 $Na_2S_2O_3 \cdot 5H_2O$ 25 g 溶于 1 L 新煮沸并冷却的蒸馏水中,保存于具磨口的棕色瓶内,放置 7 天后过滤并标定。

(2) 0.5% 淀粉溶液:在玛瑙研钵中将 10 g 可溶性淀粉和 0.05 g 碘化汞研磨,干燥后取 1 g 与少许蒸馏水调成糊状,注入 200 mL 煮沸蒸馏水中,再煮 5~10 min,过滤后再使用。

(3) 硫酸锰溶液:称取 55 g 硫酸锰($MnSO_4 \cdot 5H_2O$),溶于 100 mL 蒸馏水中。过滤后,在滤液中加 1 mL 浓硫酸,贮于磨口瓶中。

(4) 碱性碘化钾混合溶液:称取 180 g 氢氧化钠溶于 200 mL 蒸馏水中,150 g 碘化钾和 0.15 g 碘酸钾溶于 200 mL 蒸馏水中,冷却后将两种溶液合并,稀释至 500 mL,贮于棕色瓶中。

(5) 1:1 硫酸溶液(若水样中有 Fe^{3+},应改用浓磷酸),1 mol/L 硫酸。

(6) 不含还原性物质的水:将 1 000 mL 去离子水置于全玻璃蒸馏器中,加入 10 mL H_2SO_4 和 $KMnO_4$(1/5 $KMnO_4 \approx 0.1$ mol/L)蒸馏。弃去 100 mL 初馏液,余下馏出液贮于具塞的细口瓶中。

(7) (1:3)H_2SO_4 溶液。

(8) 草酸钠标准贮备液(1/2 $Na_2C_2O_4 = 0.100\ 00$ mol/L):称取 0.670 5 g(经 120 ℃烘干 2 h 后放于干燥器)$Na_2C_2O_4$ 溶于去离子水中,转移至 100 mL 容量瓶中,用水稀释至标线,摇匀,置 4 ℃保存。

(9) 草酸钠标准溶液(1/2 $Na_2C_2O_4 \approx 0.010\ 0$ mol/L):吸取 10.00 mL 上述草酸钠贮备液于 100 mL 容量瓶中,加水稀释至标线,混匀。

(10) 高锰酸钾标准贮备液(1/5 $KMnO_4 \approx 0.1$ mol/L):称取 3.2 g $KMnO_4$ 溶于水并稀释至 1 000 mL。于 90~95 ℃水浴加热 2 h,冷却。存放两天,倾出清液,贮于棕色瓶中。

(11) 高锰酸钾标推溶液(1/5 $KMnO_4 = 0.01$ mol/L):吸取上述 $KMnO_4$ 贮备液 100 mL 于 1 000 mL 容量瓶中,用水稀释至刻线,混匀。此溶液在暗处可保存几个月,使用当天标定其浓度。

(12) 0.01 mol/L KIO_3 标准溶液:准确称取于 180 ℃干燥 1 h 的 KIO_3 1.78 g,加适量的水溶解后定量转入 500 mL 容量瓶中,用水稀释至刻度。

(13) 0.005 mol/L I_2 溶液:将 5 g KI 溶于 25 mL 水中,加入 0.3 g I_2,溶解后转入棕色试剂瓶中,稀释至 250 mL。

(14) 含 4 g/L 游离氯的 NaClO 溶液:将市售 NaClO 试剂稀释 12 倍,移取此稀释溶液 2.00 mL 于碘量瓶中,加入 30 mL 水、10 mL 1 mol/L H_2SO_4、2 g KI,盖上瓶塞,摇动使溶解完全,用 $Na_2S_2O_3$ 标准溶液滴定至浅黄色,加 2 mL 淀粉指示剂,继续滴定至蓝色消失,计算稀释液中游离氯(ClO)的浓度。

四、实验步骤

1. 用基准物重铬酸钾标定硫代硫酸钠标液

首先吸取浓度为 c（约 0.016 mol/L）的 $K_2Cr_2O_7$ 25.00 mL 于碘量瓶中，加入固体碘化钾 1 g 左右和 2 mol/L HCl 15 mL。待 KI 溶解后置于暗处 5 min（加盖）。取出加蒸馏水 50 mL，用标液滴定至浅黄色，加 1% 淀粉溶液 2 mL，继续滴定至蓝色消失为终点，记下所消耗 $Na_2S_2O_3$ 体积（V），用下式计算 $Na_2S_2O_3$ 标液浓度 $c_{S_2O_3^{2-}}$ 为：

$$c_{S_2O_3^{2-}} = 6 \times 25c/V \, (mol/L)$$

取上述 $Na_2S_2O_3$ 标液 25.00 mL 注入 250 mL 容量瓶中，用新鲜蒸馏水定容，即得浓度约为 0.01 mol/L $Na_2S_2O_3$ 标液。

2. 溶解氧的固定

（1）洗净取样瓶、取样桶，将取样瓶置于取样桶内。将两根水样胶管插入两个取样瓶内至瓶底，调节水流速约 70 L/min，使水样从两瓶内溢出并超过瓶口 150 mm 后，轻轻抽出胶管。

（2）立即用移液管在水面下往第一瓶内加 $MnSO_4$ 溶液 1 mL，往第二瓶内加 1:1 H_2SO_4 溶液 5 mL。

（3）用滴定管往两瓶中各加 3 mL 碱性碘化钾混合溶液（仍在水面下）。盖紧瓶塞后从桶内取出摇匀，再放入桶内水中。

以上工作为现场采样，下面的测定过程最好在现场进行。如需回化验室测定，必须将水样以桶内水封的形式尽快送往化验室。

3. 溶解氧的测定

（1）待沉淀物下沉后，用移液管往第一瓶中加 5 mL 1:1 H_2SO_4，往第二瓶加 1 mL $MnSO_4$（均在水面下进行）。盖好瓶塞，再从桶内取出摇匀。

（2）保持水温低于 15 ℃，分别取水样 200~250 mL，记为 V_0，注入 500 mL 锥形瓶中，并立即用硫代硫酸钠标液滴至浅黄色。加 1 mL 淀粉后，继续滴至蓝色消失为终点。记下第一瓶水样消耗的 $Na_2S_2O_3$ 标液体积 V_1 和第二瓶水样消耗的 $Na_2S_2O_3$ 标液体积 V_2。

（3）用下式计算水样中溶解氧含量：

$$溶解氧 = \frac{\frac{1}{4}(V_1 - V_2)c \times 32.00}{V_0} \times 1\,000 \, (mg/L)$$

式中：V_1 和 V_2 分别为第一瓶和第二瓶水样所消耗 $Na_2S_2O_3$ 标液的体积，mL；c 为 $Na_2S_2O_3$ 标液的浓度，mol/L；V_0 为所取水样体积，mL（注意，两瓶水样所取的体积应相同）；32.00 为氧气摩尔质量；$\frac{1}{4}$ 为 O_2 与 $Na_2S_2O_3$ 的化学计量系数比。

（4）干扰物质的检验

移取水样 50.00 mL 于锥形瓶中，加入 0.5 mL 1 mol/L H_2SO_4、0.5 g KI、几滴淀粉指示剂，混匀后，若溶液变蓝，表示存在氧化性干扰物质；若溶液不变蓝，则再加入 2 mL I_2 溶液，混匀 30 s 后，若蓝色消失，表示存在还原性干扰物质。

（5）对干扰的校正

① 氧化性干扰 移取 200 mL 水样于锥形瓶中，加入 1:1 H_2SO_4、2.0 mL KI - NaOH、

1.0 mL MnSO$_4$ 溶液,摇匀后放置 5 min,用 Na$_2$S$_2$O$_3$ 标准溶液滴定。将结果换算为氧的浓度(mg/L),从溶解氧测定结果中扣除。

② 还原性干扰 移取 2 份水样,各于水面以下 2~3 mm 加入 1.0 mL NaClO 溶液,立即盖上瓶塞,颠倒摇动 10 次以上。其中一份样品按照溶解氧的固定和测定步骤进行测定,另一份样品按照对氧化性干扰的校正步骤进行测定,两种结果的差值即水样中溶解氧的浓度,平行测定 2~3 次。

4. 高锰酸盐指数的测定

准确移取水样 100 mL 于锥形瓶中,加入 5 mL 1：3 H$_2$SO$_4$,用滴定管准确加入 0.01 mol/L KMnO$_4$ 标准溶液约 10 mL(V_1),于沸水浴中加热(沸腾 10 min,此时,若红色消失,说明有机物太多,需另取水样 25～30 mL,稀释 2～5 倍后再做),趁热准确加入 0.01 mol/L Na$_2$C$_2$O$_4$ 标准溶液 10.00 mL(V_2),摇匀后立即用 KMnO$_4$ 标准溶液滴定至微红色,消耗体积为 V_3,平行测定 2～3 次,计算如下：

$$高锰酸盐指数(mg\ O_2/L) = \frac{[5c_{KMnO_4}(V_1+V_3) - 2c_{NaC_2O_4}V_2] \times 8 \times 1\,000}{V_水}$$

五、注意事项

准确称量;小心滴定;准确判断终点。

在本实验中,第一瓶与第二瓶差别在哪里? 为什么加的试剂一样,结果却不一样?

5.8 溶解量热法测定化合物的标准摩尔生成焓(设计研究型实验)

一、实验背景

热化学是研究化学变化的热效应的科学,它是物理化学中建立和发展较早的一个分支。它提供的各种数据,不论对工业生产还是对自然科学研究工作都有重要意义。工业生产中的各种换热问题,燃料的利用以及相应对设备的要求,都离不开热化学数据,所以它是一门实践性很强的科学。而反应热与各种热力学函数、化学结构之间的紧密联系,又使热化学成为开展化学基础理论研究的有力手段。例如用热化学的方法可以直接测定化合物的各种键能,这对了解分子结构间的规律和理解化学键本性的基本研究都有重大作用,而且这些直接测定的数据还可以检验量子化学计算中的近似模型的可靠性,是理论研究的实验手段。

用溶解量热法来测定化合物的标准摩尔生成焓的基本思路是:例如,欲求反应

$$A+B \longrightarrow D+H$$

中化合物 D 的标准摩尔生成热。根据热化学原理：

$$\Delta_r H_m^\theta(l) = [\Delta_f H_m^\theta(H(s)) + \Delta_f H_m^\theta(D(s))] - [\Delta_f H_m^\theta(A(s)) + \Delta_f H_m^\theta(B(s))]$$

一是寻找一个符合要求的量热溶剂 S,即该溶剂 S 能迅速溶解反应体系中任何一种物质;

二是将合成反应设计成一个热化学循环,如图 5－2 所示;

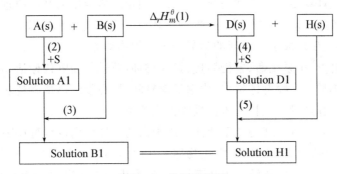

图 5-2　热化学循环

三是应用溶解量热法测定各溶解反应的热效应,根据盖斯定律,由下式:

$$\Delta_r H_m^\theta(1) = [\Delta_s H_m^\theta(2) + \Delta_s H_m^\theta(3)] - [\Delta_4 H_m^\theta(4) + \Delta_s H_m^\theta(5)]$$

求得合成反应的反应热。再利用物质 A、B、H 的标准摩尔生成焓数据,进而可求出物质 D 的标准摩尔生成焓。

二、实验目的

(1) 学生通过所学的知识,查阅有关资料,自行设计出最佳的实验方案,培养独立分析问题和解决问题能力。

(2) 巩固化学热力学的知识及相关实验技能。

(3) 通过化合物生成焓测定操作与实验结果,考查学生对相关仪器操作规范程度及应用能力。

三、实验要求

(1) 实验题目及样品的选择和含量的测定。

(2) 学生以小组的方式提供实验方案:实验原理、试剂、仪器、实验步骤、数据记录及处理的方法。

(3) 答辩:学生根据自设方案回答教师和其他学生的问题。

(4) 成绩:分为四个部分,即实验方案设计、操作、结果、答辩。

5.9　微量热法测定药物对细菌生长代谢的抑制作用(设计研究型实验)

一、实验背景

对于化学反应,动力学反应速率的定义为:$\nu = \dfrac{dn}{dt}(mol/s)$。它和反应热效应的速率(吸热、放热的速率)$\dfrac{dQ}{dt}(J/s)$ 有如下关系:$\dfrac{dQ}{dt} = Q_p \times \dfrac{dn}{dt}$($Q_p$ 是摩尔恒压反应热,J/mol),所以,$\nu = \dfrac{dn}{dt} = \dfrac{1}{Q_p} \times \dfrac{dQ}{dt}$。当 Q_p 已知,并由量热实验测出反应吸(放)热的速率 $\dfrac{dQ}{dt}$ 之后,反应的动力

学速率就可由前式计算出来。这就是热化学方法测定反应速率的基本原理。近年来人们用导热式微量量热仪成功地进行了一系列生物活体——细胞或细菌的代谢热动力学研究,并且发展十分迅速,逐步形成了一门新的学科——生物热动力学。

生物为构建自身、维系生命、繁衍后代、扩大群种,要进行新陈代谢活动。代谢活动过程中会不断释放出热量。生物群体量大,代谢活动越旺盛,释放的热量就越多;群体量越小,释放的热量就越少。释热量与生物群体数量成正比关系。

微量热的生物分析方法就是基于活体中细胞内的各种代谢过程都伴随着能量的转移和热量的变化。其测量的基本原理是:在生物体系代谢的小空间布下多个热电偶,将热电偶感知的因生物体系代谢产生的热转变为功率输出,称为热输出功率($P=dQ/dt$)。将测得的热输出功率随时间的变化绘成曲线图,称为热谱图。根据热动力学模型,通过对生物体系代谢热谱图的定量解析,可以得到整个代谢组织在实验条件下的活性信息,达到对生物活体代谢过程进行研究的目的。作为一种非侵入、非破坏性的技术,微量法运用于生物系统的研究具有许多独到之处:它能直接监测生物系统所固有的热过程,不需要添加任何其他试剂;不会引入干扰生物体正常生理活动的因素;不需要制成透明溶液,可以直接检测离体的组织和悬浮液;特别是在实验完之后对样品没有什么损伤,可进行后续分析等。

二、教学目的

(1) 学生通过所学的知识,查阅有关资料,自行设计出最佳的实验方案,培养独立分析问题和解决问题能力。

(2) 巩固热动力学的知识及相关实验技能。

(3) 通过药物对细菌生长抑制作用代谢热的测定操作与实验结果,考查学生对相关仪器操作规范程度及应用能力。

三、教学要求

(1) 实验题目及样品的选择。

(2) 学生以小组的方式提供实验方案:实验原理、试剂、仪器、实验步骤、数据记录及处理的方法。

(3) 答辩:学生根据自设方案回答教师和其他学生的问题。

(4) 成绩:分为四个部分,即实验方案设计、操作、结果、答辩。

5.10　无铅松花皮蛋的制作及其卫生指标检测

一、内容提要

采用对人体有益的 $CuSO_4$ 和 $ZnSO_4$ 替代传统方法中的 PbO,制作松花皮蛋,消除 Pb 对人体健康的危害和消费者的顾虑。通过松花皮蛋的外部感官和内部感官初步鉴别松花皮蛋的优劣,并用 pH 酸度计和原子吸收光谱法对松花皮蛋的部分理化指标(pH、Zn、Cu)进行检测。

二、目的要求

（1）学会查阅文献，自行设计实验方案、具体步骤和数据处理。

（2）掌握无铅松花皮蛋的制备方法及条件。

（3）掌握 pH 酸度计、原子吸收分光光度计的基本结构和操作技术。

三、实验关键

（1）控制好 $CuSO_4$ 和 $ZnSO_4$ 的配比和料液的碱度。

（2）元素阴极灯的使用及仪器的工作条件和元素测定条件的控制。

四、预备知识

pH 酸度计的原理及使用方法，原子吸收光谱法的原理及使用方法。

五、实验原理

（1）鲜蛋转化为松花蛋的过程中，起主导作用的是一定浓度的 NaOH。制作过程中所使用的生石灰和食碱混合后，加入适量的水，反应生成氢氧化钠，其反应式如下：

$$CaO + H_2O === Ca(OH)_2$$
$$Ca(OH)_2 + Na_2CO_3 === 2NaOH + CaCO_3$$

将鲜蛋浸在一定浓度 NaOH 料液中，料液由蛋壳逐步渗透到蛋黄内部，使蛋白和蛋黄中的蛋白质依次凝结成胶体状态产生弹性，进而出现色泽，形成松花。

（2）待测溶液中氢离子与玻璃电极的膜电位成一定的函数变化关系，可直接从酸度计上读取被测溶液的 pH。

（3）原子吸收光谱的定量分析公式为：

$$A = \lg(I_0/I) = kLN_0$$

上述关系式称为朗伯-比尔定律，式中：A 为吸光度；k 为吸光系数；L 为火焰宽度；N_0 为基态原子浓度；I_0 为入射光强度；I 为投射光强度。

固定实验条件时，则：

$$A = K'c$$

式中：K' 为常数；c 为试样浓度。用 $A-c$ 标准曲线法，可以求算出元素的含量。

六、仪器、药品及材料

1. 仪器

pH 酸度计，玻璃电极，磁力搅拌器，组织捣碎机，原子吸收分光光度计，锌的空心阴极灯，铜的空心阴极灯，容量瓶，移液管。

2. 药品及材料

鸭蛋，茶叶，纯碱，生石灰，食盐，$CuSO_4$，$ZnSO_4$，锌标准溶液，铜标准溶液。

七、实验步骤

查阅文献，然后拟定实验方案。实验分三个阶段进行：

(1) 无铅松花皮蛋的制作。

(2) 松花皮蛋的简易理化检验：外/内部感官检验；pH 的测定。

(3) 原子吸收光谱法测定松花皮蛋中的微量锌和铜。

思考题

1. 在制作皮蛋的时候，要注意哪些实验条件？

2. 用原子吸收光谱分析法测定不同的元素时，对光源有什么要求？

3. 为什么要配制锌、铜标准溶液？所配制的锌、铜系列标准溶液可以放置到第二天使用吗？为什么？

5.11　Cu/Phen/MCM – 41 催化剂的制备及其苯酚羟基化反应性能研究

一、内容提要

用共缩聚法制备 Cu/Phen/MCM – 41 催化剂，将其用于苯酚羟基化反应并优化反应条件，用 HPLC 对反应产物进行分析。

二、实验目的

(1) 了解均相催化剂负载化的优点。

(2) 掌握 Cu/Phen/MCM – 41 负载催化剂的制备方法。

(3) 学习反应条件的优化方法。

(4) 掌握苯酚羟基化反应产物的分析方法。

三、实验关键

(1) 制备 Cu/Phen/MCM – 41 催化剂时控制好反应温度以及溶剂氯仿的用量。

(2) 控制好双氧水的滴加速度。

(3) 选择产物分析条件。

四、预备知识

1. 实验项目的背景

由于均相催化剂存在着分离困难、不易回收、难重复利用、腐蚀性强等缺点，限制了其在工业催化过程中的应用，因此均相催化剂负载化多年来一直是国内外科研工作者研究的重点和热点。近年来，无机载体、新型改性高分子材料以及有机无机杂化材料等新材料的不断涌现为均相催化剂负载化提供了多种有效途径。其中有机无机杂化材料是一种均匀的多相材料，这种材料不同于传统的有机相/无机相材料体系，并不是有机相与无机相的简单加合，而是有机相和无机相在纳米至亚微米级甚至分子水平上结合形成的。这类材料的无机相一般为金属、金属离子、无机氧化物、无机层状物和介孔分子筛等，而有机相一般为有机聚合物和有机小分子。有机无机杂化材料用作催化剂载体时，既利用了有机配合物的活性部位又利用了无机部分回收催化剂，在许多反应中已经表现出极好的应用潜力，已迅速成为催化领域的研究热点。

　　苯二酚,特别是邻苯二酚和对苯二酚,是重要的化工中间体。苯酚双氧水羟基化反应合成邻苯二酚和对苯二酚的工艺被公认为最经济有效的绿色生产方法,因为其原料便宜易得,反应条件温和,副产物绝大部分为水,"三废"污染小,产品成本低。相关文献报道表明,含氮配体尤其是双齿含氮配体配合 CuCl 或 $CuCl_2$ 催化剂在液相氧化反应中具有活性高、腐蚀性低的优点,但是催化剂在反应体系的分离问题需要解决。由于有机无机杂化材料具有很多其他材料不具备的独特性能,其作为催化剂载体已在很多化学反应中表现了很好的应用潜力,因此将铜/邻菲咯啉配合物负载于 MCM - 41 这类有机无机杂化材料表面上并用于苯酚羟基化反应,使其既具有均相催化的优点也具有多相催化的长处。

　　2. 负载型的制备方法

　　将可溶性的金属配合物或分子锚定到不溶性的固体表面上,则可以使催化反应体系达到宏观多相、微观均相的效果,既可有效解决分离的问题,又能保持活性不变,使催化体系达到各方面近乎完善的程度。一般,活性组分通过共价健负载到催化载体上比通过非共价键负载到载体上更稳定,可以在一定程度上避免金属的流失。同时由于连接配体和载体的有机交联剂具有一定的可伸缩性,因此活性中心在一定范围内可以自由移动,克服了物理吸附产生的空间效应,使反应体系更接近于均相反应。负载型催化剂需结合均相催化剂的高分散性和多相催化剂的可回收性,因此选择适合的载体至关重要。载体材料本身通常是不具备催化活性的,但一般具有较好的化学稳定性和热稳定性,大比表面积,大量可锚定均相催化剂的官能团。

　　本实验所用催化剂常用的制备方法有接枝法和共缩聚法:

　　(1) 接枝法

　　接枝法是先合成出 MCM - 41 介孔硅材料,然后采用有机基团修饰介孔硅,利用有机硅烷偶联剂 $(R'O)_3SiR$ 等与介孔材料表面的硅羟基反应。随着 R 的改变,引入的有机基团不同。采用表面接枝法制备的杂化材料通常能够保持材料的介孔结构,但同时也伴随着孔径、比表面积及孔容的减少,这主要依赖于有机基团的尺寸和接枝量。该法简单易行,但如此接枝上去的有机物通常仅分布在分子筛的表面,不太均匀;另外,有机物的担载量受到分子筛表面 Si - OH 的数量和硅烷偶联剂的空间位阻等因素的影响而不可能很大,由于金属负载量较小,活性中心相对较少,可能会导致负载催化剂催化活性较低。

　　(2) 共缩聚法

　　近年来,直接用功能化硅烷偶联剂和烷氧基硅一锅混合共水解合成有机-无机杂化介孔分子筛越来越受到关注和青睐。共缩聚法是在模板剂作用下,采用四烷氧基硅 $(RO)_4Si$ (TEOS 或 TMOS)与三烷氧基有机硅 $(R'O)_3SiR$ 在孔壁内通过共价键共聚。有机硅中的有机基团 R 种类较多,如烷基、疏醇、氨基、异氰酸酯、乙烯基/烯丙基、有机膦和芳基基团等。有机基团直接被引入杂化材料中,是硅基材料的一部分,因此分布十分均匀,但是一锅法也存在一些缺点,随着 $(R'O)_3SiR$ 在反应混合物中含量的增加,材料的有序度降低,介孔结构甚至可能会完全塌陷;用该法合成催化剂必须慎重选择前驱体,因为在整个过程中,水热合成通常是在碱性条件下,而除去模板剂一般需酸性条件,所以前驱体中的 Si—C 键在这些过程中应保持稳定。

五、实验原理

1. Cu/Phen/MCM - 41 催化剂的制备

2. 苯酚羟基化反应

思考题

1. 均相催化剂有什么优、缺点？
2. 苯酚羟基化的影响因素有哪些？
3. 用 HPLC 进行产物分析时有哪些影响因素？

第六部分　附　　录

Ⅰ. 常用仪器

6.1　温度的测量和恒温装置

一、温度测量技术

热是能量交换的一种形式,是在一定时间内以热流形式进行的能量交换,热量的测量一般是通过温度的测量来实现的,温度表征了物体的冷热程度,是表述宏观物质系统状态的一个基本物理量,温度的高低反映了物质内部大量分子或原子平均动能的大小。在物理化学实验中许多热力学参数的测量、实验系统动力学或相变化行为的表征都涉及温度的测量问题。

1. 温标

温度量值的表示方法叫温标。目前,物理化学中常用的温标有两种:热力学温标和摄氏温标。

热力学温标也称开尔文温标,是一种理想的绝对温标,单位为 K。用热力学温标确定的温度称为热力学温度,用 T 表示。定义:在 610.62 Pa 时纯水的三相点的热力学温度为273.16 K。

摄氏温标使用较早,应用方便,符号为 t,单位为℃。定义:101.325 kPa 下,水的冰点为 0 ℃。

$$T/K = 273.15 + t/℃$$

2. 水银温度计

水银温度计是常用的测量工具,其优点是结构简单,价格便宜,精确度高,使用方便等,缺点是易损坏且无法修理,其次是其读数易受许多因素的影响而引起误差,一般根据实验的目的不同,选用合适的温度计。

(1) 水银温度计的种类和使用范围

① 常用-5~150 ℃、150 ℃、250 ℃、360 ℃等等,最小分度为 1 ℃或 0.5 ℃。

② 量热用 0~15 ℃、12~18 ℃、15~21 ℃、18~24 ℃、20~30 ℃,最小分度为 0.01 ℃或0.002 ℃。

③ 测温差用贝克曼温度计。移液式的内标温度计,温差量程 0~5 ℃,最小分度值为0.01 ℃。

④ 石英温度计。用石英做管壁,其中充以氮气或氢气,最高可测温 800 ℃。

(2) 水银温度计的校正

大部分水银温度计是"全浸式"的,使用时应将其完全置于被测体系中,使两者完全达到热平衡。但实际使用时往往做不到这一点,所以在较精密的测量中需作校正。

① 露茎校正

全浸式水银温度计如有部分露在被测体系之外,则读
数准确性将受两方面的影响:第一是露出部分的水银和玻
璃的温度与浸入部分不同,且受环境温度的影响;第二是露
出部分长短不同受到的影响也不同。为了保证示值的准
确,必须对露出部分引起的误差进行校正。其方法如图
6-1所示,用一支辅助温度计靠近测量温度计,其水银球置
于测量温度计露茎高度的中部,校正公式如下:

$$\Delta t_{露茎} = kh(t_{观} - t_{环})$$

式中:$k = 0.000\ 16$;h 为露茎长度;$t_{观}$ 为测量温度计读
数;$t_{环}$ 为辅助温度计读数,测量系统的正确温度为

$$t = t_{观} + \Delta t_{露茎}$$

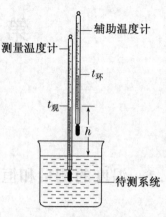

图 6-1　温度计露茎校正

② 零点校正

由于玻璃是一种过冷液体,属热力学不稳定系统,水银温度计下部玻璃受热后再冷却收
缩到原来的体积,常常需要几天或更长时间,所以,水银温度计的读数将与真实值不符,必须
校正零点,校正方法是把它与标准温度计进行比较,也可用纯物质的相变点标定校正。

$$t = t_{观} + \Delta t_{示}$$

式中:$t_{观}$ 为温度计读数;$\Delta t_{示}$ 为示值校正值。

3. 贝克曼温度计

物理化学实验中常用贝克曼温度计精密测量温差,其构造如图
6-2所示。它与普通水银温度计的区别在于测温端水银球内的水
银量可以借助毛细管上端的 U 形水银贮槽来调节。贝克曼温度计
上的刻度通常只有 5 ℃或 6 ℃,每 1 ℃刻度间隔 5 cm,中间分为 100
等份,可直接读出 0.01 ℃,用放大镜可估读到 0.002 ℃,测量精密度
高。主要用于量热技术中,如凝固点降低、沸点升高及燃烧热的测
定等精密测量温差的工作中。

贝克曼温度计在使用前需要根据待测系统的温度及误差的大
小、正负来调节水银球中的水银量,把温度计的毛细管中水银端面
调整在标尺的合适范围内。使用时,首先应将它插入一个与所测系
统的初始温度相同的系统内,待平衡后,如果贝克曼温度计的读数
在所要求刻度的合适位置,则不必调节,否则,按下列步骤进行
调节:

用右手握住温度计中部,慢慢将其倒置,用手轻敲水银贮槽,此
时,贮槽内的水银会与毛细管内的水银相连,将温度计小心正置,防
止贮槽内的水银断开。调节烧杯中水温至所需的测量温度。设要
求欲测温度为 t ℃时,使水银面位于刻度"1"附近,则使烧杯中水温
$t' = t + 4 + R$(R 为 H 点到 A 点这一段毛细管所相当的温度,一般约
为 2 ℃,见图 6-2)。将贝克曼温度计。插入温度为 t' 的盛水烧杯中,待平衡后取出(离实验

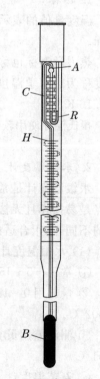

图 6-2　贝克曼温度计

台稍远些),右手握住贝克曼温度计的中部,左手沿温度计的轴向轻轻敲击右手腕部位,振动温度计,使水银在 A 点处断开,这样就使温度计置于温度 t' 的系统中时,毛细管中的水银面位于 A 点处,而当系统温度为 t 时,水银面将位于 $3\ ℃$ 附近。贝克曼温度计较贵重,下端水银球尺寸较大,玻璃壁很薄,极易损坏,使用时不要与任何物体相碰,不能骤冷骤热,避免重击,不要随意放置,用完后,必须立即放回盒内。

4. 热电偶温度计

(1) 原理

热电偶温度计是以热电效应为基础的测量仪。如果两种不同成分的均质导体形成回路,直接测温端叫测量端(热端),接线端叫参比端(冷端),当两端存在温差时,就会在回路中产生电流,那么两端之间就会存在 Seebeck 热电势,即塞贝克效应,如图 6-3。热电势的大小只与热电偶导体材质以及两端温差有关,与热电偶导体的长度、直径和导线本身的温度分布无关。因此可以通过测量热电动势的大小来测量温度。这样一对导线的组合称为热电温度计,简称热电偶。对同一热电偶,如果参比端的温度保持不变,热电动势就只与测量端的温度有关,故测得热电动势后,即可求测量端的温度。

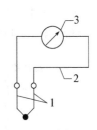

图 6-3　热电偶原理图
1. 热电偶　2. 连接导线
3. 显示仪表

热电偶具有构造简单、适用温度范围广、使用方便、承受热、机械冲击能力强以及响应速度快等特点,常用于高温区域、振动冲击大等恶劣环境以及适合于微小结构测温场合。

(2) 几种类型的热电偶

表 6-1　常见热电偶

热电偶名称	分度号	温度范围(℃)	热电偶名称	分度号	温度范围(℃)
铂铑$_{30}$-铂铑$_6$	B	$0\sim1\,600$	镍铬-康铜	E	$0\sim750$
铂铑$_{10}$-铂	S	$0\sim1\,300$	铁-康铜	J	$0\sim750$
铂铑$_{13}$-铂	R	$0\sim1\,300$	铜-康铜	T	$-200\sim350$
镍铬-镍硅	K	$0\sim1\,200$			

二、恒温槽

1. 恒温槽工作原理

恒温槽是实验工作中常用的一种以液体为介质的恒温装置。用液体作介质的优点是热容量大和导热性好,从而使温度控制的稳定性和灵敏度大为提高。根据温度控制的范围,可采用下列液体介质:

　　$-60\ ℃\sim30\ ℃$　　　　——乙醇或乙醇水溶液;

　　$0\ ℃\sim90\ ℃$　　　　　——水;

　　$80\ ℃\sim160\ ℃$　　　　甘油或甘油水溶液;

　　$70\ ℃\sim200\ ℃$　　　　——液体石蜡、汽缸润滑油、硅油。

恒温槽通常由下列构件组成:

（1）槽体

如果控制的温度同室温相差不是太大，用敞口大玻璃缸作为槽体是比较满意的。对于较高和较低温度，则应考虑保温问题。具有循环泵的超级恒温槽，有时仅作供给恒温液体之用，而实验则在另一工作槽中进行。

（2）加热器及冷却器

如果要求恒温的温度高于室温，则须不断向槽中供给热量以补偿其向四周散失的热量；如恒温的温度低于室温，则须不断从恒温槽取走热量，以抵偿环境向槽中的传热。在前一种情况下，通常采用电加热器间歇加热来实现恒温控制。对电加热器的要求是热容量小、导热性好、功率适当。选择加热器的功率最好能使加热和停止的时间约各占一半。

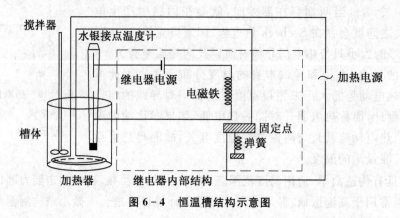

图 6 - 4　恒温槽结构示意图

（3）温度调节器

温度调节器的作用是当恒温槽的温度被加热或冷却到指定值时发出信号，命令执行机构停止加热或冷却；离开指定温度时则发出信号，命令执行机构继续工作。

目前普遍使用的温度调节器是汞定温计（接点温度计）。它与汞温度计不同之处在于毛细管中悬有一根可上下移动的金属丝，金属丝再与温度控制系统连接。

（4）温度控制器

温度控制器常由继电器和控制电路组成，故又称电子继电器。从汞定温计传来的信号，经控制电路放大后，推动继电器去开关电热器。

（5）搅拌器

加强液体介质的搅拌，对保证恒温槽温度均匀起着非常重要的作用。

设计一个优良的恒温槽应满足的基本条件是：① 定温计灵敏度高；② 搅拌强烈而均匀；③ 加热器导热良好而且功率适当；④ 搅拌器、汞定温计和加热器相互接近，使被加热的液体能立即搅拌均匀并流经定温计及时进行温度控制。

2. 使用方法及注意事项

（1）使用方法

① 插上电子继电器电源，打开电子继电器开关；

② 插上电动搅拌机电源，调节合适的搅拌速度；

③ 插上数字贝克曼温度计电源，打开开关，检查实际温度是否低于所控制温度；

④ 旋转下降调节帽，直到电子继电器的红灯刚好亮。插上加热器电源，缓慢旋转调节

帽,使钨丝高度上升,直到电子继电器的红灯刚好灭,加热器开始加热;

⑤ 当电子继电器的红灯亮,重复调节并反复进行,直到实际温度在设定温度的一定范围内波动;

⑥ 记录温度随时间的变化值,绘制恒温槽灵敏度曲线。

（2）注意事项

① 旋转调节帽时,速度宜慢,调节时应密切注意实际温度与所控温度的差别,以决定调节的速度;

② 每次旋转调节帽后,均应拧紧固定螺丝;

③ 实验结束后,千万不要忘了拔掉加热电源。

6.2　福廷式气压计

福廷式气压计的构造如图 6-5 所示。它的外部是一黄铜管,管的顶端有悬环,用以悬挂在实验室的适当位置。气压计内部是一根一端封闭的装有水银的长玻璃管。玻璃管封闭的一端向上,管中汞面的上部为真空,管下端插在水银槽内。螺旋 11 可调节槽内水银面的高低。水银槽的顶盖上有一倒置的象牙针,其针尖是黄铜标尺刻度的零点。此黄铜标尺上附有游标尺,转动游标调节螺旋,可使游标尺上下游动。

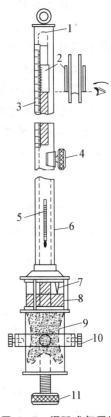

图 6-5　福廷式气压计

1. 封闭的玻璃管　2. 游标尺
3. 主标尺　4. 游标尺调节螺
丝　5. 温度计　6. 黄铜管
7. 零点象牙针　8. 汞槽
9. 羚羊皮袋　10. 铅直调节固
定螺丝　11. 汞槽液面调节
螺线

一、福廷式气压计的使用方法

（1）慢慢旋转螺旋 11,调节水银槽内水银面的高度,使槽内水银面升高。利用水银槽后面磁板的反光,注视水银面与象牙尖的空隙,直至水银面与象牙尖刚刚接触,然后用手轻轻扣一下铜管上面,使玻璃管上部水银面凸面正常。稍等几秒钟,待象牙针尖与水银面的接触无变动为止。

（2）调节游标尺

转动气压计旁的螺旋 4,使游标尺升起,并使下沿略高于水银面。然后慢慢调节游标,直到游标尺底边及其后边金属片的底边同时与水银面凸面顶端相切。这时观察者眼睛的位置应和游标尺前后两个底边的边缘在同一水平线上。

（3）读取汞柱高度

当游标尺的零线与黄铜标尺中某一刻度线恰好重合时,则黄铜标尺上该刻度的数值便是大气压值,不须使用游标尺。当游标尺的零线不与黄铜标尺上任何一刻度重合时,那么游标尺零线所对标尺上的刻度,则是大气压值的整数部分(mm)。再从游标尺上找出一根恰好与标尺上的刻度相重合的刻度线,则游标尺上刻度线的数值便是气压值的小数部分。

（4）整理工作

记下读数后,将气压计底部螺旋向下移动,使水银面离开象牙针尖。记下气压计的温度及所附卡片上气压计的仪器误差值,然后进行校正。

二、气压计读数的校正

水银气压计的刻度是以温度为 0 ℃,纬度为 45°的海平面高度为标准的。若不符合上述规定时,从气压计上直接读出的数值,除进行仪器误差校正外,在精密的工作中还必须进行温度、纬度及海拔高度的校正。

（1）仪器误差的校正

由于仪器本身制造的不精确而造成读数上的误差称"仪器误差"。仪器出厂时都附有仪器误差的校正卡片,应首先加上此项校正。

（2）温度影响的校正

由于温度的改变,水银密度也随之改变,因而会影响水银柱的高度。同时由于铜管本身的热胀冷缩,也会影响刻度的准确性。当温度升高时,前者引起偏高,后者引起偏低。由于水银的膨胀系数较铜管的大,因此当温度高于 0°时,经仪器校正后的气压值应减去温度校正值;当温度低于 0°时,要加上温度校正值。气压计的温度校正公式如下:

$$p_0 = \frac{1+\beta t}{1+\alpha t}p = p - p\frac{\alpha-\beta}{1+\alpha t}t$$

式中:p 为气压计读数(mmHg);t 为气压计的温度(℃);α 为水银柱在 0 ℃～35 ℃之间的平均体膨胀系数($\alpha=0.000\,181\,8$);p 为黄铜的线膨胀系数($p'=0.000\,018\,4$);p_0 为读数校正到 0 ℃时的气压值(mmHg)。显然,温度校正值即为 $p\frac{\alpha-\beta}{1+\alpha t}$。其数值列有数据表,实际校正时,读取 p、t 后可查表 6-2 求得。

（3）海拔高度及纬度的校正

重力加速度(g)随海拔高度及纬度不同而异,致使水银的质量受到影响,从而导致气压计读数的误差。其校正办法是:经温度校正后的气压值再乘以

$$\{1-2.6\times10^{-3}\cos2\lambda-3.14\times10^{-7}H\}$$

式中:λ 为气压计所在地纬度(℃);H 为气压计所在地海拔高度(m)。此项校正值很小,在一般实验中可不必考虑。

（4）其他如水银蒸气压的校正、毛细管效应的校正等,因校正值极小,一般都不考虑。

表 6-2　气压计读数的温度校正值

温度	740 mmHg	750 mmHg	760 mmHg	770 mmHg	780 mmHg
1	0.12	0.12	0.12	0.13	0.13
2	0.24	0.25	0.25	0.25	0.15
3	0.36	0.37	0.37	0.38	0.38
4	0.48	0.49	0.50	0.50	0.51
5	0.60	0.61	0.62	0.63	0.64
6	0.72	0.73	0.74	0.75	0.76
7	0.85	0.86	0.87	0.88	0.89
8	0.97	0.98	0.99	1.01	1.02

（续表）

温度	740 mmHg	750 mmHg	760 mmHg	770 mmHg	780 mmHg
9	1.09	1.10	1.12	1.13	1.15
10	1.21	1.22	1.24	1.26	1.27
11	1.33	1.35	1.36	1.38	1.40
12	1.45	1.47	1.49	1.51	1.53
13	1.57	1.59	1.61	1.63	1.65
14	1.69	1.71	1.73	1.76	1.78
15	1.81	1.83	1.86	1.88	1.91
16	1.93	1.96	1.98	2.01	2.03
17	2.05	2.08	2.10	2.13	2.16
18	2.17	2.20	2.23	2.26	2.29
19	2.29	2.32	2.35	2.38	2.41
20	2.41	2.44	2.47	2.51	2.54
21	2.53	2.56	2.60	2.63	2.67
22	2.65	2.69	2.72	2.76	2.79
23	2.77	2.81	2.84	2.88	2.92
24	2.89	2.93	2.97	3.01	3.05
25	3.01	3.05	3.09	3.13	3.17
26	3.13	3.17	3.21	3.26	3.30
27	3.25	3.29	3.34	3.38	3.42
28	3.37	3.41	3.46	3.51	3.55
29	3.49	3.54	3.58	3.63	3.68
30	3.61	3.66	3.71	3.75	3.80
31	3.73	3.78	3.83	3.88	3.93
32	3.85	3.90	3.95	4.00	4.05
33	3.97	4.02	4.07	4.13	4.18
34	4.09	4.14	4.20	4.25	4.31
35	4.21	4.26	4.32	4.38	4.43

三、使用注意事项

（1）调节螺旋时动作要缓慢，不可旋转过急。

（2）在调节游标尺与汞柱凸面相切时，应使眼睛的位置与游标尺前后下沿在同一水平线上，然后再调到与水银柱凸面相切。

（3）发现槽内水银不清洁时，要及时更换水银。

福廷式气压计是一种真空压力计，其原理如图 6-6 所示：它以汞柱所产生的静压力来平衡大气压力 p，汞柱的高度就可以度量大气压力的大小。在实验室，通常用毫米汞柱（mmHg）作为大

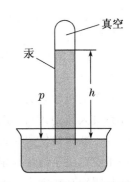

图 6-6 气压计原理示意图

气压力的单位。毫米汞柱作为压力单位时,它的定义是:当汞的密度为 13.595 1 g/cm³(即 0 ℃ 时汞的密度,通常作为标准密度,用符号 p_0 表示),重力加速度为 980.665 cm/s²(即纬度 45°的海平面上的重力加速度,通常作为标准重力加速度,用符号 g_0 表示)时,1 mm 高的汞柱所产生的静压力为 1 mmHg。mmHg 与 Pa 单位之间的换算关系为:

$$1 \text{ mmHg} = 10^{-3} \text{ m} \times \frac{13.595\ 1 \times 10^{-3}}{10^{-6}} \text{ kg/m}^3 \times 980.665 \times 10^{-2} \text{ m/s}^2 = 133.322 \text{ Pa}$$

6.3　真空泵

真空是指低于标准压力的气态空间,真空状态下气体的稀薄程度,常以压强值表示,习惯上称作真空度。现行的国际单位制(SI)中,真空度的单位和压强的单位均统一为帕,符号为 Pa。

在物理化学实验中通常按真空的获得和测量方法的不同,将真空划分为以下几个区域:

粗真空　　　　$10^5 \sim 10^3$ Pa;

低真空　　　　$10^3 \sim 10^{-1}$ Pa;

高真空　　　　$10^{-1} \sim 10^{-6}$ Pa;

超高真空　　　$10^{-6} \sim 10^{-10}$ Pa;

极高真空　　　$< 10^{-10}$ Pa;

在近代的物理化学实验中,凡是涉及到气体的物理化学性质、气相反应动力学、气固吸附以及表面化学研究,为了排除空气和其他气体的干扰,通常都需要在一个密闭的容器内进行,必须首先将干扰气体抽去,创造一个具有某种真空度的实验环境,然后将被研究的气体通入,才能进行有关研究。因此真空的获得和测量是物理化学实验技术的一个重要方面,学会真空体系的设计、安装和操作是一项重要的基本技能。

一、真空的获得

为了获得真空,就必须设法将气体分子从容器中抽出,凡是能从容器中抽出气体,使气体压力降低的装置,都可称为真空泵。一般实验室用得最多的真空泵是水泵、机械泵和扩散泵。

1. 水泵

水泵也叫水流泵、水冲泵,其构造见图 6-7。水经过收缩的喷口高速喷出,使喷口处形成低压,产生抽吸作用,由体系进入的空气分子不断被高速喷出的水流带走。水泵能达到的真空度受水本身的蒸汽压的限制,20 ℃时极限真空约为 10^3 Pa。

2. 机械泵

常用的机械泵为旋片式油泵。图 6-8 是这类泵的构造,气体从真空体系吸入泵的入口,随偏心轮旋转的旋片使气体压缩,而从出口排出,转子的不断旋转使这一过程不断重复,因而达到抽气的目的。这种泵的效率主要取决于旋片与定子之间的严密程度。整个单元都浸在油中,以

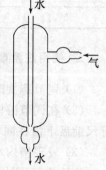

图 6-7　水流泵

油作封闭液和润滑剂。实际使用的油泵是上述两个单元串联而成,这样效率更高,使泵能达

到较大的真空度(约 10^{-1} Pa)。

使用机械泵必须注意:油泵不能用来直接抽出可凝性的蒸气,如水蒸气、挥发性液体或腐蚀性气体,应在体系和泵的进气管之间串接吸收塔或冷阱。例如用氯化钙或五氧化二磷吸收水气,用石蜡油或吸收油吸收烃蒸气,用活性炭或硅胶吸其他蒸气,泵的进气管前要接一个三通活塞,在机械泵停止运行前,应先通过三通活塞使泵的进气口与大气相通,以防止泵油倒吸污染实验体系。

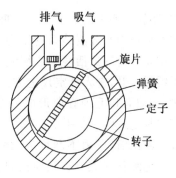

图 6-8 旋片式真空泵

3. 扩散泵

扩散泵的原理是利用一种工作物质高速从喷口处喷出,在喷口处形成低压,对周围气体产生抽吸作用而将气体带走。这种工作物质在常温时应是液体,并具有极低的蒸气压,用小功率的电炉加热就能使液体沸腾汽化,沸点不能过高,通过水冷却便能使汽化的蒸气冷凝下来,过去用汞,现在通常采用硅油。扩散泵的工作原理见图 6-9,硅油被电炉加热沸腾汽化后,通过中心导管从顶部的二级喷口处喷出,在喷口处形成低压,将周围气体带走,而硅油蒸气随即被冷凝成液体回入底部,循环使用。被夹带在硅油蒸气中的气体在底部聚集,立即被机械泵抽走。在上述过程中,硅油蒸气起着一种抽运作用,其抽运气体的能力取决于以下三个因素:硅油本身的摩尔质量要大,喷

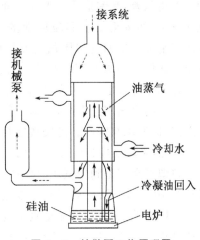

图 6-9 扩散泵工作原理图

射速度要高,喷口级数要多。现在用摩尔质量大于 3 000 以上的硅油做工作物质的四级扩散泵,其极限真空度可达到 10^{-7} Pa,三级扩散泵可达 10^{-4} Pa。

油扩散泵必须用机械泵为前级泵,将其抽出的气体抽走,不能单独使用。扩散泵的硅油易被空气氧化,所以使用时应用机械泵先将整个体系抽至低真空后,才能加热硅油。硅油不能承受高温,否则会裂解。硅油蒸气压虽然极低,但仍然会蒸发一定数量的油分子进入真空体系,玷污被研究对象。因此一般在扩散泵和真空体系连接处安装冷凝阱,以捕捉可能进入体系的油蒸气。

二、真空的测量

真空测量实际上就是测量低压下气体的压力,所测量具通称为真空规。由于真空度的范围宽达十几个数量级,因此总是用若干个不同的真空规来测量不同范围的真空度。常用的真空规有 U 型水银压力计、麦氏真空规、热偶真空规和电离真空规等。

1. 麦氏真空规

麦氏真空规其构造如图 6-10 所示,它是利用波义耳定律,将被测真空体系中的一部分气体(装在玻璃泡和毛细管中的气体)加以压缩,比较压缩前后体积、压力的变化,算出其真空度。具体测量的操作步骤如下:缓缓启开活塞,使真空规与被测真空体系接通,这时真空规中的气体压力逐渐接近于被测体系的真空度,同时将三通活塞开向辅助真空,对汞槽抽真

空,不让汞槽中的汞上升。待玻璃泡和闭口毛细管中的气体压力与被测体系的压力达到稳定平衡后,可开始测量。将三通活塞小心缓慢地开向大气,使汞槽中汞缓慢上升,进入真空规上方。当汞面上升到切口处时,玻璃泡和毛细管即形成一个封闭体系,其体积是事先标定过的。令汞面继续上升,封闭体系中的气体被不断压缩,压力不断增大,最后压缩到闭口毛细管内。毛细管 R 是开口通向被测真空体系的,其压力不随汞面上升而变化。因而随着汞面上升,R 和闭口毛细管产生压差,其差值可从两个汞面在标尺上的位置直接读出,如果毛细管和玻璃泡的容积为已知,压缩到闭口毛细管中的气体体积也能从标尺上读出,就可算出被测体系的真空度。通常,麦氏真空规已将真空度直接刻在标尺上,不再需要计算。使用时只要闭口

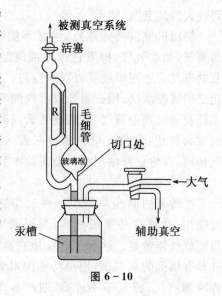

图 6-10

毛细管中的汞面刚达零线,立即关闭活塞,停止汞面上升,这时开管 R 中的汞面所在位置的刻度线,即所求真空度。麦氏真空规的量程为 $10 \sim 10^{-4}$ Pa。

　　2. 热偶真空规和电离真空规

　　热偶真空规是利用低压时气体的导热能力与压力成正比的关系制成的真空测量仪,其量程为 $10 \sim 10^{-1}$ Pa。电离真空规是一只特殊的三极电离真空管,在特定的条件下根据正离子流与压力的关系,达到测量真空度的目的,其量程范围为 $10^{-1} \sim 10^{-6}$ Pa。通常将这两种真空规复合配套组成复合真空计,已成为商品仪器。

三、真空体系的设计和操作

　　真空体系通常包括真空产生、真空测量和真空使用三部分,这三部分之间通过一根或多根导管、活塞等连接起来。根据所需要的真空度和抽气时间来综合考虑选配泵,确定管路和选择真空材料。

　　1. 真空体系各部件的选择

　　(1) 材料

　　真空体系的材料,可以用玻璃或金属,玻璃真空体系吹制比较方便,使用时可观察内部情况,便于在低真空条件下用高频火花检漏器检漏,但其真空度较低,一般可达 $10^{-1} \sim 10^{-3}$ Pa。不锈钢材料制成的金属真空体系可达到 10^{-10} Pa 的真空度。

　　(2) 真空泵

　　要求极限真空度仅达 10^{-1} Pa 时,可直接使用性能较好的机械泵,不必用扩散泵。要求真空度优于 10^{-1} Pa 时,则用扩散泵和机械泵配套。选用真空泵主要考虑泵的极限真空度的抽气速率。对极限真空度要求高,可选用多级扩散泵;要求抽气速率大,可采用大型扩散泵和多喷口扩散泵。扩散泵应配用机械泵作为它的前级泵,选用机械泵要注意它的真空度和抽气速率,并与扩散泵匹配。如用小型玻璃三级油扩散泵,其抽气速率在 10^{-2} Pa 时约为 60 mL/s,配套一台抽气速率为 30 L/min(1 Pa 时)的旋片式机械泵就正好合适。真空度要求优于 10^{-6} Pa 时,一般选用钛泵和吸附泵配套。

（3）真空规

根据所需量程及具体使用要求来选定。如真空度在 $10 \sim 10^{-2}$ Pa 范围，可选用转式麦氏规或热偶真空规；真空度在 $10^{-1} \sim 10^{-4}$ Pa 范围，可选用座式麦氏规或电离真空规；真空度在 $10 \sim 10^{-6}$ Pa 较宽范围，通常选用热偶真空规和电离真空规配套的复合真空规。

（4）冷阱

冷阱是在气体通道中设置的一种冷却式陷阱，使气体经过时被捕集的装置。通常在扩散泵和机械泵间要加冷阱，以免有机物、水气等进入机械泵。在扩散泵和待抽真空部分之间，一般也要装冷阱，以防止油蒸气玷污测量对象，同时捕集气体。常用冷阱结构如图 6-11。具体尺寸视所连接的管道尺寸而定，一般要求冷阱的管道不能太细，以免冷凝物堵塞管道或影响抽气速率，也不能太短，以免降低捕集效率。冷阱外套杜瓦瓶，常用冷剂为液氮、干冰等。

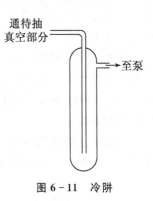

图 6-11 冷阱

（5）管道和真空活塞

管道和真空活塞都是玻璃真空体系上为连接各部件所用。管道的尺寸对抽气速率影响很大，所以管道应尽可能粗而短，尤其在靠近扩散泵处更应如此。选择真空活塞时应注意它的孔芯大小要和管道尺寸相配合。对高真空来说，用空心旋塞较好，它重量轻，温度变化引起漏气的可能性较少。

（6）真空涂敷材料

真空涂敷材料包括真空酯、真空泥和真空蜡等。真空酯用在磨口接头和真空活塞上，国产真空酯按使用温度不同，分为 1 号、2 号、3 号真空酯。真空泥用来修补小沙孔或小缝隙。真空蜡用来胶合难以融合的接头。

2. 真空体系的检漏和操作

（1）真空泵的使用

启动扩散泵前要先用机械泵将体系抽至低真空，然后接通冷却水，接通电炉，使硅油逐步加热，缓缓升温，直至硅油沸腾并正常回流为止。停止扩散泵工作时，先关加热电源至不再回流后关闭冷却水进口，再关扩散泵进出口旋塞，最后停止机械泵工作。油扩散泵中应防止空气进入（特别是在温度较高时），以免油被氧化。

（2）真空体系的检漏

低真空体系的检漏，最方便的是使用高频火花真空检漏仪。它是利用低压力（$10^3 \sim 10^{-1}$ Pa）下气体在高频电场中，发生感应放电时所产生的不同颜色，来估计气体的真空度的。使用时，按住手揿开关，放电簧端应看到紫色火花，并听到蝉鸣响声。将放电簧移近任何金属物时，应产生不少于三条火花线，长度不短于 20 mm。调节仪器外壳上面的旋钮，可改变火花线的条数和长度。火花正常后，可将放电簧对准真空体系的玻璃壁，此时如压力小于 10^{-1} Pa 或大于 10^3 Pa，则紫色火花不能穿越玻璃壁进入真空部分，若压力大于 10^{-1} Pa 而小于 10^3 Pa，则紫色火花能穿越玻璃壁进入真空部分内部，并产生辉光。当玻璃真空体系上有微小的沙孔漏洞时，由于大气穿过漏洞处的导电率比玻璃导电率高得多，因此当高频火花真空检漏仪的放电簧移近漏洞时，会产生明亮的光点，这个明亮的光点就是漏洞所在处。

实际的检漏过程如下：启动机械泵后数分钟，可将体系压强抽至 $10 \sim 1$ Pa，这时用火花检漏器检查可以看到红色辉光放电。然后关闭机械泵与体系连接的旋塞，5 min 后再用火花检漏器检查，其放电现象应与之前相同，如不同表明体系漏气。为了迅速找出漏气所在处，常采用分段检查的方式进行，即关闭某些旋塞，把体系分成几个部分，分别检查。用高频火花仪对体系逐段仔细检查，如果某处有明亮的光点存在，在该处就有沙孔。检漏器的放电簧不能在某一地点停留过久，以免损伤玻璃。玻璃体系的铁夹附近及金属真空体系不能用火花检漏器检漏。查出的个别小沙孔可用真空泥涂封，较大漏洞须重新熔接。

体系能维持初级真空后，便可启动扩散泵，待泵内硅油回流正常后，可用火花检漏器重新检查体系，当看到玻璃管壁呈淡蓝色荧光，而体系没有辉光放电时，表明真空度已优于 10^{-1} Pa。否则，体系还有极微小漏气处，此时同样再利用高频火花检漏仪分段检查漏气，再以真空泥涂封。

若管道段找不到漏孔，则通常为活塞或磨口接头处漏气，须重涂真空酯或换接新的真空活塞或磨口接头。真空酯要涂得薄而均匀，两个磨口接触面上不应留有任何空气泡或"拉丝"。

（3）真空体系的操作

在开启或关闭活塞时，应双手进行操作，一手握活塞套，一手缓缓旋转内塞，务使开、关活塞时不产生力矩，以免玻璃体系因受力而扭裂。

对真空体系抽气或充气时，应通过活塞的调节，使抽气或充气缓缓进行，切忌体系压力过剧的变化，因为体系压力突变会导致 U 形水银压力计内的水银冲出或吸入体系。

6.4　UJ‑25 型电位差计与检流计

一、UJ‑25 型电位差计

1. 仪器工作原理

电位差计是根据补偿法原理设计制造的，与标准电池、检流计等配合使用，可获得较高精度的电动势值。UJ‑25 型高阻型电位差计的基本原理线路如图 6‑12 所示。图中 A、B 为均匀滑线电阻，通过可变电阻 R 与电压为 E_w 的工作电池构成通路。若标准电池的电动势 E_S 是 1.018 65 V，则先将滑动触点 C 移到 A、B 滑线上标记 1.018 65 V 的 C_1 处，把双向电钥 K_1 扳向下使标准电池与 A、C 相通，迅速调节可变电阻 R 直至检流计 G 中无电流通过。此时 A 和 C_1 之间的电位差应等于标准电池的电动势 E_s，此时 E_s 与 A、C 的电位降等值反向而对

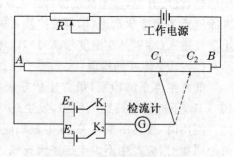

图 6‑12　补偿法原理示意图

消，用这样的方法，校准了 A、B 上电位降的标度，固定 R，将 K_2 板向上使待测电池与 A、C 相通，迅速移动滑动触点 C 到 A、B 上的 C_2 点，使 G 中无电流通过，此时待测电池的电动势 E_x 与 A、C_2 的电位降等值反向而对消，C_2 点所标记的电位降数值即为 E_x。

$$E_x = \frac{E_s}{AC_1} \cdot AC_2$$

UJ-25 型电位差计的内部原理线路及面板结构示意图为如图 6-13 所示。

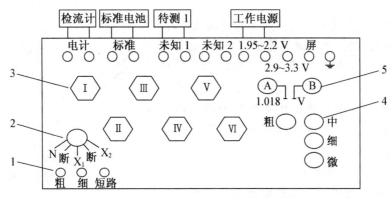

图 6-13　UJ-25 型电位差计面板图

1. 电计按钮(共 3 个)　2. 转换开关　3. 电势测量旋钮(共 6 个)

4. 工作电流调节旋钮(共 4 个)

2. 使用方法

(1) 连接线路

首先将转换开关 2 扳到"断"位置,电计按钮 1 全部松开,然后按面板示意图将标准电池、工作电池、待测电池及检流计,分别用导线接在指定的接线柱上,正、负极不要接错。

(2) 标定的电位计

亦即调节工作电流,先读取标准电池上所附温度计的温度值,并按公式 $E = 1.01865 - 4.06 \times 10^{-5}(t-20) - 9.5 \times 10^{-7}(t-20)^2$ (式中 t 为摄氏温度)计算标准电池的电动势。将标准电池温度补偿旋钮调节在该电池电动势处,然后将转换开关扳到"N",按下电计按钮 1 的"粗"按钮,并按粗、中、细的顺序调解工作电流旋钮,使检流计光点指到零,松开点击按钮 1 的"粗"按钮,接着又按下电计按钮 1 中的"细"按钮,根据检流计亮点偏离零的位置大小,选择性调节中、细、微工作旋钮,使检流计示零。此时工作电流就调好了,由于工作电池的电动势会发生变化,因此在测量过程中要经常标定电位计。

(3) 测量未知电动势

将转换开关 2 扳向"X_1"的位置(当待测电动势接在"未知 1"时),按下电计"粗"按钮,并按由左到右顺序调节 6 个电动势测量旋钮,使检流计光点示零位置,即松开"粗"按钮,再按"细"按钮时,若光电仍有转动,再调节第五个及第六个电动势测量旋钮,直至光点示零位置为止。从六个旋钮下的小圆孔内读得的数之和即为被测电池的电动势。

二、检流计

1. 仪器工作原理

检流计主要用在平衡式直流电测仪器如电位差计、电桥中作示零仪器,以及在光-电测量、差热力分析等实验中测量微弱的直流电流。目前实验室中用得最多的是磁电式多次反射光点检流计。它可以和分光光度计及 UJ-25 电位差计配套使用。

检流计的构造如图 6-14,当检流计接通电源后,由灯泡、透镜和光栏构成的光源 6 发射出一束光,投射在平面镜 3 上,又反射到反射镜 8、8' 上,最后成像在标尺 5 上,形成光点。

光点上的准丝线 7 在标尺 5 上的位置反映活动线圈 2 的偏转程度。

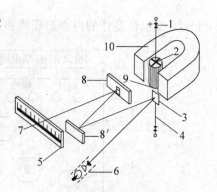

当被测电流经弹簧片 1 的张丝 4 通过动圈 2 时，产生的磁场在永久磁铁 10 的磁场作用下，产生旋转力矩使动圈偏转，而动圈偏转又使张丝产生扭力而形成反力矩，当二力矩相等时，动圈就停留在某一偏转角度上，其转动角度与流经动圈的电流强弱有关。因平面镜随动圈而转动，所以标尺上光点移动的距离与电流的大小成正比。

图 6-14 磁电式多次反射光点检流计的结构图

2. 使用方法及注意事项

(1) 检查电源开关所指示的电压是否与所使用的电源电压一致(特别注意不要将 220 V 电源插入 6 V 孔内，以防烧坏线圈)，然后接通电源，指示灯亮。

(2) 旋转零点调节器，将光点调至零位。

(3) 接通电源后，如标尺上找不到光点影像，可将检流计经轻微摆动，如有光点影像扫描，则可调节零点调节器，将光点调至标度尺上，如无光点影像扫描，则可检查灯泡是否烧坏。

(4) 用导线将输入接线柱与配套仪器连接。

(5) 测量时先将分流计开关旋至灵敏度最低挡(0.01 挡)，然后逐渐进行测量。

(6) 用作示零时，为防止大电流通过而损坏线圈或张丝，只能瞬时接通。当光点影像摇晃不停时，可按短路键使其阻尼。

(7) 实验结束(或移动检流计时)，必须将分流计开关置于"短路"处，以防损坏检流计。

6.5 DDS-11A 型数字电导率仪

一、仪器工作原理

该仪器所用测量电导的方法，实际上是通过测量插入溶液的电极极板之间的电阻来实现。电振荡产生的交流电压加在电极(电导池)上，经运算放大器组成的放大检波电路变换为直流电压，经集成 A/D 转换器转换成数字信号，由 LED 数码管数字显示。

电极极板及电极引线之间有一分布电容，引线越长，其值越大。由于测量信号源为交流电压，电容两端会造成不可忽视的容抗，相当于在电导池两端并接一电阻 R_C，在测量中产生相当大的附加误差。仪器上装有电容补偿调节器，可以消除 R_C 对测量结果的影响。

溶液的实际电导率随溶液温度而变化，温度系数一般 1 ℃ 为 2% 左右。为了适应部分使用者需要，仪器上设置有温度补偿调节器。该调节器的作用是当测量温度系数为 2%/℃ 的溶液电导率时，如调节器置于溶液的实际温度所对应位置，仪器示值为该溶液在 25 ℃ 时的电导率。如果调节器置于 25 ℃ 位置，测量值结果不受调节器的影响，仪器示值为溶液在实际温度时的电导率。

二、电导电极规格常数和电导池常数

常用电导电极规格常数(J_0)有四种：0.01、0.1、1 和 10。其实际电导池常数($J_实$)允差

$\leqslant \pm 20\%$。即同一规格常数的电导电极,其实际电导池常数的存在范围为 $J_{实}=(0.8\sim1.2)J_0$。

测量液体介质,选用何种规格的电导电极,应根据被测液介质电导率范围而定。一般地,四种规格电导电极,适用电导率测量范围参照表 6-3。

表 6-3　选用电极规格常数对应被测液介质电导率量程

电极规格常数	0.01	0.1	1(光亮)	1(铂黑)	10
适用测量范围（$\mu S/cm$）	$0\sim3$	$0.1\sim30$	$1\sim100$	$100\sim3\,000$	1 000 以上

本仪器配套供应(标准套)电导电极(光亮、铂黑)各一支,其规格常数 $J_0=1$。其他规格常数电极,用户根据需要另配。

三、仪器量程显示范围

本仪器设有四挡量程。

当选用规格常数 J_0-1 电极测量时,其量程显示范围如表 6-4。

表 6-4　$J_0=1$ 时仪器各量程段对应量程显示范围

序号	量程开关位置	仪器显示范围	对应量程显示范围（$\mu S/cm$）
1	20 μS	$0\sim19.99$	$0\sim19.99$
2	200 μS	$0\sim199.9$	$0\sim199.9$
3	2 mS	$0\sim1.999$	$0\sim1\,999$
4	20 mS	$0\sim19.99$	$0\sim19\,990$

注:量程 1、2 挡,单位 μS;量程 3、4 挡,单位 mS;其关系:$1\,\mu S=10^{-3}\,mS=10^{-6}\,S$。

选用其他规格常数电极时,其量程显示范围如表 6-5。

表 6-5　选用其他规格常数电极时,其量程显示范围

序号	量程开关位置	仪器显示范围	选用电极各规格常数对应量程显示范围（$\mu S/cm$）		
			$J_0=0.01$	$J_0=0.1$	$J_0=10$
1	20 μS	$0\sim19.99$	$(0\sim19.99)\times0.01$	$(0\sim19.99)\times0.1$	$(0\sim19.99)\times10$
2	200 μS	$0\sim199.9$	$(0\sim199.9)\times0.01$	$(0\sim199.9)\times0.1$	$(0\sim199.9)\times10$
3	2 mS	$0\sim1.999$	$(0\sim1\,999)\times0.01$	$(0\sim1\,999)\times0.1$	$(0\sim1\,999)\times10$
4	20 mS	$0\sim19.99$	$(0\sim19\,990)\times0.01$	$(0\sim19\,990)\times0.1$	$(0\sim19\,990)\times10$

注:$K_{测}=D_{表}\times J_0$,$K_{测}$ 为被测液体电导率;$D_{表}$ 为仪器显示值;J_0 为电导电极规格常数。

四、使用操作

1. 第一种情况:不采用温度补偿(基本法)

(1) 常数校正

同一规格常数的电极,其实际电导池常数的存在范围 $J_实=(0.8\sim1.2)J_0$。为消除实际存在的偏差,仪器设有常数校正功能。

操作:打开电源开关,适时等温。温度补偿钮置于 25 ℃刻度值。将仪器测量开关置于"校正"挡,调节常数校正钮,使仪器显示电导池实际常数(系数)值。即当 $J_实=J_0$ 时,仪器显示 1.000;$J_实=0.95J_0$ 时,仪器显示 0.950;$J_实=1.05J_0$ 时,仪器显示 1.050。如表 6-6 所示。

表 6-6

规格常数 J_0	$J_实=0.950J_0$		$J_实=1.050J_0$	
	$J_实$	常数校正显示	$J_实$	常数校正显示
0.01	0.009 5		0.010 5	
0.1	0.095	0.950	0.105	1.050
1	0.95		1.05	
10	9.50		10.5	

电极是否接上,仪器量程开关在何位置,不影响进行常数校正。

新电极出厂时,其 $J_实$ 一般标在电极相应位置上。

(2) 测量

选择合适规格常数电极,根据电极实际电导池常数,仪器进行常数校正。经校正后,仪器可直接测量液体电导率。

将测量开关置"测量"挡,选用适当的量程挡(参照表 6-4、表 6-5),将清洁之电极插入被测液中,仪器显示该被测液在溶液温度下的电导率。

2. 第二种情况:采用温度补偿(温度补偿法)

(1) 常数校正

调节温度补偿旋钮,使其指示的温度值与溶液温度相同,将仪器测量开关置于校正(温补)挡,调节常数校正钮,使仪器显示电导池实际常数值,其要求和方法同第一种情况(基本法)一样。

(2) 测量

操作方法同第一种情况(基本法)一样,这时仪器显示被测液之电导率为该液体标准温度(25 ℃)时之电导率(温度自动补偿)。

说明:一般情况下,所指液体电导率是指该液体介质标准温度(25 ℃)时之电导率。当介质温度不在 25 ℃时,其液体电导率会有一个变量。为等效消除这个变量,仪器设置了温度补偿功能。

仪器不采用温度补偿时,测得液体电导率为该液体在其测量时液体温度下之电导率。

仪器采用温度补偿时,测得液体电导率已换算为该液体在 25 ℃时之电导率值。

本仪器温度补偿系数为每度(℃)2%,所以在做高精密测量时,请尽量不采用温度补偿。而采用测量后查表或将被测液等温在 25 ℃时测量,求得液体介质 25 ℃时之电导率值。

五、仪器维护和注意事项

(1) 电极应置于清洁干燥的环境中保存。

(2) 电极在使用和保存过程中,因受介质、空气侵蚀等因素的影响,其电导池常数会有所变化。电导池常数发生变化后,需重新进行电导池常数测定(测定方法见本说明书"四、电导池常数常用测定方法"一节)。仪器应根据新测得的常数重新进行"常数校正"。

(3)测量时,为保证样液不被污染,电极应用去离子水(或二次蒸馏水)冲洗干净,并用样液适量冲洗。

(4)当样液介质电导率小于 1 μS/cm 时,应加测量槽作流动测量。

(5)选用仪器量程挡应参照表 6-4、表 6-5。能在低一挡量程内测量的,不放在高一挡测量。在低挡量程内,若已超量程,仪器显示屏左侧第一位显示 1(溢出显示)。此时,请选高一挡测量。

六、电导池常数常用测定方法

1. 标准溶液测定法

(1)配制电导率标准溶液。电导率溶液标准物质取氯化钾,按附录 1 要求配制。

(2)清洗、清洁待测电极,并接入仪器,插入溶液。

(3)仪器操作。温度补偿钮置 25 ℃刻度线。测量开关置"校正"挡,调节常数校正钮,使仪器显示 1.00。测量开关置"电导"挡,读出仪器读数 $D_表$。计算:

$$J_待 = K_标 / D_表$$

式中:$J_待$ 为待测电极的电导池常数,单位 cm^{-1};$K_标$ 为标准溶液电导率,由附录 1 查得,单位 S/cm(计算时,应统一单位,用 μS/cm 或 mS/cm);$D_表$ 为仪器显示读数,单位 μS 或 mS,由仪器所用量程挡得。

2. 与标准电极(已知常数电极)比较法

用一已知常数电极与未知常数电极测量同一种溶液的方法求得未知电极电导池常数。公式如下:

$$J_待 * D_待 = J_标 * D_标$$

式中:$J_待$ 为未知电极待测常数;$D_待$ 为未知电极测得仪器读数;$J_标$ 为标准电极(已知电极)常数;$D_标$ 为已知电极测得仪器读数。

注意:已知电极电导池常数要正确可靠。

表 6-7 电导率标准溶液浓度及其电导率值(15～35 ℃)

溶液编号	标准 KCl 溶液(g/L)(20 ℃室温)	电导率(S/cm)				
		5 ℃	18 ℃	20 ℃	25 ℃	35 ℃
1	74.245 7	0.092 12	0.097 80	0.101 70	0.111 31	0.131 10
2	7.436 5	0.010 455	0.011 162	0.011 644	0.012 852	0.015 353
3	0.744 0	0.001 141 4	0.001 220 0	0.001 273 7	0.001 408 3	0.001 687 6
4	将 3 号溶液 100 mL 稀释至 1 000 mL	0.000 118 5	0.000 126 7	0.000 132 2	0.000 146 5	0.000 176 5

注:应用上述标准溶液时应遵守如下条件:① 电导率标准物质需在 110 ℃下烘 4 h 后才能配制标准溶液;② 配制标准溶液要用去离子水或二次蒸馏水;③ 推荐使用一等的 1 L 容量瓶,准确度为 0.1 mg 的天平。

6.6 XWT 系列台式自动平衡记录仪

XWT 系列台式自动平衡记录仪是由桥式电位差计线路组成的自动平衡测量和记录的电位差计,如图 6-15 所示。按照记录笔的个数,它们又分为单笔或多笔记录仪。多笔记录仪是将多台笔的记录仪表组装在一台仪器上,每个测量笔所代表的测量系统是独立的,只是共用一个走纸机构。其使用方法如下:

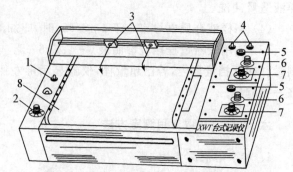

图 6-15 XWT 纱列台式自动平衡记录仪

1. 电源 2. 走纸变速器 3. 记录笔 4. 测量开关
5. 信号输入接口 6. 调零旋钮 7. 量程选择旋钮
8. 记录纸

(1) 将"电源"、"走纸变速器"等开关置于断开位置,"量程"开关置于最大。待测信号接到各个测量单元上。

(2) 打开"电源",预热 15 min。

(3) 打开测量开关,选择合适的量程,用调零旋钮将记录笔调至合适的位置,并选择合适的走纸速度,即可进行测量记录。

6.7 阿贝折光仪

一、仪器工作原理

单色光从一种介质 A 进入另一种介质 B,即发生折射现象,在一定温度下入射角与折射角的关系服从折射定理:

$$n_A \sin\alpha = n_B \sin\beta$$

式中:α 为入射角;β 为折射角;n_A、n_B 分别为 A、B 介质的折射率。

折射率是物质的特性常数,对一定波长的光,在一定温度和压力下,折射率为一确定的值。

若 $n_A < n_B$(A 称光疏介质,B 称光密介质),根据上式,α 必须大于 β,这时光由 A 介质进入 B 介质时,则折向法线。对于给定的 A、B 两介质面而言,在一定温度下,n_A、n_B 均为常数。故当入射角 α 加大时,折射角 β 也相应增大,当 α 达到最大值 90°时,所得的光线折射角 β_c 称临界折射角。显然从图 6-16 中法线左边 A 介质入射的光线折射 B 介质内时,折射线都只能落在临界折射角 β_c 之内。若在 M 处置一目镜,则见镜上半明半暗,从上式可知,当固定一种介质 B,即 n_B 一定,则临界折射角 β_c 的大小和 n_A 有简单函数关系。阿贝折光仪就是根据这一光学原理设计的。

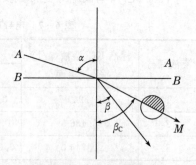

图 6-16 折射原理图

阿贝折光仪的构造如图 6-17 所示,仪器的主要部分是两块直角棱镜组成的棱镜组,当两块直角棱镜对角线平面叠合时,放入这两镜面的待测液体即连续分布成一薄层。光线由反光镜 G 反射而透过棱镜 F,由于其表面是毛玻璃面,光在毛玻璃面上产生漫反射,以不同的入射角进入待测液体层,然后到达棱镜 F 的表面,由于棱镜 E 的折射率很高(约为1.85),根据上面讨论,从各个方向射入棱镜 E 的光线均产生折射,且其折射角都落在临界折射角 β_c 之内,具有临界折射角 β_c 的光线射出棱镜 E,经消色散棱镜 B、C 再经会聚透镜和目镜最后到达我们眼里。为了使目镜中现出清晰的临界折射角界面,利用色散调节器调节色散棱镜面消除色散,D 为色散度的读数标尺。依靠临界折射角的界面(明暗交界线的位置来确定),通过与两棱镜角位置转动盘相联系的刻度标尺 A,从放大镜中读出待测液的折射率。由于折射率与温度有关,所

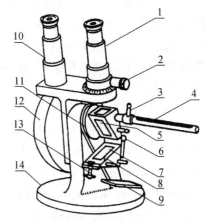

图 6 - 17 阿贝折光仪的构造

1. 测量目镜 2. 消色补偿器 3. 循环恒温水接头 4. 温度计 5. 测量棱镜 6. 铰链 7. 辅助棱镜 8. 加样品孔 9. 平面反光镜 10. 读数目镜 11. 转轴 12. 刻盘罩 13. 折射棱镜锁罩扳手 14. 底座

以在测量时折光仪应与超级恒温槽相连接,使恒温水在两棱镜的外层间循环,并由插在夹套里的温度计读出温度。另外由于折射率和入射角的波长有关,通常选用钠光(波长为 5 893 Å,符号为 D)作标准,故测得的某物质的折射率为该物质对钠光的折射率,通常用 n_D^t 来表示。光的行程如图6 - 18 所示。

二、使用方法及注意事项

实验室将仪器放在光线较好的桌子上,在棱镜外套上装好温度计,用超级恒温槽通入恒温水,恒温在(25±0.1)℃或其他温度。

1. 仪器校正

打开棱镜滴 2 滴丙酮在镜面上,合上,再打开,然后用已知折射率的标准折光玻璃块来校正标尺刻度。方法是拉开下面棱镜 F,用一滴 α-溴代萘滴在玻璃块的抛光面上,使玻璃块黏附在棱镜 E 上,并掀开前面的金属盖,使玻璃块直

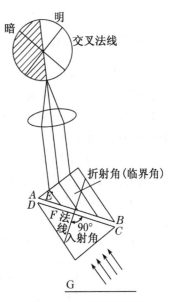

图 6 - 18 光程示意图

接对着反光镜 G,旋转棱镜使标尺读数等于玻璃块上注明的折射率,然后用一小旋棒旋动目镜凹槽中凸出部分,使明暗交界线和十字线交点重合,校正工作就完成了。一般也用重蒸馏水为标准样品,方法是把水滴在 F 棱镜的毛玻璃面上,合上两棱镜,旋转棱镜使刻度尺读数与水的折射率(可查附表)一致,其余步骤与上相同。

2. 样品测定

对不挥发和黏度较大的样品需拉开棱镜,用滴管吸取数滴于棱镜 F 上(注意:不要触碰

棱镜面！）。待整个镜面粘匀后,合上棱镜进行观察,如样品易挥发,或流动性很好,则先合上棱镜,样品由棱镜间小槽滴入。旋转棱镜,使目镜中能看到半明半暗现象。如果看不到,改变选择方向定能看到。因为为白光,故在交界线处呈彩色色散,旋转散调节器旋钮,使彩色消失,明暗清晰(这样测得的折射率与应用钠光所得的折射率相同),再细调棱镜折射率,读数灵敏可于小数点后第4位。

明暗分界线由下方趋向十字交点与由上方趋向十字交点,其读数常有差别(由螺纹间隙引起),为了减少误差,可取两者的平均值。对于系列测量,亦可采用同一方向逼近的方法。使用阿贝折光仪时,一定要学会它的正确使用方法和注意事项,否则可能损坏仪器,同时得不到正确数据。该仪器的关键所在是 E、F 棱镜,使用时千万注意,不能用滴管及其他硬物碰触镜面,吸管口一定要烧光滑。腐蚀性液体,强酸、强碱和氟化物等不得使用阿贝折光仪。在测量样品前应用丙酮洗净镜面,用完后要用丙酮洗净镜面,并用镜头纸轻轻擦干,取下温度计,倒尽金属套中余下的水,最后装入木盒中。有时在目镜下看不到半明半暗或是畸形的,这是棱镜间未充满被测液所致。若液体的折射率低于 1.3 或高于 1.7,则此仪器不能测定。折射仪不要被日光直接照射,也不能离热源太近,以免影响测定温度。

如果要测腐蚀性液体的折射率,可用浸入式或普菲里许折光仪。

6.8　751 - G 分光光度计

一、仪器工作原理

本仪器是依据相对测量原理工作的,即先选定某一溶剂(或空气)作为标准溶液,并认为它的透光度为 100%,而被测的试样透过率是相对标准溶液而言。实际上就是由出射狭缝射出的单色光,分别通过被测试样和标准溶液,这两个能量之比值,就是在一定波长下该被测试样的透过率。

仪器的方框图如图 6 - 19 所示,光源发射出来的连续辐射能,经过单色器后色散成一定波长的光谱带,从狭缝射出单色光,通过标准(参比)溶液再辐射到光电管上。将读数电位器标度尺上的示值调整至 100% 处,此时可以通过改变狭缝宽度或测量系统的灵敏度来使电表指示在零位,然后移动试样槽,使同一单色光通过被测试样后,照射到光电管上。如果被测试样有吸收现象,则光能量就会发生变化(减少),此时可以转动读数电位器来改变补偿电

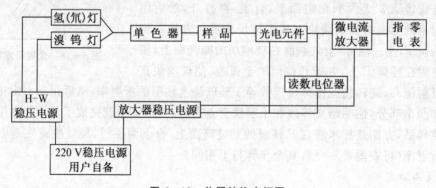

图 6 - 19　仪器结构方框图

压,使电表指针重新归零,而读数电位器上的指示值,就可以直接反映出试样的透过率了。

二、使用方法及注意事项

1. 仪器的调整

仪器出厂后,经过运输受到震动,难免会产生某些机械变化,因此必须进行适当调整。仪器在进行接通电源开始调整工作前,使用者应首先看完说明书,了解本仪器的结构和工作原理,以及各个操作旋钮的功能,如图 6-20 所示。

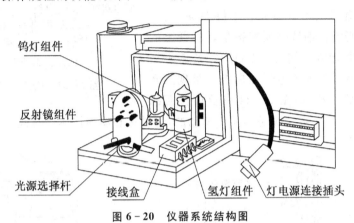

钨灯组件

反射镜组件

光源选择杆　接线盒　氢灯组件　灯电源连接插头

图 6-20　仪器系统结构图

注意:请再次认真检查各个开关及旋钮是否处于起始位置,各插头及导线是否连接正确。

仪器的调整按下列步骤依次进行:

(1) 光源的调节

① 将波长旋转在可见光部分(如 580 nm 附近范围内),狭缝刻度调节至 2 mm,将灯罩上反射镜转动手柄放在"钨灯"位置,接通钨灯开关(滤光片滑块放在空挡上),用一块白纸插入比色皿座内的暗电流窗口之前;在白纸上可观察到单色光。正常情况下是一个明亮完整均匀的长方形光斑,如图 6-21(a)所示形状。

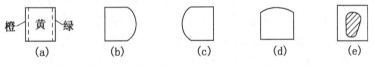

橙　黄　绿

(a)　　(b)　　(c)　　(d)　　(e)

图 6-21　光斑调整示意图

当仪器各波长的光能量均足够且亮电流稳定的情况时,光斑的形状可允许略有差异,但力求形状完好。

② 如果不是如图 6-21(a)所示的情况,而是像图 6-21(b)~(e)所示的情况,则可将光源灯罩移去,旋松位置固定螺钉(见图 6-22),前后左右移动位置,使观察到的光斑达到均匀完整,亮度上达到最强为止,然后紧固螺钉,再调节钨灯固定板上的三个螺母,控制灯丝的高度,以进一步改善光斑质量。

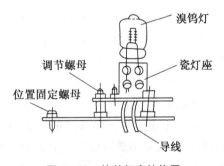

溴钨灯

调节螺母　　瓷灯座

位置固定螺母

导线

图 6-22　钨丝灯座结构图

③ 必要时可以调节滤光片滑块下方小孔内的调节螺钉(见图 6－25)以改变入射光角度,使光斑形状得到改善。

④ 同样将反射镜手柄转向"氢弧灯"操作相同,通常在正常情况下,在白纸上可见一个较暗的均匀的长方形亮斑。由于氢弧灯的亮点相当小,而且可见光强度较弱,所以被照的面积要相当完整,就必须作相应的仔细调整。旋松上下调节螺母钉,氢弧灯同样能够作垂直的上下移动,并容许左右稍微转动,来达到调节的目的。

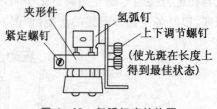

图 6－23　氢弧灯座结构图

⑤ 如果光斑形状正常而光色不够明亮、均匀(中间呈暗区),则需仔细调整反射镜架转轴臂上的定位螺钉,略顺时针方向转动,以定位钉紧靠小挡板后,光从反射镜投射入单色器在白纸上呈现的光斑明亮,清晰为止。注意:图 6－24 中反射背面的调节螺钉(甲、乙、丙)一般情况是不需要调动的,切忌在旋动中损坏反射镜。

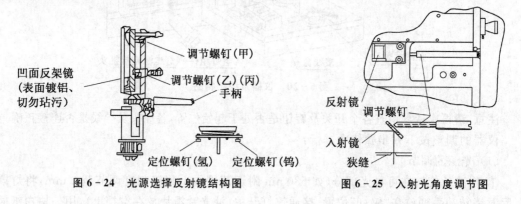

图 6－24　光源选择反射镜结构图　　　图 6－25　入射光角度调节图

⑥ 通过①、②、③、④、⑤程序的初步调整,可使光源灯正确聚焦在狭缝上,将得到比较满意的光斑。

如果需要检查氢弧灯,是否已调整至最佳状态,请按仪器的操作方法进行。

把波长转在 200 nm 上,光电管 CD－5(蓝管)处于工作状态,调整灵敏度及狭缝使电表指到零。将氢弧灯光点作微小的变化,使得电表指针向左偏移(逆时针方向),说明这位置氢弧灯光强增大,重复上述调整直到电表指针在调节氢弧灯位置时,不能使电表指针再向左偏转,而是向右偏转了,再向左偏转最大的一点,就是光强度最大的一点。然后可以再调一下图 6－25 反射镜转轴边上的定位螺钉(氢),使电表指针尽可能向左面偏移。有时(电表指针)在调整过程中,因等位移动过大,使电表指针向右偏移极大,以至无法再把指针调回来,说明光轴已大幅度偏移,没有照在入射狭缝口上。这样需要按前述方法,将狭缝开至 2 mm,波长放在可见光范围内(580 nm)重新调整至满意。

光源的调节比较困难,需仔细小心,重复实验,最终以达到满意为止。

⑦ 不论是钨灯或氢弧灯的调节,必须十分小心,千万勿用手指触摸反射镜面,在调节之后,仍应将螺母和螺钉旋紧。另外如果两个灯泡中任何一个被手指触摸过,则在通电之前必须用无水酒精和乙醚混合液擦清痕迹,否则手指印灼烧后的烙印将不能再去掉(操作时最好能戴上清洁的薄形棉布手套,切忌玷污反射镜面)。

（2）仪器的零点及其灵敏度的调整

① 在仪器尚未能接通电源时，电表的指针必须位于刻度板左端的刻度上，若不是这种情况，则可以调节电表盖上的螺丝。

② 开启主机开关至"X1"挡和Ⅱ-W电源（先选用钨灯光源）。

③ 将仪器的光门拉杆处于"推入暗"位置，调节暗电源，使电表指针为零。预热 10～20 min。

④ 把灵敏度（控制器）旋钮，旋在合适位置（一般按顺时针方向旋三圈左右）。再把透光率刻度放在 100％，使波长刻度放在 625 nm 上（该波长对于红敏或蓝敏光电管时适用）。然后打开暗电源闸门，调节狭缝使电表指针回到零。再将透光率刻度自 100％移到 99％，这时仪表指针偏转应近于 3 小格即能取得正常的测量灵敏度。

（3）波长校正

仪器的波长是否正确，与测量结果的正确性是有关系的。仪器上的波长调节装置和棱镜旋转机构是连动的，因此可以选取各种波长。在固定波长盘的某一波长情况下改变球和准直镜的角度，即可以调整波长精度。

校正波长精度可用仪器附件（镨钕滤光片）或利用仪器本身的氢弧灯作为校准光源（氢弧灯本身有两根合适的强线，即 654.3 nm 和 486.1 nm 可作为校准光谱线）

校准方法如下：

① 开启仪器及灯光源，先使用钨灯光源，把狭缝开到 2 nm，波长转到 580 nm，此时应在白纸上看到黄色光斑。

② 如果波长相差很大，光斑颜色是绿色的或红色的，则要调整准直镜角度，参考图 6-26。可调整波长校正螺杆，逆时针方向旋转使光斑成黄色。如果光斑原来是枯黄或红色的，则顺时针方向调整螺杆，使光斑成黄色，这是波长相差在 10 nm 以上的情况。如果波长相差在 10 nm 以内，则这一步骤可省去，可用下法。

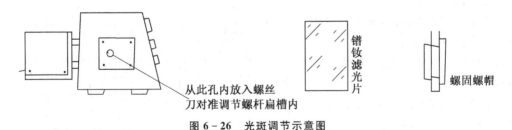

从此孔内放入螺丝刀对准调节螺杆扁槽内

镨钕滤光片

螺固螺帽

图 6-26 光斑调节示意图

③ 用（镨钕滤光片）滤片来校对波长（见图 6-26）。这是仪器的附件，插放在比色皿盒内，用它的 741 nm 和 808 nm 二根吸收峰线，在波长 741 nm 和 808 nm 附近逐点测出其透过率，观察它的吸收峰是否与规定相符，如果实际测得的是 735 nm 和 808 nm 则稍微转动波长校正螺杆，顺时针转，反之实测下来是 746 nm 和 813 nm 则要逆时针转动校正螺杆（如旋转校正螺钉觉得太紧不易控制时，可以略松开一些见证螺杆上面的紧固螺帽，逆时针是松开）。波长盘的实际读数，必须符合产品合格证上所注明的波长数。

④ 用氢弧灯来精确校正波长。

a. 先开启氢弧灯 10 min 后，用氢弧灯光源进行。

b. 选择开关转至 X0.1，透过率数盘放在 100，灵敏度钮顺时针旋转三圈，用红敏光电管,波长放在 650 nm。

c. 调节暗电流使"0"位指针指在 0 处(要求不高)。拉开暗电流闸门,调节狭缝使 0 位计指示 0(如在 0 左右也无关,要求不高)。

d. 缓缓转动波长旋钮从 650 nm→660 nm,若电表指针偏左到底则将狭缝适当关小,使电表指针回到 0,再缓慢转动波长读数,电表指针又向左偏转,要继续关小狭缝,使电表指针又回到 0,这样进行下去,直到旋转波长例如从 654 nm 开始电表向左偏转,在 655 nm 时电表指针向左偏转最大,但不到底(这样可以看到指针偏转最大时的波长读数值)如波长转到 656 nm 时电表指针又回右而去,则波长峰值一定在 655 nm 附近。进一步精确观察一下,转到波长读数盘,使电表指针停在偏左的顶峰值处。此时再读出波长盘刻度,与 656.3 nm 之差即为波长误差。

如图 6－27 所示波长读数就为 655.5 nm,校正谱线 656.3 nm,误差 0.8 nm,可顺时针微微旋转波长校正螺杆,再仔细按上述方法实验,得到精确的波长值。如果误差较小,可不需要调整,因为温度影响,亦可导致波长偏移。还可再转到波长 486.1 nm 处,用紫敏光电管,再核对一下,如果在 486.1 nm 处误差在精度范围内,此处就不需要校正了。

光能量弱　　光能量强

　　　　　　　　　　　654.5　　　　　　655　　　　　　655.5　　　　　　656.8

图 6－27

以上是利用氢弧灯的上述二个光谱来校正仪器精度(当然还有其他谱线,有的比较弱,我们就不去利用了)。另外在 486.1 nm(过去)左右约 493 和 478 nm 处亦有谱线出现,要注意防止校错。

其他如用汞作光源,则可作更精确的校准,这样必须拆除原有的氢弧灯,以汞灯来代替,校准程序如上相同。

镨钕滤光片的光谱吸收曲线如图 6－28,请按合格证所注明的镨钕滤片 808 nm 的仪器出厂实测波长,来校正波长盘即能保证仪器的波长精度。

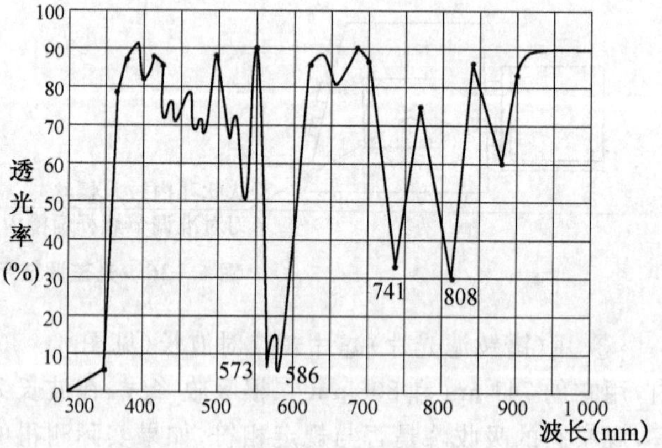

注意:图上透光率的数值因每块滤光片不同只作参考。

图 6－28　镨钕滤光片的光谱吸收曲线

2. 使用操作

注意:各控制部位旋钮及有关按钮,请详细看前面结构说明图,并对一些构造性能有一定认识后,再开始使用。操作步骤如下:

(1) 将暗电流闸门处在关的位置。

（2）将开关放在"校正"上，然后先启动电源正常后，再按序启动主机部件。

（3）将波长刻度选在所需的波长部位上。

（4）选定相适应波长的光电管，手柄推入为紫敏光电管（200～625 nm），手柄拉出为红敏光电管（650～1 000 nm）。同时根据相应波长来选定光源灯，钨灯适应波长为320～1 000 nm范围内，氢弧灯使用波长为320～200 nm。根据需要，可以相应地将滤光片推入光路，以减少杂散光，通常情况下可以不必要。

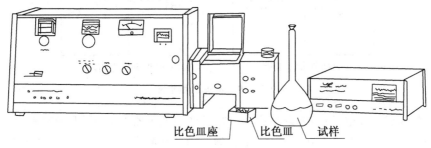

图 6-29　仪器工作示意图

（5）根据需要选择比色皿，对于350 nm以上的波长，可用玻璃比色皿。对于350 nm以下，一定要用石英比色皿。将比色皿放入托架内，其中三个比色皿内放被测溶液，另一个皿内放参比或标准溶液，然后把试样室盖好。

（6）调节暗电流，使电表指到零，为了得到较高的正确度，每被测量一次暗电流应随时进行校正。

（7）在正常情况下，灵敏度钮一般调节在顺时针方向转动约三圈左右，此时读数盘转动1‰头光率电表指针可偏约三小格。

（8）移动试样槽手柄，把标准溶液移到光路之中（同时注意滑板是否处在定位槽中）。

（9）把读数电位器放到透光率100%上。

（10）把选择开关扳到"X1"上。

（11）把开关电管闸门，使单色光进入试样后，射到光电管上。

（12）调节狭缝大致使电表指针到零，而后再用灵敏度旋光钮细致调节，使电表指针正确地指在零上。

（13）拉动试样槽手柄，将试样溶液置于光路之中（同时注意滑板是否在定位槽中）这时电表指针偏"零"位。

（14）旋转读数电位器刻度盘，重新使电表指针指到零位上，此时从刻度盘上即能读取透过率或相应的吸光值。依次更换试样，以旋动读数盘，使电表指针重新平衡后，可分别得到各相应数据。

（15）在开启试样室盖板或暂停测试时，把光电管闸门关上，以便保护光电管，勿使其受过强光或时间过长照射而损坏。

（16）读取透过率或相应的吸光值：当选择开关放在"X1"时，透光率范围是从 0～100%，相应的吸光值范围由∞～0，在测定时可以直接从刻度盘上读取，不需进行换算，当试样浓度过大，测定中透过率值小于10%或吸光值大于1 A，不能正确读取数据时，可把选择开关放在"×0.1"位置，此时旋动刻度盘使电表指针重新移到零位上，在刻度盘上显示的透过率数字必须"×0.1"或使用吸光值刻度时则必须"+1 A",即为试样实际测量读数。用此量程换挡可提高测量读数的精确度。

例:图 6-30 中,左图读 $T=7.2\%$,$D=1.14$ A 在量程变换到"X0.1"挡重新平衡后,右图则可以精确读数得 $T=7.27×0.1=7.27\%$,$D=1+0.138=1.138(A)$。

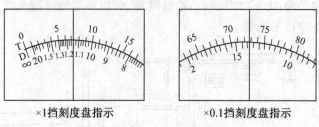

| ×1挡刻度盘指示 | ×0.1挡刻度盘指示 |

图 6-30 刻度盘示意图

(17) 在测定过程中,须经常以参比(空白)试样校准仪器的 100%T 光能量,仪器的校正挡位置相等,等于刻度盘旋准在 100%T 的位置。因此在测定中只要把选择开关及时地旋在"校正"挡,以灵敏度钮调整电表"0"位,就可以不必再旋准刻度盘 100%T 位置,也能达到效果。

(18) 为了确保仪器的测定准确度,首先必须经常校正仪器的波长精度,严格按照预绘各种试样的标准曲线或吸光值谱图的条件测定,再对比读取测定结果。绘制各试样的标准曲线或吸收光谱图时,必须详细准确地记录:① 波长;② 狭缝宽度(或相应灵敏度圈数);③ 光源灯种类;④ 光电管种类;⑤ 是否用滤光片;⑥ 比色室内的光栏种类,以及仪器状态,比色皿规格、材料等便于对测试结果作出正确的判断。

(19) 在使用过程中,如需开启试样室盖或暂时停止测试,必须及时推入光门钮杆(使光电管先关闭),保护光电管不受强光或长时地照射而损坏。

6.9 WZZ 自动指示旋光仪

一、仪器的结构及原理

仪器的外形结构见图 6-31,仪器的原理框图见图 6-32。

仪器采用 20 W 钠光灯作光源,由小孔光栏和物镜组成一个简单的点光源平行光管,平行光经起偏镜变为平面振光,其振动平面为 OO(图 6-33(a)),当偏振光经过有法拉第效应的磁旋线圈时,其振动平面产生 50 Hz 的 β 角往复摆动(图 6-33(b)),光线经过检偏镜投到光电倍增管上,产生交变的光电讯号。

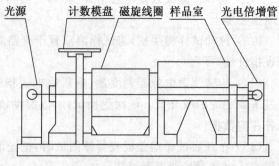

图 6-31 仪器外形结构图

仪器以两偏振镜光轴正交时(即 $OO \perp PP$)作为光学零点,此时,$\alpha=0°$(图 6-34)。磁旋线圈产生的 β 角摆动,在光学零点时得到 100 Hz 的光电讯号(曲线 C'),在有 α_1° 或 α_2° 的试样时得到 50 Hz 的讯号,但它们的相位正好相反(曲线 B'、D')。因此,能使工作频率为 50 Hz 的伺服电机转动。伺服电机通过蜗轮蜗杆将起偏镜反向转过 $\alpha°(\alpha=\alpha_1$ 或 $\alpha=\alpha_2)$,仪器回到光学零点,伺服电机在 100 Hz 讯号的控制下,重新出现平衡指示。

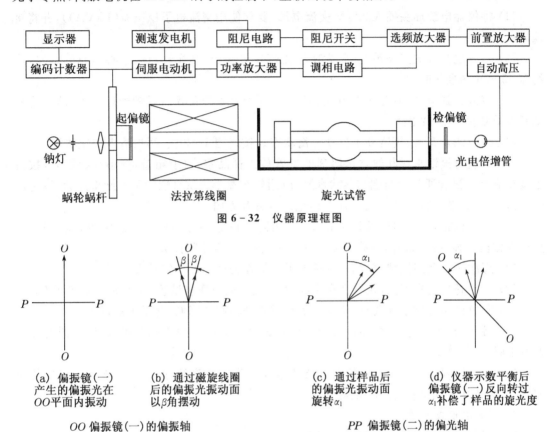

图 6 - 32　仪器原理框图

(a) 偏振镜(一)产生的偏振光在 OO 平面内振动
(b) 通过磁旋线圈后的偏振光振动面以 β 角摆动
(c) 通过样品后的偏振光振动面旋转 α_1
(d) 仪器示数平衡后偏振镜(一)反向转过 α_1 补偿了样品的旋光度

OO 偏振镜(一)的偏振轴　　　　　　　　PP 偏振镜(二)的偏光轴

图 6 - 33　偏振光振动平面变化图

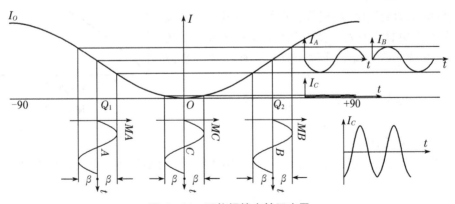

图 6 - 34　两偏振镜光轴正交图

曲线 I_0:光强度随旋光度的大小而改变

曲线 A、B、C:法拉弟效应使旋光度 α 随时间而变化(β 角摆动)

曲线 I_A、I_B、I_C:光电流随时间而变化——光电讯号

二、仪器的操作方法

1. 操作方法

(1) 将仪器电源插头插入 220 V 交流电源(要求使用交流电子稳压器(1 kVA)),并将接地靠地。

(2) 打开电源开关点亮钠光灯,为使钠光灯发光稳定,钠光灯内的钠必须充分蒸发,这约需 15 min 的预热时间。

(3) 打开光源开关,使钠光灯在直流下点亮(若光源开关开启后钠光灯熄灭,须再将光源开关重复打开 1~2 次)。

(4) 按下测量开关,机器处于自动平衡状态。按复测 1~2 次,再按清零按钮清零。

(5) 将装有蒸馏水或其他空白溶剂的试管放入样品室,盖上箱盖,待小数稳定后,按清零按钮清零。试管通光面两端的雾状水滴,应用软布擦干。试管螺帽不宜旋得过紧,以免产生应力,影响读数。试管安放时应注意标记的位置和方向。

(6) 取出试管,将待测样品注入试管,按相同的位置和方向放入样品室内,盖好箱盖。仪器读数窗将显示出该样品的旋光度。等到测数稳定,再读取读数。

(7) 逐次按下复测按键,取几次测量的平均值作为样品的测定结果。

(8) 样品超过测量范围,仪器会在 ±45° 处振荡。此时取出试管,仪器即自动转回零位。

(9) 深色样品透过率过低时,仪器的示数重复性将有所降低,此系正常现象。

(10) 钠灯直流供电出故障时,仪器也可在钠灯交流供电的情况下测试,但仪器的性能略有下降。

(11) 深色样品透过率低时,仪器的读数重复性将有所降低,此系正常现象。仪器使用完毕后,应依次关闭测量、光源、电源开关。

2. 测定浓度或含量

先将已知纯度的标准品或参考样品按一定比例稀释成若干不同浓度的试样,分别测出其旋光度。然后以横轴为浓度,纵轴为旋光度,绘成旋光曲线。一般旋光曲线均按算术插值法制成查对形式。测定时,先测出样品的旋光度,根据旋光度从旋光曲线上查出该样品的浓度或含量。

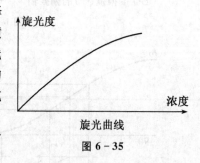

图 6-35

旋光曲线应用同一台仪器,同一支试管来做,测定时应予以注意。

3. 测定比旋度、纯度

先按药典规定的浓度配制好溶液,依法测出旋光度,然后按下列公式计算出比旋度 $[a]$:

$$[a] = \frac{A}{Lc}$$

式中:A 为测得的旋光度(度);c 为溶液的浓度(g/mL);L 为溶液的长度(dm)。由测得的比旋度,可求得样品的纯度:

$$纯度 = \frac{实测比旋度}{理论比旋度}$$

4. 测定国际糖分度

根据国际糖度标准,规定用 26 g 纯糖制成 100 mL 溶液,用 200 mm 试管,在 20 ℃下用钠光测定。其旋光度为+34.626,其糖度为 100 糖分度。

三、注意事项

(1) 仪器应放在干燥通风处,防止潮气侵蚀,尽可能在 20 ℃的工作环境中使用仪器。搬动仪器应小心轻放,避免震动。

(2) 光源(钠光灯)积灰或损坏,可打开机壳进行擦净或更换。

(3) 机械部分磨擦阻力增大,可以打开门板,在伞形齿轮蜗杆处加少许机油。

(4) 如果仪器发生停转或其他元件损坏的故障,应按原理图详细检查或函告工厂,由厂方维修人员进行检修。

(5) 打开电源后,若钠光灯不亮,可检查保险丝。

(6) 常见故障及处理方法。

表 6-8 常见故障及处理方法

故障现象	原因分析	排除方法
交流下钠光灯不亮	灯坏或保险丝断	更换
直流下钠光灯不亮	光源开关速度太慢 灯管失效 直流光源线路板坏	快速扳动开关 更换 送厂检修
无自动平衡	试样室堵光 灯未亮足 高压供电或伺服系统线路故障	清除杂物 等待 送厂检修
无显示、少笔划	显示电路故障	送厂检修
声音响	机械磨擦	打开后门运动件加油
重复性差读数漂移	钠光灯老化 光学系统积灰	换新 送厂清洗

6.10 ZD-2 自动电位滴定仪

整套仪器由"ZD-2 型精密自动电位滴定仪"和"DZ-1 型滴定装置"两部分组成,前者可单独作酸度计或钠度计使用。

自动电位滴定仪以下简称仪器或 ZD-2 型,滴定装置以下简称搅拌器或 DZ-1 型,电磁控制阀简称电磁阀,滴定计量管简称滴定管,pH 复合电极和 pNa 玻璃电极简称 pH 电极和 pNa 电极。

测量 pH 和测量 pNa 系同一原理,均遵循能斯特方程式的规律,因 H^+ 和 Na^+ 同为一价离子,故测量的数值是共用的,即 pH 计和 pNa 计可合二为一。

一、仪器用途

(1) "ZD-2 型精密自动电位滴定仪"系指针型电位滴定仪的改型产品,在使用和操作方面,具有相当的连贯性,以便于操作与应用。

（2）"ZD-2型"在单独作为酸度计或钠度计使用时（这两个测量项目使用同一数值）。适宜于:

① pH测定——使用E-900型pH复合电极,可供化学实验室取样测量水溶液的酸碱度（pH）;

② pNa测定——与"6801型pNa玻璃电极"和"232型甘汞电极"配套使用后,可供化学实验室取样测量水溶液的Na^+浓度（pNa）;

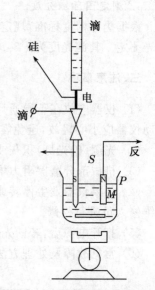

图6-36　搅拌器工作原理图

③ 电位测定——测量各种电极电位和其他直流毫伏（mV）值。

④ 同时增加了测温功能,准确显示溶液温度,可进行自动或手动温度补偿,操作方便,准确可靠。

（3）ZD-2型和DZ-1型配套使用时,适宜于:

① 与不同的指示电极和参比电极组合后,可供化学实验室应用"预定终点电位滴定法"进行容量分析;

② 对某一pH、pNa或电极电位的设定值进行恒定控制;

③ 用手动方式作电位滴定操作,以求得等当点或进行容量分析。

（4）为使操作人员在整个滴定反应过程中,能精确显示电极电位的突跃变化值,故ZD-2型的指示器,采用容易读数的31/2位数码管显示。

（5）ZD-2型具有0~1V讯号输出功能,利用此功能可以方便地绘制出整个滴定反应的曲线图,供用户分析和保存。对记录器要求:

① 记录器的零值必须在中央（应与仪器的零位相一致）;

② 输入灵敏度:0~1V满刻度。

二、仪器的工作原理和结构

1. 仪器测量部分的工作原理

利用一次仪表（pH电极和参比电极或pNa电极和参比电极）能在不同的pH或pNa的溶液中产生强度不一的直流电动势,再将此电动势输入到二次仪表进行放大,最后在电表上指示出测量的结果。

在一只复合电极中,由指示电极和参比电极（甘汞电极）组成。在测量时,指示电极的电位将随着被测溶液中H^+或Na^+不同的浓度而变化,并符合能斯特方程式,而参比电极的电位是固定不变的。根据能斯特方程式,指示电极的电极电位特性是:

$$\Delta mV = -58.16 \times \frac{273+t}{293} \times \Delta pH（或 \Delta pNa）$$

式中:ΔpH为不同溶液的pH差数;ΔpNa为不同溶液的pNa差数;ΔmV为理论上指示电极应产生的电极电位变化,系直流毫伏级电动势;t为被测溶液的温度（℃）。

2. 仪器滴定部分的工作原理

在作各种滴定分析时,经预设滴定终点后,将不同的指示电极所产生的变化着的直流电位送入二次仪表,然后驱动电磁阀,令滴液快慢有序地流入滴定反应杯,使电极电位不断向等当点靠近。直至到达预定终点值后,仪器立即自动地停止滴液动作,达到自动电位滴定的要求。

3. 搅拌器介绍

DZ-1型,是一台电磁搅拌器,它起着承托滴定管、溶液杯以及电极系统等零部件的支架作用,还装有一个电磁阀,作为控制滴液流向滴定反应杯的执行机构。在自动滴定时,电磁阀门的开通或闭塞是由 ZD-2 输出的间断式电压讯号来驱动的。

4. 滴定分析中的电化学过程

这两台仪器配套使用时,电源是分开供给的。滴定仪器是应用电位法的容量分析原理进行设计。在做中和滴定或氧化还原滴定等各种滴定分析时,若配以适当的指示电极,则在指示电极上所产生的电位变化斜率的最大值,将在滴液和被滴液的等当量浓度时出现。图 6-37 是用电位法进行容量分析的典型曲线,它是在滴定分析过程中,将指示电极的电位和当时所消耗滴液的体积,逐点记录下来而绘制的。从滴定曲线可看出 A 点的斜率最大,该点称为等当点或称滴定终点,对应的 B 点称等当量电位或称终点电位,C 点是滴液的等当容积。滴定曲线的斜率虽与滴液与被滴液的浓度有关,但在一般的滴定过程中,A 点的斜率总是曲线中最大的,因此以终点电位来审定滴定终点,具有一定的精度。

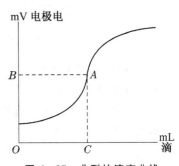

图 6-37 典型的滴定曲线

ZD-2型系利用这一原理以终点电位来审定滴定终点,仪器通过一套电子控制系统和可控电磁阀,来控制滴液的滴入量,使得电极电位在发生突跃而到达终点电位时,滴液能自动地停止滴入。

由图 6-37 可见,在滴定分析中,离开等当点较远时,即使加入较多的滴定液,也只能使电极电位产生较小的改变,而在接近等当点附近时,即使加入微量的滴定液,却会引起电极电位的显著变化,因此,从缩短分析时间的角度来要求,在离开等当点较远时,加入量要大一些;从提高分析精度的角度来要求,在接近当量点时,加入量要小一些。

为满足这两个相互矛盾的要求(精度高和时间短),让这对矛盾得到统一,仪器采用了由"预控制器"来调节自动变换滴液流速的控制电路,达到即能缩短分析时间,又可满足分析精度并使操作方便可靠,不需要在分析过程中人为调节滴液的流速。

预控制器的调节功能是:滴液的流通速度在一个固定周期内分为大、小两挡,这两挡流速在何时转换,由预控制器选定。在某项具体的滴定分析中,预控制器究竟选定在何处为好,应由操作人员经摸索后才可确定。因为它与滴定曲线的形状,化学反应的快慢,滴液的浓度,被滴液搅拌速度以及电极系统建立平衡的时间等因素都有关系。预控制器具有连续性调节功能,与终点的差数可在 5~500 mV 或者 1~7 pH 范围内任意调节。同一溶液在经过数次分析后,就可掌握适度的调节位置。

此外,滴定分析中,滴定液的性质将决定电极电位的变化方向,仪器的滴液开关即为无论滴液属何性质,均能进行滴定分析而设置。

图 6-38 为整个装置的方框原理图,表示在自动电位滴定过程中电化学闭合环节的关系。

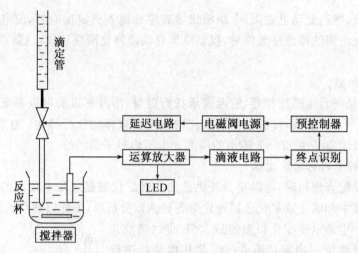

图 6-38　自动电位滴定电化学关系方框原理图

5. 电磁控制阀工作原理

电磁阀是做好滴定分析工作关键的执行机构。用户对电磁阀的工作原理需有必要的了解，并能根据其原理和要求来调节好电磁阀的工作条件，令其处于良好的工作状态，滴定分析才能顺利进行得到预期效果。调节好电磁阀的工作条件，主要是指四种力的运用得当，缺一不可（参见图 6-39）：螺丝施加的压力；硅胶管自身的弹力；压簧具有的张力；线圈得电后由磁力线产生的吸力。工作过程如下：

线圈失电时，由于压力与张力的作用，将硅胶管压扁，滴液被阻塞；线圈得电时，产生吸力，因吸力强于张力，故吸铁后退，出现空隙，放松对硅胶管的压制，由此，硅胶管立刻依靠自身的弹力要趋向于恢复筒状使管道显露，则滴液流下。

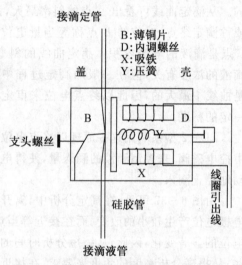

图 6-39　电磁控制阀的内部结构示意图

因弹力和吸力是固有不变的，所以调节的要领和主要途径是指压力和张力是否恰到好处。电磁阀应有的效果是：失电流的死；得电流的畅。一般而言，凡电磁阀动作时，能够清晰地听到吸铁有力的嗒嗒吸动声（这也是调节电磁阀的要求），则其工作效果，大致上就不会差。

通过电磁阀的流量大小与三项因数有关：滴定管中滴定液的液位高低；线圈得电时间的长短；硅胶管从压扁到放松，两种状态之间的空隙大小。

电磁阀固定在滴定架上（参见图 6-39），高度可视需要任意调节，其三芯话筒插，应插入 ZD-2 型背部的"电磁阀插座"内。

三、仪器外部器件的安装配套

1. DZ-2 型外型结构

DZ-2 型如图 6-40 所示，其中：

（1）电源指示灯：打开电源，此指示灯应亮。

（2）滴定指示灯：开始滴定后，此指示灯闪亮。

（3）终点指示灯：用于指示滴定是否结束。打开电源，此指示灯亮，开始滴定后，此指示灯熄灭。滴定结束后，此指示灯亮。

（4）"滴液开始"按钮：用以选择滴定反应的方向，此由滴定的性质决定。

（5）"滴定开始"按钮："方式"开关置于"自动"或"控制"时，揿一下此按钮，滴定开始（若不滴，在确认滴定方式正确，按"滴液开始"按钮，滴定开始）。"功能"开关置于"手动"时，按下此按钮，滴定进行，放开此按钮，滴定停止。

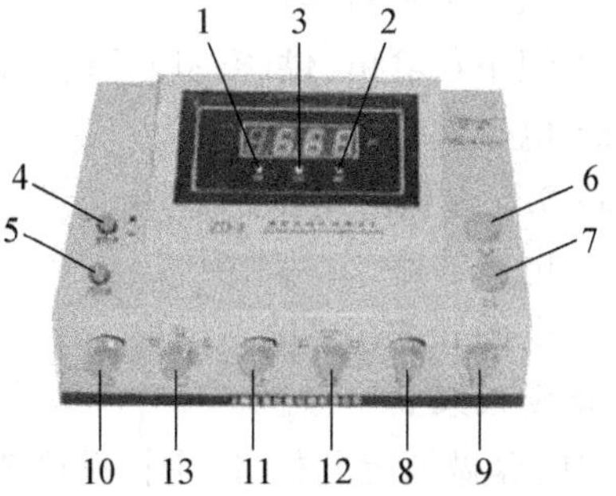

图 6-40　DZ-2 型外型示意图

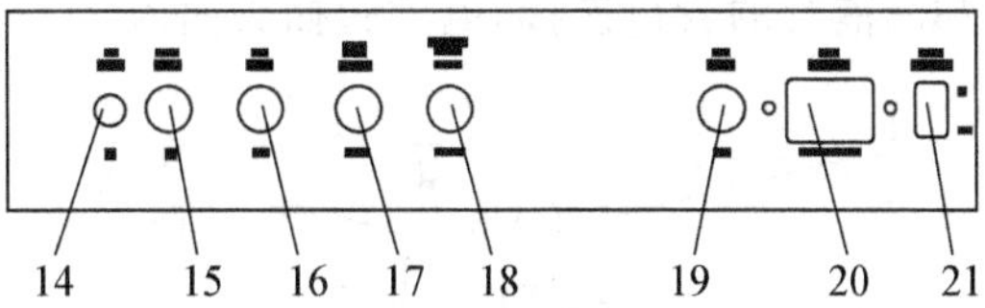

（6）温度补偿旋钮：pH 标定和测量时使用（手动温度补偿时使用，自动温度补偿不起作用）。

（7）斜率补偿旋钮：pH 标定时使用。

（8）定位调节旋钮：pH 标定时使用。

（9）"选择"（波段）开关：此开关置于"pH"时，根据"设置"开关的位置，可进行 pH 测量或 pH 终点值设置或 pH 预控点设置。此开关置于"mV"时，可进行 mV 测量或 mV 终点值设置或 mV 预控点设置。此开关置于"T"时，接上温度传感器可准确显示被测液的温度，手动温度补偿即将温度传感器拔出时，用此显示应对应的温度值（调节温度补偿旋钮可改变数值）。

（10）"终点电位"调节旋钮：用于设置终点电位值或 pH。

（11）"预定点"调节旋钮：用于设置预控点 mV 和 pH，其大小取决于化学反应的性质，即滴定突跃的大小。一般氧化还原滴定、强酸强碱中和滴定和沉淀滴定可选择预控点值小一些；弱酸强碱、强酸弱碱可选择中间预控点值；而弱酸弱碱滴定需选择大预控点。

（12）"功能"选择开关：此开关置于"终点"时，可进行终点 mV 值 pH 设定（pH/mV 开关置"pH"，进行 pH 终点设定；置"mV"，进行 mV 终点）。置于"测量"时，进行 mV 或 pH 或 T 值的测量。此开关置于"预控点"时，可进行 mV 或 pH 的预控点设置。如设置预控点为 100 mV，仪器将在离终点 100 mV 时自动从快滴转为慢滴。

（13）"方式"开关：根据仪器不同的使用方式，分成"自动"、"控制"和"手动"三挡。自动挡——当滴定反应到达终点后，经 10 s 左右延迟时间，电磁阀电路自动切断，滴定终止；控制挡——进行控制滴定，到达终点之后，处于准备滴定状态，用于可逆式滴定控制，凡电极电位低于终点，滴液就滴；到达或超过终点，滴液就停，无论重复若干次，始终如一；手动——置于"手动"时进行手动滴定。在寻求滴定终点，绘制滴定曲线而手动操作时，应用此挡。

（14）接地接线柱：可接参比电极。

（15）电极插口。

（16）温度传感器插口。

（17）记录仪输出：供（0～1）V 记录仪使用。

（18）电磁阀接口。

（19）0.5 A 保险丝。

（20）电源插座。

（21）电源开关。

2．滴定架装置

仪器配套做滴定分析时，应将搅拌器置于右面，按图 6－41 所示，将所有金属部件和玻璃制件都安置妥当，电极夹子上装好一对测量电极，电磁阀上下两个硅胶管出口分别与滴定管和滴液管的管口连接，电磁阀插头插入 ZD－2 型背面的电磁阀插座内。

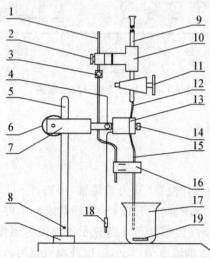

1．弯式电极杆　2．滴管夹子紧固螺丝
3．电磁阀紧固螺丝　4．管状滴定架
5．管套紧固螺丝　6．滴定架管套固定
块　7．滴定架助紧孔　8．搅拌器上的
底缧帽　9．滴定计量管（自行选配）
10．滴定管夹子　11．滴定管旋塞（自行
选配）　12．硅胶管　13．电磁阀
14．电磁阀支头螺丝　15．滴液管（玻璃
毛细管）　16．电极夹子　17．试杯
18．电磁阀三芯插头　19．搅拌棒

图 6－41　滴定架装置示意图

四、仪器的使用方法

仪器安装连接好以后，插上电源线，打开电源开关，电源指示灯亮。经 15 min 预热后再使用。

1．mV 测量

（1）"设置"开关置于"测量"，"pH/mV"选择开关置于"mV"。

（2）将电极插入被测溶液中，将溶液搅拌均匀后，即可读取电极电位（mV）值。

（3）如果被测信号超出仪器的测量范围，显示屏会不亮，作超载报警。

2．pH 标定及测量

（1）标定

仪器在进行 pH 测量之前，先要标定。一般来说，仪器在连接使用时，每天要标定一次。其步骤如下：

① "设置"开关置于"测量"，"pH/mV"开关置于"pH"。

② 调节"温度"旋钮，调节旋钮使温度值等于对应溶液的温度值（手动温补）。直接插入温度传感器不用调节"温度"旋钮，即可进行自动温补。也可将"选择"开关置于"T"测出被

测溶液的当前温度。

③ 将"斜率"旋钮顺时针旋到底（100%）。

④ 将清洗过的电极插入 pH 为 6.86 的缓冲溶液中。

⑤ 调节"定位"旋钮，使仪器显示读数与该缓冲溶液当时温度下的 pH 相一致（见附录1）。

⑥ 用蒸馏水清洗电极，再插入 pH 为 4.00（或 pH 为 9.18）的标准缓冲溶液中，调节斜率旋钮使仪器显示读数与该缓冲溶液当时温度下的 pH 相一致（见附录1）。

⑦ 重复①～⑥直至不用再调节"定位"或"斜率"调节旋钮为止，至此，仪器完成标定。标定结束后，"定位"和"斜率"旋钮不应再动，直至下一次标定。

（2）pH 测量

经标定过的仪器即可用来测量 pH，其步骤如下：

① "设置"开关置"测量"，"pH/mV"开关置"pH"。

② 用蒸馏水清洗电极头部，再用被测溶液清洗一次。

③ 将温度传感器插入被测液或用温度计测出被测溶液的温度值。

④ 插入传感器则直接进行第⑤步骤，未用传感器或手动补偿则调节"温度"旋钮，将"选择"开关置于"T"使显示温度对应于溶液的温度值。

⑤ 电极插入被测溶液中，搅拌溶液使溶液均匀后，读取该溶液的 pH。

3. 滴定前的准备工作

（1）安装好滴定装置，在试杯中放入搅拌棒，并将试杯放在 DZ-1 搅拌器上。

（2）电极的选择：取决于滴定时的化学反应，如果是氧化还原反应，可采用铂电极和甘汞电极或铂电极和钨电极；如属中和反应，可用 pH 复合电极或玻璃电极和甘汞电极；如属银盐与卤素反应，可采用银电极和特殊甘汞电极。

4. 电位自动滴定

（1）终点设定："设置"开关置"终点"，"选择"开关置于"mV"，"方式"开关置"自动"，调节"终点电位"旋钮，使显示屏显示所要设定的终点电位值。终点电位选定后，"终点电位"旋钮不可再动。

（2）预控点设定：预控点的作用是当离开终点较远时，滴定速度很快；当到达预控点后，滴定速度很慢。设定预控点就是设定预控点到终点的距离。其步骤如下：

"设置"开关置"预控点"，调节"预控点"旋钮，使显示屏显示所要设定的预控点数值。例如：设定预控点为 100 mV，仪器将在离终点 100 mV 处转为慢滴。预控点选定后，"预控点"调节旋钮不可再动。

（3）终点电位和预控点电位设定好后，将"设置"开关置"测量"，打开搅拌器电源，调节转速使搅拌从慢逐渐加快至转速适当。

（4）揿一下"滴定开始"按钮，仪器即开始滴定，滴定灯闪亮，滴液快速滴下（若不滴，在确认滴定方式正确后，按"滴液开始"按钮，滴定即开始），在接近终点时，滴速减慢。到达终点后，滴定灯不再闪亮，过 10 s 左右，终点灯亮，滴定结束。

注意：到达终点后，不可再揿"滴液"按钮，否则仪器将认为另一极性相反的滴定开始，而继续进行滴定。

（5）记录滴定管内滴液的消耗读数。

5．电位控制滴定

"方式"开关置"控制"，其余操作同上述"电位自动滴定"。在到达终点后，滴定灯不再闪亮，但终点灯始终不亮，仪器始终处于预备滴定状态，同样，到达终点后不可再揿"滴定开始"按钮。

6．pH 自动滴定

（1）按本节 pH 标定进行标定。

（2）pH 终点设定："设置"开关置"终点"，"方式"开关置"自动"，"选择"开关置"pH"，调节"终点电位"旋钮，使显示屏显示所要设定的终点 pH。

（3）预控点设置："设置"开关置"预控点"，调节"预控点"旋钮，使显示屏显示所要设置的预控点 pH。例如，所要设置的预控点为 2 pH，仪器将在离终点 2 pH 左右处自动从快滴转为慢滴。其余操作同本节的"电位自动滴定"。

7．控制滴定（恒 pH 滴定）

"方式"开关置"控制"，其作操作同上述"pH 自动滴定"。

8．手动滴定

（1）"方式"开关置"手动"，"设置"开关置"测量"。

（2）揿下"滴定开始"开关，滴定灯亮，此时滴液滴下，控制揿下此开关的时间，即控制滴液滴下的数量，放开此开关，则停止滴定。

五、注意事项以及常见故障的排除方法

1．注意事项

（1）仪器的输入端（电极插座）必须保持干燥、清洁。仪器不用时，将 Q9 短路插头插入插座，防止灰尘及水气进入。

（2）测量时，电极的引入导线应保持静止，否则会引起测量不稳定。

（3）用缓冲溶液标定仪器时，要保证缓冲溶液的可靠性，不能配错缓冲溶液，否则将导致测量不准。

（4）取下电极套后，应避免电极的敏感玻璃泡与硬物接触。因为任何破损或擦毛都将使电极失效。

（5）复合电极的外参比（或甘汞电极）应经常注意有饱和氯化钾溶液，有效期一年。

（6）电极应避免长期浸在蒸馏水、蛋白质溶液和酸性氟化物溶液中。

（7）电极应避免与有机硅油接触。

（8）滴定前最好先用滴液将电磁阀橡皮管冲洗数次。

（9）到达终点后，不可以按"滴液"按钮，否则仪器又将开始滴定。

（10）与橡皮管起作用的高锰酸钾等溶液，请勿使用。

2．故障排除

（1）滴定开始后，滴定灯闪亮，若无滴液滴下而电磁阀插头连接无误，这时可调节电磁阀上的支头螺丝，使电磁阀未开启时滴液能滴下，并调节至适当流量。

（2）电磁阀关闭时，仍有滴液滴下，可重新调节电磁阀上的支头螺丝，如仍不能排除故障，则说明橡皮管道久用变形、弹性变差或橡皮管道安装位置不合适。拆开电磁阀，变动橡皮管的上下位置或更换橡皮管道。调换前橡皮管最好放在略带碱性的溶液中蒸煮数小时

以上。

六、滴定终点的寻找

以下三种方法可寻找滴定终点。

（1）将"预控点"旋钮顺时针旋到底（使仪器始终处于慢滴状态），将终点设置在远离起点的位置，然后将"设置"开关置"测量"，"功能"开关置"自动"，揿下"滴定开始"按钮，仪器滴定。记下变化最大的电位值 mV_1、mV_2 或 pH_1、pH_2。

$$mV = \frac{mV_1 + mV_2}{2} \text{ 或}$$

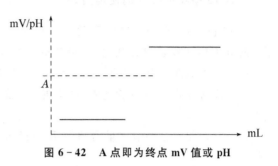

图 6-42 A 点即为终点 mV 值或 pH

$$pH = \frac{pH_1 + pH_2}{2} \text{ 即为终点。}$$

（2）调节方法同上，将仪器接（0～1）V 记录仪，画出滴定曲线，如图 6-42。

（3）用滴定显色试剂滴到终点，然后用仪器测量其 mV 或 pH 即可。

6.11 古埃磁天平

一、仪器结构

FD-MT-A 型古埃磁天平的整机结构如图 6-43 所示。它是由电磁铁、稳流电源、分析天平、CT5 型特斯拉计及仪表、照明和水冷却等部件构成的。

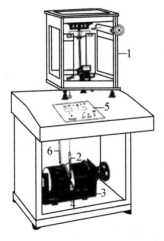

图 6-43 古埃磁天平结构示意图
1. 分析天平　2. 样品管　3. 电磁铁
4. 霍尔探头　5. 特斯拉计　6. 温度计

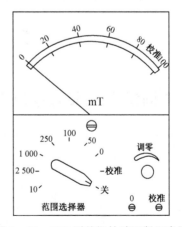

图 6-44 CT5 型特斯拉计面版示意图

FD-MT-A 型古埃磁天平需自配分析天平。在做磁化率测量中，常配备半自动电光天平。安装时需作改装,将天平的左托盘拆除,改装一根铜丝,铜丝上系一根细尼龙线,线下端连接一个与样品管口径相同的软木塞,以连接样品管。特斯拉计的面板结构如图 6 - 44所示。

二、CT5 型特斯拉计的使用方法

(1) 机械零位调节。在电源关闭状态下,将量程选择开关置于除"关"以外的任何一挡,用小螺丝刀旋转仪表中央螺丝,使指针指向零位。

(2) 接通电源。打开电源开关,此时,表头指针应在"校准"附近,预热 5 min 左右。

(3) 仪器校正。将量程选择开关置于"校正",调节右下"校准"螺丝,使指针在校准线上。

(4) 放大器零位调节。量程选择开关置于"0"挡,调节右下"0"孔中凹槽,使指针指在零位。

(5) "调零"调节。这是一个补偿元件的不等位电势装置,使用时各挡测量范围的精度不同,可将量程开关置于 50 mT 这一挡,调节"调零"电位器,使指针指向零。10 mT 这一挡较为精确,应单独调零。

(6) 探头的位置必须放在磁场强度最大处,霍尔片平面必须与磁场方向垂直。

三、使用注意事项

(1) 磁天平工作前必须接通冷却水,以保证励磁线圈及大功率晶体管处于良好工作状态。

(2) 开启电源后,让电流逐渐升到 2～3 A 时预热 2 min,然后逐渐上升到需要的电流。电流开关关闭前,先将电流逐渐降至零,然后关闭电源开关,以防止反电动势将晶体管击穿。严禁在负载时突然切断电源。

(3) 励磁电流的升降应缓慢、平稳。

Ⅱ. 常用数据表

6.12　不同温度下水的饱和蒸气压(Pa)

温度/℃	0.0	0.2	0.4	0.6	0.8
0	601.5	619.5	628.6	637.9	647.3
1	656.8	666.3	675.9	685.8	695.8
2	705.8	715.9	726.2	736.6	747.3
3	757.9	768.7	779.7	790.7	801.9
4	813.4	824.9	836.5	848.3	860.3
5	872.3	884.6	897.0	909.5	922.2
6	935.0	948.1	961.1	974.5	988.1
7	1 001.7	1 015.5	1 029.5	1 043.6	1 058.0
8	1 072.6	1 087.2	1 102.5	1 117.2	1 132.4

（续表）

温度/℃	0.0	0.2	0.4	0.6	0.8
9	1 147.8	1 163.5	1 179.2	1 195.2	1 211.4
10	1 227.8	1 244.3	1 261.0	1 277.9	1 295.1
11	1 312.4	1 330.0	1 347.8	1 365.8	1 383.9
12	1 402.3	1 421.0	1 439.7	1 458.7	1 477.6
13	1 497.3	1 517.1	1 536.9	1 557.2	1 557.6
14	1 598.1	1 619.1	1 640.1	1 661.5	1 683.1
15	1 704.9	1 726.9	1 749.3	1 771.9	1 794.7
16	1 817.7	1 841.1	1 864.8	1 888.6	1 912.8
17	1 937.2	1 961.8	1 986.9	2 012.1	2 037.7
18	2 063.4	2 089.6	2 116.0	2 142.6	2 169.4
19	2 196.8	2 224.5	2 252.3	2 380.5	2 309.0
20	2 337.8	2 366.9	2 396.3	2 426.1	2 456.1
21	2 486.5	2 517.1	2 550.5	2 579.7	2 611.4
22	2 643.4	2 675.8	2 708.6	2 741.8	2 775.1
23	2 808.8	2 843.8	2 877.5	2 913.6	2 947.8
24	2 983.4	3 019.5	3 056.0	3 092.8	3 129.9
25	3 167.2	3 204.9	3 243.2	3 282.0	3 321.3
26	3 360.9	3 400.9	3 441.3	3 482.0	3 523.2
27	3 564.9	3 607.0	3 646.0	3 692.5	3 735.8
28	3 779.6	3 823.7	3 858.3	3 913.5	3 959.3
29	4 005.4	4 051.9	4 099.0	4 146.6	4 194.5
30	4 242.9	4 286.1	4 314.1	4 390.3	4 441.2
31	4 492.3	4 543.9	4 595.8	4 648.2	4 701.0
32	4 754.7	4 808.9	4 863.2	4 918.4	4 974.0
33	5 030.1	5 086.9	5 144.1	5 202.0	5 260.5
34	5 319.2	5 378.8	5 439.0	5 499.7	5 560.9
35	5 622.9	5 685.4	5 748.5	5 812.2	5 876.6
36	5 941.2	6 006.7	6 072.7	6 139.5	6 207.0
37	6 275.1	6 343.7	6 413.1	6 483.1	6 553.7
38	6 625.1	6 696.9	6 769.3	6 842.5	6 916.6
39	6 991.7	7 067.3	7 143.4	7 220.2	7 297.7
40	7 375.9	7 454.1	7 543.0	7 614.0	7 695.4
41	7 778.0	7 860.7	7 943.3	8 028.7	8 114.0
42	8 199.3	8 284.7	8 372.6	8 460.6	8 548.6
43	8 639.3	8 729.9	8 820.6	8 913.9	9 007.3
44	9 100.6	9 195.2	9 291.2	9 387.2	9 484.6
45	9 583.2	9 681.9	9 780.5	9 881.9	9 983.2
46	10 086	10 190	10 293	10 399	10 506
47	10 612	10 720	10 830	10 939	11 048
48	11 160	11 274	11 386	11 503	11 618
49	11 735	11 852	11 971	12 091	12 211
50	12 334	12 466	12 586	12 706	12 839
60	19 916				
70	31 157				
80	47 343				
90	70 096				
100	101 325				

6.13 一些有机化合物的蒸气压

物质	公式 常数	$\lg p=A-B/(t+C)$ 式中：$p(\text{mmHg})$；$t(℃)$			$\ln p=b-M/T$ 式中：$p(\text{Pa})$；$T(\text{K})$	
		A	B	C	M	b
丙酮（5~50 ℃）		7.117 1	1 210.59	229.66	1 654.09	13.634 9
醋酸（10~100 ℃）		7.387 8	1 533.31	222.31	2 160.99	14.161 4
苯（8~103 ℃）		6.905 7	1 211.03	220.79	1 724.91	13.489 2
苯（-12~3 ℃）		9.106 4	1 885.9	244.2	2 370.22	15.786 4
环已烷（20~81 ℃）		6.841 3	1 201.53	222.65	1 693.34	13.397 4
环已烯（20~80 ℃）		6.886 2	1 229.97	224.10	1 714.95	13.428 8
乙酸乙酯（15~76 ℃）		7.101 8	1 244.95	217.88	1 829.92	13.839 6
乙醇（-2~100 ℃）		8.321 1	1 718.1	237.52	2 190.37	14.840 5
溴（5~50 ℃）		6.877 8	1 119.68	221.38	1 606.03	13.442 8
碘（5~50 ℃）		9.810 9	2 901.0	256.00	3 246.67	16.099 8
乙醚（-61~20 ℃）		6.920 3	1 064.07	228.80	1 580.07	13.779 0
氯仿（-35~61 ℃）		6.493 4	929.44	196.03	1 779.47	13.968 1

6.14 不同温度下几种常用液体的密度 $\rho(\text{g}/\text{mL})$

温度/℃	水	苯	乙醇	汞	正丙醇
0	0.999 84	—	0.806	13.596	
5	0.999 97	—	0.802	13.583	
10	0.999 70	0.887	0.798	13.571	
11	0.999 61	—	0.797	13.568	
12	0.999 50	—	0.796	13.566	
13	0.999 38	—	0.795	13.563	
14	0.999 24	—	0.795	13.561	
15	0.999 10	0.883	0.794	13.559	
16	0.998 95	0.882	0.793	13.556	
17	0.998 78	0.882	0.792	13.554	
18	0.998 59	0.881	0.791	13.551	
19	0.998 41	0.880	0.790	13.549	0.804 4
20	0.008 20	0.879	0.789	13.546	
21	0.997 99	0.879	0.788	13.544	
22	0.997 77	0.878	0.787	13.541	
23	0.997 54	0.877	0.786	13.539	
24	0.997 30	0.876	0.786	13.536	
25	0.997 04	0.875	0.785	13.534	
26	0.996 78	—	0.784	13.532	

（续表）

温度/℃	水	苯	乙醇	汞	正丙醇
27	0.006 51	—	0.784	13.529	
28	0.996 25	—	0.783	13.527	
29	0.995 90	—	0.782	13.524	
30	0.995 65	0.869	0.781	13.522	
40	0.992 24	0.853	0.782	13.497	
50	0.988 07	0.847	0.763	13.473	
60	0.983 24	0.836	0.754	13.376	

6.15　不同温度下水的折光率

$t(℃)$	n_D	$t(℃)$	n_D	$t(℃)$	n_D
10	1.333 70	17	1.333 24	24	1.332 63
11	1.333 65	18	1.333 16	25	1.332 52
12	1.333 59	19	1.333 07	26	1.332 42
13	1.333 52	20	1.332 99	27	1.332 31
14	1.333 46	21	1.332 90	28	1.332 19
15	1.333 39	22	1.332 81	29	1.332 08
16	1.333 31	23	1.332 72	30	1.331 96

注：若温度超出本表时可根据 $\dfrac{dn_0}{dt} = -0.000\ 8$ 计算 n_0。

6.16　几种常用液体的折光率(n_D^t)

物质	温度（℃）		$\dfrac{dn_D}{dt}$
	15	20	
苯	1.504 39	1.501 10	−0.000 66
丙酮	1.331 75	1.359 11	−0.000 49
甲苯	1.499 8	1.496 8	−0.000 55
乙酸	1.377 6	1.371 7	−0.000 38
氯苯	1.527 48	1.524 60	−0.000 53
氯仿	1.448 53	1.445 5	−0.000 59
四氯化碳	1.463 05	1.460 44	−0.000 52
乙醇	1.353 30	1.361 39	−0.000 38
环己烷	1.429 00	—	—
硝基苯	1.554 7	1.555 24	−0.000 46
正丁醇	—	1.399 09	—
二氧化硫	1.629 35	1.625 46	−0.000 78

6.17　不同温度下水的表面张力(σ)及粘度(η)

温度 $t(℃)$	表面张力 σ (N/m)	粘度 η(Pa·s)	温度 $t(℃)$	表面张力 σ (N/m)	粘度 η(Pa·s)
0		0.001 787	20	0.072 75	0.001 002
1		0.001 728	21	0.072 59	0.000 977 9
2	0.075 64	0.001 671	22	0.072 44	0.000 954 8
3		0.001 618	23	0.072 28	0.000 932 5
4		0.001 567	24	0.072 13	0.000 911 1
5		0.001 519	25	0.071 97	0.000 890 4
6		0.001 472	26	0.071 82	0.000 870 5
7	0.074 92	0.001 428	27	0.071 66	0.000 851 3
8		0.001 386	28	0.071 50	0.000 832 7
9		0.001 346	29	0.071 35	0.000 814 8
10	0.074 22	0.001 307	30		0.000 797 5
11	0.074 07	0.001 271	31		0.000 780 8
12	0.073 93	0.001 235	32	0.071 18	0.000 764 7
13	0.073 78	0.001 202	33		0.000 749 1
14	0.073 64	0.001 169	34		0.000 734 0
15	0.073 49	0.001 139	35		0.000 719 4
16	0.073 34	0.001 109	36		0.000 705 2
17	0.073 19	0.001 081	37	0.070 38	0.000 691 5
18	0.073 05	0.001 053	38		0.000 678 3
19	0.072 90	0.001 027	39		0.000 665 4

6.18　不同温度下 KCl 溶液的电导率

温度(℃)	$\kappa(S/cm)$		
	0.01(mol/L)	0.02(mol/L)	0.10(mol/L)
15	0.001 147	0.002 243	0.010 48
16	0.001 173	0.002 294	0.010 72
17	0.001 199	0.002 345	0.010 95
18	0.001 225	0.002 397	0.011 19
19	0.001 251	0.002 449	0.011 43
20	0.001 278	0.002 501	0.011 67
21	0.001 305	0.002 553	0.011 91
22	0.001 332	0.002 606	0.012 15
23	0.001 359	0.002 659	0.012 39
24	0.001 386	0.002 712	0.012 64
25	0.001 413	0.002 765	0.012 88
30	0.001 552	0.003 036	0.014 12

6.19　无限稀释时常见离子的摩尔电导率($10^{-4}m^2 \cdot S \cdot mol^{-1}$)

离子	0 ℃	18 ℃	25 ℃	50 ℃
H^+	240	314	350	465
K^+	40.4	64.6	74.5	115
Na^+	26	43.5	50.9	82
NH_4^+	40.2	64.5	74.5	115
Ag^+	32.9	54.3	63.5	101
$\frac{1}{2}Ba^{2+}$	33	55	65	104
$\frac{1}{2}Ca^{2+}$	30	51	60	98
$\frac{1}{2}La^{2+}$	35	61	72	119
OH^-	105	172	192	284
Cl^-	41.1	65.5	75.5	116
NO_3^-	40.4	61.7	70.6	104
$C_2H_2O_2^{2-}$	20.3	34.6	40.8	67
$\frac{1}{2}SO_4^{2-}$	41	68	79	125
$\frac{1}{2}C_2O_4^{2-}$	39	63	73	115
$\frac{1}{3}C_6H_5O_7^{3-}$	36	60	70	113
$\frac{1}{4}Fe(CN)_6^{4-}$	58	95	111	173

6.20　不同温度下水中饱和溶解氧(101.3 kPa 压力下)

温度(℃)	溶解氧(mg/L)	温度(℃)	溶解氧(mg/L)	温度(℃)	溶解氧(mg/L)
0	14.60	17	9.65	34	7.05
1	14.19	18	9.45	35	6.93
2	13.81	19	9.26	36	6.82
3	13.44	20	9.07	37	6.71
4	13.09	21	8.90	38	6.61
5	12.75	22	8.72	39	6.51
6	12.43	23	8.56	40	6.41
7	12.12	24	8.40	41	6.31
8	11.83	25	8.24	42	9.22
9	11.55	26	8.09	43	6.13
10	11.27	27	7.95	44	6.04
11	11.01	28	7.81	45	5.95
12	10.76	29	7.67	46	5.86
13	10.52	30	7.54	47	5.78
14	10.29	31	7.41	48	5.70
15	10.07	32	7.28	49	5.62
16	9.85	33	7.16	50	5.54

6.21　地下水、地面水高锰酸盐指数的国家标准

水体及指标		类　　别				
		Ⅰ类	Ⅱ类	Ⅲ类	Ⅳ类	Ⅴ类
地下水	I_{Mn}	≤1.0	≤2.0	≤3.0	≤10	>10
	适用水域	化学组分的天然低背景含量	化学组分的天然背景含量	生活饮用水,工、农业用水	农业、工业水	不宜饮用水
地面水	I_{Mn}	≤2	≤4	≤5	≤6	≤10
	适用水域	源头水、国家自然保护区	饮用水水源地、珍贵鱼类保护区	饮用水水源地、一般三类保护区	一般工业用水区	农业用水一般景观

6.22　标准电极电势

下表中所列的标准电极电势(25 ℃,101.325 kPa)是相对于标准氢电极电势的值。标准氢电极电势被规定为零伏特(0.0 V)。

序号(No.)	电极过程(Electrode process)	$E_A^\ominus$(V)
1	$Ag^+ + e = Ag$	0.799 6
2	$Ag^{2+} + e = Ag^+$	1.980
3	$AgBr + e = Ag + Br^-$	0.071 3
4	$AgBrO_3 + e = Ag + BrO_3^-$	0.546
5	$AgCl + e = Ag + Cl^-$	0.222
6	$AgCN + e = Ag + CN^-$	−0.017
7	$Ag_2CO_3 + 2e = 2Ag + CO_3^{2-}$	0.470
8	$Ag_2C_2O_4 + 2e = 2Ag + C_2O_4^{2-}$	0.465
9	$Ag_2CrO_4 + 2e = 2Ag + CrO_4^{2-}$	0.447
10	$AgF + e = Ag + F^-$	0.779
11	$Ag_4[Fe(CN)_6] + 4e = 4Ag + [Fe(CN)_6]^{4-}$	0.148
12	$AgI + e = Ag + I^-$	−0.152
13	$AgIO_3 + e = Ag + IO_3^-$	0.354
14	$Ag_2MoO_4 + 2e = 2Ag + MoO_4^{2-}$	0.457
15	$[Ag(NH_3)_2]^+ + e = Ag + 2NH_3$	0.373
16	$AgNO_2 + e = Ag + NO_2^-$	0.564
17	$Ag_2O + H_2O + 2e = 2Ag + 2OH^-$	0.342
18	$2AgO + H_2O + 2e = Ag_2O + 2OH^-$	0.607
19	$Ag_2S + 2e = 2Ag + S^{2-}$	−0.691
20	$Ag_2S + 2H^+ + 2e = 2Ag + H_2S$	−0.036 6
21	$AgSCN + e = Ag + SCN^-$	0.089 5

（续表）

序号（No.）	电极过程（Electrode process）	E_A^θ（V）
22	$Ag_2SeO_4+2e\!=\!\!=\!\!2Ag+SeO_4^{2-}$	0.363
23	$Ag_2SO_4+2e\!=\!\!=\!\!2Ag+SO_4^{2-}$	0.654
24	$Ag_2WO_4+2e\!=\!\!=\!\!2Ag+WO_4^{2-}$	0.466
25	$Al_3+3e\!=\!\!=\!\!Al$	-1.662
26	$AlF_6^{3-}+3e\!=\!\!=\!\!Al+6F^-$	-2.069
27	$Al(OH)_3+3e\!=\!\!=\!\!Al+3OH^-$	-2.31
28	$AlO_2^-+2H_2O+3e\!=\!\!=\!\!Al+4OH^-$	-2.35
29	$Am^{3+}+3e\!=\!\!=\!\!Am$	-2.048
30	$Am^{4+}+e\!=\!\!=\!\!Am^{3+}$	2.60
31	$AmO_2^{2+}+4H^++3e\!=\!\!=\!\!Am^{3+}+2H_2O$	1.75
32	$As+3H^++3e\!=\!\!=\!\!AsH_3$	-0.608
33	$As+3H_2O+3e\!=\!\!=\!\!AsH_3+3OH^-$	-1.37
34	$As_2O_3+6H^++6e\!=\!\!=\!\!2As+3H_2O$	0.234
35	$HAsO_2+3H^++3e\!=\!\!=\!\!As+2H_2O$	0.248
36	$AsO_2^-+2H_2O+3e\!=\!\!=\!\!As+4OH$	-0.68
37	$H_3AsO_4+2H^++2e\!=\!\!=\!\!HAsO_2+2H_2O$	0.560
38	$AsO_4^{3-}+2H_2O+2e\!=\!\!=\!\!AsO_2^-+4OH^-$	-0.71
39	$AsS_2^-+3e\!=\!\!=\!\!As+2S^{2-}$	-0.75
40	$AsS_4^{3-}+2e\!=\!\!=\!\!AsS_2^-+2S^{2-}$	-0.60
41	$Au^++e\!=\!\!=\!\!Au$	1.692
42	$Au^{3+}+3e\!=\!\!=\!\!Au$	1.498
43	$Au^{3+}+2e\!=\!\!=\!\!Au^+$	1.401
44	$AuBr_2^-+e\!=\!\!=\!\!Au+2Br^-$	0.959
45	$AuBr_4^-+3e\!=\!\!=\!\!Au+4Br^-$	0.854
46	$AuCl_2^-+e\!=\!\!=\!\!Au+2Cl^-$	1.15
47	$AuCl_4^-+3e\!=\!\!=\!\!Au+4Cl^-$	1.002
48	$AuI+e\!=\!\!=\!\!Au+I^-$	0.50
49	$Au(SCN)_4^-+3e\!=\!\!=\!\!Au+4SCN^-$	0.66
50	$Au(OH)_3+3H^++3e\!=\!\!=\!\!Au+3H_2O$	1.45
51	$BF_4^-+3e\!=\!\!=\!\!B+4F^-$	-1.04
52	$H_2BO_3^-+H_2O+3e\!=\!\!=\!\!B+4OH^-$	-1.79
53	$B(OH)_3+7H^++8e\!=\!\!=\!\!BH_4^-+3H_2O$	-0.481
54	$Ba^{2+}+2e\!=\!\!=\!\!Ba$	-2.912
55	$Ba(OH)_2+2e\!=\!\!=\!\!Ba+2OH^-$	-2.99
56	$Be^{2+}+2e\!=\!\!=\!\!Be$	-1.847
57	$Be_2O_3^{2-}+3H_2O+4e\!=\!\!=\!\!2Be+6OH^-$	-2.63
58	$Bi^++e\!=\!\!=\!\!Bi$	0.5
59	$Bi^{3+}+3e\!=\!\!=\!\!Bi$	0.308
60	$BiCl_4^-+3e\!=\!\!=\!\!Bi+4Cl^-$	0.16
61	$BiOCl+2H^++3e\!=\!\!=\!\!Bi+Cl^-+H_2O$	0.16
62	$Bi_2O_3+3H_2O+6e\!=\!\!=\!\!2Bi+6OH^-$	-0.46
63	$Bi_2O_4+4H^++2e\!=\!\!=\!\!2BiO^++2H_2O$	1.593

（续表）

序号(No.)	电极过程(Electrode process)	E_A^θ (V)
64	$Bi_2O_4 + H_2O + 2e = Bi_2O_3 + 2OH^-$	0.56
65	$Br_2(水溶液,aq) + 2e = 2Br^-$	1.087
66	$Br_2(液体) + 2e = 2Br^-$	1.066
67	$BrO^- + H_2O + 2e = Br^- + 2OH$	0.761
68	$BrO_3^- + 6H^+ + 6e = Br^- + 3H_2O$	1.423
69	$BrO_3^- + 3H_2O + 6e = Br^- + 6OH^-$	0.61
70	$2BrO_3^- + 12H^+ + 10e = Br_2 + 6H_2O$	1.482
71	$HBrO + H^+ + 2e = Br^- + H_2O$	1.331
72	$2HBrO + 2H^+ + 2e = Br_2(水溶液,aq) + 2H_2O$	1.574
73	$CH_3OH + 2H^+ + 2e = CH_4 + H_2O$	0.59
74	$HCHO + 2H^+ + 2e = CH_3OH$	0.19
75	$CH_3COOH + 2H^+ + 2e = CH_3CHO + H_2O$	−0.12
76	$(CN)_2 + 2H^+ + 2e = 2HCN$	0.373
77	$(CNS)_2 + 2e = 2CNS^-$	0.77
78	$CO_2 + 2H^+ + 2e = CO + H_2O$	−0.12
79	$CO_2 + 2H^+ + 2e = HCOOH$	−0.199
80	$Ca^{2+} + 2e = Ca$	−2.868
81	$Ca(OH)_2 + 2e = Ca + 2OH^-$	−3.02
82	$Cd^{2+} + 2e = Cd$	−0.403
83	$Cd^{2+} + 2e = Cd(Hg)$	−0.352
84	$Cd(CN)_4^{2-} + 2e = Cd + 4CN^-$	−1.09
85	$CdO + H_2O + 2e = Cd + 2OH^-$	−0.783
86	$CdS + 2e = Cd + S^{2-}$	−1.17
87	$CdSO_4 + 2e = Cd + SO_4^{2-}$	−0.246
88	$Ce^{3+} + 3e = Ce$	−2.336
89	$Ce^{3+} + 3e = Ce(Hg)$	−1.437
90	$CeO_2 + 4H^+ + e = Ce^{3+} + 2H_2O$	1.4
91	$Cl_2(气体) + 2e = 2Cl^-$	1.358
92	$ClO^- + H_2O + 2e = Cl^- + 2OH^-$	0.89
93	$HClO + H^+ + 2e = Cl^- + H_2O$	1.482
94	$2HClO + 2H^+ + 2e = Cl_2 + 2H_2O$	1.611
95	$ClO_2^- + 2H_2O + 4e = Cl^- + 4OH^-$	0.76
96	$2ClO_3^- + 12H^+ + 10e = Cl_2 + 6H_2O$	1.47
97	$ClO_3^- + 6H^+ + 6e = Cl^- + 3H_2O$	1.451
98	$ClO_3^- + 3H_2O + 6e = Cl^- + 6OH^-$	0.62
99	$ClO_4^- + 8H^+ + 8e = Cl^- + 4H_2O$	1.38
100	$2ClO_4^- + 16H^+ + 14e = Cl_2 + 8H_2O$	1.39
101	$Cm^{3+} + 3e = Cm$	−2.04
102	$Co^{2+} + 2e = Co$	−0.28
103	$[Co(NH_3)_6]^{3+} + e = [Co(NH_3)_6]^{2+}$	0.108
104	$[Co(NH_3)_6]^{2+} + 2e = Co + 6NH_3$	−0.43
105	$Co(OH)_2 + 2e = Co + 2OH^-$	−0.73

（续表）

序号（No.）	电极过程（Electrode process）	E_A^θ（V）
106	$Co(OH)_3 + e = Co(OH)_2 + OH^-$	0.17
107	$Cr^{2+} + 2e = Cr$	−0.913
108	$Cr^{3+} + e = Cr^{2+}$	−0.407
109	$Cr^{3+} + 3e = Cr$	−0.744
110	$[Cr(CN)_6]^{3-} + e = [Cr(CN)_6]^{4-}$	−1.28
111	$Cr(OH)_3 + 3e = Cr + 3OH^-$	−1.48
112	$Cr_2O_7^{2-} + 14H^+ + 6e = 2Cr^{3+} + 7H_2O$	1.232
113	$CrO_2^- + 2H_2O + 3e = Cr + 4OH^-$	−1.2
114	$HCrO_4^- + 7H^+ + 3e = Cr^{3+} + 4H_2O$	1.350
115	$CrO_4^{2-} + 4H_2O + 3e = Cr(OH)_3 + 5OH^-$	−0.13
116	$Cs^+ + e = Cs$	−2.92
117	$Cu^+ + e = Cu$	0.521
118	$Cu^{2+} + 2e = Cu$	0.342
119	$Cu^{2+} + 2e = Cu(Hg)$	0.345
120	$Cu^{2+} + Br^- + e = CuBr$	0.66
121	$Cu^{2+} + Cl^- + e = CuCl$	0.57
122	$Cu^{2+} + I^- + e = CuI$	0.86
123	$Cu^{2+} + 2CN^- + e = [Cu(CN)_2]^-$	1.103
124	$CuBr_2^- + e = Cu + 2Br^-$	0.05
125	$CuCl_2^- + e = Cu + 2Cl^-$	0.19
126	$CuI_2^- + e = Cu + 2I^-$	0.00
127	$Cu_2O + H_2O + 2e = 2Cu + 2OH^-$	−0.360
128	$Cu(OH)_2 + 2e = Cu + 2OH^-$	−0.222
129	$2Cu(OH)_2 + 2e = Cu_2O + 2OH^- + H_2O$	−0.080
130	$CuS + 2e = Cu + S^{2-}$	−0.70
131	$CuSCN + e = Cu + SCN^-$	−0.27
132	$Dy^{2+} + 2e = Dy$	−2.2
133	$Dy^{3+} + 3e = Dy$	−2.295
134	$Er^{2+} + 2e = Er$	−2.0
135	$Er^{3+} + 3e = Er$	−2.331
136	$Es^{2+} + 2e = Es$	−2.23
137	$Es^{3+} + 3e = Es$	−1.91
138	$Eu^{2+} + 2e = Eu$	−2.812
139	$Eu^{3+} + 3e = Eu$	−1.991
140	$F_2 + 2H^+ + 2e = 2HF$	3.053
141	$F_2O + 2H^+ + 4e = H_2O + 2F^-$	2.153
142	$Fe^{2+} + 2e = Fe$	−0.447
143	$Fe^{3+} + 3e = Fe$	−0.037
144	$[Fe(CN)_6]^{3-} + e = [Fe(CN)_6]^{4-}$	0.358
145	$[Fe(CN)_6]^{4-} + 2e = Fe + 6CN^-$	−1.5
146	$FeF_6^{3-} + e = Fe^{2+} + 6F^-$	0.4
147	$Fe(OH)_2 + 2e = Fe + 2OH^-$	−0.877

序号（No.）	电极过程（Electrode process）	$E_A^\ominus$（V）
148	$Fe(OH)_3 + e \Longrightarrow Fe(OH)_2 + OH^-$	−0.56
149	$Fe_3O_4 + 8H^+ + 2e \Longrightarrow 3Fe^{2+} + 4H_2O$	1.23
150	$Fm^{3+} + 3e \Longrightarrow Fm$	−1.89
151	$Fr^+ + e \Longrightarrow Fr$	−2.9
152	$Ga^{3+} + 3e \Longrightarrow Ga$	−0.549
153	$H_2GaO_3^- + H_2O + 3e \Longrightarrow Ga + 4OH^-$	−1.29
154	$Gd^{3+} + 3e \Longrightarrow Gd$	−2.279
155	$Ge^{2+} + 2e \Longrightarrow Ge$	0.24
156	$Ge^{4+} + 2e \Longrightarrow Ge^{2+}$	0.0
157	$GeO_2 + 2H^+ + 2e \Longrightarrow GeO(棕色) + H_2O$	−0.118
158	$GeO_2 + 2H^+ + 2e \Longrightarrow GeO(黄色) + H_2O$	−0.273
159	$H_2GeO_3 + 4H^+ + 4e \Longrightarrow Ge + 3H_2O$	−0.182
160	$2H^+ + 2e \Longrightarrow H_2$	0.0000
161	$H_2 + 2e \Longrightarrow 2H^-$	−2.25
162	$2H_2O + 2e \Longrightarrow H_2 + 2OH^-$	−0.8277
163	$Hf^{4+} + 4e \Longrightarrow Hf$	−1.55
164	$Hg^{2+} + 2e \Longrightarrow Hg$	0.851
165	$Hg_2^{2+} + 2e \Longrightarrow 2Hg$	0.797
166	$2Hg^{2+} + 2e \Longrightarrow Hg_2^{2+}$	0.920
167	$Hg_2Br_2 + 2e \Longrightarrow 2Hg + 2Br^-$	0.1392
168	$HgBr_4^{2-} + 2e \Longrightarrow Hg + 4Br^-$	0.21
169	$Hg_2Cl_2 + 2e \Longrightarrow 2Hg + 2Cl^-$	0.2681
170	$2HgCl_2 + 2e \Longrightarrow Hg_2Cl_2 + 2Cl^-$	0.63
171	$Hg_2CrO_4 + 2e \Longrightarrow 2Hg + CrO_4^{2-}$	0.54
172	$Hg_2I_2 + 2e \Longrightarrow 2Hg + 2I^-$	−0.0405
173	$Hg_2O + H_2O + 2e \Longrightarrow 2Hg + 2OH^-$	0.123
174	$HgO + H_2O + 2e \Longrightarrow Hg + 2OH^-$	0.0977
175	$HgS(红色) + 2e \Longrightarrow Hg + S^{2-}$	−0.70
176	$HgS(黑色) + 2e \Longrightarrow Hg + S^{2-}$	−0.67
177	$Hg_2(SCN)_2 + 2e \Longrightarrow 2Hg + 2SCN^-$	0.22
178	$Hg_2SO_4 + 2e \Longrightarrow 2Hg + SO_4^{2-}$	0.613
179	$Ho^{2+} + 2e \Longrightarrow Ho$	−2.1
180	$Ho^{3+} + 3e \Longrightarrow Ho$	−2.33
181	$I_2 + 2e \Longrightarrow 2I^-$	0.5355
182	$I_3^- + 2e \Longrightarrow 3I^-$	0.536
183	$2IBr + 2e \Longrightarrow I_2 + 2Br^-$	1.02
184	$ICN + 2e \Longrightarrow I^- + CN^-$	0.30
185	$2HIO + 2H^+ + 2e \Longrightarrow I_2 + 2H_2O$	1.439
186	$HIO + H^+ + 2e \Longrightarrow I^- + H_2O$	0.987
187	$IO^- + H_2O + 2e \Longrightarrow I^- + 2OH^-$	0.485
188	$2IO_3^- + 12H^+ + 10e \Longrightarrow I_2 + 6H_2O$	1.195
189	$IO_3^- + 6H^+ + 6e \Longrightarrow I^- + 3H_2O$	1.085

（续表）

序号（No.）	电极过程（Electrode process）	E_A^0（V）
190	$IO_3^- + 2H_2O + 4e = IO^- + 4OH^-$	0.15
191	$IO_3^- + 3H_2O + 6e = I^- + 6OH^-$	0.26
192	$2IO_3^- + 6H_2O + 10e = I_2 + 12OH^-$	0.21
193	$H_5IO_6 + H^+ + 2e = IO_3^- + 3H_2O$	1.601
194	$In^+ + e = In$	−0.14
195	$In^{3+} + 3e = In$	−0.338
196	$In(OH)_3 + 3e = In + 3OH^-$	−0.99
197	$Ir^{3+} + 3e = Ir$	1.156
198	$IrBr_6^{2-} + e = IrBr_6^{3-}$	0.99
199	$IrCl_6^{2-} + e = IrCl_6^{3-}$	0.867
200	$K^+ + e = K$	−2.931
201	$La^{3+} + 3e = La$	−2.379
202	$La(OH)_3 + 3e = La + 3OH^-$	−2.90
203	$Li^+ + e = Li$	−3.040
204	$Lr^{3+} + 3e = Lr$	−1.96
205	$Lu^{3+} + 3e = Lu$	−2.28
206	$Md^{2+} + 2e = Md$	−2.40
207	$Md^{3+} + 3e = Md$	−1.65
208	$Mg^{2+} + 2e = Mg$	−2.372
209	$Mg(OH)_2 + 2e = Mg + 2OH^-$	−2.690
210	$Mn^{2+} + 2e = Mn$	−1.185
211	$Mn^{3+} + 3e = Mn$	1.542
212	$MnO_2 + 4H^+ + 2e = Mn^{2+} + 2H_2O$	1.224
213	$MnO_4^- + 4H^+ + 3e = MnO_2 + 2H_2O$	1.679
214	$MnO_4^- + 8H^+ + 5e = Mn^{2+} + 4H_2O$	1.507
215	$MnO_4^- + 2H_2O + 3e = MnO_2 + 4OH^-$	0.595
216	$Mn(OH)_2 + 2e = Mn + 2OH^-$	−1.56
217	$Mo^{3+} + 3e = Mo$	−0.200
218	$MoO_4^{2-} + 4H_2O + 6e = Mo + 8OH^-$	−1.05
219	$N_2 + 2H_2O + 6H^+ + 6e = 2NH_4OH$	0.092
220	$2NH_3OH^+ + H^+ + 2e = N_2H_5^+ + 2H_2O$	1.42
221	$2NO + H_2O + 2e = N_2O + 2OH^-$	0.76
222	$2HNO_2 + 4H^+ + 4e = N_2O + 3H_2O$	1.297
223	$NO_3^- + 3H^+ + 2e = HNO_2 + H_2O$	0.934
224	$NO_3^- + H_2O + 2e = NO_2^- + 2OH^-$	0.01
225	$2NO_3^- + 2H_2O + 2e = N_2O_4 + 4OH^-$	−0.85
226	$Na^+ + e = Na$	−2.713
227	$Nb^{3+} + 3e = Nb$	−1.099
228	$NbO_2 + 4H^+ + 4e = Nb + 2H_2O$	−0.690
229	$Nb_2O_5 + 10H^+ + 10e = 2Nb + 5H_2O$	−0.644
230	$Nd^{2+} + 2e = Nd$	−2.1
231	$Nd^{3+} + 3e = Nd$	−2.323

序号(No.)	电极过程(Electrode process)	$E_A^0(V)$
232	$Ni^{2+}+2e \Longrightarrow Ni$	-0.257
233	$NiCO_3+2e \Longrightarrow Ni+CO_3^{2-}$	-0.45
234	$Ni(OH)_2+2e \Longrightarrow Ni+2OH^-$	-0.72
235	$NiO_2+4H^++2e \Longrightarrow Ni^{2+}+2H_2O$	1.678
236	$No^{2+}+2e \Longrightarrow No$	-2.50
237	$No^{3+}+3e \Longrightarrow No$	-1.20
238	$Np^{3+}+3e \Longrightarrow Np$	-1.856
239	$NpO_2+H_2O+H^++e \Longrightarrow Np(OH)_3$	-0.962
240	$O_2+4H^++4e \Longrightarrow 2H_2O$	1.229
241	$O_2+2H_2O+4e \Longrightarrow 4OH^-$	0.401
242	$O_3+H_2O+2e \Longrightarrow O_2+2OH^-$	1.24
243	$Os^{2+}+2e \Longrightarrow Os$	0.85
244	$OsCl_6^{3-}+e \Longrightarrow Os^{2+}+6Cl^-$	0.4
245	$OsO_2+2H_2O+4e \Longrightarrow Os+4OH^-$	-0.15
246	$OsO_4+8H^++8e \Longrightarrow Os+4H_2O$	0.838
247	$OsO_4+4H^++4e \Longrightarrow OsO_2+2H_2O$	1.02
248	$P+3H_2O+3e \Longrightarrow PH_3(g)+3OH^-$	-0.87
249	$H_2PO_2^-+e \Longrightarrow P+2OH^-$	-1.82
250	$H_3PO_3+2H^++2e \Longrightarrow H_3PO_2+H_2O$	-0.499
251	$H_3PO_3+3H^++3e \Longrightarrow P+3H_2O$	-0.454
252	$H_3PO_4+2H^++2e \Longrightarrow H_3PO_3+H_2O^-$	-0.276
253	$PO_4^{3-}+2H_2O+2e \Longrightarrow HPO_3^{2-}+3OH^-$	-1.05
254	$Pa^{3+}+3e \Longrightarrow Pa$	-1.34
255	$Pa^{4+}+4e \Longrightarrow Pa$	-1.49
256	$Pb^{2+}+2e \Longrightarrow Pb$	-0.126
257	$Pb^{2+}+2e \Longrightarrow Pb(Hg)$	-0.121
258	$PbBr_2+2e \Longrightarrow Pb+2Br^-$	-0.284
259	$PbCl_2+2e \Longrightarrow Pb+2Cl^-$	-0.268
260	$PbCO_3+2e \Longrightarrow Pb+CO_3^{2-}$	-0.506
261	$PbF_2+2e \Longrightarrow Pb+2F^-$	-0.344
262	$PbI_2+2e \Longrightarrow Pb+2I^-$	-0.365
263	$PbO+H_2O+2e \Longrightarrow Pb+2OH^-$	-0.580
264	$PbO+4H^++2e \Longrightarrow Pb+H_2O$	0.25
265	$PbO_2+4H^++2e \Longrightarrow Pb^2+2H_2O$	1.455
266	$HPbO_2^-+H_2O+2e \Longrightarrow Pb+3OH^-$	-0.537
267	$PbO_2+SO_4^{2-}+4H^++2e \Longrightarrow PbSO_4+2H_2O$	1.691
268	$PbSO_4+2e \Longrightarrow Pb+SO_4^{2-}$	-0.359
269	$Pd^{2+}+2e \Longrightarrow Pd$	0.915
270	$PdBr_4^{2-}+2e \Longrightarrow Pd+4Br^-$	0.6
271	$PdO_2+H_2O+2e \Longrightarrow PdO+2OH^-$	0.73
272	$Pd(OH)_2+2e \Longrightarrow Pd+2OH^-$	0.07
273	$Pm^{2+}+2e \Longrightarrow Pm$	-2.20

（续表）

序号(No.)	电极过程(Electrode process)	$E_A^\ominus$(V)
274	$Pm^{3+}+3e\!=\!=\!Pm$	-2.30
275	$Po^{4+}+4e\!=\!=\!Po$	0.76
276	$Pr^{2+}+2e\!=\!=\!Pr$	-2.0
277	$Pr^{3+}+3e\!=\!=\!Pr$	-2.353
278	$Pt^{2+}+2e\!=\!=\!Pt$	1.18
279	$[PtCl_6]^{2-}+2e\!=\!=\![PtCl_4]^{2-}+2Cl^-$	0.68
280	$Pt(OH)_2+2e\!=\!=\!Pt+2OH^-$	0.14
281	$PtO_2+4H^++4e\!=\!=\!Pt+2H_2O$	1.00
282	$PtS+2e\!=\!=\!Pt+S^{2-}$	-0.83
283	$Pu^{3+}+3e\!=\!=\!Pu$	-2.031
284	$Pu^{5+}+e\!=\!=\!Pu^{4+}$	1.099
285	$Ra^{2+}+2e\!=\!=\!Ra$	-2.8
286	$Rb^++e\!=\!=\!Rb$	-2.98
287	$Re^{3+}+3e\!=\!=\!Re$	0.300
288	$ReO_2+4H^++4e\!=\!=\!Re+2H_2O$	0.251
289	$ReO_4^-+4H^++3e\!=\!=\!ReO_2+2H_2O$	0.510
290	$ReO_4^-+4H_2O+7e\!=\!=\!Re+8OH^-$	-0.584
291	$Rh^{2+}+2e\!=\!=\!Rh$	0.600
292	$Rh^{3+}+3e\!=\!=\!Rh$	0.758
293	$Ru^{2+}+2e\!=\!=\!Ru$	0.455
294	$RuO_2+4H^++2e\!=\!=\!Ru^{2+}+2H_2O$	1.120
295	$RuO_4+6H^++4e\!=\!=\!Ru(OH)_2^{2+}+2H_2O$	1.40
296	$S+2e\!=\!=\!S^{2-}$	-0.476
297	$S+2H^++2e\!=\!=\!H_2S(水溶液,aq)$	0.142
298	$S_2O_6^{2-}+4H^++2e\!=\!=\!2H_2SO_3$	0.564
299	$2SO_3^{2-}+3H_2O+4e\!=\!=\!S_2O_3^{2-}+6OH^-$	-0.571
300	$2SO_3^{2-}+2H_2O+2e\!=\!=\!S_2O_4^{2-}+4OH^-$	-1.12
301	$SO_4^{2-}+H_2O+2e\!=\!=\!SO_3^{2-}+2OH^-$	-0.93
302	$Sb+3H^++3e\!=\!=\!SbH_3$	-0.510
303	$Sb_2O_3+6H^++6e\!=\!=\!2Sb+3H_2O$	0.152
304	$Sb_2O_5+6H^++4e\!=\!=\!2SbO^++3H_2O$	0.581
305	$SbO_3^-+H_2O+2e\!=\!=\!SbO_2^-+2OH^-$	-0.59
306	$Sc^{3+}+3e\!=\!=\!Sc$	-2.077
307	$Sc(OH)_3+3e\!=\!=\!Sc+3OH^-$	-2.6
308	$Se+2e\!=\!=\!Se^{2-}$	-0.924
309	$Se+2H^++2e\!=\!=\!H_2Se(水溶液,aq)$	-0.399
310	$H_2SeO_3+4H^++4e\!=\!=\!Se+3H_2O$	-0.74
311	$SeO_3^{2-}+3H_2O+4e\!=\!=\!Se+6OH^-$	-0.366
312	$SeO_4^{2-}+H_2O+2e\!=\!=\!SeO_3^{2-}+2OH^-$	0.05
313	$Si+4H^++4e\!=\!=\!SiH_4(气体)$	0.102
314	$Si+4H_2O+4e\!=\!=\!SiH_4+4OH^-$	-0.73
315	$SiF_6^{2-}+4e\!=\!=\!Si+6F^-$	-1.24

（续表）

序号(No.)	电极过程(Electrode process)	E_A^{θ} (V)
316	$SiO_2 + 4H^+ + 4e \Longrightarrow Si + 2H_2O$	-0.857
317	$SiO_3^{2-} + 3H_2O + 4e \Longrightarrow Si + 6OH^-$	-1.697
318	$Sm^{2+} + 2e \Longrightarrow Sm$	-2.68
319	$Sm^{3+} + 3e \Longrightarrow Sm$	-2.304
320	$Sn^{2+} + 2e \Longrightarrow Sn$	-0.138
321	$Sn^{4+} + 2e \Longrightarrow Sn^{2+}$	0.151
322	$SnCl_4^{2-} + 2e \Longrightarrow Sn + 4Cl^-$ (1 mol/L HCl)	-0.19
323	$SnF_6^{2-} + 4e \Longrightarrow Sn + 6F^-$	-0.25
324	$Sn(OH)_3^- + 3H^+ + 2e \Longrightarrow Sn^{2+} + 3H_2O$	0.142
325	$SnO_2 + 4H^+ + 4e \Longrightarrow Sn + 2H_2O$	-0.117
326	$Sn(OH)_6^{2-} + 2e \Longrightarrow HSnO_2^- + 3OH^- + H_2O$	-0.93
327	$Sr^{2+} + 2e \Longrightarrow Sr$	-2.899
328	$Sr^{2+} + 2e \Longrightarrow Sr(Hg)$	-1.793
329	$Sr(OH)_2 + 2e \Longrightarrow Sr + 2OH^-$	-2.88
330	$Ta^{3+} + 3e \Longrightarrow Ta$	-0.6
331	$Tb^{3+} + 3e \Longrightarrow Tb$	-2.28
332	$Tc^{2+} + 2e \Longrightarrow Tc$	0.400
333	$TcO_4^- + 8H^+ + 7e \Longrightarrow Tc + 4H_2O$	0.472
334	$TcO_4^- + 2H_2O + 3e \Longrightarrow TcO_2 + 4OH^-$	-0.311
335	$Te + 2e \Longrightarrow Te^{2-}$	-1.143
336	$Te^{4+} + 4e \Longrightarrow Te$	0.568
337	$Th^{4+} + 4e \Longrightarrow Th$	-1.899
338	$Ti^{2+} + 2e \Longrightarrow Ti$	-1.630
339	$Ti^{3+} + 3e \Longrightarrow Ti$	-1.37
340	$TiO_2 + 4H^+ + 2e \Longrightarrow Ti^{2+} + 2H_2O$	-0.502
341	$TiO^{2+} + 2H^+ + e \Longrightarrow Ti^{3+} + H_2O$	0.1
342	$Tl^+ + e \Longrightarrow Tl$	-0.336
343	$Tl^{3+} + 3e \Longrightarrow Tl$	0.741
344	$Tl^{3+} + Cl^- + 2e \Longrightarrow TlCl$	1.36
345	$TlBr + e \Longrightarrow Tl + Br^-$	-0.658
346	$TlCl + e \Longrightarrow Tl + Cl^-$	-0.557
347	$TlI + e \Longrightarrow Tl + I^-$	-0.752
348	$Tl_2O_3 + 3H_2O + 4e \Longrightarrow 2Tl^+ + 6OH^-$	0.02
349	$TlOH + e \Longrightarrow Tl + OH^-$	-0.34
350	$Tl_2SO_4 + 2e \Longrightarrow 2Tl + SO_4^{2-}$	-0.436
351	$Tm^{2+} + 2e \Longrightarrow Tm$	-2.4
352	$Tm^{3+} + 3e \Longrightarrow Tm$	-2.319
353	$U^{3+} + 3e \Longrightarrow U$	-1.798
354	$UO_2 + 4H^+ + 4e \Longrightarrow U + 2H_2O$	-1.40
355	$UO_2^+ + 4H^+ + e \Longrightarrow U^{4+} + 2H_2O$	0.612
356	$UO_2^{2+} + 4H^+ + 6e \Longrightarrow U + 2H_2O$	-1.444
357	$V^{2+} + 2e \Longrightarrow V$	-1.175

（续表）

序号(No.)	电极过程(Electrode process)	$E_A^\ominus$(V)
358	$VO^{2+}+2H^++e\mathop{=\!=}V^{3+}+H_2O$	0.337
359	$VO_2^++2H^++e\mathop{=\!=}VO^{2+}+H_2O$	0.991
360	$VO_2^++4H^++2e\mathop{=\!=}V^{3+}+2H_2O$	0.668
361	$V_2O_5+10H^++10e\mathop{=\!=}2V+5H_2O$	-0.242
362	$W^{3+}+3e\mathop{=\!=}W$	0.1
363	$WO_3+6H^++6e\mathop{=\!=}W+3H_2O$	-0.090
364	$W_2O_5+2H^++2e\mathop{=\!=}2WO_2+H_2O$	-0.031
365	$Y^{3+}+3e\mathop{=\!=}Y$	-2.372
366	$Yb^{2+}+2e\mathop{=\!=}Yb$	-2.76
367	$Yb^{3+}+3e\mathop{=\!=}Yb$	-2.19
368	$Zn^{2+}+2e\mathop{=\!=}Zn$	-0.7618
369	$Zn^{2+}+2e\mathop{=\!=}Zn(Hg)$	-0.7628
370	$Zn(OH)_2+2e\mathop{=\!=}Zn+2OH^-$	-1.249
371	$ZnS+2e\mathop{=\!=}Zn+S^{2-}$	-1.40
372	$ZnSO_4+2e\mathop{=\!=}Zn(Hg)\mid SO_4^{2-}$	-0.799

6.23　常用酸碱溶液的相对密度、质量分数与物质的量浓度对应表

相对密度 (15℃)	HCl		HNO₃		H₂SO₄	
	$w(\%)$	c(mol/L)	$w(\%)$	c(mol/L)	$w(\%)$	c(mol/L)
1.02	4.13	1.15	3.70	0.6	3.1	0.3
1.04	8.16	2.3	7.26	1.2	6.1	0.6
1.05	10.2	2.9	9.0	1.5	7.4	0.8
1.06	12.2	3.5	10.7	1.8	8.8	0.9
1.08	16.2	4.8	13.9	2.4	11.6	1.3
1.10	20.0	6.0	17.1	3.0	14.4	1.6
1.12	23.8	7.3	20.2	3.6	17.0	2.0
1.14	27.7	8.7	23.3	4.2	19.9	2.3
1.15	29.6	9.3	24.8	4.5	20.9	2.5
1.19	37.2	12.2	30.9	5.8	26.0	3.2
1.20			32.3	6.2	27.3	3.4
1.25			39.8	7.9	33.4	4.3
1.30			47.5	9.8	39.2	5.2
1.35			55.8	12.0	44.8	6.2
1.40			65.3	14.5	50.1	7.2
1.42			69.8	15.7	52.2	7.6
1.45					55.0	8.2
1.50					59.8	9.2
1.55					64.3	10.2
1.60					68.7	11.2
1.65					73.0	12.3
1.70					77.2	13.4
1.84					95.6	18.0

相对密度	NH₃·H₂O		NaOH		KOH	
(15 ℃)	$w(\%)$	$c(mol/L)$	$w(\%)$	$c(mol/L)$	$w(\%)$	$c(mol/L)$
0.88	35.0	18.0				
0.90	28.3	15				
0.91	25.0	13.4				
0.92	21.8	11.8				
0.94	15.6	8.6				
0.96	9.9	5.6				
0.98	4.8	2.8				
1.05			4.5	1.25	5.5	1.0
1.10			9.0	2.5	10.9	2.1
1.15			13.5	3.9	16.1	3.3
1.20			18.0	5.4	21.2	4.5
1.25			22.5	7.0	26.1	5.8
1.30			27.0	8.8	30.9	7.2
1.35			31.8	10.7	35.5	8.5

6.24 常用酸碱指示剂

名称	变色(pH)范围	颜色变化	配置方法
0.1%百里酚蓝	1.2~2.8	红~黄	0.1 g 百里酚蓝溶于 20 mL 乙醇中,加水至 100 mL
0.1%甲基橙	3.1~4.4	红~黄	0.1 g 甲基橙溶于 100 mL 热水中
0.1%溴酚蓝	3.0~1.6	黄~紫蓝	0.1 g 溴酚蓝溶于 20 mL 乙醇中,加水至 100 mL
0.1%溴甲酚绿	4.0~5.4	黄~蓝	0.1 g 溴甲酚绿溶于 20 mL 乙醇中,加水至 100 mL
0.1%甲基红	4.8~6.2	红~黄	0.1 g 甲基红溶于 60 mL 乙醇中,加水至 100 mL
0.1%溴百里酚蓝	6.0~7.6	黄~蓝	0.1 g 溴百里酚蓝溶于 20 mL 乙醇中,加水至 100 mL
0.1%中性红	6.8~8.0	红~黄橙	0.1 g 中性红溶于 60 mL 乙醇中,加水至 100 mL
0.2%酚酞	8.0~9.6	无~红	0.2 g 酚酞溶于 90 mL 乙醇中,加水至 100 mL
0.1%百里酚蓝	8.0~9.6	黄~蓝	0.1 g 百里酚蓝溶于 20 mL 乙醇中,加水至 100 mL
0.1%百里酚酞	9.4~10.6	无~蓝	0.1 g 百里酚酞溶于 90 mL 乙醇中,加水至 100 mL
0.1%茜素黄	10.1~12.1	黄~紫	0.1 g 茜素黄溶于 100 mL 水中

6.25 常用缓冲溶液的配制方法

6.25.1 甘氨酸-盐酸缓冲液(0.05 mol/L)

X 毫升 0.2 mol/L 甘氨酸 + Y 毫升 0.2 mol/L HCl,再加水稀释至 200 mL。

pH	X	Y	pH	X	Y
2.0	50	44.0	3.0	50	11.4
2.4	50	32.4	3.2	50	8.2
2.6	50	24.2	3.4	50	6.4
2.8	50	16.8	3.6	50	5.0

甘氨酸分子量=75.07,0.2 mol/L 甘氨酸溶液含溶质 15.01 g/L。

6.25.2　邻苯二甲酸-盐酸缓冲液(0.05 mol/L)

X 毫升 0.2 mol/L 邻苯二甲酸氢钾＋Y 毫升 0.2 mol/L HCl,再加水稀释到 20 毫升。

pH(20 ℃)	X	Y	pH(20 ℃)	X	Y
2.2	5	4.070	3.2	5	1.470
2.4	5	3.960	3.4	5	0.990
2.6	5	3.295	3.6	5	0.597
2.8	5	2.642	3.8	5	0.263
3.0	5	2.022			

邻苯二甲酸氢钾分子量=204.23,0.2 mol/L 邻苯二甲酸氢钾溶液含溶质 40.85 g/L。

6.25.3　磷酸氢二钠-柠檬酸缓冲液

pH	0.2 mol/L Na_2HPO_4 (mL)	0.1 mol/L 柠檬酸 (mL)	pH	0.2 mol/L Na_2HPO_4 (mL)	0.1 mol/L 柠檬酸 (mL)
2.2	0.40	10.60	5.2	10.72	9.28
2.4	1.24	18.76	5.4	11.15	8.85
2.6	2.18	17.82	5.6	11.60	8.40
2.8	3.17	16.83	5.8	12.09	7.91
3.0	4.11	15.89	6.0	12.63	7.37
3.2	4.94	15.06	6.2	13.22	6.78
3.4	5.70	14.30	6.4	13.85	6.15
3.6	6.44	13.56	6.6	14.55	5.45
3.8	7.10	12.90	6.8	15.45	4.55
4.0	7.71	12.29	7.0	16.47	3.53
4.2	8.28	11.72	7.2	17.39	2.61
4.4	8.82	11.18	7.4	18.17	1.83
4.6	9.35	10.65	7.6	18.73	1.27
4.8	9.86	10.14	7.8	19.15	0.85
5.0	10.30	9.70	8.0	19.45	0.55

Na_2HPO_4 分子量=141.98,0.2 mol/L 溶液为 28.40 g/L。

$Na_2HPO_4 \cdot 2H_2O$ 分子量=178.05,0.2 mol/L 溶液含 35.01 g/L。

$C_6H_8O_7 \cdot H_2O$ 分子量 =210.14,0.1 mol/L 溶液为 21.01 g/L。

6.25.4 柠檬酸-氢氧化钠-盐酸缓冲液

pH	钠离子浓度 (mol/L)	柠檬酸(g) $C_6H_8O_7 \cdot H_2O$	氢氧化钠(g) NaOH 97%	盐酸(mL) HCl(浓)	最终体积 (L)*
2.2	0.20	210	84	160	10
3.1	0.20	210	83	116	10
3.3	0.20	210	83	106	10
4.3	0.20	210	83	45	10
5.3	0.35	245	144	68	10
5.8	0.45	285	186	105	10
6.5	0.38	266	156	126	10

* 使用时可以每升中加入 1 g 苯酚,若最后 pH 有变化,再用少量 50% 氢氧化钠溶液或浓盐酸调节,冰箱保存。

6.25.5 柠檬酸-柠檬酸钠缓冲液(0.1 mol/L)

pH	0.1 mol/L 柠檬酸 (mL)	0.1 mol/L 柠檬酸钠 (mL)	pH	0.1 mol/L 柠檬酸 (mL)	0.1 mol/L 柠檬酸钠 (mL)
3.0	18.6	1.4	5.0	8.2	11.8
3.2	17.2	2.8	5.2	7.3	12.7
3.4	16.0	4.0	5.4	6.4	13.6
3.6	14.9	5.1	5.6	5.5	14.5
3.8	14.0	6.0	5.8	4.7	15.3
4.0	13.1	6.9	6.0	3.8	16.2
4.2	12.3	7.7	6.2	2.8	17.2
4.4	11.4	8.6	6.4	2.0	18.0
4.6	10.3	9.7	6.6	1.4	18.6
4.8	9.2	10.8			

柠檬酸 $C_6H_8O_7 \cdot H_2O$:分子量 210.14,0.1 mol/L 溶液为 21.01 g/L。

柠檬酸钠 $Na_3C_6H_5O_7 \cdot 2H_2O$:分子量 294.12,0.1 mol/L 溶液为 29.41 g/mL。

6.25.6 乙酸-乙酸钠缓冲液(0.2 mol/L)

pH(18℃)	0.2 mol/L NaAc (mL)	0.3 mol/L HAc (mL)	pH(18℃)	0.2 mol/L NaAc (mL)	0.3 mol/L HAc (mL)
2.6	0.75	9.25	4.8	5.90	4.10
3.8	1.20	8.80	5.0	7.00	3.00
4.0	1.80	8.20	5.2	7.90	2.10
4.2	2.65	7.35	5.4	8.60	1.40
4.4	3.70	6.30	5.6	9.10	0.90
4.6	4.90	5.10	5.8	9.40	0.60

$Na_2Ac \cdot 3H_2O$ 分子量 = 136.09,0.2 mol/L 溶液为 27.22 g/L。

6.25.7　磷酸盐缓冲液

（1）磷酸氢二钠-磷酸二氢钠缓冲液（0.2 mol/L）

pH	0.2 mol/L Na_2HPO_4 (mL)	0.3 mol/L NaH_2PO_4 (mL)	pH	0.2 mol/L Na_2HPO_4 (mL)	0.3 mol/L NaH_2PO_4 (mL)
5.8	8.0	92.0	7.0	61.0	39.0
5.9	10.0	90.0	7.1	67.0	33.0
6.0	12.3	87.7	7.2	72.0	28.0
6.1	15.0	85.0	7.3	77.0	23.0
6.2	18.5	81.5	7.4	81.0	19.0
6.3	22.5	77.5	7.5	84.0	16.0
6.4	26.5	73.5	7.6	87.0	13.0
6.5	31.5	68.5	7.7	89.5	10.5
6.6	37.5	62.5	7.8	91.5	8.5
6.7	43.5	56.5	7.9	93.0	7.0
6.8	49.5	51.0	8.0	94.7	5.3
6.9	55.0	45.0			

$Na_2HPO_4 \cdot 2H_2O$ 分子量＝178.05，0.2 mol/L 溶液为 85.61 g/L。

$Na_2HPO_4 \cdot 12H_2O$ 分子量＝358.22，0.2 mol/L 溶液为 71.64 g/L。

$NaH_2PO_4 \cdot 2H_2O$ 分子量＝156.03，0.3 mol/L 溶液为 31.21 g/L。

（2）磷酸氢二钠-磷酸二氢钾缓冲液（1/15 mol/L）

pH	1/15 mol/L Na_2HPO_4 (mL)	1/15 mol/L KH_2PO_4 (mL)	pH	1/15 mol/L Na_2HPO_4 (mL)	1/15 mol/L KH_2PO_4 (mL)
4.92	0.10	9.90	7.17	7.00	3.00
5.29	0.50	9.50	7.38	8.00	2.00
5.91	1.00	9.00	7.73	9.00	1.00
6.24	2.00	8.00	8.04	9.50	0.50
6.47	3.00	7.00	8.34	9.75	0.25
6.64	4.00	6.00	8.67	9.90	0.10
6.81	5.00	5.00	8.18	10.00	0
6.98	6.00	4.00			

$Na_2HPO_4 \cdot 2H_2O$ 分子量＝178.05，1/15 M 溶液为 11.876 g/L。

KH_2PO_4 分子量＝136.09，1/15 M 溶液为 9.078 g/L。

（3）磷酸二氢钾-氢氧化钠缓冲液（0.05 mol/L）

X 毫升 0.2 mol/L KH_2PO_4 ＋ Y 毫升 0.2 mol/L NaOH 加水稀释至 29 mL。

pH(20 ℃)	X(mL)	Y(mL)	pH(20 ℃)	X(mL)	Y(mL)
5.8	5	0.372	7.0	5	2.963
6.0	5	0.570	7.2	5	3.500
6.2	5	0.860	7.4	5	3.950
6.4	5	1.260	7.6	5	4.280
6.6	5	1.780	7.8	5	4.520
6.8	5	2.365	8.0	5	4.680

(4) 巴比妥钠-盐酸缓冲液(18 ℃)

pH	0.04 mol/L 巴比妥钠溶液 (mL)	0.2 mol/L 盐酸 (mL)	pH	0.04 mol/L 巴比妥钠溶液 (mL)	0.2 mol/L 盐酸 (mL)
6.8	100	18.4	8.4	100	5.21
7.0	100	17.8	8.6	100	3.82
7.2	100	16.7	8.8	100	2.52
7.4	100	15.3	9.0	100	1.65
7.6	100	13.4	9.2	100	1.13
7.8	100	11.47	9.4	100	0.70
8.0	100	9.39	9.6	100	0.35
8.2	100	7.21			

巴比妥钠盐分子量＝206.18;0.04 mol/L 溶液为 8.25 g/L。

(5) Tris-盐酸缓冲液(0.05 M,25 ℃)

50 毫升 0.1 mol/L 三羟甲基氨基甲烷(Tris)溶液与 X 毫升 0.1 mol/L 盐酸混匀后,加水稀释至 100 mL。

pH	X(mL)	pH	X(mL)	pH	X(mL)
7.10	45.7	7.80	34.5	8.50	14.7
7.20	44.7	7.90	32.0	8.60	12.4
7.30	43.4	8.00	29.2	8.70	10.3
7.40	42.0	8.10	26.2	8.80	8.5
7.50	40.3	8.20	22.9	8.90	7.0
7.60	38.5	8.30	19.9		
7.70	36.6	8.40	17.2		

三羟甲基氨基甲烷(Tris)$(HOCH_2)_3CNH_2$;分子量＝121.14;0.1 mol/L 溶液为 12.114 g/L。Tris 溶液可从空气中吸收二氧化碳,使用时注意将瓶盖严。

(6) 硼酸-硼砂缓冲液(0.2 mol/L 硼酸根)

pH	0.05 mol/L 硼砂(mL)	0.2 mol/L 硼酸(mL)	pH	0.05 mol/L 硼砂(mL)	0.2 mol/L 硼酸(mL)
7.4	1.0	9.0	8.2	3.5	6.5
7.6	1.5	8.5	8.4	4.5	5.5
7.8	2.0	8.0	8.7	6.0	4.0
8.0	3.0	7.0	9.0	8.0	2.0

硼砂 $Na_2B_4O_7 \cdot 10H_2O$,分子量＝381.43;0.05 M 溶液(＝0.2 M 硼酸根)含 19.07 g/L。硼酸 H_3BO_3,分子量＝61.84,0.2 M 溶液为 12.37 g/L。硼砂易失去结晶水,必须在带塞的瓶中保存。

(7) 甘氨酸-氢氧化钠缓冲液(0.05 mol/L)

X 毫升 0.2 mol/L 甘氨酸＋Y 毫升 0.2 mol/L NaOH 加水稀释至 200 mL。

pH	X	Y	pH	X	Y
8.6	50	4.0	9.6	50	22.4
8.8	50	6.0	9.8	50	27.2
9.0	50	8.8	10.0	50	32.0
9.0	50	12.0	10.4	50	38.6
9.4	50	16.8	10.6	50	45.5

甘氨酸分子量=75.07；0.2 mol/L 溶液含 15.01 g/L。

(8) 硼砂-氢氧化钠缓冲液(0.05 M 硼酸根)

X 毫升 0.05 mol/L 硼砂＋Y 毫升 0.2 mol/L NaOH 加水稀释至 200 mL。

pH	X	Y	pH	X	Y
9.3	50	6.0	9.8	50	34.0
9.4	50	11.0	10.0	50	43.0
9.6	50	23.0	10.1	50	46.0

硼砂 $Na_2B_4O_7 \cdot 10H_2O$，分子量=381.43；0.05 mol/L 溶液为 19.07 g/L。

(9) 碳酸钠-碳酸氢钠缓冲液(0.1 mol/L)

Ca^{2+}、Mg^{2+} 存在时不得使用

pH		0.1 mol/L Na_2CO_3 (mL)	0.1 mol/L $NaHCO_3$ (mL)	pH		0.1 mol/L Na_2CO_3 (mL)	0.1 mol/L $NaHCO_3$ (mL)
20 ℃	37 ℃			20 ℃	37 ℃		
9.16	8.77	1	9	10.14	9.90	6	4
9.40	9.12	2	8	10.28	10.08	7	3
9.51	9.40	3	7	10.53	10.28	8	2
9.78	9.50	4	6	10.83	10.57	9	1
9.90	9.72	5	5				

$Na_2CO_3 \cdot 10H_2O$ 分子量=286.2；0.1 mol/L 溶液为 28.62 g/L。

$NaHCO_3$ 分子量=84.0；0.1 mol/L 溶液为 8.40 g/L。

(10) "PBS"缓冲液

pH	7.6	7.4	7.2	7.0
H_2O(mL)	1 000	1 000	1 000	100
NaCl(g)	8.5	8.5	8.5	8.5
Na_2HPO_4(g)	2.2	2.2	2.2	2.2
NaH_2PO_4(g)	0.1	0.2	0.3	0.4

6.26 实验室中某些试剂的配制

1. Na_2S(1 mol/L)：称取 240 g $Na_2S \cdot 9H_2O$ 和 40 g NaOH 溶于适量水中，稀释至 1 L，

混匀。

2. $(NH_4)_2S$(3 mol/L)：于 200 mL 浓 $NH_3 \cdot H_2O$ 中通入 H_2S 气体直至饱和，然后再加入 200 mL 浓 $NH_3 \cdot H_2O$，最后加水稀释至 1 L，混匀。

3. $(NH_4)_2CO_3$（1 mol/L）：将 96 g 研细的 $(NH_4)_2CO_3$ 溶解于 1 L 2 mol/L $NH_3 \cdot H_2O$ 中。

4. $(NH_4)_2CO_3$（14%）：将 140 g $(NH_4)_2CO_3$ 溶于 860 mL H_2O 中。

5. $(NH_4)_2SO_4$（饱和）：将 50 g $(NH_4)_2SO_4$ 溶解于 100 mL 热 H_2O 中，冷却后过滤。

6. $FeSO_4$（0.25 mol/L）：溶解 69.5 g $FeSO_4 \cdot 7H_2O$ 于适量 H_2O 中，加入 5 mL 18 mol/L H_2SO_4，再用 H_2O 稀释至 1 L，置入小铁钉数枚。

7. $FeCl_3$（0.5 mol/L）：称取 135.2 g $FeCl_3 \cdot 6H_2O$ 溶于 100 mL 6 mol/L HCl 中，加 H_2O 稀释至 1 L。

8. $CrCl_3$（0.1 mol/L）：称取 26.7 g $CrCl_3 \cdot 6H_2O$ 溶于 30 mL 6 mol/L HCl 中，加 H_2O 稀释至 1 L。

9. KI（10%）：溶解 100 g KI 于 1 L H_2O 中，贮于棕色瓶中。

10. KNO_3（1%）：溶解 10 g KNO_3 于 1 L H_2O 中。

11. 醋酸铀酰锌：① 10 g $UO_2(Ac)_2 \cdot 2H_2O$ 和 6 mL 6 mol/L HAc 溶于 50 mL H_2O 中；② 30 g $Zn(Ac)_2 \cdot 2H_2O$ 和 3 mL 6 mol/L HCl 溶于 50 mL H_2O 中，将①、②两种溶液混合，24 h 后取清液使用。

12. $Na_3[Co(NO_2)_6]$：溶解 230 g $NaNO_2$ 于 500 mL H_2O 中，加入 165 mL 6 mol/L HAc 和 30 g $Co(NO_3)_2 \cdot 6H_2O$，放置 24 h，取其清液，稀释至 1 L，并保存在棕色瓶中。此溶液应呈橙色，若变成红色，表示已分解，应重新配制。

13. $(NH_4)_6Mo_7O_{24} \cdot 4H_2O$（0.1 mol/L）：溶解 124 g $(NH_4)_6Mo_7O_{24} \cdot 4H_2O$ 于 1 L H_2O 中，将所得溶液倒入 1 L 6 mol/L HNO_3 中，放置 24 h，取其澄清液。

14. $K_3[Fe(CN)_6]$：取 $K_3[Fe(CN)_2]$ 约 0.7～1 g 溶解于 H_2O，稀释至 100 mL（使用前临时配制）。

15. 铬黑 T：将铬黑 T 和烘干的 NaCl 按 1：100 的比例研细，混合均匀，贮于棕色瓶中。

16. 二苯胺：将 1 g 二苯胺在搅拌下溶于 100 mL 密度 1.84 g/mL H_2SO_4 或 100 mL 密度 1.70 g/mL H_3PO_4 中（该溶液可保存较长时间）。

17. Mg 试剂：溶解 0.01 g Mg 试剂于 1 L 1 mol/L NaOH 溶液中。

18. $SnCl_2$（0.25 mol/L）：称取 56.4 g $SnCl_2 \cdot 2H_2O$ 溶于 100 mL 浓 HCl 中，加水稀释至 1 L，在溶液中放几颗纯锡粒。

19. $Hg_2(NO_3)_2$（0.1 mol/L）：称取 56 g $Hg_2(NO_3)_2 \cdot 2H_2O$ 溶于 250 mL 6 mol/L HNO_3 中，加水稀释至 1 L，并加入少许金属汞。

20. $Pb(NO_3)_2$（0.25 mol/L）：取 83 g $Pb(NO_3)_2$ 溶于少量水中，加入 15 mL 6 mol/L HNO_3，加水稀释至 1 L。

21. $Bi(NO_3)_2$（0.1 mol/L）：称取 48.5 g $Bi(NO_3)_2 \cdot 5H_2O$ 溶于 250 mL 1 mol/L HNO_3 中，加水稀释至 1 L。

22. Cl_2 水：水中通入 Cl_2 至饱和（用时临时配制），Cl_2 在 25 ℃时溶解度为 199 mL/100 g H_2O。

23. Br_2 水:将约 50 g(16 mL)液溴注入盛有 1 L 水的磨口玻璃瓶内,在 2 h 内经常剧烈振荡,每次振荡之后微开塞子,使积聚的溴蒸气放出。在储存瓶底有过量的溴,将 Br_2 水倒入试剂瓶时,过量的溴应留于储存瓶内,而不倒入试剂瓶。倾倒溴或 Br_2 水时,应在通风橱中进行,并将凡士林涂在手上或戴橡皮手套操作,以防 Br_2 蒸气灼伤。

24. I_2 水(0.005 mol/L):将 1.3 g I_2 和 5 g KI 溶解在尽可能少量的水中,待 I_2 完全溶解后(充分搅动),再加水稀释至 1 mL。

25. 亚硝酰铁氰化钠(3%):称取 3 g $Na_2[Fe(CN_5)NO] \cdot 2H_2O$ 溶于 100 mL 水中。

26. 淀粉溶液(0.5%):取易溶淀粉 1 g 和 $HgCl_2$ 5 mg(作防腐剂)置于烧杯中,加水少许,调成糊浆,然后倾入 200 mL 沸水中。

27. 奈斯勒试剂:称取 115 g HgI_2 和 80 g KI 溶于足量的水中,稀释至 500 mL,然后加入 500 mL 6 mol/L NaOH 溶液,静置后取其清液保存于棕色瓶中。

28. 对氨基苯磺酸(0.34%):0.5 g 对氨基苯磺酸溶于 150 mL 2 mol/L HAc 溶液中。

29. α-萘胺(0.12%):0.3 g α-萘胺加 20 mL 水,加热煮沸,在所得溶液中加入 150 mL 2 mol/L HAc。

30. 钼酸铵:5 g 钼酸铵溶于 100 mL 水中,加入 35 mL HNO_3(密度 1.2 g/mL)。

31. 硫代乙酰胺(5%):5 g 硫代乙酰胺溶于 100 mL 水中。

32. 钙指示剂(0.2%):0.2 g 钙指示剂溶于 100 mL 水中。

33. 铝试剂(0.1%):1 g 铝试剂溶于 1 L 水中。

34. 二苯硫腙(0.01%):0.01 g 二苯硫腙溶于 100 mL CCl_4 中。

35. 丁二酮肟(1%):1 g 丁二酮肟溶于 100 mL 95% 乙醇中。

36. 二苯碳酰二肼(0.04%):0.04 g 二苯碳酰二肼溶于 20 mL 95% 乙醇中,边搅拌,边加入 80 mL(1∶9)H_2SO_4(存于冰箱中可用一个月)。

37. 品红试剂:0.1 g 品红盐酸盐溶于 200 mL 热水中,放置冷却后,加入 1 g 亚硫酸氢钠和 1 mL 浓盐酸,再用蒸馏水稀释至 1 L。

38. 苯酚溶液:将 50 g 苯酚溶于 500 mL 5% 氢氧化钠溶液中。

39. β-萘酚溶液:将 50 g β-萘酚溶于 500 mL 5% 氢氧化钠溶液中。

40. 斐林试剂:斐林试剂是由斐林试剂 A 和斐林试剂 B 组成,使用时将两者等体积混合即可,其配法为:

斐林试剂 A:将 35 g $CuSO_4 \cdot 5H_2O$ 溶于 1 000 mL 水中。

斐林试剂 B:将 170 g 酒石酸钾钠 $KNaC_4H_4O_6 \cdot 4H_2O$ 溶于 200 mL 热水中,然后加入 25% NaOH 200 mL,再用水稀释至 1 000 mL。

41. 本尼迪试剂:取 8.6 g 研细的 $CuSO_4$ 溶于 50 mL 热水中,冷却后用水稀释至 80 mL。另取 86 g 柠檬酸钠及 50 g 无水碳酸钠溶于 300 mL 水中,加热溶解,待溶液冷却后,再加入上面所配的 $CuSO_4$ 溶液,加水稀释至 500 mL。将试剂贮于试剂瓶中,用橡皮塞塞紧瓶口。

42. 卢卡斯试剂:在冷却下,将 136 g 无水氯化锌溶于 90 mL 浓盐酸中。此试剂一般是用前配制。

43. 间苯二酚盐酸试剂:将 0.5 g 间苯二酚溶于 500 mL 浓盐酸中,再用蒸馏水稀释至 1 000 mL。

44. α-萘酚乙醇溶液:将 10 g α-萘酚溶于 100 mL 95% 乙醇中,再用 95% 乙醇稀释

500 mL,贮于棕色瓶中,一般使用前配制。

45. 0.2%蒽酮硫酸溶液:将 1 g 蒽酮溶于 500 mL 浓硫酸中,用时配制。

46. 2,4-二硝基苯肼试剂:

(1) 将 2,4-二硝基苯肼溶于 2 mol/L HCl 中配成饱和溶液。

(2) 将 20 g 2,4-二硝基苯肼溶于 100 mL 浓硫酸中,然后边搅拌边将此溶液加到 140 mL 水与 500 mL 95%乙醇的混合液中,剧烈搅拌,滤去不溶固体即得橙红色溶液。

47. 0.1%茚三酮乙醇溶液:将 0.5 g 茚三酮溶于 500 mL 95%乙醇中,用时配制。

48. 苯肼试剂:

(1) 取 2 份质量的苯肼盐酸盐和 3 份质量的无水醋酸钠混合均匀,于研钵中研成粉末,贮存于棕色试剂瓶中。苯肼盐酸盐与醋酸钠反应生成苯肼醋酸盐,在水中水解生成的苯肼与糖反应成脎。游离的苯肼难溶于水,所以不能直接使用。

(2) 取 5 g 苯肼盐酸盐,加入 160 mL 水,微热溶解,再加 0.5 g 活性炭脱色,过滤,在滤液中加入 9 g 醋酸钠,搅拌溶解后贮存于棕色试剂瓶中。

6.27　元素的标准相对原子质量

原子序数	元素符号	名称	相对原子质量	原子序数	元素符号	名称	相对原子质量
1	H	氢	1.007 94(7)	30	Zn	锌	65.38(2)
2	He	氦	4.002 602(2)	31	Ga	镓	69.723(1)
3	Li	锂	6.941(2)	32	Ge	锗	72.64(1)
4	Be	铍	9.012 182(3)	33	As	砷	74.921 60(2)
5	B	硼	10.811(7)	34	Se	硒	78.96(3)
6	C	碳	12.010 7(8)	35	Br	溴	79.904(1)
7	N	氮	14.006 7(2)	36	Kr	氪	83.798(2)
8	O	氧	15.999 4(3)	37	Rb	铷	85.467 8(3)
9	F	氟	18.998 403 2(5)	38	Sr	锶	87.62(1)
10	Ne	氖	20.179 7(6)	39	Y	钇	88.905 85(2)
11	Na	钠	22.989 769 28(2)	40	Zr	锆	91.224(2)
12	Mg	镁	24.305 0(6)	41	Nb	铌	92.906 38(2)
13	Al	铝	26.981 538 6(8)	42	Mo	钼	95.96(2)
14	Si	硅	28.085 5(3)	43	Tc	锝	[97.907 2]
15	P	磷	30.973 762(2)	44	Ru	钌	101.07(2)
16	S	硫	32.065(5)	45	Rh	铑	102.905 50(2)
17	Cl	氯	35.453(2)	46	Pd	钯	106.42(1)
18	Ar	氩	39.948(1)	47	Ag	银	107.868 2(2)
19	K	钾	39.098 3(1)	48	Cd	镉	112.411(8)
20	Ca	钙	40.078(4)	49	In	铟	114.818(3)
21	Sc	钪	44.955 912(6)	50	Sn	锡	118.710(7)
22	Ti	钛	47.867(1)	51	Sb	锑	121.760(1)
23	V	钒	50.941 5(1)	52	Te	碲	127.60(3)
24	Cr	铬	51.996 1(6)	53	I	碘	126.904 47(3)
25	Mn	锰	54.938 045(5)	54	Xe	氙	131.293(6)
26	Fe	铁	55.845(2)	55	Cs	铯	132.905 451 9(2)
27	Co	钴	58.933 195(5)	56	Ba	钡	137.327(7)
28	Ni	镍	58.693 4(4)	57	La	镧	138.905 47(7)
29	Cu	铜	63.546(3)	58	Ce	铈	140.116(1)

（续表）

原子序数	元素符号	名称	相对原子质量	原子序数	元素符号	名称	相对原子质量
59	Pr	镨	140.907 65(2)	89	Ac	锕	[227]
60	Nd	钕	144.242(3)	90	Th	钍	232.038 06(2)
61	Pm	钷	[145]	91	Pa	镤	231.035 88(2)
62	GSm	钐	150.36(2)	92	U	铀	238.028 91(3)
63	Eu	铕	151.964(1)	93	Np	镎	[237]
64	Gd	钆	157.25(3)	94	Pu	钚	[244]
65	Tb	铽	158.925 35(2)	95	Am	镅	[243]
66	Dy	镝	162.500(1)	96	Cm	锔	[247]
67	Ho	钬	164.930 32(2)	97	Bk	锫	[247]
68	Er	铒	167.259(3)	98	Cf	锎	[251]
69	Tm	铥	168.934 21(2)	99	Es	锿	[252]
70	Yb	镱	173.054(5)	100	Fm	镄	[257]
71	Lu	镥	174.966 8(1)	101	Md	钔	[258]
72	Hf	铪	178.49(2)	102	No	锘	[259]
73	Ta	钽	180.947 88(2)	103	Lr	铹	[262]
74	W	钨	183.84(1)	104	Rf	𬬻	[261]
75	Re	铼	186.207(1)	105	Db	𬭊	[262]
76	Os	锇	190.23(3)	106	Sg	𬭳	[266]
77	Ir	铱	192.217(3)	107	Bh	𬭛	[264]
78	Pt	铂	195.084(9)	108	Hs	𬭶	[277]
79	Au	金	196.966 569(4)	109	Mt	鿏	[268]
80	Hg	汞	200.59(2)	110	Ds	𫟼	[271]
81	Tl	铊	204.383 3(2)	111	Rg	𬬭	[272]
82	Pb	铅	207.2(1)	112	Uub		[285]
83	Bi	铋	208.980 40(1)	113	Uut		[284]
84	Po	钋	[208.982 4]	114	Uuq		[289]
85	At	砹	[209.987 1]	115	Uup		[288]
86	Rn	氡	[222.017 6]	116	Uuh		[292]
87	Fr	钫	[223]	117	Uus		[291]
88	Re	镭	[226]	118	Uuo		[293]

① 本相对原子质量表按照原子序数排列。

② 本表数据源自 2007 年 IUPAC 元素周期表（IUPAC 2007 standard atomic weights），以 $^{12}C=12$ 为标准。

③ 本表[ ]内的原子质量为放射性元素的半衰期最长的同位素质量数。

④ 相对原子质量末位数的不确定度加注在其后的（）内，比如 8 号氧元素的相对原子质量 15.999 4(3)是 15.999 4±0.000 03 的简写。

⑤ 112~118 号元素数据未被 IUPAC 确定。

6.28 化合物的溶度积常数表(25 ℃)

化合物	溶度积	化合物	溶度积	化合物	溶度积
	醋酸盐	* AgCl	1.8×10^{-10}	* CuBr	5.3×10^{-9}
** AgAc	1.94×10^{-3}	* AgI	8.3×10^{-17}	* CuCl	1.2×10^{-6}
	卤化物	BaF_2	1.84×10^{-7}	* CuI	1.1×10^{-12}
* AgBr	5.0×10^{-13}	* CaF_2	5.3×10^{-9}	* Hg_2Cl_2	1.3×10^{-18}

化合物	溶度积	化合物	溶度积	化合物	溶度积
* Hg_2I_2	4.5×10^{-29}	* $Cr(OH)_3$	6.3×10^{-31}	** NiS	1.07×10^{-21}
HgI_2	2.9×10^{-29}	* $Cu(OH)_2$	2.2×10^{-20}	* PbS	8.0×10^{-28}
$PbBr_2$	6.60×10^{-6}	* $Fe(OH)_2$	8.0×10^{-16}	* SnS	1×10^{-25}
* $PbCl_2$	1.6×10^{-5}	* $Fe(OH)_3$	4×10^{-38}	** SnS_2	2×10^{-27}
PbF_2	3.3×10^{-8}	* $Mg(OH)_2$	1.8×10^{-11}	** ZnS	2.93×10^{-25}
* PbI_1	7.1×10^{-9}	* $Mn(OH)_2$	1.9×10^{-13}	磷酸盐	
SrF_2	4.33×10^{-9}	* $Ni(OH)_2$		* Ag_3PO_4	1.4×10^{-16}
碳酸盐		（新制备）	2.0×10^{-15}	* $AlPO_4$	6.3×10^{-19}
Ag_2CO_3	8.45×10^{-12}	* $Pb(OH)_2$	1.2×10^{-15}	* $CaHPO_4$	1×10^{-7}
* $BaCO_3$	5.1×10^{-9}	* $Sn(OH)_2$	1.4×10^{-28}	* $Ca_3(PO_4)_2$	2.0×10^{-29}
$CaCO_3$	3.36×10^{-9}	* $Sr(OH)_2$	9×10^{-4}	** $Cd_3(PO_4)_2$	2.53×10^{-33}
$CdCO_3$	1.0×10^{-12}	* $Zn(OH)_2$	1.2×10^{-17}	$Cu_3(PO_4)_2$	1.40×10^{-37}
* $CuCO_3$	1.4×10^{-10}	草酸盐		$FePO_4 \cdot 2H_2O$	9.91×10^{-16}
$FeCO_3$	3.13×10^{-11}	$Ag_2C_2O_4$	5.4×10^{-12}	* $MgNH_4PO_4$	2.5×10^{-13}
Hg_2CO_3	3.6×10^{-17}	* BaC_2O_4	1.6×10^{-7}	$Mg_3(PO_4)_2$	1.04×10^{-24}
$MgCO_3$	6.82×10^{-6}	* $CaC_2O_4 \cdot H_2O$	4×10^{-9}	* $Pb_3(PO_4)_2$	8.0×10^{-43}
$MnCO_3$	2.24×10^{-11}	CuC_2O_4	4.43×10^{-10}	* $Zn_3(PO_4)_2$	9.0×10^{-33}
$NiCO_3$	1.42×10^{-7}	* $FeC_2O_4 \cdot 2H_2O$	3.2×10^{-7}	其他盐	
* $PbCO_3$	7.4×10^{-14}	$Hg_2C_2O_4$	1.75×10^{-13}	* $[Ag^+]$	
$SrCO_3$	5.6×10^{-10}	$MgC_2O_4 \cdot 2H_2O$	4.83×10^{-6}	$[Ag(CN)_2^-]$	7.2×10^{-11}
$ZnCO_3$	1.46×10^{-10}	$MnC_2O_4 \cdot 2H_2O$	1.70×10^{-7}	* $Ag_4[Fe(CN)_6]$	1.6×10^{-41}
铬酸盐		** PbC_2O_4	8.51×10^{-10}	* $Cu_2[Fe(CN)_6]$	1.3×10^{-16}
Ag_2CrO_4	1.12×10^{-12}	* $SrC_2O_4 \cdot H_2O$	1.6×10^{-7}	$AgSCN$	1.03×10^{-12}
* $Ag_2Cr_2O_7$	2.0×10^{-7}	$ZnC_2O_4 \cdot 2H_2O$	1.38×10^{-9}	$CuSCN$	4.8×10^{-15}
* $BaCrO_4$	1.2×10^{-10}	硫酸盐		* $AgBrO_3$	5.3×10^{-5}
* $CaCrO_4$	7.1×10^{-4}	* Ag_2SO_4	1.4×10^{-5}	* $AgIO_3$	3.0×10^{-8}
* $CuCrO_4$	3.6×10^{-6}	* $BaSO_4$	1.1×10^{-10}	$Cu(IO_3)_2 \cdot H_2O$	7.4×10^{-8}
* Hg_2CrO_4	2.0×10^{-9}	* $CaSO_4$	9.1×10^{-6}	** $KHC_4H_4O_6$	
* $PbCrO_4$	2.8×10^{-13}	Hg_2SO_4	6.5×10^{-7}	（酒石酸氢钾）	3×10^{-4}
* $SrCrO_4$	2.2×10^{-5}	* $PbSO_4$	1.6×10^{-8}	** Al	
氢氧化物		* $SrSO_4$	3.2×10^{-7}	（8 -羟基喹啉）$_3$	5×10^{-33}
* $AgOH$	2.0×10^{-8}	硫化物		* $K_2Na[Co(NO_2)_6]$	
* $Al(OH)_3$		* Ag_2S	6.3×10^{-50}	$\cdot H_2O$	2.2×10^{-11}
（无定形）	1.3×10^{-33}	* CdS	8.0×10^{-27}	* $Na(NH_4)_2$	
* $Be(OH)_2$		* $CoS(\alpha -型)$	4.0×10^{-21}	$[Co(NO_2)_6]$	4×10^{-12}
（无定形）	1.6×10^{-22}	* $CoS(\beta -型)$	2.0×10^{-25}	** Ni	
* $Ca(OH)_2$	5.5×10^{-6}	* Cu_2S	2.5×10^{-48}	（丁二酮肟）$_2$	4×10^{-24}
* $Cd(OH)_2$	5.27×10^{-15}	* CuS	6.3×10^{-36}	** Mg	
** $Co(OH)_2$		* FeS	6.3×10^{-18}	（8 -羟基喹啉）$_2$	4×10^{-16}
（粉红色）	1.09×10^{-15}	* HgS（黑色）	1.6×10^{-52}	** Zn	
** $Co(OH)_2$		* HgS（红色）	4×10^{-53}	（8 -羟基喹啉）$_2$	5×10^{-25}
（蓝色）	5.92×10^{-15}	* MnS（晶形）	2.5×10^{-13}		
* $Co(OH)_3$	1.6×10^{-44}				
* $Cr(OH)_2$	2×10^{-16}				

摘自 David R. Lide，Handbook of Chemistry and Physics，78th. edition，1997—1998

* 摘自 J. A. Dean Ed. Lange's Handbook of Chemistry，13th. edition 1985

** 摘自其他参考书。

6.29　弱酸、弱碱在水中的解离常数

酸	$t(℃)$	级	k_a	pK_a
砷酸(H_3AsO_4)	25	1	5.5×10^{-2}	2.26
	25	2	1.7×10^{-7}	6.76
	25	3	5.1×10^{-12}	11.29
亚砷酸(H_3AsO_3)	25		5.1×10^{-10}	9.29
正硼酸(H_3BO_3)	20		5.4×10^{-10}	9.27
碳酸(H_2CO_3)	25	1	4.5×10^{-7}	6.35
	25	2	4.7×10^{-11}	10.33
铬酸(H_2CrO_4)	25	1	1.8×10^{-1}	0.74
	25	2	3.2×10^{-7}	6.49
氢氰酸(HCN)	25		6.2×10^{-10}	9.21
氢氟酸(HF)	25	1	6.3×10^{-4}	3.20
氢硫酸(H_2S)	25	2	8.9×10^{-8}	7.05
	25	1	1×10^{-19}	19
过氧化氢(H_2O_2)	25		2.4×10^{-12}	11.65
次溴酸($HBrO$)	18		2.8×10^{-9}	8.55
次氯酸($HClO$)	25		2.95×10^{-8}	7.53
次碘酸(HIO)	25		3×10^{-11}	10.5
亚硝酸(HNO_2)			5.6×10	3.25
高碘酸(HIO_4)			2.3×10	1.64
正磷酸(H_3PO_4)	25	1	6.9×10	2.16
	25	2	6.23×10	7.21
	25	3	4.8×10	12.32
亚磷酸(H_3PO_3)	25	1	5×10	1.3
	20	2	2.0×10	6.70
焦磷酸($H_4P_2O_7$)	20	1	1.2×10	0.91
	25	2	7.9×10	2.10
	25	3	2.0×10	6.70
	25	4	4.8×10	9.32

酸	$t(℃)$	级	k_a	pK_a
硒酸(H_2SeO_4)	25	2	2×10	1.7
亚硒酸(H_2SeO_3)	25	1	2.4×10	2.62
	25	2	4.8×10	8.32
硅酸(H_2SiO_3)	30	1	1×10	9.9
	30	2	2×10	11.8
硫酸(H_2SO_4)	25	2	1.0×10^{-2}	1.99
亚硫酸(H_2SO_3)	25	1	1.4×10^{-2}	1.85
	25	2	6×10^{-8}	7.2
甲酸($HCOOH$)	20		1.77×1^{-4}	3.75
醋酸(HAC)	25		1.76×10^{-5}	4.75
草酸($H_2C_2O_4$)	25	1	5.90×10^{-2}	1.23
	25	2	6.40×10^{-5}	4.19

碱	$t(℃)$	级	k_b	pk_b
氨水($NH_3\cdot H_2O$)	25		1.79×10^{-5}	4.75
*氢氧化铍[$Be(OH)_2$]	25	2	5×10^{-11}	10.30
*氢氧化钙[$Ca(OH)_2$]	25	1	3.74×10^{-3}	2.43
	30	2	4.0×10^{-2}	1.4
联氨(NH_2NH_2)	20		1.2×10^{-6}	5.9
羟胺(NH_2OH)	25		8.71×10^{-9}	8.06
*氢氧化铅[$Pb(OH)_2$]	25		9.6×10^{-4}	3.02
*氢氧化银($AgOH$)	25		1.1×10^{-4}	3.96
*氢氧化锌[$Zn(OH)_2$]	25		9.6×10^{-4}	3.02

6.30　配合物稳定常数

络合反应的平衡常数用配合物稳定常数表示，又称配合物形成常数。此常数值越大，说明形成的配合物越稳定。其倒数用来表示配合物的解离程度，称为配合物的不稳定常数。以下表格中，表(1)中除特别说明外是在 25 ℃下，离子强度 $I=0$；表(2)中离子强度都是在

有限的范围内，$I \approx 0$。表中 β_n 表示累积稳定常数。

6.30.1 金属-无机配位体配合物的稳定常数

序号	配位体	金属离子	配位体数目 n	$\lg\beta_n$
1	NH_3	Ag^+	1,2	3.24,7.05
		Au^{3+}	4	10.3
		Cd^{2+}	1,2,3,4,5,6	2.65,4.75,6.19,7.12,6.80,5.14
		Co^{2+}	1,2,3,4,5,6	2.11,3.74,4.79,5.55,5.73,5.11
		Co^{3+}	1,2,3,4,5,6	6.7,14.0,20.1,25.7,30.8,35.2
		Cu^+	1,2	5.93,10.86
		Cu^{2+}	1,2,3,4,5	4.31,7.98,11.02,13.32,12.86
		Fe^{2+}	1,2	1.4,2.2
		Hg^{2+}	1,2,3,4	8.8,17.5,18.5,19.28
		Mn^{2+}	1,2	0.8,1.3
		Ni^{2+}	1,2,3,4,5,6	2.80,5.04,6.77,7.96,8.71,8.74
		Pd^{2+}	1,2,3,4	9.6,18.5,26.0,32.8
		Pt^{2+}	6	35.3
		Zn^{2+}	1,2,3,4	2.37,4.81,7.31,9.46
2	Br^-	Ag^+	1,2,3,4	4.38,7.33,8.00,8.73
		Bi^{3+}	1,2,3,4,5,6	2.37,4.20,5.90,7.30,8.20,8.30
		Cd^{2+}	1,2,3,4	1.75,2.34,3.32,3.70,
		Ce^{3+}	1	0.42
		Cu^+	2	5.89
		Cu^{2+}	1	0.30
		Hg^{2+}	1,2,3,4	9.05,17.32,19.74,21.00
		In^{3+}	1,2	1.30,1.88
		Pb^{2+}	1,2,3,4	1.77,2.60,3.00,2.30
		Pd^{2+}	1,2,3,4	5.17,9.42,12.70,14.90
		Rh^{3+}	2,3,4,5,6	14.3,16.3,17.6,18.4,17.2
		Sc^{3+}	1,2	2.08,3.08
		Sn^{2+}	1,2,3	1.11,1.81,1.46
		Tl^{3+}	1,2,3,4,5,6	9.7,16.6,21.2,23.9,29.2,31.6
		U^{4+}	1	0.18
		Y^{3+}	1	1.32
3	Cl^-	Ag^+	1,2,4	3.04,5.04,5.30
		Bi^{3+}	1,2,3,4	2.44,4.7,5.0,5.6
		Cd^{2+}	1,2,3,4	1.95,2.50,2.60,2.80
		Co^{3+}	1	1.42
		Cu^+	2,3	5.5,5.7
		Cu^{2+}	1,2	0.1,-0.6
		Fe^{2+}	1	1.17
		Fe^{3+}	2	9.8
		Hg^{2+}	1,2,3,4	6.74,13.22,14.07,15.07
		In^{3+}	1,2,3,4	1.62,2.44,1.70,1.60
		Pb^{2+}	1,2,3	1.42,2.23,3.23
		Pd^{2+}	1,2,3,4	6.1,10.7,13.1,15.7
		Pt^{2+}	2,3,4	11.5,14.5,16.0
		Sb^{3+}	1,2,3,4	2.26,3.49,4.18,4.72
		Sn^{2+}	1,2,3,4	1.51,2.24,2.03,1.48

（续表）

序号	配位体	金属离子	配位体数目 n	$\lg \beta_n$
		Tl^{3+}	1,2,3,4	8.14,13.60,15.78,18.00
		Th^{4+}	1,2	1.38,0.38
		Zn^{2+}	1,2,3,4	0.43,0.61,0.53,0.20
		Zr^{4+}	1,2,3,4	0.9,1.3,1.5,1.2
4	CN^-	Ag^+	2,3,4	21.1,21.7,20.6
		Au^+	2	38.3
		Cd^{2+}	1,2,3,4	5.48,10.60,15.23,18.78
		Cu^+	2,3,4	24.0,28.59,30.30
		Fe^{2+}	6	35.0
		Fe^{3+}	6	42.0
		Hg^{2+}	4	41.4
		Ni^{2+}	4	31.3
		Zn^{2+}	1,2,3,4	5.3,11.70,16.70,21.60
5	F^-	Al^{3+}	1,2,3,4,5,6	6.11,11.12,15.00,18.00,19.40,19.80
		Be^{2+}	1,2,3,4	4.99,8.80,11.60,13.10
		Bi^{3+}	1	1.42
		Co^{2+}	1	0.4
		Cr^{3+}	1,2,3	4.36,8.70,11.20
		Cu^{2+}	1	0.9
		Fe^{2+}	1	0.8
		Fe^{3+}	1,2,3,5	5.28,9.30,12.06,15.77
		Ga^{3+}	1,2,3	4.49,8.00,10.50
		Hf^{4+}	1,2,3,4,5,6	9.0,16.5,23.1,28.8,34.0,38.0
		Hg^{2+}	1	1.03
		In^{3+}	1,2,3,4	3.70,6.40,8.60,9.80
		Mg^{2+}	1	1.30
		Mn^{2+}	1	5.48
		Ni^{2+}	1	0.50
		Pb^{2+}	1,2	1.44,2.54
		Sb^{3+}	1,2,3,4	3.0,5.7,8.3,10.9
		Sn^{2+}	1,2,3	4.08,6.68,9.50
		Th^{4+}	1,2,3,4	8.44,15.08,19.80,23.20
		TiO^{2+}	1,2,3,4	5.4,9.8,13.7,18.0
		Zn^{2+}	1	0.78
		Zr^{4+}	1,2,3,4,5,6	9.4,17.2,23.7,29.5,33.5,38.3
6	I^-	Ag^+	1,2,3	6.58,11.74,13.68
		Bi^{3+}	1,4,5,6	3.63,14.95,16.80,18.80
		Cd^{2+}	1,2,3,4	2.10,3.43,4.49,5.41
		Cu^+	2	8.85
		Fe^{3+}	1	1.88
		Hg^{2+}	1,2,3,4	12.87,23.82,27.60,29.83
		Pb^{2+}	1,2,3,4	2.00,3.15,3.92,4.47
		Pd^{2+}	4	24.5
		Tl^+	1,2,3	0.72,0.90,1.08
		Tl^{3+}	1,2,3,4	11.41,20.88,27.60,31.82

（续表）

序号	配位体	金属离子	配位体数目 n	$\lg \beta_n$
7	OH^-	Ag^+	1,2	2.0,3.99
		Al^{3+}	1,4	9.27,33.03
		As^{3+}	1,2,3,4	14.33,18.73,20.60,21.20
		Be^{2+}	1,2,3	9.7,14.0,15.2
		Bi^{3+}	1,2,4	12.7,15.8,35.2
		Ca^{2+}	1	1.3
		Cd^{2+}	1,2,3,4	4.17,8.33,9.02,8.62
		Ce^{3+}	1	4.6
		Ce^{4+}	1,2	13.28,26.46
		Co^{2+}	1,2,3,4	4.3,8.4,9.7,10.2
		Cr^{3+}	1,2,4	10.1,17.8,29.9
		Cu^{2+}	1,2,3,4	7.0,13.68,17.00,18.5
		Fe^{2+}	1,2,3,4	5.56,9.77,9.67,8.58
		Fe^{3+}	1,2,3	11.87,21.17,29.67
		Hg^{2+}	1,2,3	10.6,21.8,20.9
		In^{3+}	1,2,3,4	10.0,20.2,29.6,38.9
		Mg^{2+}	1	2.58
		Mn^{2+}	1,3	3.9,8.3
		Ni^{2+}	1,2,3	4.97,8.55,11.33
		Pa^{4+}	1,2,3,4	14.04,27.84,40.7,51.4
		Pb^{2+}	1,2,3	7.82,10.85,14.58
		Pd^{2+}	1,2	13.0,25.8
		Sb^{3+}	2,3,4	24.3,36.7,38.3
		Sc^{3+}	1	8.9
		Sn^{2+}	1	10.4
		Th^{3+}	1,2	12.86,25.37
		Ti^{3+}	1	12.71
		Zn^{2+}	1,2,3,4	4.40,11.30,14.14,17.66
		Zr^{4+}	1,2,3,4	14.3,28.3,41.9,55.3
8	NO_3^-	Ba^{2+}	1	0.92
		Bi^{3+}	1	1.26
		Ca^{2+}	1	0.28
		Cd^{2+}	1	0.40
		Fe^{3+}	1	1.0
		Hg^{2+}	1	0.35
		Pb^{2+}	1	1.18
		Tl^+	1	0.33
		Tl^{3+}	1	0.92
9	$P_2O_7^{4-}$	Ba^{2+}	1	4.6
		Ca^{2+}	1	4.6
		Cd^{3+}	1	5.6
		Co^{2+}	1	6.1
		Cu^{2+}	1,2	6.7,9.0
		Hg^{2+}	2	12.38
		Mg^{2+}	1	5.7
		Ni^{2+}	1,2	5.8,7.4
		Pb^{2+}	1,2	7.3,10.15
		Zn^{2+}	1,2	8.7,11.0

（续表）

序号	配位体	金属离子	配位体数目 n	$\lg \beta_n$
10	SCN$^-$	Ag$^+$	1,2,3,4	4.6,7.57,9.08,10.08
		Bi^{3+}	1,2,3,4,5,6	1.67,3.00,4.00,4.80,5.50,6.10
		Cd^{2+}	1,2,3,4	1.39,1.98,2.58,3.6
		Cr^{3+}	1,2	1.87,2.98
		Cu$^+$	1,2	12.11,5.18
		Cu^{2+}	1,2	1.90,3.00
		Fe^{3+}	1,2,3,4,5,6	2.21,3.64,5.00,6.30,6.20,6.10
		Hg^{2+}	1,2,3,4	9.08,16.86,19.70,21.70
		Ni^{2+}	1,2,3	1.18,1.64,1.81
		Pb^{2+}	1,2,3	0.78,0.99,1.00
		Sn^{2+}	1,2,3	1.17,1.77,1.74
		Th^{4+}	1,2	1.08,1.78
		Zn^{2+}	1,2,3,4	1.33,1.91,2.00,1.60
11	S$_2$O$_3^{2-}$	Ag$^+$	1,2	8.82,13.46
		Cd^{2+}	1,2	3.92,6.44
		Cu$^+$	1,2,3	10.27,12.22,13.84
		Fe^{3+}	1	2.10
		Hg^{2+}	2,3,4	29.44,31.90,33.24
		Pb^{2+}	2,3	5.13,6.35
12	SO$_4^{2-}$	Ag$^+$	1	1.3
		Ba^{2+}	1	2.7
		Bi^{3+}	1,2,3,4,5	1.98,3.41,4.08,4.34,4.60
		Fe^{3+}	1,2	4.04,5.38
		Hg^{2+}	1,2	1.34,2.40
		In^{3+}	1,2,3	1.78,1.88,2.36
		Ni^{2+}	1	2.4
		Pb^{2+}	1	2.75
		Pr^{3+}	1,2	3.62,4.92
		Th^{4+}	1,2	3.32,5.50
		Zr^{4+}	1,2,3	3.79,6.64,7.77

6.30.2　金属-有机配位体配合物的稳定常数

（表中离子强度都是在有限的范围内，$I \approx 0$。）

序号	配位体	金属离子	配位体数目 n	$\lg \beta_n$
1	乙二胺四乙酸 （EDTA） $[(\text{HOOCCH}_2)_2\text{NCH}_2]_2$	Ag$^+$	1	7.32
		Al^{3+}	1	16.11
		Ba^{2+}	1	7.78
		Be^{2+}	1	9.3
		Bi^{3+}	1	22.8
		Ca^{2+}	1	11.0
		Cd^{2+}	1	16.4
		Co^{2+}	1	16.31
		Co^{3+}	1	36.0
		Cr^{3+}	1	23.0

（续表）

序号	配位体	金属离子	配位体数目 n	$\lg \beta_n$
		Cu^{2+}	1	18.7
		Fe^{2+}	1	14.83
		Fe^{3+}	1	24.23
		Ga^{3+}	1	20.25
		Hg^{2+}	1	21.80
		In^{3+}	1	24.95
		Li^+	1	2.79
		Mg^{2+}	1	8.64
		Mn^{2+}	1	13.8
		$Mo(V)$	1	6.36
		Na^+	1	1.66
		Ni^{2+}	1	18.56
		Pb^{2+}	1	18.3
		Pd^{2+}	1	18.5
		Sc^{2+}	1	23.1
		Sn^{2+}	1	22.1
		Sr^{2+}	1	8.80
		Th^{4+}	1	23.2
		TiO^{2+}	1	17.3
		Tl^{3+}	1	22.5
		U^{4+}	1	17.50
		VO^{2+}	1	18.0
		Y^{3+}	1	18.32
		Zn^{2+}	1	16.4
		Zr^{4+}	1	19.4
2	乙酸 CH_3COOH	Ag^+	1,2	0.73,0.64
		Ba^{2+}	1	0.41
		Ca^{2+}	1	0.6
		Cd^{2+}	1,2,3	1.5,2.3,2.4
		Ce^{3+}	1,2,3,4	1.68,2.69,3.13,3.18
		Co^{2+}	1,2	1.5,1.9
		Cr^{3+}	1,2,3	4.63,7.08,9.60
		$Cu^{2+}(20\ ℃)$	1,2	2.16,3.20
		In^{3+}	1,2,3,4	3.50,5.95,7.90,9.08
		Mn^{2+}	1,2	9.84,2.06
		Ni^{2+}	1,2	1.12,1.81
		Pb^{2+}	1,2,3,4	2.52,4.0,6.4,8.5
		Sn^{2+}	1,2,3	3.3,6.0,7.3
		Tl^{3+}	1,2,3,4	6.17,11.28,15.10,18.3
		Zn^{2+}	1	1.5
3	乙酰丙酮 $CH_3COCH_2COCH_3$	$Al^{3+}(30\ ℃)$	1,2	8.6,15.5
		Cd^{2+}	1,2	3.84,6.66
		Co^{2+}	1,2	5.40,9.54
		Cr^{2+}	1,2	5.96,11.7
		Cu^{2+}	1,2	8.27,16.34
		Fe^{2+}	1,2	5.07,8.67

（续表）

序号	配位体	金属离子	配位体数目 n	$\lg \beta_n$
		Fe^{3+}	1,2,3	11.4,22.1,26.7
		Hg^{2+}	2	21.5
		Mg^{2+}	1,2	3.65,6.27
		Mn^{2+}	1,2	4.24,7.35
		Mn^{3+}	3	3.86
		Ni^{2+} (20 ℃)	1,2,3	6.06,10.77,13.09
		Pb^{2+}	2	6.32
		Pd^{2+} (30 ℃)	1,2	16.2,27.1
		Th^{4+}	1,2,3,4	8.8,16.2,22.5,26.7
		Ti^{3+}	1,2,3	10.43,18.82,24.90
		V^{2+}	1,2,3	5.4,10.2,14.7
		Zn^{2+} (30 ℃)	1,2	4.98,8.81
		Zr^{4+}	1,2,3,4	8.4,16.0,23.2,30.1
4	草酸 HOOCCOOH	Ag^+	1	2.41
		Al^{3+}	1,2,3	7.26,13.0,16.3
		Ba^{2+}	1	2.31
		Ca^{2+}	1	3.0
		Cd^{2+}	1,2	3.52,5.77
		Co^{2+}	1,2,3	4.79,6.7,9.7
		Cu^{2+}	1,2	6.23,10.27
		Fe^{2+}	1,2,3	2.9,4.52,5.22
		Fe^{3+}	1,2,3	9.4,16.2,20.2
		Hg^{2+}	1	9.66
		Hg_2^{2+}	2	6.98
		Mg^{2+}	1,2	3.43,4.38
		Mn^{2+}	1,2	3.97,5.80
		Mn^{3+}	1,2,3	9.98,16.57,19.42
		Ni^{2+}	1,2,3	5.3,7.64～8.5
		Pb^{2+}	1,2	4.91,6.76
		Sc^{3+}	1,2,3,4	6.86,11.31,14.32,16.70
		Th^{4+}	4	24.48
		Zn^{2+}	1,2,3	4.89,7.60,8.15
		Zr^{4+}	1,2,3,4	9.80,17.14,20.86,21.15
5	乳酸 $CH_3CHOHCOOH$	Ba^{2+}	1	0.64
		Ca^{2+}	1	1.42
		Cd^{2+}	1	1.70
		Co^{2+}	1	1.90
		Cu^{2+}	1,2	3.02,4.85
		Fe^{3+}	1	7.1
		Mg^{2+}	1	1.37
		Mn^{2+}	1	1.43
		Ni^{2+}	1	2.22
		Pb^{2+}	1,2	2.40,3.80
		Sc^{2+}	1	5.2
		Th^{4+}	1	5.5
		Zn^{2+}	1,2	2.20,3.75

序号	配位体	金属离子	配位体数目 n	$\lg \beta_n$
6	水杨酸 $C_6H_4(OH)COOH$	Al^{3+}	1	14.11
		Cd^{2+}	1	5.55
		Co^{2+}	1,2	6.72,11.42
		Cr^{2+}	1,2	8.4,15.3
		Cu^{2+}	1,2	10.60,18.45
		Fe^{2+}	1,2	6.55,11.25
		Mn^{2+}	1,2	5.90,9.80
		Ni^{2+}	1,2	6.95,11.75
		Th^{4+}	1,2,3,4	4.25,7.60,10.05,11.60
		TiO^{2+}	1	6.09
		V^{2+}	1	6.3
		Zn^{2+}	1	6.85
7	磺基水杨酸 $HO_3SC_6H_3(OH)COOH$	Al^{3+} (0.1 mol/L)	1,2,3	13.20,22.83,28.89
		Be^{2+} (0.1 mol/L)	1,2	11.71,20.81
		Cd^{2+} (0.1 mol/L)	1,2	16.68,29.08
		Co^{2+} (0.1 mol/L)	1,2	6.13,9.82
		Cr^{3+} (0.1 mol/L)	1	9.56
		Cu^{2+} (0.1 mol/L)	1,2	9.52,16.45
		Fe^{2+} (0.1 mol/L)	1,2	5.9,9.9
		Fe^{3+} (0.1 mol/L)	1,2,3	14.64,25.18,32.12
		Mn^{2+} (0.1 mol/L)	1,2	5.24,8.24
		Ni^{2+} (0.1 mol/L)	1,2	6.42,10.24
		Zn^{2+} (0.1 mol/L)	1,2	6.05,10.65
8	酒石酸 $(HOOCCHOH)_2$	Ba^{2+}	2	1.62
		Bi^{3+}	3	8.30
		Ca^{2+}	1,2	2.98,9.01
		Cd^{2+}	1	2.8
		Co^{2+}	1	2.1
		Cu^{2+}	1,2,3,4	3.2,5.11,4.78,6.51
		Fe^{3+}	1	7.49
		Hg^{2+}	1	7.0
		Mg^{2+}	2	1.36
		Mn^{2+}	1	2.49
		Ni^{2+}	1	2.06
		Pb^{2+}	1,3	3.78,4.7
		Sn^{2+}	1	5.2
		Zn^{2+}	1,2	2.68,8.32
9	丁二酸 $HOOCCH_2CH_2COOH$	Ba^{2+}	1	2.08
		Be^{2+}	1	3.08
		Ca^{2+}	1	2.0
		Cd^{2+}	1	2.2
		Co^{2+}	1	2.22
		Cu^{2+}	1	3.33
		Fe^{3+}	1	7.49
		Hg^{2+}	2	7.28
		Mg^{2+}	1	1.20

（续表）

序号	配位体	金属离子	配位体数目 n	$\lg \beta_n$
		Mn^{2+}	1	2.26
		Ni^{2+}	1	2.36
		Pb^{2+}	1	2.8
		Zn^{2+}	1	1.6
10	硫脲 $H_2NC(=S)NH_2$	Ag^+	1,2	7.4,13.1
		Bi^{3+}	6	11.9
		Cd^{2+}	1,2,3,4	0.6,1.6,2.6,4.6
		Cu^+	3,4	13.0,15.4
		Hg^{2+}	2,3,4	22.1,24.7,26.8
		Pb^{2+}	1,2,3,4	1.4,3.1,4.7,8.3
11	乙二胺 $H_2NCH_2CH_2NH_2$	Ag^+	1,2	4.70,7.70
		Cd^{2+} (20 ℃)	1,2,3	5.47,10.09,12.09
		Co^{2+}	1,2,3	5.91,10.64,13.94
		Co^{3+}	1,2,3	18.7,34.9,48.69
		Cr^{2+}	1,2	5.15,9.19
		Cu^+	2	10.8
		Cu^{2+}	1,2,3	10.67,20.0,21.0
		Fe^{2+}	1,2,3	4.34,7.65,9.70
		Hg^{2+}	1,2	14.3,23.3
		Mg^{2+}	1	0.37
		Mn^{2+}	1,2,3	2.73,4.79,5.67
		Ni^{2+}	1,2,3	7.52,13.84,18.33
		Pd^{2+}	2	26.90
		V^{2+}	1,2	4.6,7.5
		Zn^{2+}	1,2,3	5.77,10.83,14.11
12	吡啶 C_5H_5N	Ag^+	1,2	1.97,4.35
		Cd^{2+}	1,2,3,4	1.40,1.95,2.27,2.50
		Co^{2+}	1,2	1.14,1.54
		Cu^{2+}	1,2,3,4	2.59,4.33,5.93,6.54
		Fe^{2+}	1	0.71
		Hg^{2+}	1,2,3	5.1,10.0,10.4
		Mn^{2+}	1,2,3,4	1.92,2.77,3.37,3.50
		Zn^{2+}	1,2,3,4	1.41,1.11,1.61,1.93
13	甘氨酸 H_2NCH_2COOH	Ag^+	1,2	3.41,6.89
		Ba^{2+}	1	0.77
		Ca^{2+}	1	1.38
		Cd^{2+}	1,2	4.74,8.60
		Co^{2+}	1,2,3	5.23,9.25,10.76
		Cu^{2+}	1,2,3	8.60,15.54,16.27
		Fe^{2+} (20 ℃)	1,2	4.3,7.8
		Hg^{2+}	1,2	10.3,19.2
		Mg^{2+}	1,2	3.44,6.46
		Mn^{2+}	1,2	3.6,6.6
		Ni^{2+}	1,2,3	6.18,11.14,15.0
		Pb^{2+}	1,2	5.47,8.92
		Pd^{2+}	1,2	9.12,17.55
		Zn^{2+}	1,2	5.52,9.96

（续表）

序号	配位体	金属离子	配位体数目 n	$\lg \beta_n$
14	2-甲基-8-羟基喹啉 （50%二噁烷）	Cd^{2+}	1,2,3	9.00,9.00,16.60
		Ce^{3+}	1	7.71
		Co^{2+}	1,2	9.63,18.50
		Cu^{2+}	1,2	12.48,24.00
		Fe^{2+}	1,2	8.75,17.10
		Mg^{2+}	1,2	5.24,9.64
		Mn^{2+}	1,2	7.44,13.99
		Ni^{2+}	1,2	9.41,17.76
		Pb^{2+}	1,2	10.30,18.50
		UO_2^{2+}	1,2	9.4,17.0
		Zn^{2+}	1,2	9.82,18.72

6.31　EDTA 的 $\lg \alpha_{Y(H)}$ 值

pH	$\lg \alpha_{Y(H)}$	pH	$\lg \alpha_{Y(H)}$	pH	$\lg \alpha_{Y(H)}$	pH	$\lg \alpha_{Y(H)}$	pH	$\lg \alpha_{Y(H)}$
0.0	23.64	2.0	13.51	4.0	8.44	6.0	4.65	8.0	2.27
0.1	23.06	2.1	13.16	4.1	8.24	6.1	4.49	8.1	2.17
0.2	22.47	2.2	12.82	4.2	8.04	6.2	4.34	8.2	2.07
0.3	21.89	2.3	12.50	4.3	7.84	6.3	4.20	8.3	1.97
0.4	21.32	2.4	12.19	4.4	7.64	6.4	4.06	8.4	1.87
0.5	20.75	2.5	11.90	4.5	7.44	6.5	3.92	8.5	1.77
0.6	20.18	2.6	11.62	4.6	7.24	6.6	3.79	8.6	1.67
0.7	19.62	2.7	11.35	4.7	7.04	6.7	3.67	8.7	1.57
0.8	19.08	2.8	11.09	4.8	6.84	6.8	3.55	8.8	1.48
0.9	18.54	2.9	10.84	4.9	6.65	6.9	3.43	8.9	1.38
1.0	18.01	3.0	10.60	5.0	6.45	7.0	3.32	9.0	1.28
1.1	17.49	3.1	10.37	5.1	6.26	7.1	3.21	9.1	1.19
1.2	16.98	3.2	10.14	5.2	6.07	7.2	3.10	9.2	1.10
1.3	16.49	3.3	9.92	5.3	5.88	7.3	2.99	9.3	1.01
1.4	16.02	3.4	9.70	5.4	5.69	7.4	2.88	9.4	0.92
1.5	15.55	3.5	9.48	5.5	5.51	7.5	2.78	9.5	0.83
1.6	15.11	3.6	9.27	5.6	5.33	7.6	2.68	9.6	0.75
1.7	14.68	3.7	9.06	5.7	5.15	7.7	2.57	9.7	0.67
1.8	14.27	3.8	8.85	5.8	4.98	7.8	2.47	9.8	0.59
1.9	13.88	3.9	8.65	5.9	4.81	7.9	2.37	9.9	0.52

（续表）

pH	lg$\alpha_{Y(H)}$	pH	lg$\alpha_{Y(H)}$	pH	lg$\alpha_{Y(H)}$	pH	lg$\alpha_{Y(H)}$	pH	lg$\alpha_{Y(H)}$
10.0	0.45	10.5	0.20	11.0	0.07	11.5	0.02	12.0	0.01
10.1	0.39	10.6	0.16	11.1	0.06	11.6	0.02	12.1	0.01
10.2	0.33	10.7	0.13	11.2	0.05	11.7	0.02	12.2	0.005
10.3	0.28	10.8	0.11	11.3	0.04	11.8	0.01	13.0	0.0008
10.4	0.24	10.9	0.09	11.4	0.03	11.9	0.01	13.9	0.0001

6.32　部分官能团的红外光谱特征频率表

1. 氢的伸缩振动范围（3 600～2 500 cm^{-1}）

这一范围内的吸收与碳、氮、氧相连的氢原子的伸缩振动有关，在解析非常弱的吸收带时应注意。因为这可能是出现的弱吸收带一半处（1 800～1 250 cm^{-1}）的强吸收带的倍频。在1 650 cm^{-1}附近的倍频是很普遍的。

γ(cm^{-1})	官能团	说明
(1) 3 600～3 400	O—H 伸缩 强度：不定	3 600 cm^{-1}（尖）非缔合 O—H，3 400 cm^{-1}（）缔合 O—H，醇的红外光谱常可出现这两吸收峰； 强缔合 O—H（COOH 或烯醇化 β-二羧基化合物）吸收带很阔（约为 500 cm^{-1}，而其中心位置在 2 900～3 000 cm^{-1}）
(2) 3 400～3 200	N—H 伸缩 强度：中等	3 400 cm^{-1}（尖）非缔合 N—H，3 200 cm^{-1}（）缔合 N—H；NH$_2$ 基团常呈双重带（间隔约 50 cm^{-1}；仲胺的 N—H 常很弱）
(3) 3 300	炔的 C—H 伸缩 强度：强	在 3 300～3 000 cm^{-1}范围内完全没有吸收，说明没有与 C≡C 或 C=C 相边的氢原子，常可认为分子是饱和的。分子大时这一吸收可能很弱，所以在解析时要注意这一情况
(4) 3 080～3 010	烯的 C—H 伸缩 强度：强到中等	
(5) 3 050	芳香化合物 C—H 伸缩 强度：不定，常为中等到弱	
(6) 3 000～2 600	强氧键 OH 强度：中等	在此范围内有很阔的吸收带并与 C—H 伸缩频率重叠，为羧酸的特征[见(1)]
(7) 2 980～2 900	脂肪族化合物 C—H 伸缩 强度：中等	如上述(3)～(5)所述 C—H 条款，在这一范围没有吸收说明不存在与 4 价碳原子相连的氢，叔 C—H 吸收弱
(8) 2 850～2 760	醛的 C—H 伸缩 强度：弱	分子中有一个醛基就可在此范围找到一个或二个吸收带

2. 叁键范围（2 300～2 000 cm^{-1}）

这一范围的吸收与叁键的伸缩振动有关。

$\gamma(cm^{-1})$	官能团	说明
(1) 2 260～2 215	C≡N 强度:强	与双键共轭的在低频范围吸收,非共轭出现在较高频带
(2) 2 150～2 100	C≡C 强度:末端炔类,强;其他炔类不定	对称炔无此范围吸收带,如炔近乎对称,吸收就很弱

3. 双键范围(1 900～1 550 cm^{-1})

在此范围的吸收常与碳—碳、碳—氧、碳—氮双键伸缩振动有关。

$\gamma(cm^{-1})$	官能团	说明
(1) 1 815～1 770	酰氯 C＝O 伸缩 强度:强	共轭与非共轭羰基分别在下限和上限范围出现
(2) 1 870～1 800 和 1 790～1 740	酸酐 C＝O 伸缩 强度:强	这两吸收带都出现,每一吸收带由环的大小、共轭程度所影响,其改变程度与酮相仿【见下述【(4)】
(3) 1 750～1 735	酯或内酯 C＝O 伸缩 强度:很强	这一吸收带受下述(4)所讨论的所有结构的影响。共轭酯约在 1 710 cm^{-1} 处吸收,而 r-内酯约在 1 780 cm^{-1} 处吸收
(4) 1 725～1 750	醛或酮 C＝O 伸缩 强度:很强	这一吸收范围为非环状,非共轭醛或酮的吸收频率,并在醛或酮的羰基附近没有卤素等电负性基团。从结构的改变可以推知频率的变动,其一般规律总结如下: Ⅰ. 共轭效应:羰基与芳香环或碳碳双键、三键共轭其频率约降低 30。如羰基为交叉共轭系统的一部分(羰基每一边都为不饱和),则频率约降低 50 Ⅱ. 环的影响:在六元或更大的环内羰基与非环状酮类的吸收几乎相同。小于六元环内的羰基在高频吸收如环戊酮约在 1 745 cm^{-1} 处吸收而环丁酮约在 1 780 cm^{-1} 处吸收。共轭与环大小的影响为相加的,如 2 -环戊烯酮约在 1 710 cm^{-1} 处吸收 Ⅲ. 电负性原子效应:与醛或酮的 α -碳原子相连的电负性原子(特别是氧或卤原子)可将羰基的吸收频率提高 20 cm^{-1}
(5) 1 700	酸 C＝O 伸缩 强度:强	如第(4)条款所述,此吸收频率可为共轭所降低
(6) 1 690～1 650	酰胺或内酰胺 C＝O 伸缩 强度:强	共轭能使此吸收带频率约降低 20 cm^{-1} γ-内酰胺吸收带频率约提高 35 cm^{-1},而 β-内酰胺为 70 cm^{-1}
(7) 1 660～1 600	烯 C＝C 伸缩 强度:不定	非共轭烃类出现在上限范围且强度往往是弱的,共轭烃在下限范围出现且强度为中到强。吸收带的频率为环的张力所增加但比羰基少些【见上(4)】
(8) 1 680～1 640	C—N 伸缩强度:不定	此吸收强度往往是弱的且难以确定

4. 氢的变曲线振动范围(1 600~1 250 cm⁻¹)

在这一范围的吸收常是与碳和氮相连氢原子的弯曲振动,但这些吸收带通常对结构分析用处不大。下表中把对结构的确认比较有用的吸收带用 * 注明。

$\gamma(cm^{-1})$	官能团	说明
1 600	—NH 弯曲 强度:强到中	此吸收带与 3 300 cm⁻¹吸收带结合起来用在确定伯胺及未取代酰胺
1 540	—NH—弯曲 强度:一般是弱	此吸收带与 3 300 cm⁻¹吸收带结合起来常可用在确定仲胺及单取代胺。此吸收带为仲胺就与N—H 伸缩振动吸收带(330 cm⁻¹)一样很弱
* 1 520 和 1 350	NO 偶合伸缩振动吸收带 强度:强	这一对吸收带通常是很强的
1 465	—CH—弯曲 强度:不定	根据分子中亚甲基数目吸收带强度随之改变,亚甲基数越多吸收越强
1 410	含羰基组分的—CH—弯曲 强度:不定	这一吸收带为与羰基相邻的亚甲基的特征吸收,其吸收强度取决于分子内亚甲基的数目
* 1 450 和 1 370	—CH 强度:强	低频吸收带(1 375 cm⁻¹)常用来鉴定甲基,如果几个甲基与一个碳原子相连可有特征性双重吸收带(1 385 cm⁻¹和 1 365 cm⁻¹)
1 325	—CH 弯曲 强度:强	这一吸收带是弱的且不足为信

6.33 干燥剂

干燥剂	适合干燥的物质	不适合干燥的物质	吸水量(g/g)	活化温度
氧化铝	烃,空气,氨气,氩气,氢气,氮气,氧气,氢气,二氧化碳,二氧化硫		0.2	175 ℃
氧化钡	有机碱,醇,醛,胺	酸性物质,二氧化碳	0.1	
氧化镁	烃,醛,醇,碱性气体,胺	酸性物质	0.5	800 ℃
氧化钙	醇,胺,氨气	酸性物质,酯	0.3	1 000 ℃
硫酸钙	大多数有机物		0.066	235 ℃
硫酸铜	酯,醇(特别适合苯和甲苯的干燥)		0.6	200 ℃
硫酸钠	氯代烷烃,氯代芳烃,醛,酮,酸		1.2	150 ℃
硫酸镁	酸,酮,醛,酯,腈	对酸敏感物质	0.2 0.8	200 ℃

（续表）

干燥剂	适合干燥的物质	不适合干燥的物质	吸水量（g/g）	活化温度
氯化钙 （<20目）	氯代烷烃,氯代芳烃,酯,饱和芳香烃,芳香烃,醚	醇,胺,苯酚,醛,酰胺,氨基酸,某些酯和酮	0.2（1H_2O） 0.3（2H_2O）	250 ℃
氯化锌	烃	氨,胺,醇	0.2	110 ℃
氢氧化钾	胺,有机碱	酸,苯酚,酯,酰胺,酸性气体,醛		
氢氧化钠	胺	酸,苯酚,酯,酰胺		
碳酸钾	醇,腈,酮,酯,胺	酸,苯酚	0.2	300 ℃
钠	饱和脂肪烃和芳香烃,醚	酸,醇,醛,酮,胺,酯,氯代有机物,含水过高的物质		
五氧化二磷	烷烃,芳香烃,醚,氯代烷烃,氯代芳烃,腈,酸酐,腈,酯	醇,酸,胺,酮,氟化氢和氯化氢	0.5	
浓硫酸	惰性气体,氯化氢,氯气,一氧化碳,二氧化硫	基本不能与其他物质接触		
硅胶 （6~16目）	绝大部分有机物	氟化氢	0.2	200~350 ℃
3A分子筛	分子直径>3A	分子直径<3A	0.18	117~260 ℃
4A分子筛	分子直径>4A	分子直径<4A,乙醇,硫化氢,二氧化碳,二氧化硫,乙烯,乙炔,强酸	0.18	250 ℃
5A分子筛	分子直径>5A,如支链化合物和有4个碳原子以上的环	分子直径<5A,如丁醇,正丁烷到正22烷	0.18	

6.34　部分共沸混合物

6.34.1　二元恒沸混合物的组成和沸腾温度

组分名称		沸点（℃）			质量百分比（%）	
I	II	I	II	混合物	I	II
水	乙醇	100.0	78.4	78.1	4.5	95.5
水	正丙醇	100.0	97.2	87.7	28.3	71.7
水	异丙醇	100.0	82.5	8.04	12.1	87.9
水	正丁醇	100.0	117.8	92.4	38.0	62.0
水	异丁醇	100.0	108.0	90.0	33.2	66.8
水	仲丁醇	100.0	99.5	88.5	32.1	67.9

（续表）

组分名称		沸点（℃）			质量百分比（%）	
Ⅰ	Ⅱ	Ⅰ	Ⅱ	混合物	Ⅰ	Ⅱ
水	叔丁醇	100.0	82.8	79.9	11.7	88.3
水	正戊醇	100.0	137.8	96.0	54.0	46.0
水	2-甲基-1-丁醇	100.0	131.4	95.2	49.6	50.4
水	2-甲基-2-丁醇	100.0	102.3	87.4	27.5	72.5
水	2-戊醇	100.0	119.3	92.5	38.5	61.5
水	3-戊醇	100.0	115.4	91.7	36.0	64.0
水	正己醇	100.0	157.9	97.8	75.0	25.0
水	正庚醇	100.0	176.2	98.7	83.0	17.0
水	正辛醇	100.0	195.2	99.4	90.0	10.0
水	烯丙醇	100.0	97.0	88.2	27.1	72.9
水	苯甲醇	100.0	205.2	99.9	91.0	9.0
水	糠醇	100.0	169.4	98.5	80.0	20.0
水	苯	100.0	80.2	69.3	8.9	91.1
水	甲苯	100.0	110.8	84.1	19.6	80.4
水	二氯乙烷	100.0	83.7	72.0	8.3	91.7
水	二氯丙烷	100.0	96.8	78.0	12.0	88.0
水	乙醚	100.0	34.5	34.2	1.3	98.7
水	二异丙醚	100.0	68.4	62.2	4.5	95.5
水	乙基正丙基醚	100.0	63.6	59.5	4.0	96.0
水	二异丁基醚	100.0	122.2	88.6	23.0	77.0
水	二异戊基醚	100.0	172.6	97.4	54.0	46.0
水	二苯醚	100.0	259.3	99.3	96.8	3.2
水	苯乙醚	100.0	170.4	97.3	59.0	41.0
水	苯甲醚	100.0	153.9	95.5	40.5	59.5
水	间苯二酚二乙醚	100.0	235.0	99.7	91.0	9.0
水	甲酸正丙酯	100.0	80.9	71.9	3.6	96.4
水	甲酸正丁酯	100.0	106.8	83.8	15.0	85.0
水	甲酸异丁酯	100.0	98.4	80.4	7.8	92.2
水	甲酸正戊酯	100.0	132.0	91.6	28.4	71.6
水	甲酸异戊酯	100.0	123.9	89.7	23.5	76.5
水	甲酸苄酯	100.0	202.3	99.2	80.0	20.0
水	乙酸乙酯	100.0	77.1	70.4	6.1	93.9
水	乙酸正丙酯	100.0	101.6	82.4	14.0	86.0
水	乙酸异丙酯	100.0	91.0	77.4	6.2	93.8
水	乙酸正丁酯	100.0	126.2	90.2	28.7	71.3

（续表）

组分名称		沸点（℃）			质量百分比（%）	
I	II	I	II	混合物	I	II
水	乙酸异丁酯	100.0	117.2	87.5	19.5	80.5
水	乙酸正戊酯	100.0	148.8	95.2	41.0	59.0
水	乙酸异戊酯	100.0	142.1	93.8	36.2	63.8
水	乙酸苄甲酯	100.0	214.9	99.6	87.5	12.5
水	乙酸苯酯	100.0	195.7	98.9	75.1	24.9
水	丙酸甲酯	100.0	79.9	71.4	3.9	96.1
水	丙酸乙酯	100.0	99.2	81.2	10.0	90.0
水	丙酸正丙酯	100.0	122.1	88.9	23.0	77.0
水	丙酸异丁酯	100.0	136.9	92.8	32.2	67.8
水	丙酸异戊酯	100.0	160.3	96.6	48.5	51.5
水	丁酸甲酯	100.0	102.7	82.7	11.5	88.5
水	丁酸乙酯	100.0	120.1	87.9	21.5	78.5
水	丁酸正丙酯	100.0	142.8	94.1	36.4	63.6
水	丁酸正丁酯	100.0	165.7	97.2	53.0	47.0
水	丁酸异丁酯	100.0	156.8	96.3	46.0	54.0
水	丁酸异戊酯	100.0	178.5	98.1	63.5	36.5
水	异丁酸甲酯	100.0	92.3	77.7	6.8	93.2
水	异丁酸乙酯	100.0	110.1	85.2	15.2	84.8
水	异丁酸正丙酯	100.0	133.9	92.2	30.8	69.2
水	异丁酸异丁酯	100.0	147.3	95.5	39.4	60.6
水	异丁酸异戊酯	100.0	168.9	97.4	56.0	44.0
水	异戊酸甲酯	100.0	116.3	87.2	19.2	80.8
水	异戊酸乙酯	100.0	134.7	92.2	30.2	69.8
水	异戊酸正丙酯	100.0	155.8	96.2	45.2	54.8
水	异戊酸异丁酯	100.0	168.7	97.4	55.8	44.2
水	异戊酸异戊酯	100.0	193.5	98.8	74.1	25.9
水	己酸乙酯	100.0	166.8	97.2	54.0	46.0
水	肉桂酸甲酯	100.0	261.9	99.9	95.5	4.5
水	苯甲酸甲酯	100.0	199.5	99.1	79.2	20.8
水	苯甲酸乙酯	100.0	212.4	99.4	84.0	16.0
水	苯甲酸正丙酯	100.0	230.9	99.7	90.9	9.1
水	苯甲酸正丁酯	100.0	249.8	99.9	94.0	6.0
水	苯甲酸异丁酯	100.0	242.2	99.8	92.6	7.4
水	苯甲酸异戊酯	100.0	262.2	99.9	95.6	4.4
水	苯乙酸乙酯	100.0	228.8	99.7	91.3	8.7

（续表）

组分名称		沸点（℃）			质量百分比（%）	
Ⅰ	Ⅱ	Ⅰ	Ⅱ	混合物	Ⅰ	Ⅱ
水	硝酸乙酯	100.0	87.7	74.4	22.0	78.0
水	硝酸正丙酯	100.0	110.5	84.8	20.0	80.0
水	硝酸异丁酯	100.0	122.9	89.0	25.0	75.0
水	甲酸（最大值）	100.0	100.8	107.3	22.5	77.5
水	乙酸	100.0	118.1	无(no)	无(no)	无(no)
水	丙酸	100.0	141.1	99.98	82.3	17.7
水	丁酸	100.0	163.5	99.4	81.6	18.4
水	异丁酸	100.0	154.5	99.3	79.0	21.0
水	硝酸（最大值）	100.0	86.0	120.5	32.0	68.0
水	高氯酸（最大值）	100.0	110.0	203.0	28.4	71.6
水	氢氟酸（最大值）	100.0	19.4	120.0	63.0	37.0
水	氢氯酸（最大值）	100.0	−84.0	110.0	79.76	20.24
水	氢溴酸（最大值）	100.0	−73.0	126.0	52.5	47.5
水	氢碘酸（最大值）	100.0	−34.0	127.0	43.0	57.0
水	甲基乙基酮	100.0	79.6	73.5	11.0	89.0
水	甲基正丙基酮	100.0	102.0	83.3	19.5	80.5
水	甲基异丁基酮	100.0	115.9	87.9	24.3	75.7
水	异丙亚基丙酮	100.0	129.5	91.8	34.8	65.2
水	双丙酮醇	100.0	166.0	98.8	87.3	12.7
水	丁醛	100.0	75.7	68.0	6.0	94.0
水	糠醛	100.0	161.5	97.5	65.0	35.0
水	吡啶	100.0	115.5	92.6	43.0	57.0
甲醇	乙酸甲酯	64.7	57.0	53.8	18.7	81.3
甲醇	乙酸乙酯	64.7	77.1	62.3	44.0	56.0
甲醇	乙酸异丙酯	64.7	91.0	64.5	80.0	20.0
甲醇	二甲基硫醚	64.7	37.3	34.0	15.0	85.0
甲醇	二氯乙烷	64.7	83.7	61.0	32.0	68.0
甲醇	氯仿	64.7	61.1	53.5	12.6	87.4
甲醇	正己烷	64.7	68.9	50.6	28	72
甲醇	四氯化碳	64.7	76.8	55.7	20.6	79.4
甲醇	甲苯	64.7	110.0	63.8	69.0	31.0
甲醇	甲酸乙酯	64.7	54.1	51.0	16.0	84.0
甲醇	甲醛缩二甲醇	64.7	42.3	41.9	8.2	91.8
甲醇	丙酸甲酯	64.7	79.8	62.5	47.5	52.5
甲醇	正丙醚	64.7	90.4	63.8	72.0	28.0

组分名称		沸点（℃）			质量百分比（%）	
Ⅰ	Ⅱ	Ⅰ	Ⅱ	混合物	Ⅰ	Ⅱ
甲醇	丙酮	64.7	56.3	55.7	12.1	87.9
甲醇	正戊烷	64.7	36.2	32.8	9.0	91.0
甲醇	正庚烷	64.7	98.5	59.1	51.5	48.5
甲醇	苯	64.7	80.2	58.3	39.6	60.4
甲醇	环己烷	64.7	80.8	54.2	37.2	62.8
甲醇	硝基甲烷	64.7	101.2	64.6	91.0	9.0
甲醇	1-氯丁烷	64.7	78.1	57.0	27.0	73.0
甲醇	1-氯丙烷	64.7	46.6	40.5	9.5	90.5
甲醇	2-氯丙烷	64.7	36.3	33.4	6.0	94.0
甲醇	溴乙烷	64.7	38.4	35.0	4.5	95.5
甲醇	1-溴丙烷	64.7	71.0	54.5	21.0	79.0
甲醇	2-溴丙烷	64.7	59.8	48.6	15.0	85.0
甲醇	溴代异丁烷	64.7	91.0	61.3	41.7	58.3
甲醇	碘代甲烷	64.7	42.6	38.0	6.5	93.5
甲醇	2-碘丙烷	64.7	89.4	61.0	38.0	62.0
甲醇	硼酸甲酯	64.7	68.7	54.6	32.0	68.0
甲醇	碳酸二甲酯	64.7	90.4	62.7	70.0	30.0
乙醇	乙酸甲酯	78.3	57.0	56.9	3.0	97.0
乙醇	乙酸乙酯	78.3	77.1	71.8	30.8	69.2
乙醇	乙酸正丙酯	78.3	101.6	78.2	85.0	15.0
乙醇	乙酸异丙酯	78.3	91.0	76.8	57.0	43.0
乙醇	乙缩醛	78.3	103.6	78.0	76.0	24.0
乙醇	二氯乙烷	78.3	83.7	70.5	37.0	63.0
乙醇	氯仿	78.3	61.1	59.4	7.0	93.0
乙醇	正己烷	78.3	68.9	58.7	21.0	79.0
乙醇	四氯化碳	78.3	76.8	65.1	15.8	84.2
乙醇	甲苯	78.3	110.8	76.7	68.0	32.0
乙醇	甲酸正丙酯	78.3	80.8	71.8	38.0	62.0
乙醇	甲基乙基酮	78.3	79.6	74.8	40.0	60.0
乙醇	丙酸乙酯	78.3	99.2	78.0	75.0	25.0
乙醇	丙酸甲酯	78.3	79.7	72.0	33.0	67.0
乙醇	正丙醚	78.3	90.4	74.5	44.0	56.0
乙醇	正戊烷	78.3	36.2	34.3	5.0	95.0
乙醇	正辛烷	78.3	125.6	77.0	78.0	22.0
乙醇	正庚烷	78.3	98.5	70.9	49.0	51.0

（续表）

组分名称		沸点（℃）			质量百分比（%）	
Ⅰ	Ⅱ	Ⅰ	Ⅱ	混合物	Ⅰ	Ⅱ
乙醇	苯	78.3	80.2	68.2	32.4	67.6
乙醇	烯丙基氯	78.3	45.7	44.0	5.0	95.0
乙醇	硝酸乙酯	78.3	87.7	71.9	44.0	56.0
乙醇	氯代正丁烷	78.3	78.1	65.7	20.3	79.7
乙醇	1-氯丙烷	78.3	46.7	45.0	6.0	94.0
乙醇	2-氯丙烷	78.3	36.3	35.6	2.8	97.2
乙醇	溴代正丁烷	78.3	100.3	75.0	43.0	57.0
乙醇	溴代异丁烷	78.3	91.0	72.5	31.0	69.0
乙醇	1-溴丙烷	78.3	71.0	62.8	20.5	79.5
乙醇	2-溴丙烷	78.3	59.8	55.6	10.5	89.5
乙醇	碘代甲烷	78.3	42.6	41.2	3.2	96.8
乙醇	1-碘丙烷	78.3	102.4	75.4	44.0	56.0
乙醇	2-碘丙烷	78.3	89.4	71.5	27.0	73.0
异丙醇	乙酸乙酯	82.5	77.1	75.3	25.0	75.0
异丙醇	乙酸异丙酯	82.5	91.0	81.3	60.0	40.0
异丙醇	乙基正丙基醚	82.5	63.6	62.0	10.0	90.0
异丙醇	乙缩醛	82.5	103.6	81.3	63.0	37.0
异丙醇	二氯乙烷	82.5	83.7	74.7	43.5	56.5
异丙醇	氯仿	82.5	61.1	60.8	4.2	95.8
异丙醇	正己烷	82.5	68.9	62.7	23.0	77.0
异丙醇	四氯化碳	82.5	76.8	69.0	18.0	82.0
异丙醇	甲苯	82.5	110.8	81.3	79.0	21.0
异丙醇	甲基乙基酮	82.5	79.0	77.5	32.0	68.0
异丙醇	丙酸甲酯	82.5	79.8	76.4	37.0	63.0
异丙醇	异丙醚	82.5	82.3	66.2	14.1	85.9
异丙醇	正戊烷	82.5	36.2	35.5	6.0	94.0
异丙醇	正庚烷	82.5	98.5	76.3	54.0	46.0
异丙醇	苯	82.5	80.2	71.9	33.3	66.7
异丙醇	烯丙基溴	82.5	70.8	66.5	20.0	80.0
异丙醇	氯代正丁烷	82.5	78.1	70.8	23.0	77.0
异丙醇	1-氯丙烷	82.5	46.7	46.4	2.8	97.2
异丙醇	1-溴丙烷	82.5	71.0	66.8	20.5	79.5
异丙醇	2-溴丙烷	82.5	59.8	57.8	12.0	88.0
异丙醇	碘代乙烷	82.5	72.3	67.1	15.0	85.0
异丙醇	1-碘丙烷	82.5	102.4	79.8	42.0	58.0

组分名称		沸点（℃）			质量百分比（%）	
I	II	I	II	混合物	I	II
异丙醇	2-碘丙烷	82.5	89.4	76.0	32.0	68.0
正丙醇	乙酸正丙酯	97.2	101.6	94.7	51.0	49.0
正丙醇	乙缩醛	97.2	103.6	92.4	37.0	63.0
正丙醇	丁酸甲酯	97.2	102.7	94.4	49.0	51.0
正丙醇	二氯乙烷	97.2	83.7	80.7	19.0	81.0
正丙醇	正己烷	97.2	68.9	65.7	4.0	96.0
正丙醇	四氯化碳	97.2	76.8	73.1	11.5	88.5
正丙醇	甲苯	97.2	110.8	92.4	52.5	47.5
正丙醇	甲酸正丙酯	97.2	80.8	80.65	3.0	97.0
正丙醇	丙酸乙酯	97.2	99.2	93.4	48.0	52.0
正丙醇	正丙醚	97.2	90.4	85.7	30.0	70.0
正丙醇	苯	97.2	80.2	77.1	16.9	83.1
正丙醇	氯代正丁烷	97.2	78.1	74.8	18.0	82.0
正丙醇	氯苯	97.2	132.0	96.9	83.0	17.0
正丙醇	溴代正丙烷	97.2	71.0	69.7	9.0	91.0
异丁醇	乙酸异丁酯	107.9	117.5	107.6	92.0	8.0
异丁醇	乙缩醛	107.9	103.6	98.2	20.0	80.0
异丁醇	二氯乙烷	107.9	83.7	83.5	6.5	93.5
异丁醇	间二甲苯	107.9	139.0	107.7	87.0	13.0
异丁醇	丁酸甲酯	107.9	102.7	101.3	25.0	75.0
异丁醇	正己烷	107.9	68.9	68.3	2.5	97.5
异丁醇	甲苯	107.9	110.8	100.9	44.5	55.5
异丁醇	甲酸异丁酯	107.9	97.9	97.4	12.0	88.0
异丁醇	苯	107.9	80.2	79.8	9.3	90.7
异丁醇	环己烷	107.9	80.8	78.1	14.0	86.0
异丁醇	氯代正丁烷	107.9	78.1	77.7	4.0	96.0
异丁醇	氯代异戊烷	107.9	99.8	94.5	22.0	78.0
异丁醇	氯苯	107.9	132.0	107.1	63.0	37.0
异丁醇	溴代正丁烷	107.9	100.3	95.0	21.0	79.0
异丁醇	溴代异丁烷	107.9	91.0	88.8	12.0	88.0
异丁醇	碘代异丁烷	107.9	120.4	104.0	36.0	64.0
正丁醇	乙酸正丁酯	117.8	126.2	117.2	47.0	53.0
正丁醇	乙缩醛	117.8	103.6	101.0	13.0	87.0
正丁醇	间二甲苯	117.8	139.0	116.0	80.0	20.0
正丁醇	丁酸乙酯	117.8	120.0	115.7	64.0	36.0

（续表）

组分名称		沸点(℃)			质量百分比(%)	
Ⅰ	Ⅱ	Ⅰ	Ⅱ	混合物	Ⅰ	Ⅱ
正丁醇	四氯化碳	117.8	76.8	76.6	2.5	97.5
正丁醇	甲苯	117.8	110.8	105.7	27.0	73.0
正丁醇	甲酸正丁酯	117.8	106.6	105.8	23.7	76.3
正丁醇	正庚烷	117.8	98.5	94.4	18.0	82.0
正丁醇	环己烷	117.8	80.8	79.8	4.0	96.0
正丁醇	氯苯	117.8	132.0	115.3	56.0	44.0
正丁醇	溴代异丁烷	117.8	91.0	90.2	7.0	93.0
正丁醇	碘代异丁烷	117.8	120.4	110.5	30.0	70.0
异戊醇	乙酸异戊酯	131.4	142.1	131.3	98.5	1.5
异戊醇	间二甲苯	131.4	139.0	127.0	53.3	46.7
异戊醇	三聚乙醛	131.4	124.0	122.9	22.0	78.0
异戊醇	甲苯	131.4	110.8	110.0	14.0	86.0
异戊醇	甲酸异戊酯	131.4	123.8	123.7	10.0	90.0
异戊醇	氯苯	131.4	132.0	124.3	85.0	15.0
异戊醇	溴代异戊烷	131.4	120.3	116.8	21.0	79.0
异戊醇	碘代异戊烷	131.4	147.7	129.2	54.0	46.0
正戊醇	正丁醚	137.8	142.1	134.0	52.0	48.0
正戊醇	甲酸正戊酯	137.8	132.0	130.4	43.0	57.0
环己醇	间二甲苯	160.7	143.6	143.0	14.0	86.0
环己醇	异戊醚	160.7	172.6	158.8	78.0	22.0
环己醇	苯乙醚	160.7	170.4	159.2	72.0	28.0
环己醇	碘代异戊烷	160.7	147.5	147.0	10.0	90.0
环己醇	糠醛	160.7	161.4	155.6	45.0	55.0
烯丙醇	乙酸正丙酯	97.0	101.6	94.2	53.0	47.0
烯丙醇	二氯甲烷	97.0	83.7	79.9	18.0	82.0
n 烯丙醇	丁酸甲酯	97.0	102.7	93.8	55.0	45.0
烯丙醇	甲苯	97.0	110.8	92.4	50.0	50.0
烯丙醇	苯	97.0	80.2	76.8	17.4	82.6
烯丙醇	环己烷	97.0	80.8	74.0	20.0	80.0
烯丙醇	烯丙基碘	97.0	102.0	89.4	28.0	72.0
烯丙醇	氯苯	97.0	132.0	96.2	85.0	15.0
苯甲醇	二甲基苯胺	205.2	194.1	193.9	6.5	93.5
苯甲醇	间甲酚(最大)	205.2	202.2	207.1	61.0	39.0
苯甲醇	萘	205.2	218.1	204.1	60.0	40.0
苯甲醇	硝基苯	205.2	210.8	204.0	58.0	42.0

组分名称		沸点(℃)			质量百分比(%)	
Ⅰ	Ⅱ	Ⅰ	Ⅱ	混合物	Ⅰ	Ⅱ
苯甲醇	邻溴甲苯	205.2	181.4	181.25	7.0	93.0
苯甲醇	碘代苯	205.2	188.6	187.8	12.0	88.0
乙二醇	乙酸异戊酯	197.4	142.1	141.95	3.0	97.0
乙二醇	正丁醚	197.4	142.1	140.0	10.0	90.0
乙二醇	间二甲苯	197.4	139.0	135.6	15.0	85.0
乙二醇	二甲基苯胺	197.4	194.1	175.9	33.5	66.5
乙二醇	二苯醚	197.4	259.3	193.1	60.0	40.0
乙二醇	1,2-二溴乙烷	197.4	131.7	129.8	4.0	96.0
乙二醇	1,3,5-三甲基苯	197.4	164.6	156.0	13.0	87.0
乙二醇	甲苯	197.4	110.8	110.2	6.5	93.5
乙二醇	邻甲酚	197.4	191.1	189.6	27.0	73.0
乙二醇	苄基氯	197.4	179.3	167.0	30.0	70.0
乙二醇	β-苯乙醇	197.4	219.4	194.4	69.0	31.0
乙二醇	苯乙酮	197.4	202.1	185.7	52.0	48.0
乙二醇	苯甲醇	197.4	205.1	193.1	56.0	44.0
乙二醇	苯甲酸乙酯	197.4	212.6	186.1	46.5	53.5
乙二醇	苯甲醚	197.4	153.9	150.5	10.5	89.5
乙二醇	苯胺	197.4	184.4	180.6	24.0	76.0
乙二醇	萘	197.4	218.1	183.9	51.0	49.0
乙二醇	联苯	197.4	254.9	192.0	64.0	36.0
乙二醇	硝基苯	197.4	210.9	185.9	59.0	41.0
乙二醇	氯苯	197.4	132.0	130.1	94.4	5.6
丙三醇	对二溴苯	291.0	220.3	217.1	10.0	90.0
丙三醇	二苯醚	291.0	257.7	246.3	22.0	78.0
丙三醇	苯酸正丙酯	291.0	230.9	228.8	8.0	92.0
丙三醇	苯酸正丁酯	291.0	249.8	243.0	17.0	83.0
丙三醇	萘	291.0	218.1	215.2	10.0	90.0
丙三醇	联苯	291.0	254.9	243.8	55.0	45.0
甲酸	二乙基酮(最大值)	100.8	102.2	105.4	33.0	67.0
甲酸	间二甲苯	100.8	139.0	94.2	70.2	29.8
甲酸	二硫化碳	100.8	46.3	42.6	17.0	83.0
甲酸	1,2-二氯乙烷	100.8	83.6	77.4	14.0	86.0
甲酸	1,2-二溴乙烷	100.8	131.7	94.7	51.5	48.5
甲酸	氯仿	100.8	61.2	59.2	15.0	85.0
甲酸	正己烷	100.8	68.9	60.6	28.0	72.0

(续表)

组分名称		沸点(℃)			质量百分比(%)	
I	II	I	II	混合物	I	II
甲酸	四氯化碳	100.8	76.8	66.7	18.5	81.5
甲酸	甲苯	100.8	110.8	85.8	50.0	50.0
甲酸	甲基正丙基酮（最大值）	100.8	102.3	105.3	32.0	68.0
甲酸	正戊烷	100.8	36.2	34.2	10.0	90.0
甲酸	正辛烷	100.8	125.8	90.5	63.0	37.0
甲酸	正庚烷	100.8	98.5	78.2	43.5	56.5
甲酸	苯	100.8	80.2	71.7	31.0	69.0
甲酸	1-氯丙烷	100.8	46.7	45.6	8.0	92.0
甲酸	2-氯丙烷	100.8	34.8	34.7	1.5	98.5
甲酸	2-氯丁烷	100.8	68.9	63.0	19.0	81.0
甲酸	氯代异戊烷	100.8	99.8	80.0	33.5	66.5
甲酸	氯苯	100.8	132.0	95.0	55.0	45.0
甲酸	溴乙烷	100.8	38.4	38.2	3.0	97.0
甲酸	1-溴丙烷	100.8	71.0	64.7	27.0	73.0
甲酸	2-溴丙烷	100.8	59.4	56.0	14.0	86.0
甲酸	碘代甲烷	100.8	42.6	42.1	6.0	94.0
乙酸	间二甲苯	118.5	139.0	115.4	72.5	27.5
乙酸	1,2-二溴乙烷	118.5	131.7	114.4	55.0	45.0
乙酸	四氯化碳	118.5	76.8	76.6	3.0	97.0
乙酸	甲苯	118.5	110.8	105.0	34.0	66.0
乙酸	正辛烷	118.5	125.8	109.0	50.0	50.0
乙酸	正庚烷	118.5	98.5	92.3	30.0	70.0
乙酸	苯	118.5	80.2	80.05	2.0	98.0
乙酸	氯代异戊烷	118.5	99.8	97.2	18.5	81.5
乙酸	氯苯	118.5	132.0	114.7	58.5	41.5
乙酸	1-溴丁烷	118.5	100.4	97.6	18.0	82.0
乙酸	2-溴丁烷	118.5	91.3	90.2	12.0	88.0
乙酸	2-碘丙烷	118.5	89.2	88.3	9.0	91.0
丙酸	间二甲苯	140.9	139.0	132.7	3.5	64.5
丙酸	1,2-二溴乙烷	140.9	131.7	127.8	17.5	82.5
丙酸	苯甲醚	140.9	153.9	140.8	96.0	4.0

（续表）

组分名称		沸点（℃）			质量百分比（%）	
Ⅰ	Ⅱ	Ⅰ	Ⅱ	混合物	Ⅰ	Ⅱ
丙酸	氯苯	140.9	132.0	128.9	18.0	82.0
丙酸	溴代异戊烷	140.9	120.3	119.2	10.0	90.0
丙酸	2-碘丁烷	140.9	120.4	119.5	9.0	91.0
丁酸	间二甲苯	162.5	139.0	138.3	6.0	94.0
丁酸	1,2-二溴乙烷	162.5	131.7	131.1	3.5	96.5
丁酸	苄基氯	162.5	179.3	160.8	65.0	35.0
丁酸	苯甲醚	162.5	153.9	152.9	12.0	88.0
丁酸	氯苯	162.5	132.0	131.8	2.8	97.2
丁酸	糠醛	162.5	161.5	159.4	42.5	57.5
异丁酸	间二甲苯	154.4	139.0	136.8	14.0	86.0
异丁酸	1,2-二溴乙烷	154.4	131.7	130.5	6.5	93.5
异丁酸	苄基氯	154.4	179.3	153.5	80.0	20.0
异丁酸	苯甲醚	154.4	153.9	148.5	42.0	58.0
异丁酸	氯苯	154.4	132.0	131.2	8.0	92.0
异戊酸	丁酸异戊酯	176.5	178.5	176.1	70.0	30.0
异戊酸	1,3,5-三甲基苯	176.5	164.6	162.8	20.0	80.0
异戊酸	苄基氯	176.5	179.3	171.2	36.0	64.0
异戊酸	苯乙醚	176.5	170.5	168.5	20.0	80.0
异戊酸	苯甲醛	176.5	179.2	174.5	68.0	32.0
己酸	苄基氯	205.2	179.3	179.0	3.0	97.0
己酸	萘	205.2	218.1	202.0	70.0	30.0
己酸	硝基苯	205.2	210.8	202.0	70.0	30.0
辛酸	对二溴苯	237.5	220.3	218.8	10.0	90.0
辛酸	萘	237.5	218.1	216.2	6.0	94.0
氯乙酸	对二氯苯	189.4	174.1	167.6	24.5	75.5
氯乙酸	1,3,5-三甲基苯	189.4	164.6	162.0	17.0	83.0
氯乙酸	邻甲酚	189.4	191.1	187.5	54.0	46.0
氯乙酸	苄基氯	189.4	179.3	173.8	25.0	75.0
氯乙酸	萘	189.4	218.1	187.1	78.0	22.0
苯乙酸	二苯醚	266.5	259.3	255.4	27.8	72.2
苯乙酸	肉桂酸甲酯	266.5	261.9	261.8	3.0	97.0
苯乙酸	苯甲酸异戊酯	266.5	262.0	259.9	26.0	74.0

(续表)

组分名称		沸点(℃)			质量百分比(%)	
Ⅰ	Ⅱ	Ⅰ	Ⅱ	混合物	Ⅰ	Ⅱ
苯乙酸	联苯	266.5	255.9	252.2	23.3	76.7
苯乙酸	α-氯萘	266.5	262.7	255.9	30.0	70.0
苯甲酸	二苯醚	250.5	259.3	247.0	59.0	41.0
苯甲酸	对二溴苯	250.5	220.3	219.5	3.8	96.2
苯甲酸	水杨酸乙酯	250.5	234.0	233.85	6.0	94.0
苯甲酸	苯甲酸异丁酯	250.5	241.9	241.2	12.0	88.0
苯甲酸	萘	250.5	218.1	217.7	5.0	95.0
苯甲酸	对硝基甲苯	250.5	239.0	237.4	11.0	89.0
苯甲酸	联苯	250.5	255.9	245.9	50.5	49.5

6.34.2　三元恒沸混合物的组成和沸腾温度

第一组分		第二组分		第三组分		沸点(℃)
名称	质量分数(%)	名称	质量分数(%)	名称	质量分数(%)	
水	7.8	乙醇	9.0	乙酸乙酯	83.2	70.3
水	4.3	乙醇	9.7	四氯化碳	86.0	61.8
水	7.4	乙醇	18.5	苯	74.1	64.9
水	7.0	乙醇	17	环己烷	76	62.1
水	3.5	乙醇	4.0	氯仿	92.5	55.5
水	7.5	异丙醇	18.7	苯	73.8	66.5
水	0.81	二硫化碳	75.21	丙酮	23.98	38.42

主要参考书目

[1] 刘勇健,白同春. 物理化学实验[M]. 南京:南京大学出版社,2008.

[2] 郎建平,卞国庆. 无机化学实验[M]. 南京:南京大学出版社,2008.

[3] 北京师范大学无机化学教研室. 无机化学实验(3版)[M]. 北京:高等教育出版社,2007.

[4] 武汉大学化学与分子科学出版社. 分析化学实验[M]. 武汉:武汉大学出版社,2003.

[5] 复旦大学. 物理化学实验(3版)[M]. 北京:高等教育出版社,2004.

[6] 北京大学化学学院物理化学实验教学组. 物理化学实验(4版)[M]. 北京:北京大学出版社,2002.

[7] 傅献彩,沈文霞,姚天扬,候文华. 物理化学(4版)[M]. 北京:高等教育出版社,2006.

[8] 华南理工大学物理化学教研室. 物理化学实验[M]. 广州:华南理工大学出版社,2003.

[9] 曾昭琼. 有机化学实验(2版)[M]. 北京:高等教育出版社,1997.

[10] 蔡炳新,陈贻文. 基础化学实验[M]. 北京:科学出版社,2001.

[11] F. Daniels. Experimental physical chemistry 7th[M]. Ed. McGraw-Hill, New York, 1970.

[12] D. P Shoemaker. Experiments in Physical Chemistry[M]. 1989.

[13] 武汉大学化学与分子科学学院实验中心. 物理化学实验[M]. 武汉:武汉大学出版社,2004.

[14] 大连理工大学无机化学考研室编. 无机化学实验(2版)[M]. 北京:高等教育出版社,2004.

[15] 曹健,郭玲香. 有机化学实验[M]. 南京:南京大学出版社,2009.

[16] 马全红,邱凤仙. 分析化学实验[M]. 南京:南京大学出版社,2009.

[17] David R. Lide, Handbook of Chemistry and Physics[M], 78th. edition, 1997—1998.

[18] J. A. Dean Ed. Lange's Handbook of Chemistry[M], 13th. edition 1985.

[19] 杨道武,曾巨澜. 基础化学实验(下)[M]. 武汉:华中科技大学出版社,2009.

[20] Li, QG; Li, X; Huang, Y; Xiao, SX; Yang, DJ; Ye, LJ; Wei, DL; Liu, Y. Synthesis, characterization and standard molar enthalpy of formation of La($C_7H_5O_3$)$_2$ • (C_9H_6NO). Thermochimica Acta, 2006, 441(2): 195 – 198.

[21] Qiang-Guo, L; Yi, H; Xu, L; Li-Juan, Y; Sheng-Xiong, X; De-Jun, Y; Yi, L. Synthesis, characterization and standard molar enthalpy of formation of Nd ($C_7H_5O_3$)$_2$ • (C_9H_6NO). Journal of Thermal Analysis and Calorimetry. 2008, 91 (2): 615 – 620.

[22] Xu Li; Qiang-Guo Li; Hui Zhang; Ji-Lin Hu; Fei-Hong Yao; De-Jun Yang; Sheng-Xiong Xiao, Li-Juan Ye; Yi Huang; Dong-Cai guo. Synthesis and Bioactive Studies of Complex 8-Hydroxyquinolinato-Bis-(Salicylato) Yttrium (Ⅲ), Biological Trace Element Research, 2011, DOI 10. 1007/sl2001-011-9297-1.